Wolf-Jürgen Becker, Walter Hofmann

Aufgabensammlung Elektrische Messtechnik

337 Übungsaufgaben mit Lösungen

Wolf-Jürgen Becker, Walter Hofmann

Aufgabensammlung Elektrische Messtechnik

337 Übungsaufgaben mit Lösungen

Teubner

Bibliografische Information der Deutschen Nationalbibliothek
Die Deutsche Nationalbibliothek verzeichnet diese Publikation in der Deutschen Nationalbibliografie; detaillierte bibliografische Daten sind im Internet über <http://dnb.d-nb.de> abrufbar.

Prof. Dr. rer. nat. Wolf-Jürgen Becker, geb. 1940, studierte Physik und Elektrotechnik an der TH Darmstadt. 1969 Promotion zur Experimentalphysik. 1970 bis 1976 Leitung des Labors für Prozessanalytik und Betriebsmesstechnik der Bayer AG Leverkusen. Ab 1976 Abteilungsleiter für Entwicklung und Konstruktion von Betriebsmessgeräten bei der Spanner-Pollux GmbH Ludwigshafen. 1984 bis 2006 Leitung des Lehrstuhls Messtechnik im Institut für Periphere Mikroelektronik des Fachbereichs Elektrotechnik/Informatik an der Universität Kassel. Herausgeber, Autor und Koautor etlicher Fachbücher aus den Bereichen Elektrische Messtechnik, Grundlagen der Elektrotechnik, Schaltungstechnik und Mikroprozessortechnik.

Prof. Dr.-Ing. Walter Hofmann, geb. 1938, Studium der Elektrotechnik an der TH Aachen mit dem Schwerpunkt Nachrichtentechnik, anschließend Promotion und mehrjährige Industrietätigkeit. 1975 Ruf an die damalige Gesamthochschule/Universität Kassel. Bis 2003 Professor für die Fachgebiete Grundlagen der Elektrotechnik und Elektrische Messtechnik/Nachrichtenmesstechnik. Autor und Koautor mehrerer Fachbücher aus den Bereichen Grundlagen der Elektrotechnik, Nachrichtenmesstechnik und Mikroprozessortechnik.

1. Auflage Juni 2007

Der B.G. Teubner Verlag ist ein Unternehmen von Springer Science+Business Media.
www.teubner.de

Umschlaggestaltung: Ulrike Weigel, www.CorporateDesignGroup.de
Druck und buchbinderische Verarbeitung: Strauss Offsetdruck, Mörlenbach
Gedruckt auf säurefreiem und chlorfrei gebleichtem Papier.
Printed in Germany

ISBN 978-3-8351-0188-3

Vorwort

Die vorliegende Aufgabensammlung wurde in erster Linie für Studierende der Elektrotechnik im Grund- und Hauptstudium an Universitäten und Fachhochschulen konzipiert. Es ist aber auch in den ersten Abschnitten für interessierte Schüler an Berufsakademien und Technikerschulen geeignet. Darüber hinaus gibt es allen Ingenieuren im Beruf wertvolle Informationen zu den praktischen Grundlagen der elektrischen Messtechnik. Die Fülle des Stoffes der modernen elektrischen Messtechnik ist in vierzehn Abschnitte gegliedert, beginnend mit den elementaren Messmethoden der Messung von Strom, Spannung und Leistung von Gleich- und Wechselgrößen, von Wirk-, Blind- und Scheinwiderständen über Teiler, Wandler, Oszilloskop und gegengekoppelte Operationsverstärker-Schaltungen bis zur Digitaltechnik, Digital/Analog- und Analog/Digital-Umsetzer und der digitalen Analyse analoger Signale einschließlich der Messung magnetischer Größen.
Die Autoren haben den Inhalt dieser Aufgabensammlung ganz bewusst auf die reine elektrische Messtechnik elektrischer Größen und deren Messung in der Praxis beschränkt. In einem weiteren Band ist die Behandlung der Sensorik und des elektrischen Messens nichtelektrischer Größen vorgesehen. Eine Erweiterung des vorliegenden Buches würde den Rahmen dieses Bandes erheblich sprengen.

Grundlage der vorliegenden Aufgabensammlung ist die Lehrveranstaltung "Elektrische Messtechnik", die von mir als zuerst genanntem Autor regelmäßig an der Universität Kassel für alle Studierenden der Elektrotechnik gehalten wird. Ergänzende Aufgaben haben wir der Fortgeschrittenen-Lehrveranstaltung "Analoge und digitale Messverfahren", die wir in regelmäßigem Wechsel für Studierende des Studienschwerpunktes "Mess- und Regelungstechnik" gehalten haben, entnommen. Das vorliegende Buch stellt eine umfassende Zusammenstellung aller Aufgaben, die wir im Laufe der Zeit in den zugehörigen Klausuren und Übungen gestellt haben. Die Vielfältigkeit der Aufgaben zeigt, dass wir uns bemüht haben, die Inhalte ständig zu variieren. Dabei haben wir natürlich auch auf uns zugängliche Beispiele in einschlägigen Lehrbüchern und auf solche in Übungen und Klausuren anderer wissenschaftlicher Kollegen zurückgegriffen und diese Beispiele unseren Lehrveranstaltungen angepasst. Unsere Professorenkollegen mögen uns dies verzeihen. Aber diese sehr umfangreiche Aufgabensammlung tröstet sie vielleicht darüber hinweg, besonders da sie auch hieraus wiederum Anregungen für neue Aufgabenbeispiele entnehmen können.
Es lässt sich leider feststellen, dass sich die Selbständigkeit und das Abstraktionsvermögen der heutigen Studierenden im Laufe der Jahre reduziert hat, so dass wir zum Lösungsweg häufig durch angepasste Fragestellungen hinführen mussten.

Unser Dank gilt allen, die durch ihre Mitarbeit die Herausgabe dieses Buches gefördert haben. Vor allem der Anregung von Frau Dipl.-Bibliothekarin Gertraud Becker✝, welche die Bereichsbibliothek Elektrotechnik am Standort des Fachbereiches Elektrotechnik/Informatik in Kassel leitete, ist für die Herausgabe dieser Aufgabensammlung zu danken. Sie gab aufgrund von Nachfragen der Studierenden den entscheidenden Hinweis für das Fehlen einer solchen Aufgabensammlung.

Im März 2007

Wolf-Jürgen Becker
Walter Hofmann

Inhaltsverzeichnis

1 Messung von Strom und Spannung

1.1 Gleichstrom und Gleichspannung

Aufgabe 1.1: Spannungsquelle [2]. An den Klemmen 1,2 der in Bild 1.1 dargestellten Gleichspannungsquelle mit unbekannter Leerlaufspannung U_0 und unbekanntem Innenwiderstand R_i wird mit einem Vielfachinstrument der Klasse 0,5 (f_U bezogen auf den Messbereichsendwert $U_{a,max}$) mit 10 kΩ/V (R_M') die Spannung gemessen. Es ergaben sich folgende Anzeigewerte: $U_{a1} = 8$ V; Messbereich 10 V (Vollausschlag $U_{a1,\,max}$, Innenwiderstand R_{M1}),
$U_{a2} = 10$ V; Messbereich 25 V (Vollausschlag $U_{a2,\,max}$, Innenwiderstand R_{M2})

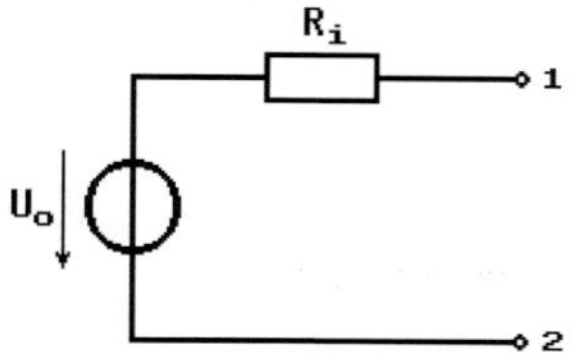

Bild 1.1

a) Berechnen Sie die Leerlaufspannung U_0 und den Innenwiderstand R_i.

b) Wie groß ist der maximal mögliche relative Fehler $|f|$ für U_0?

Lösung:

a)

$$U_0 = U_{a1}U_{a2}\frac{R_{M2}-R_{M1}}{U_{a1}R_{M2}-U_{a2}R_{M1}} = U_{a1}U_{a2}\frac{U_{a2,max}-U_{a1,max}}{U_{a1}U_{a2,max}-U_{a2}U_{a1,max}} = 12\ \text{V}$$

$$R_i = R_{M1}R_{M2}\frac{U_{a2}-U_{a1}}{U_{a1}R_{M2}-U_{a2}R_{M1}}$$

$$= R_M'\,U_{a1,max}U_{a2,max}\frac{U_{a2}-U_{a1}}{U_{a1}U_{a2,max}-U_{a2}U_{a1,max}} = 50\,\text{k}\Omega$$

b)

$$|f| = \left|\frac{\Delta U_0}{U_0}\right| = \left|\frac{1}{U_0}\frac{\partial U_0}{\partial U_{a1}}\right||\Delta U_{a1}| + \left|\frac{1}{U_0}\frac{\partial U_0}{\partial U_{a2}}\right||\Delta U_{a2}|$$
$$= \left(\left|\frac{U_{a1,max}}{U_0}\frac{\partial U_0}{\partial U_{a1}}\right| + \left|\frac{U_{a2,max}}{U_0}\frac{\partial U_0}{\partial U_{a2}}\right|\right) f_U$$

$$|f| = \left(R_{M1}\frac{U_{a2}}{U_{a1}}U_{a1,max} + R_{M2}\frac{U_{a1}}{U_{a2}}U_{a2,max}\right)\frac{f_U}{|U_{a1}R_{M2}-U_{a2}R_{M1}|}$$
$$= \left(\frac{U_{a2}}{U_1}U_{a1,max}^{\;2} + \frac{U_{a1}}{U_{a2}}U_{a2,max}^{\;2}\right)\frac{f_U}{|U_{a1}U_{a2,max}-U_{a2}U_{a1,max}|} = 3{,}125\,\%$$

Aufgabe 1.2: Mit der in Bild 1.2 dargestellten Schaltung soll die Spannung U_1 bestimmt werden. Gegeben sind: $R_1 = 4\ \mathrm{k\Omega}$ - 2 %; $R_2 = 1\ \mathrm{k\Omega}$ + 1 %; $U_2 = 200$ V - 1,5 %

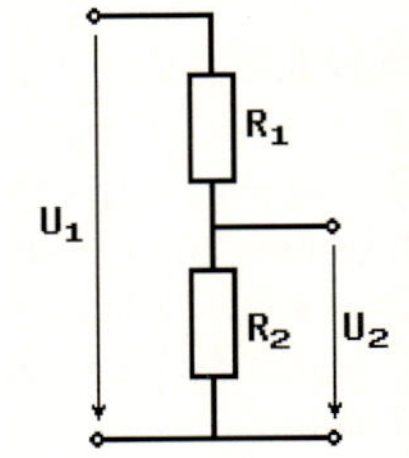

Bild 1.2

a) Welchen Wert hat U_1 ?
b) Berechnen Sie den systematischen Fehler von U_1 (absolut und relativ).
c) Berechnen Sie den maximal möglichen Fehler von U_1 (absolut und relativ).

Lösung:

a)
$$\mathrm{U}_1 = \left(\frac{R_1}{R_2} + 1\right) U_2 = 1\,\mathrm{kV}$$

b)
$$F = \Delta U_1 = \frac{\partial U_1}{\partial R_1}\Delta R_1 + \frac{\partial U_1}{\partial R_2}\Delta R_2 + \frac{\partial U_1}{\partial U_2}\Delta U_2$$

$$= R_1\frac{\partial U_1}{\partial R_1} f_{\mathrm{R1}} + R_2\frac{\partial U_1}{\partial R_2} f_{\mathrm{R2}} + U_2\frac{\partial U_1}{\partial U_2} f_{\mathrm{U2}}$$

$$F = U_2\left\{\frac{R_1}{R_2}\left(f_{\mathrm{R1}} - f_{\mathrm{R2}}\right) + \left(\frac{R_1}{R_2} + 1\right) f_{\mathrm{U2}}\right\} = -39\,\mathrm{V}$$

$$f = \frac{\Delta U_1}{U_1} = \frac{R_1}{R_1 + R_2}\left(f_{\mathrm{R1}} - f_{\mathrm{R2}}\right) + f_{\mathrm{U2}} = -3{,}9\%$$

c)
$$|F| = |\Delta U_1| = \left|\frac{\partial U_1}{\partial R_1}\right| |\Delta R_1| + \left|\frac{\partial U_1}{\partial R_2}\right| |\Delta R_2| + \left|\frac{\partial U_1}{\partial R_2}\right| |\Delta U_2|$$

$$= U_2\left\{\frac{R_1}{R_2}\left(|f_{\mathrm{R1}}| + |f_{\mathrm{R2}}|\right) + \left(\frac{R_1}{R_2} + 1\right) |f_{\mathrm{U2}}|\right\} = 39\,\mathrm{V}$$

$$|f| = \left|\frac{\Delta U_1}{U_1}\right| = \frac{R_1}{R_1 + R_2}\left(|f_{\mathrm{R1}}| + |f_{\mathrm{R2}}|\right) + |f_{\mathrm{U2}}| = 3{,}9\%$$

Aufgabe 1.3: Gegeben ist ein Spannungsmessgerät der Klasse 1,5 mit einem Messbereich 0...100 V ($U_{a,max}$) .

a) Wie groß sind die Garantiefehlergrenzen f?
b) Wie groß ist der maximal mögliche, absolute Fehler?
c) Wie groß ist der auf den wahren Wert U = 20, 40, 60, 80, 100 V bezogene maximal mögliche, relative Fehler?
d) Nennen Sie Ursachen von Messfehlern.

Lösung:
a) $f = \pm 1{,}5$ % v. E. (Messbereichsendwert)
b) $|\Delta U| = 1{,}5\,\text{V}$
c) $$|f(U)| = \frac{U_{max}}{U}|f|$$

$$|f(20)| = 7{,}5\%;\ |f(40)| = 3{,}75\%;\ |f(60)| = 2{,}5\%;\ |f(80)| = 1{,}875\%;$$

$$|f(100)| = 1{,}5\%$$

d) *Systematische Fehler* sind nach Größe und Vorzeichen erfassbar und damit auch korrigierbar. Ursachen: Bauteile-Toleranzen, Umgebungstemperatur, Feuchte, Störfelder, Nichteinhaltung der vorgeschriebenen Gebrauchslage, fehlerhaftes Messverfahren, Eigenverbrauch des Messgerätes usw.
Zufällige Fehler sind messtechnisch nicht direkt erfassbar. Sie streuen statistisch nach beiden Seiten um den wahren Wert und können durch Rechengrößen der Statistik beschrieben werden. Ursachen: Ablesefehler, Erschütterungen, Lagerreibung, Verschmutzung usw.

Aufgabe 1.4: Spannungsquelle. Mit der in Bild 1.3 dargestellten Schaltung soll der Innenwiderstand R_i und die Leerlaufspannung U einer Spannungsquelle bestimmt werden.
Gegeben: - Voltmeter mit Kl. 0,5 (bezogen auf Messbereichsendwert U_{max}), Vollausschlag $U_{max} = 100$ V
- Widerstand $R = 12\ \Omega \pm 1$ %
Das Voltmeter zeigt in Schalterstellung 1: $U_1 = 100$ V
Schalterstellung 2: $U_2 = 75$ V an.

a) Wie groß ist der Innenwiderstand R_i und die Leerlaufspannung U der Spannungsquelle ($R_M \gg R, R_i$)?
b) Wie groß ist der maximal mögliche Gesamtfehler von R_i ?

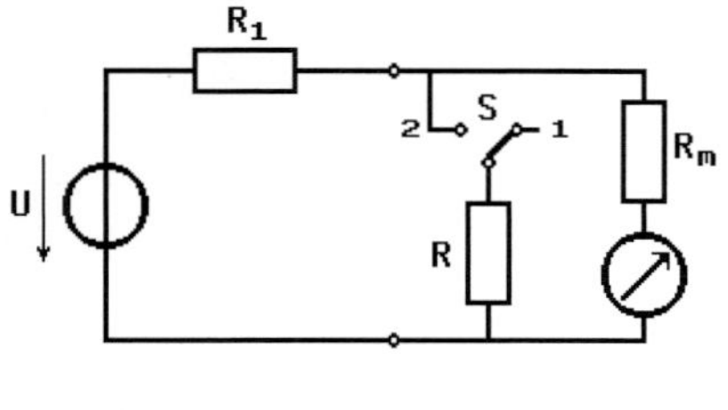

Bild 1.3

Lösung:

a) $$R_i = \frac{R R_M (U_1 - U_2)}{U_2 R_M - R(U_1 - U_2)} \approx R \left(\frac{U_1}{U_2} - 1 \right) = 4\ \Omega$$

$$\square = \frac{U_1 U_2 R_M}{U_2 R_M - R(U_2 - U_2)} \approx U_1 = 100\,\mathrm{V}$$

b) $$|F| = |\Delta R_i| = \left|\frac{\partial R_i}{\partial R}\right| |\Delta R| + \left|\frac{\partial R_i}{\partial U_1}\right| |\Delta U_1| + \left|\frac{\partial R_i}{\partial U_2}\right| |\Delta U_2|$$

$$= \left| R \frac{\partial R_i}{\partial R} \right| |f_R| + U_{max} \left(\left|\frac{\partial R_i}{\partial U_2}\right| + \left|\frac{\partial R_i}{\partial U_2}\right| \right) |f_U|$$

$$= R \left\{ \left(\frac{U_1}{U_2} - 1 \right) |f_R| + \frac{U_1 + U_2}{U_2^2} U_{max} |f_U| \right\}$$

$$= R_i \left\{ |f_R| + \frac{U_1 + U_2}{U_1 - U_2} \frac{U_{max}}{U_2} |f_U| \right\} \approx 0{,}2267\ \Omega$$

$$|f| = \left| \frac{\Delta R_i}{R_i} \right| = |f_R| + \frac{U_1 + U_2}{U_1 - U_2} \frac{U_{max}}{U_2} |f_U| \approx 5{,}67\ \%$$

Aufgabe 1.5: Vielfachinstrument. Ein Messgerät *(R_m = 700 Ω)* zeigt bei einem Strom von I_m = 125 µA Vollausschlag an. Es sollen vier Strommessbereiche I_i (0,001 A, 0,01 A, 0,1 A, 1 A) durch Wahl geeigneter Nebenwiderstände eingerichtet werden. Zusätzlich sollen durch geeignete Vorwiderstände fünf Spannungsmessbereiche U_i ermöglicht werden (1 kV, 100 V, 10 V, 1 V, 0,1 V). Die Messbereichserweiterung erfolgt durch die in Bild 1.4 dargestellte Schaltung. Berechnen Sie die nötigen Vor- bzw. Nebenwiderstände.

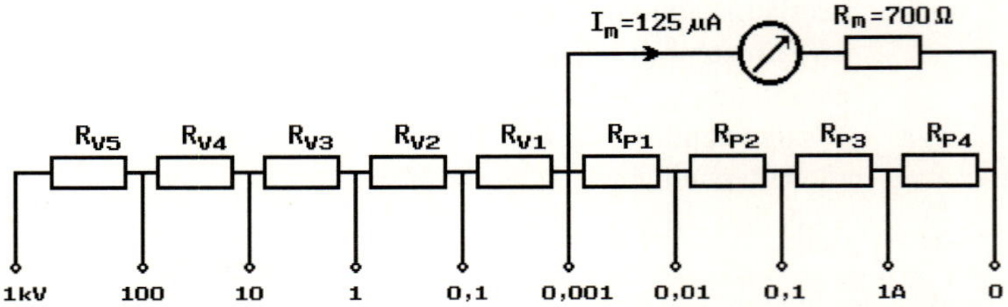

Bild 1.4

Lösung:

Strommessbereiche:

$$R_{p,ges} = \frac{I_m}{I_1 - I_m} R_m = 100\,\Omega$$

$$R_{p4} = (R_{p,ges} + R_m)\frac{I_m}{I_4} = 0{,}1\,\Omega$$

$$R_{p3} = (R_{p,ges} + R_m)\frac{I_m}{I_3} - R_{p4} = 0{,}9\,\Omega$$

$$R_{p2} = (R_{p,ges} + R_m)\frac{I_m}{I_2} - R_{p3} - R_{p4} = 9\,\Omega$$

$$R_{p1} = R_{p,ges} - R_{p2} - R_{p3} - R_{p4} = 90\,\Omega$$

Spannungsmessbereiche:

$$I = I_p + I_m = \frac{R_{p,ges} + R_m}{R_{p,ges}} I_m = 1\,\text{mA} \; ; \quad R_m \| R_{p,ges} = 87{,}5\,\Omega$$

$$R_{v1} = \frac{U_1}{I} - (R_m \| R_{p,ges}) = 100\,\Omega - 87{,}5\,\Omega = 12{,}5\,\Omega$$

$$R_{v2} = \frac{U_2}{I} - R_{v1} - (R_m \| R_{p,ges}) = 900\,\Omega$$

$$R_{v3} = \frac{U_3}{I} - R_{v2} - R_{v1} - (R_m \| R_{p,ges}) = 9\,\text{k}\Omega$$

$$R_{v4} = \frac{U_4}{I} - R_{v3} - R_{v2} - R_{v3} - (R_m \| R_{p,ges}) = 90\,\text{k}\Omega$$

$$R_{v5} = \frac{U_5}{I} - R_{v4} - R_{v3} - R_{v2} - R_{v1} - (R_m \| R_{p,ges}) = 900\,\text{k}\Omega$$

Aufgabe 1.6: Stromquelle. Eine Stromquelle soll mittels eines Messwiderstandes R (Klassengenauigkeit f_R) und eines Strommessgerätes (Amperemeter, Innenwiderstand R_m, Klassengenauigkeit f_m, bezogen auf den gegebenen Endwert I_{max}) bestimmt werden. Da die Stromquelle zwei unbekannte Größen (Kurzschlussstrom I_k, Innenwiderstand R_q) besitzt, sind zwei unabhängige Messungen zu ihrer Bestimmung notwendig.

Messung 1: Direkte Messung des Stromes mit dem Strommessgerät. Die Anzeige ist I_1.
Messung 2: Der Messwiderstand R wird in Reihe mit dem Strommessgerät gelegt. Die Anzeige ist jetzt I_2.

a) Skizzieren Sie die Messschaltung. Zeichnen Sie alle relevanten Größen (Spannungen, Ströme, Widerstände) ein und verwenden Sie die Ersatzschaltbilder für Stromquelle und Messgerät. Zum Umschalten zwischen Messung 1 und 2 wird ein Schalter S verwendet.

b) Geben Sie I_1 für Messung 1 an.

c) Geben Sie I_2 für Messung 2 an.
d) Wie groß ist R_q ?
e) Wie groß ist I_k?
f) Wie groß ist der relative Messfehler f_{Rq} für den Innenwiderstand R_q?
g) Wie groß ist der relative Messfehler f_{Ik} für den Kurzschlußstrom I_k?

Lösung:
a)

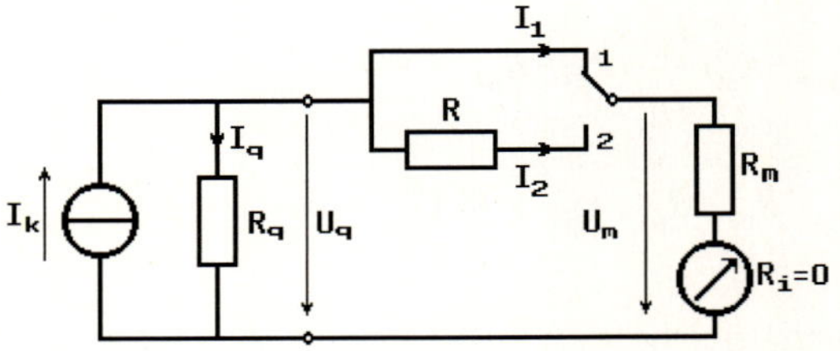

Bild 1.5

b) $$I_1 = \frac{R_q}{R_q + R_m} I_k$$

c) $$I_2 = \frac{R_q}{R_q + R + R_m} I_k$$

d) $$R_q = \frac{R\, I_2 - R_m(I_1 - I_2)}{I_1 - I_2} = R \frac{I_2}{I_1 - I_2} - R_m$$

e) $$I_k = \frac{R I_1 I_2}{R I_2 - R_m(I_1 - I_2)}$$

f) $$\Delta R_q = R \frac{I_2}{I_1 - I_2} f_R + \frac{R}{I_1 - I_2} I_{max} f_m = \frac{R}{I_1 - I_2} \left[I_2\, f_R + I_{max} f_m \right]$$

$$\frac{\Delta R_q}{R_q} = \frac{R}{R I_2 - R_m(I_1 - I_2)} \left[I_2\, f_R + I_{max}\, f_m \right]$$

g) $$f_I = \frac{\Delta I}{I} = \frac{\Delta I}{I_{max}} \frac{I_{max}}{I} = \frac{I_{max}}{I} f_m$$

$$f_{Ik} = \frac{\Delta I_k}{I_k} = \left(1 - \frac{I_k}{I_1} \right) f_R + \frac{I_1 + I_2}{I_1\, I_2} I_{max}\, f_m$$

Aufgabe 1.7: Lindeck-Rothe-Kompensator. Mit dem Lindeck-Rothe-Kompensator nach Bild 1.6 kann in der sogenannten Saugschaltung eine Strommessung ohne Spannungsabfall (d.h. leistungslos) durchgeführt werden. Darin sind R_N und R_V bekannte Normalwiderstände.

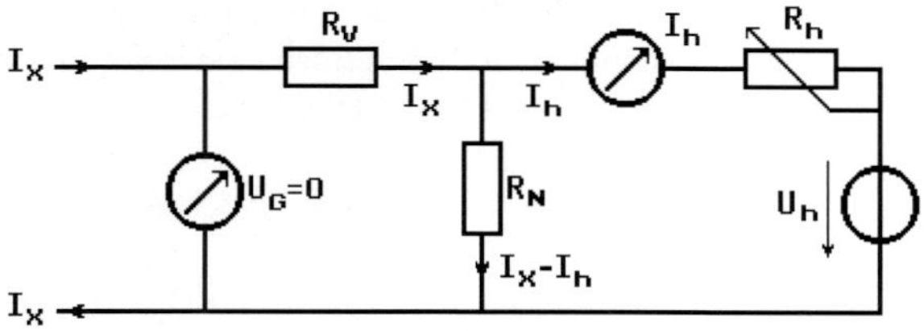

Bild 1.6

a) Der Messvorgang ist zu beschreiben und die Abgleichbedingung herzuleiten.

b) Wie ergibt sich im abgeglichenen Zustand I_x aus I_h, R_N, R_V?

c) Die Normalwiderstände R_N und R_V sollen Toleranzen von 0,01 % haben, der Strommesser für I_h gehöre zur Klasse 0,2. Mit welcher maximalen relativen Abweichung bei der Bestimmung von I_x muss man rechnen?

d) Folgende Werte seien gegeben: $R_V = 1$ kΩ; $R_N = 10$ kΩ; $R_h = 17273$ Ω; $I_h = 55$ µA. Der Endausschlag des Messinstruments liegt bei $I_{h,\,max} = 100$ µA.

Wie groß ist I_x, $|\Delta I_x|$, $\left|\frac{\Delta I_x}{I_x}\right|$ in Zahlen? Wie groß ist U_H?

Lösung:

a) Mit Hilfe R_h ist I_h so einzustellen, dass das Nullinstrument Null anzeigt. Dann ist die Spannung über R_V entgegengesetzt gleich der Spannung über R_N.

$$I_x R_V = -(I_x - I_h) R_N$$

b)
$$I_x = I_h \frac{R_N}{R_N + R_V}$$

c)
$$|\Delta I_x| = \left|\frac{\partial I_x}{\partial I_k}\right| |\Delta I_h| + \left|\frac{\partial I_x}{\partial R_N}\right| |\Delta R_N| + \left|\frac{\partial I_x}{\partial R_V}\right| |\Delta R_V|$$
$$= \frac{R_N}{R_N + R_V} |\Delta I_h| + \frac{R_V I_h}{(R_N + R_V)^2} |\Delta R_N| + \frac{R_N I_h}{(R_N + R_V)^2} |\Delta R_V|$$

$$\left|\frac{\Delta I_x}{I_x}\right| = \left|\frac{\Delta I_h}{I_h}\right| + \frac{R_V}{R_N + R_V} \left|\frac{\Delta R_N}{R_N}\right| + \frac{R_V}{R_N + R_V} \left|\frac{\Delta R_V}{R_V}\right|$$

d)
$$I_x = 50\,\mu\text{A} \;;\; |\Delta I_x| = 0{,}183\,\mu\text{A} \;;\; \left|\frac{\Delta I_x}{I_x}\right| = 0{,}365\,\%$$

$$U_h = -I_h R_h + (I_x - I_h) R_N = -1\,\text{V}$$

Aufgabe 1.8: Messfehler bei Strommessung. Gegeben ist die in Bild 1.7 dargestellte Messschaltung. Das Strommessgerät (Innenwiderstand $R_m = 4\ \Omega$) zeigt einen Strom $I_m = 50$ mA an, wenn $U_0 = 10$ V und $R_1 = 100\ \Omega$ sind.

a) Wie groß ist R_2 und welche Leistung P wird in ihm umgesetzt?

b) Wie groß ist der absolute systematische Messfehler F_I, der durch den endlichen Widerstand R_m des Messwerkes entsteht, und für welche Größenordnung der Widerstände R_1 und R_2 ist diese Messschaltung geeignet?

c) Geben Sie einen Ausdruck für den relativen systematischen Messfehler f_I in Abhängigkeit von R_1, R_2 und R_m an.

d) Zeichnen Sie den Graphen von $f_I\,(N)$ mit $N = (R_1 + R_2)/R_m$. Tragen Sie die Funktionswerte für $N = 1$ und 9 ein.

e) Wie groß darf R_m sein, damit der relative Fehler $|f_I| \leq \delta = 0{,}5\%$ ist?

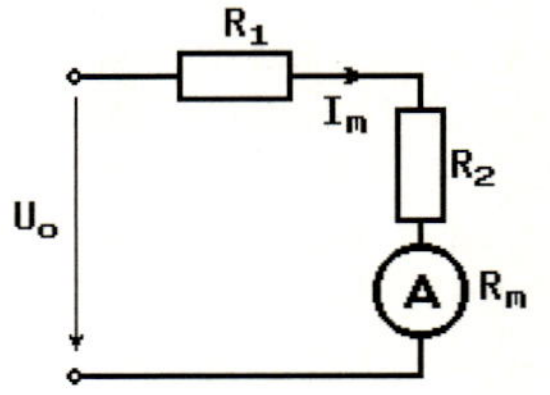

Bild 1.7

Lösung:

a) $$R_2 = \frac{U_0 - I_m(R_1 + R_m)}{I_m} = 96\Omega \ ; \quad P = I_m^2\, R_2 = 0{,}24\,\text{W}$$

b) $$\text{Istwert } I_m = \frac{U_0}{R_1 + R_2 + R_m} \ ; \text{Sollwert} \quad I_W = \frac{U_0}{R_1 + R_2}$$

$$F_I = I_m - I_W = -\frac{R_m U_0}{(R_1 + R_2)(R_1 + R_2 + R_m)}$$

Schaltung geeignet für $(R_1 + R_2) \gg R_m$.

c) $$f_I = \frac{F_I}{I_W} = \frac{R_m}{R_1 + R_2 + R_m} = -\frac{1}{1 + \dfrac{R_1 + R_2}{R_m}}$$

d)

$N = 0 \qquad f_I = 1$

$N \to \infty \qquad f_I = 0$

$N = 1 \qquad f_I = -0{,}5$

$N = 9 \qquad f_I = 0{,}1$

Graph siehe Bild 1.8

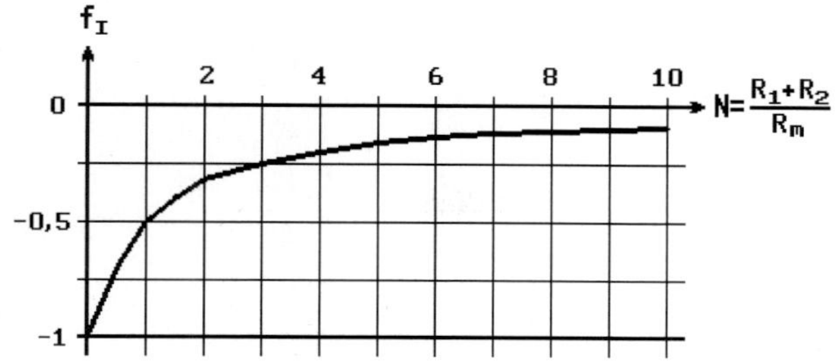

Bild 1.8

e) $$R_m \leq \frac{(R_1+R_2)\,\delta}{1-\delta} = 0{,}985\,\Omega \quad \text{mit } \delta = 0{,}5\ \%.$$

Aufgabe 1.9: Spannungsquelle. Mittels eines Spannungsmessgerätes (Voltmeter, Innenwiderstand R_m, Messfehler f_m bezogen auf den Sollwert) und eines Messwiderstandes R (Klassengenauigkeit f_R) soll eine Spannungsquelle bestimmt werden. Die Spannungsquelle besitzt 2 unbekannte Größen (Leerlaufspannung U_q, Innenwiderstand R_q). Es sind 2 unabhängige Messungen zu ihrer Bestimmung notwendig.

Messung 1: Direkte Messung der Spannung mit dem Spannungsmessgerät. Die Anzeige ist U_1.

Messung 2: Der Messwiderstand R wird parallel zum Spannungsmessgerät gelegt. Die Anzeige ist jetzt U_2.

a) Skizzieren Sie die Messschaltung. Zeichnen Sie alle relevanten Größen (Spannungen, Ströme, Widerstände) ein. Zum Umschalten zwischen Messung 1 und 2 wird ein Schalter verwendet.
b) Berechnen Sie U_1 für Messung 1.
c) Berechnen Sie U_2 für Messung 2.
d) Wie groß ist R_q?
e) Wie groß ist U_q?
f) Wie groß ist der gesamte Messfehler f_U für die Leerlaufspannung U_q?
g) Wie groß ist der gesamte Messfehler f_{Rq} für den Innenwiderstand R_q?

Lösung:

a)

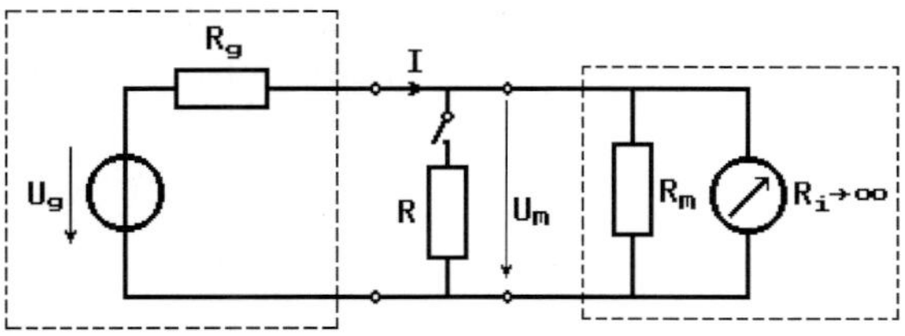

Bild 1.9

b) $$U_1 = \frac{R_m}{R_m+R_q}\,U_q$$

c) $$U_2 = \frac{(R_m \| R)}{(R_m \| R) + R_q} U_q = \frac{R_m R}{R_m R + R_q (R_m + R)} U_q$$

d) $$R_q = \frac{R R_m (U_1 - U_2)}{(R_m + R)\, U_2 - R\, U_1} = \frac{R R_m (U_1 - U_2)}{R_m\, U_2 - R(U_1 - U_2)}$$

e) $$U_q = = \frac{R_m\, U_1\, U_2}{R_m\, U_2 - R(U_1 - U_2)}$$

f)
$$f_U = \frac{\Delta U_q}{U_q} = \frac{1}{U_q} \left(\frac{\partial U_q}{\partial U_1} \Delta U_1 + \frac{\partial U_q}{\partial U_2} \Delta U_2 + \frac{\partial U_q}{\partial R} \Delta R \right)$$
$$= \frac{1}{U_q} \left\{ \left(\frac{\partial U_q}{\partial U_1} U_1 + \frac{\partial U_q}{\partial U_2} U_2 \right) f_m + \frac{\partial U_q}{\partial R} R f_R \right\}$$
$$= f_m + \frac{(U_1 - U_2) R}{R_m U_2 - R(U_1 - U_2)} f_R$$

g)
$$f_{Rq} = \frac{\Delta R_q}{R_q} = \frac{1}{R_q} \left(\frac{\partial R_q}{\partial U_1} \Delta U_1 + \frac{\partial R_q}{\partial U_2} \Delta U_2 + \frac{\partial R_q}{\partial R} \Delta R \right)$$
$$= \frac{1}{R_q} \left\{ \left(\frac{\partial R_q}{\partial U_1} U_1 + \frac{\partial R_q}{\partial U_2} U_2 \right) f_m + \frac{\partial R_q}{\partial R} R f_R \right\} = \frac{R_m\, U_2}{R_m\, U_2 - R(U_1 - U_2)} f_R$$

Aufgabe 1.10: Stromquelle. Mittels eines Strommessgerätes (Amperemeter, Innenwiderstand R_m, Messfehler f_e bezogen auf den Sollwert) und eines Messwiderstandes R (Klassengenauigkeit f_R) soll eine Stromquelle (Kurzschlussstrom I_k, Innenwiderstand R_i) bestimmt werden. Die Stromquelle hat 2 unbekannte Größen (I_k , R_i), deshalb müssen 2 unabhängige Messungen zu ihrer Bestimmung durchgeführt werden.

Messung 1: Direkte Messung des Stromes an der Stromquelle mit dem Strommessgerät. Die Anzeige des Strommessgerätes ist I_1.

Messung 2: Der Messwiderstand R wird parallel zum Strommessgerät geschaltet (Parallelwiderstand). Jetzt hat das Strommessgerät die Anzeige I_2.

a) Skizzieren Sie die Messschaltung. Zeichnen Sie alle relevanten Größen (Ströme, Widerstände) ein. Zum Umschalten zwischen den beiden Messungen verwenden sie einen Umschalter.
b) Berechnen Sie I_1 für Messung 1.
c) Berechnen Sie I_2 für Messung 2.
d) Wie groß ist der Kurzschlussstrom I_k?
e) Wie groß ist der Innenwiderstand R_i ?
f) Wie groß ist der relative Gesamtfehler f_I für den Kurzschlussstrom I_k?
g) Wie groß ist der maximal mögliche, relative Gesamtfehler $f_{I,max}$ für den Kurzschlussstrom I_k ?
h) Berechnen Sie I_k, R_i, f_I und $f_{I,\,max}$ für $I_1 = 10$ mA, $I_2 = 6$ mA, $R_m = 400\ \Omega$, $R = 600\ \Omega$, $f_R = +1\%$, $f_e = -1\%$.

Lösung:

a)

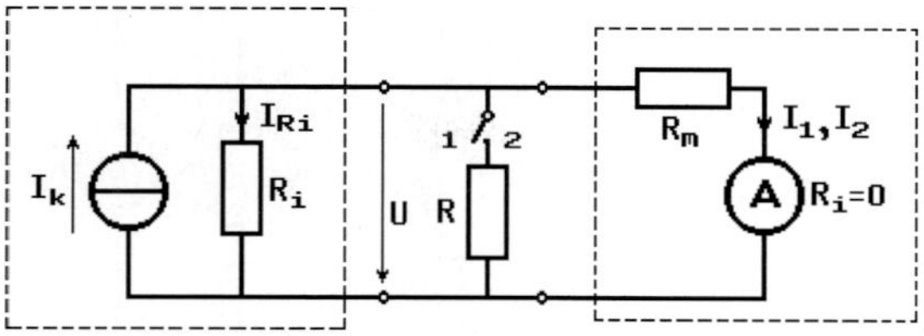

Bild 1.10

b) $$I_1 = \frac{R_i}{R_m + R_i} I_k$$

c) $$I_2 = \frac{R_i R}{R_i R + R_m (R + R_i)} I_k$$

d) $$I_k = \frac{R_m}{R} \frac{I_1 I_2}{I_1 - I_2}$$

e) $$R_i = \frac{R_m R (I_1 - I_2)}{(R_m + R) I_2 - R I_1}$$

f) $$f_I = \frac{\Delta I_k}{I_k} = -f_R + \frac{I_1 - I_2}{I_1 - I_2} f_e = -f_R + f_e$$

g) $$f_{I,max} = \left|\frac{\Delta I_k}{I_k}\right| = |f_R| + \frac{|I_2 + I_1|}{|I_1 - I_2|} |f_e|$$

h) $$I_k = 10\,\text{mA} \;;\; R_i \to \infty \;;\; f_I = -2\% \;;\; f_{I,max} = 5\%$$

Aufgabe 1.11: Stromquelle. Mit Hilfe eines Spannungsmessgerätes soll eine Stromquelle (Kurzschlussstrom I_k und Innenwiderstand R_q) bestimmt werden (Bild 1.11).
Gegeben sind

- Voltmeter mit der Klassengenauigkeit 0,2 (f = 0,2%), bezogen auf den Messbereichsendwert U_e = 200 V) und dem Innenwiderstand R_m = 2 kΩ,
- Messwiderstand R = 1 kΩ, f_R = ± 1 %.

Der absolute Fehler ist über die Gesamtanzeige des Voltmeters konstant. Das Voltmeter zeigt

- in der Schalterstellung 1: U_1 = 100 V und
- in der Schalterstellung 2: U_2 = 50 V an.

a) Wie groß ist der Innenwiderstand R_q?
b) Wie groß ist der Kurzschlussstrom I_k?
c) Geben Sie die Zahlenwerte für R_q und I_k an.
d) Wie groß ist der maximal mögliche, relative Gesamtfehler f_{Rq} von R_q?
e) Wie groß ist der maximal mögliche, relative Gesamtfehler f_{Ik} von I_k?

f) Geben Sie die Zahlenwerte für die Gesamtfehler f_{Rq} und f_{Ik} an.

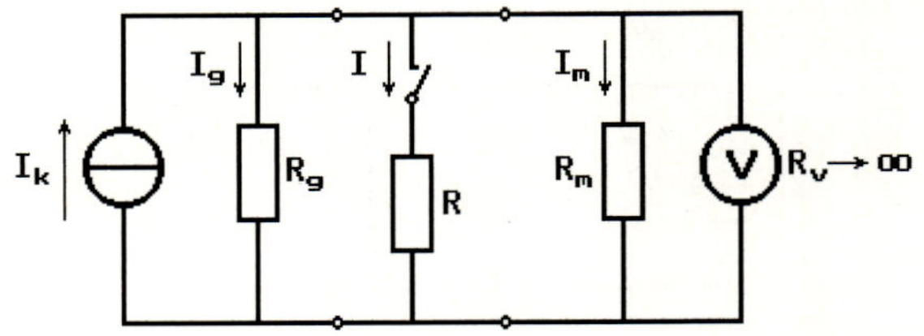

Bild 1.11

Lösung:

a) $$R_q = \frac{(U_1 - U_2)\ R\ R_m}{U_2(R + R_m) - U_1 R}$$

b) $$I_k = \frac{U_1\ U_2}{U_1 - U_2}\ \frac{1}{R}$$

c) $$R_q = 2\text{k}\Omega\ ;\ I_k = 0{,}1\text{A}$$

d)
$$f_{Rq} = \left|\frac{\Delta R_q}{R_q}\right| = \left|\frac{R}{R_q}\left(\frac{\partial R_q}{\partial R}\right)\right| f_R + \left|\frac{U_e}{R_q}\left\{\frac{\partial R_q}{\partial U_1} + \frac{\partial R_q}{\partial U_2}\right\}\right| f_e$$
$$= \frac{R_m}{U_2 R_m - (U_1 - U_2)R}\left\{U_2 f_R + \frac{(U_1 + U_2)}{(U_1 - U_2)} U_e\, f_e\right\}$$

e)
$$f_{Ik} = \left|\frac{\Delta I_k}{I_k}\right| = \left|\frac{R}{I_k}\frac{\partial I_k}{\partial R}\right| f_R + \left|\frac{U_e}{I_k}\left\{\frac{\partial I_k}{\partial U_1} + \frac{\partial I_k}{\partial U_2}\right\}\right| f_e = f_R + \frac{U_1^{\,2} + U_2^{\,2}}{U_1 U_2(U_1 + U_2)}\ U_e\, f_e$$

f) $$f_{R4} = 6{,}8\%;\ f_{Ik} = 2{,}2\%$$

Aufgabe 1.12: Vielfachinstrument. Bei dem in Bild 1.12 dargestellten Vielfachmessinstrument beträgt der Widerstand des Netzwerks zwischen den Buchsen 0 und 3 $R_{ges} = 120\ \Omega$. Der Messwerksstrom beträgt bei Vollausschlag $I_m = 10\ \mu\text{A}$. Der kleinste Spannungsmessbereich (Buchse 3) hat einen Wert von $U_3 = 6$ mV.

a) Wie groß ist der Strommessbereich I_3 an Buchse 3?

b) Man berechne den Vorwiderstand R_{V1}.

c) Wie groß ist der Widerstand R_S, der das Messwerk dämpft. Eine ideale Stromquelle ist an der Strombuchse 0 und 3 angebracht; der Innenwiderstand der Stromquelle ist unendlich? Wie groß wird R_S bei Einspeisung in einem anderen Strombuchsenpaar?

d) Wie groß sind die Widerstände R_{N1}, R_{N2} und R_{N3}?

e) Wie groß müssen die Widerstände R_{V2} und R_{V3} bemessen werden?

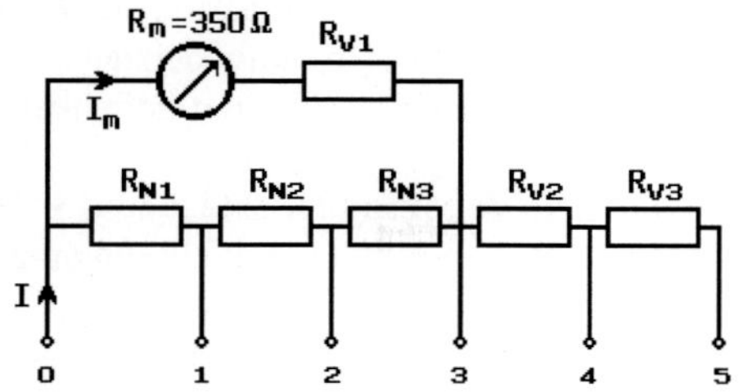

Bild 1.12

Buchsen 1, 2, 3: Strommessbereiche
Buchsen 3, 4, 5: Spannungsmessbereiche

Lösung:

a) $$I_3 = \frac{R_m + R_{V1} + R_{N1} + R_{N2} + R_{N3}}{(R_m + R_{V1})\ (R_{N1} + R_{N2} + R_{N3})} U_3 = 50\,\mu\text{A}$$

b) $$R_{V1} = \frac{U_3}{I_m} - R_m = 250\Omega$$

c) $$R_S = \frac{I_3}{(I_3 - I_m) I_m} U_3 = 750\Omega$$; R_S ist unabhängig vom gewählten Messbereich.

d)
$$R_{N1} + R_{N2} + R_{N3} = \frac{R_S I_m}{I_3} = 150\Omega;\ R_{N1} + R_{N2} = \frac{R_S I_m}{I_2} = 15\Omega;$$

$$R_{N1} = \frac{R_S I_m}{I_1} = 1{,}5\Omega;\ R_{N2} = 13{,}5\Omega;\ R_{N3} = 135\Omega$$

e) $$R_{V2} = R_{ges}\left(\frac{U_4}{U_3} - 1\right) = 1{,}08\,\text{k}\Omega$$

$$R_{V3} = (R_{ges} + R_{V2})\left(\frac{U_5}{U_4} - 1\right) = 10{,}8\,\text{k}\Omega$$

Aufgabe 1.13: Gegeben ist das in Bild 1.13 dargestellte Ersatzschaltbild für die Kompensationsmessung einer Spannung U_x.

a) Geben Sie die Kompensationsbedingung an: $U_x = f(R_k, I_H)$.
b) Berechnen Sie die Empfindlichkeit S für die Schaltung.

$$S = \frac{d\alpha}{dU_x} = f(R_i,\ R_g,\ R_k,\ R_{ges},\ c_i)$$

Für das Strommessgerät gilt $\alpha = c_i \cdot I_g$ mit der Geräte-Konstanten c_i.

c) Eine Spannungsquelle von $U_x = 1$ V soll kontrolliert werden. Das Strommessgerät hat eine Gerätekonstante von $c_i = 10^7$ mm/A. Die Hilfsspannung U_H beträgt 4 V, der Hilfsstrom $I_H = 100\ \mu A$. Berechnen Sie den Gesamtwiderstand R_{ges}. Geben Sie den Kompensationswiderstand R_k an. Berechnen Sie die Empfindlichkeit S mit $R_i \approx 0$ und $R_g = 500\ \Omega$.

d) Bestimmen Sie das Minimum der Empfindlichkeit aus b). Beachten Sie dabei, dass R_i und R_g konstant bleiben, d. h., berechnen Sie die Bedingung für die Variablen R_{ges} und R_k.

e) Geben Sie den maximal möglichen, relativen Fehler für die Bestimmung von U_x an:

$$f = \left| \frac{\Delta U_x}{U_x} \right|$$

f) Bei einer zweifachen Kompensation wird der Hilfsstrom I_H mit einem Spannungsnormal U_N und einem Präzisionswiderstand R_N eingestellt. Geben Sie den maximal möglichen, relativen Fehler für die Bestimmung von U_x an, wenn die Toleranz des Spannungs-normals 10^{-4} und die Toleranz der beiden Einstellwiderstände R_k und R_N $2 \cdot 10^{-4}$ beträgt.

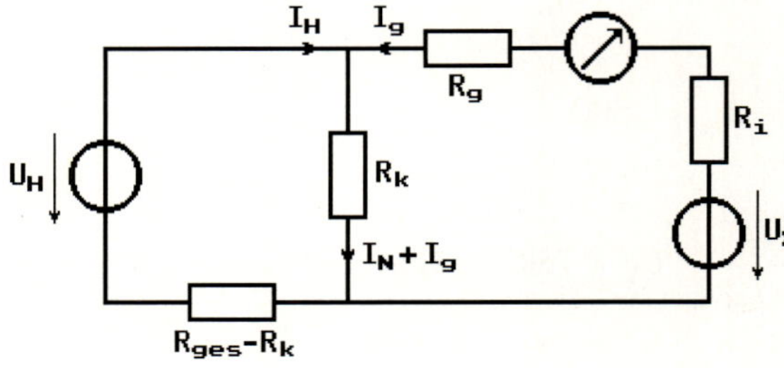

Bild 1.13

Lösung:

a) $$U_x = I_H \cdot R_k$$

b) $$S = \frac{c_i}{R_i + R_g + R_k - \dfrac{R_k^2}{R_{ges}}}$$

c) $$R_{ges} = 40\,\text{k}\Omega; \quad R_k = 10\,\text{k}\Omega; \quad S = 1250\,\frac{\text{mm}}{\text{V}}$$

d) $$2R_k = R_{ges}$$

e) $$f = \left|\frac{\Delta I_H}{I_H}\right| + \left|\frac{\Delta R_k}{R_k}\right|$$

f) $$\text{f} = \left|\frac{\Delta U_N}{U_N}\right| + \left|\frac{\Delta R_N}{R_N}\right| + \left|\frac{\Delta R_k}{R_k}\right| = 5 \cdot 10^{-4}$$

Aufgabe 1.14: Spannungsquelle. Mit Hilfe eines Spannungsmessgerätes (Voltmeter) soll eine Spannungsquelle (Leerlaufspannung U_q und Innenwiderstand R_q) bestimmt werden.
Gegeben sind

- ein Voltmeter mit der Klassengenauigkeit f_e (bezogen auf den Messbereichsendwert U_e) und dem Innenwiderstand R_m, sowie
- ein Messwiderstand R mit dem relativen Fehler f_R (Klassengenauigkeit).

Die Ersatzschaltung eines Voltmeters besteht aus der Parallelschaltung des Innenwiderstandes R_m und eines Anzeigeinstrumentes ($U_m = 0 ... U_e$) mit unendlich hohem Innenwiderstand. Der absolute Fehler $\Delta\ U_e$ des Voltmeters ist über den gesamten Messbereich konstant.
Die Spannungsquelle hat zwei unbekannte Größen (U_q, R_q), deshalb müssen zwei unabhängige Messungen zu ihrer Bestimmung durchgeführt werden.

Messung 1: Direkte Messung der Spannung an der Spannungsquelle mit dem Voltmeter. Die Anzeige des Voltmeters ist U_1.

Messung 2: Indirekte Messung an der Spannungsquelle mit dem Messwiderstand R, der als Vorwiderstand von das Voltmeter geschaltet ist. Die Anzeige des Voltmeters ist jetzt U_2.

a) Skizzieren Sie die Messschaltung. Zeichnen Sie alle relevanten Größen (Spannungen, Widerstände) ein. Zum Umschalten zwischen den beiden Messungen verwenden Sie einen Umschalter.
b) Berechnen Sie U_1 für die Messung 1 in Abhängigkeit von U_q, R_q und R_m.
c) Berechnen Sie U_2 für die Messung 2 in Abhängigkeit von U_q, R_q, R_m und R.
d) Wie groß ist der Innenwiderstand R_q?
e) Wie groß ist die Leerlaufspannung U_q ?
f) Wie groß ist der maximal mögliche, relative Gesamtfehler f_{Rq} von R_q mit f_e und f_R?
g) Wie groß ist der maximal mögliche, relative Gesamtfehler f_{Uq} von U_q mit f_e und f_R?
h) Zahlenwerte: Berechnen Sie R_q, U_q, f_{Rq} und f_{Uq} mit $R = 100\ \text{k}\Omega$, $R_m = 50\ \text{k}\Omega$, $U_1 = 10\ \text{V}$, $U_2 = 5\ \text{V}$, $f_R = 1\ \%$, $f_e = 0{,}5\ \%$ und $U_e = 10\ \text{V}$.

Lösung:

a) Schaltung siehe Bild 1.14

b) $$U_1 = U_q \frac{R_m}{R_q + R_m} = U_q \frac{1}{1 + \dfrac{R_q}{R_m}}$$

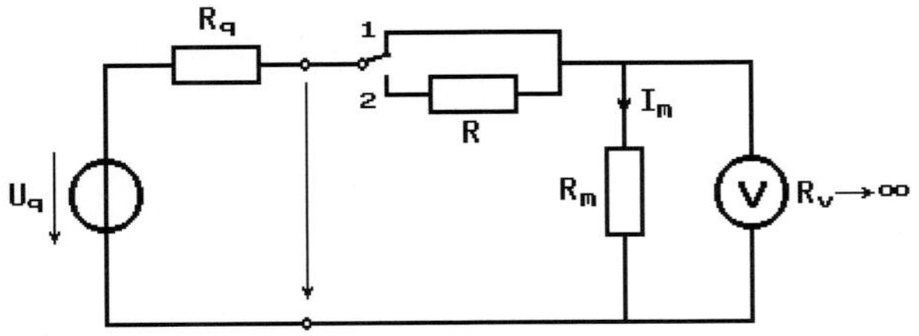

Bild 1.14

c) $$U_2 = U_q \frac{R_m}{R_q + R + R_m} = U_q \frac{1}{1 + \dfrac{R_q + R}{R_m}}$$

d) $$R_q = R \frac{U_2}{U_1 - U_2} - R_m = \frac{R\,U_2 - R_m(U_1 - U_2)}{U_1 - U_2}$$

e) $$U_q = \frac{R}{R_m} \frac{U_1\,U_2}{U_1 - U_2}$$

f)

$$|\Delta R_q| = \left|\frac{\partial R_q}{\partial U_1}\right| \Delta U_1 + \left|\frac{\partial R_q}{\partial U_2}\right| \Delta U_2 + \left|\frac{\partial R_q}{\partial R}\right| \Delta R$$

$$= \left\{ \left|\frac{\partial R_q}{\partial U_1}\right| + \left|\frac{\partial R_q}{\partial U_2}\right| \right\} U_e\,f_e + \left|\frac{\partial R_q}{\partial R}\right| R\,f_R$$

$$f_{Rq} = \left|\frac{\Delta R_q}{R_q}\right| = \frac{1}{U_1 - U_2} \frac{R}{R_m\left(\frac{U_q}{U_1} - 1\right)} \left\{\frac{U_1 + U_2}{U_1 - U_2}\, U_e\,f_e + U_2\,f_R\right\}$$

g) $$f_{Uq} = \left|\frac{\Delta U_q}{U_q}\right| = \left|\frac{\Delta R}{R}\right| + \left|\frac{\Delta R_m}{R_m}\right| + \left|\frac{U_2}{U_1(U_1 - U_2)}\,\Delta U_1\right| + \left|\frac{U_1}{U_2(U_1 - U_2)}\,\Delta U_2\right|$$

$$\Delta U_1 = \Delta U_2 = \Delta U_e$$

$$f_{Uq} = f_R + \frac{U_2^2 + U_1^2}{|U_1 - U_2|} \frac{U_e}{U_1\,U_2} f_e$$

h) $R_q = 50\,\mathrm{k\Omega}$; $U_q = 20\,\mathrm{V}$; $f_{Rq} = 8\%$; $f_{Uq} = 3{,}5\%$;

$\Delta U_q = 0{,}7\,\mathrm{V}$; $\Delta R_q = 4\,\mathrm{k\Omega}$

1.2 Wechselstrom und Wechselspannung

Aufgabe 1.15: Gegeben ist die in Bild 1.15 dargestellte Messschaltung mit idealen Dioden ($R = 0$ in Durchlassrichtung, $R \rightarrow \infty$ in Sperrichtung) und einem Drehspulmessinstrument (R_i = 0 Ω). Der Kondensator hat eine Kapazität von $C = 10\ \mu\text{F}$.

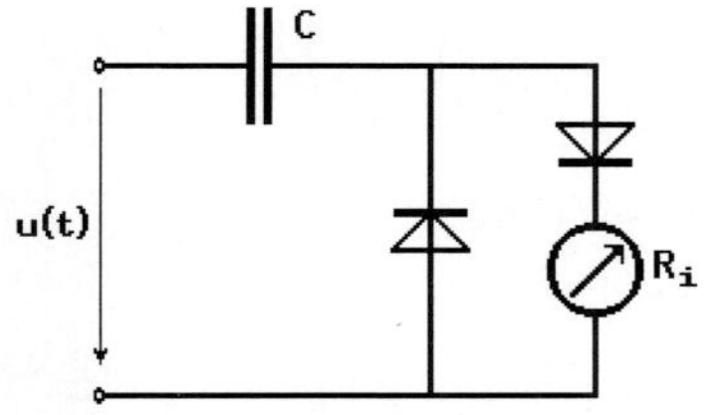

Bild 1.15

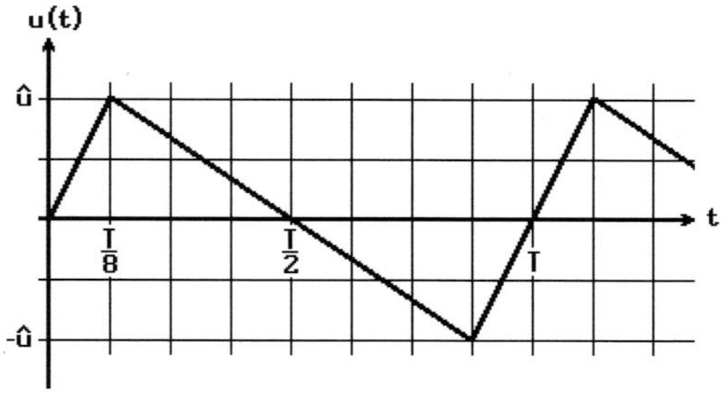

Bild 1.16

a) Berechnen Sie die Anzeige für den Spannungsverlauf nach Bild 1.16 ($T = 20$ ms, $\hat{u} = 1$ V).

b) Wie ändert sich die Anzeige nach Betrag und Vorzeichen, wenn das Messgerät in Reihe mit der anderen Diode gelegt wird?

Lösung:

a) $$u(t) = \begin{cases} 8\hat{u}\dfrac{t}{T} & \text{für } -\dfrac{T}{8} \leq t \leq \dfrac{T}{8} \\ \dfrac{4}{3}\hat{u}\left(1 - 2\dfrac{t}{T}\right) & \text{für } \dfrac{T}{8} \leq t \leq \dfrac{7}{8}T \end{cases}$$

$$i(t) = C\frac{\mathrm{d}u}{\mathrm{d}t} = \begin{cases} 8\dfrac{\hat{u}}{T}C \text{ für } -\dfrac{T}{8} \leq t \leq \dfrac{T}{8} \\ -\dfrac{8}{3}\dfrac{\hat{u}}{T}C \text{ für } \dfrac{T}{8} \leq t \leq \dfrac{7}{8}T \end{cases}$$

$$I_{\text{Anzeige}} = \frac{1}{T}\int_0^T i(t)\,\mathrm{d}t = \frac{1}{T}\int_{-\frac{T}{8}}^{\frac{7}{8}T} i(t)\,\mathrm{d}t = \frac{1}{T}\left\{\int_{-\frac{T}{8}}^{\frac{T}{8}} 8\frac{\hat{u}}{T}C\,\mathrm{d}t + \int_{\frac{T}{8}}^{\frac{7}{8}T} 0\,\mathrm{d}t\right\}$$

$$= 8\frac{\hat{u}}{T^2}C\int_{-T}^{\frac{T}{8}}\mathrm{d}t = 2\frac{\hat{u}}{T}C = 1\,\text{mA}$$

b)

$$I_{\text{Anzeige}} = \frac{1}{T}\int\limits_{-\frac{T}{8}}^{\frac{7}{8}T} i(t)\,\mathrm{d}t = \frac{1}{T}\left\{\int\limits_{-\frac{T}{8}}^{\frac{T}{8}} 0\,\mathrm{d}t + \int\limits_{\frac{T}{8}}^{\frac{7}{8}T}\left(-\frac{8}{3}\frac{\hat{u}}{T}C\right)\mathrm{d}t\right\}$$

$$= -\frac{8}{3}\frac{\hat{u}}{T^2}C\int\limits_{\frac{T}{8}}^{\frac{7}{8}T}\mathrm{d}t = -2\frac{\hat{u}}{T}C = -1\,\mathrm{mA}$$

Aufgabe 1.16: Gegeben ist die in Bild 1.17 dargestellte Messschaltung.

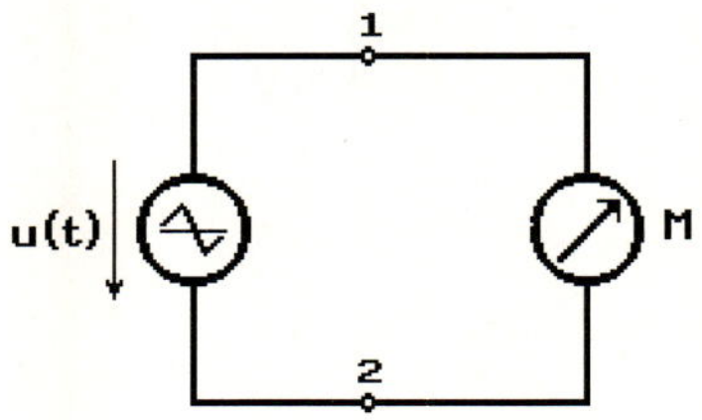

Bild 1.17

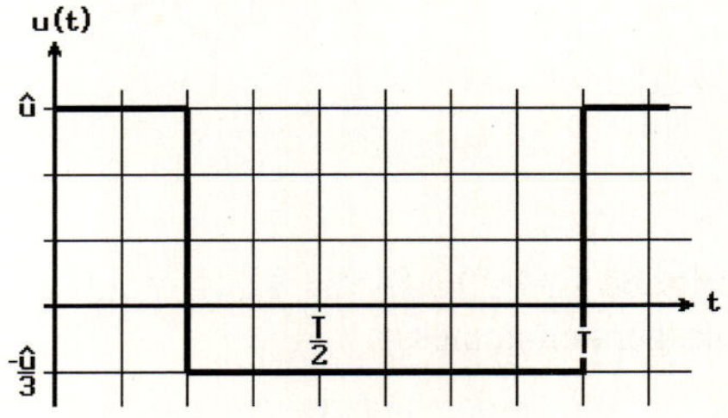

Bild 1.18

Die Spannung $u(t)$ zeigt einen Spannungsverlauf nach Bild 1.18. Der Innenwiderstand der Spannungsquelle ist Null. Bei Anschluss eines Dreheiseninstruments zeigt dieses einen Wert von $19/\sqrt{3}$ V an.

a) Berechnen Sie den Scheitelwert $\hat{u}$.
b) Welchen Wert zeigt ein Drehspulinstrument an?
c) Welchen Wert zeigt ein Drehspulinstrument mit vorgeschaltetem Thermokreuz an?
d) Welchen Wert zeigt ein Drehspulinstrument mit vorgeschaltetem Doppelweg-Gleichrichter an?

Lösung:

a) Ein Dreheisen-Messgerät zeigt den Effektivwert an.

$$U^2 = \frac{1}{T}\int\limits_0^T u^2(t)\,\mathrm{d}t = \frac{1}{T}\int\limits_0^{\frac{T}{4}} \hat{u}^2\,\mathrm{d}t + \frac{1}{T}\int\limits_{\frac{T}{4}}^{T}\left(-\frac{1}{3}\hat{u}\right)^2\mathrm{d}t$$

$$= \frac{1}{T}\hat{u}^2\, t\Big|_0^{\frac{T}{4}} + \frac{1}{T}\frac{\hat{u}^2}{9}t\Big|_{\frac{T}{4}}^{T} = \frac{1}{T}\hat{u}^2\frac{T}{4} + \frac{1}{T}\frac{\hat{u}^2}{9}\left(T - \frac{T}{4}\right) = \frac{\hat{u}^2}{4} + \frac{\hat{u}^2}{12} = \frac{\hat{u}^2}{3}$$

$$U = \sqrt{\frac{1}{T}\int\limits_0^T u^2(t)\,\mathrm{d}t} = \frac{\hat{u}}{\sqrt{3}} \quad ; \quad \hat{u} = \sqrt{3}\;U = \sqrt{3}\;\frac{19}{\sqrt{3}}\mathrm{V} = 19\mathrm{V}$$

b) arithmetischer Mittelwert ū

$$\overline{u} = \frac{1}{T}\int_0^T u(t)\,\mathrm{d}t = \frac{1}{T}\int_0^{\frac{T}{4}} \hat{u}\,\mathrm{d}t + \frac{1}{T}\int_{\frac{T}{4}}^{T}\left(-\frac{1}{3}\hat{u}\right)\mathrm{d}t$$

$$= \frac{1}{T}\hat{u}\frac{T}{4} - \frac{1}{T}\frac{\hat{u}}{3}\left(T - \frac{T}{4}\right) = \frac{\hat{u}}{4} - \frac{\hat{u}}{4} = 0$$

c) Effektivwert $U = \frac{19}{\sqrt{3}}\mathrm{V} \approx 10{,}97\,\mathrm{V}$

d) $$\overline{|u|} = \frac{1}{T}\int_0^T |u(t)|\,\mathrm{d}t = \frac{1}{T}\int_0^{\frac{T}{4}} \hat{u}\,\mathrm{d}t + \frac{1}{T}\int_{\frac{T}{4}}^{T}\left(\frac{1}{3}\hat{u}\right)\mathrm{d}t = \frac{\hat{u}}{2} = 9{,}5\,\mathrm{V}$$

Aufgabe 1.17: Die Spannung (sinusförmig, $\hat{u}$ = 100 V) nach Bild 1.19 wird mit verschiedenen Messgeräten gemessen.

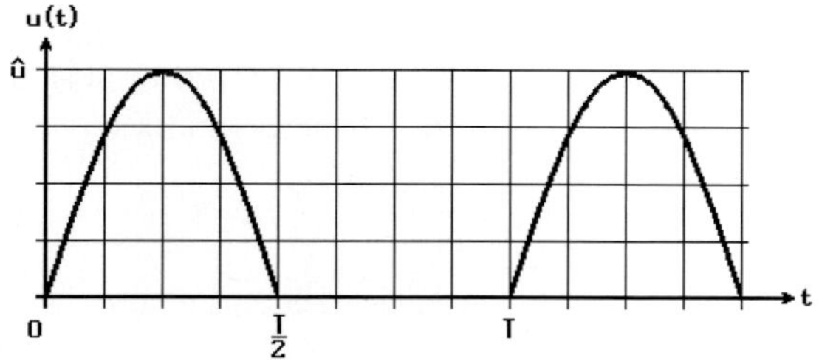

Bild 1.19

a) Welchen Wert zeigt ein Dreheisenmessgerät an?
b) Welchen Wert zeigt ein Drehspulinstrument an?
c) Welchen Wert zeigt ein elektrodynamisches Messwerk an?
d) Welchen Wert zeigt ein Drehspulinstrument mit vorgeschaltetem Einweg- bzw. Zweiweg-Gleichrichter an?

Lösung:

a) Effektivwert *U*

$$U^2 = \frac{1}{T}\int_0^T u^2(t)\,\mathrm{d}t = \frac{1}{T}\int_0^{\frac{T}{2}} (\hat{u}\ \sin\omega t)^2\,\mathrm{d}t = \frac{\hat{u}^2}{2T}\left(\int_0^{\frac{T}{2}}\mathrm{d}t - \int_0^{\frac{T}{2}}\cos(2\,\omega t)\,\mathrm{d}t\right)$$

$$= \frac{\hat{u}^2}{2T}\left(\frac{T}{2} - \left(-\frac{\sin(2\,\omega t)}{2\,\omega}\right)\Bigg|_0^{\frac{T}{2}}\right) = \frac{\hat{u}^2}{4} + \frac{\hat{u}^2}{8\,\pi}(\sin 2\pi - \sin 0) = \frac{\hat{u}^2}{4}$$

$$U = \frac{\hat{u}}{2} = 50\,\mathrm{V}$$

b) arithmetischer Mittelwert ū

$$\overline{u} = \frac{1}{T}\int_0^T u(t)\,\mathrm{d}t = \frac{1}{T}\int_0^{\frac{T}{2}} \hat{u}\,\sin\omega t\,\mathrm{d}t = \frac{\hat{u}}{T}\left(-\frac{\cos\omega t}{\omega}\right)\Bigg|_0^{\frac{T}{2}}$$

$$= -\frac{\hat{u}}{2\pi}(\cos\pi - \cos 0) = \frac{\hat{u}}{\pi} \approx 31{,}83\,\mathrm{V}$$

c) Effektivwert $U = \frac{\hat{u}}{2}$

d) $$\overline{|u|}_{\mathrm{Ein}} = \frac{1}{T}\int_0^{\frac{T}{2}} |u|\,\mathrm{d}t = \frac{1}{T}\int_0^{\frac{T}{2}} \hat{u}\,\sin\omega t\,\mathrm{d}t = \frac{\hat{u}}{\pi}$$

$$\overline{|u|}_{\mathrm{Zwei}} = \frac{1}{T}\int_0^{T} |u|\,\mathrm{d}t = \frac{1}{T}\int_0^{\frac{T}{2}} \hat{u}\,\sin\omega t\,\mathrm{d}t + 0 = \frac{\hat{u}}{\pi}$$

Aufgabe 1.18: Gegeben ist die in Bild 1.20 dargestellte Messschaltung. Der Innenwiderstand beider Spannungsquellen sei Null. Der Spannungsverlauf *u(t)* ist in Bild 1.21 dargestellt. An die Klemmen 1,2 werden folgende Messinstrumente angeschlossen:

M1 Drehspulinstrument, Vollausschlag 10 V
M2 Dreheiseninstrument, Vollausschlag 10 V
M3 Drehspulinstrument mit idealem Einweggleichrichter, Vollausschlag 10 V
M4 Drehspulinstrument mit idealem Zweiweggleichrichter,
Vollausschlag 10 V (M 4 in Effektivwerten für Sinusform geeicht)

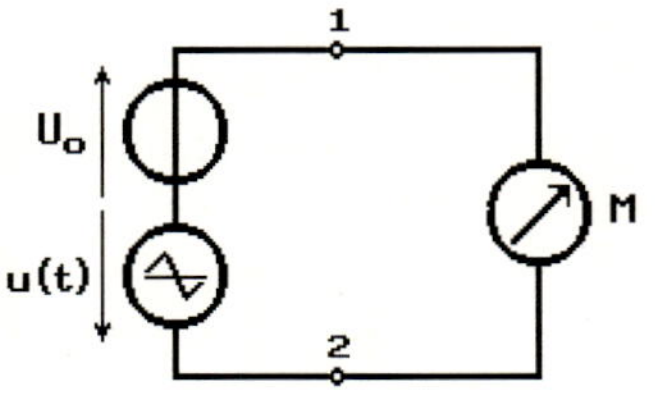

Bild 1.20

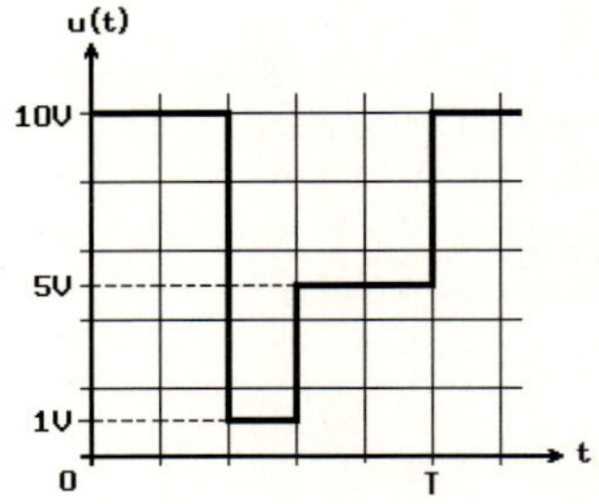

Bild 1.21

Wie groß ist der Anzeigewert der Messinstrumente M1 bis M4 für

a) $U_0 = 0$ V,
b) $U_0 = 7$ V?

Lösung:
M1: arithmetischer Mittelwert

$$U_{\mathrm{M1}} = \bar{u} = \frac{1}{T}\int_0^T u(t)\,\mathrm{d}t - U_0$$

$$= \frac{1}{T}\left\{\int_0^{\frac{2}{4}T}(10\,\mathrm{V})\,\mathrm{d}t + \int_{\frac{2}{5}T}^{\frac{3}{5}T}(1\,\mathrm{V})\,\mathrm{d}t + \int_{\frac{3}{5}T}^{T}(5\,\mathrm{V})\,\mathrm{d}t\right\} - U_0 = 6{,}2\,\mathrm{V} - U_0$$

a) $U_{\mathrm{M1}} = 6{,}2\,\mathrm{V}$; b) $U_{\mathrm{M1}} = -0{,}8\,\mathrm{V}$

M2: Effektivwert

$$U_{\mathrm{M2}}^{\;2} = \frac{1}{T}\left\{\int_0^T (u(t) - U_0)^2\,\mathrm{d}t\right\}$$

$$= \frac{1}{T}\left\{\int_0^{\frac{2}{3}T}(10\,\mathrm{V} - U_0)^2\,\mathrm{d}t + \int_{\frac{2}{5}T}^{\frac{3}{5}T}(1\,\mathrm{V} - U_0)^2\,\mathrm{d}t + \int_{\frac{3}{5}T}^{T}(5\,\mathrm{V} - U_0)^2\,\mathrm{d}t\right\}$$

a) $U_{\mathrm{M2}} \approx 7{,}085\,\mathrm{V}$; b) $U_{\mathrm{M2}} \approx 3{,}52\,\mathrm{V}$

M3: Einweg-Gleichrichtwert getrennt für positive und negative Spannungen notwendig.

$$U_{\mathrm{M3}}^{\;+} = \frac{1}{T}\int_0^T u^+(t)\,\mathrm{d}t \text{ mit } |u(t)|^+ = \begin{cases} |u(t) - U_0| & \text{für } u(t) - U_0 > 0 \\ 0 & \text{für } u(t) - U_0 < 0 \end{cases}$$

$$U_{\mathrm{M3}}^{\;-} = \frac{1}{T}\int_0^T u^-(t)\,\mathrm{d}t \text{ mit } |u(t)|^- = \begin{cases} 0 & \text{für } u(t) - U_0 > 0 \\ |u(t) - U_0| & \text{für } u(t) - U_0 < 0 \end{cases}$$

a) $U_{\mathrm{M3}} = U_{\mathrm{M3}}^{\;+} = U_{\mathrm{M3}}^{\;-} = U_{\mathrm{M1}} = 6{,}3\,\mathrm{V}$

b) $U_{\mathrm{M3}}^{\;+} = \frac{1}{T}\int_0^T |u(t)|^+\,\mathrm{d}t = \frac{1}{T}\int_0^{\frac{2}{5}T} |10\,\mathrm{V} - U_0|\,\mathrm{d}t = \frac{1}{T}\int_0^{\frac{2}{5}T}(3\,\mathrm{V})\,\mathrm{d}t = 1{,}2\,\mathrm{V}$

$$U_{\mathrm{M3}}^{\;-} = \frac{1}{T}\int_0^T |u(t)|^-\,\mathrm{d}t = \frac{1}{T}\left\{\int_{\frac{2}{5}T}^{\frac{3}{5}T} |1\,\mathrm{V} - U_0|\,\mathrm{d}t + \int_{\frac{3}{5}T}^{T} |5\,\mathrm{V} - U_0|\,\mathrm{d}t\right\}$$

$$= \frac{1}{T}\left\{\int_{\frac{2}{3}T}^{\frac{3}{5}T} |-6\,\mathrm{V}|\,\mathrm{d}t + \int_{\frac{3}{5}T}^{T} |-2\,\mathrm{V}|\,\mathrm{d}t\right\} = 2\,\mathrm{V}$$

M4: Zweiweg-Gleichrichtwert

$$U_{M4} = \frac{1}{T}\int_0^T |u(t) - U_0|\,dt$$

$$= \frac{1}{T}\left\{\int_0^{\frac{2}{5}T} |10\,V - U_0|\,dt + \int_{\frac{2}{3}T}^{\frac{3}{5}T} |1\,V - U_0|\,dt + \int_{\frac{3}{5}T}^{T} |5\,V - U_0|\,dt\right\}$$

a) $U_{M4} = 6{,}2\,V$; b) $U_{M4} = 3{,}2\,V$

Aufgabe 1.19: Berechnen Sie für den in Bild 1.22 dargestellten Amplitudenverlauf $u(t)$

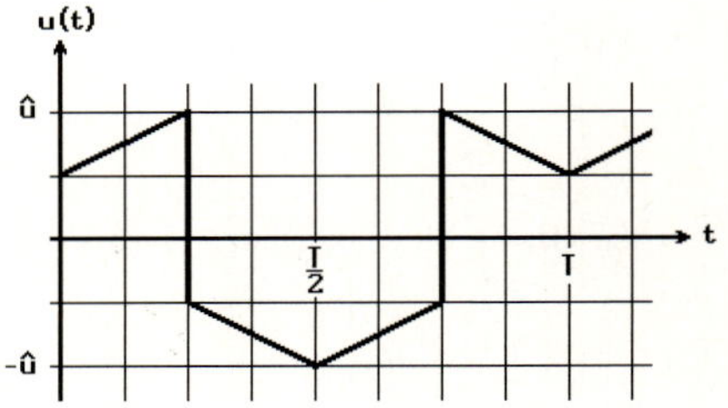

Bild 1.22

a) den Anzeigewert eines Dreheisenmesswerks,
b) eines Drehspulinstruments und
c) eines Drehspulinstruments mit Thermokreuz.

Lösung:

$$u(t) = \begin{cases} \frac{\hat{u}}{2}(1+4\frac{t}{T}) & \text{für } 0 \le t \le \frac{T}{4} \\ -2\hat{u}\frac{t}{T} & \text{für } \frac{T}{4} \le t \le \frac{T}{2} \\ \text{symmetrisch um } \frac{T}{2} & \end{cases}$$

a) und c)

$$U^2 = \frac{1}{T}\int_0^T u^2(t)\,dt = \frac{4}{T}\int_0^{\frac{T}{4}} \frac{\hat{u}^2}{4}(1+4\frac{t}{T})^2\,dt = \frac{7}{12}\hat{u}^2$$

$$U_{eff} = \sqrt{\frac{7}{12}}\,\hat{u} \approx 0{,}764\,\hat{u}$$

b) $\bar{u} = 0\,V$

Aufgabe 1.20: Gegeben ist die Funktion $u(t) = u_0 + u_1 \sin(\omega t) + u_2 \sin(2\omega t)$ mit der Nebenbedingung $u_0 \geq u_1 + u_2$.

Berechnen Sie
a) den arithmetischen Mittelwert,
b) den Gleichrichtwert.

Lösung:
a) $\overline{u} = u_0$; b) $\overline{|u|} = \overline{u}$

Aufgabe 1.21: Einweg-Gleichrichtung. Gegeben ist die in Bild 1.23 dargestellte Messschaltung. Die beiden Dioden D1 und D2 sind ideal, ebenso das Strommessgerät M ($R_M = 0\ \Omega$). Die Spule hat eine Induktivität von $L = 50$ mH. Der Scheitelwert $\hat{u}$ der Eingangsspannung $u(t)$ nach Bild 1.24 beträgt 1 V. Berechnen Sie den Anzeigewert I des Strommessgeräts für ein Drehspulmesswerk. Hinweis: Funktion nicht verschieben, Anfangswert $u(t = 0) = 0$, $u(t < 0) = 0$.

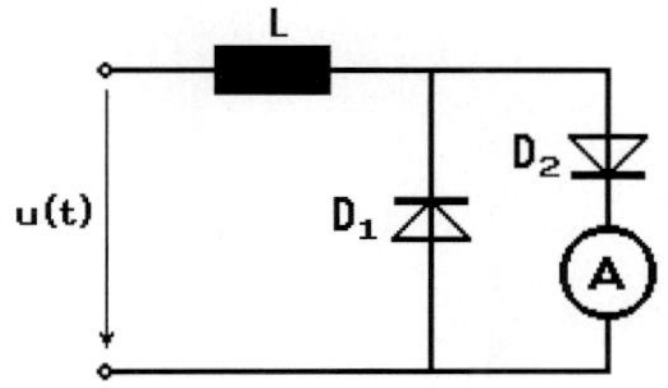

Bild 1.23

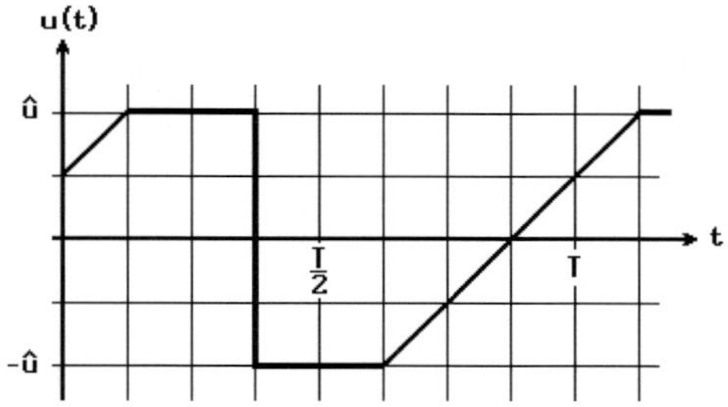

Bild 1.24

Lösung:

Strom durch die Spule L ergibt $i(t) = \frac{1}{L}\int u(t)\,\mathrm{d}t + C$ mit

$$u(t) = \begin{cases} \hat{u}\left(4\frac{t}{T} + \frac{1}{2}\right) & \text{für} \quad 0 \leq t \leq \frac{1}{8}T \\ \hat{u} & \text{für} \quad \frac{T}{8} \leq t \leq \frac{3}{8}T \\ -\hat{u} & \text{für} \quad \frac{3}{8}T \leq t \leq \frac{5}{8}T \\ \hat{u}\left(\frac{4}{T}\left(t - \frac{5}{8}T\right) - 1\right) & \text{für} \quad \frac{5}{8} \leq t \leq T \end{cases}$$

$$\text{d.h.}\qquad i(t) = \begin{cases} \dfrac{\hat{u}}{L}\left(\dfrac{2}{T}t^2 + \dfrac{t}{2}\right) & \text{für}\quad 0 \le t \le \dfrac{1}{8}T \\ \dfrac{\hat{u}}{L}\left(t - \dfrac{1}{32}T\right) & \text{für}\quad \dfrac{1}{8}T \le t \le \dfrac{3}{8}T \\ -\dfrac{\hat{u}}{L}\left(t - \dfrac{23}{32}T\right) & \text{für}\quad \dfrac{3}{8}T \le t \le \dfrac{5}{8}T \\ \dfrac{\hat{u}}{L}\left(\dfrac{2}{T}\left(t - \dfrac{5}{8}T\right)^2 - t + \dfrac{23}{32}T\right) & \text{für}\quad \dfrac{5}{8}T \le t \le T \end{cases}$$

Nullstellen von $i(t)$:

$$\frac{\hat{u}}{L}\left(\frac{2}{T}\left(t - \frac{5}{8}T\right)^2 - t + \frac{23}{32}T\right) = 0 \;\;;\text{d.h.}\qquad t_1 = \frac{3}{4}T;\; t_2 = T$$

Strom durch das Drehspulmessgerät (Einweg-Gleichrichtwert):

$$\overline{|i|}_{\text{Einweg}} = \frac{1}{T}\int_0^T i_1(t)\,\mathrm{d}t \quad \text{mit}$$

$$i_1(t) = \begin{cases} \dfrac{\hat{u}}{L}\left(\dfrac{2}{T}t^2 + \dfrac{t}{2}\right) & \text{für}\quad 0 \le t \le \dfrac{1}{8}T \\ \dfrac{\hat{u}}{L}\left(t - \dfrac{1}{32}T\right) & \text{für}\quad \dfrac{1}{8}T \le t \le \dfrac{3}{8}T \\ -\dfrac{\hat{u}}{L}\left(t - \dfrac{23}{32}T\right) & \text{für}\quad \dfrac{3}{8}T \le t \le \dfrac{5}{8}T \\ \dfrac{\hat{u}}{L}\left(\dfrac{2}{T}\left(t - \dfrac{5}{8}T\right)^2 - t + \dfrac{23}{32}T\right) & \text{für}\quad \dfrac{5}{8}T \le t \le \dfrac{3}{4}T \end{cases}$$

$$\text{ergibt}\qquad \overline{|i|}_{\text{Einweg}} = \frac{\hat{u}}{L}\,T\,\frac{23}{192} \approx 2{,}3958\,\text{A}\,\frac{T}{s}\;.$$

Aufgabe 1.22: Spitzenwert-Gleichrichtung [3]. Gegeben ist ein Drehspulmessgerät mit einem Endausschlag bei $I_M = 10$ µA und $U_M = 100$ mV. Die Skala ist linear und in 100 Teile eingeteilt. Das Messgerät soll für sinusförmige Spannung in Effektivwerten geeicht werden. Dazu wird die in Bild 1.25 dargestellte Schaltung verwendet.

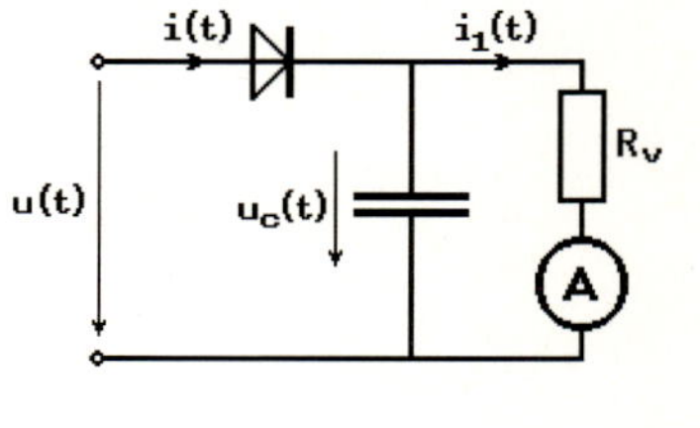

Bild 1.25

a) Zeichnen Sie den zeitlichen Verlauf der Spannung $u_C(t)$ am Kondensator C. $u(t)$ sei sinusförmig.

b) Berechnen Sie den Widerstand R_V und den Kondensator C, wenn der Fehler ϵ bei einer unteren Grenzfrequenz f_u = 100 Hz nicht größer als 2,5 % sein soll und bei U_{eff} = 10 V Vollausschlag herrschen soll, wobei $u(t) = \sqrt{2}\, U_{eff} \sin(\omega t) = \hat{u} \sin(\omega t)$.
Der Spannungsabfall am Kondensator erfolgt gemäß

$$\frac{u_C(t)}{U_{C0}} = e^{-\frac{t}{T}} \approx \left(1 - \frac{t}{T}\right) \text{ mit } t_0 \ll T;\quad T = RC\ .$$

Zur Erläuterung von ϵ vergleiche die Skizze nach Bild 1.26.

c) Was zeigt das Instrument an, wenn die angelegte Spannung $u(t)$ einen Verlauf nach Bild 1.27 hat?

d) Was zeigt das Instrument an, wenn eine Gleichspannung von U = 100 V angelegt wird?

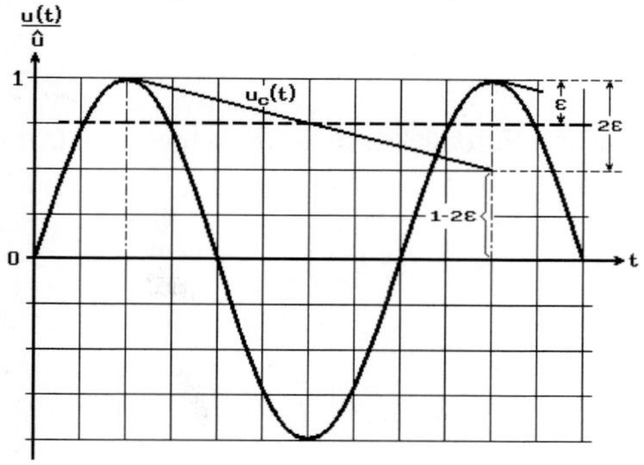

Bild 1.26

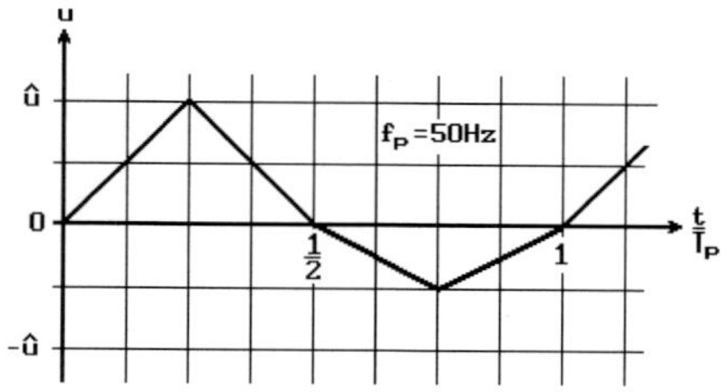

Bild 1.27

Lösung:

a)

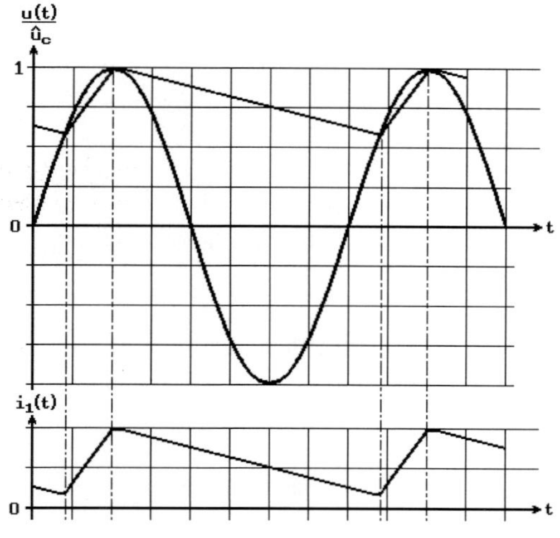

Bild 1.28

b) Innenwiderstand des Messgerätes $R_i = \dfrac{U_M}{I_M} = 10\,\text{k}\Omega$

Vollausschlag bei $\hat{u} = U_{\text{eff}}\sqrt{2} \approx 14{,}142\,\text{V}$

Vorwiderstand $R_V = R_i\left(\dfrac{\hat{u}}{U_M} - 1\right) \approx 1{,}4042\,\text{M}\Omega$

Spannungsverlauf an C $\dfrac{u_C(t)}{U_{C0}} = \dfrac{u_C(t)}{\hat{u}} = 1 - 2\varepsilon \approx 1 - \dfrac{t}{T}$

Zeitkonstante $T = \dfrac{t}{2\varepsilon} = \dfrac{1}{2f\varepsilon} \approx 0{,}2\,s$, daraus

$$C = \frac{T}{R_i + R_V} = \frac{1}{2f\varepsilon(R_1 + R_V)} \approx 141{,}4\,\text{nF}$$

c) Bestimmung des Schnittpunktes der linearen Entladekurve des Kondensators C mit der angelegten Spannung $u(t)$ zum Zeitpunkt t_x.

$$t_x = \frac{4T_pT}{4T + T_p} \approx 19{,}5\,\text{ms} \;\text{ mit }\; T_p = 20\,\text{ms}$$

$$\bar{u} = \frac{1}{T_p}\int_0^{T_p} u'(t)\,\text{d}t \approx 0{,}904\,\hat{u} \quad \text{mit} \quad u'(t) = \begin{cases} \hat{u}\left(1 - \dfrac{t_x}{T}\right) & \text{für } 0 \le t \le t_x \\ \hat{u}\left(\dfrac{t}{T_p} - 3\right) & \text{für } t_x \le t \le T_p \end{cases}$$

$$U_{\text{Anz}} = \frac{\bar{u}}{\sqrt{2}} \approx 0{,}6647\,\hat{u}$$

d) $$U_{\text{Anz}} = \frac{\bar{u}}{\sqrt{2}} = \frac{U}{\sqrt{2}} \approx 70{,}71\,\text{V}$$

Messgerät überlastet, da auf $U_{\text{eff}} = 10$ V Vollausschlag ausgelegt.

Aufgabe 1.23: Eine zeitlich veränderliche Spannung hat folgenden Verlauf:

$$u(\omega t) = \frac{1}{2}\hat{u}\,\sin(\omega t) + \frac{1}{3}\hat{u}\,\sin(3\,\omega t)$$

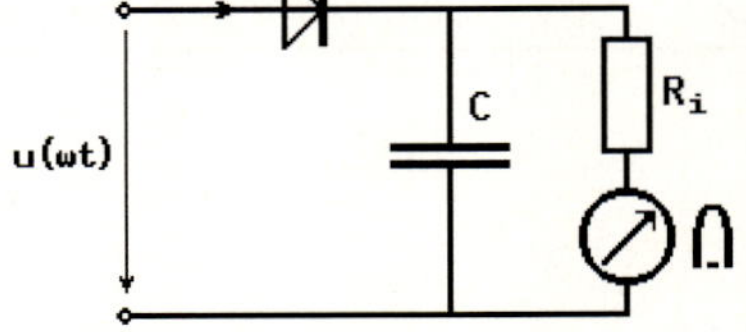

Bild 1.29

a) Skizzieren Sie den Verlauf von $u(\omega t)$.
b) Was zeigt ein Drehspulgerät mit Doppelweg-Gleichrichter an?
c) Es wird die in Bild 1.29 dargestellte Messschaltung wird verwendet.
Geben Sie die Anzeige des Drehspulgeräts an. Dabei gilt: $R_i\, C \gg T\,;\; T = 2\,\pi/\omega$.

Lösung:

a)

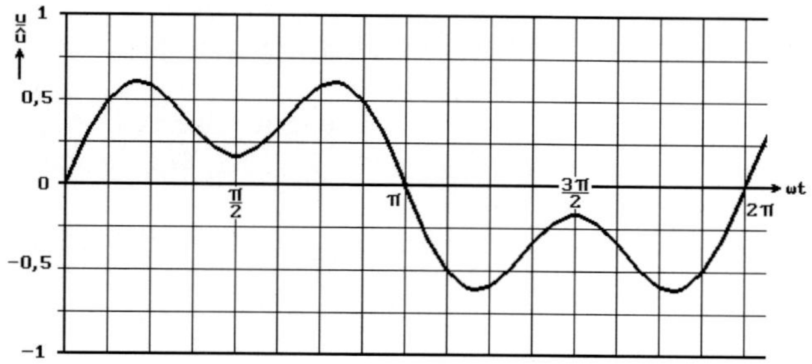

Bild 1.30

b)

$$U_{Anz} = \overline{|u|} = \frac{1}{T}\int_0^T |u(t)|\,dt = \frac{2}{T}\int_0^{\frac{T}{2}} |u(t)|\,dt$$

$$= \frac{2}{T}\,\hat{u}\int_0^{\frac{T}{2}} \left|\frac{1}{2}\sin\omega t + \frac{1}{3}\sin 3\,\omega t\right| dt = \frac{11}{9\pi}\,\hat{u} \approx 0{,}389\,\hat{u}$$

c) Spitzenwertgleichrichtung. Maximum von $u\,(t)$ bei $u'(t) = 0$, d. h.

$$\cos\omega t' = \pm\sqrt{\frac{5}{8}};\quad \omega t' = \arccos\sqrt{\frac{5}{8}} \approx 0{,}659;$$

$$U_{Anz} = u_{max} = \left(\frac{1}{2}\sin\omega t' + \frac{1}{3}\sin\omega t'\right)\hat{u} \approx 0{,}612\,\hat{u}$$

Aufgabe 1.24: Vielfachmessgerät. Gegeben sei das in Bild 1.31 dargestellte Drehspulmesswerk (U_{max} = 0,1V, 1000 Ω/V, Klasse 1,5). Mit Hilfe der angegebenen Schaltung soll eine Messbereichserweiterung vorgenommen werden. Folgende Messbereiche sollen einstellbar sein: Spannung U_i : 0,2V / 2V / 20V, Strom I_i : 2mA / 20mA / 200mA.

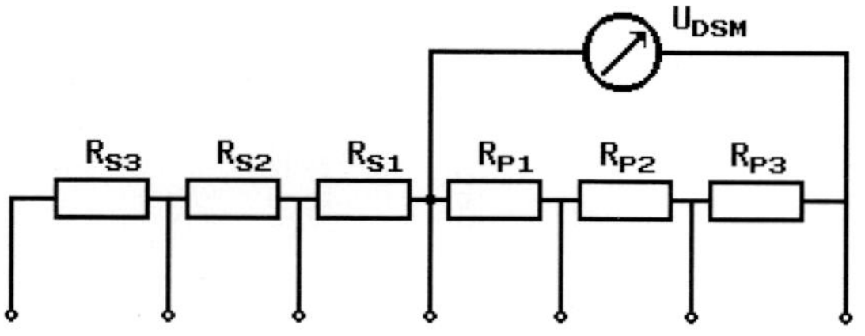

Bild 1.31

a) Berechnen Sie allgemein die Werte der Widerstände R_{P1} bis R_{P3} und R_{S1} bis R_{S3}.
b) Setzen Sie die Zahlenwerte ein. Wie groß sind die Widerstände?

c) Berechnen Sie für den größten Strommessbereich (I_{max}) allgemein den wahrscheinlichen Fehler ΔI, wenn die Widerstände mit einem relativen Fehler f_R und der Strommessbereich mit einem relativen Fehler von f_I behaftet sind.

d) Wie groß ist der maximal mögliche Fehler $|\Delta I|$ für dem größten Strommessbereich I_{max}? Es sind dieselben Fehler wie unter Teilaufgabe c) gegeben.

e) Berechnen Sie den Zahlenwert von $|\Delta I|$ für $f_R = 0{,}1\ \%$ bei $I_{max} = 200$ mA.

f) Mit dem Messgerät sollen auch Wechselgrößen gemessen werden. Hierzu ist ein Brückengleichrichter (Graetz-Schaltung) in die Schaltung zu integrieren. Skizzieren Sie eine geeignete Schaltung.

g) An den Eingang mit dem größten Spannungsmessbereich U_{max} wird eine Spannung $u_e(t) = \hat{u}\sin(\omega t)$ angelegt. Wie groß ist $\hat{u}$ bei Vollausschlag des Messgeräts. Hinweis: Formfaktor $f_K(\sin) = 1{,}11$.

h) Berechnen Sie den Zahlenwert von $\hat{u}$ für $U_{max} = 20$ V. Gegeben ist das Signal nach Bild 1.32.

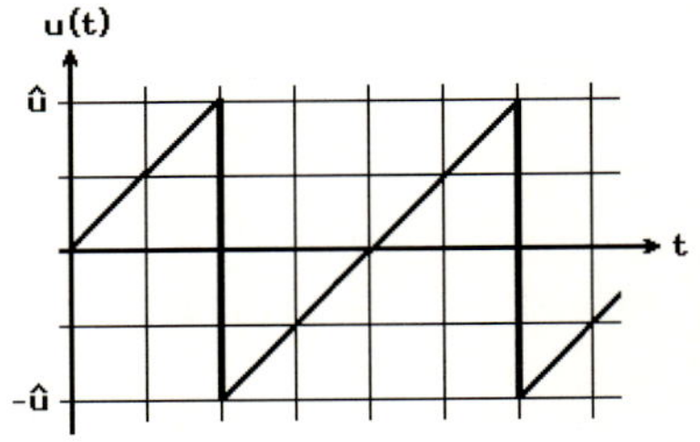

Bild 1.32

i) Berechnen Sie den Formfaktor f_K und den Crest-Faktor f_S.

Lösung:

a)
$$R_{p,ges} = \frac{R_M I_M}{I_1 - I_M}; \qquad R_{p3} = \frac{I_M}{I_3}(R_{p,ges} + R_M);$$

$$R_{p2} = \frac{I_M}{I_2}(R_{p,ges} + R_M) - R_{p3}; \qquad R_{p1} = R_{p,ges} - R_{p2} - R_{p3}$$

$$R_p = R_M \parallel R_{p,ges} \text{ ,d.h. } I = I_1 = \frac{U_{M,max}}{R_p}$$

$$R_{s1} = \frac{U_1}{I} - R_p \qquad (U_1 = 0{,}2\,\text{V})$$

$$R_{s2} = \frac{U_2}{I} - R_p - R_{s1} \qquad (U_2 = 2\,\text{V})$$

$$R_{s3} = \frac{U_3}{I} - R_p - R_{s1} - R_{s2} \qquad (U_3 = 20\,\text{V})$$

b) $R_{p,ges} = 100\,\Omega;\; R_{p3} = 1\,\Omega;\; R_{p2} = 9\,\Omega;\; R_{p1} = 90\,\Omega;\; R_p = 50\,\Omega;\; I = 2\,\text{mA};$
$R_{s1} = 50\,\Omega;\; R_{s2} = 900\,\Omega;\; R_{s3} = 9000\,\Omega$

c) $$\Delta I = \sqrt{\left(\frac{\mathrm{d}I}{\mathrm{d}R_{p1}}\Delta R_{p1}\right)^2 + \left(\frac{\mathrm{d}I}{\mathrm{d}R_{p2}}\Delta R_{p2}\right)^2 + \left(\frac{\mathrm{d}I}{\mathrm{d}R_{p3}}\Delta R_{p3}\right)^2 + \left(\frac{\mathrm{d}I}{\mathrm{d}I_M}\Delta I_M\right)^2}$$

$$\Delta I = \frac{I_M}{R_{p3}}\sqrt{\left\{R_{p1}^{\;2} + R_{p2}^{\;2} + (R_{p1} + R_{p2} + R_M)^2\right\} f_R^{\;2} + (R_{p1} + R_{p2} + R_{p3} + R_M)^2 f_I^2}$$

d) $$|\Delta I| = \left|\frac{\mathrm{d}I}{\mathrm{d}R_{p1}}\right| |\Delta R_{p1}| + \left|\frac{\mathrm{d}I}{\mathrm{d}R_{p2}}\right| |\Delta R_{p3}| + \left|\frac{\mathrm{d}I}{\mathrm{d}R_{p3}}\right| |\Delta R_{p3}| + \left|\frac{\mathrm{d}I}{\mathrm{dI}_M}\right| |\Delta I_M|$$

$$|\Delta I| = \frac{I_M}{R_{p3}}\{R_{p1} + R_{p2} + R_{p3})(f_R + f_I) + R_M f_I\}$$

e) $|\Delta I| = 0{,}003\,\text{A}$

f) Messschaltung siehe Bild 1.33 oder Bild 1.34

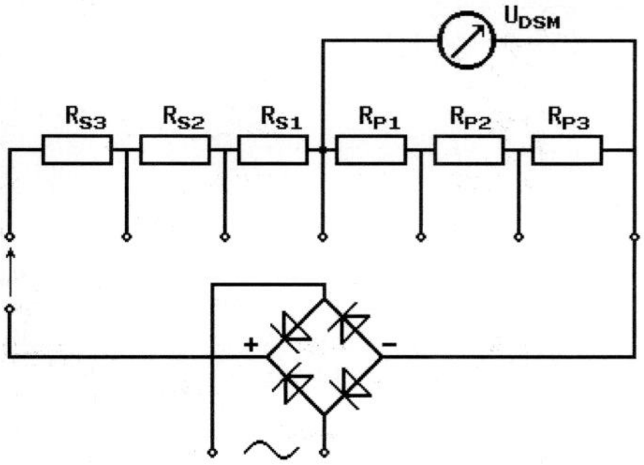

Bild 1.33

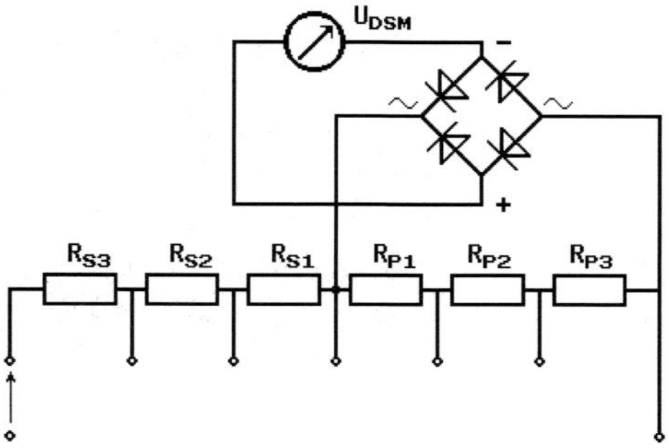

Bild 1.34

g) $\hat{u} = \overline{|u_e|}\, f_K \sqrt{2} = U_{max} f_K \sqrt{2}$

h) $\hat{u} = 31{,}4\,\text{V}$

i) $f_K = \frac{2}{\sqrt{3}};\; f_S = \sqrt{3}$

Aufgabe 1.25: Gegeben ist die in Bild 1.35 dargestellte Schaltung mit den Widerständen R_G = 10 Ω, R = 40 Ω und der Generatorspannung $u_g(t)$ (Bild 1.36).

a) Zeichnen Sie den Graphen des Stroms $i(t)$ und tragen Sie charakteristische Wert ein.

b) Wie groß sind der lineare arithmetische Mittelwert $\overline{i}$ und der Gleichrichtwert $\overline{|i|}$?

c) Berechnen Sie den Effektivwert I_{eff}.

d) Wie groß ist die Wirkleistung P, die im Verbraucher R umgesetzt wird und welches

Messwerk würden Sie zu deren Messung einsetzen. Nur ein Messwerk steht zur Verfügung und R ist bekannt.

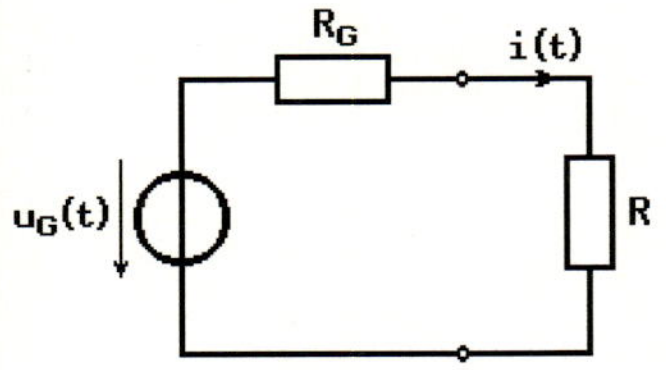

Bild 1.35

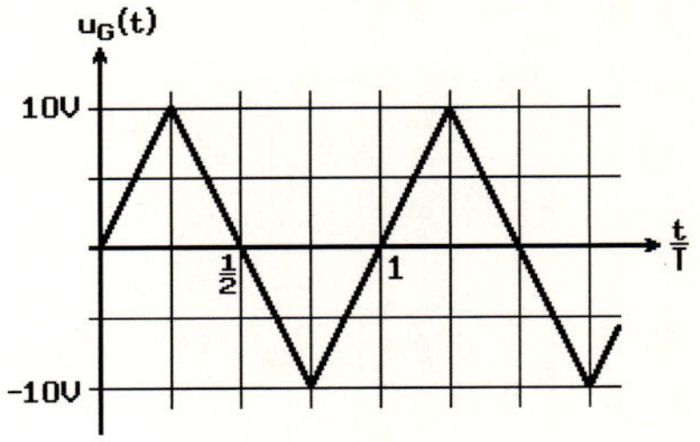

Bild 1.36

Lösung:

a) siehe Bild 1.37

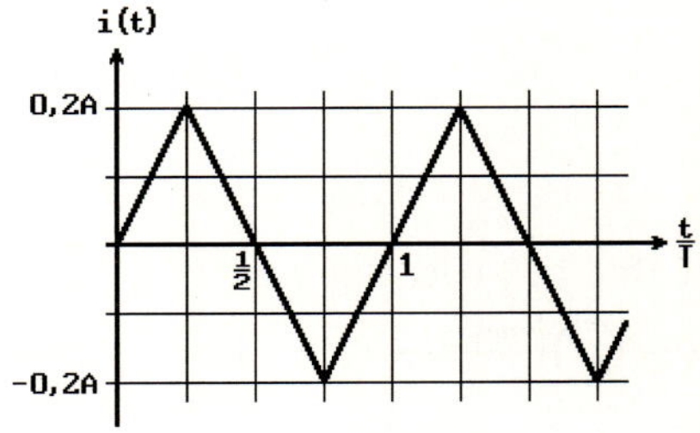

Bild 1.37

b) $\overline{i} = 0 \; ; \; \overline{|i|} = 0{,}1\,\text{A}$

c) $$I_{\text{eff}} = \sqrt{\frac{1}{T}\int_0^T i^2(t)\,\mathrm{d}t} = \sqrt{\frac{2}{T}\int_0^{\frac{T}{2}} i^2(t)\,\mathrm{d}t} = \sqrt{\frac{4}{3}}\,10^{-1}\,\text{A} \approx 0{,}115\,\text{A}$$

$$i(t) = \begin{cases} \frac{4}{5}\frac{t}{T}\,\text{A} & \text{für} \quad 0 \le t \le \frac{T}{4} \\ \frac{2}{5}\left(1 - 2\frac{t}{T}\right)\text{A} & \text{für} \quad \frac{T}{4} \le t \le \frac{T}{2} \end{cases}$$

d) $P = I_{\text{eff}}^2\,R = \frac{8}{15}\,\text{W} \approx 0{,}533\,\text{W}$, z. B. Dreheisenmessgerät.

Aufgabe 1.26: Die Skala eines Spannungsmessers mit Drehspulmessgerätes ist mit Gleichspannung geeicht worden. Um jetzt Wechselspannungen messen zu können, wird dem Instrument ein Zweiweggleichrichter (ideales Verhalten) vorgeschaltet.

a) Gemessen wird eine sinusförmige Wechselspannung. Der Zeiger stellt sich auf den Skalenwert $U_{\text{anz},1} = 106$ V ein. Wie groß ist der Effektivwert $U_{\text{eff},1}$?

b) Wie groß ist der Effektivwert $U_{\text{eff},2}$ der Wechselspannung, wenn anstelle des Zweiweg- ein Einweg-Gleichrichter verwendet wird, und die Anzeige wiederum $U_{\text{anz},2} = 106$ V beträgt?

c) Es wird eine dreieckförmige Wechselspannung an das Gerät gelegt. Die Anzeige beträgt $U_{\mathrm{anz},3} = 106$ V. Wie groß ist der Effektivwert $U_{\mathrm{eff},3}$?

Lösung:

a) $$U_{\mathrm{eff},1} = \overline{|u|}\; k_{\mathrm{F,Sinus}} = U_{\mathrm{anz},1} \frac{\pi}{2\sqrt{2}} \approx 117{,}7\,\mathrm{V}$$

b) $$U_{\mathrm{eff},2} = \overline{|u|}\; \frac{1}{2}\; k_{\mathrm{F,Sinus}} = U_{\mathrm{anz},2} \frac{\pi}{\sqrt{2}} \approx 235{,}5\,\mathrm{V}$$

c) $$\overline{|u|} = \frac{\hat{u}}{2} \;;\quad U_{\mathrm{eff},3} = \overline{|u|}\; k_{\mathrm{F,Dreieck}} = 106\,\mathrm{V}\, \frac{2}{\sqrt{3}} \approx 122{,}4\,\mathrm{V}$$

Aufgabe 1.27: Echteffektivwertmessung

a) Leiten Sie aus der Definition des Effektivwertes die Größe U_{eff} für ein sinusförmiges Signal $u(t)$ her.

b) Welche Eigenschaften muss ein Messgerät zur Echteffektivwertmessung haben? Nennen Sie mindestens 3 Beispiele solcher Messgeräte.

c) Gegeben ist das in Bild 1.38 dargestellte Blockschaltbild. Die Größe u wurde zum Zeitpunkt $t = 0$ vor langer Zeit angelegt. Was stellt die Ausgangsgröße v für die Eingangsgröße u dar?

d) Gegeben ist das periodische Signal $u(t)$.

$$\frac{u(t)}{\hat{u}} = \begin{cases} 0 & \text{für } 0 \le \omega t < \alpha,\ \pi - \alpha \le \omega t < \pi + \alpha,\ 2\pi - \alpha \le \omega t < 2\pi, \ldots \\ 1 & \text{für } \alpha \le \omega t < \pi - \alpha, \ldots \\ -1 & \text{für } \pi + \alpha \le \omega t < 2\pi - \alpha, \ldots \end{cases}$$

Berechnen Sie den Effektivwert U_{eff} und den Formfaktor k_{F} in Abhängigkeit von

$$\eta = \frac{\pi - 2\alpha}{2\pi} \quad \text{und } \hat{u}.$$

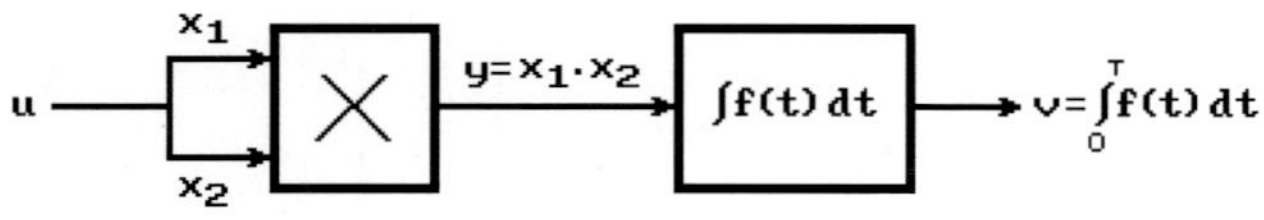

Bild 1.38

Lösung:

a) $$u(t) = \hat{u} \sin\omega t \;;\quad U_{\mathrm{eff}} = \frac{\hat{u}}{\sqrt{2}}$$

b) Messgeräte, deren Ausschlag dem Quadrat der Messgröße (Strom oder Spannung) proportional sind, z. B. Dreheisen, elektrodynamisches Messgerät, elektrostatisches Messgerät, Messgerät mit Thermoumformer.

c) $$v = \int_0^t y(\tau)\,\mathrm{d}\tau = \int_0^T u^2(\tau)\,\mathrm{d}\tau \sim U_{\mathrm{eff}}^2$$

d) $$U_{\mathrm{eff}} = \sqrt{2}\,\hat{u}\,\sqrt{\eta}\;;\;\text{Formfaktor: } k_F = \frac{U_{\mathrm{eff}}}{\overline{|u|}} = \sqrt{\frac{1}{2\eta}}$$

Aufgabe 1.28: Mit einem Drehspulinstrument mit Innenwiderstand R_i soll die Gleichspannung U gemessen werden. Zur Strombegrenzung dient dabei ein Vorwiderstand R_v.

a) Zeichnen Sie das zugehörige Schaltbild mit allen Strömen und Spannungen.

b) Der Messbereichsendwert betrage $U_{m,max}$; für die Amplitude der zu messenden Spannung gelte $U > U_{m,max}$. Berechnen Sie den minimalen Wert für R_v, der benötigt wird, um U zu messen. Der maximale Strom durch das Messwerk ist mit I_{max} gegeben.

c) Zu welcher Größe des Schaltbildes in a) ist die Anzeige des Drehspulinstrumentes proportional?

d) Berechnen Sie damit den maximal möglichen relativen Anzeigefehler, wenn für die absoluten Fehler von R_v und R_i die Werte ΔR_v und ΔR_i gegeben sind. R_v und R_i seien bekannt. Beachten Sie, dass nur eine Umskalierung der Anzeige durchgeführt wird!

e) Zwei antiparallel geschaltete Dioden mit der in Bild 1.39 gezeigten Strom-Spannungs-Kennlinie werden zum Schutz parallel zum Messwerk geschaltet. Die Schwellspannung der Dioden beträgt U_s. Zeichnen Sie das vollständige Schaltbild mit allen Strömen und Spannungen.

f) $u\,(t)$ habe nun einen sinusförmigen Verlauf $\square(t) = \hat{u}\sin(\omega t)$.

Zeichnen Sie u(t), den Strom i_m(t) durch das Messwerk und einen Diodenstrom i_D(t) über der Zeit t für eine vollständige Periode T, wenn gilt: $\hat{u}$ = 2 V Schwellspannung der idealen Dioden U_s = 0,7 V, R_i = 700 Ω. Wird das Messwerk ausreichend geschützt, wenn I_{max} = 1 mA?

g) Was zeigt das Drehspulinstrument unter f) an?

h) Berechnen Sie für g) den Anzeigewert des Instruments mit einem direkt vor das Drehspulinstrument geschaltetem idealen Gleichrichter in Abhängigkeit der Größen

$\hat{u}$, U_s, R_v, R_i und $I_{m,max}$. Was wird angezeigt?

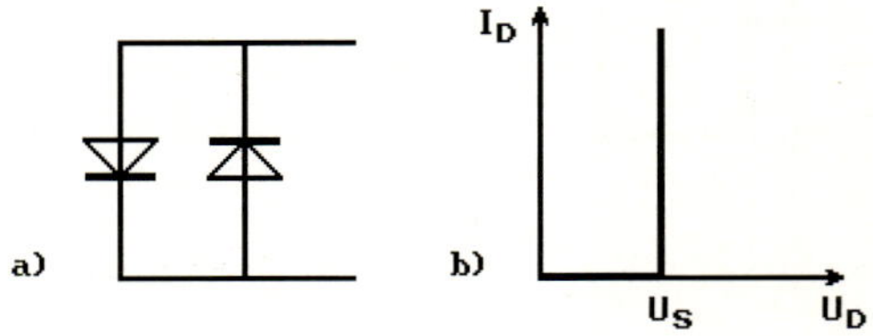

Bild 1.39

Lösung:

a) Siehe Bild 1.40

b) $$R_{V,min} = \frac{U_{RV}}{I_{max}} = \frac{U - U_{m,max}}{I_{max}}$$

c) $\alpha_{\text{Drehspul}} \sim I_m$

d) $$\left|\frac{\Delta U_m}{U_m}\right| = \left|\frac{\Delta I_m}{I_m}\right| = \frac{|\Delta R_V| + |\Delta R_i|}{R_V + R_i}$$

e) Siehe Bild 1.41

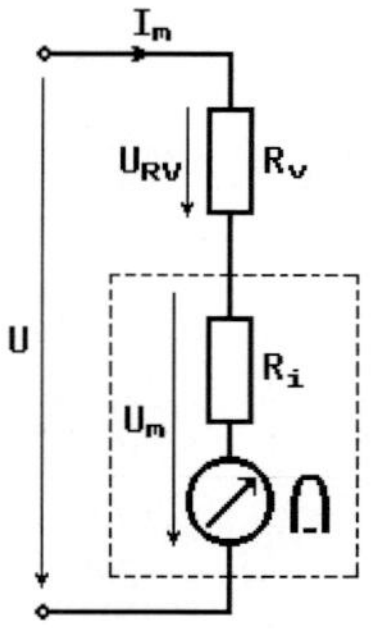

Bild 1.40

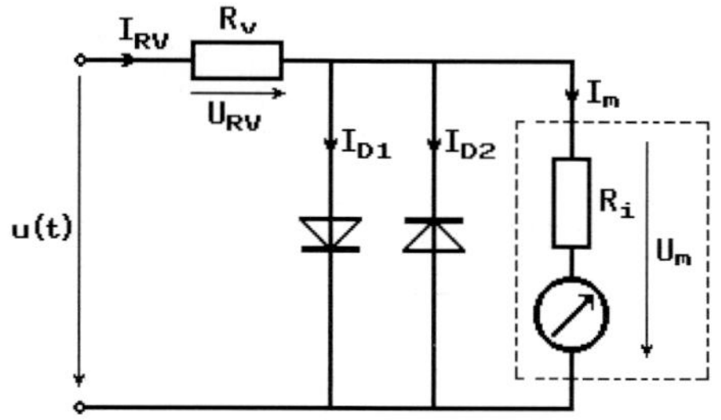

Bild 1.41

f) Durchschalten bei $U_m = \frac{R_i}{R_V + R_i} U = U_S$ (siehe Bild 1.42)

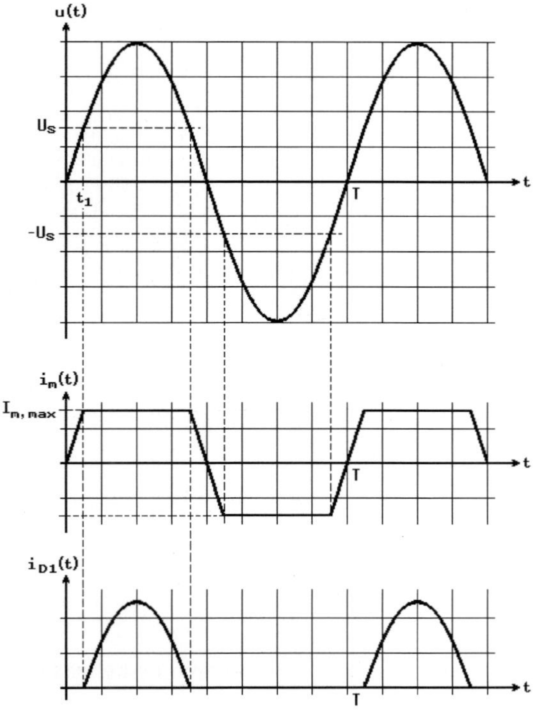

Bild 1.42

$$I_{m,max} = \frac{U_S}{R_i} = 1\,\text{mA}, \text{ d.h. ausreichender Schutz vorhanden.}$$

g) Arithmetischer Mittelwert $\overline{i}_m = \frac{1}{T}\int_0^T i_m(t)\,dt = 0$

h) Gleichrichtwert

$$\overline{|i_m|} = \frac{2\hat{u}}{R_V + R_i}\frac{1}{\pi}\left[1 - \sqrt{1 - \left(\frac{U_S}{\hat{u}}\frac{R_V + R_i}{R_i}\right)^2}\right] + \left[1 - \frac{2}{\pi}\arcsin\frac{U_S}{\hat{u}}\frac{R_V + R_i}{R_i}\right] I_{m,max}$$

Aufgabe 1.29: Eine Wechselspannung hat den Verlauf $u(t) = \hat{u}\,(\sin \omega t + a \sin 5\omega t)$.

a) Bestimmen Sie die Anzeige U_{Anz} eines Drehspulgeräts mit Doppelweg-Gleichrichter (in Effektivwerten für Sinusform geeicht) für diesen Spannungsverlauf. Man gehe davon aus, dass durch die Oberschwingung keine zusätzlichen Nulldurchgänge auftreten.

b) Wie groß ist der Effektivwert der Spannung U_{eff}?

c) Wie groß ist der relative Kurvenformfehler bei der Messung nach a)?

d) Bei welchem Amplitudenverhältnissen a tritt kein Kurvenformfehler auf?

e) Berechnen Sie die Zahlenwerte für a) bis c) mit $\hat{u} = 10$ V und $a = 0{,}25$.

Lösung:

a) Das Drehspulinstrument misst den Gleichrichtwert $\overline{|u|}$ und zeigt den auf Sinus geeichten Effektivwert an.

$$U_{Anz} = F\,\overline{|u|} = \frac{\hat{u}}{\sqrt{2}}\left(1 + \frac{a}{5}\right)$$

b) $$U_{eff} = \frac{\hat{u}}{\sqrt{2}}\sqrt{1 + a^2}$$

c) $$f = \frac{U_{Anz} - U_{eff}}{U_{eff}} = \frac{\left(1 + \frac{a}{5}\right)}{\sqrt{1 + a^2}} - 1$$

d) $$a_1 = 0\ ;\ a_2 = \frac{5}{12}$$

e) $$U_{Anz} = 7{,}4246\,\text{V};\ U_{eff} = 7{,}2887\,\text{V};\ f = 1{,}86\,\%$$

Aufgabe 1.30: Das Ausgangssignal $u_s(t) = U_0 + \hat{u}\cdot\sin(\omega t)$ eines Sensors soll gemessen werden.

Dabei gelte zunächst $U_0 = 0$.

a) Welchen Wert misst ein ideales Drehspulinstrument mit Vollweg-Gleichrichtung und wie nennt man diesen Wert?

b) Welchen Wert misst ein ideales Dreheiseninstrument und wie nennt man diesen Wert?
c) Bestimmen Sie den Formfaktor F der Spannung u_s.

Das Signal wird nun zur weiteren Messdatenverarbeitung durch einen Verstärker mit einem Übertragungsverhalten gemäß Bild 1.43 verstärkt.

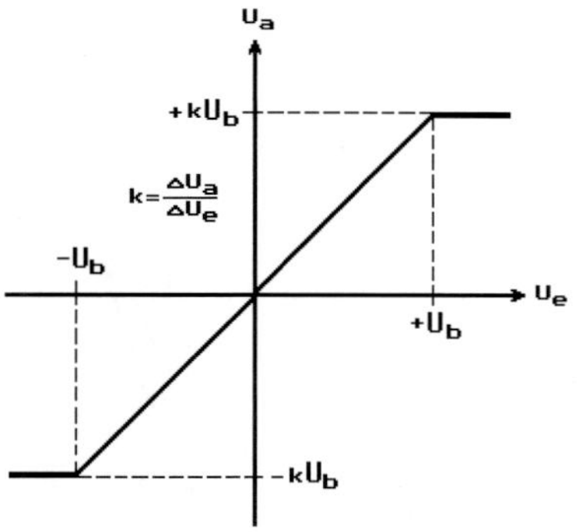

Bild 1.43

Dabei gelten die Bedingungen α) $U_0 > 0$, β) $U_0 - \hat{u} > -U_b$, γ) $U_0 + \hat{u} > +U_b$.

d) Skizzieren Sie die Ausgangsspannung u_a des Verstärkers im Bereich $0 \le \omega t \le 2\pi$. Tragen Sie charakteristische Werte ein.
e) Geben Sie die Ausgangsspannung $u_a = f(u_s, k, U_b)$ als Funktion der Eingangsspannung u_s, des Verstärkerparameters k und der Spannung U_b im Bereich $0 \le \omega t \le 2\pi$ an.
f) Die Ausgangsspannung u_a wird mit einem idealen Drehspulinstrument (ohne Gleichrichtung) gemessen. Welchen Wert misst dieses Instrument und wie nennt man diesen Wert?
g) Nennen Sie ein *digitales* Verfahren auf Zählbasis zur Spannungsmessung.

Lösung:

a) Gleichrichtwert $\overline{|u_s|} = \frac{1}{T}\int_0^T |U_s(t)|\,dt = \frac{2\hat{u}}{\pi}$

b) Effektivwert $U_{s,eff} = \frac{\hat{u}}{\sqrt{2}}$

c) $F = \frac{U_{s,eff}}{\overline{|u_s|}} = \frac{\pi}{2\sqrt{2}} \approx 1{,}11$

d) Siehe Bild 1.44

e) $$u_a(U_0,k,U_b) = \begin{cases} k(U_0 + \hat{u}\sin\omega t) & \textit{für} \quad 0 \le t \le t_1 \text{ und } t_2 \le t \le T \\ kU_b & \textit{für} \quad t_1 \le t \le t_2 \end{cases}$$

f) Linearer Mittelwert mit $x = \frac{U_b - U_0}{\hat{u}}$

$$U_{\text{Ds}} = \frac{k}{T}\left\{U_0\left(\frac{2}{\omega}\arcsin x + \frac{\pi}{2}\right) + U_{\text{b}}\left(-\frac{2}{\omega}\arcsin + \frac{\pi}{2}\right) - \frac{2\hat{u}}{\omega}\sqrt{1-x^2}\right\}$$

g) Dual-Slope-Verfahren, Single-Slope-Verfahren, sukzessive Approximation.

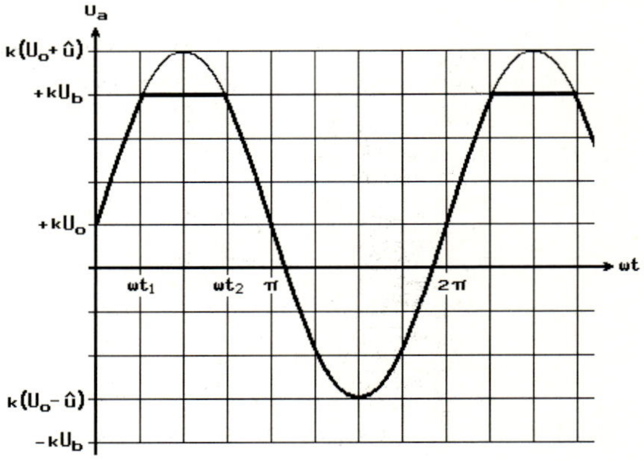

Bild 1.44

Aufgabe 1.31: Störunterdrückung. Zur Messung einer gestörten Gleichspannung wird ein Messsystem mit integrierendem Zeitverhalten verwendet. Angezeigt wird der Wert der Spannung u_{i} am Integratorausgang, der nach Ablauf einer einstellbaren Integrationszeit t_{i} sich entsprechend dem Zusammenhang

$$u_{\text{i}}(t_{\text{i}}) = \frac{1}{\tau}\int_0^{t_{\text{i}}} u_{\text{e}}(t)\,\mathrm{d}t$$

bildet (Integrationskonstante τ = const.). Die zu messende Größe ist eine Gleichspannung U_0 mit überlagerter, um den Phasenwinkel ϕ verschobener, sinusförmiger Störspannung u_{b} (Kreisfrequenz $\omega = 2\pi/T$, Spitzenwert $\hat{u}_{\text{b}}$).

a) Zeichnen Sie ein Blockschaltbild der Anordnung mit den Eingangsgrößen U_0, u_{b} und der Ausgangsgröße u_{i}.
b) Zeichnen Sie die Spannung am Integratoreingang über der Zeit. Tragen Sie charakteristische Größen ein.
c) Berechnen und skizzieren Sie den Verlauf von $u_{\text{i}} = f(t_{\text{i}})$.
d) Wodurch treten bei dieser Messanordnung Fehler auf?
e) Wie groß ist die Integrationszeit t_{i} zu wählen, um den relativen Messfehler im ungünstigsten Fall auf 1 % zu halten?

Lösung:

a)

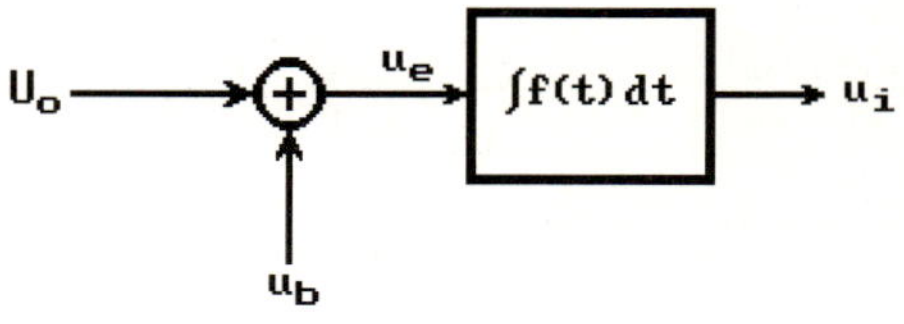

Bild 1.45

b) $u_e = U_0 + \hat{u}_b \sin(\omega t + \varphi)$ (s. Bild 1.46)

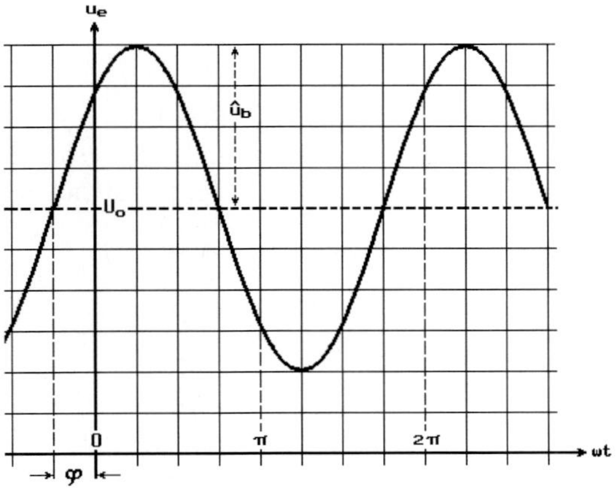

Bild 1.46

c) $$u_i(t_i) = \frac{1}{\tau}\int_0^{t_i} u_e \mathrm{d}t = \frac{1}{\tau}U_0 t_i + \frac{1}{\tau}\hat{u}_b \frac{1}{\omega}[-\cos(\omega t_i + \varphi) + \cos\varphi]$$ (s. Bild 1.47)

d) Wenn die Integrationszeit t_i kein ganzzahliges Vielfaches der Periodendauer der Störspannung ist, treten bei dieser Messanordnung Fehler auf.

e) ungünstiger Fall: $|-\cos(\omega t_i + \varphi) + \cos\varphi| = 2$

$$f = \frac{\frac{2}{\omega\tau}\hat{u}_b + \frac{1}{\tau}U_0 t_i - \frac{1}{\tau}U_0 t_i}{\frac{1}{\tau}U_0 t_i} = \frac{2\hat{u}_b}{\omega U_0 t_i} \leq 1\% = \frac{1}{100}$$

$$t_i = \frac{2}{\omega}\frac{\hat{u}_b}{U_0 f} = \frac{200}{\omega}\frac{\hat{u}_b}{U_0}$$

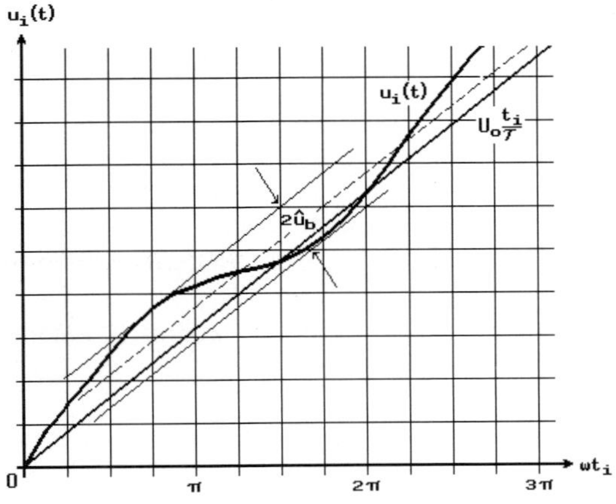

Bild 1.47

2 Leistungsmessung

2.1 Gleichstrom-Kreis

Aufgabe 2.1: Mit der in Bild 2.1 dargestellten Messanordnung soll die in den beiden Widerständen R_1 und R_2 umgesetzte Leistung P bestimmt werden. Es gelten folgende Werte:
$R_1 = 470\ \Omega - 1\ \%$; $R_2 = 680\ \Omega - 1\ \%$; $I_1 = 72{,}5\ \text{mA} - 2\ \%$; $I_2 = 50\ \text{mA} + 3\ \%$.

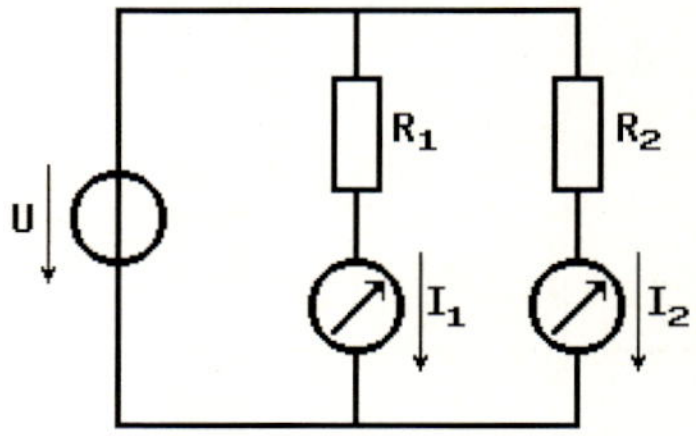

Bild 2.1

a) Bestimmen Sie die Leistung P zunächst ohne Berücksichtigung der Fehler.
b) Leiten sie die Gleichung für den systematischen relativen und systematischen absoluten Fehler von P ab (allgemein) und bestimmen Sie den Zahlenwert.
c) Berechnen Sie den maximal möglichen Fehler von P (absolut und relativ).

Lösung:

a) $$P_{\text{ges}} = R_1 I_1^2 + R_2 I_2^2 \approx 4{,}17\,\text{W}$$

b) $$\Delta P = \frac{\partial P}{\partial R_1}\Delta R_1 + \frac{\partial P}{\partial R_2}\Delta R_2 + \frac{\partial P}{\partial I_1}\Delta I_1 + \frac{\partial P}{\partial I_2}\Delta I_2$$
$$= I_1^2\ \Delta R_1 + I_2^2\ \Delta R_2 + 2R_1 I_1\ \Delta I_1 + 2R_2 I_2\ \Delta I_2 \approx 0{,}038\,\text{W}$$
$$\frac{\Delta P}{P} \approx -0{,}9\%$$

c) $$|\Delta P| = \left|\frac{\partial P}{\partial R_1}\right|\ |\Delta R_2| + \left|\frac{\partial P}{\partial R_1}\right|\ |\Delta R_2| + \left|\frac{\partial P}{\partial I_1}\right|\ |\Delta I_1| + \left|\frac{\partial P}{\partial I_2}\right|\ |\Delta I_2|$$
$$= I_1^2\ |\Delta R_1| + I_2^2\ |\Delta R_2| + 2\,|R_1 I_1|\ |\Delta I_1| + 2\,|R_2 I_2|\ |\Delta I_2| \approx 0{,}243\,\text{W}$$
$$\left|\frac{\Delta P}{P}\right| \approx 5{,}90\%$$

Aufgabe 2.2: Ein Leistungsmesser hat folgende Daten:
Strompfad: $I_m = 5$ A ($R_i = 120$ mΩ)
Spannungspfad: $U_m = 60$ V ($R_U = 400\ \Omega$)
Sie messen mit diesem Leistungsmesser die von einem ohmschen Widerstand R aus einer Gleichspannungsquelle aufgenommene Leistung P_R.

a) Welchen Wert zeigt der Leistungsmesser
- in stromrichtiger Schaltung,
- in spannungsrichtiger Schaltung an,

wenn die tatsächlich in R umgesetzte Leistung $P_R = 200$ W beträgt? Es liegt hierbei eine

Spannung von $U_R = 48$ V an?

b) Wie groß ist in beiden Fällen der relative Fehler? Welche Schaltung würden Sie einsetzen und aus welchem Grund?

Lösung:

a) - stromrichtige Messung

$$P_{Anz} = P_R + I_R^2 R_1 = P_R + \left(\frac{P_R}{U_R}\right)^2 R_i \approx 202{,}08\,\text{W}$$

- spannungsrichtige Messung

$$P_{Anz} = P_R + \frac{U_R^2}{R_U} = 205{,}76\,\text{W}$$

b) - stromrichtige Messung

$$\frac{\Delta P}{P} = \frac{P_{Anz} - P_R}{P_R} = \frac{I_R^2 R_i}{P_R} = \frac{P_R R_i}{U_R^2} \approx 1{,}04\,\%$$

- spannungsrichtige Messung

$$\frac{\Delta P}{P} = \frac{P_{Anz} - P_R}{P_R} = \frac{U_R^2}{R_U P_R} = 2{,}88\,\%$$

Die spannungsrichtige Messung ist i. a. vorzuziehen, da der Innenwiderstand R_U des Spannungspfades meist bekannt ist und die geringe Belastung des Spannungspfades zu vernachlässigende Temperaturfehler führt, nicht so beim Strompfad.

Aufgabe 2.3: Angezeigt werden an der Verzweigungsstelle des in Bild 2.2 dargestellten Gleichstromnetzes folgende Messwerte: $U = 100$ V; $I_1 = 3$ A; $I_2 = 4$ A.

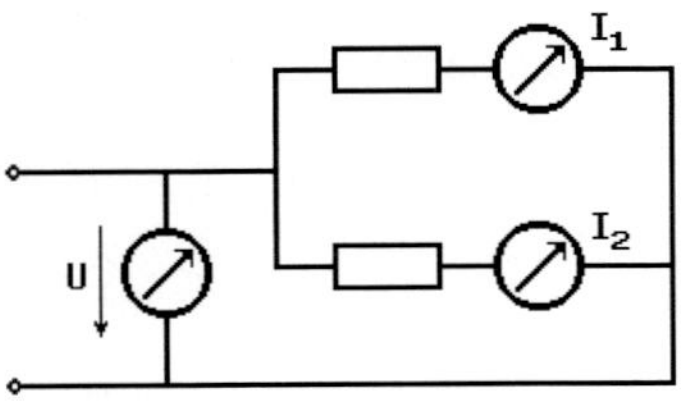

Bild 2.2

Folgende Messgeräte sind dabei eingesetzt:

Voltmeter: Endausschlag $U_e = 300$ V, Klasse 2,5

Amperemeter: Endausschlag $I_e = 5$ A , Klasse 2,5

a) Ermitteln Sie
- die Gesamtleistung P_{ges} und
- den gesamten Belastungswiderstand R_{ges} des Netzes.

b) Berechnen Sie den maximal möglichen Fehler (relativ und absolut)
- der Gesamtleistung und
- des gesamten Belastungswiderstandes.

Lösung:

a) $P_{ges} = U(I_1 + I_2) = 700\,\mathrm{W}$

$$R_{ges} = \frac{U}{I_1 + I_2} = \frac{100}{7}\,\Omega \approx 14{,}28\,\Omega$$

b) - relativer Fehler der Leistungsmessung

$$U_e = 300\,\mathrm{V};\ f_U = \left|\frac{\Delta U}{U_e}\right| = 2{,}5\,\%$$

$$I_e = 5\,\mathrm{A};\ f_I = \left|\frac{\Delta I_a}{I_e}\right| = 2{,}5\,\%$$

$$\left|\frac{\Delta P_{ges}}{P_{ges}}\right| = \left|\frac{\Delta U}{U}\right| + \left|\frac{\Delta I_1 + \Delta I_2}{I_1 + I_2}\right| = \left|\frac{U_e}{U}\right|\left|\frac{\Delta U}{U_e}\right| + \left|\frac{1}{I_1 + I_2}\right| \left\{ |I_{1e}| \left|\frac{\Delta I}{I_{1e}}\right| + |I_{2e}| \left|\frac{\Delta I}{I_{2e}}\right| \right\}$$

$I_{1e} = I_{2e} = I_e$ (gleicher Endausschlag)

$f_{1e} = \left|\frac{\Delta I}{I_{2e}}\right| = f_{2e} = \left|\frac{\Delta I}{I_{2e}}\right| = f_I$ (gleiche Garantiefehlergrenze)

$$\left|\frac{\Delta P_{ges}}{P_{ges}}\right| = \left|\frac{U_e}{U}\right| f_U + 2\left|\frac{I_e}{I_1 + I_2}\right| f_I \approx 11{,}07\,\%$$

- absoluter Fehler von P_{ges}

$$|\Delta P_{ges}| = \left|\frac{U_e}{U}\right| |P_{ges}|\, f_U + 2\left|\frac{I_e}{I_1 + I_2}\right| |P_{ges}|\, f_I = U_e(I_1 + I_2)\, f_U + \approx 77{,}5\,\mathrm{W}$$

- relativer Fehler des Gesamtwiderstandes R_{ges}

$$\left|\frac{\Delta R_{ges}}{R_{ges}}\right| = \left|\frac{\Delta U}{U}\right| + \left|\frac{\Delta I_1 + \Delta I_2}{I_1 + I_2}\right| = \left|\frac{U_e}{U}\right| f_U + 2\left|\frac{I_e}{I_1 + I_2}\right| f_I \approx 11{,}07\,\%$$

- absoluter Fehler von R_{ges}

$$|\Delta R_{ges}| = \left|\frac{U_e}{U}\right| R_a\, f_U + 2\left|\frac{I_e}{I_1 + I_2}\right| R_{ges}\, f_I = \frac{U_e}{U}\,\frac{U}{I_1 + I_2}\, f_U + 2\frac{I_e}{I_1 + I_2}\,\frac{U}{I_1 + I_2}\, f_I$$

$$= \frac{U_e}{I_1 + I_2}\, f_U + 2\,\frac{U\, I_e}{(I_1 + I_2)^2}\, f_I \approx 1{,}58\,\Omega$$

Aufgabe 2.4: An einer ohmschen Last wurden bei Gleichstromspeisung Messungen mit folgenden relativen Fehlern durchgeführt:

$$f_U = \frac{\Delta U}{U} = -1{,}32\,\%;\ f_I = \frac{\Delta I}{I} = 2{,}4\,\%;\ \frac{\Delta R}{R} = -3{,}72\,\%$$

a) Bestimmen Sie den relativen systematischen Fehler der in der Last umgesetzten Leistung über die Ansätze:

$$P = U \cdot I\,,\quad P = \frac{U^2}{R} \quad \text{und} \quad P = I^2 \cdot R.$$

b) Bestimmen Sie den maximal möglichen relativen Fehler für die obigen Ansätze.

Lösung:

a) $P = U\,I \;\rightarrow\; \dfrac{\Delta P}{P} = \dfrac{\Delta U}{U} + \dfrac{\Delta I}{I} = f_U + f_I = 1{,}08\,\%$

$P = \dfrac{U^2}{R} \;\rightarrow\; \dfrac{\Delta P}{P} = 2\dfrac{\Delta U}{U} - \dfrac{\Delta R}{R} = 2f_U - f_R = 1{,}08\,\%$

$P = I^2\,R \;\rightarrow\; \dfrac{\Delta P}{P} = 2\dfrac{\Delta I}{I} + \dfrac{\Delta R}{R} = 2f_I + f_R = 1{,}08\,\%$

b) $P = UI \rightarrow \left|\dfrac{\Delta P}{P}\right| = \left|\dfrac{\Delta U}{U}\right| + \left|\dfrac{\Delta I}{I}\right| = |f_U| + |f_I| = 3{,}72\,\%$

$P = \dfrac{U^2}{R} \rightarrow \left|\dfrac{\Delta P}{P}\right| = 2\left|\dfrac{\Delta U}{U}\right| + \left|\dfrac{\Delta R}{R}\right| = 2\,|f_U| + |f_R| = 6{,}36\,\%$

$P = I^2R \rightarrow \left|\dfrac{\Delta P}{P}\right| = 2\left|\dfrac{\Delta I}{I}\right| + \left|\dfrac{\Delta R}{R}\right| = 2\,|f_I| + |f_R| = 8{,}52\,\%$

2.2 Wechselstrom-Kreis

Aufgabe 2.5: Der Leistungsfaktor der Schaltung nach Bild 2.3 ist $\cos\varphi = 2/3$. Die Frequenz ist $f = 50$ Hz.

Amperemeter: Anzeigewert $I = 10$ A (AC)
Voltmeter: Anzeigewert $U = 220$ V (AC)

Berechnen Sie
a) die Wirkleistung P und Blindleistung Q,
b) den Widerstand R und die Kapazität C.

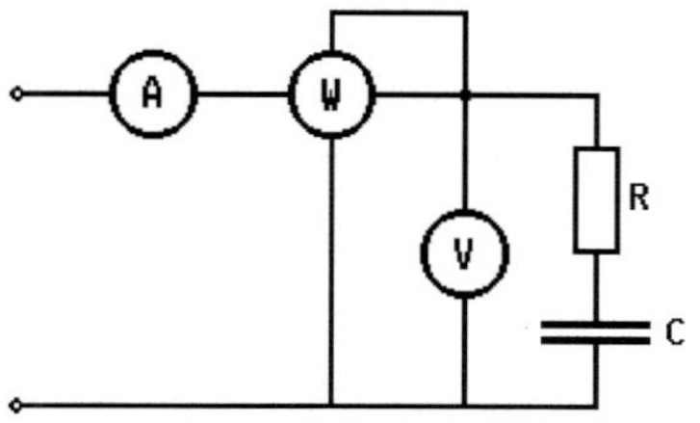

Bild 2.3

Lösung:

a) $P = UI\,\cos\varphi \approx 1466{,}67\,\mathrm{W}$; $Q = UI\,\sin\varphi = UI\dfrac{\sqrt{5}}{3} \approx 1639{,}78\,\mathrm{var}$

b) $R = \dfrac{P_W}{I^2} = \dfrac{U}{I}\cos\varphi \approx 14{,}67\,\Omega$

$C = \dfrac{I^2}{2\pi f Q} = \dfrac{I}{2\pi f U \sin\varphi} \approx 94{,}1\,\mu\mathrm{F}$

Aufgabe 2.6: Gegeben ist die in Bild 2.4 dargestellte Messschaltung. Es werden folgende Echteffektivwert-anzeigende Messgeräte eingesetzt:

Amperemeter: Endausschlag $I_0 = 5$ A, Klasse 1,5
Voltmeter: Endausschlag $U_0 = 300$ V, Klasse 2,0
Wattmeter: Endausschlag $\alpha_0 = 100$ Skalenteile (Skt.) bei $I_W = 5$A, $U_W = 200$ V und $\cos\varphi = 1$, Klasse 2,5.

Die Innenwiderstände der Messgeräte sind als ideal anzusehen. Angezeigt werden folgende Werte: $I = 2$ A; $U = 250$ V; $\alpha = 40$ Skt.

Es sind folgende Größen und ihre Fehlergrenzen (maximal möglicher relativer Fehler) zu ermitteln:

a) Scheinleistung S,
b) Wirkleistung P,
c) Blindleistung Q und
d) $\cos\varphi$.

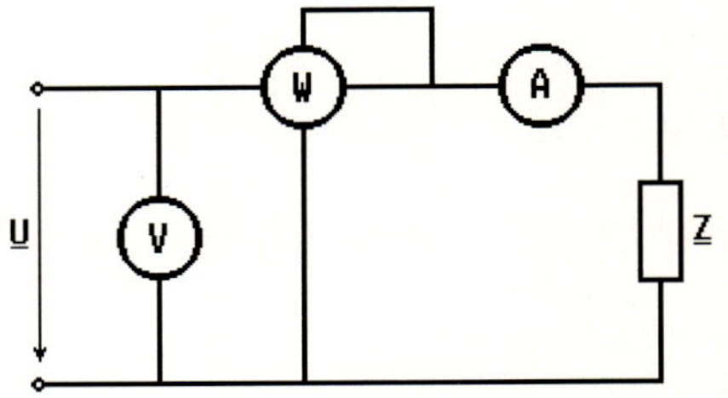

Bild 2.4

Lösung:

a) $$S = UI = 500\,\text{VA}$$

$$|f_S| = \left|\frac{\Delta S}{S}\right| = \left|\frac{\Delta U}{U}\right| + \left|\frac{\Delta I}{I}\right| = \left|\frac{U_0}{U}\right| |f_U| + \left|\frac{I_0}{I}\right| |f_I| = 6{,}75\,\%$$

b) $$P = UI\cos\varphi = U_W I_W \frac{\alpha}{\alpha_0} = 400\,\text{W}$$

$$|f_P| = \left|\frac{\Delta P}{P}\right| = \left|\frac{P_0}{P}\right| |f_P| = 6{,}25\,\%$$

c) $$Q = \sqrt{S^2 - P^2} = 300\,\text{var}$$

$$|f_Q| = \left|\frac{\Delta Q}{Q}\right| = \left(\left(\frac{S}{Q}\right)^2 |f_S| + \left(\frac{P}{Q}\right)^2 |f_P| \right) \approx 29{,}86\,\%$$

d) $$\cos\varphi = \frac{P}{S} = \frac{U_W I_W \alpha}{UI\,\alpha_0} = \frac{4}{5}$$

$$|f_{\cos\varphi}| = \left|\frac{\Delta\cos\varphi}{\cos\varphi}\right| = \left|\frac{\Delta P}{P}\right| + \left|\frac{\Delta S}{S}\right| = |f_P| + |f_S| = 13\,\%$$

Aufgabe 2.7: Gegeben ist das Netzwerk nach Bild 2.5, das nur an den Klemmen 1,2 und 0 zugänglich und auftrennbar ist. Gegeben sind $U_1 = 100$ V, $f = 50$ Hz, $L_1 = L_2 = \frac{1}{\pi}$ H, $R_1 = R_2 = 100\ \Omega$ und $C_1 = \frac{100}{\pi}\mu$F.

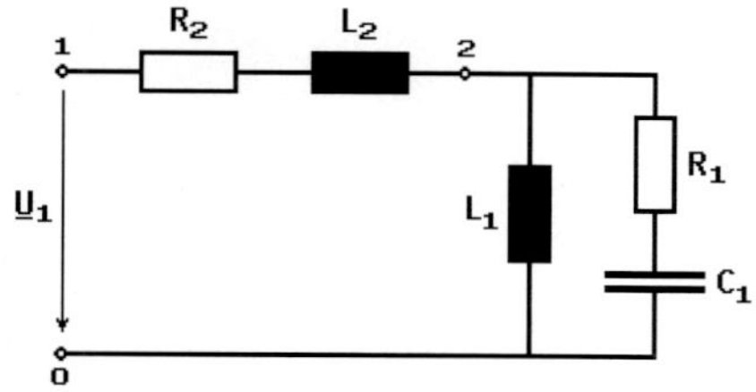

Bild 2.5

a) Zeichnen Sie das vollständige Zeigerdiagramm.
b) Skizzieren Sie eine Schaltung zur Messung der in R_1 umgesetzten Leistung, wobei das Wattmeter ideal ist (Widerstand des Spannungspfades $R_U \to \infty$; Widerstand des Strompfades $R_1 = 0$).
c) Bestimmen Sie die Wirk-, Blind- und Scheinleistung P, Q, und S des gesamten Netzwerks.
d) Wie groß ist die in R_1 umgesetzte Leistung P?

Lösung:

a) $$\underline{Z}_1 = j\omega L_1 \| \left(R_1 + \frac{1}{j\omega C_1}\right) = \frac{j\omega L_1\left(R_1 + \frac{1}{j\omega C_1}\right)}{R_1 + j\omega L_1 + \frac{1}{j\omega C_1}} = (1+j)\ 100\Omega$$

$$\underline{Z}_2 = R_2 + j\omega L_2 = (1+j)100\Omega\ ; \qquad \underline{Z}_g = \underline{Z}_1 + \underline{Z}_2 = (1+j)\ 200\Omega$$

$$\underline{I}_{ges} = \underline{I}_2 = \frac{\underline{U}_1}{\underline{Z}_g} = (1-j)\ 0{,}25\text{A}$$

$$\underline{U}_2 = \underline{Z}_2\,\underline{I}_2 = 50\text{V} = \underline{U}_{R2} + \underline{U}_{L2}\ ;\quad \underline{U}_3 = \underline{Z}_1\,\underline{I}_2 = 50\text{V} = \underline{U}_{R1} + \underline{U}_{C1} = \underline{U}_{L1}$$

$$\underline{I}_1 = \frac{\underline{U}_3}{j\omega L_1} = -j0{,}5\text{A}$$

$$\underline{I}_{R1} = \frac{\underline{U}_3}{R_1 + \frac{1}{j\omega C_1}} = \frac{50\text{V}}{100\Omega - j100\Omega} = (1+j)\ 0{,}25\text{A}$$

$$\underline{U}_{R1} = R_1\,\underline{I}_{R1} = (1+j)\ 25\text{V}\ ; \qquad \underline{U}_{R2} = R_2\,\underline{I}_2 = (1-j)\ 25\text{V}$$

$$\underline{U}_{C1} = \frac{\underline{I}_{R1}}{j\omega C_1} = (1-j)\ 25\text{V}\ ; \qquad U_{L2} = j\omega L_2\,\underline{I}_2 = (1+j)\ 25\text{V}$$

Zeigerdiagramm siehe Bild 2.6

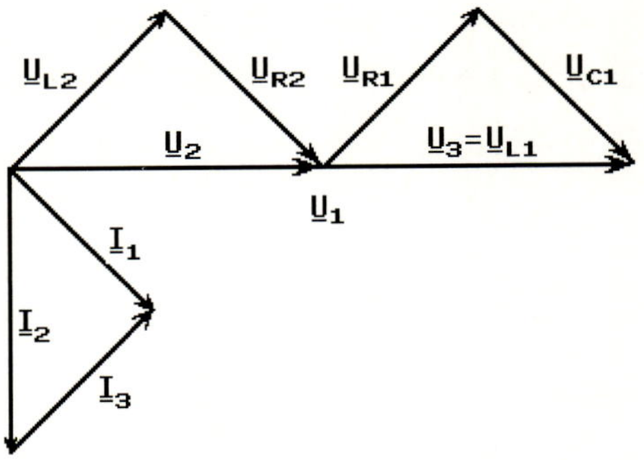

Bild 2.6

b)

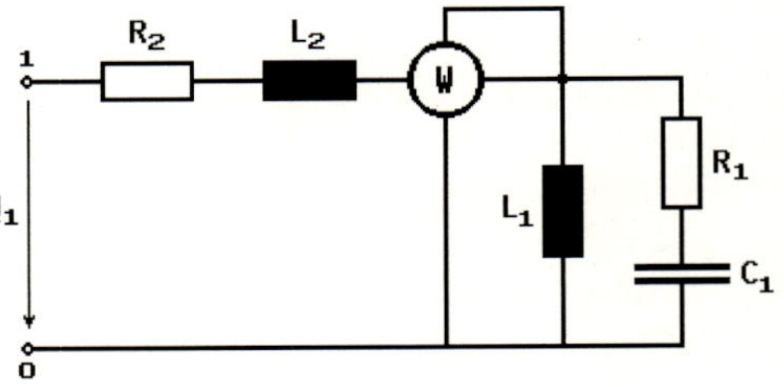

Bild 2.7

c) $\underline{S} = \underline{U}_1\ \underline{I}_2^* = (1-\mathrm{j})\ 25\,\mathrm{VA}$

$P = \mathrm{Re}(\underline{S}) = 25\,\mathrm{W}$

$Q = \mathrm{Im}(\underline{S}) = -25\,\mathrm{var}$

$S = \sqrt{P^2+Q^2} = 25\ \sqrt{2}\,\mathrm{VA} \approx 35{,}36\,\mathrm{VA}$

d) $P_{\mathrm{R1}} = |\underline{U}_{\mathrm{R1}}|\ |\underline{I}_{\mathrm{R1}}| = R_1\ |\underline{I}_{\mathrm{R1}}|^2 = 12{,}5\,\mathrm{W}$

Aufgabe 2.8: Aus einer gleichzeitigen Messung der Leistung P, des Stromes I und der Klemmenspannung U soll der Leistungsfaktor $\cos\varphi$ ermittelt werden. Die Garantiefehlergrenzen f der bei der Messung benutzten Geräte betragen jeweils ±1 %.

a) Wie groß ist der maximal mögliche Fehler bei der Bestimmung von cos φ (relativer Fehler)?
b) Bestimmen Sie den wahrscheinlichen Fehler bei Vollausschlag und halben Vollausschlag.
c) Zeichnen Sie die entsprechende Messschaltung.
d) Zahlenwerte: Spannungsquelle $U_{\mathrm{Anz}} = 24\ \mathrm{V_{eff}}$
Amperemeter: Endausschlag 1 A; Anzeigewert $I_{\mathrm{Anz}} = 750\ \mathrm{mA_{eff}}$
Voltmeter: Endausschlag 100 V; Innenwiderstand $R_u = 50\ \mathrm{k\Omega}$
Wattmeter: Endausschlag 10 W (Anzeigewert P_{Anz})
Bestimmen Sie den Widerstand R und $\cos\varphi$ der Schaltung.

Lösung:

a) $\cos\varphi = \dfrac{P}{U\,I}\,;\quad \left|\dfrac{\Delta\cos\varphi}{\cos\varphi}\right| = \left|\dfrac{\Delta P}{P}\right| + \left|\dfrac{\Delta U}{U}\right| + \left|\dfrac{\Delta I}{I}\right| = 3f = 3\,\%$

b) - Vollausschlag

$$f_{\cos\varphi} = \sqrt{\left(\frac{\Delta P}{P}\right)^2 + \left(\frac{\Delta U}{U}\right)^2 + \left(\frac{\Delta I}{I}\right)^2} = \sqrt{3}\, f \approx 1{,}73\,\%$$

- Halber Ausschlag

$$f_{\cos\varphi} = \sqrt{\left(2\frac{\Delta P}{P}\right)^2 + \left(2\frac{\Delta U}{U}\right)^2 + \left(2\frac{\Delta I}{I}\right)^2} = 2\sqrt{3}\, f \approx 3{,}46\,\%$$

c) Siehe Bild 2.8

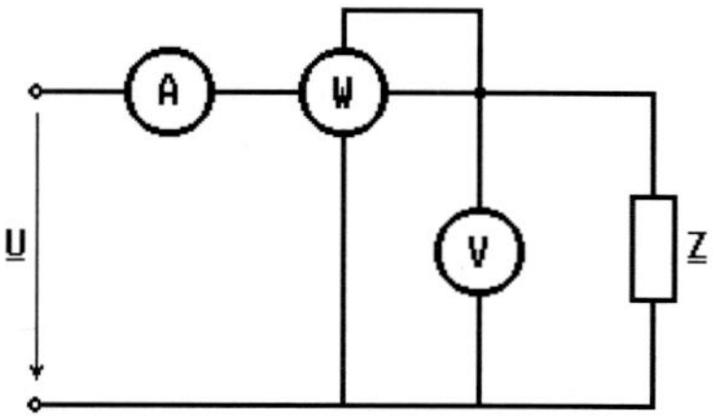

Bild 2.8

d) $$\cos\varphi = \frac{P_{\text{Anz}}}{U_{\text{Anz}}\, I_{\text{Anz}}} \approx 0{,}556$$

$$R = Z\cos\varphi = \frac{U_{\text{Anz}}}{I_{\text{Anz}}}\,\frac{P_{\text{Anz}}}{U_{\text{Anz}}\, I_{\text{Anz}}} = \frac{P_{\text{Anz}}}{I_{\text{Anz}}^2} \approx 17{,}78\,\Omega$$

Aufgabe 2.9: In dem in Bild 2.9 dargestellten Spannungsteiler sei $R_1 = 10\ \Omega$, $R_2 = 5\ \Omega$, $R_3 = 15\ \Omega$. Außerdem ist $i_2(t) = 6\ \text{A} \sin(\omega t)$.

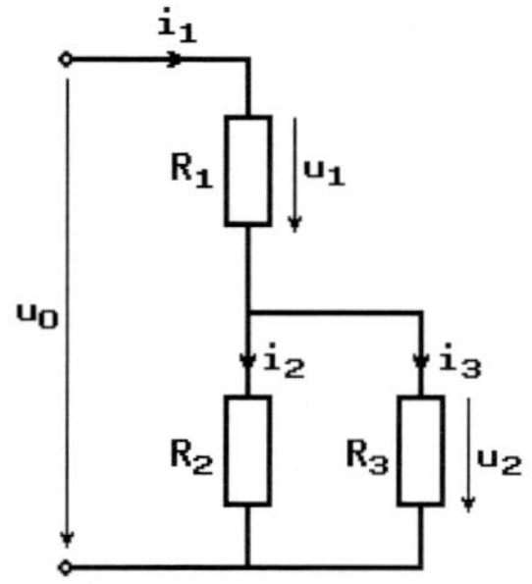

Bild 2.9

a) Bestimmen Sie alle fehlenden Größen $u_1(t)$, $u_2(t)$, $i_1(t)$, $i_3(t)$.
b) Bestimmen Sie die in den Widerständen umgesetzte augenblickliche Leistung $p\,(t)$.
c) Bestimmen Sie die in den Widerständen umgesetzte mittlere Leistung $\overline{p}$.

Lösung:

a) $$u_2(t) = R_2\, i_2(t) = 30\,\text{V} \sin(\omega t)$$

$$i_3(t) = \frac{u_3(t)}{R_3} = \frac{u_2(t)}{R_3} = 2\,\text{A} \sin(\omega t)$$

$$i_1(t) = i_2(t) + i_3(t) = 8\,\text{A} \sin(\omega t)$$

$$u_1(t) = R_1\, i_1(t) = 80\,\text{V} \sin(\omega t)$$

b) $p_1(t) = u_1(t)\ i_1(t) = R_1\ i_1^2(t) = 640\,\text{W}\ \sin^2(\omega t)$

$p_2(t) = u_2(t)\ i_2(t) = R_2\ i_2^2(t) = 180\,\text{W}\ \sin^2(\omega t)$

$$p_3(t) = u_3(t)\ i_3(t) = \frac{u_2^2(t)}{R_3} = 60\,\text{W}\ \sin^2(\omega t)$$

c) $$\overline{p}_1 = \frac{1}{T}\int_0^T p_1(t)\,\mathrm{d}t = R_1\ \frac{1}{T}\int_0^T i_1^2(t)\,\mathrm{d}t = \frac{1}{2}\ R_1\hat{i}_1^{\,2} = 320\,\text{W}$$

$$\overline{p}_2 = \frac{1}{T}\int_0^T p_2(t)\,\mathrm{d}t = \frac{1}{2}\ R_2\hat{i}_2^{\,2} = 90\,\text{W}$$

$$\overline{p}_3 = \frac{1}{T}\int_0^T p_3(t)\,\mathrm{d}t = \frac{\hat{u}_2^{\,2}}{2R_3} = 30\,\text{W}$$

Aufgabe 2.10: Um mit einem elektrodynamischen Messwerk die Blindleistung Q des Verbrauchers mit der Impedanz $\underline{Z}_\text{V}$ zu bestimmen, muss die Phasenverschiebung zwischen dem Strom $\underline{I}_1$ durch die Spannungsspule und der Spannung $\underline{U}_\text{V}$ 90° betragen. Für die folgenden Berechnungen wird angenommen, dass näherungsweise gilt: $\underline{I} = \underline{I}_\text{V}$. Die Phasenverschiebung soll mit dem Netzwerk, bestehend aus $\underline{Z}_1$, $\underline{Z}_2$ und $\underline{Z}_3$, realisiert werden (Bild 2.10). Dieses Netzwerk hat den in Bild 2.11 dargestellten Aufbau. Die Impedanzen der Spulen sind ideal.

a) Bestimmen Sie das Verhältnis $\underline{U}_\text{V}/\underline{I}_1$ als komplexen Ausdruck in der Form $\underline{U}_\text{V}/\underline{I}_1 = a + \text{j}b$.

b) Berechnen Sie für den Fall $R_1 = R_2 = R$ die Kreisfrequenz ω_1 , bei der die oben erwähnte Phasenverschiebung von 90° zwischen $\underline{U}_\text{V}$ und $\underline{I}_1$ zustande kommt.

c) Zeigen Sie, dass für $R_2 = 0$ die Frequenz ω_2, bei der eine Phasenverschiebung von 90° zwischen $\underline{I}_1$ und $\underline{U}_\text{V}$ herrscht, unabhängig von L_1 ist.

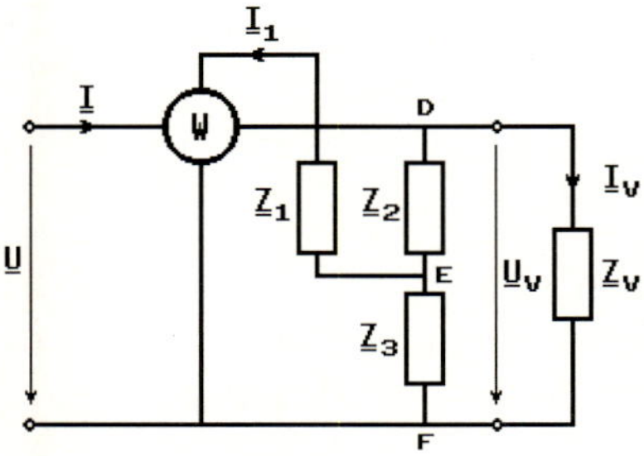

Bild 2.10

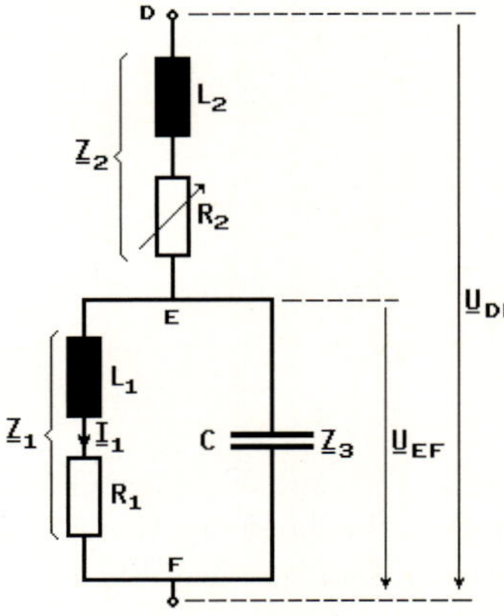

Bild 2.11

Lösung:

a) $$\frac{\underline{U}_\text{V}}{\underline{I}_1} = \underline{Z}_1 + \underline{Z}_2 + \frac{\underline{Z}_1\underline{Z}_2}{\underline{Z}_3}$$

$$\frac{\underline{U}_\text{V}}{\underline{I}_1} = R_1 + R_2 - \omega^2 C(R_1L_2 + R_2L_1) + \text{j}\omega(L_1 + L_2 + R_1R_2C - \omega^2 L_1L_2C)$$

b) $\text{Re}\left\{\frac{\underline{U}_V}{\underline{I}_1}\right\} = 0$, d.h. $\omega_1 = \sqrt{\frac{R_1 + R_2}{C(R_1 L_2 + R_2 L_1)}} = \sqrt{\frac{2}{C(L_1 + L_2)}}$

c) $\omega_2 = \sqrt{\frac{R_1 + R_2}{C(R_1 L_1 + R_2 L_1)}} = \frac{1}{\sqrt{C L_2}}$

Aufgabe 2.11: Gegeben ist die in Bild 2.12 dargestellte Schaltung. Die Generatoren G_1 und G_2 liefern die gezeigten Signalverläufe für Strom i_1 und Spannung u_2. Alle Messgeräte sind ideal.

a) Berechnen Sie allgemein den Strom I_A, der vom Amperemeter angezeigt wird. Wie nennt man diesen Wert? Hinweis: Das Amperemeter ist nicht in Effektivwerten (für Sinusform) geeicht.
b) Berechnen Sie allgemein die Spannung U_V, die vom Voltmeter angezeigt wird. Wie nennt man diesen Wert und wie kann er physikalisch gedeutet werden?
c) Berechnen Sie allgemein die Leistung P_W, die vom Wattmeter angezeigt wird.
d) Welche Leistung wird vom Wattmeter angezeigt, wenn der Stromverlauf $i_1(t)$ um $T/2$ gegenüber dem Spannungsverlauf $u_2(t)$ verschoben wird? Begründen Sie Ihre Antwort.
e) Mit welchem Faktor ist der von einem für sinusförmigen Stromverlauf geeichten, Effektivwert messenden Ampèremeter erhaltene Wert zu korrigieren, um den Effektivwert des Stromes $i_1(t)$ zu erhalten?

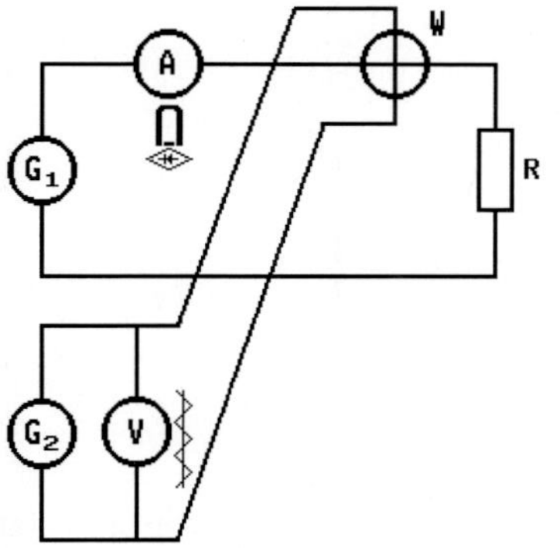

Bild 2.12

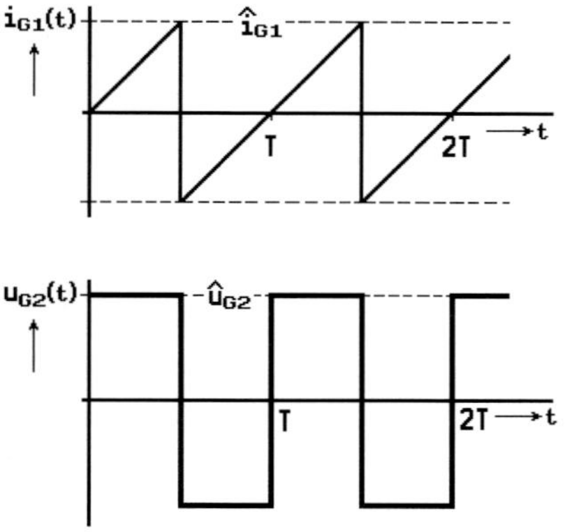

Bild 2.13

Lösung:

a) $I_A = 0{,}5\ \hat{i}_1$ (Gleichrichtwert)

b) $U_V = \hat{u}_2$ (Effektivwert)

Eine Wechselspannung setzt an einem ohmschen Verbraucher die gleiche Leistung um wie eine Gleichspannung der Größe des Effektivwertes der Wechselspannung.

c) $P_W = \frac{\hat{i}_1 \hat{u}_2}{2}$

d) Siehe Bild 2.14

e) $K = \frac{I_{\text{eff}}}{I_{\text{Meß}}} = \frac{I_{\text{G1,effektiv}}}{F\ I_{\text{G1,Gleichrichtwert}}} = \frac{4\sqrt{2}}{\pi\sqrt{3}} \approx 1{,}04$

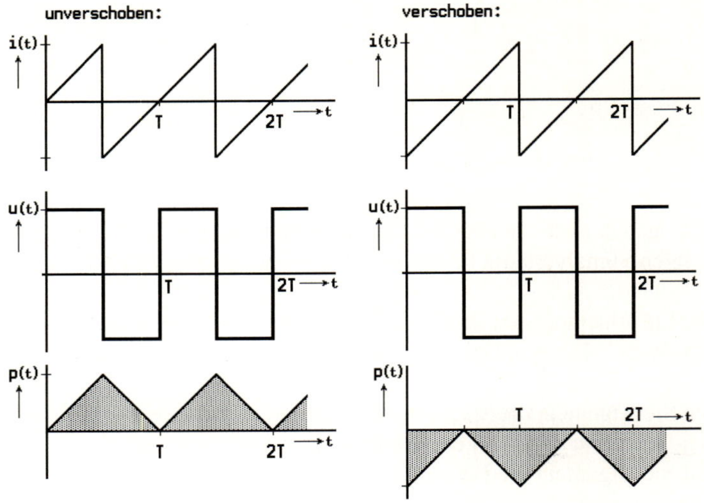

Bild 2.14

Aufgabe 2.12: Phasenanschnittsteuerung. Die Leistungsaufnahme eines rein ohmschen Verbrauchers R am öffentlichen Versorgungsnetz soll verlustleistungsfrei eingestellt werden können. Die Ausgangsspannung u_R (t) einer hierzu verwendeten Phasenanschnittsteuerung mit Doppelweg-Gleichrichtung habe den gezeigten zeitlichen Verlauf (Bild 2.15).

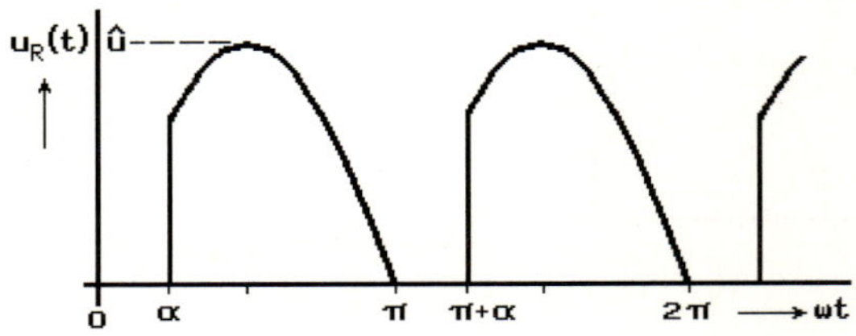

Bild 2.15

Die im Verbraucher umgesetzte Wirkleistung P soll nun abhängig vom Zündwinkel α gemessen werden. Es stehen jedoch nur ein Drehspul- und ein Dreheisenmessgerät zur Spannungsmessung zur Verfügung.

a) Mit welchem der beiden Messgeräte kann bei bekannter Last R aus dem angezeigten Spannungswert U_R die umgesetzte Leistung ermittelt werden?
b) Berechnen Sie allgemein die Anzeige U_A des geeigneten Spannungsmessgeräts in Abhängigkeit des Zündwinkels α.
c) Wie groß ist die Leistung P in Abhängigkeit vom Zündwinkel α?
d) Wie groß ist die Leistung P_α bei einem Zündwinkel von
   d1) $\alpha = 0$,
   d2) $\alpha = \pi/4$,
   d3) $\alpha = \pi/2$ und
   d4) $\alpha = \pi$?
e) Zur Spannungsmessung wird fälschlicherweise ein Drehspulinstrument mit Doppelweg-Gleichrichter und Eichung in Effektivwerten für Sinusform verwendet. Berechnen Sie den hierdurch entstehenden relativen Fehler in Bezug auf das unter a) verwendete Messgerät

für
e1) $\alpha = 0$ und
e2) $\alpha = \pi/2$.

Lösung:

a) Mit dem Dreheiseninstrument kann die umgesetzte Leistung direkt aus dem angezeigten Spannungswert ermittelt werden, da der Anzeigewert proportional zu u_R^2 ist:

$$P = \frac{1}{T}\int_0^T \frac{U_R^2}{R}\,dt = \frac{1}{T}\frac{1}{R}\int_0^T u_R^2\,dt$$

b) $$U_A = \frac{\hat{u}}{\sqrt{2}}\sqrt{1 - \frac{\alpha}{\pi} + \frac{1}{2\pi}\sin 2\alpha}$$

c) $$P = \frac{U_A^2}{R} = \frac{\hat{u}^2}{2R}\left(1 - \frac{\alpha}{\pi} + \frac{1}{2\pi}\sin 2\alpha\right)$$

d)
$$\alpha = 0: \quad P_0 = \frac{\hat{u}^2}{2R}$$
$$\alpha = \frac{\pi}{4}: \quad P_{\frac{\pi}{4}} = \frac{\hat{u}^2}{2R}\left(\frac{3}{4} + \frac{1}{2\pi}\right)$$
$$\alpha = \frac{\pi}{2}: \quad P_{\frac{\pi}{2}} = \frac{\hat{u}}{4R}$$
$$\alpha = \pi: \quad P_\pi = 0$$

e)
$$\alpha = 0: \quad U_{\text{Drehspul}} = U_{\text{Dreheisen}}\ ; f = 0$$
$$\alpha = \frac{\pi}{2}: \quad U_{\text{Drehspul}} = \frac{\hat{u}}{\pi};\ U_{\text{Dreheisen}} = \frac{\hat{u}}{2}$$
$$f = \frac{U_{\text{Drehspul, Anzeige}} - U_{\text{Dreheisen}}}{U_{\text{Dreheisen}}} = \frac{F\ U_{\text{Drehspul}} - U_{\text{Dreheisen}}}{U_{\text{Dreheisen}}} = \frac{1}{\sqrt{2}} - 1 \approx -0{,}29$$

Aufgabe 2.13: Zur Messung der Blindleistung in einem 1-Phasensystem wird die Wirkleistungsmessschaltung (Bild 2.16) zu einer Schaltung, welche die Spannung am Instrument gegenüber der Verbraucherspannung um 90° nacheilen lässt, umgebaut (Bild 2.17).

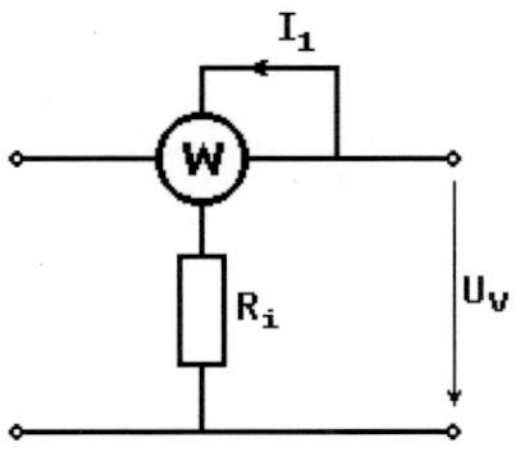

Bild 2.16

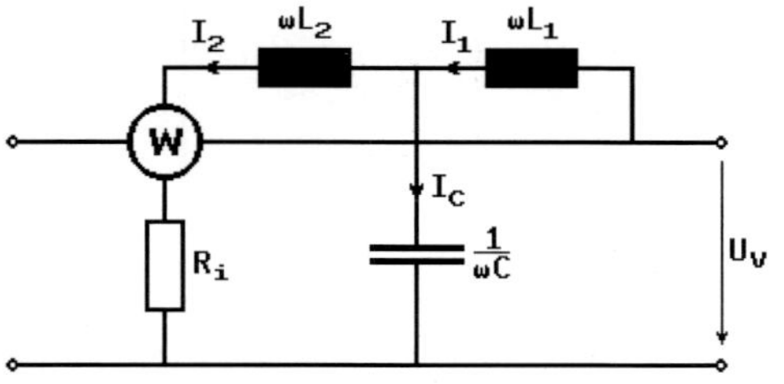

Bild 2.17

a) Welche Bedingungen müssen für den Strom durch den Innenwiderstand R_i des Messinstruments gelten, wenn nach der Umschaltung auf die Schaltung nach Bild 2.17 die Blindleistung direkt angezeigt werden soll?

b) U_V, R_i und ωL_2 sind bekannt, ferner sei $\omega L_2 = R_i$. Bestimmen Sie mit den Bedingungen aus a) für eine feste Frequenz die Größe der Elemente ωL_1 und $1/\omega C$ mit Hilfe des vollständigen Zeigerdiagramms (Reihenfolge der Konstruktion angeben). Hinweis: Für die Anfertigung des Zeigerdiagramms ist die Größe der Verbraucherspannung und die Größe des Stromes durch den Innenwiderstand R_i frei zu wählen.

Lösung:

a) $I_2 = I_1\, e^{-j90^\circ}$

b)

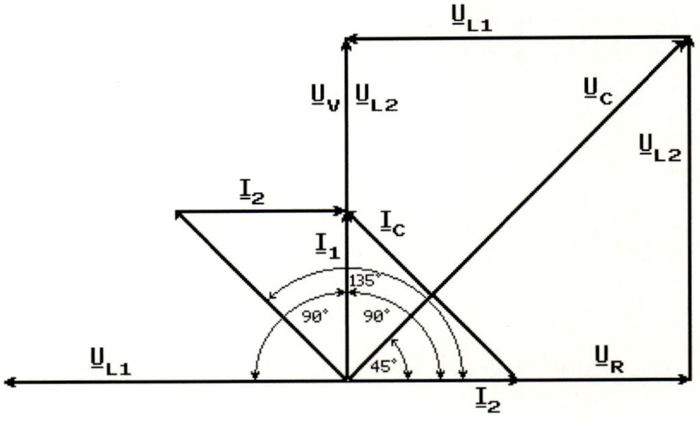

Bild 2.18

Reihenfolge der Konstruktion: $\underline{U}_R$, $\underline{U}_{L2}$, $\underline{U}_C$, $\underline{U}_{L1}$, $\underline{U}_V$, $\underline{I}_2$, $\underline{I}_1$, $\underline{I}_C$.

Aufgabe 2.14: Blindleistungsmessung [1]. Bild 2.19 zeigt die Schaltung eines Blindleistungsmessers mit Resonanzphasenschieber. Die Bauelemente der Schaltung sollen für den Betrieb im 50 Hz-Netz so dimensioniert werden, dass der Blindleistungsmesser bei $U_{max} = 10$ V, $I_{max} = 1$ A und $\sin\varphi(\underline{U}_V, \underline{I}) = 1$ Vollausschlag hat. Hierbei gilt $\underline{U}_V \perp \underline{I}_2$; $\underline{I}_1 \perp \underline{I}_2$; $|\underline{I}_1| = |\underline{I}_2|$

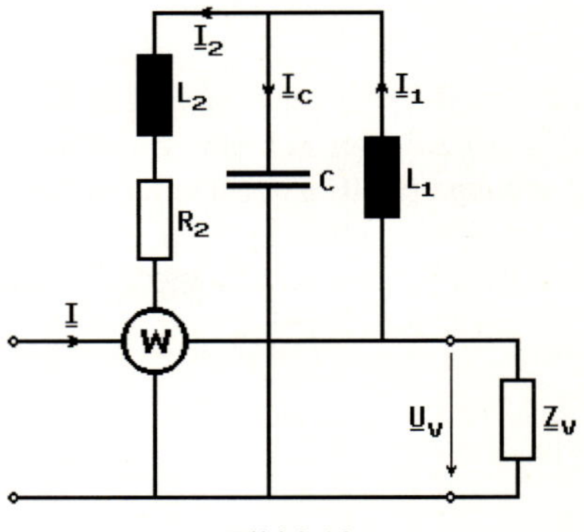

Bild 2.19

Das zum Aufbau des Blindleistungsmessers verwendete elektrodynamische Messwerk hat folgende Daten:

Spannungsspule: $U_{max} = 10$ V; $R_{WV} = 315\ \Omega$

Stromspule: $I_{max} = 1$ A; $R_{WA} = 0{,}1\ \Omega$

Dimensionieren Sie L_1, L_2, R_2 und C für folgende Bedingungen:

Lösung:

Für $\underline{U}_V \perp \underline{I}_2$ muss gelten: $\mathrm{Re}\{\underline{Z}_x\} = 0$, d.h. $\omega^2 L_1 C = 1$.

Für $\underline{I}_1 \perp \underline{I}_2$ muss gelten: $\varphi = \arctan \dfrac{-\omega R_2 C}{1-\omega^2 L_2 C} = 90°$, d.h. $\omega^2 L_2 C = 1$.

Für $|\underline{I}_1| = |\underline{I}_2|$ folgt $L_1 = L_2 = L$,

also $L_1 = \dfrac{R_{WV}}{\omega} = 1\,\mathrm{H}$; $C = \dfrac{1}{\omega R_{WV}} = 10{,}1\,\mu\mathrm{F}$; $R_2 = 0$.

Aufgabe 2.15: Mit einem elektrodynamischen Messwerk mit einer Induktivität der Feldspule von $L_{SP} = 0{,}5$ mH und einem Widerstand des Spannungspfades von $R_P = 100\ \Omega$ soll die Leistung eines einphasigen Verbrauchers $\underline{Z}_V = 50\ \Omega + \mathrm{j}\ 50\ \Omega$ gemessen werden. Die Frequenz des Netzes betrage $f = 50$ Hz. Hinweis: Verwenden Sie die spannungsrichtige Messung.

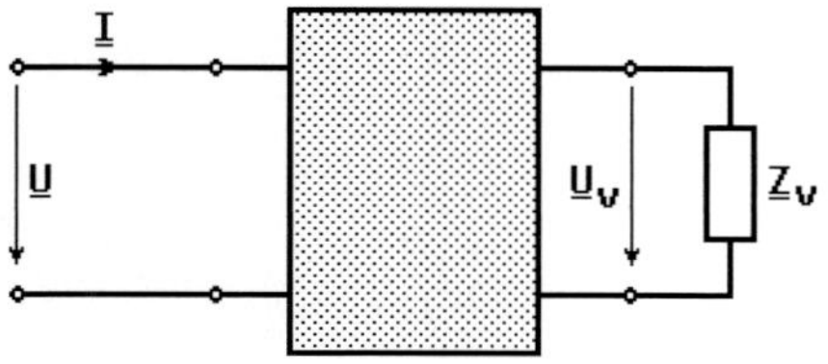

Bild 2.20

a) Skizzieren Sie das elektrische Ersatzschaltbild (ausgehend von Bild 2.20) bestehend aus Spannungsquelle $\underline{U} = 220$ V, Messwerk und Verbraucher zur Messung der am Verbraucher umgesetzten Wirkleistung. Verwenden Sie dabei einen Vorwiderstand $R = 1$ kΩ zur Erhöhung der Impedanz des Spannungspfades.
b) Geben Sie einen Ausdruck für den Ausschlagwinkel α des Messwerks in Abhängigkeit von $\underline{I}$ und $\underline{U}_V$ an und zeigen Sie dann, dass dieser Ausdruck proportional zur Wirkleistung P ist. Der Strom im Spannungspfad I_P sei klein gegenüber I. Der Messgerätefaktor sei k.
c) Welche Wirkung auf das Messergebnis besitzt die Spuleninduktivität L_{SP} (kurze Erläuterung)?
d) Wie groß ist die im Verbraucher $\underline{Z}_V$ umgesetzte Wirkleistung P?
e) Was zeigt das Messwerk (Istwert P_α) an und wie groß ist der absolute Fehler ΔP? (Proportionalitätsfaktor des Messwerks $k = 1100\ \Omega$)
f) Statt des Vorwiderstandes R im Spannungspfad wird eine Induktivität $L = 3{,}18$ H verwendet. Was messen Sie mit dem Messwerk in der genannten Schaltungskonfiguration (Herleitung)? Begründung mit Zeigerdiagramm für $L_{SP} = 0$!
g) Wie groß ist die im Verbraucher aufgenommene Blindleistung Q_V, falls $L_{SP} = 0$ ist?

Lösung:

a) Siehe Bild 2.21

b) $\alpha = \dfrac{k}{R_P + R}\, |\underline{I}_V^*|\, |\underline{U}_V|\, \cos\varphi(\underline{I}_V^*, \underline{U}_V) = \dfrac{k}{R_P + R}\, P$

c) Durch die Induktivität sind die Messergebnisse des elektrodynamischen Messwerkes frequenzabhängig. Das Messgerät wirkt wie eine Tiefpass.

$\underline{Z}_L = \mathrm{j}\omega L_{SP}$

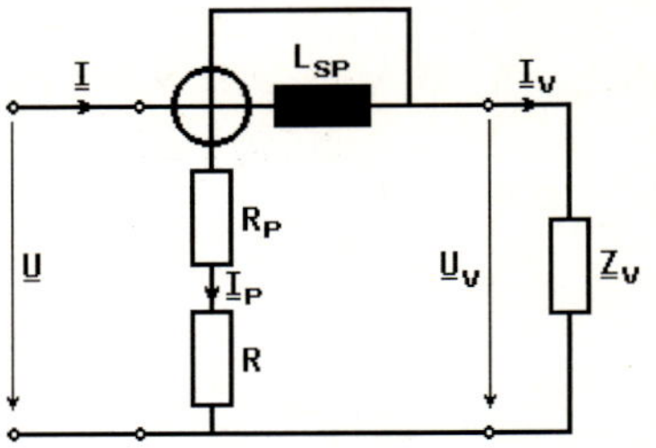

Bild 2.21

d) $P = |\underline{I}_V|^2 \, R_V = 482{,}07\,\mathrm{W}$

e) $P_\alpha = \dfrac{k}{R_P + R} \, |\underline{I}^*| \, |\underline{U}_V| \, \cos\varphi(\underline{I}^*, \underline{U}_V) = 525{,}18\,\mathrm{W}$

$\Delta P = P_\alpha - P = 43{,}11\,\mathrm{W}$

f) Siehe Bild 2.22 und 2.23

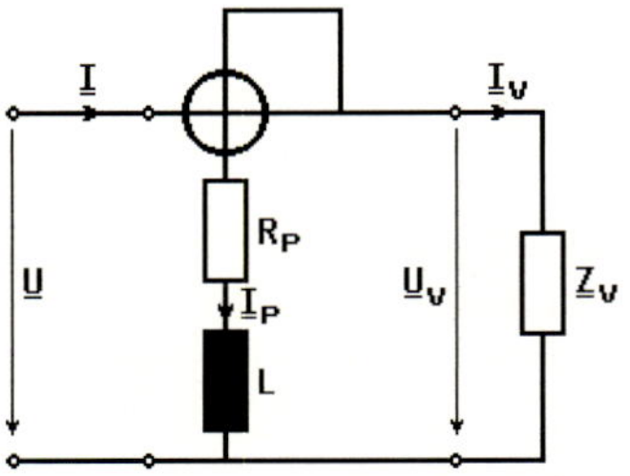

Bild 2.22

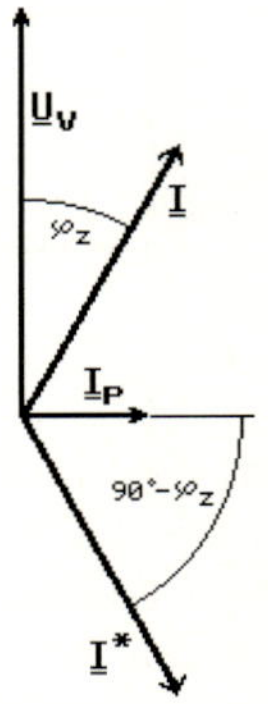

Bild 2.23

$P_\alpha' = \mathrm{Re}\,\{k \, \underline{I}_p \, \underline{I}^*\} = \dfrac{k}{\omega L} \, |\underline{I}^*| \, |\underline{U}_V| \, \sin\varphi_Z = Q$ (Blindleistung)

g) $Q_V = |\underline{I}_V|^2 \, X_L = 484\,\mathrm{var} \quad (X_L = 50\,\Omega)$

Aufgabe 2.16: Mit drei Amperemetern und einem bekannten Widerstand R soll die in einem Verbraucher $\underline{Z}_V$ umgesetzte Wirkleistung P bestimmt werden (Bild 2.24). Die Messinstrumente sind ideal.

a) Zeichnen Sie qualitativ das vollständige Zeigerdiagramm dieser Schaltung. Gehen Sie dabei von einem ohmsch-induktiven Verbraucher und $\underline{I}_3 = I_3 \cdot e^{j0^\circ}$ aus.

b) Berechnen Sie cos ϕ, d. h. den Kosinus des Winkels zwischen Spannung $\underline{U}_V$ und Strom $\underline{I}_2$ am Verbraucher, aus den Beträgen der gemessenen Ströme I_1, I_2, I_3.

c) Zeigen Sie, dass die Wirkleistung P des Verbrauchers mit den Anzeigewerten der Amperemeter und dem Widerstandswert von R gemessen werden kann.

d) Geben Sie einen Zusammenhang an, mit dem auch die Blindleistung Q bestimmt werden kann.

e) Geben Sie einen Ausdruck für den relativen Fehler bei der Bestimmung der Wirkleistung P an, wenn die Messgeräte jeweils den relativen Fehler f_i besitzen und der Widerstand R fehlerfrei ist.

f) Für welchen Winkel ϕ wird der absolute Fehler der Wirkleistung P minimal?

g) Kann mit dieser Schaltung ein induktiver von einem kapazitiven Verbraucher unterschieden werden? Begründen Sie Ihre Antwort.

h) Wie groß sollte R gegenüber dem Verbraucher $\underline{Z}_V$ sein?

i) Entwerfen Sie nun eine Schaltung, die die Wirkleistung entsprechend mit drei Voltmetern ermittelt. Gehen Sie dann wie in den Aufgabenteilen a) - c) vor. Die Messinstrumente sind wieder ideal.

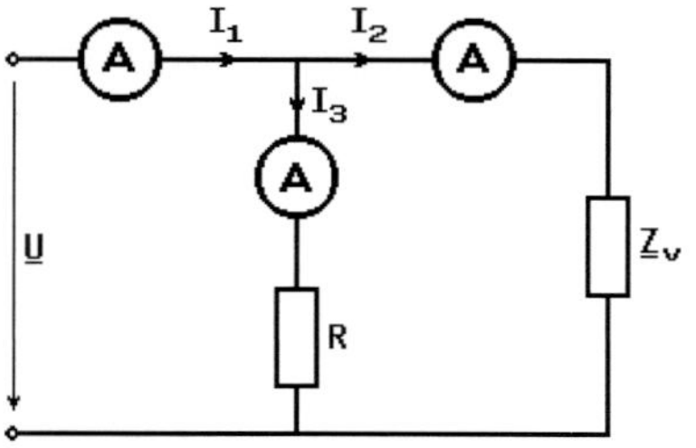

Bild 2.24

Lösung:

a)

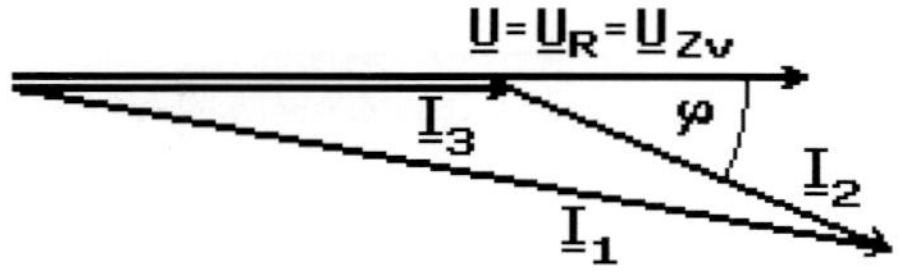

Bild 2.25

b) $\cos\varphi = \dfrac{I_1^2 - I_2^2 - I_3^2}{2 I_2 I_3}$

c) $P = U\, I_2 \cos\varphi = \dfrac{R}{2}\,(I_1^2 - I_2^2 - I_3^2)$

d) $Q = \sqrt{S^2 - P^2} = R\,\sqrt{(I_2 I_3)^2 - \frac{1}{4}(I_1^2 - I_2^2 - I_3^2)^2}$

e) $\dfrac{\Delta P}{P} = \dfrac{R(I_1^2 - I_2^2 - I_3^2)}{P}\, f_i = 2 f_i$

f) $\varphi = \dfrac{\pi}{2}$

g) Nein, es gehen nur die Beträge der Ströme in die Rechnung ein.

h) $R \gg \underline{Z}_V$, denn über R liegt die volle Versorgungsspannung U (Verluste).

i)

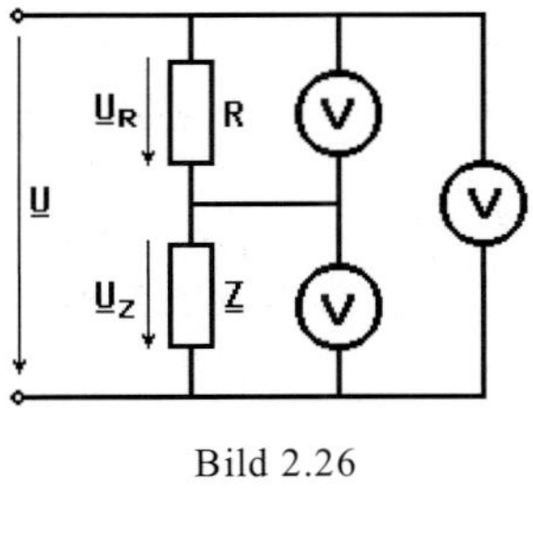

Bild 2.26

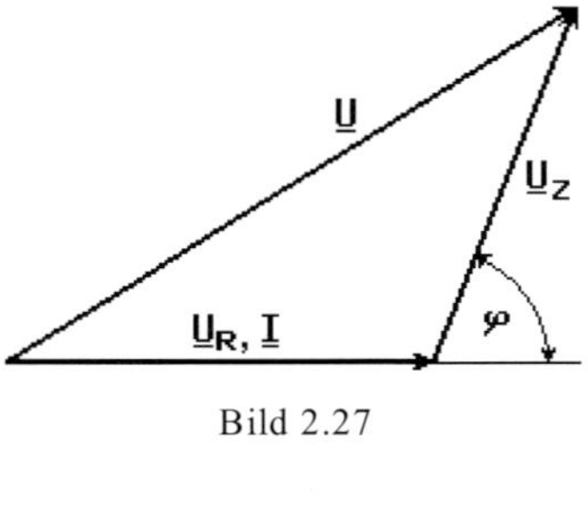

Bild 2.27

$$\cos\varphi = \frac{U^2 - U_R^{\,2} - U_Z^{\,2}}{2U_R\,U_Z}$$

$$P = U_Z\,I\,\cos\varphi = \frac{1}{R}\,(U^2 - U_R^{\,2} - U_Z^{\,2})$$

Aufgabe 2.17: Zur Bestimmung der Blindleistung Q, die ein komplexer Verbraucher $\underline{Z}$ aufnimmt, stehen ein elektrodynamischer Leistungsmesser, ein Strommesser und ein Spannungsmesser zur Verfügung (Bild 2.28). Die angezeigten Messwerte der drei Instrumente seien mit gleichen relativen Fehlern f behaftet, d. h. $|f_U| = |f_I| = |f_P| = f$. Der Eigenverbrauch der Instrumente sei vernachlässigbar.

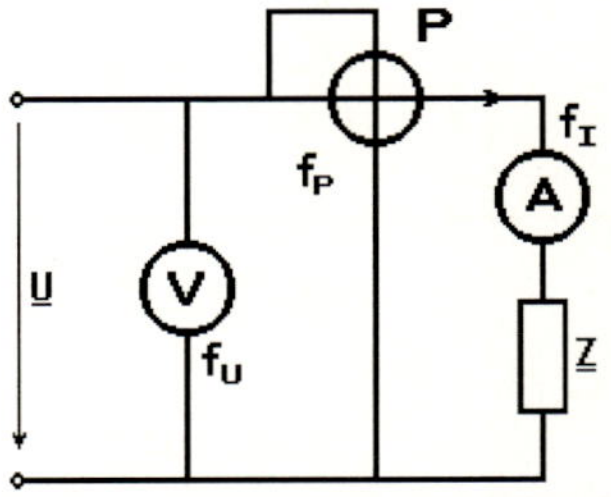

Bild 2.28

a) Welche Messwerke für U und I würden Sie wählen, wenn U und I sinusförmigen bzw. nicht-sinusförmigen Kurvenverlauf besitzen und in Effektivwerten angezeigt werden sollen?
b) Wie ergibt sich die Blindleistung Q aus den drei gemessenen Größen?
c) Berechnen Sie ganz allgemein den absoluten Fehler ΔQ, abhängig von P, Q, U, I, f_U, f_I und f_P.
d) Geben Sie für den ungünstigsten Fall den relativen Fehler (also den maximalen Fehler) $\left(\frac{\Delta Q}{Q}\right)_{max}$ abhängig von P, Q, U, I und f an.
e) Geben Sie den maximalen Fehler für folgende Sonderfälle an:
e1) $P = 0$
e2) $Q = 0$
e3) $P = Q$

Lösung:

a) Dreheisenmessgerät

b) $Q = \sqrt{S^2 - P^2} = \sqrt{(U\,I)^2 - P^2}$

c) $\Delta Q = \frac{1}{\sqrt{(U\,I)^2 - P^2}}\left[\,(U\,I)^2\,(f_U + f_I) - P^2\,f_P\right]$

d) $\left|\frac{\Delta Q}{Q}\right| = \frac{2(U\,I)^2 + P^2}{Q^2}\,f$

e1) $\left|\frac{\Delta Q}{Q}\right| = 2f$; e2) $\left|\frac{\Delta Q}{Q}\right| \to \infty$; e3) $\left|\frac{\Delta Q}{Q}\right| = 5f$

Aufgabe 2.18: Es stehen zwei Leistungsmesser W_1, und W_2 zur Verfügung, deren Strompfade mit dem Strom $i_1 = i_2 = \hat{i}\sin(\omega t + \varphi)$ beaufschlagt sind. Am Spannungspfad von W_1 liegt $u_1 = \hat{u}\sin\omega t$, an W_2 liegt $u_2 = \hat{u}\cos\omega t$.

a) Zeichnen Sie das Ersatzschaltbild für die Messanordnung.

b) Geben Sie in allgemeiner Form die Momentanwerte der Leistungen $p_1(t) = u_1\, i_1$ und $p_2(t) = u_2\, i_2$ an.

c) Was zeigen die Leistungsmesser W_1 und W_2 an? Geben Sie einen Ausdruck für $\overline{p}_1 = f(\hat{u}, \hat{i}, \varphi)$ und $\overline{p}_2 = f(\hat{u}, \hat{i}, \varphi)$ an.

Hinweis: $\overline{x} = \frac{1}{T}\int_0^T x(t)\, dt$.

d) Es ist der zeitliche Verlauf von $p_1(t)$ zu zeichnen, dabei sollen folgende Zahlenwerte gelten: $\hat{u} = 10$ V; $\hat{i} = 100$ mA; $\omega = 314\ \text{s}^{-1}$, $\varphi = 45°$.

e) Berechnen Sie mit den unter d) gegebenen Werten $\overline{p}_1$ und $\overline{p}_2$.

f) Geben Sie allgemein einen Ausdruck für den Phasenwinkel $\varphi = f(\overline{p}_1, \overline{p}_2)$ und die Scheinleistung $S = UI = \frac{1}{2}\hat{u}\,\hat{i}$ an.

Lösung:

a)

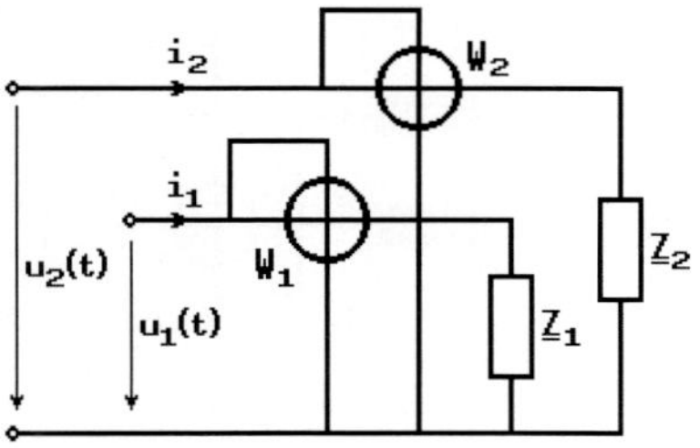

Bild 2.29

b) $p_1(t) = u_1\, i_1 = \frac{\hat{i}\,\hat{u}}{2}\left[\cos\varphi - \cos(2\omega t + \varphi)\right]$

$p_2(t) = u_2\, i_2 = \frac{\hat{i}\,\hat{u}}{2}\left[\sin\varphi + \sin(2\omega t + \varphi)\right]$

c) Der lineare Mittelwert von p_1 (t), p_2 (t) ergibt die Wirkleistung P_1 und P_2.

$P_1 = \overline{p}_1 = \frac{\hat{u}\,\hat{i}}{2}\cos\varphi; \qquad P_2 = \overline{p}_2 = \frac{\hat{u}\,\hat{i}}{2}\sin\varphi$

d) Siehe Bild 2.30

e) $\overline{p}_1 = \overline{p}_2 = 0{,}35\,\text{W}$

f) $\varphi = \arctan\frac{\overline{p}_1}{\overline{p}_2}; \qquad S = \frac{1}{2}\hat{u}\,\hat{i} = \sqrt{\overline{p}_1^{\,2} + \overline{p}_2^{\,2}}$

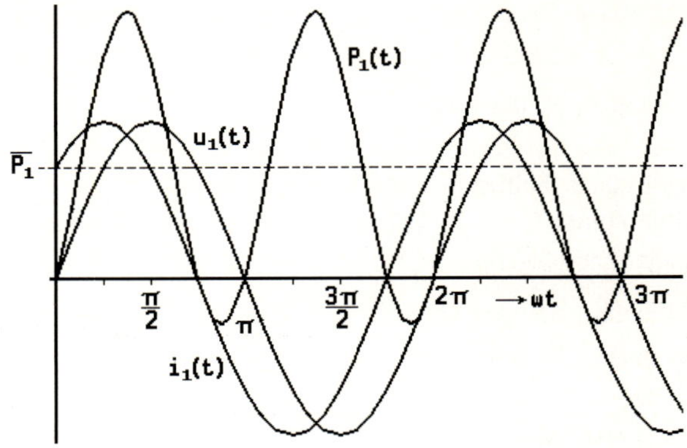

Bild 2.30

2.3 Drehstrom-Netzwerk

Aufgabe 2.19: Gegeben ist die in Bild 2.31 dargestellte Schaltung (ungestörter Fall):

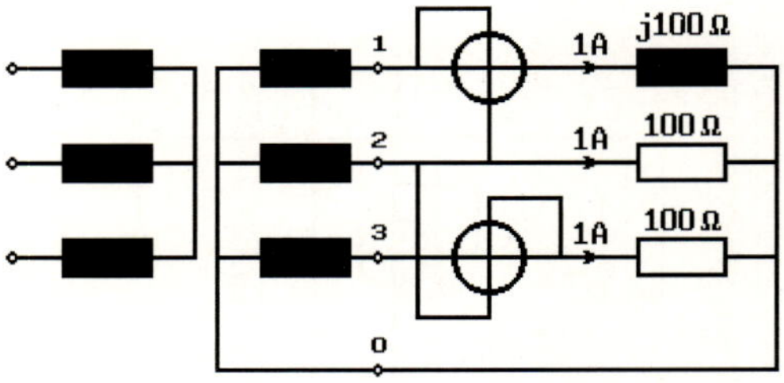

Bild 2.31

a) Zeichnen Sie das Zeigerdiagramm (alle Ströme und Spannungen).

b) Wie groß ist die Differenz von umgesetzter Wirkleistung und angezeigter Leistung?

c) Durch einen Fehler im Übertragungstransformator sinkt die Sternspannung U_2 auf die Hälfte ab. Wie groß ist jetzt die im Verbraucher umgesetzte Wirkleistung?

Lösung:

a) $I_1 = I_2 = I_3 = I = 1\,\mathrm{A}$

$\underline{U}_1 = U\, e^{j0^\circ};\ \underline{U}_2 = U\, e^{-j120^\circ};\ \underline{U}_3 = U\, e^{-j240^\circ}$

$$\underline{I}_1 = \frac{\underline{U}_1}{j100\Omega} = I\, e^{-j90^\circ};\ \underline{I}_2 = \frac{\underline{U}_2}{100\Omega} = I\, e^{-j120^\circ};\ \underline{I}_3 = \frac{\underline{U}_3}{100\Omega} = I\, e^{-j240^\circ}$$

$U_1 = U_2 = U_3 = U = I\, 100\Omega = 100\,\mathrm{V}$

Zeigerdiagramm siehe Bild 2.32

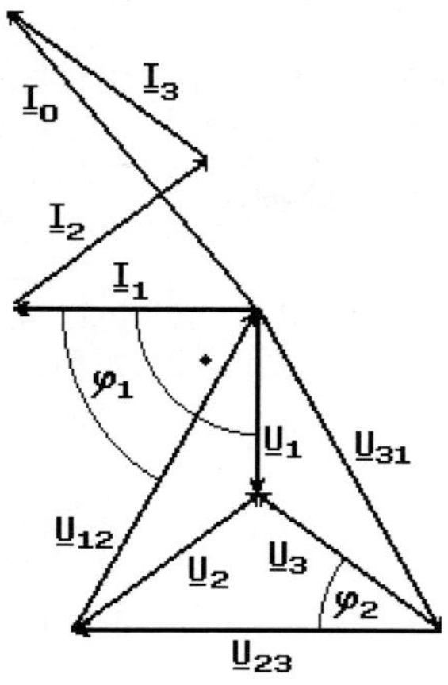

Bild 2.32

b) $P_1 = \mathrm{Re}\{\underline{U}_1\underline{I}_1^*\} = U_1 I_1 \cos\varphi_1 = UI\cos 90° = 0$

$P_2 = \mathrm{Re}\{\underline{U}_2\underline{I}_2^*\} = U_2 I_2 \cos\varphi_2 = UI\cos 0 = 100\,\mathrm{W}$

$P_3 = \mathrm{Re}\{\underline{U}_3\underline{I}_3^*\} = U_3 I_3 \cos\varphi_3 = UI\cos 0 = 100\,\mathrm{W}$

$$P_{\mathrm{ges}} = \sum_{i=1}^{3} P_i = 2UI = 200\,\mathrm{W}$$

$$\underline{U}_{jk} = \sqrt{3}\,\underline{U}_i\, e^{-\mathrm{j}90°}$$

$$P_{\mathrm{Anz}} = \mathrm{Re}\{\underline{P}\} = \mathrm{Re}\{\underline{U}_{12}\,\underline{I}_1^*\} + \mathrm{Re}\{\underline{U}_{32}\,\underline{I}_3^*\}$$

$$= \sqrt{3}\,\mathrm{Re}\{\underline{U}_3\,\underline{I}_1^*\, e^{-\mathrm{j}90°}\} + \sqrt{3}\,\mathrm{Re}\{-\underline{U}_1\,\underline{I}_3^*\, e^{-\mathrm{j}90°}\}$$

$$= \sqrt{3}\,UI[\cos(120°) - \cos(150°)] = \frac{\sqrt{3}}{2}\,UI[-1+\sqrt{3}] \approx 63{,}4\,\mathrm{W}$$

$$\Delta P = P_{\mathrm{Anz}} - P_{\mathrm{ges}} = -\frac{1}{2}\,UI[1+\sqrt{3}] \approx -136{,}6\,\mathrm{W}$$

c) $\underline{I}_2' = \dfrac{I}{2}\, e^{-\mathrm{j}120°};\ \underline{U}_2' = \dfrac{U}{2}\, e^{-\mathrm{j}120°}$

$$P_2' = \mathrm{Re}\{\underline{U}_2\,\underline{I}_2^*\} = \frac{1}{4}\,UI\cos\varphi_2 = \frac{1}{4}\,UI\cos 0° = 25\,\mathrm{W}$$

$$P_{\mathrm{ges}}' = P_1 + P_2' + P_3 = 125\,\mathrm{W}$$

Aufgabe 2.20: Gegeben ist eine Drehstromschaltung nach Bild 2.33 mit symmetrischen Sternspannungen U_1, U_2 und U_3. Die Leiterspannungen betragen $U_{12} = U_{23} = U_{31} = 300$ V. Hinweis: Lassen Sie beim Weiterrechnen unbedingt die Wurzeln stehen.

a) Es sei $\underline{Z}_1 = R_1 + \mathrm{j}X_1$. Das Wattmeter W_1 zeigt den Wert 75 W an. Wie groß ist R_1, X_1, I_1, wenn gilt $R_1/X_1 = \sqrt{3}$?

b) Ferner ist $\underline{Z}_2 = R_1 - \mathrm{j}X_1$ und $\underline{Z}_3 = |\underline{Z}_1| / 2 = R_3$. Welchen Wert zeigt das Wattmeter W_2 an und wie groß ist die gesamte, im 3-phasigen Verbraucher umgesetzte Wirkleistung P?

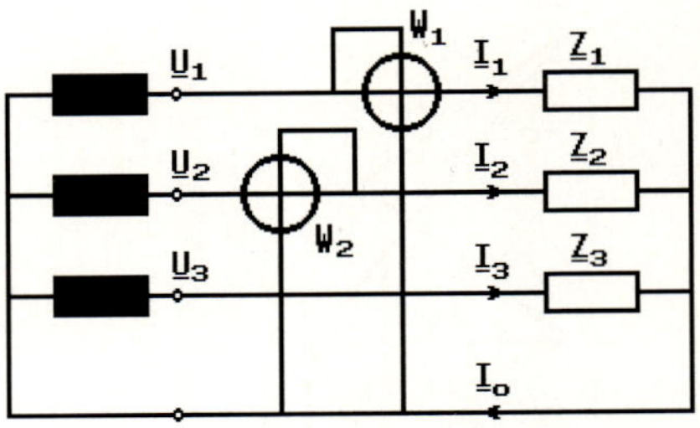

Bild 2.33

c) Zeichnen Sie das vollständige Zeigerdiagramm. Berechnen Sie mit seiner Hilfe den Betrag des Stromes I_0.

d) Durch eine zusätzliche Impedanz $\underline{Z}_4$ in Phase 3 soll der Strom I_0 zu Null gemacht werden. Geben Sie das Ersatzschaltbild der neuen Impedanz $\underline{Z}_3'$ an. Welchen Wert hat die Impedanz $\underline{Z}_4$?

Lösung:

a) $$\tan\varphi_1 = \frac{X_1}{R_1} = \frac{1}{\sqrt{3}}, \text{ d. h. } \varphi_1 = 30°, \cos\varphi_1 = \frac{1}{2}\sqrt{3}$$

$$U_i = \frac{1}{\sqrt{3}} U_{jk}, \text{ d.h. } U_1 = \frac{1}{\sqrt{3}} U_{23} = \sqrt{3}\ 100\,\text{V} \approx 173{,}2\,\text{V}$$

$$I_1 = \frac{P_{W1}}{U_1 \cos\varphi_1} = \sqrt{3}\frac{P_{W1}}{U_{23}\cos\varphi_1} = 0{,}5\,\text{A}$$

$$Z_1 = |\underline{Z}_1| = \frac{U_1}{I_1} = \frac{U_1^2 \cos\varphi_1}{P_{W1}} = \frac{U_{23}^2 \cos\varphi_1}{3P_{W1}} = \sqrt{3}\ 200\,\Omega$$

$$Z_1 = \sqrt{R_1^2 + X_1^2} = 2X_1;\ X_1 = \frac{Z_1}{2} = \sqrt{3}\ 100\,\Omega \approx 173{,}2\,\Omega$$

$$R_1 = \sqrt{3}\ X_1 = 300\,\Omega$$

b) $$U_2 = \frac{1}{\sqrt{3}} U_{31} = \sqrt{3}\ 100\,\text{V};\ Z_2 = \sqrt{R_1^2 + X_1^2} = Z_1 = \sqrt{3}\ 200\,\Omega$$

$$I_2 = \frac{U_2}{Z_2} = 0{,}5\,\text{A}$$

$$\tan\varphi_2 = -\frac{X_1}{R_1} = -\frac{1}{\sqrt{3}};\ \text{d. h. } \varphi_2 = -30°, \cos\varphi_2 = \frac{1}{2}\sqrt{3}$$

$$P_{W2} = U_2 I_2 \cos\varphi_2 = \frac{U_2^2}{Z_2}\cos\varphi_2 = \frac{U_{31}^2}{3\ Z_2}\cos\varphi_2 = 75\,\text{W}$$

$$U_3 = \frac{1}{\sqrt{3}} U_{12} = \sqrt{3}\ 100\,\text{V};\ \underline{U}_3 = U_3\ e^{-j240°}$$

$$\underline{I}_3 = \frac{\underline{U}_3}{\underline{Z}_3} = \frac{U_3}{R_3}\ e^{-j240°} = 1\,\text{A}\ e^{-j240°}$$

$$P_3 = U_3 I_3 \cos\varphi_3 = \sqrt{3}\ 100\,\text{W} \approx 173{,}2\,\text{W}$$

$$P = P_{W1} + P_{W2} + P_3 \approx 323{,}2\,\text{W}$$

c) $\underline{I}_0 = \underline{I}_1 + \underline{I}_2 + \underline{I}_3 = 0{,}5\,\text{A}\ e^{-j30^\circ} + 0{,}5\,\text{A}\ e^{-j90^\circ} + 1\,\text{A}\ e^{-j240^\circ}$

$\underline{I}_0 \approx -0{,}067\,\text{A} + \text{j}\ 0{,}166\,\text{A} = 0{,}134\,\text{A}\ e^{-j240^\circ};\ I_0 \approx 0{,}134\,\text{A}$

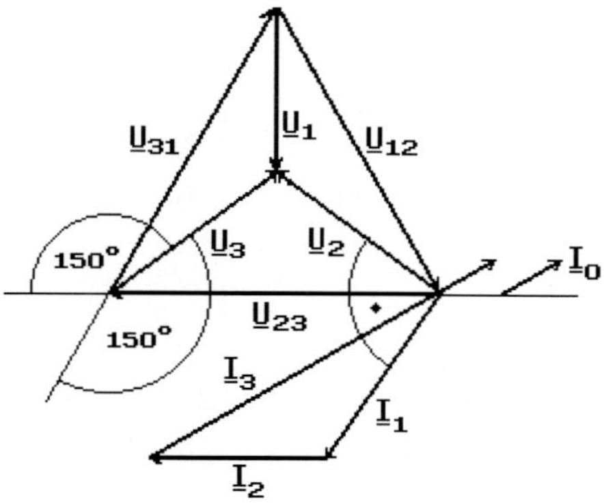

Bild 2.34

d) $\underline{I}_3' = -(\underline{I}_1 + \underline{I}_2) = \{-1 + \sqrt{3}\text{j}\}\ \sqrt{3}\ 0{,}25\,\text{A} = \sqrt{3}\ 0{,}5\,\text{A}\ e^{+j120^\circ}$

$$\underline{Z}_3' = \frac{\underline{U}_3}{\underline{I}_3'} = \frac{\sqrt{3}\ 100\,\text{V}\ e^{-j240^\circ}}{\sqrt{3}\ 0{,}5\,\text{A}\ e^{j120^\circ}} = 200\,\Omega$$

$$\underline{Z}_4 = \underline{Z}_3' - R_3 = R_4 = 200\,\Omega - \sqrt{3}\ 100\,\Omega \approx 26{,}9\,\Omega$$

Aufgabe 2.21: Gegeben ist ein symmetrisches Drehstromsystem nach Schaltbild 2.35 (verkettete Spannung 380 V). Gegen ist $\underline{Z}_1 = \underline{Z}_2 = \underline{Z}_3 = (1/\sqrt{3} + \text{j})\ 190\ \Omega$. Hinweis: Lassen Sie im Rechengang unbedingt die Wurzeln stehen.

a) Für die Wirkleistungsmessung nach Aron sollen in Phase 2 und 3 je ein Wattmeter geschaltet werden. Tragen Sie die zugehörigen Spannungspfade in das Schaltbild 2.35 ein. Berechnen Sie die Anzeigewerte P_{W2} und P_{W3} der Wattmeter. Wie groß ist die gesamte im 3-phasigen Verbraucher umgesetzte Wirkleistung P?

b) Wie groß wird die Anzeige P_{W2} des Wattmeters in Phase 2 nach Öffnen des Schalters S3 (Schaltbild 2.35)?

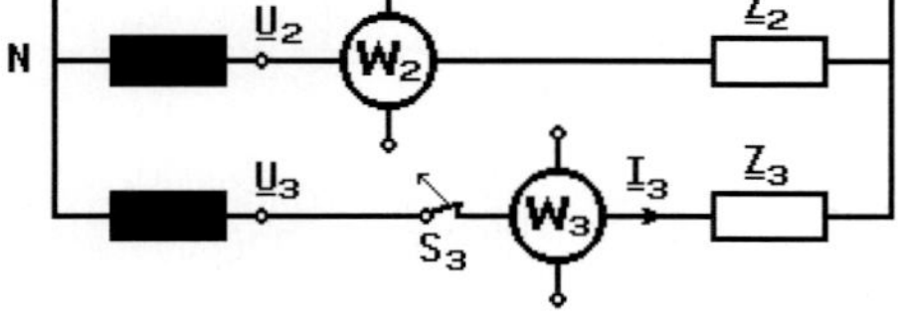

Bild 2.35

c) Dieselben Wattmeter in Phase 2 und 3 sollen zur Blindleistungsmessung benutzt werden.

Der Schalter S3 ist geschlossen. Tragen Sie die zugehörigen Spannungspfade in das Schaltbild 2.35 ein. Wie groß sind die Anzeigewerte P_{W1} und P_{W2}? Wie groß ist die gesamte im 3-phasigen Verbraucher umgesetzte Blindleistung Q?

Lösung:

a) $\underline{U}_{12} = U\, e^{-j330^\circ};\ \underline{U}_{23} = U\, e^{-j90^\circ};\ \underline{U}_{31} = U\, e^{-j210^\circ};\ U = 380\,\text{V}$

$$\underline{U}_1 = \frac{U}{\sqrt{3}}\, e^{j0^\circ};\ \underline{U}_2 = \frac{U}{\sqrt{3}}\, e^{-j120^\circ};\ \underline{U}_3 = \frac{U}{\sqrt{3}}\, e^{-j210^\circ}$$

$$Z_1 = Z_2 = Z_3 = \frac{2}{\sqrt{3}}\, 190\,\Omega;\ \varphi_Z = \arctan\sqrt{3} = 60^\circ$$

$$I_1 = I_2 = I_3 = I = \frac{U_1}{Z_1} = 1\,\text{A}$$

$$P_{W1} = \text{Re}\{\underline{U}_{21}\underline{I}_2^*\} = \text{Re}\{U e^{-j150^\circ} I e^{j180^\circ}\} = UI\cos(30^\circ) = \sqrt{3}\,190\,\text{W} \approx 329{,}1\,\text{W}$$

$$P_{W2} = \text{Re}\{\underline{U}_{31}\,\underline{I}_3^*\} = \text{Re}\{U\, e^{-j210^\circ} I\, e^{j210^\circ}\} = U\,I\,\cos 0 = 0$$

$$P_{ges} = P_{W2} + P_{W3} = \sqrt{3}\ 190\,\text{W} \approx 329{,}1\,\text{W}$$

b) $\underline{Z}_{ges} = 2\,\underline{Z}_1 = \left(\frac{1}{\sqrt{3}} + j\right) 380\,\Omega = \frac{2}{\sqrt{3}} 380\,\Omega\, e^{j60^\circ}$

$$\underline{I}' = \underline{I}_1 = \underline{I}_2 = \frac{\underline{U}_{21}}{\underline{Z}_{ges}} = \frac{\sqrt{3}}{2}\text{A}\ e^{-j210^\circ}$$

$$P_{W1} = \text{Re}\{\underline{U}_{21}\underline{I}'^*\} = \sqrt{3}\ 190\,\text{W}\ \cos 60^\circ = \sqrt{3}\ 95\,\text{W} \approx 14{,}54\,\text{W}$$

c) $Q_{W2} = \sqrt{3}\ \text{Re}\{\underline{U}_3\underline{I}_2^*\} = 380\,\text{var}\ \cos(-60^\circ) = 190\,\text{var}$

$$Q_{W3} = \sqrt{3}\ \text{Re}\{-\underline{U}_2\underline{I}_3^*\} = 380\,\text{var}\ \cos(-180^\circ) = 380\,\text{var}$$

$$Q_{ges} = Q_{W2} + Q_{W3} = 570\,\text{var}$$

Aufgabe 2.22: Gegeben sei das in Bild 2.36 dargestellte Drehstromsystem.

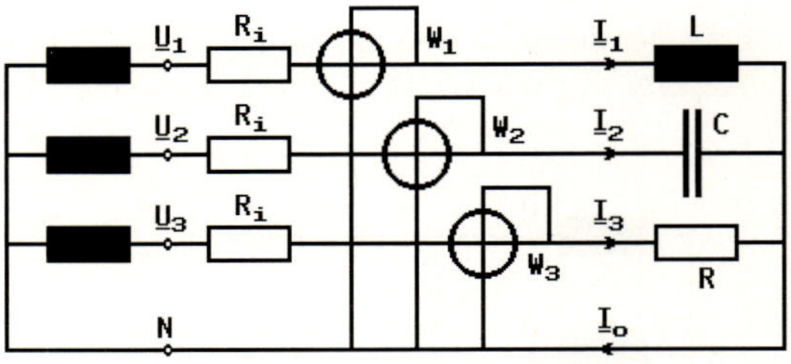

Bild 2.36

Es gelten folgende Zahlenwerte: $|\underline{U}_1| = |\underline{U}_2| = |\underline{U}_3| = 220$ V, $f = 50$ Hz, $R = 100\,\Omega$, $C = 0{,}1/\pi$ mF, $L = 1/\pi$ H. Zunächst gelte: $R_i = 0$.

a) Berechnen Sie die Ströme $\underline{I}_1$, $\underline{I}_2$, $\underline{I}_3$ und zeichnen Sie das Zeigerdiagramm für alle angegebenen Ströme und Spannungen für die im Bild angegebene Zählpfeilrichtung.

b) Berechnen Sie die Anzeige der Wattmeter P_1, P_2 und P_3. Wie groß ist die im Verbraucher umgesetzte Wirkleistung P_{ges}?

Die Spannungsquellen haben nun einen Innenwiderstand von $R_i = 20\ \Omega$.

c) Berechnen Sie die Ströme $\underline{I}_1$, $\underline{I}_2$, $\underline{I}_3$ und zeichnen Sie für diesen Fall das Zeigerdiagramm mit allen angegebenen Strömen und Spannungen für die im Bild 2.36 angegebene Zählpfeilrichtung.

d) Wie groß ist nun die Anzeige der Wattmeter P_1, P_2 und P_3 (Begründung). Wie groß ist die im Verbraucher umgesetzte Wirkleistung?

Lösung:

a) $\underline{I}_1 = \dfrac{\underline{U}_1}{\mathrm{j}\omega L} = 2{,}2\,\mathrm{A}\ e^{-\mathrm{j}180^\circ}$; $\underline{I}_2 = \underline{U}_2\,(\mathrm{j}\omega C) = 2{,}2\,\mathrm{A}\ e^{\mathrm{j}240^\circ}$;

$\underline{I}_3 = \dfrac{\underline{U}_3}{R} = 2{,}2\,\mathrm{A}\ e^{\mathrm{j}30^\circ}$

Zeigerdiagramm siehe Bild 2.37

b) $P_1 = |\underline{U}_1|\ |\underline{I}_1|\ \cos\varphi(\underline{U}_1,\underline{I}_1) = 0$; $P_2 = |\underline{U}_2|\ |\underline{I}_2|\ \cos\varphi(\underline{U}_2,\underline{I}_2) = 0$;

$P_3 = |\underline{U}_3|\ |\underline{I}_3|\ \cos\varphi(\underline{U}_3,\underline{I}_3) = 484\,\mathrm{W}$; $P_{ges} = P_1 + P_2 + P_3 = 484\,\mathrm{W}$

c) $\underline{I}_1 = \dfrac{\underline{U}_1}{R_i + \mathrm{j}\omega L} = 2{,}16\,\mathrm{A}\ e^{-\mathrm{j}168{,}69^\circ}$; $\underline{I}_2 = \dfrac{\underline{U}_2}{R_i + \dfrac{1}{\mathrm{j}\omega C}} = 2{,}16\,\mathrm{A}\ e^{-\mathrm{j}228{,}69^\circ}$

$\underline{I}_3 = \dfrac{\underline{U}_3}{R_i + R} = 1{,}8\overline{3}...\,\mathrm{A}\ e^{\mathrm{j}30^\circ}$ (Zeigerdiagramm siehe Bild 2.38)

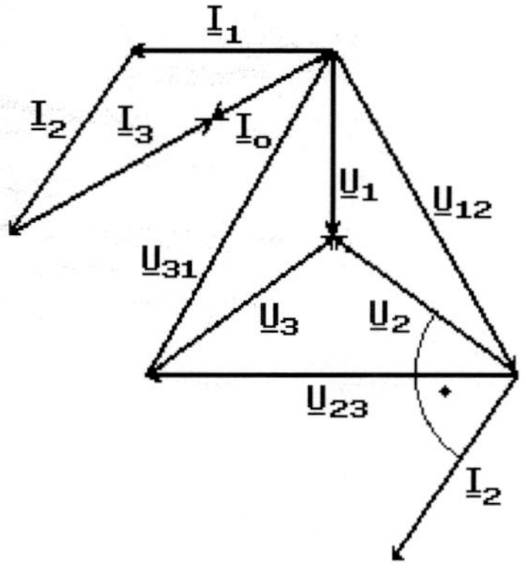

Bild 2.37

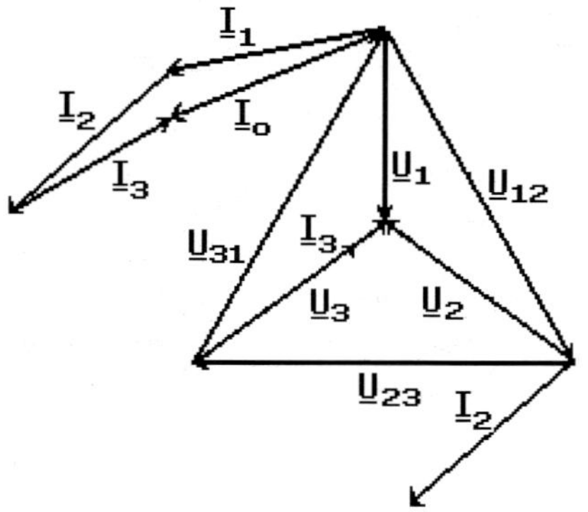

Bild 2.38

d) $P_1 = |\underline{U}_1 - R_i\underline{I}_1|\ |\underline{I}_1|\ \cos\varphi(\underline{U}_1 - R_i\underline{I}_1,\underline{I}_1) = 0$

$P_2 = |\underline{U}_2 - R_i\underline{I}_2|\ |\underline{I}_2|\ \cos\varphi(\underline{U}_2 - R_i\underline{I}_2,\underline{I}_2) = 0$

$P_3 = |\underline{U}_3 - R_i\underline{I}_3|\ |\underline{I}_3|\ \cos\varphi(\underline{U}_3 - R_i\underline{I}_3,\underline{I}_3)$

$\approx |220\,\mathrm{V}\ e^{\mathrm{j}30^\circ} - 20\,\Omega \cdot 1{,}83\,\mathrm{A}\ e^{\mathrm{j}30^\circ}| \cdot 1{,}83\,\mathrm{A} = 336{,}11\,\mathrm{W}$

Aufgabe 2.23: Ein symmetrischer Drehstromverbraucher in Sternschaltung, der an einem symmetrischen Drehspannungsnetz betrieben wird, bewirkt in den beiden Wattmetern W_1 und W_2 (Aron-Schaltung) die Ausschläge $P_1 = 300$ W und $P_2 = 800$ W (Bild 2.39). Alle drei Verbraucher sind identisch, d. h. $\underline{Z}_1 = \underline{Z}_2 = \underline{Z}_3 = \underline{Z}$.

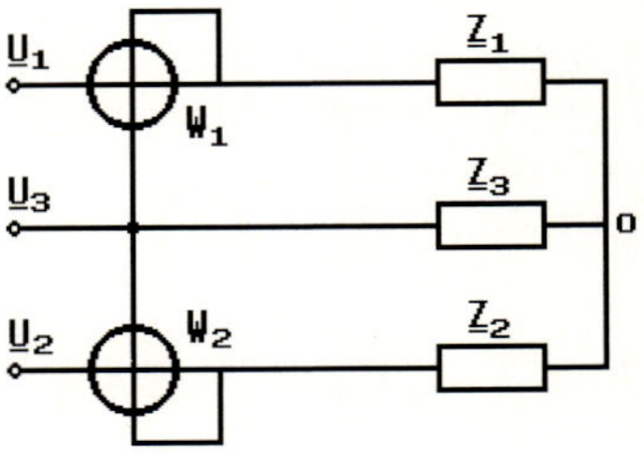

Bild 2.39

a) Berechnen Sie den Leistungsfaktor $\cos\varphi$ des Verbrauchers.
Anmerkung: $\cos(\alpha+\beta) = \cos\alpha\cos\beta + \sin\alpha\sin\beta$

b) Berechnen Sie den Wirkwiderstand und den Betrag des Blindanteils von $\underline{Z}$.

Lösung:

a) - induktiver Verbraucher

$$P_1 = U_L\, I \cos\left(\frac{\pi}{6} - \varphi\right); \qquad P_2 = U_L\, I \cos\left(\frac{\pi}{6} + \varphi\right)$$

$$\frac{P_1}{P_2} = \frac{\cos\left(\frac{\pi}{6} - \varphi\right)}{\cos\left(\frac{\pi}{6} + \varphi\right)} = \frac{300\,\mathrm{W}}{800\,\mathrm{W}} = \frac{3}{8}$$

$$\cos\varphi = \frac{11}{14} \approx 0{,}786; \quad \varphi \approx 38{,}2^\circ$$

- kapazitiver Verbraucher

$$P_1 = U_C\, I \cos\left(\frac{\pi}{6} + \varphi\right); \quad P_2 = U_C\, I \cos\left(\frac{\pi}{6} - \varphi\right)$$

$$\frac{P_1}{P_2} = \frac{\cos\left(\frac{\pi}{6} - \varphi\right)}{\cos\left(\frac{\pi}{6} - \varphi\right)} = \frac{300\,\mathrm{W}}{800\,\mathrm{W}} = \frac{3}{8}$$

$$\cos\varphi = \frac{11}{14} \approx 0{,}786; \quad \varphi \approx -38{,}2^\circ$$

b) $$P_Z = \tfrac{1}{3}(P_1 + P_2) \approx 366{,}7\,\mathrm{W}; \quad R = \frac{U}{I_R} = \frac{U^2}{P_Z} = 132\,\Omega$$

$$X = \frac{U}{I_X} = \frac{U}{I_R}\tan\varphi = R\tan\varphi = 60\sqrt{3}\,\Omega \approx 103{,}9\,\Omega$$

Aufgabe 2.24: In einem Drehstromnetz mit Mittelleiter sind zwischen je einem Außenleiter und dem Mittelleiter die Widerstände R, X_C, und X_L angeschlossen. Es stehen 3 ideale Wattmeter (W_1, W_2, W_3) zur Verfügung, mit denen die Blindleistung gemessen werden soll (Bild 2.40).

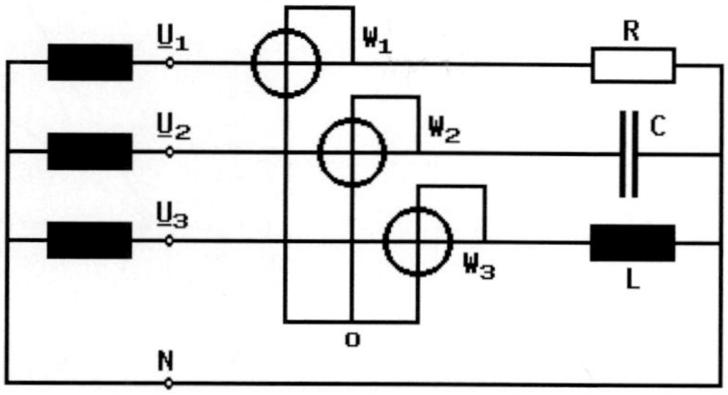

Bild 2.40

Es sind folgende Zahlenwerte gegeben: $R = 100\ \Omega$, $X_C = 100\ \Omega$, $X_L = 100\ \Omega$,
$|\underline{U}_{10}| = |\underline{U}_{20}| = |\underline{U}_{30}| = 100\,\mathrm{V}$.

a) Ändern Sie die Schaltung so, dass Blindleistungsmessung möglich ist.
b) Geben Sie die Beträge der Ströme $\underline{I}_1$, $\underline{I}_2$ und $\underline{I}_3$ und die Phasenwinkel $\varphi(U_{i0}, I_i)$ an.
c) Zeichnen Sie das vollständige Zeigerdiagramm mit allen Stern- und Leiterspannungen und allen Strömen.
d) Wie groß ist die umgesetzte Blindleistung Q_i in jedem Strang und insgesamt?
e) Wie groß ist die Anzeige der einzelnen Wattmeter und wie groß ist die Summe der Anzeigen?
f) Wie groß ist der Strom I_0?

Lösung:

a)
$$Q = \frac{1}{\sqrt{3}} U_{23}\, I_1 \cos\varphi(\underline{U}_{23},\underline{I}_1) + \frac{1}{\sqrt{3}} U_{31}\, I_2 \cos\varphi(\underline{U}_{31},\underline{I}_2) + \frac{1}{\sqrt{3}} U_{12}\, I_3 \cos\varphi(\underline{U}_{12},\underline{I}_3)$$
$$= \frac{1}{\sqrt{3}} \left(P_{W1} + P_{W2} + P_{W3}\right)$$

Geänderte Schaltung siehe Bild 2.41

b)
$$\varphi(\underline{U}_{10},\underline{I}_1) = 0\ ; \quad |\underline{I}_1| = \frac{U_{10}}{R} = 1A\ ; \quad \underline{U}_{10} = U_{10}\cdot e^{j0^\circ}$$
$$\varphi(\underline{U}_{20},\underline{I}_2) = 90^\circ\ ; \quad |\underline{I}_2| = \frac{U_{20}}{X_C} = 1A\ ; \quad \underline{U}_{20} = U_{20}\cdot e^{-j120^\circ}$$
$$\varphi(\underline{U}_{30},\underline{I}_3) = 90^\circ\ ; \quad |\underline{I}_3| = \frac{U_{30}}{X_L} = 1A\ ; \quad \underline{U}_{30} = U_{30}\cdot e^{-j240^\circ}$$

c) Zeigerdiagramm siehe Bild 2.42

d)
$$Q_1 = U_{10} I_1 \sin\varphi(\underline{U}_{10},\underline{I}_1) = 0; \quad Q_2 = U_{20} I_2 \sin\varphi(\underline{U}_{20},\underline{I}_2) = 100\,\mathrm{var};$$
$$Q_3 = U_{30} I_3 \sin\varphi(\underline{U}_{30},\underline{I}_3) = 100\,\mathrm{var}; \quad Q_{ges} = Q_1 + Q_2 + Q_3 = 0$$

e)
$$P_{W1,Anz} = U_{23} I_1 \cos\varphi(\underline{U}_{23},\underline{I}_1) = 0\,\mathrm{W}; \quad P_{W2,Anz} = U_{31} I_2 \cos\varphi(\underline{U}_{31},\underline{I}_2) = 173{,}2\,\mathrm{W}$$
$$P_{W3,Anz} = U_{12} I_3 \cos\varphi(\underline{U}_{12},\underline{I}_3) = -173{,}2\,\mathrm{W}; \quad Q_{Anz} = \sum_{i=1}^{3} P_{Wi,Anz} = 0$$

f) $|\underline{I}_0| = I_0 = |\underline{I}_1| + |\underline{I}_2| \sin 60° + |\underline{I}_3| \sin 60° = I(1 + 2 \cdot \sin 60°) = 2{,}73\,\text{A}$

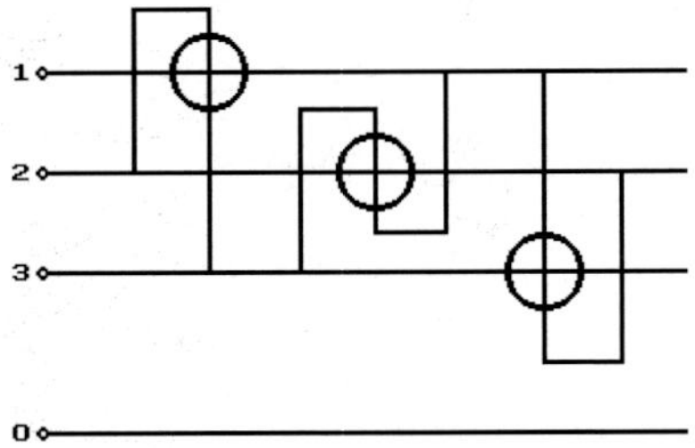

Bild 2.41

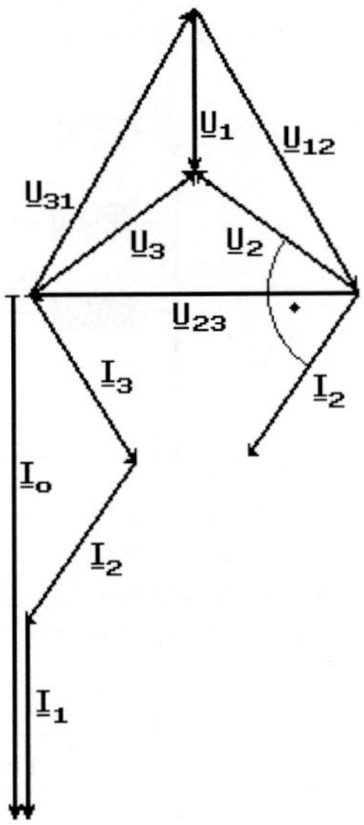

Bild 2.42

Aufgabe 2.25: In der in Bild 2.43 dargestellten Schaltung soll mit idealen Wattmetern die Blindleistung gemessen werden. Hierbei sind folgende Werte gegeben: $U_{10} = U_{20} = U_{30} = 100$ V, $R_1 = |X_{C1}|$, $|Z_1| = 100\ \Omega$, $R_2 = |X_{C2}|$, $|Z_2| = 100\ \Omega$, $R_3 = 100\ \Omega$.

a) Ändern Sie die Schaltung so, dass die Messung der Blindleistung Q möglich ist .
b) Zeichnen Sie das vollständige Zeigerdiagramm der Ströme und Spannungen.
c) Wie groß ist die umgesetzte Blindleistung?
d) Wie groß ist die Anzeige der einzelnen Wattmeter (P_{W1}, P_{W2}, P_{W3}) und wie groß ist die Summe der Anzeigen?
e) Wie groß ist der Strom I_0 (aus Zeigerdiagramm)?

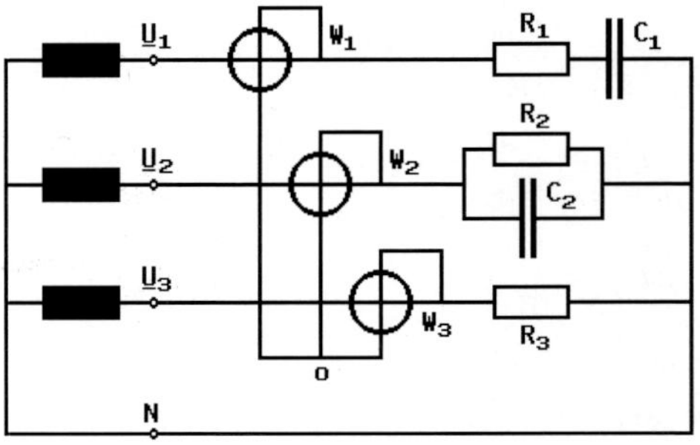

Bild 2.43

Lösung:

a) $Q = \frac{1}{\sqrt{3}}(U_{23}I_1 \cos\varphi(\underline{U}_{23},\underline{I}_1) + U_{31}I_2 \cos\varphi(\underline{U}_{31},\underline{I}_2) + U_{12}I_3 \cos\varphi(\underline{U}_{12},\underline{I}_3))$

Schaltung siehe Bild 2.44

b) $|I_1| = \dfrac{U_1}{|\underline{Z}_1|} = 1\,\text{A};\ \underline{Z}_1 = R_1 - \text{j}\,|X_{C1}|;\ \varphi(\underline{U}_1,\underline{I}_1) = -\arctan\left(\dfrac{|X_{C1}|}{R_1}\right) = -45^\circ$

$|I_2| = \dfrac{U_2}{|\underline{Z}_2|} = 1\,\text{A};\ \underline{Z}_2 = \dfrac{1}{\dfrac{1}{R_2} + \text{j}\dfrac{1}{|X_{C2}|}}$

$\varphi(\underline{U}_2,\underline{I}_2) = -\arctan\left(\dfrac{R_2}{|X_{C2}|}\right) = -45^\circ;\quad |I_3| = \dfrac{U_3}{R_3} = 1\,\text{A};\quad \varphi(\underline{U}_3,\underline{I}_3) = 0$

Zeigerdiagramm siehe Bild 2.45

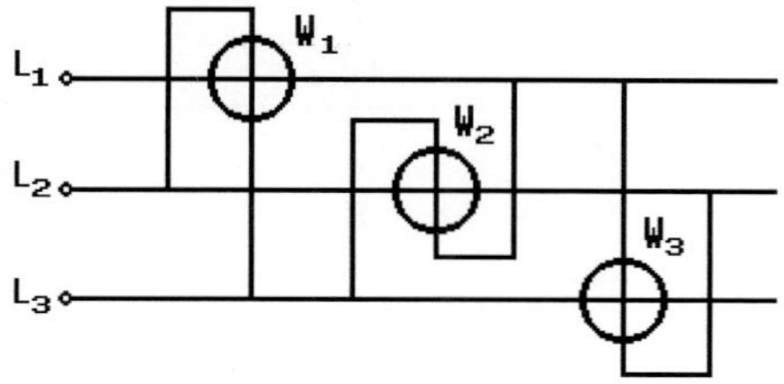

Bild 2.44

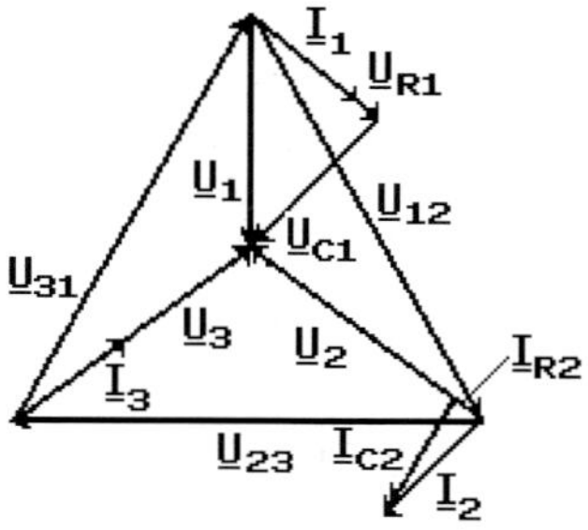

Bild 2.45

c) $Q = U_1 I_1 \sin\varphi(\underline{U}_1,\underline{I}_1) + U_2 I_2 \sin\varphi(\underline{U}_2,\underline{I}_2) + U_3 I_3 \sin\varphi(\underline{U}_3,\underline{I}_3) = -141{,}42\,\text{var}$

d) $P_{W1} = U_{23} I_1 \cos\varphi(\underline{U}_{23},\underline{I}_1) = \sqrt{3}\ U_1\ I_1 \cos 135^\circ = -122{,}47\,\text{W}$

$P_{W2} = U_{31} I_2 \cos\varphi(\underline{U}_{31},\underline{I}_2) = \sqrt{3}\ U_2\ I_2 \cos 135^\circ = -122{,}47\,\text{W}$

$P_{W3} = U_{12} I_3 \cos\varphi(\underline{U}_{12},\underline{I}_3) = \sqrt{3}\ U_3\ I_3 \cos(90^\circ) = 0\,\text{W}$

$P = P_{W1} + P_{W2} + P_{W3} = -244{,}94\,\text{W}$

e) $\underline{I}_0 = \underline{I}_1 + \underline{I}_2 + \underline{I}_3 = 0{,}6072\,\text{A} - \text{j}\,0{,}4659\,\text{A};\ |\underline{I}_0| \approx 0{,}77\,\text{A}$

Aufgabe 2.26: An einem ohmsch-induktiven Verbraucher (Bild 2.46) sollen die Wirk- und Blindleistung mit der Aron-Schaltung gemessen werden. Es seien $\underline{Z} = R + \text{j}\omega L$, $R = 10\ \Omega$, $|\underline{U}_{10}| = |\underline{U}_{20}| = |\underline{U}_{30}| = U = 100$ V und $\cos\phi = 0{,}1736$.

a) Zeichnen Sie unmaßstäblich aber mit genauen Winkeln alle Ströme und Spannungen.
b) Berechnen Sie allgemein die Anzeige der beiden Wattmeter P_1 und P_2 in Abhängigkeit von $|\underline{Z}|$ und U. Hinweis: Aus den Winkelbezeichnungen muss eindeutig hervorgehen, welche Winkel gemeint sind. Empfehlung: Kennzeichnen Sie den Winkel zwischen z.B. $\underline{U}_{10}$ und $\underline{I}_1$ mit $\varphi\ (\underline{U}_{10}, \underline{I}_1)$.
c) Wie groß ist die im Verbraucher umgesetzte Wirkleistung P?
d) Skizzieren Sie die Aron-Messschaltung für Blindleistungsmessung. Gehen Sie dabei von Bild 2.47 aus. Begründen Sie die Beschaltung durch Rechnung. Achten Sie auf die Polung der Messgeräte.
e) Berechnen Sie allgemein die Anzeige von P_1' und P_2' (Wirkleistungsmessgeräte) in

Abhängigkeit von $|\underline{Z}|$ und U.

f) Wie groß ist die im Verbraucher umgesetzte Blindleistung Q_V?

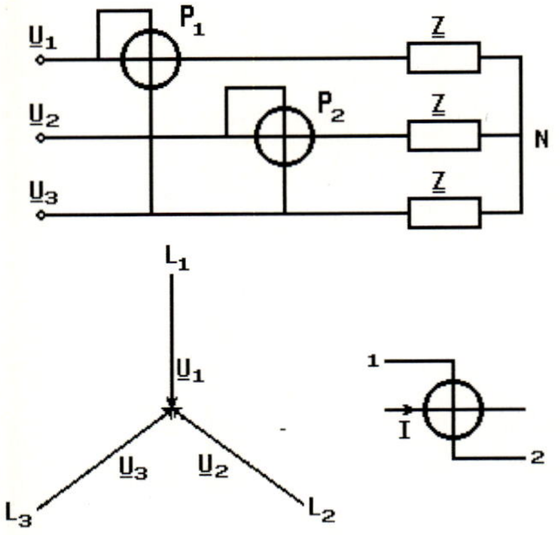

Bild 2.46

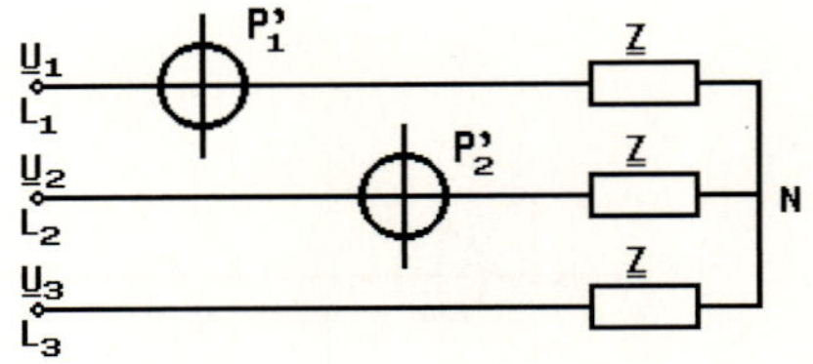

Bild 2.47

Lösung:

a) $\phi = \arccos(0{,}1735) = 80°$; Zeigerdiagramm siehe Bild 2.48

b)
$$P_{1,\mathrm{Anz}} = U_{13} I_1 \cos\varphi_1 = \sqrt{3}\,\frac{U^2}{|\underline{Z}|}\cos(\phi - 30°)$$
$$P_{2,\mathrm{Anz}} = U_{23} I_2 \cos\varphi_2 = \sqrt{3}\,\frac{U^2}{|\underline{Z}|}\cos(\phi + 30°)$$

c) $P = 3\,\dfrac{U^2}{|\underline{Z}|}\cos\phi = 90{,}42\,\mathrm{W}$; $|\underline{Z}| = R\sqrt{1+\tan^2\phi} = 57{,}6\,\Omega$

d) Siehe Bild 2.49.

$$Q = \sqrt{3}\;[U_{20} I_1 \cos\varphi(\underline{U}_{20},\underline{I}_1) - U_{10} I_2 \cos\varphi(\underline{U}_{10},\underline{I}_2)]$$

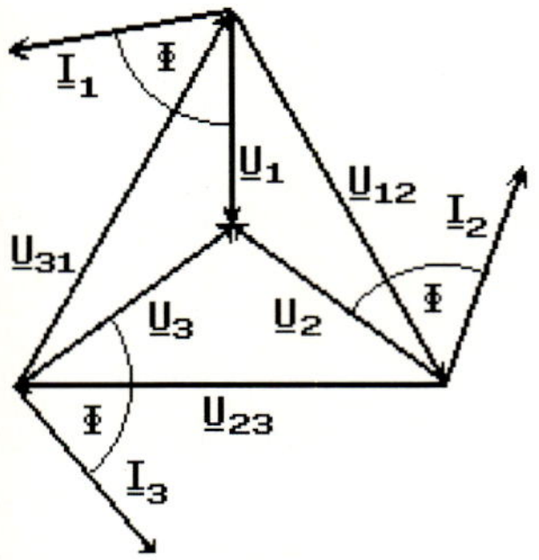

Bild 2.48

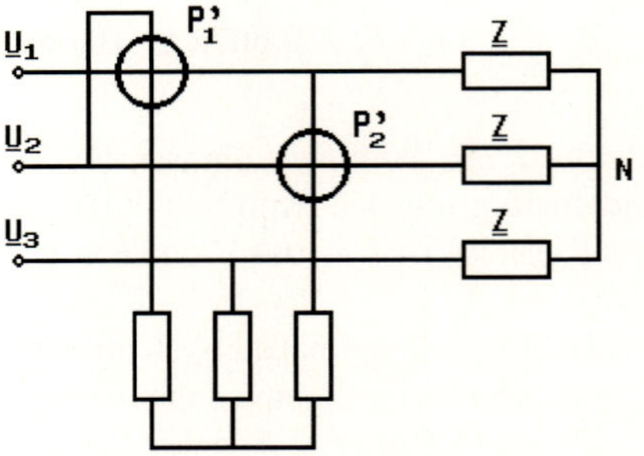

Bild 2.49

e)
$$P'_{1,\mathrm{Anz}} = U_{20} I_1 \cos\varphi(\underline{U}_{20},\underline{I}_1) = \frac{U^2}{|\underline{Z}|}\cos(\phi - 120°)$$
$$P'_{2,\mathrm{Anz}} = U_{10} I_2 \cos\varphi(\underline{U}_{10},\underline{I}_2) = \frac{U^2}{|\underline{Z}|}\cos(\phi + 120°)$$

f)
$$Q_V = 3\frac{U^2}{|\underline{Z}|}\sin\phi = 512{,}92\,\text{var} \quad \text{oder}$$
$$Q_V = \sqrt{3}(P'_{1,\text{Anz}} - P'_{2,\text{Anz}}) = \sqrt{3}(133 + 163{,}14)\,\text{var} = 512{,}92\,\text{var}$$

Aufgabe 2.27: In einem symmetrischen Drehstromsystem sollen verschiedene Fehlerfälle betrachtet werden. Gegeben ist eine Schaltung mit den Wattmetern P_1 und P_2 nach Bild 2.50. Weiterhin gilt $|\underline{U}_1| = |\underline{U}_2| = |\underline{U}_3| = \sqrt{2}\ 200\,\text{V}$ und $\underline{Z} = 20\,\Omega + \text{j}20\,\Omega$.

a) Wie groß ist die Anzeige der Wattmeter P_1 und P_2? Ermitteln Sie die gesamte Wirk-, Blind- und Scheinleistung P, Q und S des Verbrauchers.

b) Die Sicherung S_1 wird zerstört. Was zeigen die Wattmeter nun an? Wie groß ist die jetzt umgesetzte Wirk- und Blindleistung (P', Q')? Wie groß ist der Betrag des Stroms I_0' im Null-Leiter (aus Zeigerdiagramm)?

c) Durch einen weiteren Fehlerfall wird nun außerdem der Null-Leiter durchtrennt. Was zeigen die Wattmeter (P_1'', P_2'') dann an und wie groß ist die umgesetzte Wirkleistung P''?

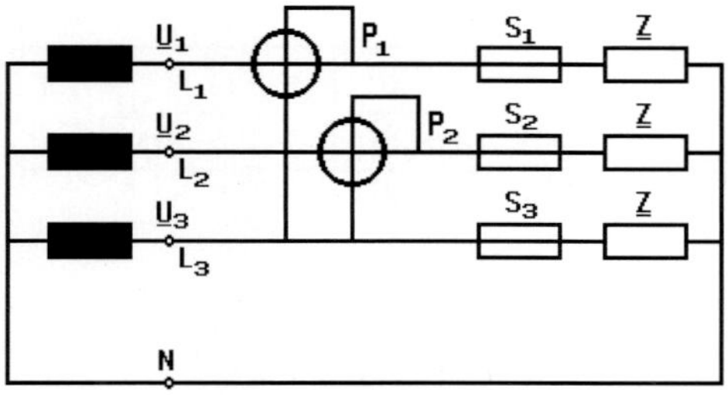

Bild 2.50

Lösung:

a) $P_1 = U_{13}\, I_1 \cos\varphi(\underline{U}_{13}, \underline{I}_1) = 4732\,\text{W};\ P_2 = U_{23}\, I_2 \cos\varphi(\underline{U}_{23}, \underline{I}_2) = 1268\,\text{W}$

$P = P_1 + P_2 = 6000\,\text{W}$ (Aronschaltung)

$S = 3\,U_1\, I_1 = 8485\,\text{VA};\ Q = \sqrt{S^2 - P^2} = 6000\,\text{var}$

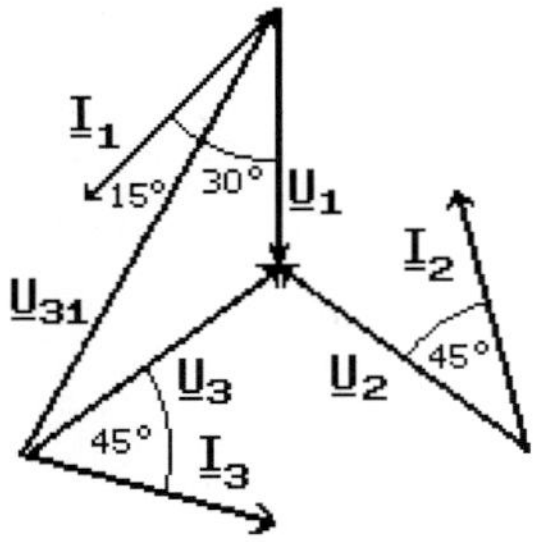

Bild 2.51

b) $P_1' = 0;\ P_2' = U_{23}\, I_2 \cos\varphi(\underline{U}_{23}, \underline{I}_2) = 1268\,\text{W}$ (unverändert)

$P' = \frac{2}{3}\, P = 4000\,\text{W};\ Q' = \frac{2}{3}\, Q = 4000\,\text{var}$

$I_0' = I_1 = I_2 = 1\,\text{A}$

c) $P_1'' = 0;\ P_2'' = U_{23}\, I_2 \cos\varphi(\underline{U}_{23}, \underline{I}_2) = 3000\,\text{W}$

$$P'' = P_2 = 3000\,\mathrm{W} \quad \text{(Aronschaltung)}$$

Aufgabe 2.28: Gegeben sei das Drehstromsystem nach Bild 2.52. Es gelte:

Sternspannungen	$\lvert\underline{U}_1\rvert = \lvert\underline{U}_2\rvert = \lvert\underline{U}_3\rvert$
Innenwiderstände	$R_{V1} = R_{V3} = R_{VW}$
Last	$\underline{Z}_1 = \underline{Z}_2 = \underline{Z}_3$
Anzeige des Amperemeters	$I_2 = 5\,\mathrm{A},\ R_1 = 0$

Die Innenwiderstände R_{V1} und R_{V3} der Voltmeter V_1 und V_3 sowie der Innenwiderstand R_{VW} des Spannungspfades des Wattmeters W sind gleich groß. Der Innenwiderstand des Strompfades des Wattmeters ist vernachlässigbar. Der maximale Ausschlag des Wattmeters beträgt 100 Skt., für den Strom I_{max} ist der 5 A- und für die Spannung U_{max} der 400 V-Bereich eingestellt. Zuerst wurde das Wattmeter W_1 an der Stelle 1, 1′ angeschlossen. Die Voltmeter V_1 und V_3 zeigen 200 V und das Wattmeter 25 Skt. an. Dann wird das Wattmeter an der Stelle 2′, 2″ angeschlossen.

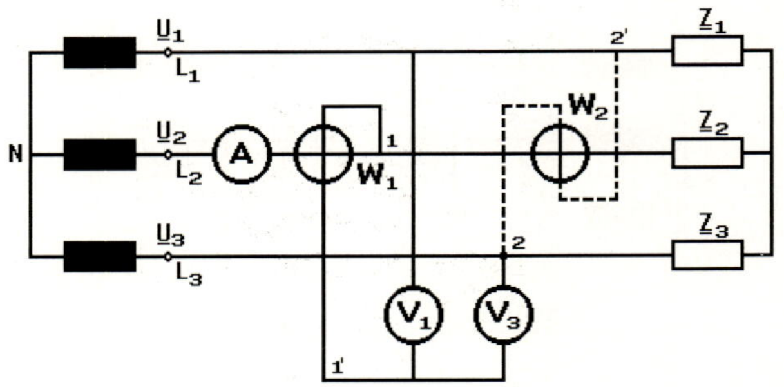

Bild 2.52

a) Wie groß ist die gesamte verbrauchte Wirkleistung P?

b) Berechnen Sie die Anzeige W_2 des Wattmeters und der Voltmeter V_1 und V_3, wenn das Wattmeter an der Stelle 2′, 2″ angeschlossen wird.

c) Wie groß ist die gesamte Blindleistung Q des Verbrauchers?

Lösung:

a) $$P_{W2} = \frac{25\,\mathrm{Skt}}{100\,\mathrm{Skt}}\, U_{max}\, I_{max} = 500\,\mathrm{W};\ P = 3P_{W2} = 1500\,\mathrm{W}$$

b) $$W_1 = U_2\, I_2\, \cos\varphi(\underline{U}_2,\underline{I}_2) = P_{W2} = 500\,\mathrm{W}$$

$$\cos\varphi(\underline{U}_2,\underline{I}_2) = \frac{P_{W2}}{U_2\, I_2} = 0{,}5;\quad \varphi(\underline{U}_2,\underline{I}_2) = 60^\circ$$

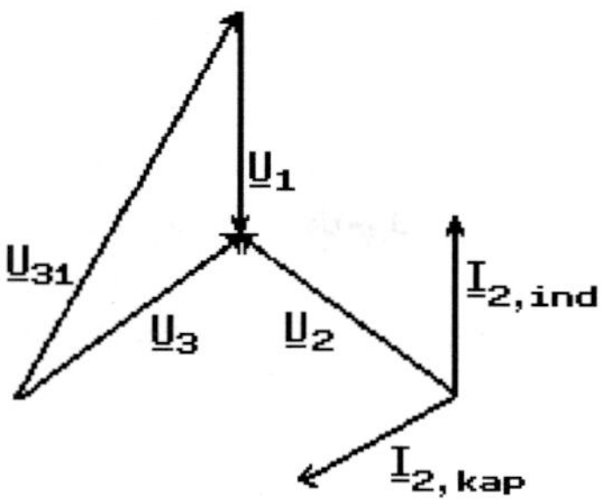

Bild 2.53

- induktive Last

$$W_2 = U_{32}\, I_2 \cos\varphi(\underline{U}_{32},\underline{I}_2)_{\text{ind}} = \sqrt{3}\; U_2\, I_2 \cos(\varphi(\underline{U}_2,\underline{I}_2) - 90^\circ) = 1500\,\text{W}$$

- kapazitive Last

$$W_2 = U_{32}\, I_2 \cos\varphi(\underline{U}_{32},\underline{I}_2)_{\text{kap}} = \sqrt{3}\; U_2\, I_2 \cos(-\varphi(\underline{U}_2,\underline{I}_2) - 90^\circ) = 1500\,\text{W}$$

$$V_1 = \tfrac{1}{2}\, U_{13} = \sqrt{3}\; U_2 = 173{,}2\,\text{V};\; V_3 = V_1$$

c) $Q = 3\,U_2\, I_2 \sin\varphi(\underline{U}_2,\underline{I}_2) = 2598\,\text{var}$

Aufgabe 2.29: Gegeben ist das in Bild 2.54 gezeigte Drehstromsystem mit den Sternspannungen $|\underline{U}_{10}| = |\underline{U}_{20}| = |\underline{U}_{30}| = U$.

a) Geben Sie einen allgemeinen Ausdruck
- für die komplexe Leistung $\underline{S}$,
- für die Wirkleistung P und
- für die Blindleistung Q

in Abhängigkeit der Sternspannungen, der Lastgrößen und der Frequenz für diese Schaltung an.

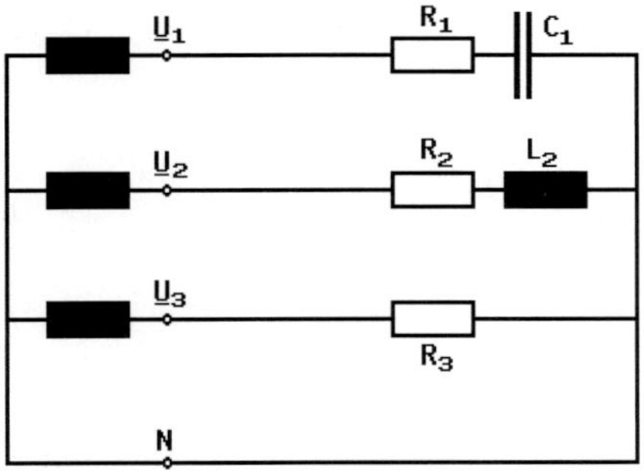

Bild 2.54

Für die folgenden Teilaufgaben gilt: $U = 100$ V, $R_1 = R_2 = R_3 = 100\ \Omega$, $C_1 = 100\ \mu$F, $L_1 = 200$ mH, $f = 50$ Hz.

b) Wie groß ist die gesamte umgesetzte Wirk-, Blind- und Scheinleistung? Ist die Gesamtblindleistung induktiv oder kapazitiv? Begründen Sie Ihre Antwort.

c) Zeichnen Sie das Zeigerdiagramm mit allen Strömen sowie den Stern- und Leiterspannungen.

d) Skizzieren Sie eine Schaltung zur Messung der Wirkleistung und berechnen Sie die Anzeige der eingesetzten Instrumente.

e) Die Blindleistung soll mit Wirkleistungsmessgeräten ermittelt werden. Skizzieren Sie die dafür notwendige Schaltung und berechnen Sie die Anzeige der Instrumente.

f) Berechnen Sie mit den Ergebnissen aus den Aufgabenteilen d) und e) die Gesamtscheinleistung S.

Lösung:

a) $$\underline{S} = P + \mathrm{j}Q = \left[\frac{\omega C_1}{\sqrt{1+(\omega R_1 C_1)^2}}\, e^{\mathrm{j}\varphi_1} + \frac{1}{\sqrt{R_2 + (\omega L_2)^2}}\, e^{\mathrm{j}\varphi_2} + \frac{1}{R_3^{\,2}}\right] U^2$$

$$P = \left[\frac{\omega C_1}{\sqrt{1+(\omega R_1 C_1)^2}}\cos\varphi_1 + \frac{1}{\sqrt{R_2^{\,2} + (\omega L_2)^2}}\cos\varphi_2 + \frac{1}{R_3^{\,2}}\right] U^2$$

$$Q = \left[\frac{\omega C_1}{\sqrt{1+(\omega R_1 C_1)^2}}\sin\varphi_1 + \frac{1}{\sqrt{R_2^{\,2} + (\omega L_2)^2}}\sin\varphi_2\right] U^2$$

mit $\varphi_1 = -\arctan\dfrac{1}{\omega R_1 C_1}$ und $\varphi_2 = \arctan\dfrac{\omega L_2}{R_2}$

b) $\varphi_1 = 17{,}66^\circ;\ \varphi_2 = 32{,}14^\circ;\ \varphi_3 = 0$

$P \approx 262{,}54\,\mathrm{W};\ Q \approx 16{,}04\,\mathrm{var};\ S = \sqrt{P^2 + Q^2} \approx 263{,}03\,\mathrm{VA}$

$Q > 0$ ist induktiv.

c) $$Z_1 = \frac{\omega C_1}{\sqrt{1+(\omega R_1 C_1)^2}} \approx 104{,}98\,\Omega;\quad I_1 = \frac{U_1}{Z_1} = 0{,}95\,\mathrm{A}$$

$$Z_2 = \frac{1}{\sqrt{R_2^{\,2}+(\omega L_2)^2}} \approx 118{,}06\,\Omega;\quad I_2 = \frac{U_2}{Z_2} = 0{,}85\,\mathrm{A}$$

$$Z_3 = R_3 = 100\,\Omega;\quad I_3 = \frac{U_3}{R_3} = 1\,\mathrm{A}$$

Zeigerdiagramm siehe Bild 2.55

d) Schaltung siehe Bild 2.56

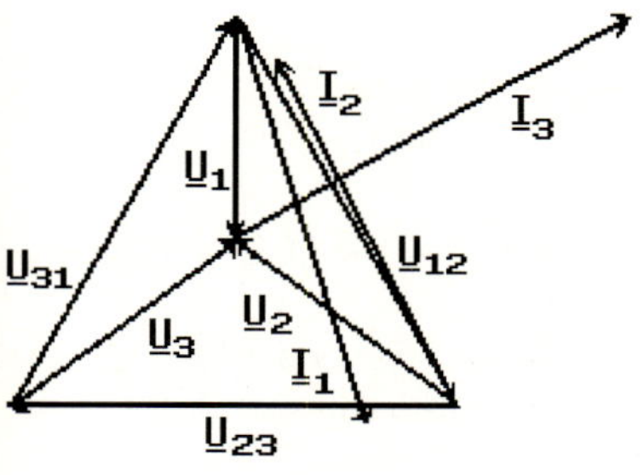

Bild 2.55

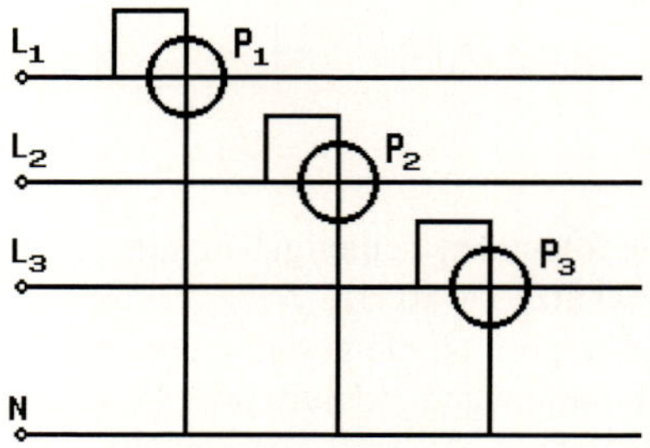

Bild 2.56

$$P_1 = U_1 I_1 \cos\varphi_1 \approx 90{,}79\,\mathrm{W};\; P_2 = U_2 I_2 \cos\varphi_2 \approx 71{,}75\,\mathrm{W};$$
$$P_3 = U_3 I_3 \cos\varphi_3 = 100\,\mathrm{W}$$

e)

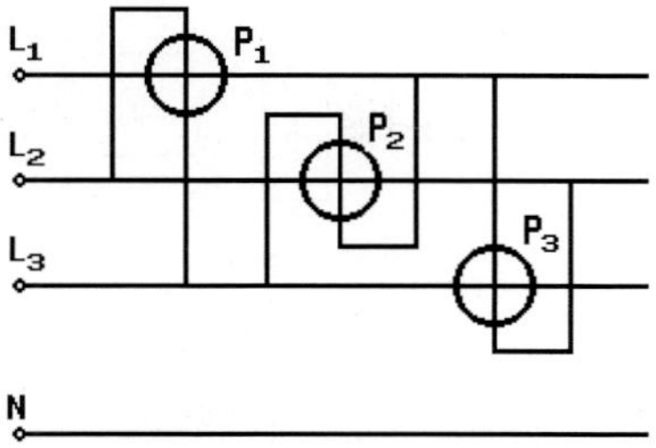

Bild 2.57

$$Q_1 = U_{23} I_1 \cos\varphi(\underline{U}_{23},\underline{I}_1) \approx 50{,}03\,\mathrm{W};\; Q_2 = U_{31} I_2 \cos\varphi(\underline{U}_{31},\underline{I}_2) \approx 78{,}23\,\mathrm{W};$$
$$Q_3 = U_{12} I_3 \cos\varphi(\underline{U}_{12},\underline{I}_3) = 0$$

f) $S = \sqrt{(P_1 + P_2 + P_3)^2 + \frac{1}{3}(Q_1 + Q_2 + Q_3)^2} \approx 263{,}04\,\mathrm{VA}$

Aufgabe 2.30: Gegeben ist die Schaltung nach Bild 2.58 mit $U_{12} = U_{23} = U_{31} = 100$ V.

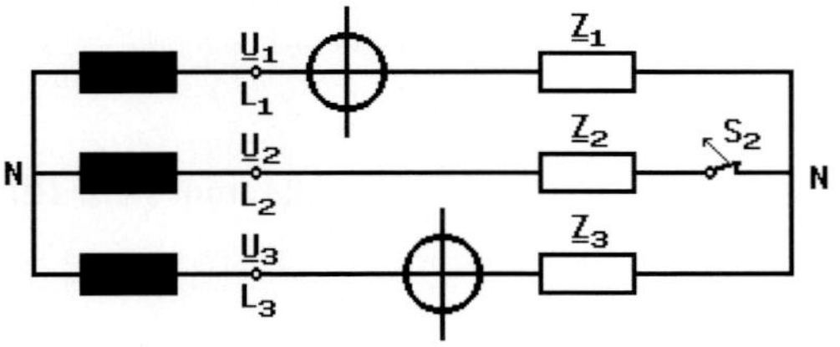

Bild 2.58

a) Zeichnen Sie die Schaltung der Wattmeter (Wirkleistungsmesser) für eine Wirk- und eine Blindleistungsmessung (mit Begründung für Blindleistung).

b) Geben Sie allgemein die Gleichung für die umgesetzte Wirk- und Blindleistung als Funktion der an den Wattmetern anliegenden Ströme und Spannungen an.

c) Zeichnen Sie das vollständige Zeigerdiagramm für folgenden Belastungsfall bei geöffnetem Schalter S_2: $\underline{Z}_1 = 100\,\Omega + \mathrm{j}\,100\,\Omega,\; \underline{Z}_3 = 100\,\Omega - \mathrm{j}\,200\,\Omega$.

Geben Sie die Größe der Verbraucherspannungen und -ströme an.

d) Wie groß ist für den Fall c) die umgesetzte Wirk- und Blindleistung (P, Q), sowie die Anzeige der Wattmeter (P_{Anz1}, P_{Anz3}) in den jeweiligen Messschaltungen?

Lösung:

a) und b)

- Wirkleistungsmessung (Bild 2.59)

$$\underline{S} = \underline{U}_{12}\,\underline{I}_0^* + \underline{U}_{32}\,\underline{I}_3^* = P + \mathrm{j}Q$$
$$P = \mathrm{Re}\{\underline{S}\} = U_{12}\,I_1 \cos\varphi(\underline{U}_{12},\underline{I}_1) + U_{32}\,I_3 \cos\varphi(\underline{U}_{32},\underline{I}_2)$$

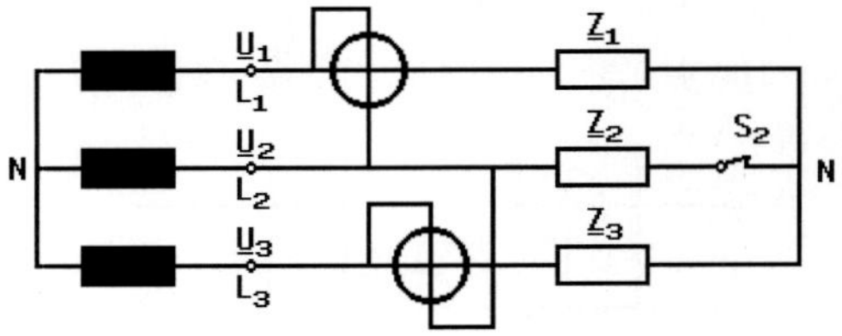

Bild 2.59

- Blindleistungsmessung (Aron-Schaltung, Bild 2.60)

$$Q = \mathrm{Im}\{\underline{S}\} = U_{12}\, I_1\, \sin\varphi(\underline{U}_{12},\underline{I}_1) + U_{32}\, I_3\, \sin\varphi(\underline{U}_{32},\underline{I}_2)$$

$$= \sqrt{3}(-U_3\, I_1\, \cos\varphi(\underline{U}_3,\underline{I}_1) + U_1\, I_3\, \cos\varphi(\underline{U}_1,\underline{I}_3)$$

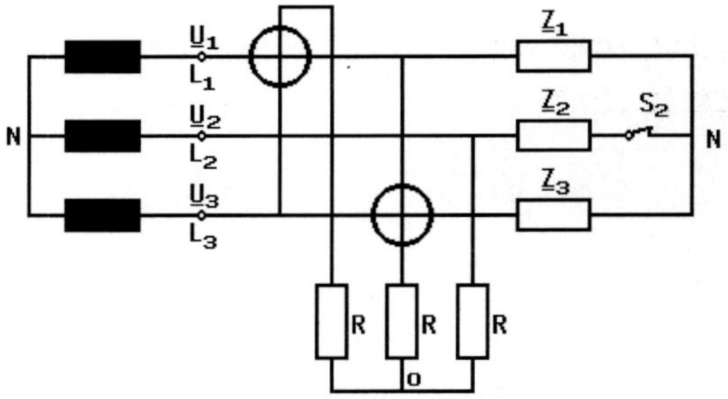

Bild 2.60

c) $\underline{I}_1 = \underline{I}_3 = \dfrac{\underline{U}_{23}}{\underline{Z}_1 + \underline{Z}_3} = 0{,}447\,\mathrm{A}\; e^{-j93{,}4^\circ}$ (Zeigerdiagramm siehe Bild 2.61)

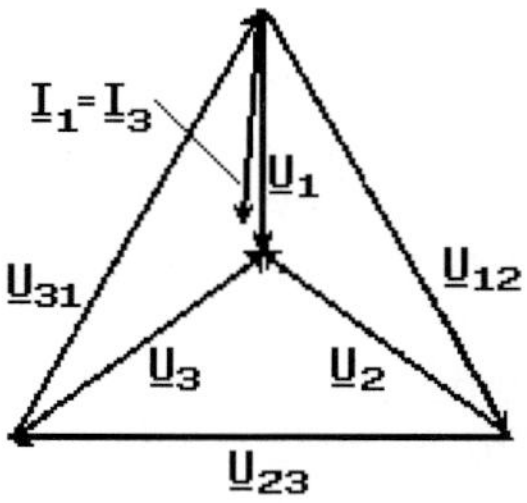

Bild 2.61

d) - Wirkleistung nach Bild 2.59

$P = 39{,}97\,\mathrm{W}$

$P_{\mathrm{Anz1}} = 37{,}32\,\mathrm{W};\; P_{\mathrm{Anz3}} = 2{,}65\,\mathrm{W};\; P_{\mathrm{Anz,ges}} = P = 39{,}97\,\mathrm{W}$

- Blindleistung nach Bild 2.60

$Q = +22{,}01\,\mathrm{var}$

$P_{\mathrm{Anz1}} = -14{,}2\,\mathrm{W};\; P_{\mathrm{Anz2}} = 25{,}7\,\mathrm{W};\; Q = \sqrt{3}(P_{\mathrm{Anz1}} + P_{\mathrm{Anz2}}) = +20{,}01\,\mathrm{var}$

3 Messung von ohmschen Widerständen

3.1 Strom- und Spannungsmessung

Aufgabe 3.1: Gegeben ist die in Bild 3.1 dargestellte Schaltung zur Bestimmung eines Widerstandes.

Amperemeter: Vollausschlag 1 A; Innenwiderstand $R_I = 1\ \Omega$; Fehlerklasse 1 (f_I)
Voltmeter: Vollausschlag 100 V; Innenwiderstand $R_U = 50\ k\Omega$; Fehlerklasse 1,5 (f_U)

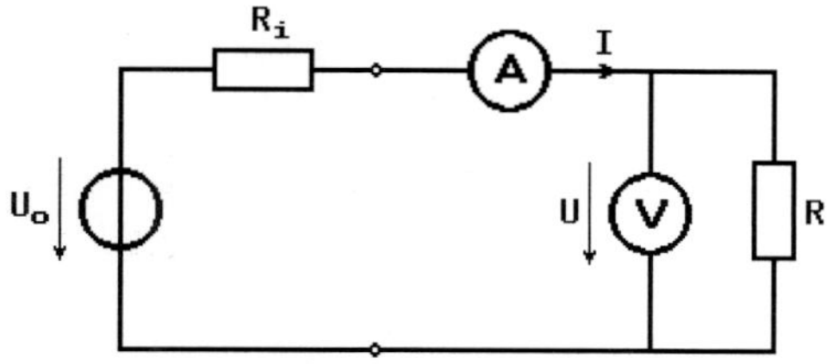

Bild 3.1

a) Wie heißt die Schaltung und wo treten Fehler auf?
b) Was bedeutet "Fehlerklasse" eines Messinstruments und wie groß ist der dadurch hervorgerufene Fehler?
c) Die Messung hat folgende Werte ergeben: Voltmeter: $U = 75$ V, Amperemeter: $I = 375$ mA. Wie groß ist der Widerstand R?
d) Berechnen Sie den absoluten und relativen, systematischen Fehler des Widerstandes.

Lösung:
a) Spannungsrichtige Schaltung, fehlerhafte Strommessung
b) Die Fehlerklasse eines elektromechanischen Messgerätes gibt den maximalen Fehler (in Prozent) vom Vollausschlag (U_m, I_m) unter festgelegten Bedingungen an.

$$\Delta I = I_m f_I = 10\,\text{mA} \ ; \quad \Delta U = U_m f_U = 1{,}5\,\text{V}$$

c) $$R = \frac{U}{I - U/R_U} = 200{,}001\,\Omega$$

d) $$F = \Delta R = R^2 \frac{I}{U} \left\{ \frac{U_m}{U} f_U - \frac{I_m}{I} f_I \right\} = -1{,}344\,\Omega$$

$$f = \frac{\Delta R}{R} = R \frac{I}{U} \left\{ \frac{U_m}{U} f_U - \frac{I_m}{I} f_I \right\} = -0{,}6\overline{6}...\%$$

Aufgabe 3.2: Ein unbekannter Widerstand R_x ist nach dem Verfahren des direkten Ausschlages zu bestimmen (Bild 3.2). Hierzu steht ein Vielfachmessinstrument M (Messbereichsendwert $U_{M,max}$, Klassengenauigkeit f_U bezogen auf $U_{M,max}$) mit einem fehlerfreien Innenwiderstand R_M' von 20 kΩ/V und eine in Stufen veränderliche Spannungsquelle U_0 zur Verfügung. Beide Geräte sind in Schritten von 0,3/ 1,5/ 6 V abgestuft.

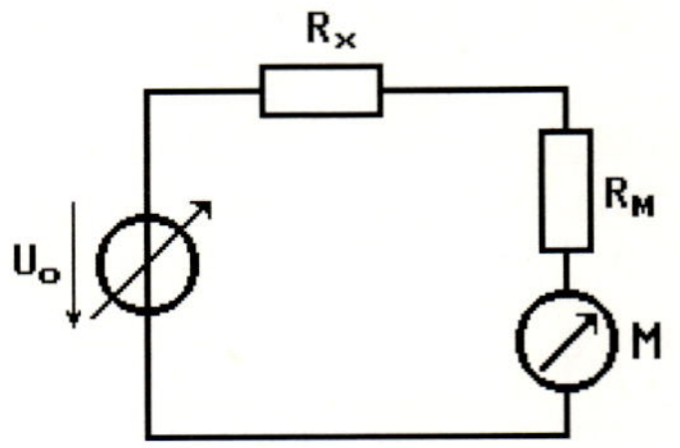

Bild 3.2

a) Bestimmen Sie $R_x = f(U_0, U_M, R_M)$.

b) Bestimmen Sie den relativen Messfehler von R_x.

$$\frac{\Delta R_x}{R_x} = f\,(U_0, U_M, R_M\, f_U) = f(R_x, R_M, U_0, U_{M,max}, f_U)$$

c) Bei welchem R_M wird der Messfehler minimal?

d) Welcher Spannungsmessbereich ist am Messgerät einzustellen, damit ein Widerstand von R_x = 15 kΩ mit minimalem Fehler gemessen werden kann? Welche Spannung ist hierbei einzustellen? Fertigen Sie hierzu eine Tabelle an.

e) Wie groß wird bei dieser Messung der relative Messfehler unter der Voraussetzung, dass das Messinstrument eine Klassengenauigkeit f_U von 0,5 hat (bezogen auf Messbereichsendwert)?

Lösung:

a) $$R_x = \left(\frac{U_0}{U_M} - 1\right) R_M = \left(\frac{U_0}{U_M} - 1\right) R'_M\, U_{M,max}$$

b) $$\frac{\Delta R_x}{R_x} = \left\{1 - \frac{(R_x + R_M)^2}{R_x R_M}\,\frac{U_{M,max}}{U_0}\right\} f_U$$

c) $R_x = R_M$

d) Am Vielfachmessinstrument ist ein Messbereich von $U_{M,max}$ = 1,5 V einzustellen. Die Spannung der Quelle ist U_0 = 1,5 V.

e) f = 1,75 %

Aufgabe 3.3: Ein Widerstand R soll durch Strom- und Spannungsmessung unter Anwendung der beiden in Bild 3.3 dargestellten Messmethoden bestimmt werden. Der wahre Wert von R und der aus der Messung gewonnene Wert R' weichen voneinander ab.

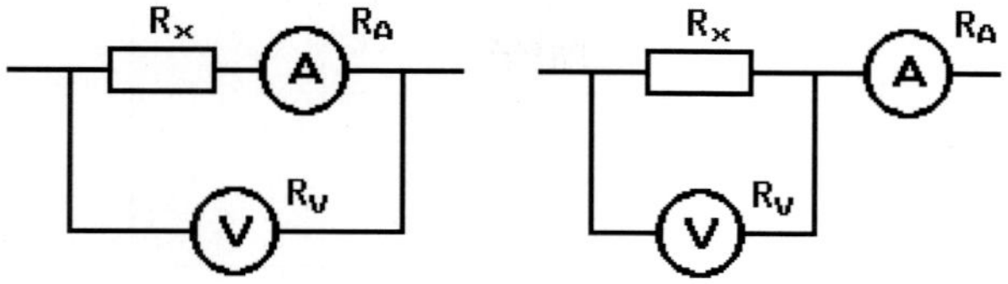

Bild 3.3

a) Berechnen Sie für beide Messmethoden den wahren und den gemessenen Widerstandswert R bzw. R'.

b) Berechnen Sie für beide Messmethoden den systematischen absoluten Fehler F_R und den systematischen relativen Fehler f_R in Abhängigkeit von R, dem Innenwiderstand R_A des Amperemeters und dem Innenwiderstand R_V des Voltmeters.

c) Geben Sie für beide Schaltungen an, ob sie für große oder kleine Widerstände im Vergleich zu den Innenwiderständen der jeweiligen Messgeräte R_A bzw. R_V geeignet sind.

d) Stellen Sie den Betrag der Fehler in Abhängigkeit von R sowohl für die stromrichtige als auch für die spannungsrichtige Messung graphisch dar. Für welche Werte (Grenze) von R ist die stromrichtige bzw. spannungsrichtige Messmethode anzuwenden.
$R_A = 10\ \Omega$, $R_V = 20\ \mathrm{k}\Omega$

Lösung:

a) stromrichtige Messung: $R = \dfrac{U_R}{I} = R' - R_A$; $R' = \dfrac{U}{I} = R + R_A$

spannungsrichtige Messung: $R = \dfrac{U}{I_R} = \dfrac{R' R_V}{R_V - R'}$; $R' = \dfrac{U}{I} = \dfrac{R R_V}{R + R_V}$

b) stromrichtige Messung: $F_R = R' - R = R_A$; $f_R = \dfrac{R' - R}{R} = \dfrac{R_A}{R}$

spannungsrichtige Messung: $F_R = R' - R = -\dfrac{R^2}{R + R_V}$; $f_R = \dfrac{R_R}{R} = -\dfrac{R}{R + R_V}$

c) stromrichtige Messung: $R' = R + R_A$, d.h. $R' = R$ für $R \gg R_A$

spannungsrichtige Messung: $\dfrac{1}{R'} = \dfrac{1}{R} + \dfrac{1}{R_V}$, d.h.

$R' = R$ bzw. $\dfrac{1}{R'} = \dfrac{1}{R}$ für $\dfrac{1}{R} \gg \dfrac{1}{R_V}$ bzw. $R \ll R_V$

d) Grenze bei $$R = \frac{1}{2}R_A + \sqrt{R_A\left(R_V + \frac{R_A}{4}\right)}$$

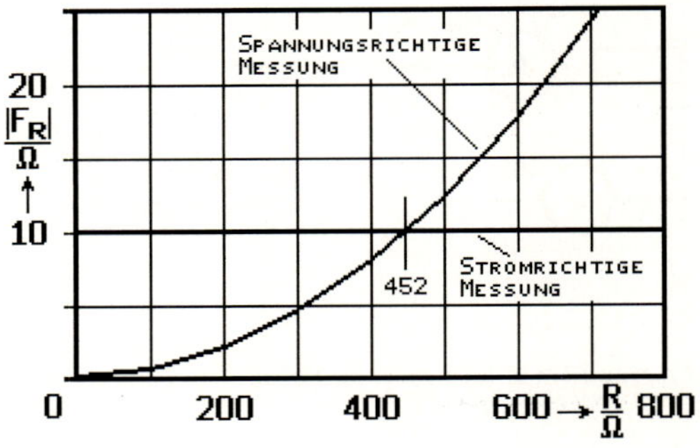

Bild 3.4

Für $R \leq 452{,}24\ \Omega$ ist die spannungsrichtige Messmethode anzuwenden.
Für $R \geq 452{,}24\ \Omega$ ist die stromrichtige Messmethode anzuwenden.

Aufgabe 3.4: Gegeben ist die Schaltung eines Widerstandsmesser nach Bild 3.5. R stellt den zu messenden Widerstand dar. R_1 dient zur Messbereichserweiterung, R_2 wird so eingestellt, dass das verwendete Drehspulinstrument (Innenwiderstand R_i) für $R = 0$ Vollausschlag zeigt. Bei Vollausschlag betrage der Strom durch das Instrument $I = I_0$.

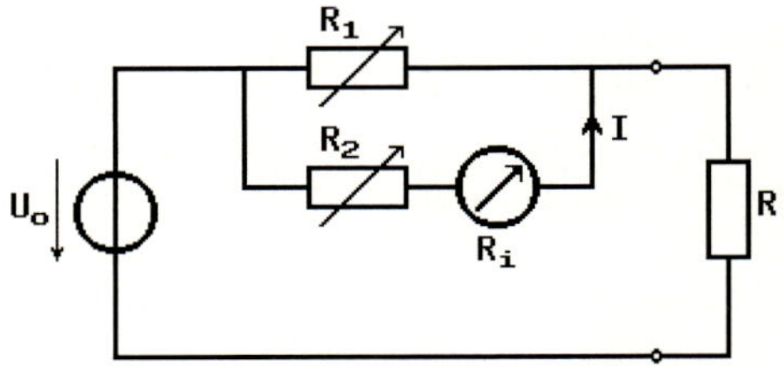

Bild 3.5

a) Berechnen Sie allgemein den Strom I als Funktion der Versorgungsspannung U_0 und der Widerstände R, R_i, R_1, R_2.

b) Wie lautet die Bedingung für R_2, damit das Instrument für $R = 0$ Vollausschlag $I = I_0$ zeigt?

c) Gegeben sind folgende Daten: $U_0 = 12$ V, $I_0 = 60\ \mu$A, $R_i = 10\ \text{k}\Omega$. Wie groß ist der Widerstand R, wenn das Instrument 1/3 des Vollausschlages zeigt? (Mit Abgleich nach b))

d) Berechnen Sie den absoluten und relativen Fehler von R, wenn der Widerstand R_1 eine Toleranz von $f_R = \frac{\Delta R}{R} = 0{,}1\%$ und die Strommessungen I_0 und I den konstanten Messfehler $f_I = \frac{\Delta I}{I} = \frac{\Delta I_0}{I_0} = 0{,}5\%$ besitzen.

Lösung:

a) $$I = \frac{R_1}{R(R_1 + R_2 + R_i) + R_1(R_2 + R_i)} U_0$$

b) $$R_2 = \frac{U_0}{I_0} - R_i$$

c) $$R = R_1 \frac{U_0}{U_0 + R_1 I_0} \frac{I_0 - I}{I} = 19{,}048\,\mathrm{k\Omega}$$

d) $$\Delta R = \frac{U_0 R_1}{(U_0 + R_1 I_0)^2} \frac{I_0 - I}{I} \{U_0 f_R - R_1 I_0 f_I\}$$

$$\frac{\Delta R}{R} = \frac{1}{U_0 + R_1 I_0} \{U_0 f_R - R_1 I_0 f_I\} = 0{,}07\%$$

Aufgabe 3.5: Das Strom-Spannungsverhalten eines nichtlinearen Widerstandes (Varistor) wird durch folgenden Zusammenhang beschrieben:

$$\left[\frac{I}{I_0}\right] = K \left[\frac{U}{U_0}\right]^{\alpha}$$

Dabei sind I_0 und U_0 konstante Größen. Die Parameter K und α kann man mit zwei Messungen bestimmen. Durch eine Strom-Spannungsmessung sind folgende Wertpaare gemessen worden:

$I_1 =$ 10 mA; $U_1 =$ 120 V und $I_2 =$ 100 mA; $U_2 =$ 200 V

Die relativen Messfehler $\Delta I/I$ und $\Delta U/U$ betragen bei jeder Messung jeweils 1% .

a) Bestimmen Sie in einer allgemeinen Rechnung die Gleichung der Geraden in Abhängigkeit von K und α.
b) Berechnen Sie jetzt α mit Hilfe der angegebenen Wertepaare.
c) Berechnen Sie den maximal möglichen relativen Fehler $\Delta\alpha/\alpha$.

Hinweis: $\frac{\mathrm{d}\,(\log x)}{\mathrm{d}x} = \frac{1}{x}\frac{1}{\ln 10}$. Substituieren Sie zuerst $a = I_2/I_1$, $b = U_2/U_1$.

Lösung:

a) $$\log\left(\frac{I}{I_0}\right) = \alpha \log\left(\frac{U}{U_0}\right) + \log K$$

b) $$\alpha = 4{,}5076$$

c) $$\frac{\Delta\alpha}{\alpha} = \frac{2}{\ln 10}\left\{\frac{1}{\log\left(\frac{I_2}{I_1}\right)}\left|\frac{\Delta I}{I}\right| + \frac{1}{\log\left(\frac{U_2}{U_1}\right)}\left|\frac{\Delta U}{U}\right|\right\} \approx 4{,}78\%$$

Aufgabe 3.6: Die in Bild 3.6 dargestellte Schaltung soll als direktanzeigender Widerstandsmesser verwendet werden. Spannungsquelle U_0 ist eine Monozelle mit 1,3 bis 1,5 V. Das Drehspulinstrument hat einen Innenwiderstand R_i von 5 kΩ und zeigt Vollausschlag bei einem Strom I_0 von 20 μA.

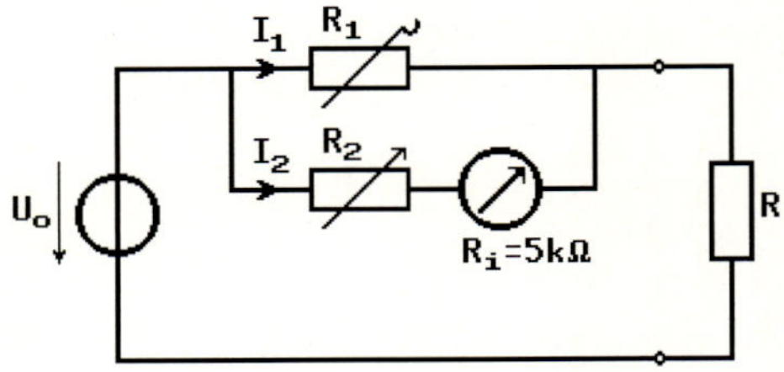

Bild 3.6

a) Berechnen Sie den Widerstand R_2 für die Spannungstoleranz ΔU_0 der Batterie.

b) Berechnen Sie den Widerstand R_1 so, dass für R = 100 Ω, 1 kΩ, 10 kΩ das Instrument halben Vollausschlag hat. Dabei ist die maximale Spannung der Batterie zugrunde zu legen.

Lösung:

a) Vollausschlag $I = I_0$ bei $R = 0$, d. h. $I_0 = \dfrac{U_0}{R_2 + R_i}$

Es soll gelten $R_2 = \dfrac{U_{0,\max} - U_{0,\min}}{U_{0,\min}} R_i \approx 769\Omega$.

b) $$R_1 = \frac{R(R_2 + R_i)}{2\frac{U_{0,\max}}{I_0} - (R + R_2 + R_i)}$$

$\frac{R}{k\Omega}$	0,1	1	10
$\frac{R_1}{\Omega}$	4	40	429,3

3.2 Referenzwiderstand

Aufgabe 3.7: Parallelschaltung. Zur Messung eines ohmschen Widerstandes R_x mittels eines Referenzwiderstandes R_v werden diese Widerstände parallel an eine Spannungsquelle geschaltet und die Ströme I_v und I_x durch diese Widerstände mit zwei gleichen, nichtidealen Strommessgeräten (Innenwiderstand R_M) gemessen. Die Spannung an den beiden Widerständen beträgt U_0.

a) Skizzieren Sie die Messschaltung und tragen Sie alle relevanten Größen ein.

b) Wie groß ist das Verhältnis der Ströme I_x und I_v an R_x und R_v, wenn die Strommessgeräte ideal sind (Sollwert-Verhältnis)?

c) Wie groß ist das Verhältnis der Ströme I_x und I_v an R_x und R_v, wenn die Strommessgeräte nicht ideal sind (Istwert-Verhältnis)?

d) Bilden Sie das Verhältnis zwischen dem obigen Istwert-Verhältnis zu dem Sollwert-Verhältnis und bringen Sie dieses Verhältnis in die Form $\dfrac{1+x}{1+y}$.

e) Geben Sie die Bedingungen für die beiden verwendeten Messgeräte an, wobei im Istwert-/ Sollwert-Verhältnis die Zähler und Nenner gleich 1 werden.

f) Berechnen Sie den Widerstand R_x
- für ideale Messgeräte,
- für nicht ideale Messgeräte.

g) Die Strommessungen sind fehlerhaft, wobei beide Messgeräte denselben Fehler ΔI haben. Berechnen Sie für die Messung mit den idealen Messgeräten den absoluten Messfehler ΔR_x von R_x.

$$\Delta R_x = f(R_v, I_v, I_x, \Delta I)$$

h) Berechnen Sie aus Teilaufgabe g) die Bedingung für die Größe von R_x für einen minimalen Betrag des Messfehlers ΔR_x = Minimum.

Lösung:

a)

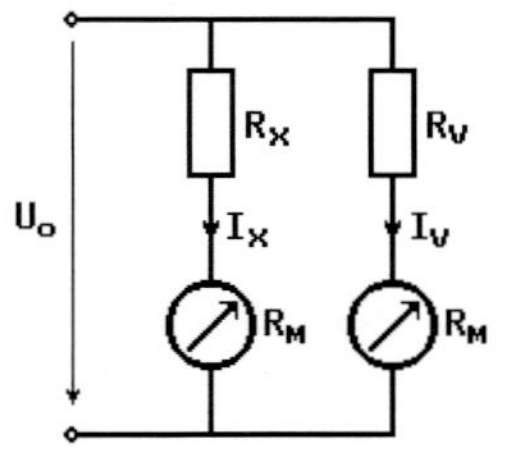

Bild 3.7

b) $$\left(\frac{I_x}{I_v}\right)_S = \frac{R_v}{R_x}$$

c) $$\left(\frac{I_x}{I_v}\right)_A = \frac{R_v + R_M}{R_x + R_M}$$

d) $$\frac{(I_x/I_v)_A}{(I_x/I_v)_S} = \frac{1 + \dfrac{R_M}{R_v}}{1 + \dfrac{R_M}{R_x}}$$

e) $R_M \ll R_v$ und $R_M \ll R_x$

f) - ideale Messgeräte $R_x = \left(\dfrac{I_v}{I_x}\right) R_v$

- nichtideale Messgeräte $R_x = \dfrac{I_v}{I_x}(R_v + R_M) - R_M$

g) $$\Delta R_x = R_v \left(\frac{I_v}{I_x}\right)\left(\frac{1}{I_v} - \frac{1}{I_x}\right)\Delta I$$

h) $R_x = R_v$

Aufgabe 3.8: Reihenschaltung. Zum Messen eines ohmschen Widerstandes R_x mittels eines Referenzwiderstandes R_V werden diese Widerstände in Reihe an eine Stromquelle geschaltet und die Spannungsabfälle U_V und U_x an diesen Widerständen mit zwei gleichen, nichtidealen Spannungsmessgeräten (Innenwiderstand R_M) gemessen. Der eingeprägte Strom der Stromquelle beträgt I_0.

a) Skizzieren Sie die Messschaltung und tragen Sie alle relevanten Größen ein.

b) Wie groß ist das Verhältnis der beiden Spannungen U_x zu U_V an R_x und R_V, wenn die Spannungsmessgeräte ideal sind (Sollwert-Verhältnis)?

c) Wie groß ist das Verhältnis der beiden Spannungen U_x zu U_V an R_x und R_V, wenn die Spannungsmessgeräte nicht ideal sind (Istwert-Verhältnis)?

d) Bilden Sie das Verhältnis zwischen dem obigen Istwert- zu Sollwert-Verhältnis und bringen sie dieses in die Form $\dfrac{1+x}{1+y}$.

e) Geben Sie die Bedingungen für die beiden verwendeten Spannungsmessgeräte an, wobei im Istwert-/Sollwert-Verhältnis Zähler und Nenner gleich 1 werden.

f) Berechnen Sie den Widerstand R_x
- für ideale Messgeräte,
- für nicht ideale Messgeräte.

g) Die Spannungsmessungen sind fehlerhaft, wobei beide Messgeräte denselben Fehler ΔU besitzen. Berechnen Sie für die Messung mit den idealen Messgeräten den absoluten Messfehler ΔR_x von R_x.

$$\Delta R_x = f(R_V, U_x, U_V, \Delta U) = f(R_x, R_V, \Delta U)$$

h) Berechnen Sie für Teilaufgabe g) die Bedingung für R_x für einen minimalen Betrag des Messfehlers ΔR_x.

Lösung:

a)

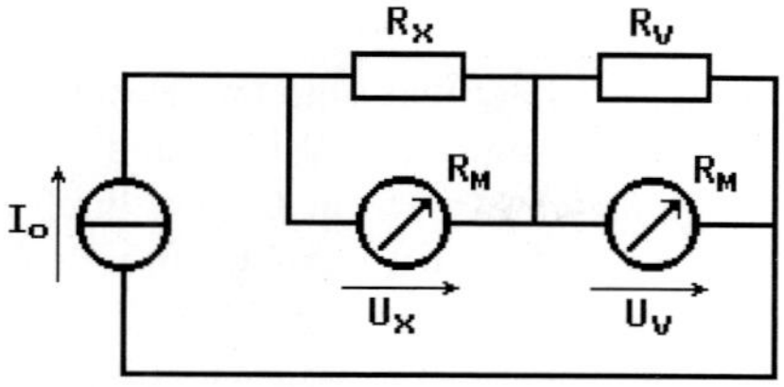

Bild 3.8

b) Sollwert $S = \left(\frac{U_x}{U_V}\right)_S = \frac{R_x}{R_V}$

c) $$\frac{U_x}{R_x \| R_M} = \frac{U_V}{R_V \| R_M}$$

Istwert $I = \left(\frac{U_x}{R_V}\right)_I = \frac{R_x \| R_M}{R_V \| R_M} = \frac{\frac{1}{R_V} + \frac{1}{R_M}}{\frac{1}{R_x} + \frac{1}{R_M}} = \frac{R_V + R_M}{R_x + R_M} \frac{R_x}{R_V}$

d) $$\frac{I}{S} = \frac{R_V + R_M}{R_x + R_M} = \frac{1 + R_V/R_M}{1 + R_x/R_M}$$

e) $R_M \gg R_V$ und $R_M \gg R_x$

f) - ideale Messgeräte $R_x = \left(\frac{U_x}{U_V}\right) R_V$

- nichtideale Messgeräte $\frac{U_x}{U_V} = \frac{\frac{1}{R_V} + \frac{1}{R_M}}{\frac{1}{R_x} + \frac{1}{R_M}}$

$$R_x = \frac{R_V R_M U_x}{U_V (R_V + R_M) - R_V U_x}$$

g) $$\Delta R_x = \left(1 - \frac{U_x}{U_V}\right) \frac{R_V}{U_V} \Delta U = (R_V - R_x) \frac{\Delta U}{U_V}$$

h) $|\Delta R_x| = 0$ (Minimum), d.h. $R_x = R_V$.

3.3 Konstantstromquelle

Aufgabe 3.9: Vier-Leiter-Messung. In der Betriebs- und Prozessmesstechnik wird häufig eine Vier-Leiter-Messung (Bild 3.9) zur Messung von Widerstandssensoren verwendet. Eine Konstantstromquelle erzeugt einen eingeprägten Strom I_0. Der durch I_0 an R_x erzeugte Spannungsabfall U_x wird über Fernleitungen R_2 mit einem hochohmigen Spannungsmessgerät (Innenwiderstand R_M) gemessen. Eine Änderung der Leitungswiderstände R_1 und R_2, beispielsweise infolge einer Temperaturänderung, geht nicht in die Messung von R_x ein.

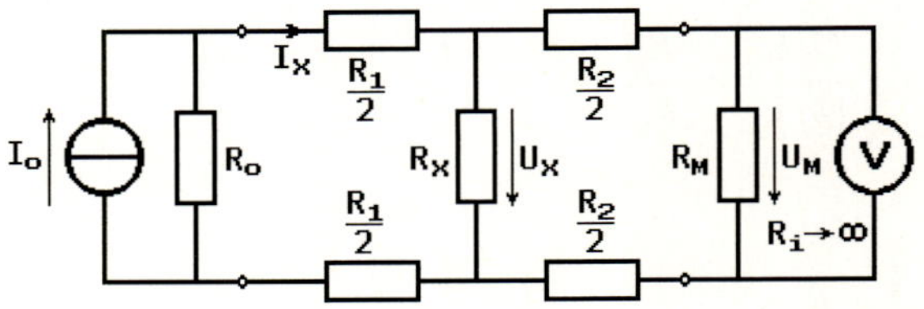

Bild 3.9

a) Berechnen Sie den Istwert und Sollwert für U_x.
b) Überlegen Sie, in welchem Fall der Spannungsabfall U_x am Messkreis (R_x, R_M, R_2) nicht verfälscht wird, d. h. der Strom I_0 eingeprägt ist.
c) Für welche beiden Bedingungen wird der Istwert und der Sollwert von U_x gleich groß?
d) Berechnen Sie die gemessene Spannung U_M als Funktion von U_x, R_M und R_2.
e) Erläutern Sie, in welchem Fall die Messung U_M als Spannungsabfall U_x richtig gemessen wird, d. h. $U_M = U_x$ beträgt.
f) Berechnen Sie die Bedingung für den Fall nach Teilaufgabe e).
g) In wie weit verändern sich die Bedingungen nach Teilaufgabe c) für die Widerstände?
h) Wie groß wird der Istwert für U_M, wenn Sie U_x aus der Teilaufgabe a) berücksichtigen?
i) Berechnen sie den absoluten und den relativen Fehler zwischen Istwert $U_{M,i}$ und Sollwert $U_{M,s}$ und vereinfachen Sie das Ergebnis mit den unter Teilaufgabe c) und g) erhaltenen Vernachlässigungen.

Lösung:

a)
$$U_{x,s} = R_x I_0$$

$$U_{x,i} = \{R_x \| (R_2 + R_M)\} I_x = R_p I_x \text{ mit } R_p = R_x \| (R_2 + R_M)$$

$$I_x = \frac{U_0}{R_1 + R_p}$$

$$U_0 = \{R_0 \| (R_1 + R_p)\} I_0 = \frac{R_0 (R_1 + R_p)}{R_0 + R_1 + R_p} I_0$$

b) I_0 = konst., d. h. eingeprägt, wenn $R_0 \gg \{R_0 + R_1 \| (R_2 + R_M)\}$.

c)
$$\frac{U_{x,i}}{U_{x,s}} = \frac{R_0 R_p I_0}{R_0 + R_1 + R_p} \frac{1}{R_x I_0} = \frac{R_0}{R_0 + R_1 + R_p} \frac{R_p}{R_x}$$

$$= \frac{R_0}{R_0 + R_1 + R_p} \frac{R_x(R_2 + R_m)}{(R_x + R_2 + R_m) R_x} = \frac{1}{1 + \frac{R_1 + R_p}{R_0}} \frac{1}{1 + \frac{R_x}{R_2 + R_m}}$$

$$\frac{U_{x,i}}{U_{x,s}} = 1 \text{ für } \frac{R_1 + R_p}{R_0} \ll 1, \quad \text{also} \quad (R_1 + R_p) \ll R_0 \text{ und } R_x \ll (R_2 + R_M)$$

Die erste Bedingung lässt sich mit der zweiten vereinfachen.

$$\left[R_1 + \{R_x \| (R_2 + R_M)\}\right] \ll R_0$$

$$\left[R_1 + R_x\right] \ll R_0$$

Also $(R_1 + R_x) \ll R_0$ und $R_x \ll (R_2 + R_M)$.

d)
$$U_M = \frac{R_M}{R_M + R_2} U_x$$

e) Hochohmiges Spannungsmessgerät (R_M) und niederohmige Leitungen (R_2), d. h. $R_M \gg R_2$.

f)
$$\frac{U_M}{U_x} = \frac{R_M}{R_M + R_2} = \frac{1}{1 + \frac{R_2}{R_M}}$$

$$\frac{U_M}{U_x} = 1 \text{ für } \frac{R_2}{R_M} \gg 1, \quad \text{d.h.} \quad R_2 \ll R_M$$

g) $R_x \ll (R_2 + R_M)$ vereinfacht sich zu $R_x \ll R_M$, ingesamt ergeben sich 3 Bedingungen:

$$(R_1 + R_x) \ll R_0; \quad R_x \ll R_M; \quad R_2 \ll R_M$$

h)
$$U_{M,i} = \frac{R_M}{R_M + R_2} U_{x,i} = \frac{R_M}{R_M + R_2} \frac{R_0 R_p}{R_0 + R_1 + R_p} I_0 = \frac{R_M R_0}{R_M + R_2} \frac{R_x \| (R_2 + R_M)}{R_0 + R_1 + R_p} I_0$$

$$= \frac{R_M R_0}{(R_x + R_2 + R_M)(R_0 + R_1 + R_p)} R_x I_0$$

i)
$$F = U_{M,i} - U_{M,s} = U_{M,i} - U_{x,s} = R_x I_0 \left\{ \frac{R_M R_0}{(R_x + R_2 + R_m)(R_0 + R_1 + R_p)} - 1 \right\}$$

$$F = -R_x I_0 \frac{R_0(R_x + R_2) + (R_x + R_2 + R_M)(R_1 + R_p)}{(R_x + R_2 + R_m)(R_0 + R_1 + R_p)}$$

$$R_x + R_2 + R_M \approx R_2 + R_M \quad \text{mit} \quad R_x \ll (R_2 + R_M)$$

$$\approx R_M \quad \text{mit} \quad R_2 \ll R_M$$

$$R_0 + R_1 + R_\parallel \approx R_0 \quad \text{mit} \quad (R_1 + R_p) \ll R_0$$

$$F \approx -R_x I_0 \frac{R_0(R_x + R_2) + R_M(R_1 + R_p)}{R_M\, R_0}$$

$$R_p = R_x \| (R_2 + R_M) = \frac{R_x(R_2 + R_M)}{R_x + R_2 + R_M} \approx R_x \quad \text{mit} \quad R_x \ll (R_2 + R_M)$$

$$F \approx -R_x I_0 \frac{R_0(R_x + R_2) + R_M(R_1 + R_x)}{R_0 R_M} = -R_x I_0 \left\{ \frac{R_x + R_2}{R_M} + \frac{R_x + R_1}{R_0} \right\}$$

$$f = -\left\{ \frac{R_x + R_2}{R_M} + \frac{R_x + R_1}{R_0} \right\} = -\left\{ R_x \left(\frac{1}{R_M} + \frac{1}{R_0} \right) + \frac{R_1}{R_0} + \frac{R_2}{R_M} \right\}$$

3.4 Widerstandmessbrücken

Aufgabe 3.10: Gegeben ist die in Bild 3.10 dargestellte Wheatstone-Brückenschaltung.

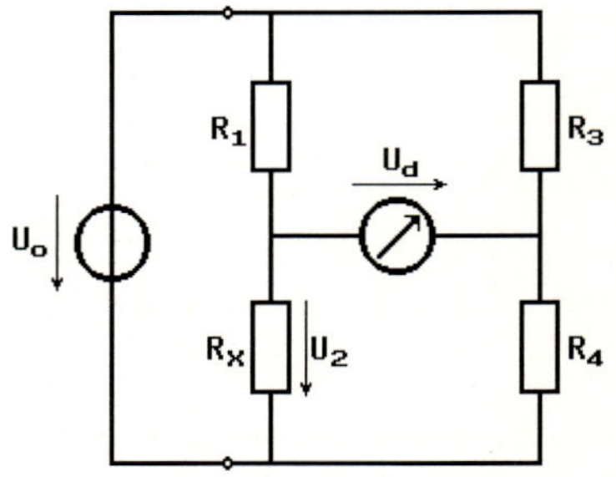

Bild 3.10

a) Wie groß ist U_2 in Abhängigkeit von U_0, R_x, R_1, R_3, R_4?

b) Skizzieren Sie U_d/U_0 in Abhängigkeit von R_x für den Bereich $0 \leq R_x \leq 3R$. Setzen Sie hierzu $R_1 = R_3 = R_4 = R$. Wie groß wird U_d/U_0 für $R_x \to \infty$?

Lösung:

a) $$U_2 = U_0 \frac{R_x}{R_1(1 + (R_4/R_3))}$$

b) $$\frac{U_d}{U_0} = \frac{R_x - R}{2(R_x + R)} \; ; \quad \lim_{R_x \to \infty} \frac{U_d}{U_0} = \frac{1}{2}$$

Aufgabe 3.11: In einer Wheatstone-Brücke erfahren die einzelnen Widerstände die im Schaltbild 3.11 angegebenen Änderungen ΔR.

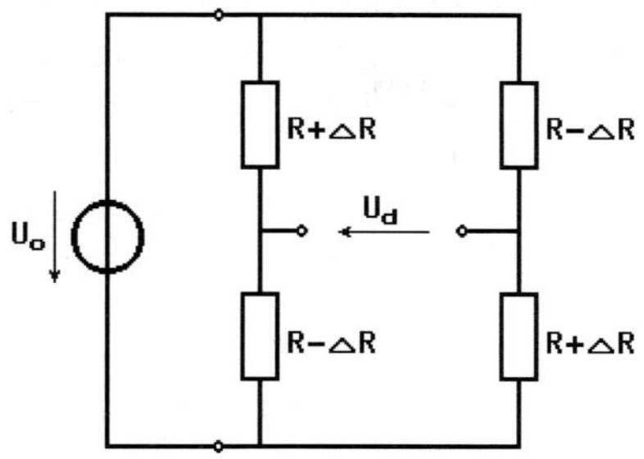

Bild 3.11

a) Leiten Sei einen Ausdruck für die Brückendiagonalspannung U_d in Abhängigkeit von der relativen Widerstandsänderung $\Delta R/R$ ab unter der Annahme, dass die Brücke mit einer konstanten Spannung U_0 gespeist wird.

$$U_d = f\,(U_0, \frac{\Delta R}{R})$$

b) Wie Teilaufgabe a), jedoch unter der Annahme, dass die Brücke mit einem konstanten Strom I_0 gespeist wird.

$$U_d = f\,(I_0, \Delta R)$$

c) Geben Sie die Brückenempfindlichkeit E für a) und b) an.

$$E_u = \frac{\mathrm{d}U_d}{\mathrm{d}(\Delta R/R)} \text{ bzw. } E_i = \frac{\mathrm{d}U_d}{\mathrm{d}(\Delta R)}$$

Lösung:

a) $U_d = U_0 \frac{\Delta R}{R}$

b) $U_d = I_0\,\Delta R$

c) $E_u = U_0; \quad E_i = I_0$

Aufgabe 3.12: Gegeben ist eine Ausschlagmessbrücke bestehend aus den beiden Spannungsteilern R_1 und R_2 bzw. R_3 und R_4.

a) Berechnen Sie allgemein die Diagonalspannung U_d einer Ausschlag-Messbrücke.

b) Mit der Brücke soll die Widerstandsänderung ΔR eines Sensors, gegeben durch $R_2 = R_x = R_0 + \Delta R + \Delta R_T$ (Temperaturfehler ΔR_T) erfasst werden. Die anderen Brückenwiderstände sind mit R_0 anzunehmen. Skizzieren Sie die Schaltung und berechnen Sie $U_d = f(U_0, \Delta R, \Delta R_T, R_0)$.

c) Die Temperaturabhängigkeit ΔR_T soll verringert werden. Hierzu steht ein Widerstand mit identischem Temperaturverhalten zur Verfügung: $R_K = R_0 + \Delta R_T$. Zeigen Sie, dass mit Hilfe von R_K der Einfluss von ΔR_T stark reduziert werden kann.
Gehen Sie folgendermaßen vor:
c1) Geben Sie eine geeignete Brückenschaltung an.
c2) Berechnen Sie $U_d = f(U_0, \Delta R, \Delta R_T, R_0)$.
c3) Berechnen Sie die Empfindlichkeit von U_d in Abhängigkeit von ΔR_T für die beiden

Fälle mit und ohne R_K.
c4) Bilden Sie den Quotienten aus beiden Resultaten.

Ausgehend von der Brücke in Teilaufgabe b) (Brücke ohne R_K) beantworten sie folgende Fragen.

d) Die Diagonalspannung U_d soll mit einem Drehspulmesswerk (Spannungsanzeige U_M, Innenwiderstand R_M) gemessen werden. Hierzu ersetzen Sie die Messbrücke durch eine Ersatzspannungsquelle. Zeichnen Sie die Ersatzspannungsquelle (U_q, R_i) mit Drehspulmesswerk (U_M, R_M).

e) Berechnen Sie die Parameter $U_q=f(U_0, R_0, R_x)$ und $R_i=f(R_0, R_x)$ der Ersatzspannungsquelle.

f) Berechnen Sie die Messspannung U_M. Geben Sie die Funktionen $U_M = f(U_q, R_i, R_M)$ und $U_M = f(U_0, R_0, R_x, R_M)$ an.

g) Wie groß ist R_M zu wählen, damit U_M halb so groß wie U_d der unbelasteten Brücke wird. Setzen Sie hierfür $R_x=R_0$.

Lösung:

a) $$U_d = \left(\frac{R_2}{R_1+R_2} - \frac{R_4}{R_3+R_4}\right) U_0$$

b)

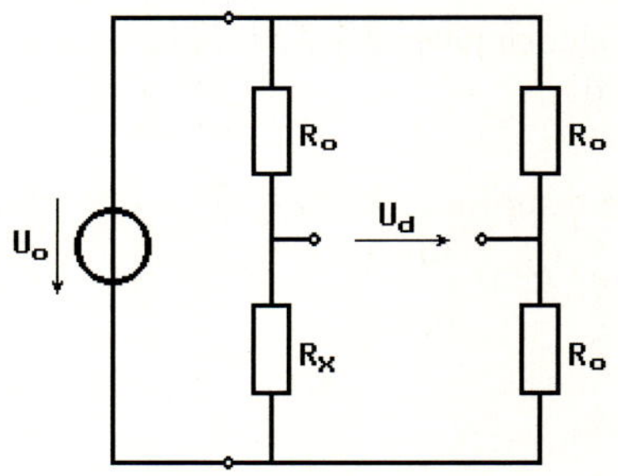

Bild 3.12

$$U_d = \left(\frac{R_x}{R_0+R_x} - \frac{R_0}{2R_0}\right) U_0 = \frac{U_0}{2}\,\frac{\Delta R+R_T}{2R_0+\Delta R+R_T}$$

c1) R_K und R_x im selben Spannungsteiler.

c2) $$U_d = \left(\frac{R_x}{R_K+R_x} - \frac{R_0}{2R_0}\right) U_0 = \frac{U_0}{2}\,\frac{\Delta R}{2R_0+\Delta R+2R_T}$$

c3) $$\frac{dU_{d1}}{dR_T} = \frac{U_0}{2}\,\frac{2R_0}{(2R_0+\Delta R+R_T)^2} \quad ; \quad \frac{dU_{d2}}{dR_T} = \frac{U_0}{2}\,\frac{-\Delta R}{(2R_0+\Delta R+R_T)^2}$$

c4) $$\frac{dU_{d2}}{dR_T} \Bigg/ \frac{dU_{d1}}{dR_T} = -\frac{\Delta R}{2R_0}$$

d)

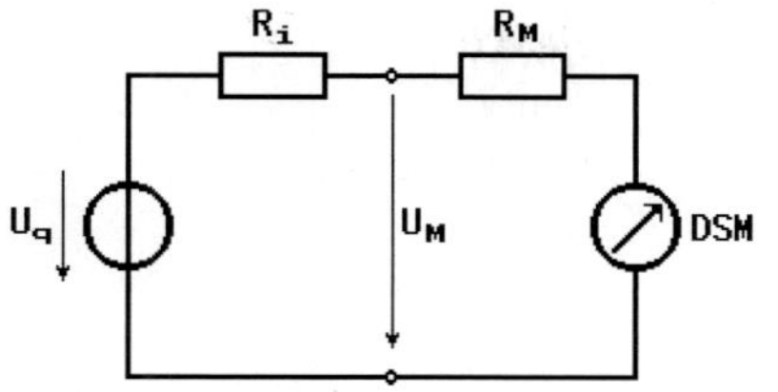

Bild 3.13

e) $$U_q = U_d = \frac{U_0}{2}\left(\frac{R_x - R_0}{R_x + R_0}\right) \;;\quad R_i = (R_0 \| R_x) + (R_0 \| R_0) = \frac{3R_0R_x + R_0^2}{2(R_0 + R_x)}$$

f) $$U_M = R_M\, I_M = \frac{R_M\, U_q}{R_i + R_M} = \frac{R_M\,(R_x - R_0)\, U_0}{3R_0R_x + R_0^2 + 2R_M(R_0 + R_x)}$$

g) $$\frac{U_d}{U_M} = \frac{R_0}{R_M} + 1 = 2, \text{ d. h. } R_M = R_0$$

Aufgabe 3.13: Gegeben sind die beiden Halbbrücken nach Bild 3.14.

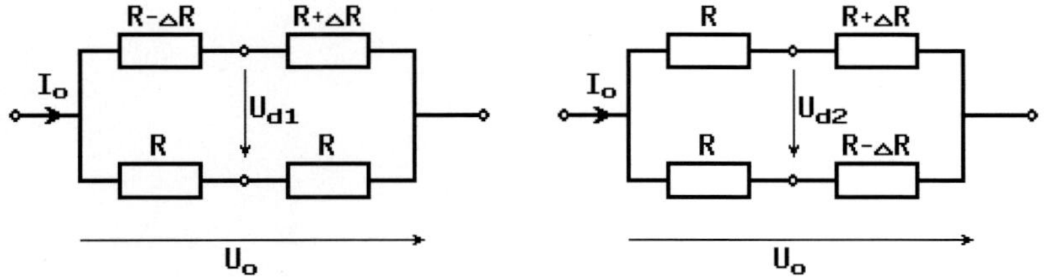

Bild 3.14

Berechnen Sie

a) die Brückendiagonalspannungen U_d bei Speisung mit konstanter Spannung U_0.
b) die Daten der Ersatzschaltbilder für U_d bei Speisung mit konstanter Spannung U_0.
c) die Brückendiagonalspannung U_d bei Speisung mit konstantem Strom I_0.
d) Welche Brücke würden sie einsetzen? (Begründung)

Lösung:

a) $$U_{d1} = \frac{U_0}{2}\left(\frac{\Delta R}{R}\right)$$

$$U_{d2} = U_0\,\frac{2R\,\Delta R}{4R^2 - \Delta R^2} = \frac{U_0}{2}\left(\frac{\Delta R}{R}\right)\frac{1}{1 - \left(\frac{\Delta R}{2R}\right)^2}$$

b)

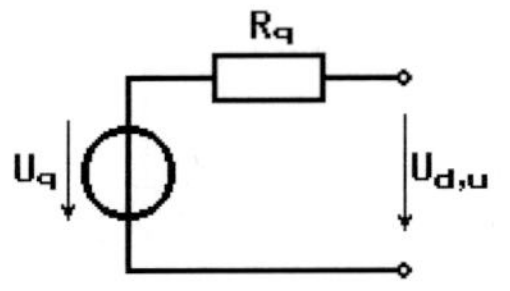

Bild 3.15

$$U_q = U_{d,u}$$

$$R_{q1} = R_{q1}(U_0 = 0) = (R - \Delta R) \| (R + \Delta R) - R \| R$$

$$= \frac{(R - \Delta R)(R + \Delta R)}{R - \Delta R + R + \Delta R} + \frac{R}{2} = R - \frac{\Delta R^2}{2R} = R\left(1 - \frac{1}{2}\left(\frac{\Delta R}{R}\right)^2\right)$$

$$R_{q2} = R_{q2}(U_0 = 0) = R \| (R + \Delta R) + R \| (R - \Delta R)$$

$$= \frac{R(R + \Delta R)}{R + R + \Delta R} + \frac{R(R - \Delta R)}{R + R - \Delta R} = R\left\{\frac{R + \Delta R}{2R + \Delta R} + \frac{R - \Delta R}{2R - \Delta R}\right\}$$

$$= 2R\,\frac{2R^2 - \Delta R^2}{4R^2 - \Delta R^2} = R\,\frac{1 - \frac{1}{2}\left(\frac{\Delta R}{R}\right)^2}{1 - \frac{1}{4}\left(\frac{\Delta R}{R}\right)^2}$$

c)

$$U_{01} = I_0 \{ (R - \Delta R + R + \Delta R) \| (R + R)\}$$

$$= I_0 \{ (2R) \| (2R) \} = I_0 \frac{2R\ 2R}{2R + 2R} = 2 I_0 R$$

$$U_{d1} = \frac{U_{01}}{2}\left(\frac{\Delta R}{R}\right) = I_0 R \frac{\Delta R}{R} = I_0 \Delta R$$

$$U_{02} = I_0 \{(R + R + \Delta R) \| (R + R - \Delta R)\} = I_0 \{(2R + \Delta R) \| (2R - \Delta R)\}$$

$$= I_0 \frac{(2R + \Delta R)(2R - \Delta R)}{2R + \Delta R + 2R - \Delta R} = I_0 \frac{4R^2 - \Delta R^2}{4R}$$

$$U_{d2} = U_{02} \frac{2R\ \Delta R}{4R^2 - \Delta R^2} = I_0 \frac{4R^2 - \Delta R^2}{4R}\,\frac{2R\ \Delta R}{4R^2 - \Delta R^2} = \frac{I_0}{2} \Delta R$$

d) - Spannungsgespeiste Brücke: nur Brücke I linear, Brücke II nichtlinear; abhängig von der relativen Widerstandsänderung.
- Stromgespeiste Brücke: beide Brücken (I, II) linear; abhängig von der absoluten Widerstandsänderung, hierbei Empfindlichkeit bei kleinen Widerständen höher.

Aufgabe 3.14: Gegeben ist die in Bild 3.16 dargestellte Gleichstrom-Messbrücke mit Konstantspannungsspeisung von $U_0 = 1$ V. Die Empfindlichkeit des Messgerätes zur Messung der Diagonalspannung beträgt $c_i = 10^8$ Skt./A.

a) Berechnen Sie die Empfindlichkeit S allgemein und für die Zahlenwerte $R_x = R_2 = R_3 = R_4 = R_5 = 100\ \Omega$.

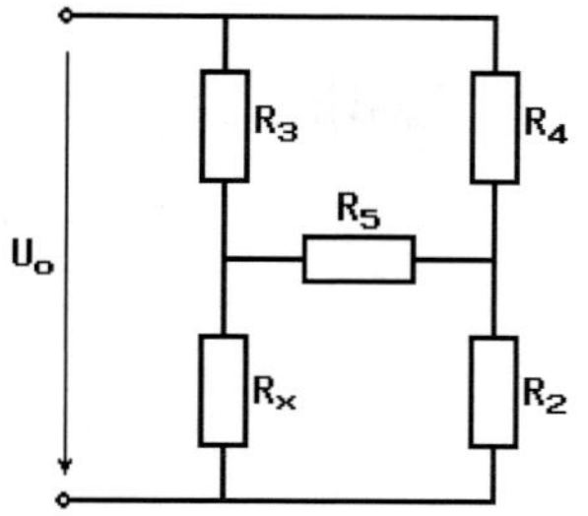

Bild 3.16

b) Welchen Betrag der reziproken Empfindlichkeit $\left|\frac{1}{S}\right|$ ergibt sich unter Berücksichtigung der Anpassungsbedingungen für $R_x = 100\ \Omega$.

$$m = \frac{R_2}{R_x} = 0{,}1\ ,\quad n = \frac{R_3}{R_x} = 1\ ,\quad p = \frac{R_5}{R_x} = 1$$

Geben Sie die Widerstände R_2, R_3, R_4 und R_5 an.

c) Durch einen Nebenschlußwiderstand R_5' parallel zum Widerstand R_5 soll die Anpassungsbedingung $p = 0{,}1$ erfüllt werden. Berechnen Sie den Nebenschlußwiderstand R_5' und den Betrag der reziproken Empfindlichkeit $1/S$.

d) Mit welcher Genauigkeit $|\Delta R_x / R_x|$ und $|\Delta R_x|$ kann der Widerstand $R_x \approx 100\ \Omega$ gemessen werden, wenn die Toleranz der Abgleichwiderstände

$$\left|\frac{\Delta R_2}{R_2}\right| = \left|\frac{\Delta R_3}{R_3}\right| = \left|\frac{\Delta R_4}{R_4}\right| = 0{,}1\%$$

beträgt. Ist die vorgegebene Empfindlichkeit nach c) sinnvoll?

Lösung:

a) $$I_5 = \frac{R_2 R - R_x R_u}{N_U} U_0$$

mit $N_U = R_x R_3 (R_2 + R_4) + R_2 R_4 (R_x + R_3) + R_5 (R_2 + R_4)(R_x + R_3)$

$$S = c_i \frac{\mathrm{d}I_5}{\mathrm{d}R_x} = -\frac{c_i U_0}{N_U}\left\{R_4 + \frac{(R_2 R_3 - R_x R_4)(R_2 R_3 + R_3 R_4 + R_2 R_4 + R_2 R_5 + R_4 R_5)}{N_U}\right\}$$

$$S(R_x = R_2 = R_3 = R_4 = R_5) = -\frac{c_i U_0}{N_U} R_4$$

$$S(100\,\Omega) \approx -1250\,\text{Skt.}/\Omega$$

b) $$\left|\frac{1}{S}\right| = \frac{R_x^{\,2}}{c_i U_0}\,(2n + m(n+1) + 2p + 2pn) \approx 0{,}62\,\frac{\text{m}\Omega}{\text{Skt.}}$$

c) $$R_5{}' = \frac{pR_xR_5}{R_5 - pR_x} \approx 11{,}11\,\Omega \;;\quad \left|\frac{1}{S}\right| \approx 0{,}26\,\frac{\text{m}\Omega}{\text{Skt.}}$$

d) $$f = \left|\frac{\Delta R_x}{R_x}\right| = \left|\frac{\Delta R_2}{R_2}\right| + \left|\frac{\Delta R_3}{R_3}\right| + \left|\frac{\Delta R_4}{R_4}\right| = 3\cdot 0{,}1\,\% = 0{,}3\,\%$$

$$|\Delta R_x| = f\,|R_x| = 300\,\text{m}\Omega$$

Bei einer Empfindlichkeit von $|S| = \left(0{,}26\,\frac{\text{Skt.}}{\text{m}\Omega}\right)^{-1} \approx 4\,\frac{\text{m}\Omega}{\text{Skt.}}$ würde eine Toleranz von $f = 0{,}3$ % eine Widerstandsänderung von $|\Delta R_x| = 300\,\text{m}\Omega$ und damit eine Anzeigenänderung von 75 Skt. bedeuten. Die Empfindlichkeit S ist zu hoch (nicht sinnvoll).

Aufgabe 3.15: Thomson-Messbrücke. Gegeben ist die in Bild 3.17 dargestellte Doppelmessbrücke mit der Abgleichbedingung $R_x = \frac{R_2\,R_3}{R_4}$ und der Nebenbedingung $\frac{R_4{}'}{R_4} = \frac{R_2{}'}{R_2}$.

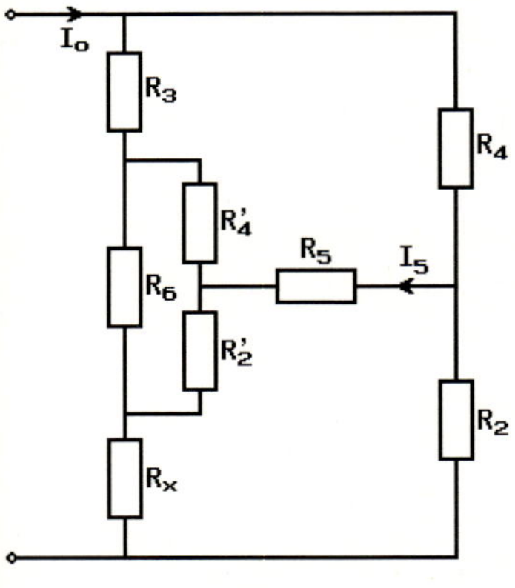

Bild 3.17

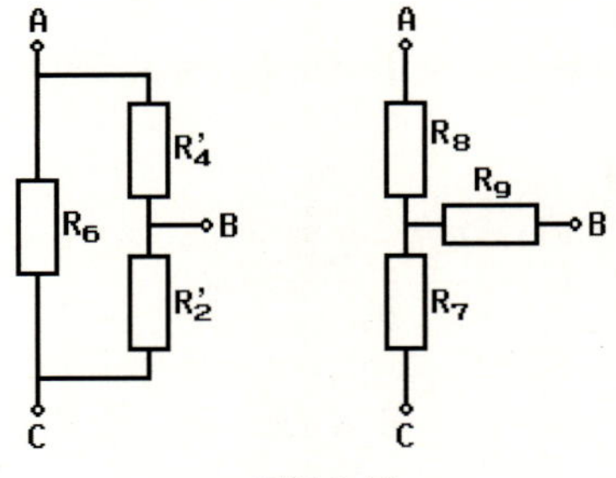

Bild 3.18

a) Formen Sie die Thomson-Brücke mittels einer Stern-Dreieck-Transformation nach Bild 3.18 in eine Wheatstone-Brücke um. Berechnen Sie die Widerstände R_7, R_8 und R_9.

b) Berechnen Sie den Strom $I_5 = f(R_x, R_2, R_3, R_4, R_5, R_7, R_8, R_9)$ für Konstantstromspeisung I_0.

c) Geben Sie die Empfindlichkeit $S = \frac{\text{d}\alpha}{\text{d}R_x}$

mit $\alpha = -\,c_i\,.\,I_5$ unter der Berücksichtigung an, dass die Änderung von R_x klein gegenüber den Brückenwiderständen ist. Im zweiten Schritt vereinfachen Sie die Empfindlichkeit S unter der Voraussetzung, dass i. a. gilt $R_x, R_3 \ll R_2, R_4$ und $R_7, R_8 \ll R_5$.

d) Gesucht ist die Empfindlichkeit S (Näherung aus Teilaufgabe c)) einer Thomson-Brücke mit $I_o = 4$ A, $R_x = R_3 = 10$ mΩ, $R_2 = R_2' = R_4 = R_4' = R_5 = 100$ Ω und $c_i = 10^6$ mm/A. Berechnen Sie zuerst R_9 und dann die Empfindlichkeit S.

Lösung:

a) $$R_7 = \frac{R_6 R_2'}{R_6 + R_2' + R_4'}, \quad R_8 = \frac{R_6 R_4'}{R_6 + R_2' + R_4'}, \quad R_9 = \frac{R_2' R_4'}{R_6 + R_2' + R_4'}$$

b) $$I_5 = I_o \frac{R_2(R_3 + R_8) - (R_7 + R_x)R_4}{(R_5 + R_9)(R_7 + R_x + R_2 + R_3 + R_8 + R_4) + (R_7 + R_x + R_2)(R_3 + R_4 + R_8)}$$

c)

(1) $$S \approx c_i I_0 \frac{R_4}{(R_5 + R_9)(R_7 + R_x + R_2 + R_3 + R_8 + R_4) + (R_2 + R_7 + R_x)(R_9 + R_4 + R_8)}$$

(2) $$S \approx c_i I_0 \frac{R_4}{(R_5 + R_9)(R_2 + R_4) + R_2 R_4}$$

d) $$R_9 = 50\,\Omega; \quad S \approx 10^4 \frac{\text{mm}}{\Omega}$$

Aufgabe 3.16: Zur Widerstandsmessung von R_x wird die Ausschlags-Messbrücke nach Bild 3.19 verwendet.

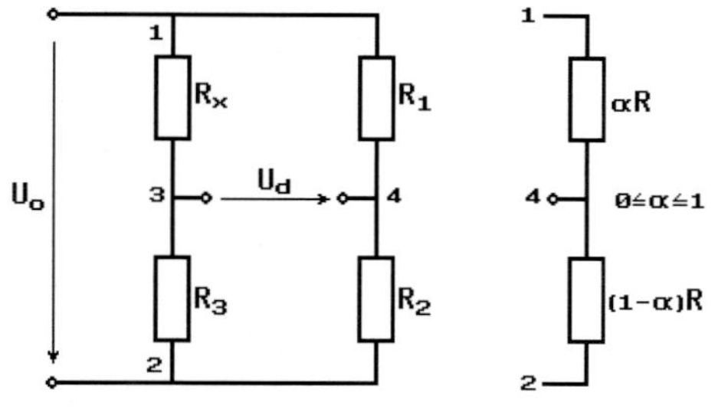

Bild 3.19

a) Geben Sie die Brückendiagonalspannung $U_d(R_1, R_2, R_3, R_x)$ an.

b) Die beiden Widerstände R_1 und R_2 stellen ein lineares Potentiometer mit dem Gesamtwiderstand R und Abgriff α dar. Berechnen Sie $U_d(R_x, \alpha)$ für $R_3 = R_1 + R_2 = R$ und zeichnen Sie dessen Graphen. Wie muss α gewählt werden, so dass ein Spannungshub $U_0/2$ für U_d entsteht?

c) Berechnen Sie die Empfindlichkeit $S = \dfrac{\mathrm{d}U_d}{\mathrm{d}R_x}$.

d) Aufgrund der nichtlinearen Kennlinie von $U_d(R_x)$ und einem Spannungsmessgerät mit einer Fehlerklasse 2,5 (bezogen auf U_0) wird R_x fehlerhaft bestimmt. Wie groß ist der absolute maximale Fehler ΔR_x für $U_d = 0{,}1\ U_0$ und $\alpha = ½$. Sämtliche anderen Bauelemente seien ideal, der Innenwiderstand des Messwerkes ist ebenfall ideal ($R_i \to \infty$). Hinweis: Bilden Sie zuerst die lineare Kennlinie für $U_d\,(R_x)$ am Arbeitspunkt der abgeglichenen Brücke. Bilden Sie die Differenz $\Delta\ U_d$ zwischen nichtlinearer und linearer Kennline. Berechnen Sie das Maximum für ΔR_x.

Lösung:

a) $$U_d = U_0 \left\{ \frac{R_1}{R_1 + R_2} - \frac{R_x}{R_x + R_3} \right\}$$

b) $$R_1 = \alpha R,\ R_2 = (1-\alpha)R$$

$$U_d = U_0 \left\{ \alpha - \frac{R_x}{R_x + R} \right\}$$

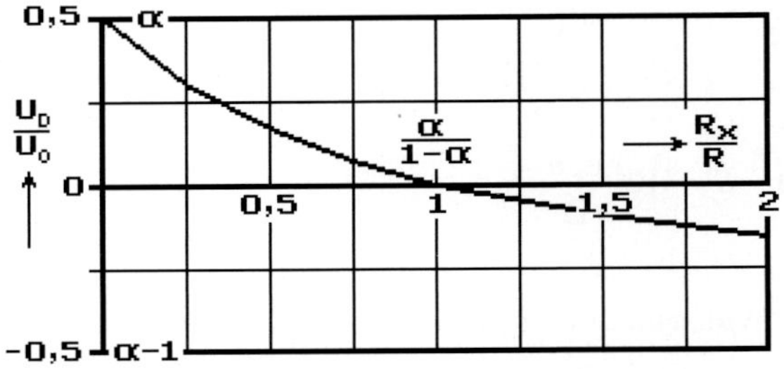

Bild 3.20

Berechnung von α: $U_d = \frac{1}{2} U_0 = \alpha U_0$, d.h. $\alpha = \frac{1}{2}$

Arbeitspunkt der Abgleich-Messbrücke: $R_x(U_d = 0) = \dfrac{\alpha}{1-\alpha} R$

c) $$S = \frac{\mathrm{d}U_d}{\mathrm{d}R_x} = -U_0 \frac{R}{(R_x + R)^2}$$

d) Siehe Bild 3.21

(1) Tangente am Arbeitspunkt ($R_x = R$): $U_{d,\mathrm{lin}} = S|_{Ud=0} \cdot (R_x - R) = \dfrac{U_0}{4}\left(1 - \dfrac{R_x}{R}\right)$

Nichtlineare Kennlinie: $U_d = U_0 \left(\dfrac{1}{2} - \dfrac{R_x}{R_x + R} \right)$

(2) $|\Delta U_d| = f\ U_0 = 0{,}025\, U_0$

(3.1) Bestimmung des Sollwertes $R_{x,s}$ bei $U_d = 0{,}1\ U_0$

$$U_{d,s} = U_0\left(\frac{1}{2} - \frac{R_{x,s}}{R_{x,s} - R}\right) = 0{,}1\,U_0\ ;\quad R_{x,s} = \frac{2}{3}R \approx 0{,}667\,\mathrm{R}$$

$$(3.2)\quad U_d = U_{d,s} \pm \Delta U_d = U_0\left(\frac{1}{2} - \frac{R_{x,i}}{R_{x,i} - R}\right)$$

$$U_{d,1} = 0{,}125\,U_0;\quad R_{x,i1} = \frac{1}{2}R\ ;\quad U_{d,2} = 0{,}075\,U_0;\quad R_{x,i2} = 0{,}7R$$

absoluter, maximaler Fehler $\Delta R_x = R_{x,i1} - R_{x,s} = \left(\frac{1}{2} - \frac{2}{3}\right)R = \frac{1}{6}R$

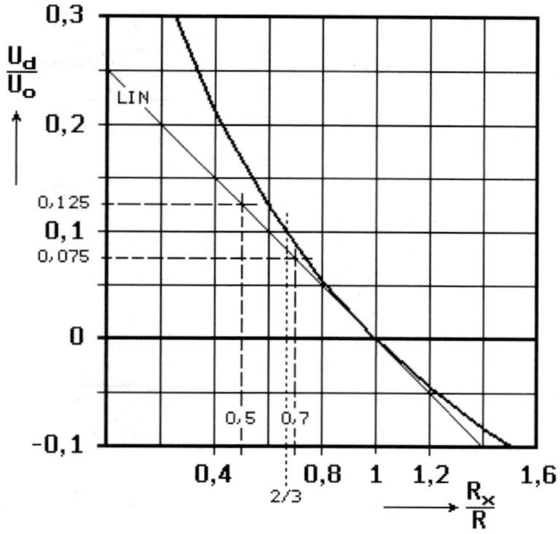

Bild 3.21

Aufgabe 3.17: Eine Gleichstrombrücke nach Bild 3.22 wird mit einem eingeprägten Strom I_0 gespeist. Die Diagonalspannung U_d wird mit einem sehr hochohmigen Voltmeter ($R_g \to \infty$) gemessen.

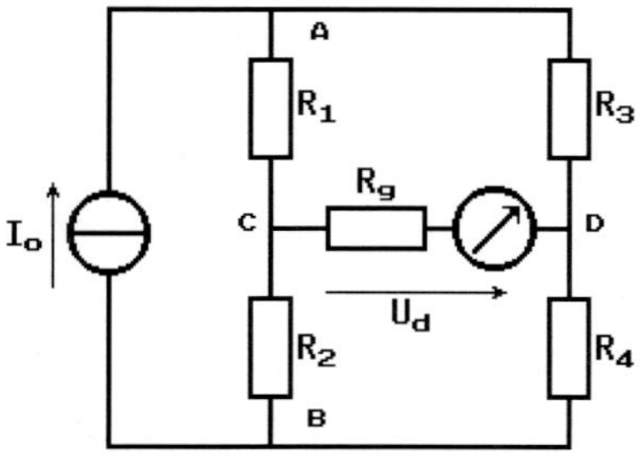

Bild 3.22

a) Leiten Sie den allgemeinen Zusammenhang zwischen Diagonalspannung U_d und Speisestrom I_0 in Abhängigkeit von den Brückenelementen R_1 ... R_4 her.

b) Die Brücke soll zur Temperaturmessung eingesetzt werden. Bei der Bezugstemperatur $T_0 = 20^\circ\mathrm{C}$ gilt $R_1 = R_2 = R_3 = R_4 = R_0$. Bei Abweichungen von der Bezugstemperatur ändert sich der Widerstand von R_1 wie folgt: $R_1 = R_0 + k\,(T_x - T_0)$. Welcher Ausschlag ergibt sich in Abhängigkeit von der Temperaturdifferenz $T_x - T_0$?

c) Wie groß wird für $k = 0{,}4\ \Omega/^\circ\mathrm{C}$ und $R_0 = 100\ \Omega$ bei $I_0 = 0{,}1$ A die Ausgangspannung U_d bei einer Temperaturdifferenz $(T_x - T_0) = 10^\circ\mathrm{C}$?

d) Wie groß ist die Empfindlichkeit der Brücke nach Teilaufgabe b)? Durch welche Maßnahmen könnte man die Empfindlichkeit erhöhen?

Lösung:

a) $$U_\mathrm{d} = \frac{R_2R_3 - R_1R_4}{R_1 + R_2 + R_3 + R_4} I_0$$

b) $$U_\mathrm{d} = -\frac{k(T_x - T_0)}{4R_0 + k(T_x - T_0)} R_0 I_0$$

c) $$U_\mathrm{d} = -0{,}099\,\mathrm{V}$$

d) $$E = \frac{\mathrm{d}U_\mathrm{d}}{\mathrm{d}(T_x - T_0)} = -\frac{4kR_0^2 I_0}{(4R_0 + k(T_x - T_0))^2}$$

Erhöhen der Empfindlichkeit durch Erhöhen von I_0, Vergrößern des k-Faktors, aber nicht durch größeres R_0.

Aufgabe 3.18: Zum Messen von kleinen Widerstandsänderungen wird ein Spannungsteiler und eine Messbrücke verwendet (Bild 3.23). Die Widerstandsänderung ist klein gegenüber dem Grundwiderstand $(\Delta R_1 \ll R_1)$.

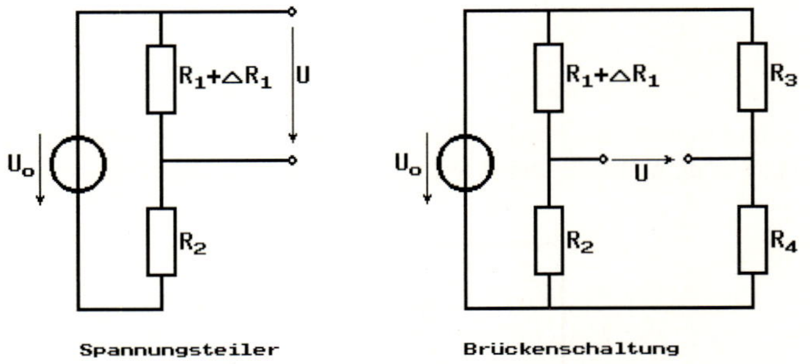

Bild 3.23

a) Wie lautet die Abgleichbedingung für die Brückenschaltung (d. h. $U = 0$ unter der Annahme $\Delta R_1 = 0$)?

b) Berechnen Sie für beide Schaltungen jeweils U als Funktion von U_0 und den Widerständen, im Fall der Brückenschaltung unter Berücksichtigung der Abgleichbedingung ($\Delta R_1 \neq 0$, Abgleichbedingung aus a)).

c) Erläutern Sie anhand der Ergebnisse aus b) den Vorteil einer Brückenschaltung gegenüber einer Spannungsteilerschaltung bei der Messung von kleinen Widerstandsänderungen. Berechnen Sie $\Delta U / U\,(\Delta R_1')$ bei Änderung des Widerstands R_1' von $\Delta R_1' = 1‰\,R_1$ auf $\Delta R_1'' = 2‰\,R_1$ und $R_1/R_2 = 1/10$.

Lösung:

a) $R_2 R_3 = R_1 R_4$

b) Spannungsteiler $U = \dfrac{R_1 + \Delta R_1}{R_1 + R_2 + \Delta R_1} U_0$

Messbrücke $U = -\dfrac{\Delta R_1 \; R_4}{(R_1 + R_2 + \Delta R_1)(R_3 + R_4)} U_0$

c) Spannungsteiler $\dfrac{\Delta U}{U(\Delta R_1')} = \dfrac{U(\Delta R_1'') - U(\Delta R_1')}{U(\Delta R_1')} \approx 0{,}879 \cdot 10^{-3} \approx 1‰$

Messbrücke $\dfrac{\Delta U}{U(\Delta R_1')} \approx 0{,}9998 \approx 100\%$

Die Empfindlichkeit der Messbrücke ist um mehrere Größenordnungen höher.

Aufgabe 3.19: Belastete Wheatstone-Messbrücke. Gegeben ist eine Wheatstone-Brücke, die aus einer Quelle mit der Leerlaufspannung U_0 und dem Generator-Innenwiderstand R_i gespeist wird. Zur Messung der Diagonalspannung U_d wird ein Drehspulmessgerät mit dem Innenwiderstand R_5 benutzt (Bild 3.24).

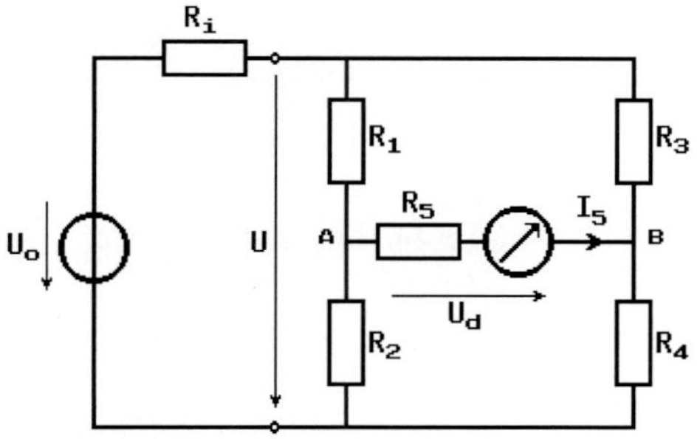

Bild 3.24

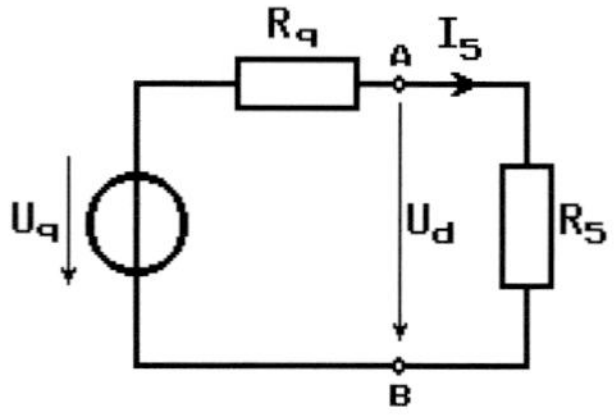

Bild 3.25

a) Geben Sie im unbelasteten Zustand ($I_{R5} = 0$) der Brücke die Diagonalspannung $U_d = f\,(U_0, R_i, R_1, R_2, R_3, R_4)$ an.

b) Leiten Sie aus dem Ergebnis der Teilaufgabe a) die Abgleichbedingung ab. Die Messanordnung wird als Ausschlag-Widerstandsmessbrücke benutzt. Dabei sei $R_1 = R_3 = R_4 = R$ und $R_2 = R_x$. der unbekannte Widerstand. Die Brückendiagonalspannung U_d wird mittels eines Drehspulmessgerätes mit dem Innenwiderstand R_5 (belastete Brücke) bestimmt.

c) Für den Sonderfall, dass die Brücke mit eingeprägter Spannung ($R_i = 0$) gespeist wird, ist der Strom $I_{R5} = f\,(U_0, R, R_x, R_5)$ zu berechnen. Hinweis: Berechnen Sie den Innenwiderstand R_q bei kurzgeschlossener Konstantstromquelle U_0 (Bild 3.25).

d) Geben Sie die Abgleichbedingung der belasteten Brücke an.

e) Wie groß ist die Empfindlichkeit der belasteten Messbrücke für $R_x = R$ ($R_5 \gg R_x, R$).

f) Berechnen Sie den Widerstand R_x, wenn die Diagonalspannung U_d nach Teilaufgabe c) gemessen wird.

Lösung:

a) $$U_d = U_0 \frac{R_2 R_3 - R_1 R_4}{R_i(R_1+R_2+R_3+R_4)+(R_1+R_2)(R_3+R_4)}$$

b) $$R_2 R_3 = R_1 R_4$$

c) $$U_q = U_{d,\,unbelastet} = U_d(R_i = 0) = \frac{U_0}{2}\frac{R_x - R}{R_x + R}$$

$$R_q = R_1 \| R_3 + R_2 \| R_4 = \frac{R}{2}\frac{3R_x + R}{R_x + R}$$

$$I_{R5} = \frac{U_q}{R_q + R_5} = U_0 \frac{R_x - R}{R(3R_x+R)+2R_5(R_x+R)}$$

$$I_{R5} \approx \frac{U_0}{2}\frac{R_x - R}{R_5(R_x+R)} \quad \text{für} \quad R_5 \gg R, R_x$$

d) $$R_x = R$$

e) $$E = \left.\frac{\mathrm{d}I_{R5}}{\mathrm{d}R_x}\right|_{R_x = R} = \frac{U_0}{4R_5 R}$$

f) $$R_x = R\frac{R_5\left(\frac{U_0}{U_d}+2\right)+R}{R_5\left(\frac{U_0}{U_d}-2\right)-3R} \; ; \quad R_x \approx R\frac{\frac{U_0}{U_s}+2}{\frac{U_0}{U_d}-2} \quad \text{für} \quad R_5 \gg R, R_x$$

Aufgabe 3.20: Die Stellung β eines Messpotentiometers dient zur berührungsbehafteten Erfassung einer nichtelektrischen Größe, z. B. Füllstand mittels eines Schwimmers, Position eines Werkzeugmaschinen-Schlittens usw. Die Auswertung erfolgt häufig mit einer Ausschlag-Messbrücke (Bild 3.26).

a) Berechnen Sie die Diagonalspannung U_d der Ausschlag-Messbrücke in Abhängigkeit von der Stellung β des Messpotentiometers. Dabei vernachlässigen sie die Leitungswiderstände R_L.

b) Berechnen Sie U_d unter Berücksichtigung der Leitungswiderstände R_L zur Fernübertragung. Interpretieren Sie das Ergebnis.

c) Als Fernleitung ändern sich die Leitungswiderstände mit einer Änderung der Außentemperatur. Wie groß ist die relative Temperaturänderung der Diagonalspannung U_d.

Der Temperaturkoeffizient beträgt $\alpha = \frac{1}{R_L}\frac{\mathrm{d}R_L}{\mathrm{d}\vartheta}$.

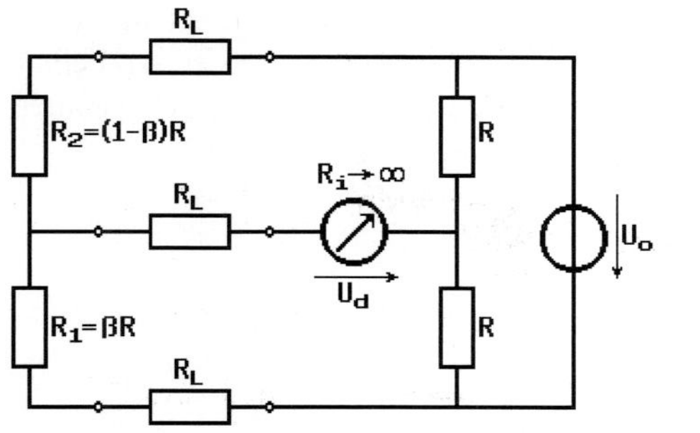

Bild 3.26

Lösung:

a) $$U_\mathrm{d} = \left(\beta - \frac{1}{2}\right) U_0$$

b) $$U_\mathrm{d} = U_0\left(\beta - \frac{1}{2}\right) \frac{R}{R + 2R_\mathrm{L}}$$

Die Empfindlichkeit der Messbrücke wird durch die Leitungswiderstände R_L an den äusseren Anschlüssen verringert. Der Leitungswiderstand am Schleiferanschluss hat bei einer unbelasteten Messbrücke keinen Einfluss.

c) $$\frac{1}{U_\mathrm{d}} \frac{\mathrm{d}U_\mathrm{d}}{\mathrm{d}\vartheta} = -\frac{\alpha}{1 + \frac{R}{2R_\mathrm{L}}}$$

Aufgabe 3.21: In der Betriebs- und Prozessmesstechnik werden häufig Widerstandssensor R_m zur Fernmessung nichtelektrischer Größen, wie Temperatur, Druck, Dehnung usw. verwendet. Die Widerstände R_L der Zuleitungen zum Aufnehmer beeinflussen das Brückengleichgewicht einer unbelasteten Ausschlag-Messbrücke. Die 2-Leiter-Schaltung zeigt Bild 3.27.

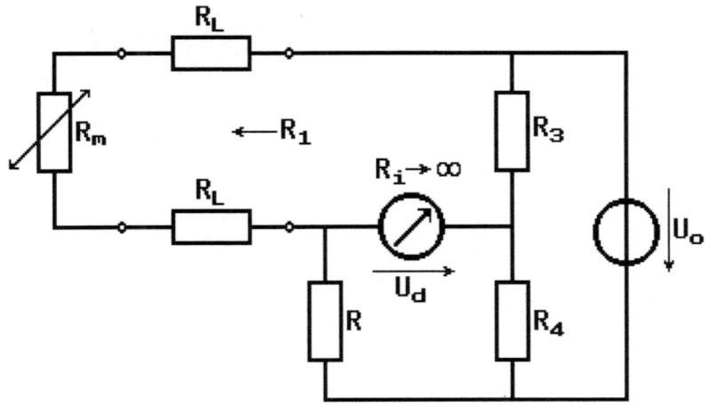

Bild 3.27

a) Berechnen Sie die Diagonalspannung U_d für den Fall $R_2 = R_3 = R_4 = R$ und $R_1 = R_\mathrm{m} + 2\,R_\mathrm{L}$.
b) Geben sie die Abgleichbedingung (Arbeitspunkt) an.
c) Bestimmen Sie die Änderung ΔU_d der Diagonalspannung infolge einer Temperaturbeeinflussung der Fernleitung R_L mit dem Temperaturkoeffizienten α. Vereinfachen Sie ΔU_d für den Arbeitspunkt der Messbrücke.

d) Zur Vermeidung der Temperaturfehler durch die Zuleitungswiderstände R_L wird der eine Anschluss der Brückendiagonalen an den Ort des Aufnehmers gelegt. Geben Sie für diese 3-Leiter-Schaltung (Fernleitung R_L) die Dimensionierung der Messbrücke an. Erläutern Sie das Ergebnis.

e) Geben Sie eine Brückenschaltung an, bei der die Temperaturkompensation auch bei Belastung ($R_i \ll \infty$) gegeben ist.

Lösung:

a) $$U_d = U_0 = \frac{U_0}{2} \frac{R - R_m - 2R_L}{R + R_m + 2R_L}$$

b) $$R = R_m + 2R_L$$

c) $$\Delta U_d = \frac{\partial U_d}{\partial R_L} R_L \alpha \Delta T = -U_0 \frac{2R\, R_L}{(R + R_m + 2R_L)^2} \alpha \Delta T$$

$$\Delta U_d \big|_{Ud = 0} = -\frac{U_0}{2} \left(\frac{R_L}{R} \right) \alpha \Delta T$$

d) Nach Bild 3.28 gilt $R_1 = R_m + R_L$, $R_2 = R + R_L$, $R_3 = R_4 = R$

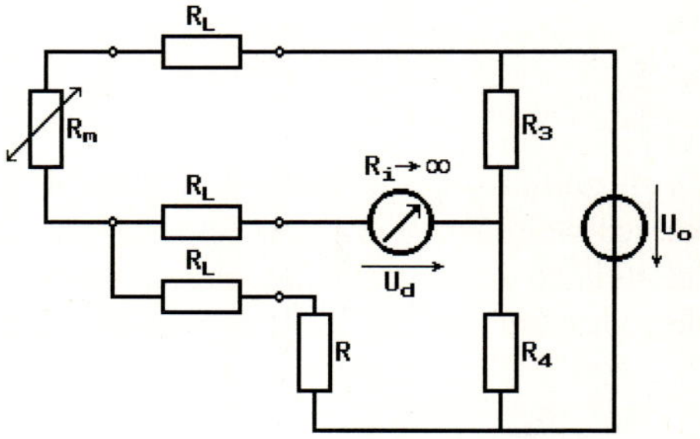

Bild 3.28

$$U_d = \frac{U_0}{2} \frac{R - R_m}{R + R_m + 2R_L}$$

$$\frac{\partial U_d}{\partial T} = \frac{\partial U_L}{\partial R_L} R_L \alpha = 0$$

$$\frac{\partial U_d}{\partial R_L} = \frac{U_0}{2} \frac{R - R_m}{(R + R_m + 2R_L)^2} (-2) = 0, \quad \text{d.h.} \quad R = R_m$$

Die Temperaturkompensation gilt nur für den Abgleich bzw. Arbeitspunkt der Ausschlag-Messbrücke.

e) Der Widerstandsteiler mit dem Messwiderstand R_m muss hinsichtlich der Zuleitungen symmetrisch ausgeführt werden (4-Leiter-Schaltung, Bild 3.29).

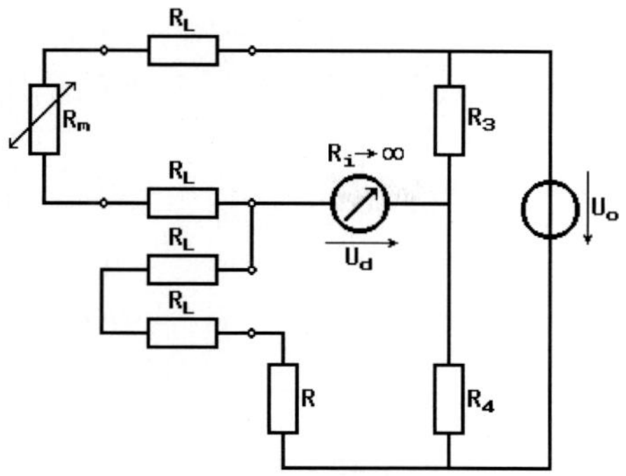

Bild 3.29

4 Messung von Blind- und Scheinwiderständen

4.1 Strom- und Spannungsmessung

Aufgabe 4.1: Eine Spule ist an eine Spannungsquelle (U_0 = 300 V, f = 50 Hz) angeschlossen. Sie nimmt dabei einen Strom von I_L = 5 A auf. Schaltet man der Anordnung einen Widerstand R_p = 100 Ω parallel, steigt der Summenstrom auf I_{ges} = 7 A an.

a) Skizzieren Sie die Schaltung.
b) Wie groß sind der Verlustwiderstand R_L und die Induktivität L der Spule? Geben Sie das dazugehörige Zeigerdiagramm an.

Lösung:
a) Siehe Bild 4.1.

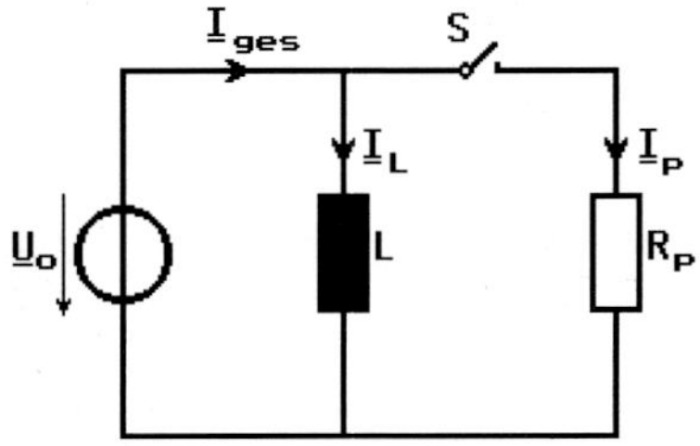

Bild 4.1

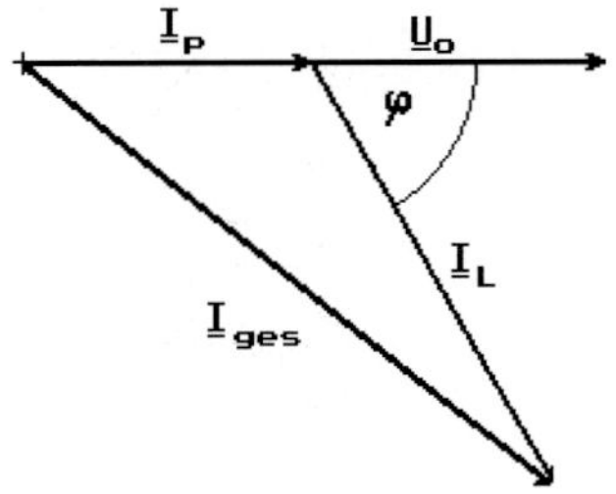

Bild 4.2

b) $$I_p = \frac{U_0}{R_p} = 3\,\text{A}$$

Cosinussatz (siehe Bild 4.2) $$\cos\gamma = \frac{I_p^2 + I_L^2 - I_{ges}^2}{2 I_p I_L} = -\frac{1}{2}$$

d. h., $\gamma = 120°$; $\varphi = 180° - \gamma = -60°$(induktive Last)

$$Z_L = |\underline{Z}_L| = \frac{U}{I_L} = 60\,\Omega;\ R_L = Z_L \cos 60° = 30\,\Omega$$

$$X_L = |\underline{Z}_L| \sin 60° \approx 52\,\Omega\ ;\ L = \frac{X_L}{2\pi f} \approx 165\,\text{mH}$$

Aufgabe 4.2: In der Schaltung nach Bild 4.3 wird mittels des Vorwiderstandes R_v ein Strom von I = 0,2 A eingestellt. Dabei werden die Spannungen U_1 = 40 V, U_2 = 50 V und U_{12} = 70 V bei f = 400 Hz gemessen.

a) Wie groß sind R_1, R_2 und C?
b) Zeichnen Sie das zugehörige Zeigerdiagramm.

Lösung:

a) $$R_1 = \frac{U_1}{I} = 200\,\Omega$$

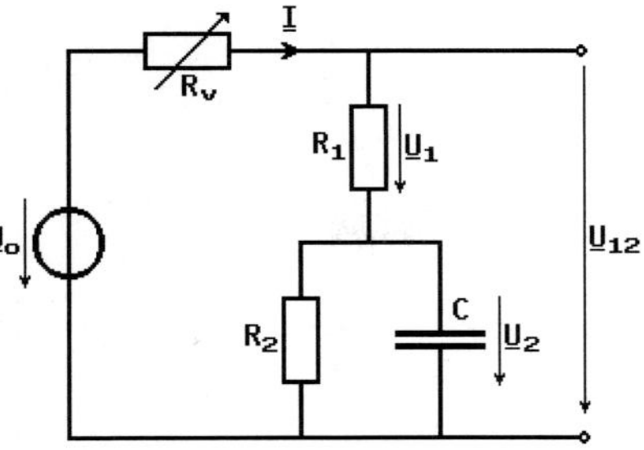

Bild 4.3

zu a) Cosinussatz: $\cos\gamma = \dfrac{U_1^2 + U_2^2 - U_{12}^2}{2U_1U_2} = 0{,}2$,

d.h. $\gamma \approx 101{,}5^\circ$; $\varphi = 180^\circ - \gamma \approx -78{,}46^\circ$ (kapazitive Last)

$Y_2 = \dfrac{I}{U_2} = 4\,\text{mS}$; $G_2 = Y_2 \cos\varphi = 0{,}8\,\text{mS}$ und $B_2 = Y_2 \sin\varphi \approx 3{,}92\,\text{mS}$

$R_2 = \dfrac{1}{G_2} = \dfrac{1}{G_2} = 1{,}25\,\text{k}\Omega$ und $C = \dfrac{B_2}{2\pi f} \approx 1{,}56\,\mu\text{F}$

b)

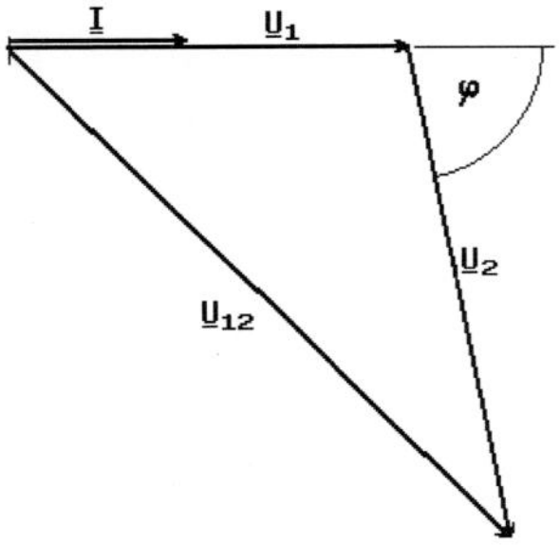

Bild 4.4

Aufgabe 4.3: In der Schaltung nach Bild 4.5 sind der Reihenschaltung aus der Induktivität L = 200 mH und dem variablen Widerstand R ein unbekannter Kondensator C parallel geschaltet. R wird dabei so abgeglichen, dass bei offenem und geschlossenem Schalter S der gleiche Strom I_1 fließt. Dies ist bei R = 100 Ω der Fall.
Wie groß ist der Kondensator C, wenn die Frequenz der Spannungsquelle f = 50 Hz beträgt?

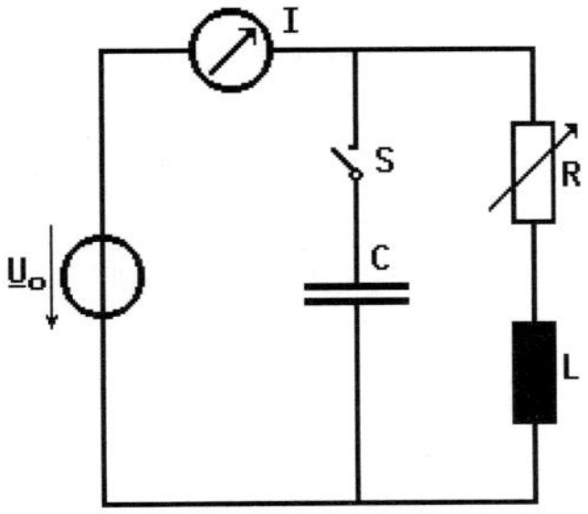

Bild 4.5

Lösung:

$$\text{Schalter offen: } I_1 = |\underline{I}_1| = \left|\frac{1}{R+\mathrm{j}\omega L}\right| U_0$$

$$\text{Schalter geschlossen: } I_2 = |\underline{I}_2| = \left|\frac{1}{R+\mathrm{j}\omega L}+\mathrm{j}\omega C\right| U_0$$

$$I_1 = I_2$$

$$\left|\frac{1}{R+\mathrm{j}\omega L}\right| = \left|\frac{1}{R+\mathrm{j}\omega L}+\mathrm{j}\omega C\right|$$

$$\left|\frac{R}{R^2+(\omega L)^2}-\mathrm{j}\frac{\omega L}{R^2+(\omega L)^2}\right| = \left|\frac{R}{R^2+(\omega L)^2}+\mathrm{j}\left(\omega C-\frac{\omega L}{R^2+(\omega L)^2}\right)\right|$$

- gleiche Imaginärteile:

$$-\frac{\omega L}{R^2+(\omega L)^2} = \omega C - \frac{\omega L}{R^2+(\omega L)^2}; \text{ d. h. } C = 0 \text{ (trivial)}$$

- konjugierter Imaginärteil:

$$-\frac{\omega L}{R^2+(\omega L)^2} = -\omega C + \frac{\omega L}{R^2+(\omega L)^2}; \text{ d.h. } C = \frac{2L}{R^2+(\omega L)^2} \approx 28{,}7\,\mu\text{F}$$

Aufgabe 4.4: Ein verlustbehafteter Verbraucher $\underline{Z}$ wird an das Netz $U = 220$ V geschaltet (Bild 4.6). Zur Verfügung steht ein idealer Kondensator mit $C = 8$ µF und ein Amperemeter (geeicht in Effektivwerten). Wenn der Kondensator parallel zu $\underline{Z}$ zugeschaltet wird, sinkt der Strom I von $I_1 = 1{,}30$ A auf $I_2 = 1{,}11$ A.

a) Ist $\underline{Z}$ induktiv oder kapazitiv?

b) Wie groß sind die in $\underline{Z}$ umgesetzte Scheinleistung S, Wirkleistung P, Blindleistung Q und die Phasenverschiebung φ_Z zwischen $\underline{U}$ und $\underline{I}_Z$.
Hilfe: Stellen Sie als Ansatz jeweils eine Gleichung ohne/mit zusätzlichem Kondensator auf. Zerlegen Sie $\underline{I}_Z$ in Real- und Imaginärteil.

c) Die Ströme seien mit einer Genauigkeit von 1 % gemessen. Wie genau ist dann der Scheinwiderstand $Z = |\underline{Z}|$ bestimmbar? (absoluter maximaler Fehler)

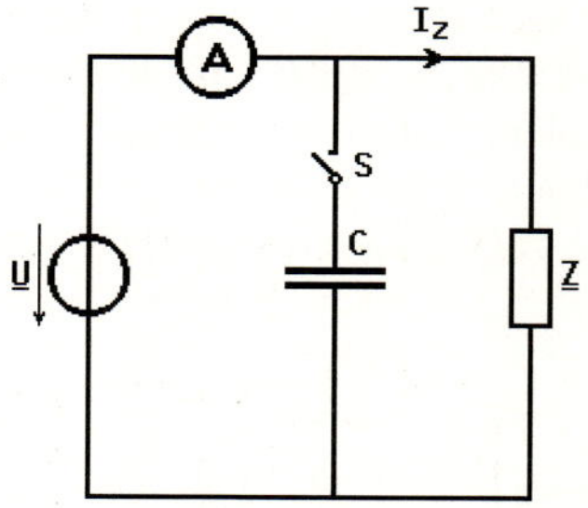

Bild 4.6

Lösung:

a) Siehe Bild 4.7.

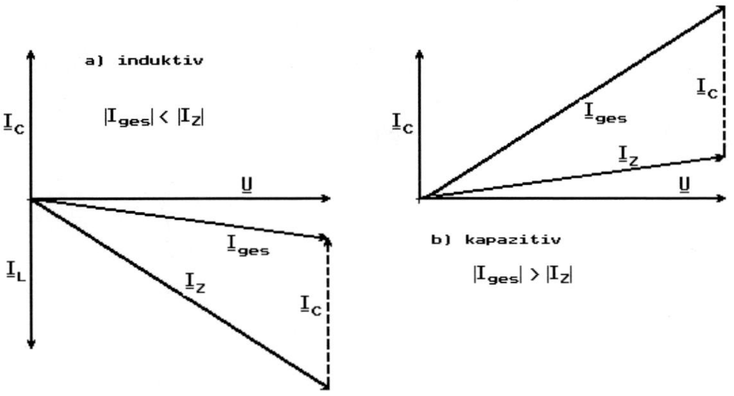

Bild 4.7

b) ohne C: $Z = \dfrac{U}{I_1} \approx 169{,}2\ \Omega;\ I_1 = \sqrt{I_R^{\,2} + I_L^{\,2}} \approx 1{,}3\,\mathrm{A}$

mit C: $I_2 = \sqrt{I_R^{\,2} + (I_L - I_C)^2} \approx 1{,}11\,\mathrm{A};\ I_C = \omega C U \approx 0{,}5526\,\mathrm{A}$

$$I_1^2 = I_R^{\,2} + I_L^{\,2};\ I_2^2 = I_R^{\,2} + (I_L - I_C)^2$$

$$I_1^2 - I_2^2 = I_L^{\,2} - (I_L - I_C)^2 = I_L^{\,2} - (I_L^{\,2} - 2I_L\,I_C + I_C^2) = 2I_L\,I_C - I_C^2$$

$$I_L = \frac{I_1^2 - I_2^2 + I_C^2}{2I_C} = \frac{I_1^2 - I_2^2 + (\omega C U)^2}{2\omega C U} \approx 0{,}696\,\mathrm{A}$$

$$I_R = \sqrt{I_1^{\,2} - I_L^{\,2}} \approx 1{,}098\,\mathrm{A};\ \tan\varphi_Z = \frac{I_L}{I_R} \approx -0{,}636;\ \varphi_Z \approx -32{,}46^\circ$$

$$S = U\,I_1 \approx 286\,\mathrm{VA};\ P = U\,I_R \approx 242\,\mathrm{W};\ Q = U\,I_L \approx 154\,\mathrm{var}$$

$$\underline{Z} = Z\,e^{\mathrm{j}\varphi_Z} \approx 169{,}2\ e^{-\mathrm{j}32{,}46^\circ}\ \Omega = (142{,}4 + \mathrm{j}\,90{,}6)\ \Omega$$

c) $\dfrac{\Delta Z}{Z} = -\dfrac{\Delta I_1}{I_1};\ \Delta Z = -Z\left(\dfrac{\Delta I_1}{I_1}\right);\ |\Delta Z| = \dfrac{U}{I_1}\left|\dfrac{\Delta I_1}{I_1}\right| \approx 1{,}69\,\Omega$

4.2 Vergleich mit Referenzelement

Aufgabe 4.5: Drei-Spannungsmesser-Methode. Mittels der sogenannten 3-Spannungsmesser-Methode lassen sich verlustbehaftete Kondensatoren oder Spulen bestimmen. Dazu schaltet man der unbekannten Impedanz $\underline{Z}_x$ einen ohmschen Widerstand R in Serie und legt an diese Schaltung eine Wechselspannung $\underline{U}$ an (Bild 4.8). Mit Hilfe der 3 Spannungsmessgeräte werden die Beträge der drei Spannungen $\underline{U}$, $\underline{U}_R$ und $\underline{U}_x$ ermittelt.

a) Zeichnen Sie das Zeigerdiagramm mit allen Spannungen und Strömen (2 mögliche Fälle; benennen Sie diese).

b) Geben Sie einen Ausdruck für den Phasenwinkel φ in Abhängigkeit der gemessenen Größen an.

c) Zusätzlich sei R bekannt. Berechnen Sie die Elemente R_x und X_x der Reihenersatzschaltung von $\underline{Z}_x$ in Abhängigkeit von R sowie $\underline{U}_x$, $\underline{U}_R$ und dem Phasenwinkel φ .

d) Ist eine Bestimmung des Vorzeichens von φ mit dieser Methode möglich?

e) Zeigen Sie, dass der relative Fehler bei der Bestimmung von cos φ verschwindet, wenn alle Spannungen mit dem gleichen relativen Fehler gemessen werden.

f) Ist $\underline{Z}_x$ durch die Messung von zwei Spannungen $\underline{U}$ und $\underline{U}_x$ (oder $\underline{U}_R$) bestimmbar? Geben Sie die entsprechenden Bedingungen an!

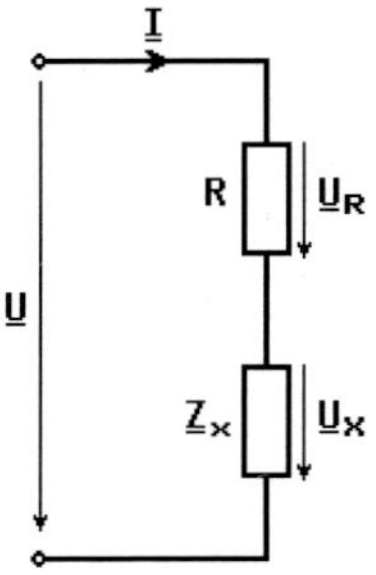

Bild 4.8

Lösung:

a) Siehe Bild 4.9

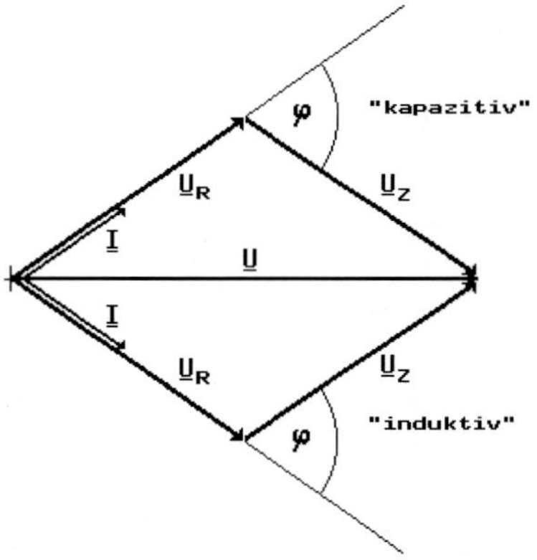

Bild 4.9

b) Cosinussatz:

$$\cos(180°-\varphi) = -\cos\varphi = \frac{|\underline{U}_R|^2 + |\underline{U}_Z|^2 - |\underline{U}|^2}{2\,|\underline{U}_R|\,|\underline{U}_Z|}$$

$$\varphi = \pm \arccos\left(\frac{|\underline{U}|^2 - |\underline{U}_R|^2 - |\underline{U}_Z|^2}{2\,|\underline{U}_R|\,|\underline{U}_Z|}\right)$$

c)
$$R_x = \frac{|\underline{U}_Z|}{|\underline{I}|}\cos\varphi = R\frac{|\underline{U}_Z|}{|\underline{U}_R|}\cos\varphi$$

$$X_x = \frac{|\underline{U}_Z|}{|\underline{I}|}\sin\varphi = R\frac{|\underline{U}_Z|}{|\underline{U}_R|}\sin\varphi$$

d) Nein.

e)
$$\frac{\Delta(\cos\varphi)}{\cos\varphi} = \frac{2U^2}{U^2 - U_{R^2} - U_{Z^2}}\,\frac{\Delta U}{U} + \frac{-U^2 - U_{R^2} + U_{Z^2}}{U^2 - U_{R^2} - U_{Z^2}}\,\frac{\Delta U_R}{U_R} + \frac{-U^2 + U_{R^2} - U_{Z^2}}{U^2 - U_{R^2} - U_{Z^2}}\,\frac{\Delta U_Z}{U_Z}$$

$$\frac{\Delta(\cos\varphi)}{\cos\varphi} = 0 \text{ für } \frac{\Delta U}{U} = \frac{\Delta U_R}{U_R} = \frac{\Delta U_Z}{U_Z}$$

Weitere Möglichkeit: Wenn im Zeigerdiagramm alle Seiten des Dreiecks um den gleichen Faktor relativ gestreckt werden, ändert sich an den Winkelverhältnissen im Dreieck und somit bei der Bestimmung des cos φ nichts.

f) Ja, wenn R bekannt ist, sind Betrag und Phase von $\underline{U}$ und $\underline{U}_x$ (oder $\underline{U}_R$) bestimmbar.

1) $\underline{Z}_x = R\,\dfrac{\underline{U}_x}{\underline{U} - \underline{U}_x}$ (durch die Messung von $\underline{U}$ und $\underline{U}_x$)

2) $\underline{Z}_x = R\left(\dfrac{\underline{U}}{\underline{U}_R} - 1\right)$ (durch die Messung von $\underline{U}$ und $\underline{U}_R$)

Aufgabe 4.6: Drei-Strommesser-Methode. In der Schaltung nach Bild 4.10 werden bei einer Spannung von U = 230 V die drei Ströme I_1 = 3,7 A; I_2 = 2,3 A und I_3 = 2,05 A gemessen. Bestimmen Sie die Impedanz $\underline{Z}_x$. Geben Sie das dazugehörige Zeigerdiagramm an.

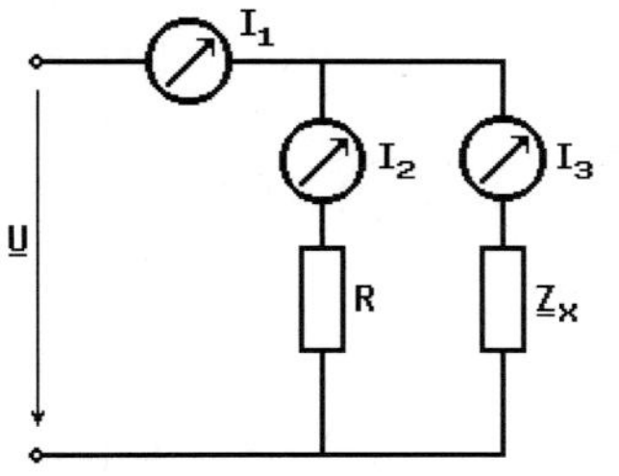

Bild 4.10

Lösung:

Nach Bild 4.11: $\underline{I}_2$ in Phase mit $\underline{U}$.

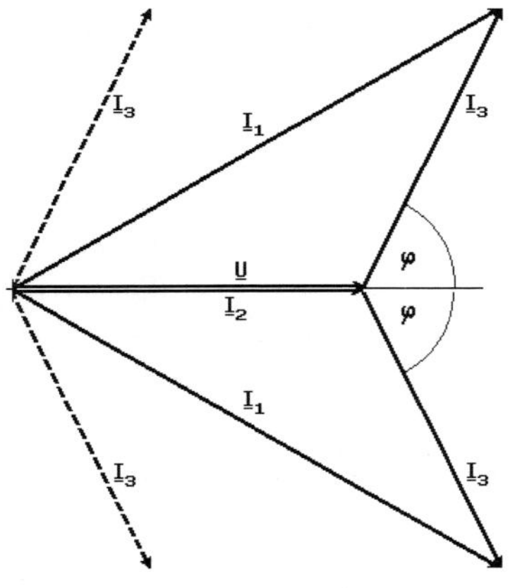

Bild 4.11

$$R = \frac{U}{I_2} = 100\,\Omega;\; Z_x = |\underline{Z}_x| = \frac{U}{I_3} \approx 112{,}195\,\Omega;\; \underline{I}_1 = \underline{I}_2 + \underline{I}_3 \text{ (Knoten)}$$

$$\text{Cosinussatz: } \cos\gamma = \frac{I_2^2 + I_3^2 - I_1^2}{2 I_2 I_3} \approx -0{,}445,$$

$$\text{d.h. } \gamma \approx -116{,}43^\circ \text{ und } \varphi = 180^\circ - \gamma \approx 63{,}57^\circ$$

$$R_x = Z_x \cos\varphi \approx 49{,}94\,\Omega \approx 50\,\Omega$$

$$X_x = \pm Z_x \sin\varphi \approx \pm 100{,}47\,\Omega \approx \pm 100\,\Omega$$

4.3 Leistungsmessung

Aufgabe 4.7: Ein Verbraucher, bestehend aus einem ohmschen Widerstand R und einem Energiespeicher, wird mit einer sinusförmigen Spannung (f = 50 Hz) mit Gleichanteil mit dem Effektivwert von $U_{1,\mathrm{eff}} = U_1$ = 220 V versorgt. Die in Bild 4.12 dargestellte Messschaltung ist gegeben.

Die Messgeräte zeigen folgende Anzeigen:

G_1:	Dreheiseninstrument; Anzeige:	$I_1 = 1$ A, $R_i = 0$
G_2:	Drehspulinstrument mit idealer Brückengleichrichtung in Effektivwerten geeicht; Anzeige:	$I_2 = 1$ A, $R_i = 0$
W:	Wattmeter; Anzeige:	$P = 100$ W, $R_u \to \infty$, $R_i = 0$
G_3:	Drehspulinstrument; Anzeige:	$U_3 = 100$ V, $R_u \to \infty$

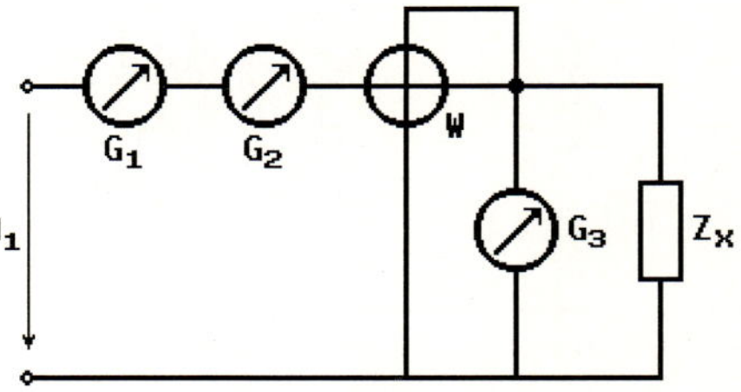

Bild 4.12

a) Was für ein Bauelement ist der Energiespeicher von $\underline{Z}$?
b) Wie sind die Bauelemente von $\underline{Z}$ verschaltet?
c) Wie groß ist der Widerstand R zahlenmäßig?
d) Wie groß ist der Energiespeicher zahlenmäßig?

Lösung:

a)/b) G_1: Dreheiseninstrument, misst Effektivwert eines beliebigen Stromes.

G_2: Drehspulinstrument mit Zweiweg-Gleichrichtung auf Effektivwert geeicht, misst Effektivwert bei reinem Sinusstrom.

Da $I_1 = I_2 = 1$A, ist I_1 ein reiner Sinusstrom. Das Wattmeter W zeigt die Wirkleistung P an, das Drehspulinstrument G_3 den Gleichstromanteil $U_{DC} = U_3$.

Da I_1 ein reiner Sinusstrom und der Gleichspannungsanteil an $\underline{Z}$ ansteht, kann der Energiespeicher nur ein Kondensator C in Reihe zu einem Widerstand R sein.

c)/d) $U_1 = \sqrt{U_{AC}^2 + U_{DC}^2}$; d.h. $U_{AC} = \sqrt{U_1^2 - U_{DC}^2} = \sqrt{U_1^2 - U_3^2} \approx 195{,}96\,\mathrm{V}$

$$P = U_{AC}\, I_1 \cos\varphi; \quad \text{d.h. } \cos\varphi = \frac{P}{U_{AC}\, I_1} \approx 0{,}5103; \quad \varphi \approx 59{,}32^\circ$$

$$Z = |\underline{Z}| = \frac{U_{AC}}{I_1} \approx 195{,}96\,\Omega; \quad R = U \cos\varphi \approx 100\,\Omega$$

$$X_C = Z \sin\varphi \approx 168{,}5\,\Omega; \quad \text{d.h. } C = \frac{1}{\omega X_C} \approx 18{,}89\,\mu\mathrm{F}$$

Aufgabe 4.8: Zur Messung eines unbekannten Scheinwiderstandes $\underline{Z}_X$ dient die Schaltung nach Bild 4.13. Folgende Zahlenwerte sind gegeben: $U_0 = 230$ V, $I = 1{,}7$ A, $R_V = 100\ \Omega$ und $P = 86$ W. Wie ergibt sich aus dieser Messung der Scheinwiderstand $\underline{Z}_X$?

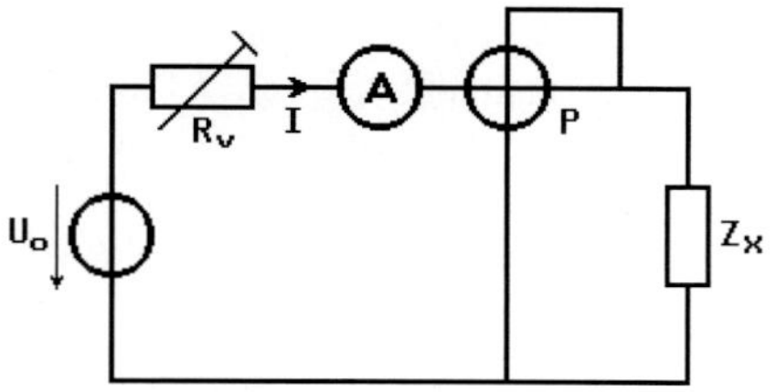

Bild 4.13

Lösung:

$$P = R_x\, I^2; \quad \text{d.h. } R_x = \frac{P}{I^2} = 29{,}76\,\Omega \approx 30\,\Omega$$

$$Z_{ges} = \frac{U_0}{I} = \sqrt{(R_x + R_v)^2 + X_x^2}; \quad \text{d.h. } X_x = \sqrt{\left(\frac{U_0}{I}\right)^2 - (R_x + R_v)^2} \approx 37{,}5\,\Omega$$

4.4 Wechselstrom-Messbrücken

4.4.1 Kapazitätsmessbrücken

Aufgabe 4.9: Gegeben ist die Abgleichmessbrücke nach Bild 4.14.

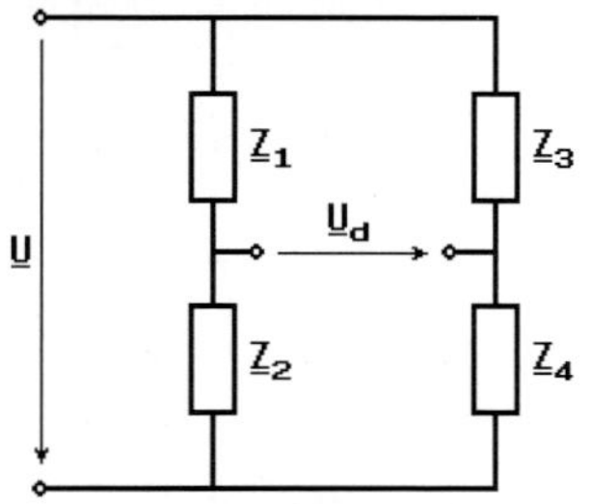

Bild 4.14

a) Leiten Sie die Brückendiagonalspannung $\underline{U}_d = f(\underline{Z}_1, \underline{Z}_2, \underline{Z}_3, \underline{Z}_4, \underline{U})$ der gegebenen Brücke her.

b) Wie lauten die Abgleichbedingungen für die obige Brücke?

Mit der obigen Brücke soll eine Kapazitäten C_x mit unbekanntem Verlustfaktor tan δ_x bestimmt werden. Hierfür sind folgende Vereinfachungen vorzunehmen:
$\underline{Z}_1 = R_1$; $\underline{Z}_3 = \underline{Z}_x$; $\underline{Z}_4 = R_4$ **und** $\underline{Z}_2$ **(Reihenschaltung aus** R_2 **und** L_2**).**

c) $\underline{Z}_x$ besteht aus R_x und C_x. Wählen Sie deren Beschaltung so, dass die Brücke abgleichbar wird (Skizze der resultierenden Brücke).

d) Geben Sie die Abgleichbedingungen an (Kapazitätsmessbrücke nach Maxwell-Wien).

e) Wie berechnen sich C_x, R_x und tan δ_x?

Die Brücke sei bei folgenden Werten abgeglichen:
$R_1 = 10\Omega$; $R_2 = 500\Omega$, $L_2 = 250\,\text{mH}$, $R_4 = 10\,\text{k}\Omega$, $u(t) = \hat{u}\sin\omega t$, $\hat{u} = 10\,\text{V}$, $f = 1\,\text{kHz}$.

f) Wie groß ist C_x, R_x und tan δ_x? Ist die Brücke frequenzabhängig?

g) Berechnen Sie den wahrscheinlichen Fehler von R_x, wenn die verwendeten Bauelemente folgende Fehlerklassen besitzen: $f_{R1} = f_{R4}, f_{R2}$ und f_{L2}.

h) Berechnen Sie den wahrscheinlichen Fehler von C_x, wenn dieselben Fehlerklassen für die Bauelemente wie für g) gelten.

i) Geben Sie die Zahlenwerte der wahrscheinlichen Fehler von R_x und C_x an, wenn gilt: $f_{R1} = f_{R4} = 0{,}1\%$; $f_{R2} = 1\%$; $f_{L2} = 2\%$.

Lösung:

a) $$\underline{U}_d = \frac{\underline{Z}_2\underline{Z}_3 - \underline{Z}_1\underline{Z}_4}{(\underline{Z}_1 + \underline{Z}_2)(\underline{Z}_3 + \underline{Z}_4)}\underline{U}$$

b) $\underline{Z}_1\underline{Z}_4 = \underline{Z}_2\underline{Z}_3$

- Komponenten-Darstellung $\underline{Z}_x = \text{Re}(\underline{Z}_x) + \text{j}\ \text{Im}(\underline{Z}_x)$

$$\text{Re}(\underline{Z}_1)\text{Re}(\underline{Z}_4) - \text{Im}(\underline{Z}_1)\text{Im}(\underline{Z}_4) = \text{Re}(\underline{Z}_2)\text{Re}(\underline{Z}_3) - \text{Im}(\underline{Z}_2)\text{Im}(\underline{Z}_3)$$

$$\text{Re}(\underline{Z}_1)\text{Im}(\underline{Z}_4) + \text{Im}(\underline{Z}_1)\text{Re}(\underline{Z}_4) = \text{Re}(\underline{Z}_2)\text{Im}(\underline{Z}_3) + \text{Im}(\underline{Z}_2)\text{Re}(\underline{Z}_3)$$

- Polarkoordinaten-Darstellung $\underline{Z}_x = Z_x\, e^{\text{j}\varphi_x}$

$$Z_1 Z_4 = Z_2 Z_3;\quad \varphi_1 + \varphi_4 = \varphi_2 + \varphi_3$$

c)

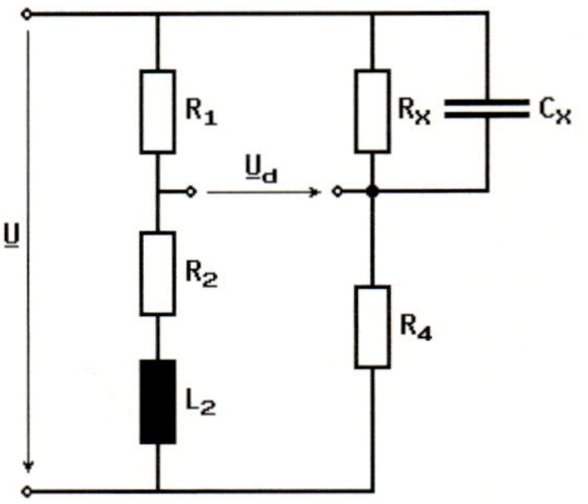

Bild 4.15

d) $R_1R_4 + \text{j}\omega R_1R_4R_xC_x = R_2R_x + \text{j}\omega R_xL_2$ ergibt $R_1R_4 = R_2R_x$, $R_1R_4C_x = L_2$.

e) $R_x = \frac{R_1 R_4}{R_2}$; $C_x = \frac{L_2}{R_1 R_4}$; $\tan\delta_x = \frac{X_{Cx}}{R_x} = \frac{1}{\omega R_x C_x} = \frac{L_2}{\omega R_2}$,

d.h. Abgleich frequenzunabhängig.

f) $R_x = 200\,\Omega$; $C_x = 2{,}5\,\mu F$; $\tan\delta_x = \frac{1}{\pi}$, d.h. $\delta_x \approx 17{,}66^\circ$

g) $$f_{Rx} = \frac{\Delta R_x}{R_x} = \sqrt{2 f_{R1}{}^2 + f_{R2}{}^2}$$

h) $$f_{Cx} = \frac{\Delta C_x}{C_x} = \sqrt{2 f_{R1}{}^2 + f_{L2}{}^2}$$

i) $f_{Rx} \approx 1{,}01\,\%$; $f_{Cx} \approx 1{,}42\,\%$

Aufgabe 4.10: Maxwell-Wien-Messbrücke. Mit der in Bild 4.16 dargestellten Kapazitätsmessbrücke sollen die Kapazität C_X und der Verlustfaktor tan δ_X eines unbekannten, verlustbehafteten Kondensators bestimmt werden ($u(t) = \hat{u}\,\sin\omega t$; $\hat{u} = 10\,V$; $f = 5\,kHz$).

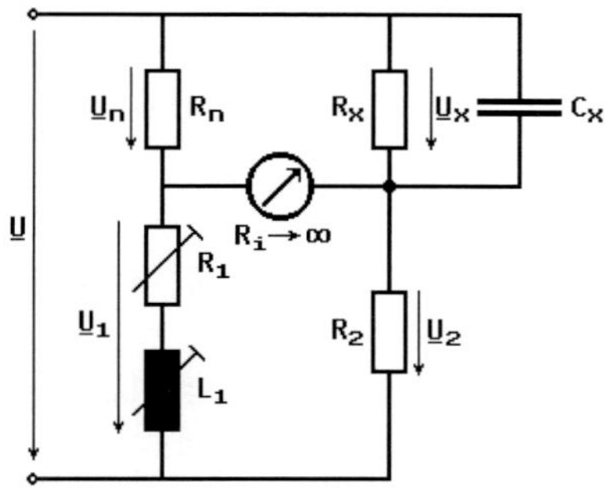

Bild 4.16

Die Induktivität sei ideal. Bei folgenden Werten ist die Brücke abgeglichen: $R_n = 10\,\Omega$; $R_2 = 10\,k\Omega$; $R_1 = 1\,k\Omega$; $L_1 = 500\,mH$.

a) Berechnen Sie allgemein und zahlenmäßig C_x, R_x und den Verlustfaktor tan δ_x.
b) Zeichnen Sie für die abgeglichene Brücke das maßstäbliche Zeigerdiagramm.

Lösung:

a) $$R_x = \frac{R_n R_2}{R_1} = 100\,\Omega\ ;\ C_x = \frac{L_1}{R_n R_2} = 5\,\mu F$$

$$\tan\,\delta_x = \frac{R_1}{\omega L_1} \approx 0{,}0637;\ \delta_x \approx 3{,}64^\circ$$

b) Zeigerdiagramm siehe Bild 4.17

$$U = \frac{\hat{u}}{\sqrt{2}} \approx 7{,}071\,V$$

$$U_n = U\,\frac{R_n}{\sqrt{(R_1 + R_n)^2 + (\omega L_1)^2}} = U_x = 4{,}49\,mV$$

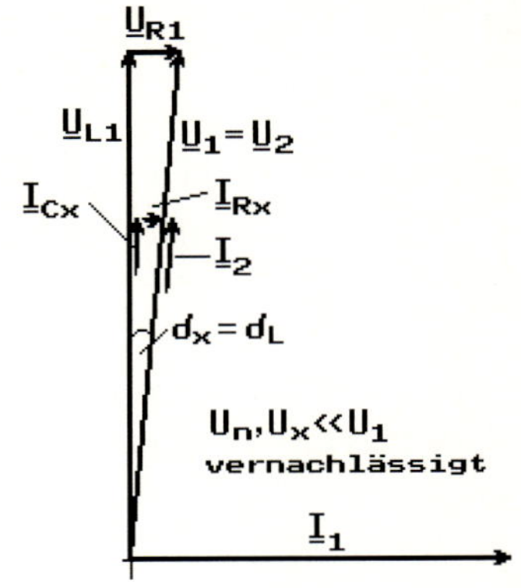

Bild 4.17

$$U_{L1} = U \frac{\omega L_1}{\sqrt{(R_1 + R_2)^2 + (\omega L_1)^2}} \approx 7{,}056\,\mathrm{V}$$

$$U_{R1} = U \frac{R_1}{\sqrt{(R_1 + R_n)^2 + (\omega L_1)^2}} \approx 0{,}449\,\mathrm{V}$$

$$U_1 = U_2 = 7{,}070\,\mathrm{V}$$

$$I_x = I_2 \approx 0{,}7070\,\mathrm{mA} \;;\; I_{Rx} \approx 0{,}0449\,\mathrm{mA} \;;\; I_{Cx} \approx 0{,}7053\,\mathrm{mA}$$

Aufgabe 4.11: Schering-Messbrücke. Die in Bild 4.18 dargestellte Messbrücke soll zur Bestimmung eines verlustbehafteten Kondensators (dargestellt durch C_x und R_x) verwendet werden.

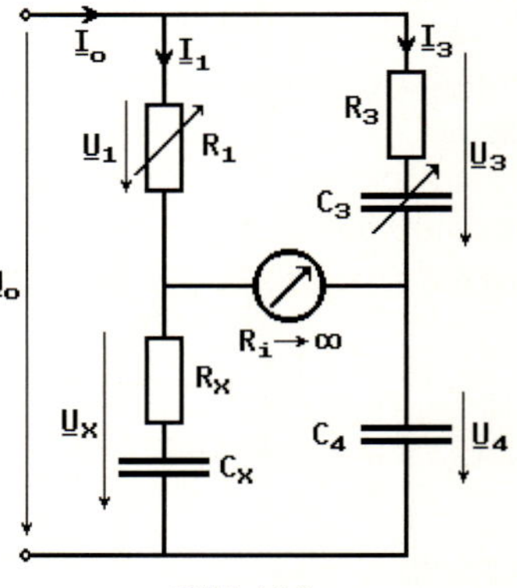

Bild 4.18

a) Ist die Brücke prinzipiell abgleichbar?

b) Wie lauten die Abgleichbedingungen? Geben Sie C_x und R_x als Funktion der anderen Brückenelemente an.

c) Ist der Abgleich frequenzabhängig?

d) Wie groß ist die Verlustzahl $\tan \delta_x$ des verlustbehafteten Kondensators C_x, R_x?

e) Zeichnen Sie das vollständige Zeigerdiagramm aller Spannungen und Ströme der abgeglichenen Brücke. Bezeichnen Sie hierbei die Reihenfolge der Konstruktion. Der

Abgleich sei erfolgt bei $R_1 = R_3 = X_{C3} = 1\,\text{k}\Omega$ und $Z_{C4} = 2\,\text{k}\Omega$.

Lösung:

a) Ja, da die Phasenbedingung $\varphi_1 + \varphi_4 = \varphi_x + \varphi_3$ erfüllt ist, weil $\varphi_1 = 0,\ \varphi_4 = -\frac{\pi}{2}$,

d.h. $\varphi_1 + \varphi_4 = -\frac{\pi}{2} < 0$ und $\varphi_x < 0,\ \varphi_3 < 0$, d.h. $\varphi_x + \varphi_3 < 0$.

b) Realteil: $R_x R_3 = \dfrac{1}{\omega^2 C_x C_3}$

Imaginärteil: $\dfrac{R_1}{C_4} = \dfrac{R_x}{C_3} + \dfrac{R_3}{C_x}$

$$C_x = C_4\,\frac{1+(\omega R_3 C_3)^2}{R_1 R_3 (\omega C_3)^2}\ ;\quad R_x = R_1\,\frac{C_3}{C_4}\,\frac{1}{1+(\omega R_3 C_3)^2}$$

c) frequenzabhängig

d) $\tan\delta_x = \dfrac{R_x}{X_{Cx}} = \omega R_x C_x = \dfrac{1}{\omega R_3 C_3}$

e) $X_{Cx} = 1\,\text{k}\Omega;\ R_x = 1\,\text{k}\Omega;\ \tan\varphi_x = \pm 1;\ \varphi_x = \pm 45^\circ$

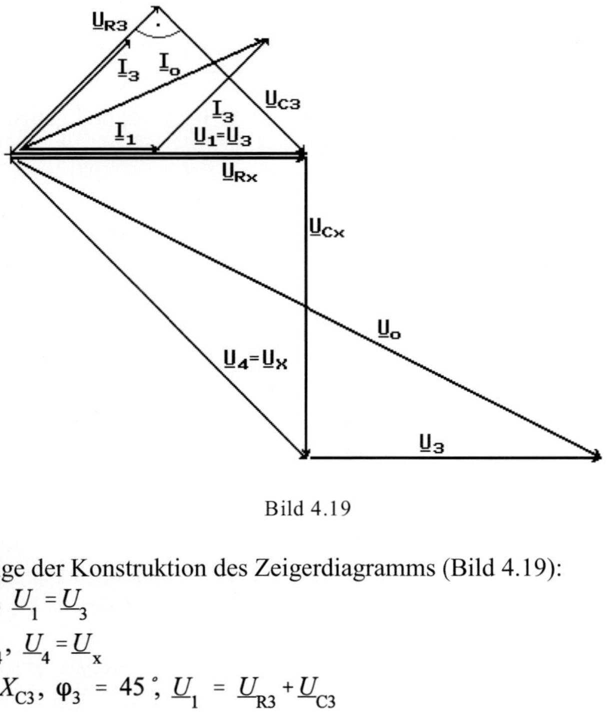

Bild 4.19

Reihenfolge der Konstruktion des Zeigerdiagramms (Bild 4.19):

1) $\underline{I}_1 \parallel \underline{U}_1,\ \underline{U}_1 = \underline{U}_3$

2) $\underline{I}_4 \perp \underline{U}_4,\ \underline{U}_4 = \underline{U}_x$

3) $R_3 = X_{C3},\ \varphi_3 = 45^\circ;\ \underline{U}_1 = \underline{U}_{R3} + \underline{U}_{C3}$

4) $\underline{I}_3 = \underline{I}_4,\ \underline{I}_1 = \underline{I}_x$

5) $\underline{U}_1 = \underline{U}_{Rx},\ U_1 = U_{Rx} = U_{Cx}$

6) $\underline{U}_1 + \underline{U}_{Rx} + \underline{U}_{Cx} = \underline{U}_0$

7) $\underline{U}_x = \underline{U}_{Rx} + \underline{U}_{Cx}$

8) $\underline{I}_3 = \underline{I}_4 = \dfrac{\underline{U}_4}{\underline{Z}_4}$; $I_3 = \dfrac{1}{\sqrt{2}} I_1$

Aufgabe 4.12: Schering-Messbrücke. Die in Bild 4.20 dargestellte Messbrücke soll zur Bestimmung eines verlustbehafteten Kondensators (dargestellt durch R_x und C_x) benutzt werden. Die Speisespannung beträgt $u_0(t) = \hat{u}\,\sin(\omega t)$.

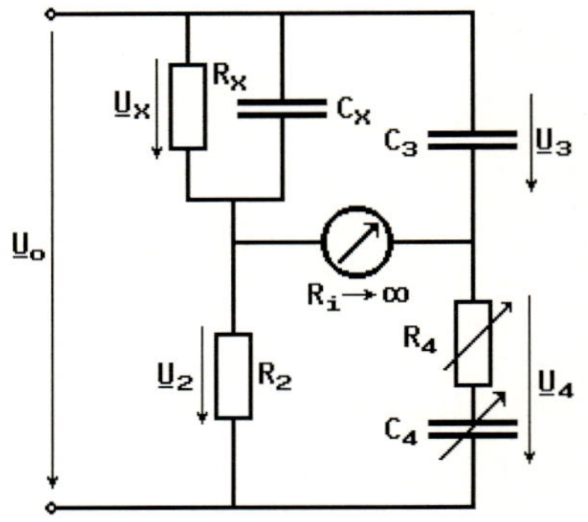

Bild 4.20

a) Ist die Brücke prinzipiell abgleichbar?
b) Leiten Sie die Abgleichbedingungen für diese Brücke her und geben Sie R_x und C_x als Funktion der anderen Brückenelemente an.
c) Ist der Abgleich frequenzabhängig?

Lösung:
a) Brücke ist abgleichbar für $\varphi_3 = -90^\circ$.
b) $R_x = \dfrac{R_2\, C_4}{C_3}$; $C_x = \dfrac{R_4\, C_3}{R_2}$
c) frequenzunabhängig.

Aufgabe 4.13: Schering-Messbrücke. Zu untersuchen ist die in Bild 4.21 dargestellte Schering-Brücke, bei der die Vergleichskapazität C_3 zwar verlustarm, aber nicht verlustlos ist.

a) Bestimmen Sie unter diesen Voraussetzungen (C_3, $\tan\delta_3$) aus den Abgleichbedingungen C_x, R_x und tan δ_x. Nehmen Sie für beide Kapazitäten eine Reihenersatzschaltung an.
b) Welche Beziehungen erhält man für R_x, C_x, tan δ_x bei einer idealen Messbrücke ($\delta_3 = 0$)?
c) Welche Bauelemente verwenden Sie zum Abgleich der Brücke?
d) Die Brücke soll als Verlustfaktormessbrücke $d_x = \tan\delta_x$ eingesetzt werden. Als Vergleichskapazität C_3 wird ein Polystyrolkondensator mit $d_3 = \tan\delta_3 = 0{,}5 \cdot 10^{-4}$ eingesetzt. Bestimmen Sie den relativen Fehler f von tan δ_x, wenn Sie bei dieser Messung mit den Näherungen nach b) arbeiten.

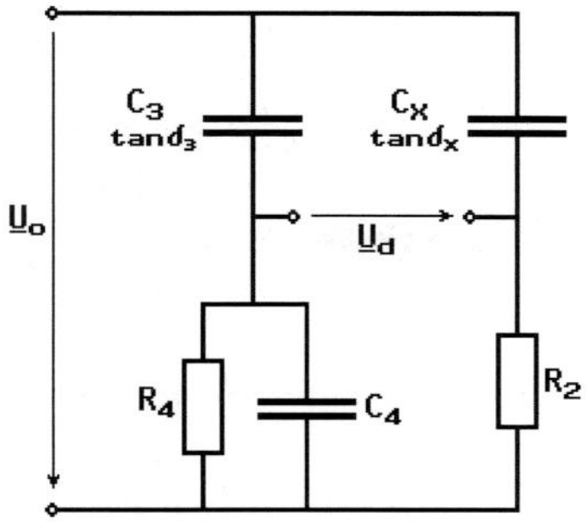

Bild 4.21

Lösung:

a) $C_x = C_3 \dfrac{R_4}{R_2} \dfrac{1}{1 - \omega R_4 C_4 \tan\delta_3}$; $R_x = R_2 \dfrac{C_4}{C_3} \left(1 + \dfrac{\tan\delta_3}{\omega R_4 C_4}\right)$

$\tan\delta_x = \dfrac{\omega R_4 C_4 + \tan\delta_3}{1 - \omega R_4 C_4 \tan\delta_3}$

b) $C_x = C_3 \dfrac{R_4}{R_x}$; $R_x = R_2 \dfrac{C_4}{C_2}$; $\tan\delta_x = \omega R_4 C_4$

c) Abgleichelemente R_4 und C_4

d) $f = \left|\dfrac{d_x - d_0}{d_0}\right| = \dfrac{d_3(1 + d_x^2)}{d_3 + d_x} \approx \dfrac{d_3}{d_3 + d_x} = \dfrac{1}{1 + \dfrac{d_x}{d_3}}$

mit $d_x = \tan\delta_x = \omega R_4 C_4$ und $d_0 = \tan\delta_0 = \dfrac{\omega R_4 C_4 + \tan\delta_3}{1 - \omega R_4 C_3 \tan\delta_3} = \dfrac{d_x + d_3}{1 - d_x d_3}$

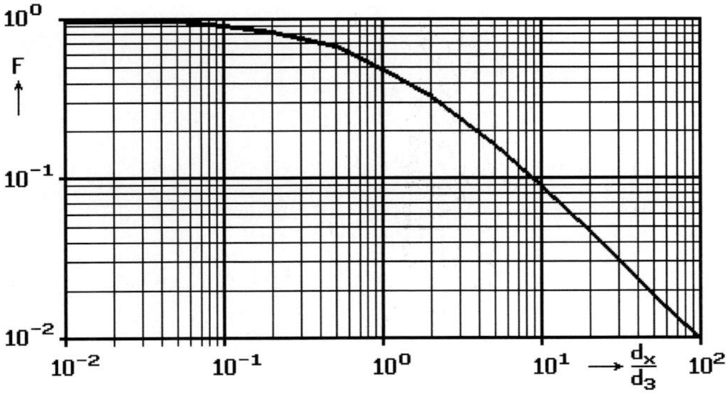

Bild 4.22

Aufgabe 4.14: Schering-Messbrücke. Die in Bild 4.23 dargestellte Brückenschaltung wird mit einer sinusförmigen Spannung $u_0\,(t) = \hat{u}\,\sin\,\omega t$ gespeist.

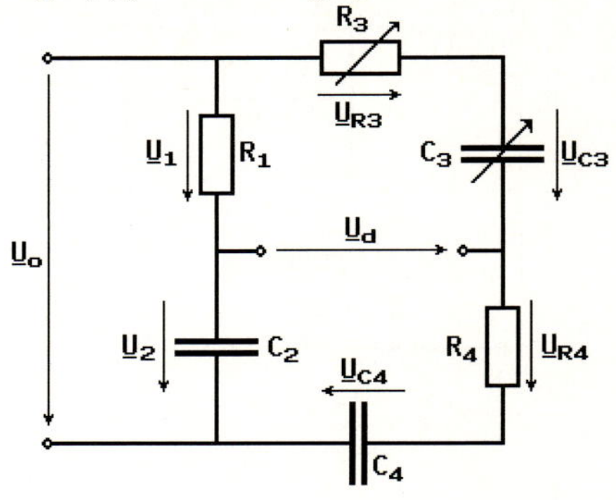

Bild 4.23

a) Ist die Brücke abgleichbar? Begründung!

b) Berechnen Sie das Übertragungsverhalten der Brücke $\underline{F}(\mathrm{j}\omega) = \dfrac{\underline{U}_\mathrm{d}}{\underline{U}_0}$.

c) Auf welche Werte R_3 und C_3 müssen der regelbare Widerstand bzw. Kondensator eingestellt werden, damit der Betrag von $\underline{F}\,(\mathrm{j}\omega)$ unabhängig von der Frequenz wird, d. h. $|\underline{F}(\mathrm{j}\omega)| \neq f(\omega)$ gilt, und wie groß ist dann $|\underline{F}(\mathrm{j}\omega)|$?
Setze $R_3 = aR_4,\ C_3 = bC_4$. Wie sind dann a und b zu wählen?

Lösung:

a) Nein, da Phasenbedingung $\varphi_1 + \varphi_4 = \varphi_2 + \varphi_3$ nie erfüllbar, weil $\varphi_1 = 0$, $-90^\circ < \varphi_4 < 0$, d.h. $-90^\circ < \varphi_1 + \varphi_4 < 0$ sowie $\varphi_2 = -90^\circ$ und $-90^\circ < \varphi_3 < 0$, d.h. $-180^\circ < \varphi_2 + \varphi_3 < -90^\circ$.

b)
$$\underline{F}(\mathrm{j}\omega) = \frac{\underline{U}_\mathrm{d}}{\underline{U}_0} = \frac{1}{1+\mathrm{j}\omega R_1 C_2} - \frac{R_4 + \dfrac{1}{\mathrm{j}\omega C_4}}{R_3 + R_4 + \dfrac{1}{\mathrm{j}\omega}\left(\dfrac{1}{C_3} + \dfrac{1}{C_4}\right)}$$
$$= \frac{1}{1+\mathrm{j}\omega R_1 C_2} - \frac{1+\mathrm{j}\omega R_4 C_4}{\left(1+\dfrac{C_4}{C_3}\right) + \mathrm{j}\omega C_4 (R_3 + R_4)}$$

c)
$$\underline{F}(\mathrm{j}\omega) = \frac{1}{1+\mathrm{j}\omega R_1 C_2} - \frac{R_4 + \dfrac{1}{\mathrm{j}\omega C_4}}{(1+a)R_4 + \dfrac{1}{\mathrm{j}\omega C_4}\left(1+\dfrac{1}{b}\right)}$$

$a = b = 1$

$$\underline{F}(\mathrm{j}\omega) = \frac{1}{1+\mathrm{j}\omega R_1 C_2} - \frac{1}{2} = \frac{1}{2}\,\frac{1-\mathrm{j}\omega R_1 C_2}{1+\mathrm{j}\omega R_1 C_2};\quad |\underline{F}(\mathrm{j}\omega)| = \frac{1}{2}$$

Aufgabe 4.15: Wien-Robinson-Messbrücke. Gegeben ist die in Bild 4.24 dargestellte Brückenschaltung.

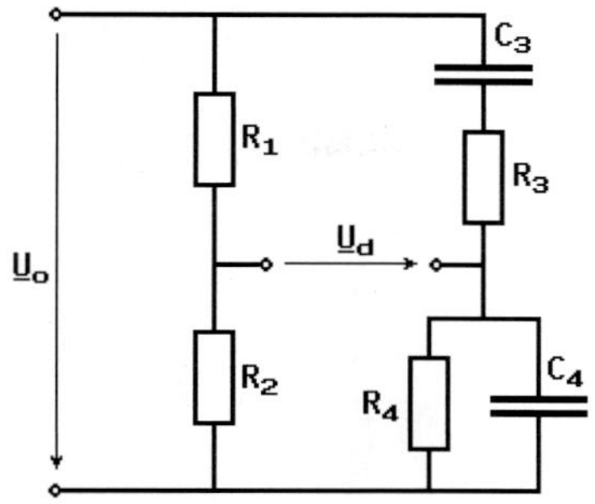

Bild 4.24

a) Wie lauten die Abgleichbedingungen (Polarkoordinaten)?

b) Die Brücke soll als Kapazitätsmessbrücke nach Wien verwendet werden. Dabei ist C_3, R_3 die Reihenersatzschaltung des unbekannten Kondensators. Berechnen Sie C_3, R_3 und $\tan\delta_3$. Mit welchen Bauteilen der Brücke wird der Abgleich zweckmäßigerweise durchgeführt?

c) Die Brücke soll als Frequenzmessbrücke (Wien-Robinson) verwendet werden, d.h. aus der Abgleichbedingung soll die Frequenz der angelegten Spannung U_0 bestimmt werden. Berechnen Sie die unbekannte Frequenz f_x, wenn die Brücke folgendermaßen dimensioniert ist:
1. $R_1 = 2\,R_2$; $C_3 = C_4 = C$; $R_3 = R_4 = R$
2. $R_1 = R_2$; $C_3 = 2\,C_4 = 2\,C$; $R_4 = 2\,R_3 = 2\,R$

Lösung:

a) $Z_1 Z_4 = Z_2 Z_3$ und $\varphi_1 + \varphi_4 = \varphi_2 + \varphi_3$

b) $$R_3 = \frac{R_1 R_4}{R_2(1 + \omega^2 R_4^2 C_4^2)} \; ; \quad C_3 = \frac{R_2}{\omega^2 R_1 C_4 R_4^2} + \frac{C_4 R_2}{R_1} \; ; \quad \tan\delta_3 = \frac{1}{\omega R_4 C_5}$$

c) Abgleich mit R_4 und C_4.

$$\text{Fall 1: } f = \frac{1}{2\pi\ RC} \; ; \quad \text{Fall 2: } f = \frac{1}{4\pi\ RC}$$

Aufgabe 4.16: Zu untersuchen ist die in Bild 4.25 dargestellte Brückenschaltung.

a) Bestimmen Sie die Abgleichbedingungen.

b) Wie bestimmt sich die Verlustzahl $\tan\delta_x$ unter Berücksichtigung des Übersetzungsverhältnisses $\ddot{u}_I = \dfrac{I_d}{I_{x,n}} = \dfrac{\sqrt{2}}{1}$?

Lösung:

a) Abgleich bei $U_d = 0$ bzw. $I_d = 0$, d. h. für die primären Ströme gilt $I_x = I_n$.

$$\frac{U_0}{j\omega L + R_1 + R_x + \dfrac{1}{j\omega C_x}} = \frac{U_0}{j\omega L + R_n + \dfrac{1}{j\omega C_n}}$$

Realteil: $R_x = R_n - R_1$; Imaginärteil: $C_x = C_n$

b) $\tan \delta_x = \omega R_x C_x = \omega (R_n - R_1) C_n$

Das Übersetzungsverhältnis $\ddot{u}_I$ ist ohne Bedeutung.

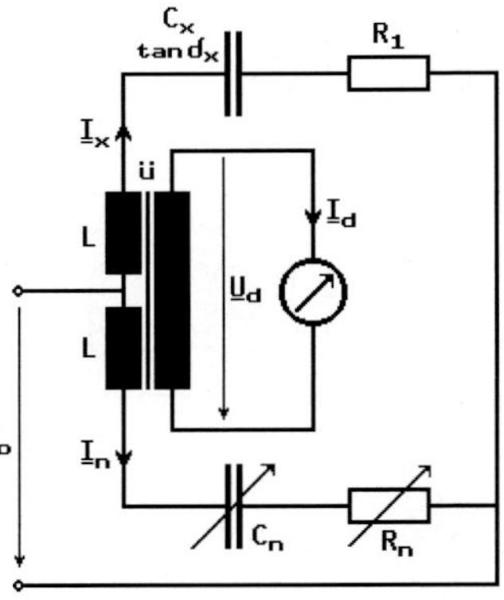

Bild 4.25

Aufgabe 4.17: Kapazität von Elektrolytkondensatoren. Zur Messung der Kapazität von Elektrolytkondensatoren wird eine Kapazitätsmessbrücke nach Wien verwendet (Bild 4.26). Man legt die Gleichspannung U_v zur Polarisation des Elektrolytkondensators C_x parallel zum Null-instrument R_{MU} an den Messkreis. Dabei verhindert R_V den Kurzschluss des Nullzweiges über U_V und C_K den Kurzschluß der Polarisationsspannung.

Bei folgenden Zahlenwerten wurde die Brücke für C_X, δ_X (Reihenverlustwiderstand) abgeglichen: $C_2 =$ 1 µF (verlustfrei), $R_2 = 21{,}5\ \Omega$, $R_3 = 10\mathrm{k}\Omega$, $R_4 = 6{,}81\mathrm{k}\Omega$; $f = 50$ Hz.

a) Wie groß sind R_x, C_x und δ_x?

b) Man kann statt des Serienwiderstandes R_2 bei C_2 auch einen Parallelleitwert G_2 vorsehen. Dieser müßte durch einen <u>großen</u> Kondensator gegen Gleichstrom gesperrt werden. Wie groß muss $G_2 = G_2(R_x, C_x, R_3, R_4)$ eingestellt werden?

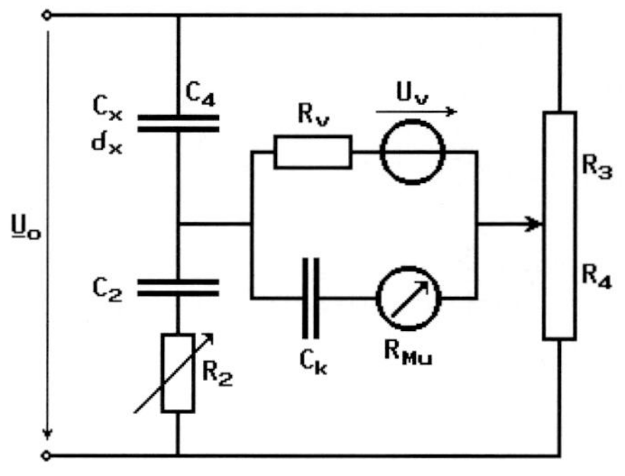

Bild 4.26

Lösung:

a) $$R_x = \frac{R_2 R_3}{R_4} \approx 31{,}57\mathrm{k}\Omega\ ; \quad C_x = \frac{R_4}{R_3} C_2 \approx 0{,}681\,\mu\mathrm{F}$$

$$\delta_x = \mathrm{arc}\ \tan(\omega R_x C_x) = \mathrm{arc}\ \tan(\omega R_2 C_2) = \varphi_2 \approx 0{,}37\ ^\circ$$

b) $\tan\delta_{Xp} = \tan\delta_2$; $\dfrac{1}{\omega R_p C_2} = \omega R_2 C_2$

$$G_2 = \frac{1}{R_p} = \omega^2 R_2 C_2^2 = \omega^2 R_x C_x^2 \frac{R_3}{R_3} \approx 2{,}1\,\mu S$$

Aufgabe 4.18: Toulon-Messbrücke. Gegeben sei die in Bild 4.27 dargestellte, von einer Wechselspannung gespeiste Messbrücke. Für die Wechselspannung gilt $u_0 = \hat{u}\sin\omega t$. Die beiden Induktivitäten seien gleichgroß, d.h. $L_1 = L_2 = L$.

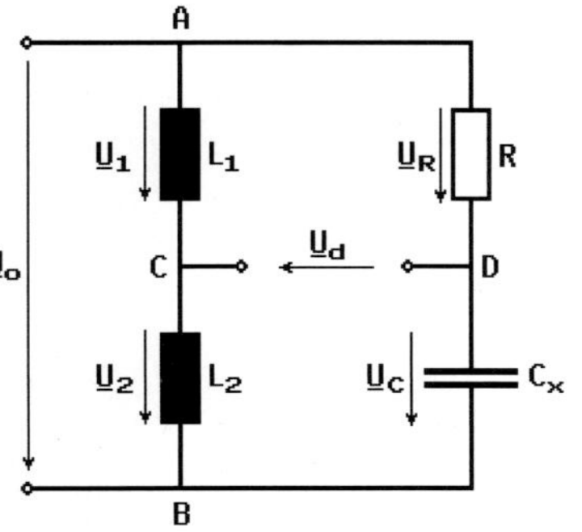

Bild 4.27

a) Skizzieren Sie qualitativ das Zeigerdiagramm aller Spannungen ($\underline{U}_0$, $\underline{U}_1$, $\underline{U}_2$, $\underline{U}_R$, $\underline{U}_C$) für zwei unterschiedliche Verhältnisse R/X_C (Fall a und b). Überlegen Sie, wie groß $\underline{U}_d$ für beide Verhältnisse (Fall a und b) ist ? Auf welcher Kurve liegt $\underline{U}_d$, $\underline{U}_1$ und $\underline{U}_2$?

b) Die Spannungen $\underline{U}_1$ und $\underline{U}_d$ werden mit der Schaltung nach Bild 4.28 digital weiterverarbeitet. Die Taktzeit des Monoflops kann vernachlässigt werden ($T_{MF} \approx 0$). Die logischen Zustände der Komparatoren K_1 und K_2 sind $U_{K1}, U_{K2} = \{0, 1\}$. Skizzieren Sie die Signale U_{K1}, U_{K2} und U_3 als Funktion der Zeit für den Fall $R = \dfrac{1}{\omega C_x}$ über mindestens zwei Perioden $T_1 = \dfrac{1}{f_1} = \dfrac{2\pi}{\omega_1}$ unter Angabe von charakteristischen Werten.

Wie groß ist die Zeit T_3, in der U_3 logisch 1 ist, in Abhängigkeit von der Phase φ zwischen $\underline{U}_d$ und $\underline{U}_1$?

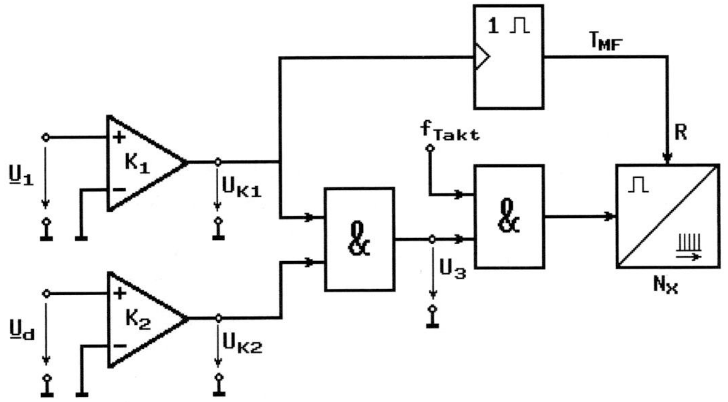

Bild 4.28

Im folgenden soll ω_1 die Anzeige N_x des Zählers als Funktion von C_x, R, ω_1 und $f_{Takt}\left(f_{Takt} > f_1 = \dfrac{\omega}{2\pi}\right)$ bestimmt werden.

c) Gehen Sie von der maximalen Anzeige aus. Für welchen Wert C_x ist die Anzeige N_x maximal? Wie groß ist φ ?

d) Wie groß ist N_x allgemein als Funktion von T_3 und f? Setzen Sie T_3 ein.

e) Wie groß ist T_3 für den Fall c) ?

f) Vergleichen Sie die Beträge von $\underline{U}_d$, $\underline{U}_1$ und $\underline{U}_2$?

g) Betrachten Sie das Zeigerdiagramm nach a) für $\varphi < 90°$. Tragen Sie alle Winkel ein und berechnen Sie den Winkel φ. Hierzu bestimmen Sie zuerst den Winkel α zwischen $\underline{U}_R$ und $\underline{U}_1$ (Punkt A) unter Berücksichtigung von $\underline{U}_C$.

h) Wie groß ist die Totzeit T_3 und damit die Anzeige N_x als Funktion von C_x, R, ω_1 und f mit $f >> f_1$.

i) Was würden Sie mit dieser Einrichtung messen ?

Lösung:

a) $\underline{U}_1 = \underline{U}_2 = \underline{U}_L$

$$|\underline{U}_{d,a}| = |\underline{U}_{d,b}| = \left|\frac{1}{2}\underline{U}_0\right| = |\underline{U}_1| = |\underline{U}_2|$$

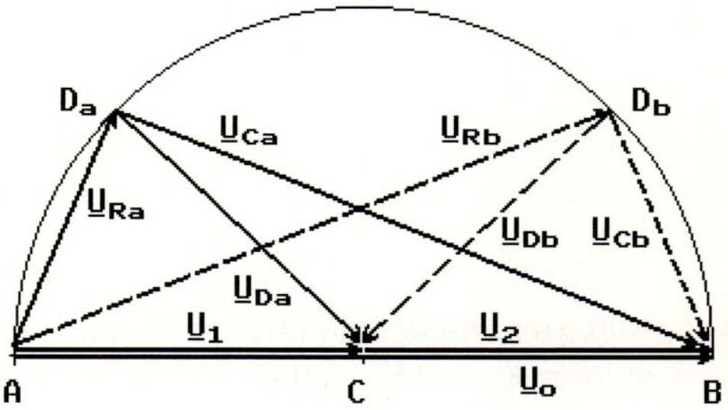

Bild 4.29

Kreis um C mit $r = U_d$

b) $\varphi(\underline{U}_d, \underline{U}_1) = 90°$; $\varphi(\underline{U}_{K1}, \underline{U}_{K2}) = 90°$; $U_3 = U_{K1} \wedge U_{K2}$

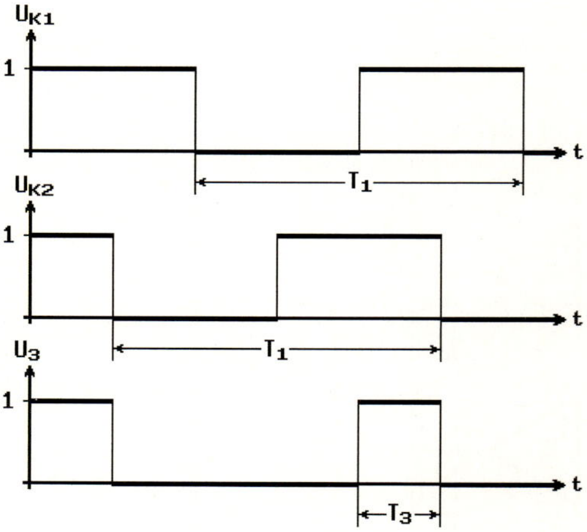

Bild 4.30

$$T_3 = \left(1 - \frac{\varphi}{\pi}\right)\frac{T_1}{2} = \frac{\pi - \varphi}{2\pi f_1}$$

c) $N_{x,max}$ bei $T_{3,\,max}$ und $\varphi = 0$, d.h. $C_x = 0$.

d) $N_x = T_3\, f_{Takt} = \dfrac{\pi - \varphi}{\omega_1}\, f_{Takt} = \dfrac{\pi - \varphi}{2\pi}\,\dfrac{f_{Takt}}{f_1} = \dfrac{\pi - \varphi}{2\pi}\, T_1\, f_{Takt}$

e) $\varphi = 0$, d.h. $T_3 = \dfrac{\pi}{2\pi}\, T_1 = \dfrac{T_1}{2}$

f) $|\underline{U}_1| = |\underline{U}_2| = |\underline{U}_D|$

g)

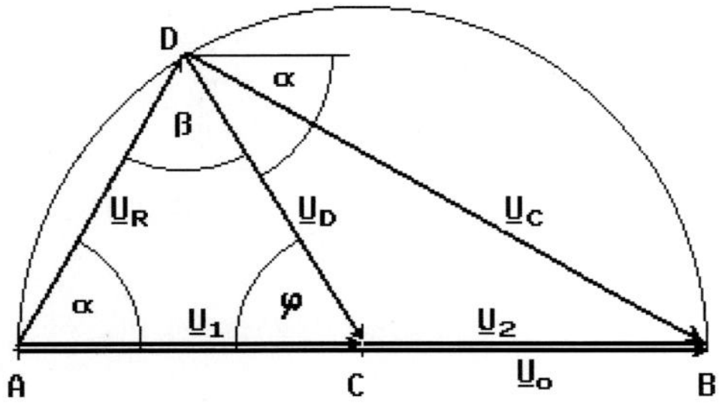

Bild 4.31

$\alpha = \beta$, da $|\underline{U}_d| = |\underline{U}_1|$, d.h. $2\alpha + \varphi = \pi$ und $\varphi = \pi - 2\alpha$.

$$\alpha = \text{arc tan}\,\frac{U_C}{U_R} = \text{arc tan}\,\frac{X_C}{R} = \text{arc tan}\,\frac{1}{\omega_1 R C_x} = \text{arc cot}\,(\omega_1 R C_x)$$

$$\varphi = \pi - 2\,\text{arc cot}\,(\omega_1 R C_x)$$

h) $T_3 = \dfrac{\pi - \varphi}{\omega} = \dfrac{2\,\text{arc cot}\,(\omega_1 R C_x)}{\omega_1}$

$$N_x = T_3\, f_{Takt} = \frac{2\,\text{arc cot}\,(\omega_1 R C_x)}{\omega_1}\, f_{Takt} = \frac{\text{arc cot}(\omega_1 R C_x)}{\pi}\,\frac{f_{Takt}}{f_1}$$

i) Kondensator C_x.

4.4.2 Induktivitätsmessbrücken

Aufgabe 4.19: Maxwell-Wien-Messbrücke. Gegeben ist die Wechselstrombrücke nach Bild 4.32.

a) Wie lauten die Abgleichbedingungen für Real- und Imaginärteil?

b) Die Brücke soll im abgeglichenen Zustand zur Induktivitätsmessung an einer verlustbehafteten Induktivität (R_3, L_3) verwendet werden. Berechnen Sie R_3, L_3 als Funktion der Impedanzen L_1, R_2, R_4, C_4 und der Kreisfrequenz ω.

c) Wie läßt sich der Verlustfaktor $\tan\delta_3 = \dfrac{\text{Re}(\underline{Z}_3)}{\text{Im}(\underline{Z}_5)}$ mit Hilfe der Impedanzen L_1, R_2, R_4, C_4 und der Frequenz ω bestimmen?

d) Ist die Brücke als Frequenzmessbrücke verwendbar? Wenn ja, berechnen Sie aus der Abgleichbedingung die unbekannte Frequenz f_x, wenn die Brücke folgendermaßen dimensioniert ist: $R_4 C_4 = \frac{1}{2\pi} 10^{-4} s$, $\frac{L_3}{R_3} = 10^{-6} s$.

e) Zeichnen Sie qualitativ das Zeigerdiagramm der abgeglichenen Brücke. Beschreiben Sie durch zusätzliche Kommentare Ihrer Zeichnung die Vorgehensweise.

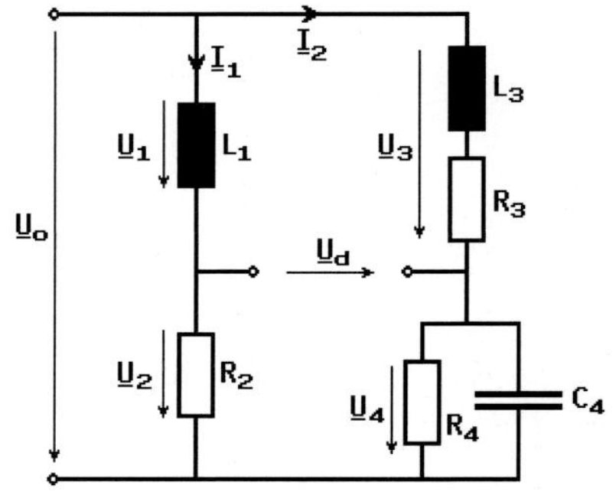

Bild 4.32

Lösung:

a) Realteil: $R_3 = \omega^2 R_4 C_4 L_3$

Imaginärteil: $L_3 + R_3 R_4 C_4 - L_1 \frac{R_4}{R_2} = 0$

b) $L_3 = \left(L_1 \frac{R_4}{R_2}\right) \frac{1}{1 + (\omega R_4 C_4)^2}$; $R_3 = \omega^2 R_4 C_4 L_3$

c) $\tan\delta_3 = \frac{\mathrm{Re}(\underline{Z}_3)}{\mathrm{Im}(\underline{Z}_3)} = \frac{R_3}{\omega L_3} = \omega R_4 C_4$

d) $f_x = \frac{\omega_x}{2\pi} = \frac{1}{2\pi} \sqrt{\frac{1}{R_4 C_4} \frac{R_3}{L_3}} \approx 39{,}894\,\mathrm{kHz}$

e)

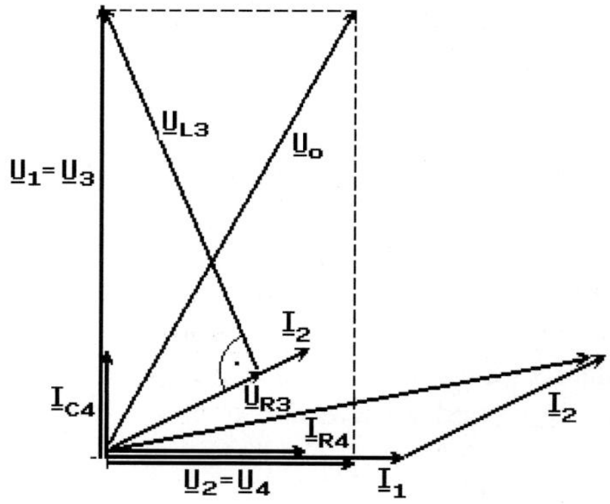

Bild 4.33

Aufgabe 4.20: Hay-Messbrücke. Gegeben ist die Brückenschaltung nach Bild 4.34 zur Bestimmung einer verlustbehafteten Spule (R_x, L_x) mit $u_0\,(t) = \hat{u}\,\sin\,\omega t$ und $\omega = 2\,\pi\,100\,\mathrm{s}^{-1}$.

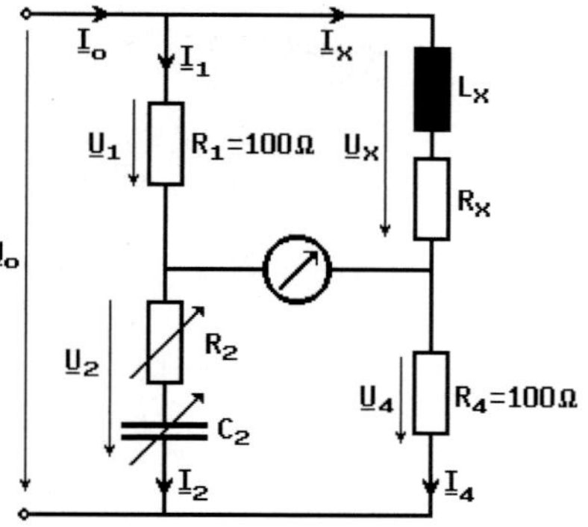

Bild 4.34

a) Begründen Sie, dass die Brücke prinzipiell abgleichbar ist.
b) Leiten Sie die Abgleichbedingungen für diese Brücke her.
c) Ist der Abgleich frequenzabhängig?
d) Ein Abgleich erfolgt für $R_2 = 100\ \Omega$ und $C_2 = 15{,}915\ \mu\mathrm{F}$. Wie groß ist R_x, wie groß ist L_x? Wie groß ist der Verlustfaktor?
e) Zeichnen Sie qualitativ das vollständige Zeigerdiagramm aller Spannungen und Ströme der abgeglichenen Brücke nach d). Beginnen Sie bei R_4. Wählen Sie die gleiche Länge für die Zeiger von $\underline{U}_1$ und $\underline{I}_1$.

Lösung:

a) Ja, da die Phasenbedingung $\varphi_1 + \varphi_4 = \varphi_2 + \varphi_x$ erfüllbar ist, weil $\varphi_1 = 0,\ \varphi_4 = 0$, d.h. $\varphi_1 + \varphi_4 = 0$ und $-90^\circ \leq \varphi_2 \leq 0,\ 0 < \varphi_x < 90^\circ$, d.h. $-90^\circ \leq \varphi_2 + \varphi_x < 90^\circ$.

b) Realteil: $$R_x = \frac{R_1 R_4 C_2 - L_x}{R_2 C_2}$$

Imaginärteil: $$L_x = \frac{R_x}{\omega^2 R_2 C_2}$$

Abgleichbedingungen: $$L_x = \frac{R_1 R_4 C_2}{1 + (\omega R_2 C_2)^2}\ ;\quad R_x = \frac{R_1 R_4}{R_2}\,\frac{(\omega R_2 C_2)^2}{1 + (\omega R_2 C_2)^2}$$

c) frequenzabhängig

d) $L_x = 79{,}6\,\mathrm{mH},\ R_x = 50\,\Omega$

$$\tan\delta_x = \frac{R_x}{\omega L_x} = \omega\ R_2 C_2 \approx 1,\ \delta_x \approx 45^\circ$$

e) Zeigerdiagramm siehe Bild 4.35

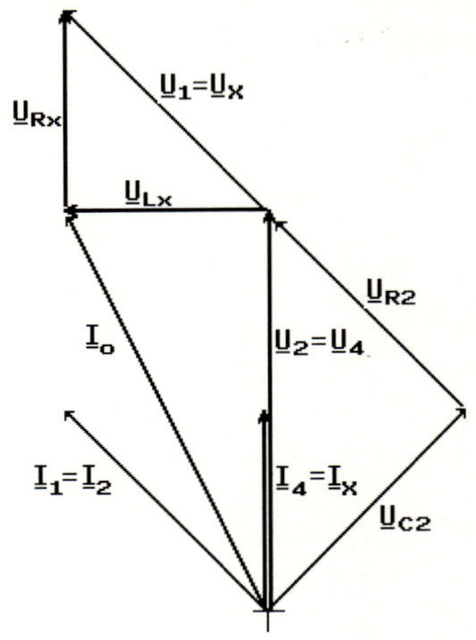

Bild 4.35

Aufgabe 4.21: Maxwell-Wien-Messbrücke. Gegeben ist die in Bild 4.36 dargestellte Brückenschaltung. Die Speisespannung beträgt $u_0 = \hat{u}\ \sin\omega t$. Folgende Werte sind gegeben:

$$R_4 = 2R_3 = 1\,\mathrm{k\Omega},\ \omega = 2\pi 50\frac{1}{s},\ C_4 = \frac{10}{\pi}\mu\mathrm{F}.$$

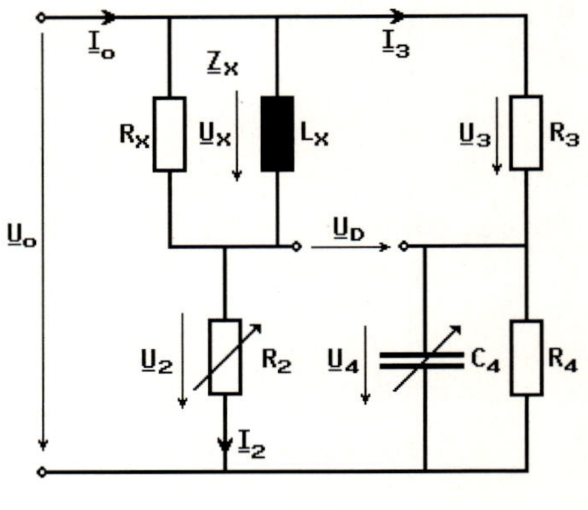

Bild 4.36

a) Wie lautet die Abgleichbedingung für L_x und R_x in Abhängigkeit von den übrigen Brükkenelementen?

b) Bestimmen Sie die Güte $G = Q/P$ der unbekannten Impedanz Z_x allgemein und für die gegebenen Zahlenwerte.

c) Skizzieren Sie das vollständige Zeigerdiagramm der abgeglichenen Brücke (alle Ströme und Spannungen). Wählen Sie ein geeignetes R_2.

Lösung:

a) $$R_x = \frac{R_2 R_3}{R_4}\left(1 + (\omega R_4 C_4)^2\right) = R_2$$

$$L_x = \frac{R_2 R_3}{\omega^2 R_4^2 C_4}\left(1 + (\omega R_4 C_4)^2\right) = \frac{R_x}{\omega^2 R_4 C_4} = \frac{R_2}{\omega^2 R_4 C_4} = \frac{\text{s}}{100\pi} R_2$$

b) $$G_x = \frac{Q}{P} = \frac{U\,I\,\sin\varphi}{U\,I\,\cos\varphi} = \frac{R_x}{\omega L_x} = \omega R_4 C_4 = 1$$

c)

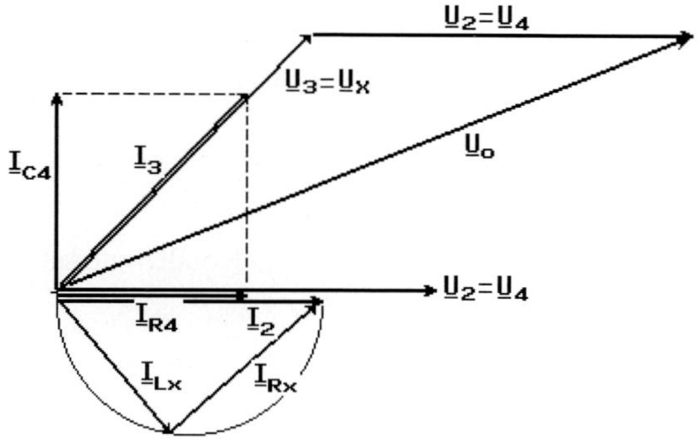

Bild 4.37

Aufgabe 4.22: Maxwell-Wien-Messbrücke. Zur Messung einer unbekannten Impedanz $\underline{Z}_x$ steht die in Bild 4.38 dargestellte Wechselstrom-Abgleichmessbrücke zur Verfügung.

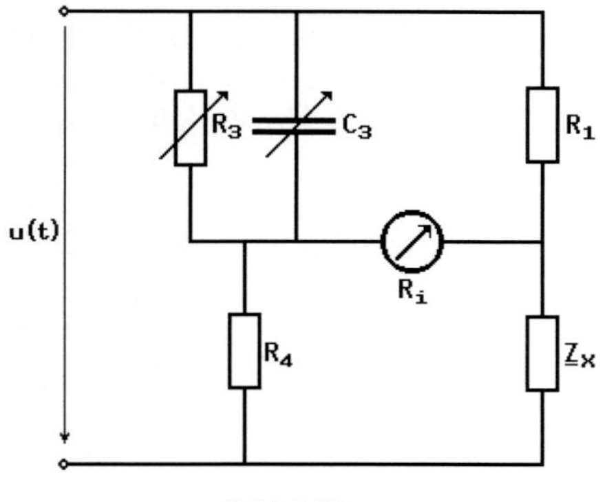

Bild 4.38

a) Wie lauten die Abgleichbedingungen der Wechselstrom-Abgleichmessbrücke mit den Größen R_1, R_3, R_4, C_3 und $\underline{Z}_x$? Bei Abgleich wurden folgende Werte ermittelt: $R_1 = 1{,}5\ \text{k}\Omega$, $R_3 = 30\ \text{k}\Omega$, $C_3 = 0{,}1\ \mu F$, $R_4 = 3\ \text{k}\Omega$, $u(t) = 1\text{V}\sin\omega t$, $f = 1\ \text{kHz}$, $R_i \to \infty$. Bestimmen Sie $\underline{Z}_x$.

b) Welche Art elektrischer Bauelemente können Sie mit dieser Messbrücke prinzipiell messen?

c) Statt der Kapazität C_3 soll nun eine Induktivität L_3 verwendet werden. Wie lauten nun die Abgleichbedingungen und welche Bauelemente können nun gemessen werden ?

d) Läßt sich die Messbrücke auch für eine nicht sinusförmige Versorgungsspannung $u(t)$ abgleichen?

Lösung:

a) $\underline{Z}_1\,\underline{Z}_4 = \underline{Z}_x\,\underline{Z}_3$

$$R_x = \mathrm{Re}(\underline{Z}_x) = \mathrm{Re}\left(\frac{\underline{Z}_1\,\underline{Z}_4}{\underline{Z}_3}\right) = \frac{R_1\,R_4}{R_3}$$

$$X_x = \mathrm{Im}(\underline{Z}_x) = \mathrm{Im}\left(\frac{\underline{Z}_1\underline{Z}_4}{\underline{Z}_3}\right) = \omega R_1 R_4 C_3$$

$$\underline{Z}_x = \mathrm{Re}(\underline{Z}_x) + \mathrm{j}\,\mathrm{Im}(\underline{Z}_x) = R_1 R_4\left(\frac{1}{R_3} + \mathrm{j}\,\omega C_3\right) = 150\,\Omega + \mathrm{j}\,2{,}827\,\mathrm{k}\Omega$$

b) Allgemeine ohmsch-induktive Bauelemente (verlustbehaftete Spule) und für $R_3 \to \infty$ und C_3 endlich rein-induktive Bauelemente.

c) $\underline{Z}_x = R_1 R_4\left(\frac{1}{R_3} - \mathrm{j}\frac{1}{\omega L_3}\right)$, d.h. verlustbehaftete Kondensatoren

d) Ja, da Abgleich frequenzunabhängig:

nach a) $R_x = \frac{R_1 R_4}{R_3}$, $L_x = \omega R_1 R_4 C_3$

nach c) $R_x = \frac{R_1 R_4}{R_3}$, $C_x = \frac{L_3}{R_1 R_4}$

Aufgabe 4.23: Verlustfaktorbestimmung. Mit Hilfe der in Bild 4.39 dargestellten Brückenschaltung, die mit einer sinusförmigen Spannung $u = \sqrt{2}\;U\;\sin(2\pi f t)$ der Frequenz f gespeist wird, sollen von einer verlustbehafteten Induktivität der Verlustfaktor tan δ_x und der Verlustwiderstand R_x der Parallelersatzschaltung ermittelt werden. Es liegen folgende Werte vor: L_n (ideale Induktivität), $L_x = 1$ H, $R_2 = 6{,}5$ kΩ, $U = 10$ V, Innenwiderstand des Instruments $R_i \to \infty$, $f = 1$ kHz.

a) Zeigen Sie analytisch, dass sich die Brücke nur mit Hilfe von R_1 nicht auf Null abgleichen läßt.

b) Bei $R_1 = 3{,}5$ kΩ ist die Brücke auf ein Minimum abgeglichen, und zwar $U_{ABmin} = 500$ mV. Zeichnen Sie qualitativ das dazugehörige vollständige Zeigerdiagramm und entnehmen Sie diesem den Verlustwinkel δ_x .

c) Welcher Verlustwiderstand R_x ergibt sich für den unter b) ermittelten Wert für δ_x ?

Lösung:

a) $\underline{Z}_1\,\underline{Z}_n = \underline{Z}_2\,\underline{Z}_x$, daraus die Phasenbeziehung $\varphi_1 - \varphi_n = \varphi_2 + \varphi_x$ mit $\varphi_1 = \varphi_2 = 0$ müßte gelten $\varphi_n = \varphi_x$. Da $\varphi_n = -90\,°$ und $0 < \varphi_x < -90\,°$, ist ein Abgleich mit R_1 nicht möglich.

b) $$I_1 = \frac{U}{R_1 + R_2} = 1\,\mathrm{mA}$$

$$U_1 = R_1\,I_1 = 3{,}5\,\mathrm{V}\ ;\ U_2 = R_2\,I_1 = 6{,}5\,\mathrm{V}$$

$$I_{Lx} = \frac{U_x}{\omega L_x} = \frac{\sqrt{U_1^2 + U_{AB,min}^{\;2}}}{\omega L_x} \approx 0{,}563\,\mathrm{mA},$$ da Minimum von U_{AB} bei $U_{AB} \perp U_1$.

$$U_4 = \sqrt{U_2^2 + U_{AB,min}^{\;2}} \approx 6{,}519\,\mathrm{V}$$

$$\tan\delta_N = \frac{U_{AB}}{U_2} \approx 0{,}0769,\ \delta_N \approx 4{,}399°$$

$$\tan\delta_1 = \frac{U_{AB}}{U_1} \approx 0{,}1428,\ \delta_x \approx 8{,}130°$$

$$\delta_x = \delta_N + \delta_1 \approx 12{,}529°,\ \text{d.h.}\ \tan\delta_x \approx 0{,}2222$$

$$I_{Rx} = I_{Lx}\tan\delta_x \approx 0{,}125\,\text{mA}$$

- Zeigerdiagramm siehe Bild 4.40.

c) $$R_x = \frac{\omega L_x}{\tan\delta_x} \approx 28{,}2\,\text{k}\Omega$$

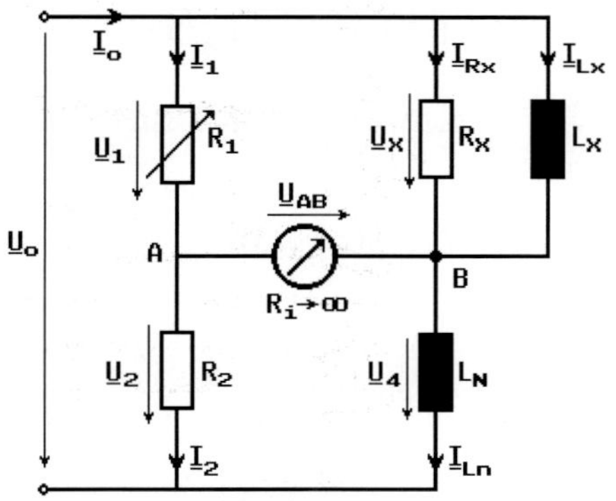

Bild 4.39

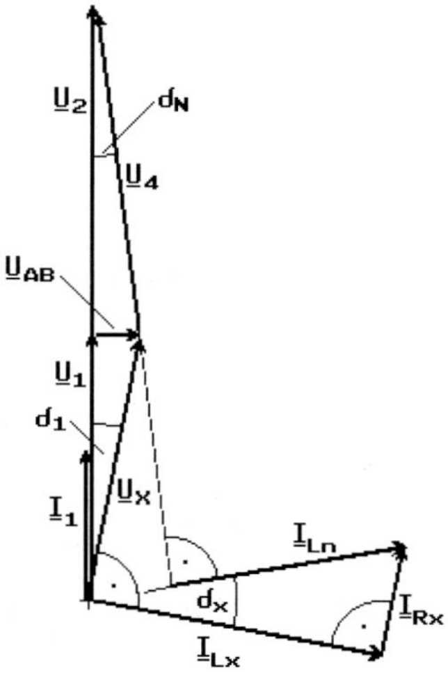

Bild 4.40

Aufgabe 4.24: Maxwell-Wien-Messbrücke. Gegeben ist die in Bild 4.41 dargestellte Brückenschaltung mit $u(t) = \hat{u}\sin\omega t$, $\omega = 2\pi\cdot 50\,\text{s}^{-1}$, $R_4 = 2R_3 = 1\,\text{k}\Omega$, $C_4 = 1/\pi\cdot 10^{-6}\,\text{F}$.

a) Ist die Brücke abgleichbar?

b) Wie lauten die Abgleichbedingungen für Z_x (L_x und R_x) in Abhängigkeit von den übrigen Brückenelemente? Geben Sie L_x und R_x allgemein und für die angegebenen Zahlenwerte an.

c) Ist der Abgleich frequenzabhängig?

d) Geben Sie die zum Abgleich geeigneten Bauelemente-Kombinationen und die ungeeigneten an, um eine optimale Konvergenz zu erhalten. Gehen Sie von den Ortskurven für die Änderung von R_1, R_4, R_3, C_4 in der komplexen Ebene des Diagonalstromes I_5 aus; Reihenfolge R_1, R_4, R_3, C_4 beachten.

e) Bestimmen Sie den Verlustwinkel δ_x der unbekannten Impedanz Z_x allgemein und für die angegebenen Zahlenwerte.

f) Skizzieren Sie qualitativ das vollständige Zeigerdiagramm der abgeglichenen Brücke . Reihenfolge der Konstruktion angeben.

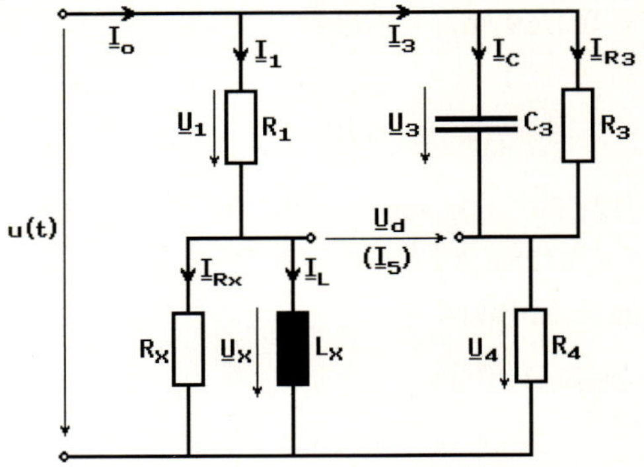

Bild 4.41

Lösung:

a) Ja, da Phasenbedingung $\varphi_1 + \varphi_4 = \varphi_x + \varphi_3$ erfüllbar ist, weil $\varphi_1 = 0$, $\varphi_4 = 0$, d.h. $\varphi_1 + \varphi_4 = 0$ und $-90° < \varphi_3 < 0$, $0 < \varphi_x < 90°$, d.h. $-90° < \varphi_3 + \varphi_4 < 90°$.

b) $$L_x = \frac{R_x}{\omega^2 R_3 C_3} = R_1 R_4 C_3 \frac{1 + (\omega R_3 C_3)^2}{(\omega R_3 C_3)^2} \approx 0{,}1276\,\mathrm{s}\; R_1 \approx 127{,}3\,\mu\mathrm{H}$$

$$R_x = \frac{R_1 R_4}{R_3}\left(1 + (\omega R_3 C_3)^2\right) \approx 2{,}005\; R_1 \approx 2R_1 = R_4 = 2\,\mathrm{k}\Omega$$

c) Ja.

d) $$\underline{I}_5 \approx \underline{K}\left\{R_1 R_4 - \left(\frac{\mathrm{j}\omega L_x R_x}{R_x + \mathrm{j}\omega L_x}\right)\left(\frac{R_3}{1 + \mathrm{j}\omega R_3 C_3}\right)\right\}$$

$$\underline{I}_5 \approx \underline{K}\left\{R_1 R_4 - \left(\omega R_x L_x \frac{\omega L_x - \mathrm{j} R_x}{R_x^2 + (\omega L_x)^2}\right)\left(R_3 \frac{1 - \mathrm{j}\omega R_3 C_3}{1 + (\omega R_3 C_3)^2}\right)\right\}$$

$$\underline{I}_5 \approx \underline{K}\left\{R_1 R_4 - (R_x' + \mathrm{j}\omega L_x')\left(R_3' - \mathrm{j}\frac{1}{\omega C_3'}\right)\right\}$$

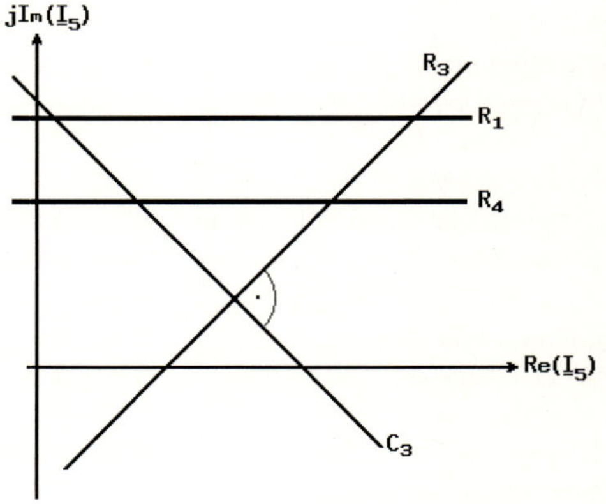

Bild 4.42

geeignet: R_1, C_3; R_1, R_3; R_4, C_3; R_4, R_3; R_3, C_3; nicht geeignet: R_1, R_4

e) $\tan\delta_x = \dfrac{\omega L_x}{R_x} = \dfrac{1}{\omega R_3 C_3} = 20,\ \delta_x \approx 87{,}14°$

f) Konstruktion des Zeigerdiagramms (Bild 4.43):

$\underline{U} = \underline{U}_3 + \underline{U}_x$; $\underline{U}_3 = \underline{U}_1$; $\underline{I}_C \perp \underline{U}_3$; $\underline{I}_L \perp \underline{U}_x$; $\underline{I}_{Rx} \parallel \underline{U}_x$; $\underline{I}_L + \underline{I}_{Rx} = \underline{I}_1 \parallel \underline{U}_3$;

$\underline{I}_{R3} \parallel \underline{U}_3$; $\underline{I}_{R3} + \underline{I}_C = \underline{I}_3 \parallel \underline{U}_x$; $\underline{I}_1 + \underline{I}_3 = \underline{I}$

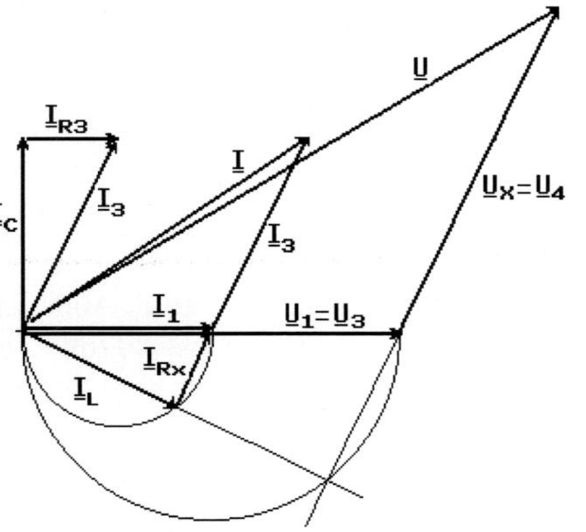

Bild 4.43

Aufgabe 4.25: Eine verlustbehaftete Induktivität (L_3, R_3) mit einem Verlustwinkel $\delta = 10°$ wird mit den beiden in Bild 4.44 dargestellten Abgleich-Brückenschaltungen gemessen.

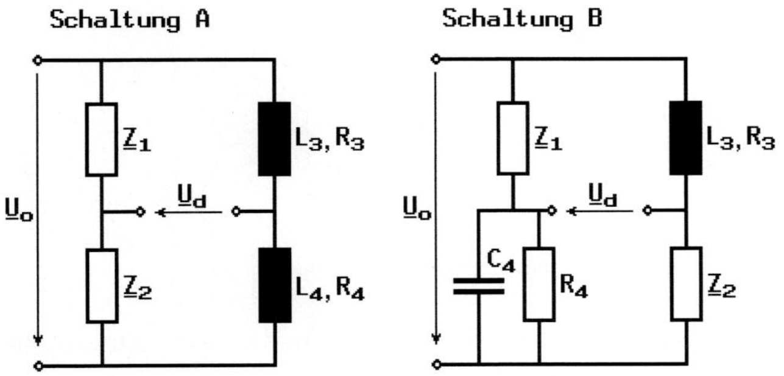

Bild 4.44

a) Welche Beträge der normierten Empfindlichkeiten $|\underline{S}| = \left|\dfrac{d\underline{U}_d / \underline{U}_0}{d\underline{Z}_4 / \underline{Z}_4}\right|$ ergeben sich bei Abgleich für beide Schaltungen, wenn $\underline{Z}_1, \underline{Z}_2, \underline{Z}_3, \underline{Z}_4$ optimal gewählt werden.

b) Berechnen Sie für beide Schaltungen den relativen Fehler des Abgleichs $\dfrac{\Delta U_d}{U_0}$, wenn die Toleranz des abgleichbaren Scheinwiderstandes $\Delta Z_4/Z_4 = 1\ \%$ beträgt.

c) Wie groß ist der relative Fehler von Z_3? Welche Brücke ist empfindlicher?

Lösung:

a) 1. Schaltung A $\underline{U}_{d,A} = \underline{U}_0 \left\{ \frac{\underline{Z}_4}{\underline{Z}_3 + \underline{Z}_4} - \frac{\underline{Z}_2}{\underline{Z}_1 + \underline{Z}_2} \right\}$

$$S_A = |\underline{S}_A| = \left| \frac{d\underline{U}_{d,A}/\underline{U}_0}{d\underline{Z}_4/\underline{Z}_4} \right| = \frac{Z_4/Z_3}{1 + 2Z_4/Z_3 \cos(\varphi_4 - \varphi_3) + (Z_4/Z_3)^2}$$

Maximum von S_A bei $Z_4 = Z_3$ und $\varphi_4 - \varphi_3 = (\pm)\ 180^\circ$. Abgleich bei $Z_1\ Z_4 = Z_2\ Z_3$ und $\varphi_4 - \varphi_3 = \varphi_2 - \varphi_1$, d. h. $Z_1 = Z_2$. Da $\varphi_3 = 90^\circ - \delta = 80^\circ$ und $0 \leq \varphi_4 \leq 90^\circ$, ist $-180^\circ < \varphi_4 - \varphi_3 \leq 0$ nur für $\varphi_3 = \varphi_4$ erfüllbar, d. h. $\varphi_4 - \varphi_3 = 0$. $S_A = 0{,}25$.

2. Schaltung B $\underline{U}_{d,B} = \underline{U}_0 \left\{ \frac{\underline{Z}_2}{\underline{Z}_2 + \underline{Z}_3} - \frac{\underline{Z}_4}{\underline{Z}_1 + \underline{Z}_4} \right\}$

$$S_B = \frac{Z_4/Z_1}{1 + 2Z_4/Z_1\ \cos(\varphi_4 - \varphi_1) + (Z_4/Z_1)^2}$$

Maximum von S_B bei $Z_4 = Z_1$ und $\varphi_4 - \varphi_1 = \pm\ 180^\circ$. Abgleich bei $Z_1\ Z_2 = Z_3\ Z_4$ und $\varphi_4 - \varphi_1 = \varphi_2 - \varphi_3$, d. h. $Z_2 = Z_3$. Da $\varphi_3 = 90^\circ - \delta = 80^\circ$ und $-90^\circ < \varphi_4 < 0^\circ$, ist $-180^\circ \leq \varphi_4 - \varphi_1 \leq -90^\circ$ nur für $0 < \varphi_1 \leq 90^\circ$ erfüllbar. Für $\varphi_1 = 90^\circ$ (d. h. $\varphi_2 = -90^\circ$) ergibt sich $\varphi_4 = -80^\circ$ und damit $\varphi_4 - \varphi_1 = -170^\circ$. $S_B \approx 32{,}9$.

b) $\frac{\Delta U_{d,A}}{U_0} = S_A \frac{\Delta Z_4}{Z_4} = 0{,}25\%$; $\frac{\Delta U_{d,B}}{U_0} = S_B \frac{\Delta Z_4}{Z_4} \approx 32{,}4\%$

c) 1. Schaltung A $Z_3 = \frac{Z_1 Z_4}{Z_2}$

$$\frac{\Delta Z_3}{Z_3} = \frac{\Delta Z_1}{Z_1} - \frac{\Delta Z_2}{Z_2} + \frac{\Delta Z_4}{Z_4} = 1\%, \text{ da } \underline{Z}_1 = \underline{Z}_2$$

2. Schaltung B $Z_3 = \frac{Z_1 Z_2}{Z_4}$

$$\frac{\Delta Z_3}{Z_3} = \frac{\Delta Z_1}{Z_1} + \frac{\Delta Z_2}{Z_2} - \frac{\Delta Z_4}{Z_4} = -\frac{\Delta Z_4}{Z_4} = -1\%$$

Schaltung B ist wesentlich empfindlicher als A.

Aufgabe 4.26: Illiovici-Messbrücke. Gegeben ist eine Illiovici - Brücke nach Bild 4.45 zur Messung verlustbehafteter Induktivitäten.

Allgemeine Dreieck-Stern-Transformation: $R_A = \frac{R_a\ R_b}{R_a + R_b + R_c}$ usw.

a) Transformieren Sie das Widerstandsdreieck R_4, R_5, $\underline{Z}_6$ in einen Stern und skizzieren Sie die resultierende Schaltung. Bei $\underline{Z}_1$ handelt es sich um die zu messende verlustbehaftete Induktivität (Reihen-Ersatzschaltung). $\underline{Z}_6$ ist ein nicht verlustbehafteter Kondensator.

b) Geben Sie die Abgleichbedingungen der Brücke an. Ist die Brücke abgleichbar?

c) Wie lauten die Bestimmungsgleichungen für R_1 und L_1?
Die Messung von R_1 und L_1 unterteilt sich in zwei Schritte:
- den Gleichstromabgleich und
- den Wechselstromabgleich.

d) Wie vereinfacht sich die Schaltung bei einer Gleichspannungsspeisung $U = U_0$? (Gleichspannungsersatzschaltbild)

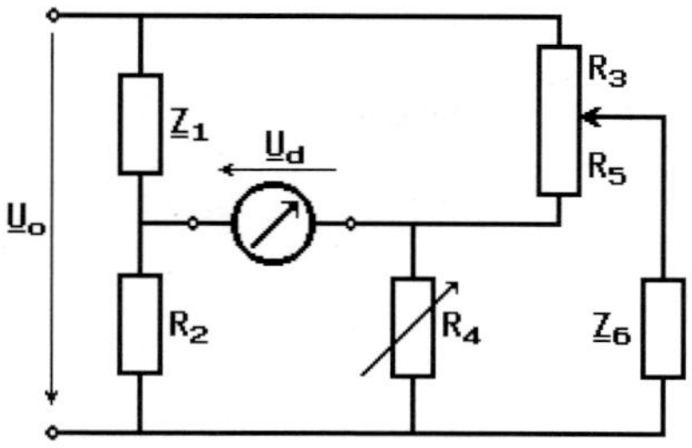

Bild 4.45

Der Gleichspannungsabgleich erfolgt mit R_4.

e) Welchen Wert nimmt R_4 im Abgleichfall an? Der Wechselspannungsabgleich erfolgt durch eine Variation des Widerstandsverhältnisses von R_3 und R_5.

f) Setzen Sie $R_3 + R_5 = R_0$ und definieren Sie R_3 und R_5 (Potentiometer) als Funktionen des Schleiferabgriffortes α mit $\{\alpha \mid 0 \le \alpha \le 1\}$.

g) Geben Sie die Bestimmungsgleichung für $L_1 = f(C, R_0, R_2, R_4, \alpha)$ an.

h) Wie groß ist der Einfluß eines Ablesefehlers von a auf die berechnete Induktivität L_1 ?

Lösung:

a) $$\underline{Z}_A = \frac{R_5\,\underline{Z}_6}{R_4 + R_5 + \underline{Z}_6};\; \underline{Z}_B = \frac{R_4\,\underline{Z}_6}{R_4 + R_5 + \underline{Z}_6};\; \underline{Z}_C = \frac{R_4\,R_5}{R_4 + R_5 + \underline{Z}_6} \quad \text{(Bild 4.46)}$$

b) $$\underline{Z}_1\,\underline{Z}_B = R_2\,(R_3 + \underline{Z}_A)$$

$$\frac{\underline{Z}_1\,R_4\,\underline{Z}_6}{R_4 + R_5 + \underline{Z}_6} = R_2 R_3 + \frac{R_2\,R_5\,\underline{Z}_6}{R_4 + R_5 + \underline{Z}_6}$$

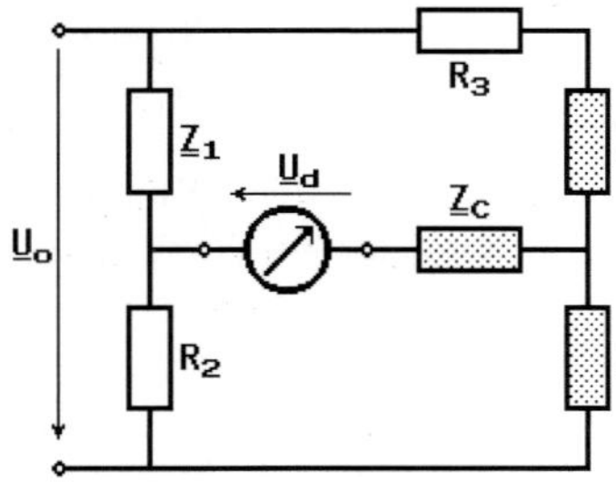

Bild 4.46

$$\underline{Z}_1 R_4 \underline{Z}_6 = R_2 R_3 R_4 + R_2 R_3 R_5 + R_2 R_3 \underline{Z}_6 + R_2 R_5 \underline{Z}_6$$

$$(R_1 + \mathrm{j}\omega L_1) R_4 \frac{1}{\mathrm{j}\omega C} = R_2 R_3 R_4 + R_2 R_3 R_5 + R_2 R_3 \frac{1}{\mathrm{j}\omega C} + R_2 R_5 \frac{1}{\mathrm{j}\omega C}$$

$$-\mathrm{j}\frac{R_1 R_4}{\omega C} + \frac{R_4 L_1}{C} = R_2 R_3 R_4 + R_2 R_3 R_5 - \mathrm{j}\frac{R_2 R_3}{\omega C} - \mathrm{j}\frac{R_2 R_5}{\omega C}$$

Realteil: $\frac{L_1}{C} = R_2 R_3 \left(1 + \frac{R_5}{R_4}\right)$

Imaginärteil: $R_1 R_4 = R_2 (R_3 + R_5)$

Die Brücke ist abgleichbar.

c) $L_1 = C R_2 R_3 \left(1 + \frac{R_5}{R_4}\right)$; $R_1 = \frac{R_2}{R_4}(R_3 + R_5)$

d) Schaltung siehe Bild 4.47

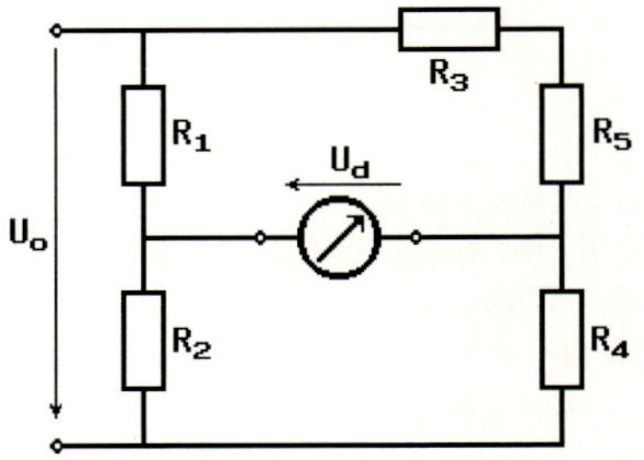

Bild 4.47

e) $R_4 = \frac{R_2}{R_1}(R_3 + R_5)$

f) $R_3 + R_5 = R_0$; $R_3 = \alpha R_0$; $R_5 = (1 - \alpha) R_0$

g) $L_1 = R_2 \alpha R_0 C \left(1 + \frac{(1 - \alpha) R_0}{R_4}\right) = \frac{R_0 R_2}{R_4} C \alpha (R_4 + (1 - \alpha) R_0)$

h) $\frac{\mathrm{d}L_1}{\mathrm{d}\alpha} = \frac{R_0 R_2}{R_4} C \left[R_4 + R_0 - 2 \alpha R_0\right]$

$$\Delta L_1 = \left(\frac{\mathrm{d}L_1}{\mathrm{d}\alpha}\right) \Delta\alpha = \frac{R_0 R_2}{R_4} C \left[R_4 + R_0 - 2 \alpha R_0\right] \Delta\alpha$$

Aufgabe 4.27: Impedanzmessbrücke. Die in Bild 4.48 dargestellte Impedanzmessbrücke ist in einem Speisepunkt aufgetrennt und wird aus zwei verschieden großen aber frequenz- und phasengleichen Spannungsquellen gespeist. Die Stromkreise sind voneinander unabhängig.

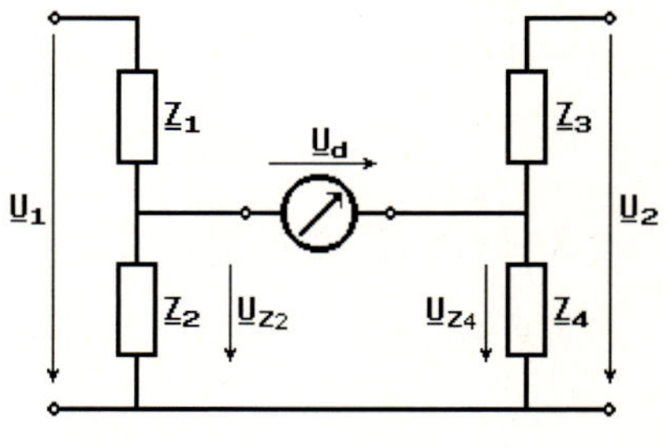

Bild 4.48

a) Das Verhältnis der beiden Spannungen sei $\underline{ü} = \frac{\underline{U}_1}{\underline{U}_2}$. Geben Sie einen allgemeinen Ausdruck für die Diagonalspannung $\underline{U}_d$ in Abhängigkeit von der Spannung $\underline{U}_2$, $\underline{ü}$ und den Impedanzen an.

b) Wie lautet die Abgleichbedingung?

Lösung:

a) $$\underline{U}_d = \underline{U}_{Z2} - \underline{U}_{Z4} = \frac{\underline{Z}_2}{\underline{Z}_1 + \underline{Z}_2}\underline{U}_1 - \frac{\underline{Z}_4}{\underline{Z}_3 + \underline{Z}_4}\underline{U}_2 = \underline{U}_2\left\{\frac{\underline{ü}\underline{Z}_2}{\underline{Z}_1 + \underline{Z}_2} - \frac{\underline{Z}_4}{\underline{Z}_3 + \underline{Z}_4}\right\}$$

b) $$\frac{\underline{ü}\,\underline{Z}_2}{\underline{Z}_1 + \underline{Z}_2} = \frac{\underline{Z}_4}{\underline{Z}_3 + \underline{Z}_4}$$

Aufgabe 4.28: Maxwell-Wien-Gegeninduktivitätsmessbrücke. Gegeben ist die in Bild 4.49 dargestellte Messbrücke zur Messung von Gegeninduktivitäten.

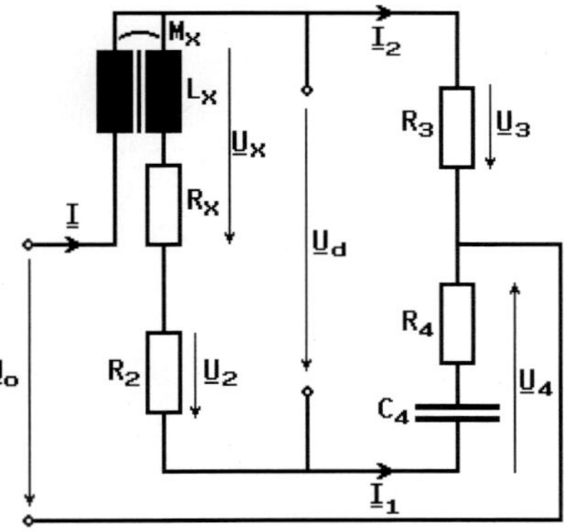

Bild 4.49

a) Wie lauten die Abgleichbedingungen zur Bestimmung von L_x und M_x?
Anleitung: Tragen Sie die Zweigspannungen $U_k = Z_k \cdot I_k$ in der Brücke ein und gehen Sie von der Spannungssumme über dem Nullinstrument aus.

b) Wie vereinfachen sich die Abgleichbedingungen, wenn der Wicklungswiderstand R_x vernachlässigt werden kann ($R_x << R_2$)?

Lösung:

a) $$L_x = M_x\left(1 + \frac{R_4}{R_3}\right) = C_4(R_2 + R_x)(R_3 + R_4)\ ;\ M_x = C_4 R_3 (R_2 + R_x)$$

b) $$R_x + R_2 \approx R_2\ ;\ L_x = C_4 R_2 (R_3 + R_4)\ ;\ M_x = C_4 R_2 R_3$$

Aufgabe 4.29: Hay-Messbrücke. Gegeben ist die in Bild 4.50 dargestellte Induktivitätsmessbrücke.

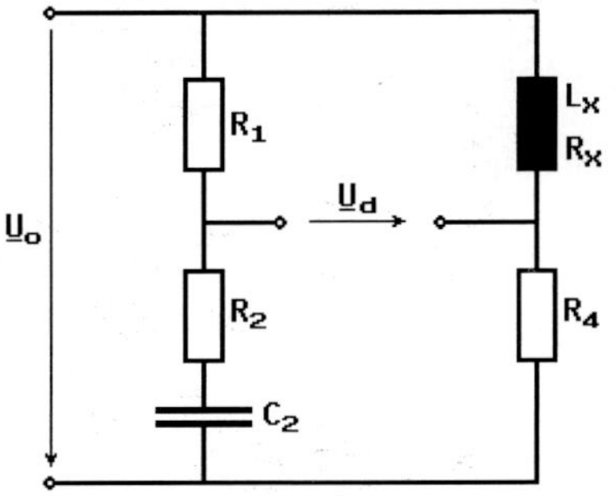

Bild 4.50

a) Wie lauten die Abgleichbedingungen? (R_x, L_x, tan δ_x)

b) Bestimmen Sie die normierte Empfindlichkeit $\underline{S}$ und deren Betrag $S = |\underline{S}|$ der Brücke.

$$\underline{S} = \frac{\mathrm{d}\underline{U}_d/\underline{U}_0}{\mathrm{d}L_x/L_x}$$

Lösung:

a) $$\underline{U}_d = \underline{U}_0 \left\{ \frac{\underline{Z}_2}{R_1 + \underline{Z}_2} - \frac{R_4}{R_4 + \underline{Z}_x} \right\}; \quad \underline{Z}_2 = R_2 + \frac{1}{\mathrm{j}\omega C_2}$$

Abgleich ($\underline{U}_d = 0$): $\underline{Z}_2(R_4 + \underline{Z}_x) = R_4(R_1 + \underline{Z}_2)$

$$\underline{Z}_x(1 + \mathrm{j}\omega R_2 C_2) = \mathrm{j}\omega R_1 R_4 C_2$$

1. Reihenschaltung $\underline{Z}_x = R_x + \mathrm{j}\omega L_x$

$$L_x = \frac{R_x}{\omega^2 R_2 C_2} = \frac{R_1 R_4 C_2}{1 + (\omega R_2 C_2)^2}; \quad R_x = \frac{R_1 R_4}{R_2} \frac{(\omega R_2 C_2)^2}{1 + (\omega R_2 C_2)^2}$$

$$\tan\delta_x = \frac{R_x}{\omega L_x} = \omega R_2 C_2$$

2. Parallelschaltung $\underline{Z}_x = R_x \| \mathrm{j}\omega L_x = \dfrac{\mathrm{j}\omega R_x L_x}{R_x + \mathrm{j}\omega L_x}$

$$L_x = R_1 R_4 C_2; \; R_x = \frac{R_1 R_4}{R_2}; \; \tan\delta_x = \frac{\omega L_x}{R_x} = \omega R_2 C_2$$

b) $$\underline{S} = \frac{L_x}{\underline{U}_0} \frac{\mathrm{d}\underline{U}_d}{\mathrm{d}L_x} = \frac{L_x}{\underline{U}_0} \frac{\mathrm{d}\underline{U}_d}{\mathrm{d}\underline{Z}_4} \frac{\mathrm{d}\underline{Z}_x}{\mathrm{d}L_x} = L_x \frac{R_x}{(R_4 + \underline{Z}_x)^2} \frac{\mathrm{d}\underline{Z}_x}{\mathrm{d}L_x}$$

1. Reihenschaltung

$$\underline{S} = \frac{\mathrm{j}\omega R_x L_x}{(R_4 + R_x + \mathrm{j}\omega L_x)^2}$$

$$= \frac{\omega R_x L_x}{((R_4 + R_x)^2 + (\omega L_x)^2)^2} \left\{ 2\omega (R_4 + R_x) L_x + \mathrm{j}[(R_4 + R_x)^2 - (\omega L_x)^2] \right\}$$

$$S = \frac{\omega R_x L_x}{(R_4 + R_x)^2 + (\omega L_x)^2}$$

2. Parallelschaltung

$$\underline{S} = \frac{j\omega R_x^{\,3} L_x}{(R_4 R_x + j\omega (R_4 + R_x) L_x)^2}$$

$$= \omega R_4^{\,3} L_x \frac{2\omega R_4 R_x (R_4 + R_x) L_x + j((R_4 R_x)^2 - (\omega (R_4 + R_x) L_x)^2)}{\left((R_4 R_x)^2 + (\omega (R_4 + R_x) L_x)^2\right)^2}$$

$$S = \frac{\omega R_4^{\,3} L_x}{(R_4 R_x)^2 + (\omega (R_4 + R_x) L_x)^2}$$

4.4.3 Weitere Messbrücken

Aufgabe 4.30: Gegeben ist die Ausschlagmessbrücke nach Bild 4.51.

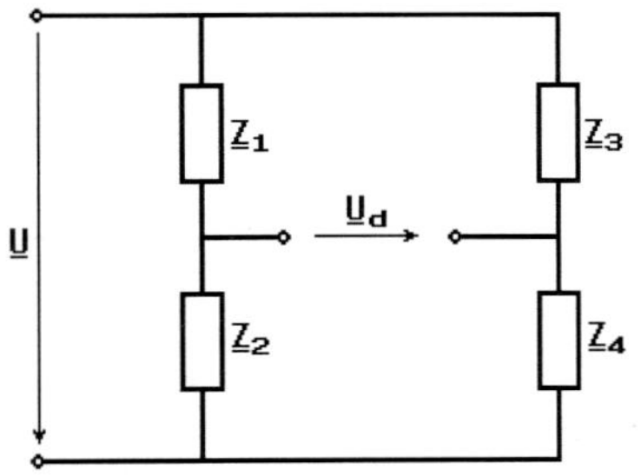

Bild 4.51

a) Berechnen Sie die Diagonalspannung $\underline{U}_d = f(\underline{Z}_1, \underline{Z}_2, \underline{Z}_3, \underline{Z}_4, \underline{U})$.

Für die Fragen b) bis e) gelte $\underline{Z}_1 = \underline{Z}_2 = \underline{Z}_3 = R$; $\underline{Z}_4 = R + \Delta R$; $\underline{U} = U_0$.

b) Geben Sie $U_d = f(R, \Delta R, U_0)$ an.

c) Für $\Delta R \ll R$ läßt sich die Funktion aus b) vereinfachen, so dass sich ein linearer Zusammenhang ergibt. Geben Sie $U_d = f(R, \Delta R, U_0)$ für $\Delta R \ll R$ an.

d) Für welchen Wertebereich von ΔR ergibt sich durch die Vernachlässigung ein Fehler von kleiner 1 % für U_d/U_0 ?

e) Berechnen Sie die Empfindlichkeit von U_d in Abhängigkeit von ΔR (ohne Vereinfachung).

Für die Fragen f) bis k) gelte $\underline{Z}_1 = \underline{Z}_2 = R_0$; $\underline{Z}_3 = R$; $\underline{Z}_4 = \frac{1}{j\omega C}$.

f) Geben Sie $\underline{U}_d = f(R_0, R, C, \underline{U})$ an.

g) Berechnen Sie den Betrag von $\underline{U}_d$, also $|\underline{U}_d| = f(R, C, \underline{U})$.

Für die Fragen h) bis k) gelten zusätzlich folgende Zusammenhänge $\frac{1}{\omega C} = R_0$ und $R = \alpha R_0$ mit $\alpha \in \{\alpha \mid 0 < \alpha \leq 1\}$.

h) Berechnen Sie die Phase φ von $\underline{U}_d$, also $\varphi(\underline{U}_d) = f(R_0, \alpha)$.

i) Skizzieren Sie die Phase φ von $\underline{U}_d$ in Abhängigkeit von $\alpha \in \{\alpha \mid 0 < \alpha \leq 1\}$.

k) Skizzieren Sie das Zeigerbild der Spannung U, U_{Z1}, U_{Z2}, U_{Z3}, U_{Z4}, U_d. Legen Sie U auf die reelle Achse.

Lösung:

a) $$\frac{\underline{U}_d}{\underline{U}} = \frac{\underline{Z}_2\underline{Z}_3 - \underline{Z}_1\underline{Z}_4}{(\underline{Z}_1 + \underline{Z}_2)(\underline{Z}_3 + \underline{Z}_4)}$$

b) $$\frac{U_d}{U_0} = -\frac{1}{2}\,\frac{\Delta R}{2R + \Delta R}$$

c) $$\frac{U_d}{U_0} = -\frac{1}{4}\,\frac{\Delta R}{R}$$

d) $\Delta R < 0{,}02R$

e) $$\frac{\mathrm{d}U_d}{\mathrm{d}(\Delta R)} = -\frac{R}{(2R + \Delta R)^2}\,U_0$$

f) $$\underline{U}_d = \frac{1}{2}\,\frac{\mathrm{j}\omega RC - 1}{\mathrm{j}\omega RC + 1}\,\underline{U}$$

g) $$|\underline{U}_d| = \frac{|\underline{U}|}{2}$$

h) $\varphi(U_d) = \varphi = 180^\circ - 2\arctan\alpha$

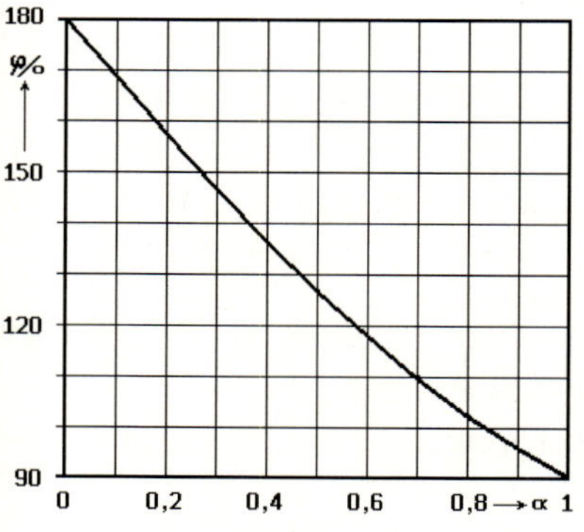

Bild 4.52

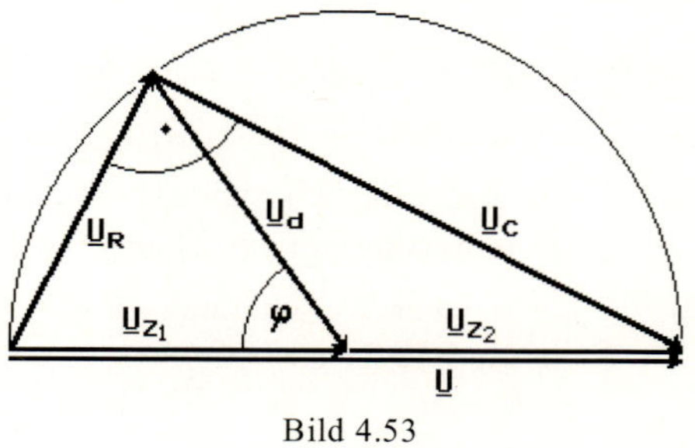

Bild 4.53

i) Tabelle 4.1 (Bild 4.52)

α	0	0,1	0,3	0,5	0,7	0,9	→ 1
φ	180°	168,6°	146,6°	126,9°	110°	96°	→ 90°

k) Zeigerdiagramm siehe Bild 4.53.

Aufgabe 4.31: Resonanzmessbrücke nach Grüneisen und Giebe. Gegeben ist die in Bild 4.54 dargestellte Brückenschaltung.

a) Ist die Brücke abgleichbar?
b) Geben Sie die Abgleichbedingungen an.
c) Für welche Frequenz gilt die Abgleichbedingung?

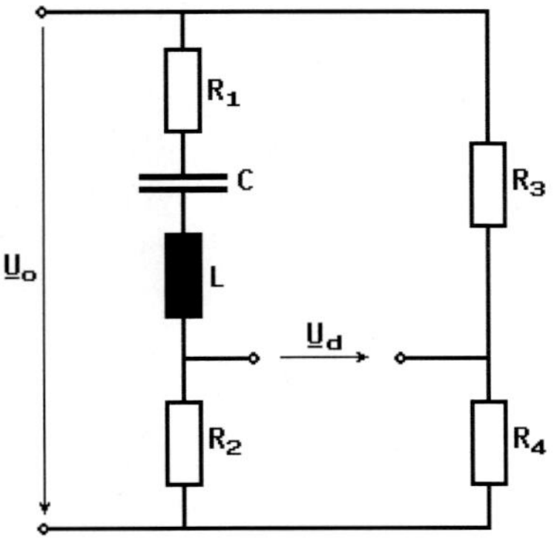

Bild 4.54

Lösung:

a) Phasenbedingung: $\varphi_1 + \varphi_4 = \varphi_2 + \varphi_3$. Da $\varphi_2 = \varphi_3 = \varphi_4 = 0$, muss $\varphi_1 = 0$ sein.

$\varphi_1 = 0$ für $\underline{Z}_1 = R_1 + \mathrm{j}\left(\omega L - \dfrac{1}{\omega C}\right) = R_1$ für Resonanz des Reihenschwingkreises. Die Brücke ist im Resonanzfall abgleichbar.

b) $R_1 R_4 = R_2 R_3$ für $X_L = X_C$, d.h. $\omega L = \dfrac{1}{\omega C}$

c) Resonanzfrequenz $f = \dfrac{1}{2\pi \sqrt{LC}}$

Aufgabe 4.32: Gegeben sei die in Bild 4.55 dargestellte Messbrücke.

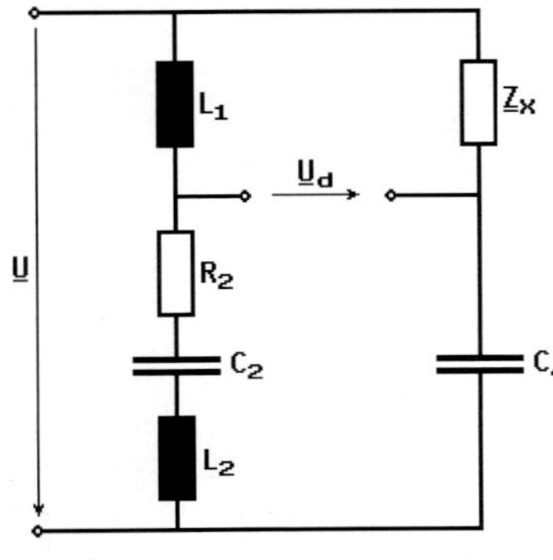

Bild 4.55

a) Aus welchem Bauelement (Widerstand, Kondensator, Spule) muss die Impedanz $\underline{Z}_x$ bestehen, wenn die Brücke abgleichbar sein soll? Begründen Sie Ihre Antwort.

b) Welche Bedingung muss zusätzlich die Versorgungsspannung $u(t) = \Re\{\underline{U}\, e^{j\omega t}\} = \hat{u}\cos(\omega t)$ erfüllen, wenn die Brücke abgleichbar sein soll? Diese Bedingung gelte für alle folgenden Aufgabenteile.

c) Geben Sie einen allgemeinen Ausdruck für L_1 an.

d) Leiten Sie einen Ausdruck für den systematischen relativen Fehler bei der Bestimmung von L_1 her unter der Voraussetzung, dass die relativen Fehler der übrigen Bauelemente bekannt sind. L_2 und C_2 seien fehlerfrei.

e) Zur *einfachen* Messung welcher Größen würden Sie diese Messbrücke einsetzen und welche(s) Bauelement(e) muss/müssen dann jeweils veränderbar sein?

f) Wie müßten Sie bei der Berechnung des systematischen relativen Fehlers von L_1 vorgehen, wenn L_2 und C_2 auch fehlerbehaftet sind?

Lösung:

a) $\varphi_1 = 90°,\ -90° < \varphi_2 < 90°,\ \varphi_4 = -90°$

Die Phasenbedingung $\varphi_1 + \varphi_4 = \varphi_2 + \varphi_3$ (d.h. $\varphi_2 + \varphi_3 = 0$) kann für <u>ein</u> Bauelement nur dann erfüllt werden, wenn $\varphi_3 = -\varphi_2 = 0$, d.h. $\underline{Z}_x = R_x$ (reeller Widerstand).

b) $\underline{Z}_2 = R_2 + j\omega L_2 + \dfrac{1}{j\omega C_2} = R_2$, d.h. $\omega = 2\pi f = \dfrac{1}{\sqrt{L_2 C_2}}$

c) $\underline{Z}_1 \underline{Z}_4 = R_2 R_3;\ L_1 = R_2 R_3 C_4$

d) $$\frac{\Delta L_1}{L_1} = \frac{\Delta R_2}{R_2} + \frac{\Delta R_3}{R_3} + \frac{\Delta C_4}{C_4}$$

e) Messung von L_1: einstellbar R_2 oder R_3 oder C_4
Messung von C_4: einstellbar R_2 oder R_3 oder L_1
Messung von ω: einstellbar L_2 oder C_2
Anmerkung: Brücke nicht zur Messung von R_2 oder R_3 geeignet.

f) L_1 wird aus der vollständigen Abgleichbedingung für beliebige Frequenzen ermittelt. Danach erfolgt die partielle Ableitung nach den einzelnen Größen, von denen L_1 abhängig ist.

Aufgabe 4.33: Anderson-Messbrücke. Die Anderson-Brücke nach Bild 4.56 dient zur Bestimmung eines induktivitätsbehafteten Widerstandes $\underline{Z}_1$.

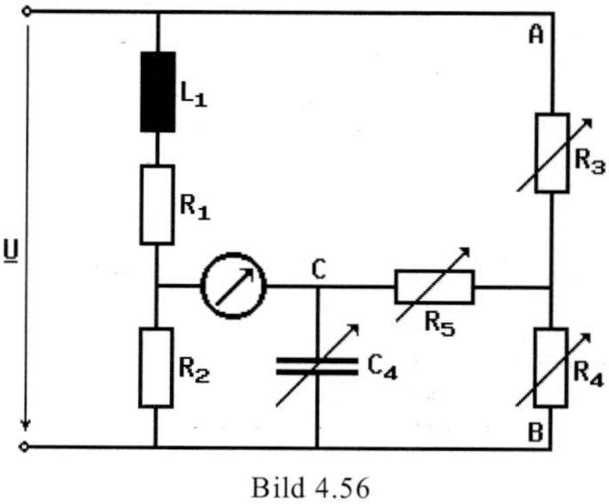

Bild 4.56

a) Formen Sie die Sternschaltung der Widerstände R_3, R_4 und R_5 in eine äquivalente Dreieck-Schaltung um und geben Sie die vollständige Brückenschaltung an.

b) Zeigen Sie, dass die Brücke abgleichbar ist.

c) Ist die Brücke frequenzabhängig?

d) Bestimmen Sie aus der umgeformten Brücke die Komponenten der unbekannten Impedanz $\underline{Z}_1 = R_1 + j\omega L_1$.

e) Bei Abgleich der Brücke wurden folgende Werte ermittelt: $R_3 = R_4 = R_5 = 20{,}25\ \Omega$; $R_2 = 65\ \Omega$; $C_4 = 2{,}2533\ \mu F$; $f = 1$ kHz. Berechnen Sie R_1 und L_1.

Lösung:

a) $R_{5\Delta}$ kann vernachlässigt werden, da parallel zur gesamten Brücke. Dreieckswiderstände $R_{4\Delta}$ und $R_{5\Delta}$ über Stern-Dreieck-Transformationsformeln (s. Bilder 4.57 und 4.58).

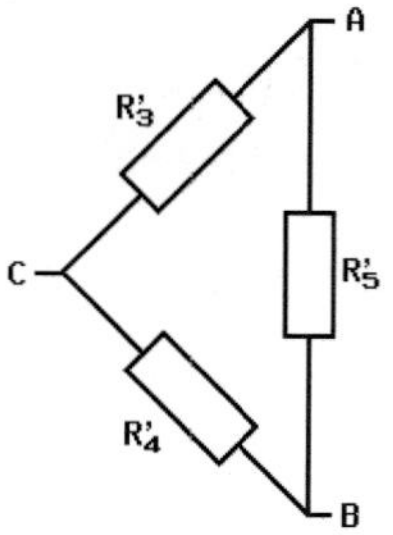

Bild 4.57

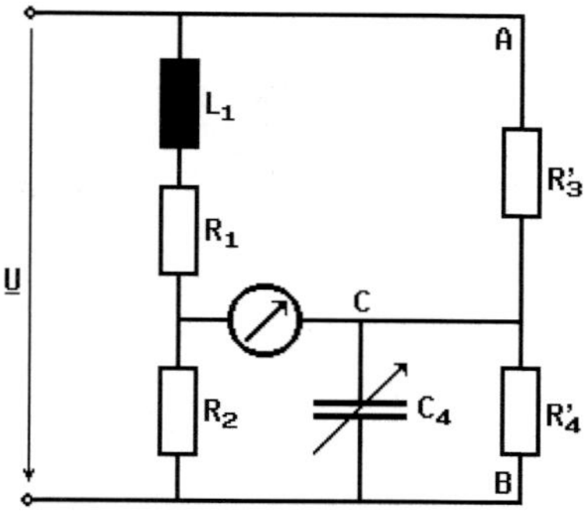

Bild 4.58

b) Die Brücke ist abgleichbar für $\varphi_1 + \varphi_{4\Delta} = 0$.

c), d) $R_1 = \dfrac{R_2 R_{5\Delta}}{R_{4\Delta}}$; $L_1 = R_2 R_{5\Delta} C_4$; damit ist die Brücke frequenzunabhängig.

e) $L_1 = 8{,}897$ mH ; $R_1 = 65\ \Omega$

Aufgabe 4.34: Anderson-Brücke. Gegeben ist die in Bild 4.59 dargestellte Brückenschaltung.

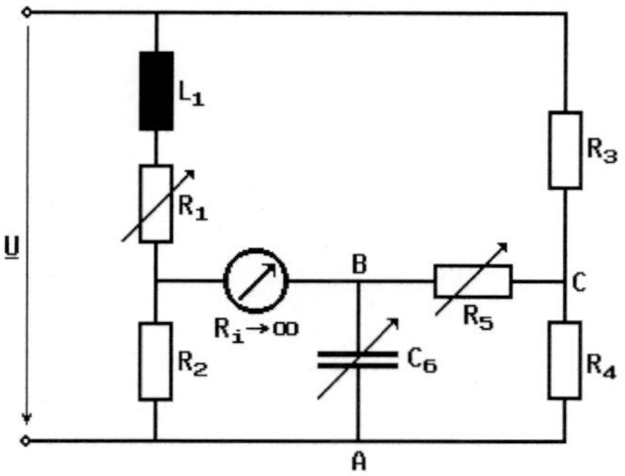

Bild 4.59

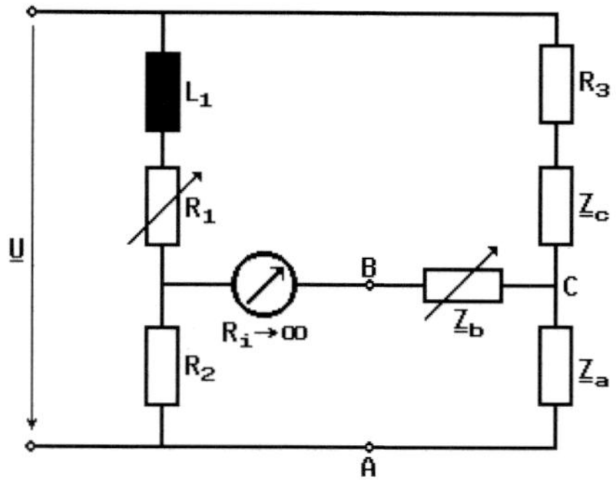

Bild 4.60

a) Überführen Sie das Dreieck R_4, R_5, C_6 (Bild 4.59) in den Stern $\underline{Z}_a$, $\underline{Z}_b$, $\underline{Z}_c$ (Bild 4.60).

b) Berechnen Sie die beiden Abgleichbedingungen. Versuchen Sie die Abgleichbedingungen möglichst einfach zu gestalten und nach R_1 und R_5 aufzulösen.

Lösung:

a) Umwandlung mit den Formeln der Stern-Dreieck-Transformation.

$$\underline{Z}_a = \frac{R_4}{1+j\omega C_6\,(R_4+R_5)};\ \underline{Z}_b = \frac{R_5}{1+j\omega C_6\,(R_4+R_5)};\ \underline{Z}_c = \frac{j\omega C_6 R_4 R_5}{1+j\omega C_6\,(R_4+R_5)}$$

b) $$R_1 = \frac{R_2 R_3}{R_4};\ R_5 = \frac{R_4}{R_2 C_6}\ \frac{L_1 - R_2 R_3 C_4}{R_3+R_4}$$

Aufgabe 4.35: Phasenschieberbrücke. Die in Bild 4.61 gezeigte Phasenschieberbrücke wird mit einer sinusförmigen Spannung der Frequenz f = 5 kHz gespeist. Weiterhin sei C_1 = 18,4 µF.

a) Es sei $R_3 = R_4$. Wie ist der Widerstand R_2 zu dimensionieren, damit folgende Spannungsverhältnisse gelten $|\underline{U}_{34}| = |\underline{U}_{13}| = \frac{1}{\sqrt{3}}\,|\underline{U}_{32}|$?

b) Auf welchen Wert ist das Verhältnis R_3/R_4 zu ändern, damit die Diagonalspannung $\underline{U}_{34}$ senkrecht auf der Speisespannung $\underline{U}_{12}$ steht?

c) Wie groß sind die Teilspannungen $\underline{U}_{13}$, $\underline{U}_{32}$, $\underline{U}_{14}$ und $\underline{U}_{42}$ aus a), wenn die Speisespannung $\underline{U}_{12} = 4\,\mathrm{V}\cdot e^{j0^\circ}$ beträgt?

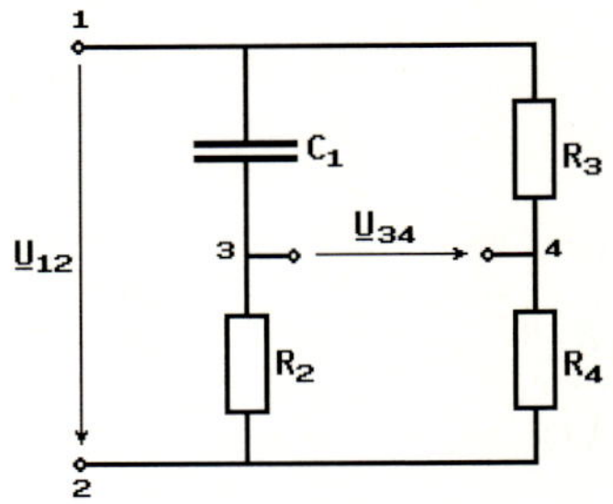

Bild 4.61

Lösung:

a) $$R_2 = \frac{\sqrt{3}}{\omega C_1}$$

b) $$\frac{R_3}{R_4} = \frac{1}{3}$$

c) $$\underline{U}_{13} = (1-j\sqrt{3})\,\mathrm{V};\ \underline{U}_{32} = (3-j\sqrt{3})\,\mathrm{V};\ \underline{U}_{14} = \underline{U}_{42} = 2\,\mathrm{V}$$

Aufgabe 4.36: Die in Bild 4.62 dargestellte Schaltung wird mit einer sinusförmigen Spannung $u(t)$ der Kreisfrequenz ω gespeist. Die Schleifer α_1 und α_2 der beiden veränderlichen Widerstände R sind fest miteinander gekoppelt, so dass gilt: $\alpha_1 = \alpha_2 = \alpha$.

a) Zeichnen Sie von $\underline{U}_{B1}$ und $\underline{U}_{B2}$ die Ortskurven für $0 \le \omega \le \infty$ und tragen Sie charakteristische Werte ein. Beweisen Sie zeichnerisch oder rechnerisch den Ortskurvenverlauf.

Für die folgenden Teilaufgaben gilt: $\omega = \omega_1 = \dfrac{1}{\sqrt{LC}} = \text{const.}$

b) Leiten Sie den Zusammenhang $\dfrac{|\underline{U}_B|}{|\underline{U}|} = f(\alpha, R, L, C)$ her.

c) Bei welchem Teilerverhältnis α_0 wird $\dfrac{|\underline{U}_B|}{|\underline{U}|}$ maximal? Zeigen Sie, dass ein Maximum vorliegt.

d) Geben Sie die Phasenlage zwischen $\underline{U}_B$ und $\underline{U}$ an. Ist diese abhängig von α?

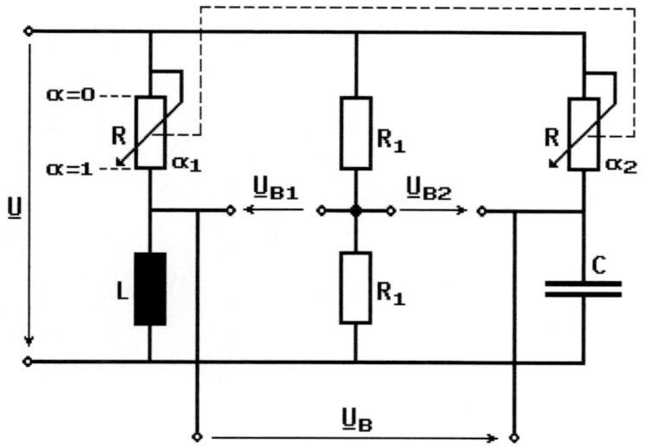

Bild 4.62

Lösung:

a) 1) Rechnerische Methode (Bild 4.63)

$$\underline{U}_{B1} = \frac{\underline{U}}{2} - \frac{j\omega L}{R(1-\alpha) + j\omega L}\underline{U} = \frac{\underline{U}}{2}\,\frac{R^2(1-\alpha)^2 - \omega^2 L^2 - j2R(1-\alpha)\omega L}{R^2(1-\alpha)^2 + \omega^2 L^2}$$

$\omega = 0$: $\quad \mathrm{Re}\{\underline{U}_{B1}\} = \dfrac{U}{2}, \quad \mathrm{Im}\{\underline{U}_{B1}\} = 0$

$\omega \to \infty$: $\quad \mathrm{Re}\{\underline{U}_{B1}\} = -\dfrac{U}{2}, \quad \mathrm{Im}\{\underline{U}_{B1}\} = 0$

$\omega = \dfrac{R(1-\alpha)}{L}$: $\quad \mathrm{Re}\{\underline{U}_{B1}\} = 0, \quad \mathrm{Im}\{\underline{U}_{B1}\} = -\dfrac{U}{2}$

$$\underline{U}_{B2} = \frac{\underline{U}}{2} - \frac{\dfrac{1}{j\omega C}}{R(1-\alpha) + \dfrac{1}{j\omega C}} = \frac{\underline{U}}{2}\,\frac{1 - \omega^2 R^2 C^2(1-\alpha)^2 - j2\omega RC(1-\alpha)}{1 + \omega^2 R^2 C^2 (1-\alpha)^2}$$

$\omega = 0$: $\quad \mathrm{Re}\{\underline{U}_{B2}\} = -\dfrac{U}{2}, \quad \mathrm{Im}\{\underline{U}_{B2}\} = 0$

$\omega \to \infty$: $\quad \mathrm{Re}\{\underline{U}_{B2}\} = \dfrac{U}{2}, \quad \mathrm{Im}\{\underline{U}_{B2}\} = 0$

$\omega = \dfrac{1}{RC(1-\alpha)}$: $\quad \mathrm{Re}\{\underline{U}_{B2}\} = 0, \quad \mathrm{Im}\{\underline{U}_{B2}\} = \dfrac{U}{2}$

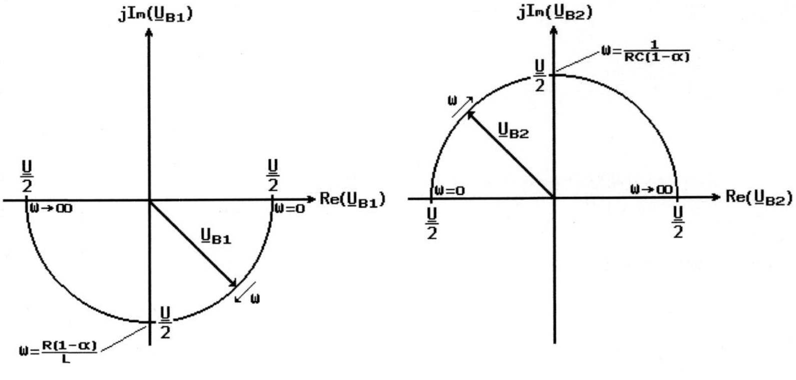

Bild 4.63

2) Zeichnerische Methode (Bild 4.64)

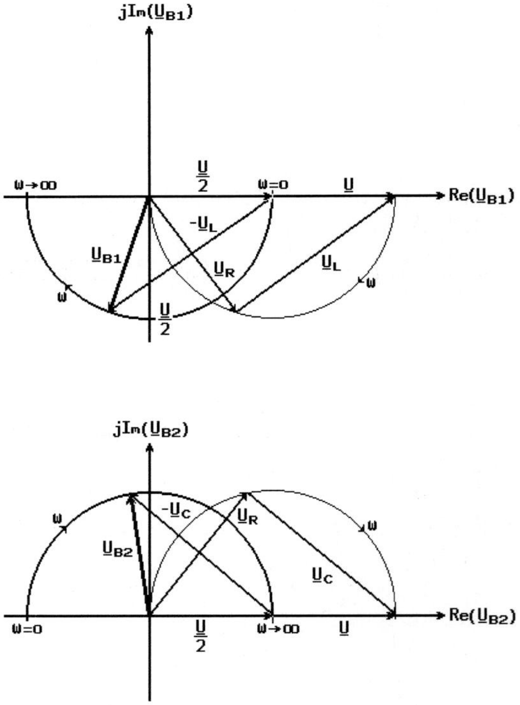

Bild 4.64

b) $$\frac{\underline{U}_B}{\underline{U}} = \frac{j\omega_1 L}{R(1-\alpha)+j\omega_1 L} + \frac{j\omega_1 L}{R(1-\alpha)-j\omega_1 L} = \frac{j\omega_1 2RL(1-\alpha)}{(R(1-\alpha))^2+(\omega_1 L)^2}$$

$$\frac{|\underline{U}_B|}{|\underline{U}|} = \frac{2\sqrt{\frac{L}{C}}R(1-\alpha)}{(R(1-\alpha))^2 + \frac{L}{C}}$$

c) $$\frac{\partial \left|\frac{\underline{U}_B}{\underline{U}}\right|}{\partial \alpha} = 2\sqrt{\frac{L}{C}}R\,\frac{R^2(1-\alpha)^2 - \frac{L}{C}}{[R^2(1-\alpha)^2 + \frac{L}{C}]^2} \overset{!}{=} 0$$

$$\alpha_0 = 1 - \frac{1}{R}\sqrt{\frac{L}{C}}, \quad \text{da} \quad 0 \le \alpha \le 1, \quad \text{d.h.} \quad 1 \ge (1-\alpha) \le 0,$$

(1) $$\left.\frac{|\underline{U}_B|}{|\underline{U}|}\right|_{\alpha_0} = 1$$

(2) $$\frac{\partial^2 \left|\frac{\underline{U}_B}{\underline{U}}\right|}{\partial \alpha^2} = 4\sqrt{\frac{L}{C}}R^3(1-\alpha)\frac{R^2(1-\alpha)^2 - 3L/C}{\left[(R(1-\alpha))^2 + \frac{L}{C}\right]^3}$$

$$\left.\frac{\partial^2 \left|\frac{\underline{U}_B}{\underline{U}}\right|}{\partial \alpha^2}\right|_{\alpha_0} = -\frac{R^2 C}{L} < 0, \text{ d.h. Maximum}$$

d) aus b) $$\underline{U}_B = \mathrm{j}\frac{2\omega_1 RL(1-\alpha)}{R^2(1-\alpha)^2 + (\omega_1 L)^2}\underline{U}$$

Die Phasenverschiebung zwischen $\underline{U}_B$ und $\underline{U}$ beträgt 90° und ist unabhängig von α.

Aufgabe 4.37: Ein Tank mit der Grundfläche A und der Höhe h wird zur Zwischenspeicherung einer elektrisch leitfähigen Flüssigkeit ($\sigma \to \infty$, ideal leitend) verwendet. Zur Ermittlung des Füllstandes werden die kapazitiven Eigenschaften des Systems ausgenutzt und mit einer Ausschlagmessbrücke ausgewertet (Bild 4.65 und Bild 4.66).

a) Leiten Sie $\underline{U}_d$ als Funktion von $\underline{Z}_1$, $\underline{Z}_2$, $\underline{Z}_3$, $\underline{Z}_4$ und $\underline{U}_0$ her.
b) Vereinfachen Sie $\underline{U}_d$ mit $\underline{Z}_3 = \underline{Z}_4 = R$.
c) $\underline{Z}_1$ und $\underline{Z}_2$ sind als R-C-Reihenschaltung anzunehmen. Berechnen Sie $\underline{U}_d = f(R_1, C_1, R_2, C_2, R, \underline{U}_0)$. Welcher Größe entspricht R_2 ?
d) Leiten Sie die Abgleichbedingungen der Brücke her.
e) Wie groß ist C_2 und damit $\underline{Z}_2$ als Funktion des Füllstandes s ?
Hinweis: $C = \dfrac{\varepsilon A}{a}$ mit Plattenfläche A und Plattenabstand a.
f) Gleichen Sie die Brücke ab: $\underline{U}_d\,(s = 0) = 0$ (leerer Tank!)
g) Ermitteln Sie $\underline{U}_d$ in Abhängigkeit vom Füllstand $\underline{U}_d = f(s, \underline{U}_0)$.
Der Leitungswiderstand R_L ist zu vernachlässigen ($R_L \to 0$).
h) Zeichnen Sie den Verlauf von $\left|\dfrac{\underline{U}_d}{\underline{U}_0}\right|$ in Abhängigkeit von $\dfrac{s}{h}$.

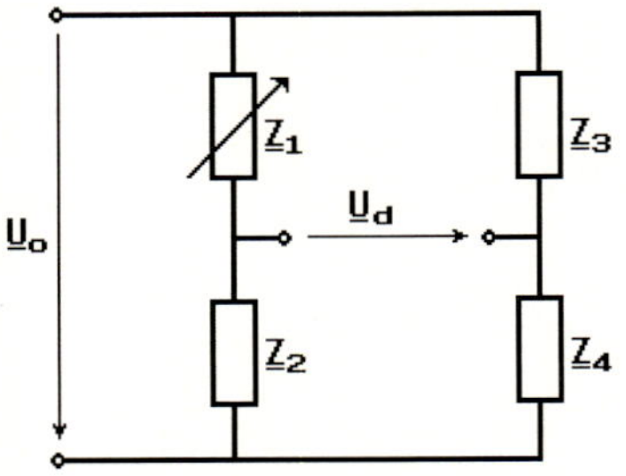

Bild 4.65

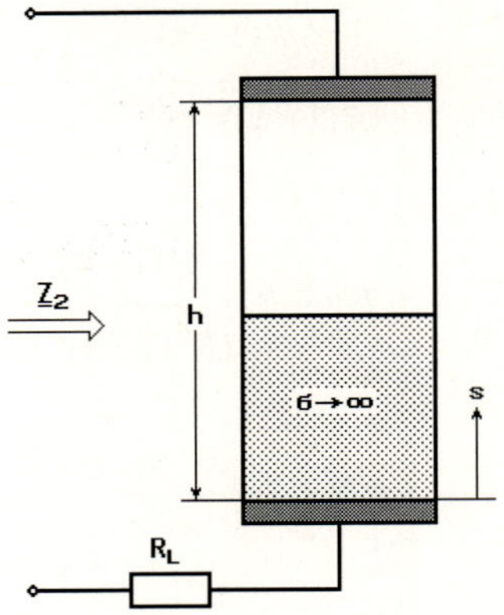

Bild 4.66

Lösung:

a) $$\underline{U}_d = \left(\frac{\underline{Z}_2}{\underline{Z}_1 + \underline{Z}_2} - \frac{\underline{Z}_4}{\underline{Z}_3 + \underline{Z}_4}\right) \underline{U}_0 = \frac{\underline{Z}_2 (\underline{Z}_3 + \underline{Z}_4) - \underline{Z}_4 (\underline{Z}_1 + \underline{Z}_2)}{(\underline{Z}_1 + \underline{Z}_2)(\underline{Z}_3 + \underline{Z}_4)} \underline{U}_0$$

b) $$\underline{U}_d = \frac{\underline{Z}_2 - \underline{Z}_1}{\underline{Z}_2 + \underline{Z}_1} \frac{\underline{U}_0}{2}$$

c) $$\underline{Z}_1 = R_1 + \frac{1}{j\omega C_1}; \quad \underline{Z}_2 = R_2 + \frac{1}{j\omega C_2}; \quad R_2 = R_L$$

$$\underline{U}_d = \frac{C_1 - C_2 + j\omega C_1 C_2 (R_2 - R_1)}{C_1 + C_2 + j\omega C_1 C_2 (R_2 + R_1)} \frac{\underline{U}_0}{2}$$

d) $$R_1 + \frac{1}{j\omega C_1} = R_2 + \frac{1}{j\omega C_2}$$

Realteil: $R_1 = R_2 = R_L$

Imaginärteil: $\frac{1}{\omega C_1} = \frac{1}{\omega C_2}$, d.h. $C_1 = C_2$

e) $$C_2 = \frac{\varepsilon A}{a} = \frac{\varepsilon_0 A}{h - s}; \quad \underline{Z}_2 = R_L + j\frac{s-h}{\omega \varepsilon_0 A}$$

f) $$C_1 = C_2(s=0) = \frac{\varepsilon_0 A}{h}; \quad R_1 = R_L$$

g) $$\underline{U}_d = \frac{-s}{2h - s} \frac{\underline{U}_0}{2}$$

h) $$\frac{\underline{U}_d}{\underline{U}_0} = \frac{-\frac{s}{h}}{4 - 2\frac{s}{h}}$$

s/h	0	1/4	1/2	3/4	1
$\underline{U}_d/\underline{U}_0$	0	-0,07	-0,167	-0,3	-0,5

Tabelle 4.2

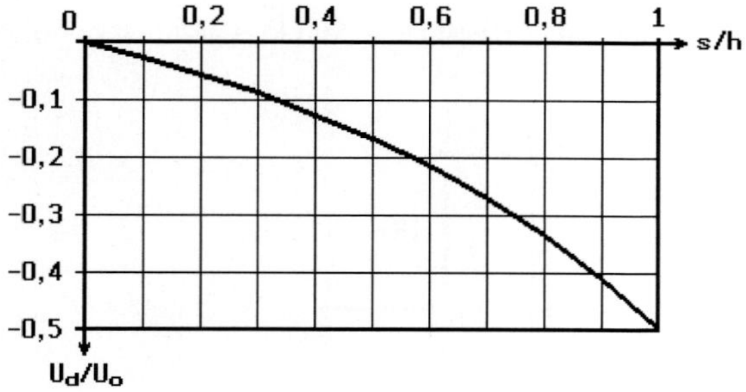

Bild 4.67

5 Teiler und Wandler

5.1 Spannungsteiler

Aufgabe 5.1: In der in Bild 5.1 dargestellten Schaltung wird der Spannungsabfall U_2 am Widerstand R_2 mit einem Spannungsmessgerät (R_i = 500 kΩ) gemessen. Folgende Werte sind gegeben: U_1 = 100 V, R_1 = 200 kΩ, R_2 = 100 kΩ.

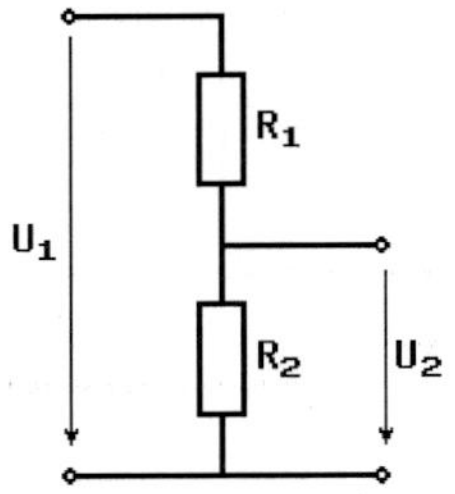

Bild 5.1

Wie groß ist

a) das Teilerverhältnis $ü = U_1/U_2$ für den unbelasteten Teiler,

b) das Teilerverhältnis $ü'$ für den belasteten Teiler,

c) der absolute systematische Fehler von *ü*,

d) der relative systematische Fehler (bezogen auf den Sollwert) der Schaltung?

Lösung:

a) $$ü = 1 + \frac{R_1}{R_2} = 3$$

b) $$ü' = 1 + \frac{R_1}{R_2} + \frac{R_1}{R_i} = 3{,}4$$

c) $$\Delta ü = \frac{R_1}{R_i} = 0{,}4$$

d) $$f_ü = \frac{\Delta ü}{ü} \approx 13{,}3\,\%$$

Aufgabe 5.2: Zur Analyse des Aussteuerungsverhaltens wird der Spannungsteiler nach Bild 5.2 mit einem regelbaren Widerstand αR belastet.

a) Bestimmen Sie das Verhältnis U_2/U_1 in Abhängigkeit von α.

b) Wann ist $U_2/U_1 = 1$? Skizzieren Sie $f(\alpha)$.

Lösung:

a) $$\frac{U_2}{U_1} = \frac{2\alpha}{2 + 3\alpha}$$

b) $U_2 / U_1 = 1$ ist nicht möglich für $0 \le \alpha \le 1$.

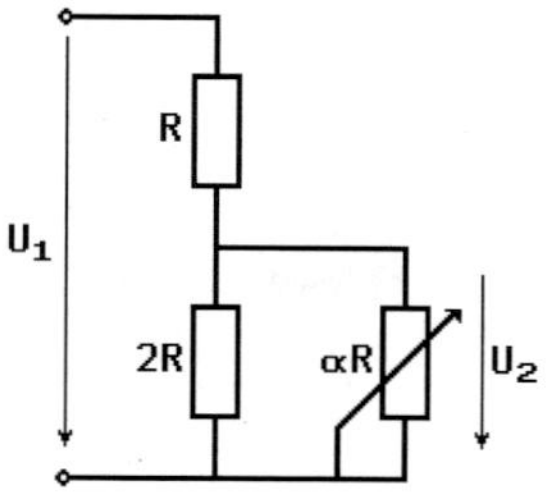

Bild 5.2

Aufgabe 5.3: Gegeben ist der in Bild 5.3 dargestellte gemischte Teiler aus einer Reihenschaltung von R und C.

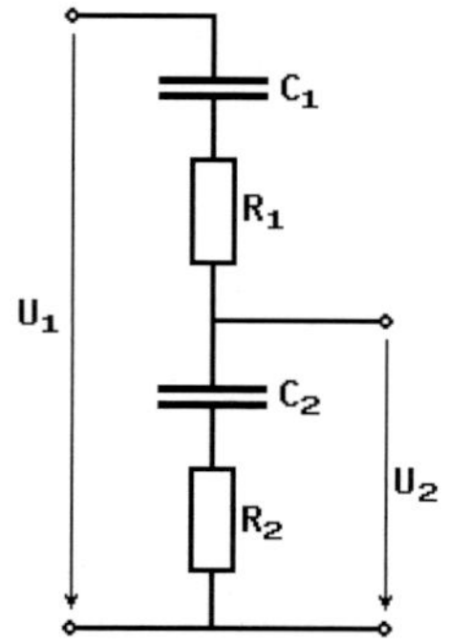

Bild 5.3

a) Berechnen Sie das Teilerverhältnis $\underline{ü} = \underline{U}_1/\underline{U}_2 = f(R_1, C_1, R_2, C_2, \omega)$.

b) Welche Bedingung muss erfüllt sein, damit das Teilerverhältnis frequenzunabhängig wird?

c) Für $C_1 = 100$ pF, $R_1 = 100\ \Omega$ sollen C_2 und R_2 so bestimmt werden, dass für alle Frequen-
zen $U_1/U_2 = 100$ ist.

Lösung:

a) $$\underline{ü} = \frac{\underline{U}_1}{\underline{U}_2} = \frac{R_1 - (j/\omega C_1)}{R_2 - (j/\omega C_2)} + 1$$

b) $R_1 = a\,R_2$; $C_2 = a\,C_1$ mit $a \in \Re^+$, **dann wird** $\underline{ü} = \underline{U}_1/\underline{U}_2 = 1 + a$.

c) $C_2 = 9{,}9$ nF; $R_2 = 1{,}01\ \Omega$

Aufgabe 5.4: In der Messtechnik werden häufig Messungen mit einem Oszilloskop durchgeführt. Dabei finden Tastteiler verbreitet ihre Anwendung (Bild 5.4)

a) Bestimmen Sie das Verhältnis $\underline{U}_2/\underline{U}_e = f(C_T)$.

b) Bestimmen Sie für den Sonderfall $R_E = R_T = R$ und $\omega C_E R_E = 1$ das Spannungsverhältnis $\underline{U}_2/\underline{U}_e = f(C_T/C_E)$ und stellen Sie den Verlauf als Ortskurve dar.

c) Bestimmen Sie den Sonderfall $C_T = C_E$, $R_T = R_E$.

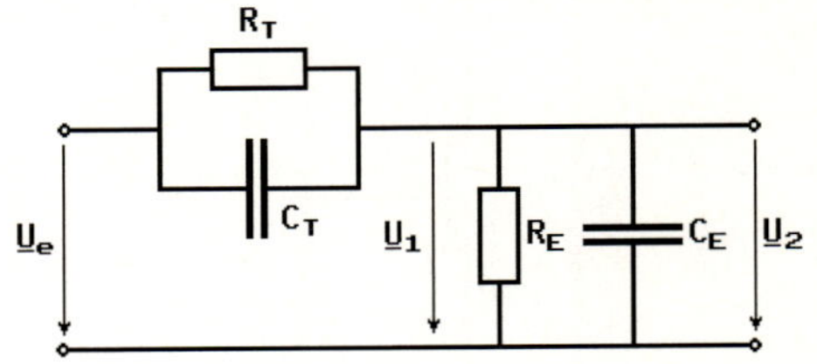

Bild 5.4

Lösung:

a) $$\frac{\underline{U}_2}{\underline{U}_e} = \frac{1}{1+k} \text{ mit } k = \frac{G_E + j\omega C_E}{G_T + j\omega C_T} \text{ und } G_{E,T} = \frac{1}{R_{E,T}}$$

b) $$\frac{\underline{U}_2}{\underline{U}_e} = 1 - \frac{1+j}{2 + j(1 + C_T/C_E)}$$

Darstellung als Ortskurve (Bild 5.5)

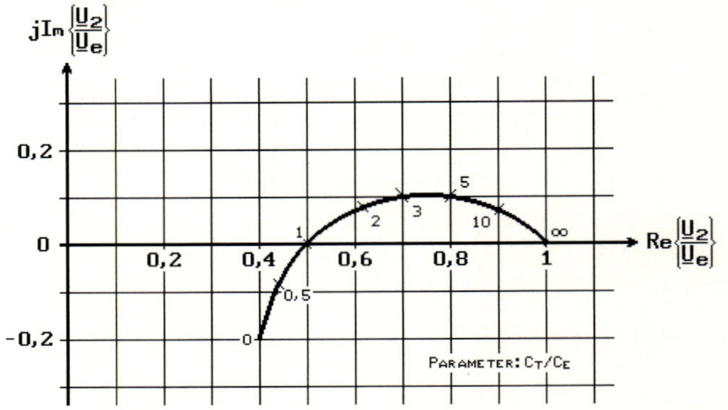

Bild 5.5

c) $$\frac{\underline{U}_2}{\underline{U}_e} = \frac{1}{2}$$

Aufgabe 5.5: Gegeben ist der zweistufige Spannungsteiler nach Bild 5.6.

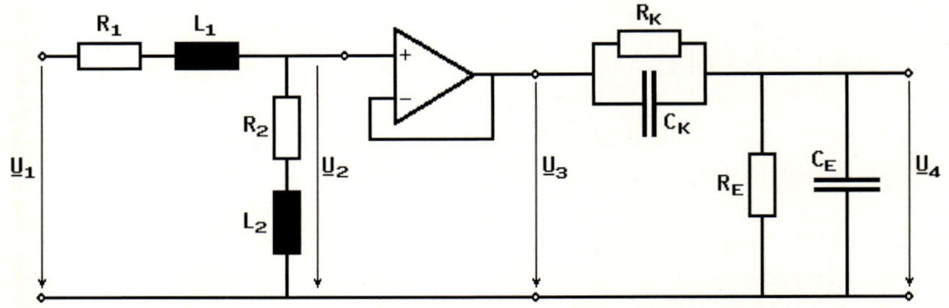

Bild 5.6

a) Der Operationsverstärker (OP) sei ideal. Wie ist das Verhältnis $\underline{ü}_{OP} = \underline{U}_3/\underline{U}_2$?
Wie gross ist der Eingangs- bzw. Ausgangswiderstand des OPs? Welche Funktion hat der OP?

b) Leiten Sie das Teilerverhältnis $\underline{ü}_1 = \underline{U}_1/\underline{U}_2$ für sinusförmige Spannungen her. Unter welcher Bedingung ist $\underline{ü}_1$ frequenzunabhängig? Beachten Sie die Funktion des OPs.

c) Leiten Sie das Teilerverhältnis $\underline{ü}_2 = \underline{U}_3/\underline{U}_4$ ab. Geben Sie die Bedingung für C_K an, für die $\underline{ü}_2$ frequenzunabhängig wird.

d) Bestimmen Sie das gesamte Teilerverhältnis $\underline{ü} = \underline{U}_1/\underline{U}_4$. Geben Sie die Bedingungen an, für die $\underline{ü}$ frequenzunabhängig wird. Wie groß ist dann $\underline{ü}$?

e) Ist der in Bild 5.7 dargestellte Spannungsteiler frequenzkompensierbar? Begründen Sie.

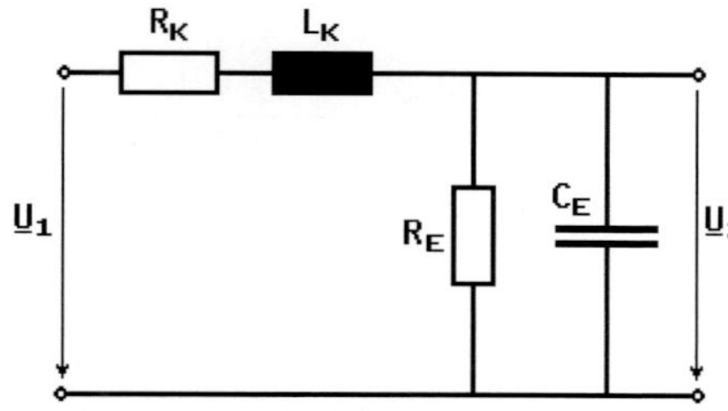

Bild 5.7

Lösung:

a) $$ü_{OP} = \frac{U_3}{U_2} = 1$$

Eingangswiderstand $R_e \to \infty$; Ausgangswiderstand $R_i \to 0$

Die OP-Schaltung ist ein Spannungsfolger bzw. Impedanzwandler, durch den eine Wechselwirkung zwischen den beiden Spannungsteilern vermieden wird.

b) $$\underline{ü}_1 = \frac{\underline{U}_1}{\underline{U}_2} = 1 + \frac{\underline{Z}_1}{\underline{Z}_2} = 1 + \frac{\mathrm{j}\omega L_1 + R_1}{\mathrm{j}\omega L_2 + R_2}$$

$$R_1 L_2 = L_1 R_2$$

c) $$\underline{ü}_2 = \frac{\underline{U}_3}{\underline{U}_4} = 1 + \frac{\underline{Z}_K}{\underline{Z}_E} = 1 + \frac{R_K(1 + \mathrm{j}\omega R_E C_E)}{R_E(1 + \mathrm{j}\omega R_K C_K)}$$

d) $$\underline{ü} = \frac{\underline{U}_1}{\underline{U}_4} = \underline{ü}_1 \frac{\underline{ü}_2}{ü_{OP}} = \left(1 + \frac{\mathrm{j}\omega L_1 + R_1}{\mathrm{j}\omega L_2 + R_2}\right)\left(1 + \frac{R_K(1 + \mathrm{j}\omega R_E C_E)}{R_E(1 + \mathrm{j}\omega R_K C_K)}\right)$$

Bedingung für Frequenzunabhängigkeit:

$$\frac{R_1}{R_2} = \frac{L_1}{L_2} \quad \text{und} \quad \frac{R_K}{R_E} = \frac{C_E}{C_K}$$

$$\underline{ü} = \left(1 + \frac{R_1}{R_2}\right)\left(1 + \frac{R_K}{R_E}\right) \quad \text{oder} \quad \underline{ü} = \left(1 + \frac{L_1}{L_2}\right)\left(1 + \frac{C_E}{C_K}\right)$$

e) Dieser Spannungsteiler ist nicht frequenzkompensierbar.

$$\underline{ü} = \frac{\underline{U}_1}{\underline{U}_2} = 1 + \frac{\underline{Z}_K}{\underline{Z}_E} = 1 + \frac{(R_K + j\omega L_K)(1 + j\omega R_E C_E)}{R_E}$$

$$\underline{ü}(\omega = 0) = \lim_{\omega \to 0} \underline{ü} = 1 + \frac{R_K}{R_E}$$

$$\underline{ü}(\omega \to \infty) = \lim_{\omega \to \infty} \underline{ü} \to \infty$$

$$\underline{ü}(\omega = 0) \neq \underline{ü}(\omega \to \infty)$$

Aufgabe 5.6: Gegeben ist der in Bild 5.8 dargestellte Spannungsteiler. Das Bauteil $\underline{Z}_1$ ist eine Induktivität L, das Bauteil $\underline{Z}_2$ ist eine Kapazität C.

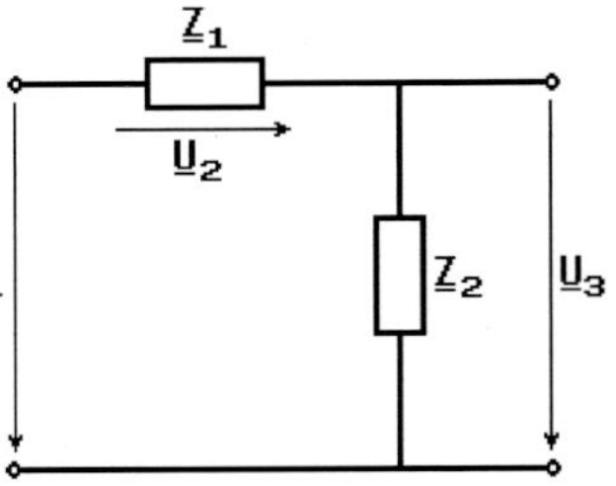

Bild 5.8

a) Berechnen Sie die Teilerverhältnisse und bringen Sie diese in die Form (1 - x).
$\underline{ü}_A = \underline{U}_1/\underline{U}_3$; $\underline{ü}_B = \underline{U}_1/\underline{U}_2$

b) Bestimmen Sie die Werte $\underline{ü}_A(\omega)$ für $\omega = 0$ und $\omega \to \infty$.

c) Berechnen Sie die Frequenz ω_1, für die $\underline{ü}_A = \underline{ü}_B$ gilt. Wie bezeichnet man diese Frequenz?

d) Der Induktivität L wird eine Kapazität C_1 und der Kapazität C eine Induktivität L_1 parallel geschaltet.
d1) Zeichnen Sie das Ersatzschaltbild.
d2) Berechnen Sie das Teilerverhältnis $\underline{ü}_C = \underline{U}_1 / \underline{U}_3$ und bringen Sie dieses in die Form (1 + x).
d3) Welche Bedingung gilt für die Bauelemente L, L_1, C, C_1, wenn $\underline{ü}_C$ frequenzunabhängig ist?
d4) Welchen Wert hat $\underline{ü}_C$ in diesem Fall?

Das Netzwerk wird nun neu aufgebaut.
Das Bauteil $\underline{Z}_1$ besteht aus der Parallelschaltung des ohmschen Widerstandes R mit der Reihenschaltung des ohmschen Widerstandes R_1 und der Induktivität L_1.

e) Zeichnen Sie das Ersatzschaltbild.

f) Wie ist das Bauteil $\underline{Z}_2$ im einfachsten Fall aufzubauen, damit das Teilerverhältnis $\underline{ü}_D = \underline{U}_1 / \underline{U}_3 = 2$ für alle Frequenzen ω beträgt.
Hinweis: Berechnen Sie zuerst $\underline{ü}_D = \underline{ü}_D(\underline{Z}_1, \underline{Z}_2)$ und überlegen Sie dann, wie $\underline{Z}_2$ aufzubauen ist. (Gleichungen für die Grundzweipole angeben).

g) Geben Sie eine alternative Möglichkeit für den Aufbau von $\underline{Z}_2$ an, so dass $\underline{ü}_D = 2$ für alle Frequenzen ω gilt.
g1) Zeichnen Sie das Ersatzschaltbild.
g2) Berechnen Sie die Werte der Grundzweipole, aus denen $\underline{Z}_2$ besteht.

Lösung:

a) $\underline{\ddot{u}}_A = \frac{\underline{U}_1}{\underline{U}_3} = 1 - \omega^2 LC$; $\underline{\ddot{u}}_B = \frac{\underline{U}_1}{\underline{U}_2} = 1 - \frac{1}{\omega^2 LC}$

b) $\underline{\ddot{u}}_A\ (\omega = 0) = 1$; $\underline{\ddot{u}}_A\ (\omega \to \infty) \to -\infty$

$\underline{\ddot{u}}_B\ (\omega = 0) \to -\infty$; $\underline{\ddot{u}}_B\ (\omega \to \infty) = 1$

c) $\omega_1 = \frac{1}{\sqrt{LC}}$; ω_1 wird auch Resonanzfrequenz des LC-Schwingkreises genannt.

d)

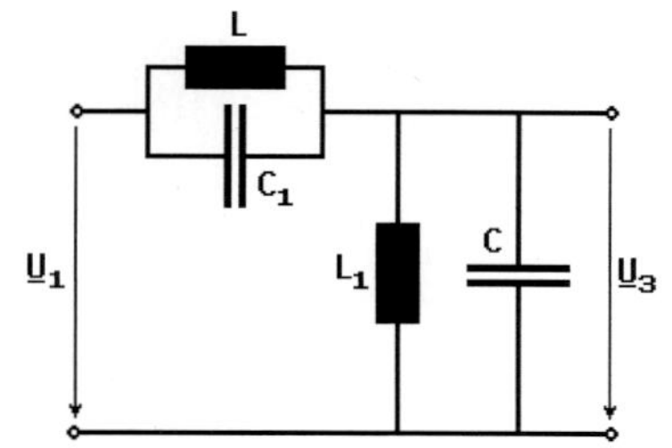

Bild 5.9

$$\underline{\ddot{u}}_C = \frac{\underline{U}_1}{\underline{U}_3} = 1 + \frac{L}{L_1}\,\frac{\omega^2 L_1 C - 1}{\omega^2 L C_1 - 1}$$

Frequenzunabhängigkeit bei $L_1 C = L C_1$.

$$\underline{\ddot{u}}_C = 1 + \frac{L}{L_1}$$

e)

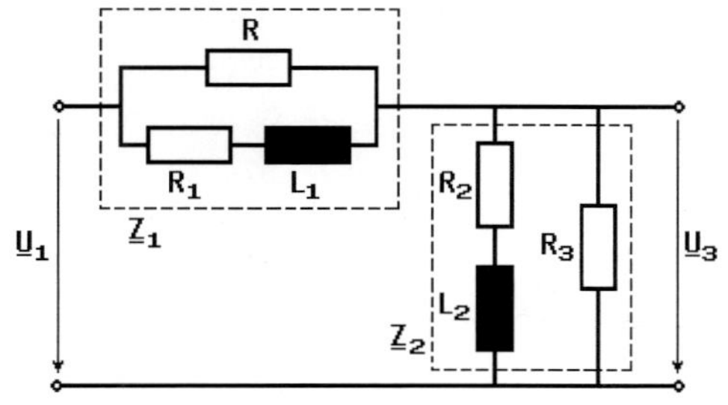

Bild 5.10

f) $\underline{Z}_1 = \underline{Z}_2$; d.h. $R_2 = R_1$, $R_3 = R$, $L_2 = L_1$

g) 1) Ersatzschaltbild siehe Bild 5.11

2) $\underline{Z}_{1b} = \frac{R\,R_1}{R_1 + R}$; $\underline{Z}_{2b} = \frac{R^2}{R_1 + R}$; $\underline{Z}_{3b} = \frac{R^2\,\mathrm{j}\omega L_1}{(R_1 + R)^2}$

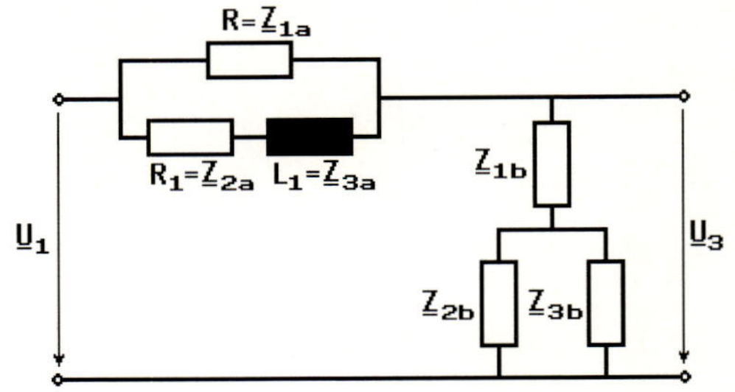

Bild 5.11

Aufgabe 5.7: Gegeben ist der in Bild 5.12 dargestellte Spannungsteiler. Die Kondensatoren sind wie folgt dimensioniert:

$$C_1 = \frac{C}{K_1} \; ; \; C_2 = CK_2 \; ; \; C_3 = \frac{C}{1 - K_1} \; ; \; R_2 = R_1 K_3$$

$$\text{mit } K_i \in \mathbb{R} \; ; \; i = 1,2,3 \; ; \; K_1 \neq 1$$

Die Kondensatoren C_1 und C_3 sowie der Widerstand R_2 sind zunächst kurzgeschlossen.

a) Zeichnen Sie das Ersatzschaltbild und leiten Sie das Teilerverhältnis $\underline{ü} = \underline{U}_1/\underline{U}_2 = \underline{ü}\,(\omega, R_1, ...)$ her.

b) Berechnen Sie $|\underline{U}_2|$ als Funktion von $|\underline{U}_1|$ für $\omega_1 = 0$ und $\omega_2 = 100 / (R_1C_2)$.

c) Ist das Teilerverhältnis $\underline{ü}$ frequenzabhängig? Begründen Sie Ihre Aussage.

Für die folgenden Teilaufgaben sind die Bauelemente C_1, C_3 und R_2 nicht mehr kurzgeschlossen.

d) Zeichen Sie das Ersatzschaltbild und berechnen Sie erneut das Teilerverhältnis $\underline{ü} = \underline{U}_1/\underline{U}_2 = \underline{ü}\,(\omega, R_1, ...)$.

e) Leiten Sie die Bedingung für die Konstante K_2 her, unter der das Teilerverhältnis $\underline{ü}$ frequenzunabhängig ist. Welchen Wert hat $\underline{ü}$ in diesem Fall?

f) Bestimmen Sie R_2 und C_2 so, dass für alle Frequenzen ω das Teilerverhältnis $\underline{ü}$ eine Konstante ist ($\underline{ü} = V =$ const.)

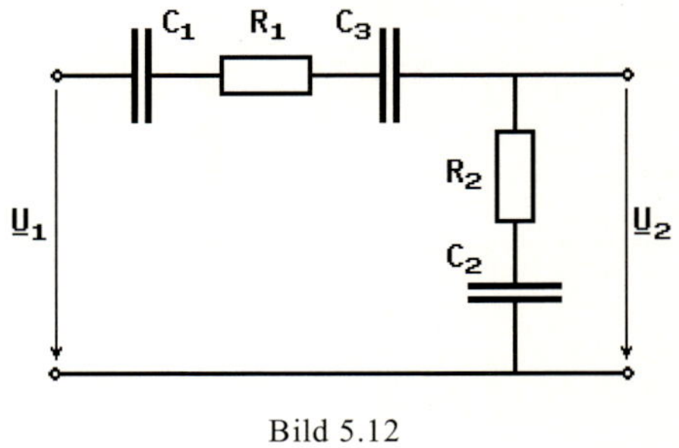

Bild 5.12

Lösung:

a) Ersatzschaltbild siehe Bild 5.13

$$\underline{ü} = \frac{\underline{U}_1}{\underline{U}_2} = \frac{R_1 - \mathrm{j}\frac{1}{\omega C_2}}{-\mathrm{j}\frac{1}{\omega C_2}} = 1 + \mathrm{j}\omega R_1 C_2 = 1 + \mathrm{j}\omega R_1 C K_2$$

b) $|\underline{U}_2| = \dfrac{|\underline{U}_1|}{|\underline{ü}|}$

$$\omega = 0: \quad |\underline{U}_2| = \frac{|\underline{U}_1|}{|1+0|} = |\underline{U}_1|$$

$$\omega = \frac{100}{R_1 C_2}: \quad |\underline{U}_2| = \frac{|\underline{U}_1|}{|1+j100|} = \frac{|\underline{U}_1|}{\sqrt{1+100^2}} \approx 0{,}01\ |\underline{U}_1|$$

c) Ja, da $\underline{ü}(\omega_1 = 0) \neq \underline{ü}\left(\omega_2 = \dfrac{100}{R_1 C_2}\right)$

d) $$\frac{1}{C_g} = \frac{1}{C_1} + \frac{1}{C_3} \Rightarrow C_g = \frac{C_1\,C_3}{C_1 + C_3} = \frac{\frac{C}{K_1}\,\frac{C}{1-K_1}}{\frac{C}{K_1} + \frac{C}{1-K_1}} = \frac{C^2}{C(1-K_1) + C\,K_1} = C$$

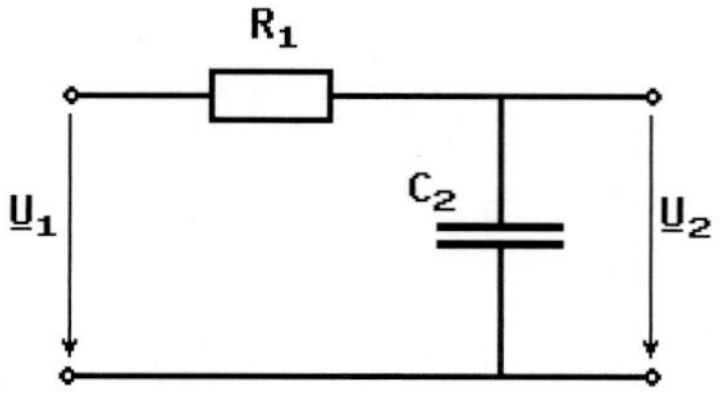

Bild 5.13

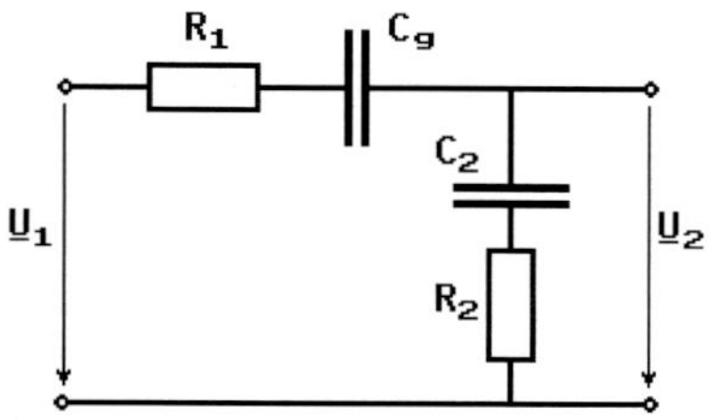

Bild 5.14

$$\underline{Z}_1 = R_1 - \mathrm{j}\,\frac{1}{\omega C_g}\ ; \quad \underline{Z}_2 = R_2 - \mathrm{j}\,\frac{1}{\omega C_2}\ ; \quad R_2 = R_1 K_3\ ; \ C_2 = C\,K_2$$

$$\underline{ü} = \frac{\underline{U}_1}{\underline{U}_2} = \frac{\underline{Z}_1 + \underline{Z}_2}{\underline{Z}_2} = 1 + \frac{\underline{Z}_1}{\underline{Z}_2} = 1 + \frac{R_1 - \mathrm{j}\,\frac{1}{\omega C_g}}{R_2 - \mathrm{j}\,\frac{1}{\omega C_2}} = 1 + \frac{R_1 - \mathrm{j}\,\frac{1}{\omega C}}{R_1\,K_3 - \mathrm{j}\,\frac{1}{\omega C\,K_2}}$$

$$= 1 + K_2\,\frac{1 + \mathrm{j}\omega C R_1}{1 + \mathrm{j}\omega C R_1 K_3 K_2}$$

e) $\underline{ü}(\omega = 0) = \underline{ü}(\omega = \infty)$

$$1 + K_2 = 1 + K_2\,\frac{1}{K_3 K_2}\ ; \quad \text{d.h.} \quad K_2 = \frac{1}{K_3}$$

$$ü = 1 + K_2$$

f) $$\underline{ü} = 1 + K_2\,\frac{1 + \mathrm{j}\omega C R_1}{1 + \mathrm{j}\omega C R_1 K_3 K_2} = v$$

$$\underline{ü} = v = 1 + K_2,$$

d.h. $K_2 = v - 1\ ;\ C_2 = C\,K_2 = C\,(v-1)\ ;\ R_2 = R_1\,\dfrac{1}{K_2} = \dfrac{R_1}{v-1}$

Aufgabe 5.8: Gegeben ist der in Bild 5.15 dargestellte Spannungsteiler.

a) Wie lautet das Teilerverhältnis $\underline{ü} = \underline{U}_1 / \underline{U}_2$?
Ist das Teilerverhältnis $\underline{ü}$ frequenzabhängig?

Ist das Teilerverhältnis $\underline{ü}$ frequenzabhängig, wenn der Teiler mit einem ohmschen Widerstand belastet wird ?

Der Teiler wird zu einem gemischten Teiler (*L-R*-Teiler) erweitert. Dazu wird nun jeder Induktivität ein ohmscher Widerstand parallel geschaltet.

b) Zeichnen Sie das Schaltbild (ohmsche Widerstände: R_1 , R_2).

c) Leiten Sie das Teilerverhältnis $\underline{ü} = \underline{U}_1 / \underline{U}_2$ her.

d) Bestimmen Sie das Teilerverhältnis $\underline{ü}$ für die Frequenzen $\omega = 0$ und $\omega \to \infty$.

e) Welche Bedingung muss erfüllt sein, damit der Teiler frequenzunabhängig ist?

f) Der Teiler wird mit einer Parallelschaltung aus der Induktivität L_3 und dem ohmschen Widerstand R_3 belastet. Welche Werte müssen die Bauelemente L_3 und R_3 haben, um ein frequenzunabhängiges Teilerverhältnis $\underline{ü}$ zu erhalten?

g) Die Bauelemente der Teiler für das frequenzunabhängige Teilerverhältnis $\underline{ü} = 400$ haben jetzt folgende Werte: $L_1 = 1{,}6$ H, $L_2 = 5$ mH, $R_1 = 10$ kΩ, $R_2 = 47$ kΩ.

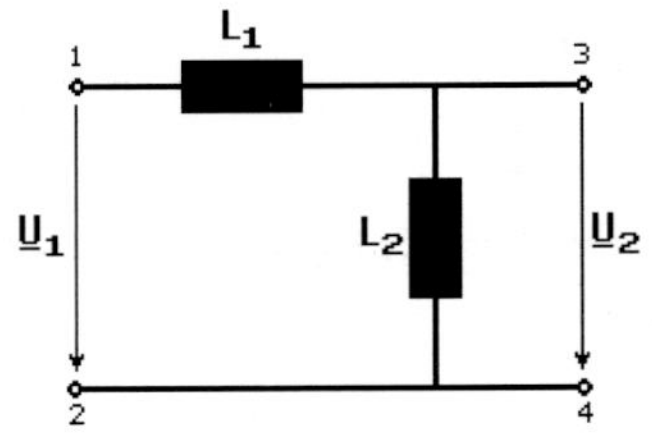

Bild 5.15

Lösung:

a) $\underline{ü} = ü = 1 + \frac{L_1}{L_2} \neq f(\omega)$, also frequenzunabhängig, d.h. bei Belastung mit ohmschem Widerstand frequenzabhängig.

b)

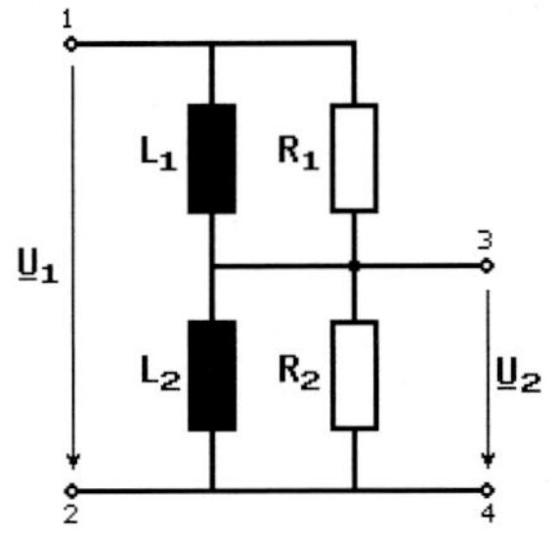

Bild 5.16

c) $\underline{ü} = 1 + \frac{L_1}{L_2} \frac{1 + j\omega \frac{L_2}{R_2}}{1 + j\omega \frac{L_1}{R_1}}$

d) $\underline{ü}(\omega = 0) = 1 + \frac{L_1}{L_2}$; $\underline{ü}(\omega \to \infty) = 1 + \frac{R_1}{R_2}$

e) $L_2 R_1 = L_1 R_2$

f) $L_3 = \frac{L_1 L_2}{L_2(ü - 1) - L_1}$; $R_3 = \frac{R_1 R_2}{R_2(ü - 1) - R_1}$

g) $L_3 = 20{,}25\,\text{mH}$; $R_3 = 25{,}076\,\text{k}\Omega$

Aufgabe 5.9: Gegeben ist der gemischte R-C-Teiler nach Bild 5.17. Die Bauelemente haben folgende Werte: $R_1 = 499\ \text{k}\Omega$, $R_2 = 1\ \text{k}\Omega$, $C_1 = 10\ \text{pF}$, $C_2 = 10\ \text{pF}$.

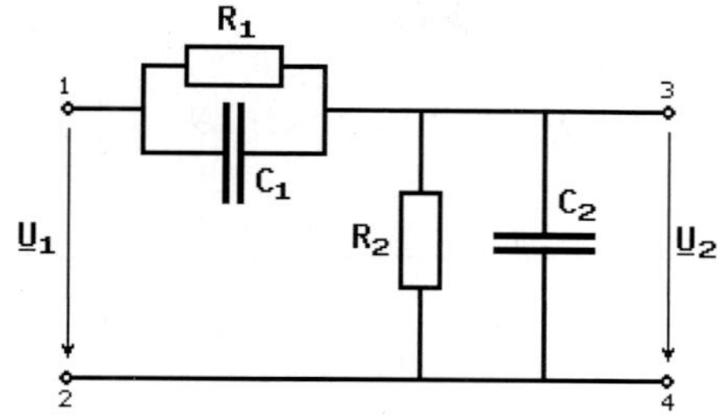

Bild 5.17

a) Ist das Teilerverhältnis $\underline{ü} = \underline{U}_1/\underline{U}_2$ frequenzabhängig?

b) Geben Sie den Betrag des Teilerverhältnisses $|\underline{ü}|$ für die beiden Fälle $\omega_1 = 0$ und $\omega_2 \to \infty$ an.

An den Klemmen 3 und 4 wird die Parallelschaltung einer Kapazität C_3 und eines ohmschen Widerstandes R_3 angeschlossen.

c) Zeichnen Sie das modifizierte Schaltbild (Ersatzgrößen angeben).

d) Das Teilerverhältnis soll jetzt $ü = 1001$ für alle Frequenzen ω betragen. Wie groß muss hierfür R_3 sein? Wie lautet die Berechnungsvorschrift für C_3 ($C_3 = f(R_1, R_2, R_3, C_1, C_2)$)? Wie groß ist C_3?

e) Zwischen den Klemmen 3 und 4 soll sich anstelle der Parallelschaltung aus C_3 und R_3 eine Serienschaltung, bestehend aus einer Kapazität C_4 und einem ohmschen Widerstand R_4, befinden. Diese Serienschaltung soll der Parallelschaltung aus C_3 und R_3 äquivalent sein.
Leiten Sie allgemein die Funktion $R_4 = f(\omega, R_3, C_3)$ her.
Leiten Sie allgemein die Funktion $C_4 = f(\omega, R_3, C_3)$ her.

Lösung:

a) $R_1 C_1 = 4{,}99 \cdot 10^{-6} s.;\ R_2 C_2 = 10 \cdot 10^{-6} s$; d.h. $R_1 C_1 < R_2 C_2$
Der Teiler ist unterkompensiert und somit ist $\underline{ü}$ frequenzabhängig.

b) $$|\underline{ü}(\omega_1{=}0)| = 1 + \frac{R_1}{R_2} = 500\ ;\quad |\underline{ü}(\omega_2{\to}\infty)| = 1 + \frac{C_2}{C_1} = 1001$$

c) Nach Bild 5.18 gilt
$$C_e = C_2 \| C_3 = C_2 + C_3\ ;\quad R_e = R_2 \| R_3 = \frac{R_2 R_3}{R_2 + R_3}$$

d) $$\omega = 0\ ;\quad R_3 = \frac{R_1 R_2}{R_2(ü - 1) - R_1} = 0{,}996\,\text{k}\Omega$$

e) $$R_4 = \frac{R_3}{(\omega C_3 R_3)^2 + 1} \approx R_3,\quad C_4 = C_3 + \frac{1}{(\omega R_3)^2 C_3} \to \infty\ \text{(Kurzschluss)}$$

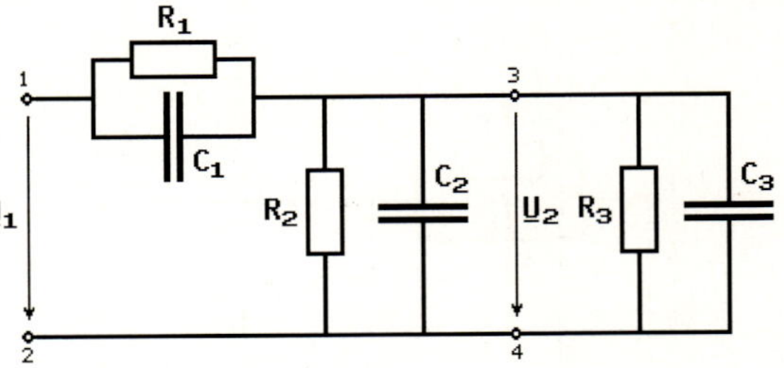

Bild 5.18

Aufgabe 5.10: Gegeben sei der kapazitive Teiler nach Bild 5.19, der über ein Koaxialkabel an ein Oszilloskop angeschlossen ist. Die Teilergrößen $ü$ und C_2 sowie R_e, C_e und C'_k (Kapazitätsbelag: Kapazität pro Länge) seien bekannt: $ü = 100$, $C_2 = 10$ nF, $R_e = 1$ MΩ, $C_e = 40$ pF, $C'_k = 30$ pF/m.

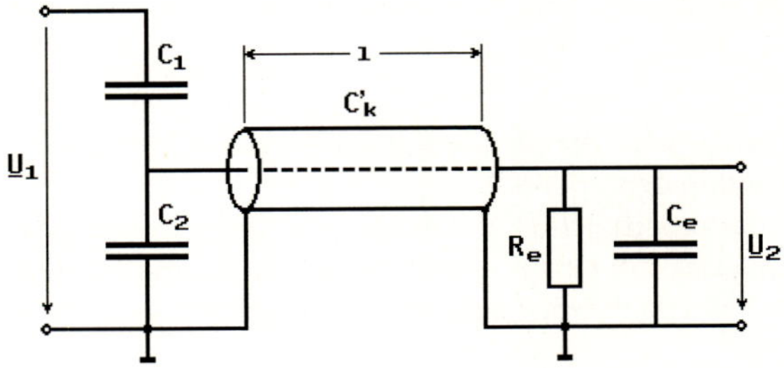

Bild 5.19

a) Berechnen Sie die Kapazität C_1 des unbelasteten Teilers.

b) Bestimmen sie nun die Länge des Messkabels allgemein und als Zahlenwert für den Fall, dass die Zeitkonstante der gesamten Messanordnung τ = 10,201 ms entspricht (Rechnung mit Kurzschluss am Eingang). Zeichnen Sie zuerst das Ersatzschaltbild.

Die folgenden Aufgabenteile sind unabhängig von b) zu lösen.

c) Berechnen Sie den durch das Kabel und das Oszilloskop entstehenden relativen Fehler, der bei der Messung einer Sinuswechselspannung von 800 V (50 Hz) entsteht. Die Kabellänge l des Messkabels sei 8 m. Berechnen sie zuerst den Istwert $\underline{U}'_2 = f(\underline{U}_1, ...)$. Berechnen Sie dann den relativen Fehler aus dem Ist- und Sollwert.

d) Ergänzen Sie den Spannungsteiler um ein Bauelement derart, dass für jede Frequenz der relative Fehler konstant bleibt und geben Sie eine Dimensionierungsbedingung für dieses Bauelement an.

Lösung:

a) $$C_1 = \frac{C_2}{ü - 1} = 101{,}01 \text{ pF}$$

b) $$l = \frac{1}{C_R}\left(\frac{\tau}{R_e} - C_1 - C_2 - C_e\right) = 2\,\text{m}$$

c)

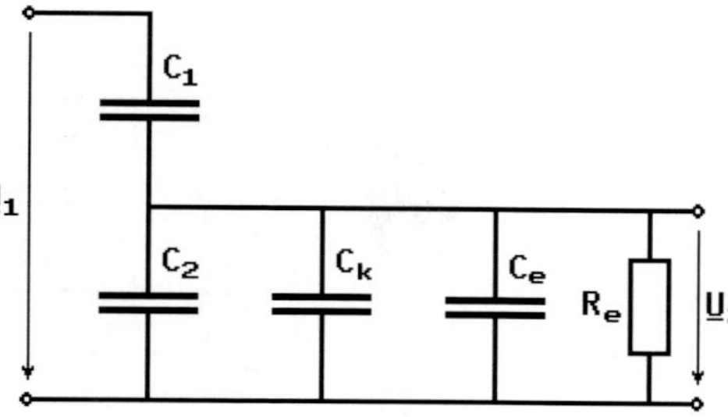

Bild 5.20

$$\underline{U}_2{}' = \frac{\omega R_e C_1}{\sqrt{1+\omega^2 R_e^2 (C_1+C_2+C_k+C_e)^2}} \underline{U}_1$$

$$f_{U2} = \frac{\omega R_e C_1}{\sqrt{1+\omega^2 R_e^2 (C_1+C_2+C_k+C_e)^2}} \ddot{u} - 1 = -7\%$$

d)

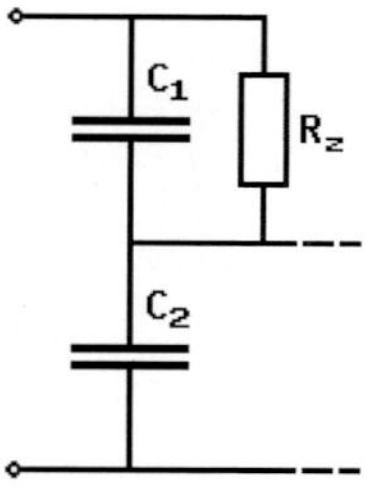

Bild 5.21

$$\frac{\underline{U}_1}{\underline{U}_2} = \frac{\mathrm{j}\omega R_e C^* \, (1+\mathrm{j}\omega R_Z C_1) C_1}{\mathrm{j}\omega R_Z C_1 \, (1+\mathrm{j}\omega R_e C^*) C^* + \mathrm{j}\omega R_e C^* \, (1+\mathrm{j}\omega R_Z C_1) C_1}$$

$$\text{mit } C^* = C_2 + C_k + C_e \; ; \; R_Z = \frac{R_e C^*}{C_1} = 101{,}8 \text{ M}\Omega$$

Aufgabe 5.11: Für den Verstärkereingang eines Oszillografen ist ein vorschaltbarer Tastkopf (frequenzkompensierter Eingangsteiler) mit der Umsetzung $\ddot{u} = \frac{U_1}{U_2} = \frac{10}{1}$ zu entwerfen. Die Daten des Oszillografen lauten: $R_e = 1\,\text{M}\Omega$, $C_e = 20\,\text{pF}$. Die Koaxialleitung zwischen Tastkopf und Oszillografeneingang habe eine Länge $l = 1{,}2$ m und eine Kapazität von 50 pF/m. Ohmscher Widerstand und Induktivität der Leitung sind zu vernachlässigen.

a) Geben Sie die Ersatzschaltung der Anordnung nach Bild 5.23 an.
b) Wie groß sind die Elemente des Tastkopfes R_v und C_v zu dimensionieren?
c) Wie lauten die Daten des Tastkopfes (R_v und C_v), wenn die Koaxialleitung auf $l' = 0{,}6$ m reduziert wird?

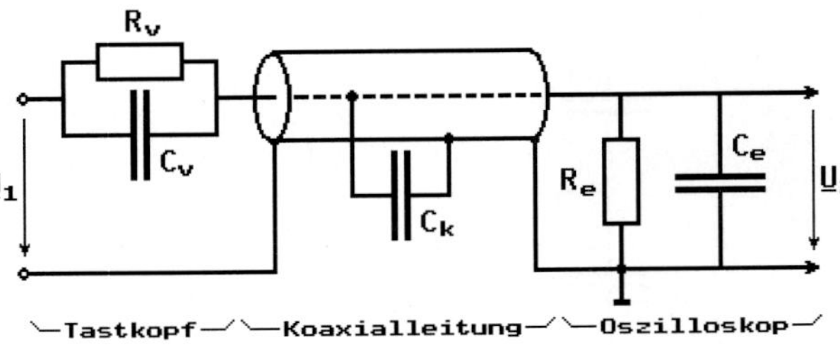

Bild 5.22

Lösung:

a)

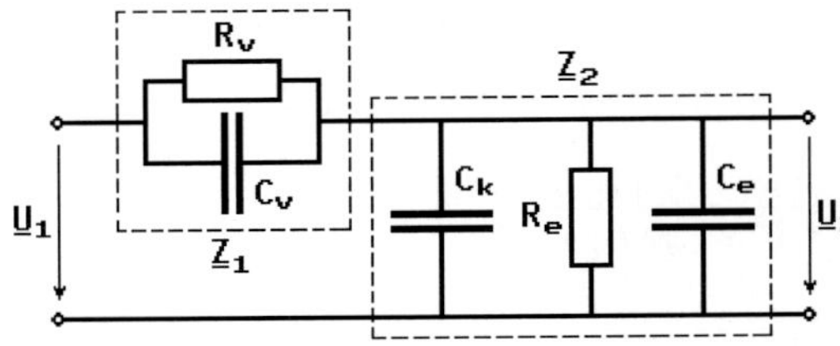

Bild 5.23

b) $C_k = C_k' \, l = 60 \text{ pF}$

$$\underline{\ddot{u}} = \frac{\underline{u}_1}{\underline{u}_2} = 1 + \frac{R_v}{R_e} = \frac{10}{1} \; ; \quad \text{d.h. } R_v = R_e(\ddot{u}-1) = 9 \text{ M}\Omega$$

$$C_v = \frac{R_e(C_k + C_e)}{R_v} \approx 8{,}89 \text{ pF}$$

c) $C_k = C_k' \, 0{,}6 \text{ m} = 30 \text{ pF} \; ; \; R_v = 9 \text{ M}\Omega \; ; \; C_v = 5{,}56 \text{ pF}$

Aufgabe 5.12: Die Eingangsimpedanz eines Messgerätes bestehe aus der Parallelschaltung von einem Widerstand mit $R_e = 1 \text{ M}\Omega$ und einer Induktivität von $L_e = 1$ mH. Für dieses Messgerät soll ein Eingangsteiler dimensioniert werden, der Spannungen im Verhältnis 1 : 5 frequenzunabhängig teilt. Geben Sie das Schaltbild und die Dimensionierung des Teilers an.

Lösung:

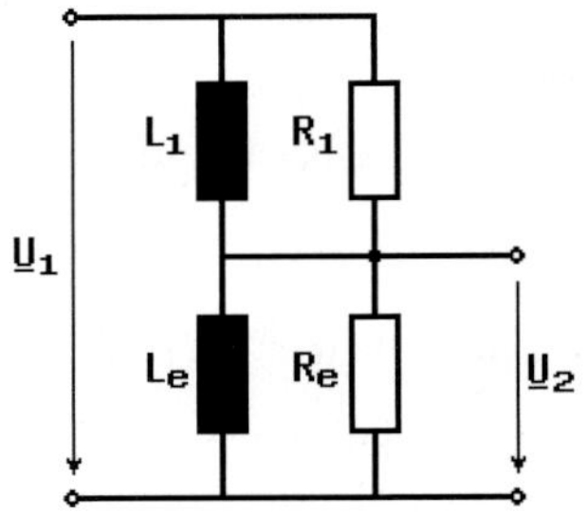

Bild 5.24

$$\text{Frequenzunabhängigkeit bei } \frac{R_e}{L_e} = \frac{R_1}{L_1}, \text{ d.h. } \underline{\ddot{u}} = \frac{\underline{U}_1}{\underline{U}_e} = 1 + \frac{\underline{Z}_1}{\underline{Z}_e} = 1 + \frac{R_1}{R_e} = 5$$

$$R_1 = R_e(\ddot{u}-1) = 4 \text{M}\Omega \; ; \; L_e = \frac{R_1}{R_e} L_1 = L_1(\ddot{u}-1) = 4 \text{ mH}$$

5.2 Stromwandler

Aufgabe 5.13: In der Messtechnik werden sehr häufig Messwandler verwendet.

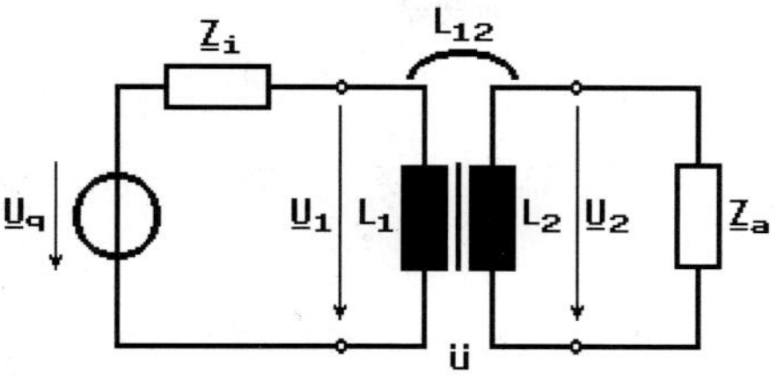

Bild 5.25

Leiten Sie am Beispiel eines verlustlosen Übertragers (Bild 5.26) das Übersetzungsverhältnis *ü* für

a) die Spannungsübersetzung und
b) die Stromübersetzung her.
c) Der Übertrager wird ausgangsseitig mit einer Impedanz $\underline{Z}_a$ belastet. Wie wirkt sich dies auf den Eingang des Übertragers aus?

Lösung:

a) $\frac{\underline{U}_1}{\underline{U}_2} = \frac{1}{k}\sqrt{\frac{L_1}{L_2}}$; b) $\frac{\underline{I}_1}{\underline{I}_2} = \frac{1}{k}\sqrt{\frac{L_2}{L_1}}$; c) $\underline{Z}_e = ü^2\,\underline{Z}_a$

Aufgabe 5.14: An einem verlustfreien Stromwandler ($R_{CU1} = R_{CU2} = 0$) werden zur Bestimmung der Haupt- und Streuinduktivität zwei Messungen durchgeführt. Bei sekundärem Leerlauf wird am Eingang gemessen $(U/I)_l = 314{,}5\ \Omega$. Bei sekundärem Kurzschluss mißt man dagegen am Eingang $(U/I)_k = 1\ \Omega$. Weiterhin gilt: $L_{\sigma 1} = L'_{\sigma 2} = L_\sigma;\ L_{\sigma 1} \ll L_h;\ f = 50$ Hz

a) Bestimmen Sie die Werte der Haupt- und Streuinduktivität.
b) Zeichnen Sie das Ersatzschaltbild für den mit einer rein ohmschen Bürde ($R'_b = 1\ \Omega$) belasteten Stromwandler und geben Sie die Größe der Spannungen und Ströme an.
c) Zeichnen Sie das Zeigerdiagramm der Ersatzschaltung aus b) qualitativ mit allen Spannungen und Strömen.

Lösung:

a)

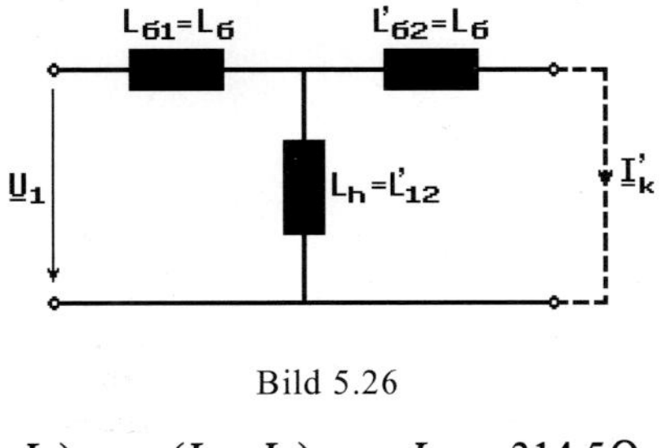

Bild 5.26

$$\left(\frac{U}{I}\right)_1 = \omega(L_{\sigma 1} + L_h) = \omega(L_\sigma + L_h) \approx \omega L_h = 314{,}5\Omega$$

$$\left(\frac{U}{I}\right)_{\mathrm{k}} = \omega L_{\sigma 1} + (\omega L_{\sigma 2}{}'') \| (\omega L_{12}{}') \approx \omega L_{\sigma 1} + \omega L_{\sigma 2}{}' = \omega (L_{\sigma} + L_{\sigma})$$

$$= 2 \omega L_{\sigma} = 1 \Omega$$

$$L_{\sigma} = \frac{1}{2\omega}\left(\frac{U}{I}\right)_{\mathrm{k}} = \frac{1}{4\pi f}\left(\frac{U}{I}\right)_{\mathrm{k}} \approx 1{,}593 \text{ mH}$$

$$L_{\mathrm{h}} = \frac{1}{\omega}\left(\frac{U}{I}\right)_{1} - L_{\sigma} = \frac{1}{2\pi f}\left(\frac{U}{I}\right)_{1} - L_{\sigma} \approx \frac{1}{2\pi f}\left(\frac{U}{I}\right)_{1} \approx 1 \text{ H}$$

b)

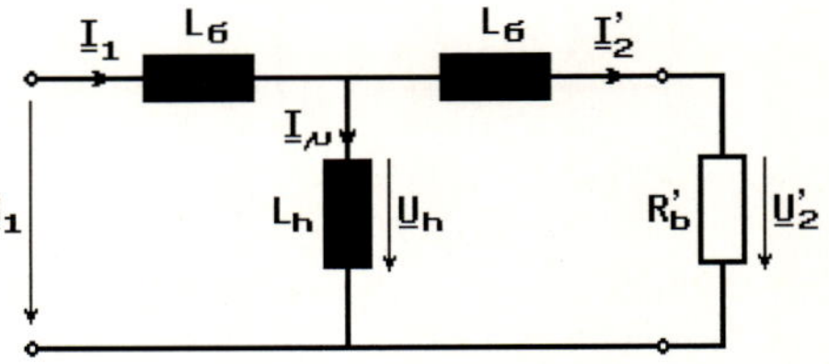

Bild 5.27

$$\underline{Z}' = \frac{\omega^2 L_{\mathrm{h}}{}^2 R_{\mathrm{b}}{}^2 + \mathrm{j}\omega L_{\mathrm{h}}(R_{\mathrm{b}}{}'^2 + \omega L_{\sigma}(L_{\mathrm{h}} + L_{\sigma}))}{R_{\mathrm{b}}{}'^2 + \omega^2 (L_{\mathrm{h}} + L_{\sigma})^2} \approx (0{,}9968 + \mathrm{j}\ 0{,}5028)\Omega$$

$$\underline{Z}_{\mathrm{ges}} = \mathrm{j}\omega L_{\sigma} + \underline{Z}' = (0{,}9968 + \mathrm{j} \cdot 1{,}0033)\Omega$$

$$\underline{I}_1 = \frac{\underline{U}}{\underline{Z}_{\mathrm{ges}}} = \underline{U}\ (0{,}4984 + \mathrm{j} \cdot 0{,}5016)\Omega = \underline{U} \cdot 0{,}7071\ e^{-\mathrm{j}45{,}185^\circ} \frac{\mathrm{A}}{\mathrm{V}}$$

$$\underline{U}_{\mathrm{h}} = \underline{I}_1\ \underline{Z}' = \underline{U}\ (0{,}7490 - \mathrm{j}\,0{,}2502) = \underline{U} \cdot 0{,}7904\ e^{-\mathrm{j}18{,}47^\circ}$$

$$\underline{I}_{\mu} = \frac{\underline{U}_{\mathrm{h}}}{\mathrm{j}\omega L_{\mathrm{h}}} = \frac{\underline{U}}{\omega}(-0{,}250 - \mathrm{j} \cdot 0{,}7490) = \underline{U} \cdot 2{,}51 \cdot 10^{-3}\ e^{-\mathrm{j}108{,}47^\circ} \frac{\mathrm{A}}{\mathrm{V}}$$

$$\underline{I}_2{}' = \frac{\underline{U}_{\mathrm{h}}}{R_{\mathrm{b}}{}' + \mathrm{j}\omega L_{\sigma}} = \underline{U}\ (0{,}4988 - \mathrm{j}\,0{,}4999) \frac{\mathrm{A}}{\mathrm{V}} = \underline{U} \cdot 0{,}7062\ e^{-\mathrm{j}45{,}06^\circ} \frac{\mathrm{A}}{\mathrm{V}}$$

$$\underline{U}'_{\mathrm{R'b}} = \underline{U} \cdot 0{,}7062\ e^{-\mathrm{j}45{,}06^\circ};\quad \underline{U}_{\mathrm{L'\sigma 2}} = \underline{U} \cdot 0{,}3534\ e^{\mathrm{j}44{,}94^\circ};$$

$$\underline{U}_{\mathrm{L\sigma 1}} = \underline{U} \cdot 0{,}3534\ e^{\mathrm{j}44{,}82^\circ}$$

c)

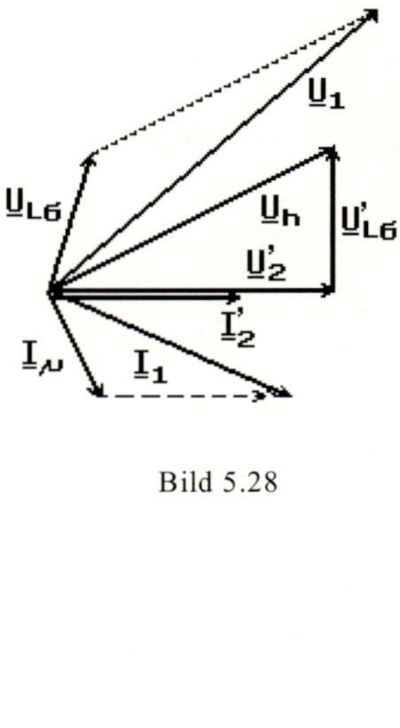

Bild 5.28

Aufgabe 5.15: An einem Verbraucher wird die Leistungsaufnahme überwacht. Dazu wird ein Wattmeter (U_N, I_N) über einen Stromwandler mit $ü_I = \frac{I_1}{I_2}$ und Fehlwinkel δ_I angeschlossen.

a) Welche Leistungsaufnahme zeigt das Wattmeter an?
b) Wie groß ist der relative Fehler bei dieser Leistungsmessung?
c) Ermitteln Sie den relativen Fehler für den Fall:
$U_v = 220\,\text{V},\ I_v = 3{,}5\,\text{A},\ P_v = 60\,\text{W, ind.},\ ü_I = 5,\ \delta_I = 0{,}5°$.

Lösung:

a) $P_{Anz} = U_v \frac{I_v}{ü} \cos(\varphi_v - \delta_I)$

b) $F = \cos(\delta_I) + \tan(\varphi_v)\ \sin(\delta_I) - 1$

c) $f = 0{,}1116 = 11{,}16\ \%$

Aufgabe 5.16: Ein Stromwandler kann durch das Ersatzschaltbild in Bild 5.30 beschrieben werden.

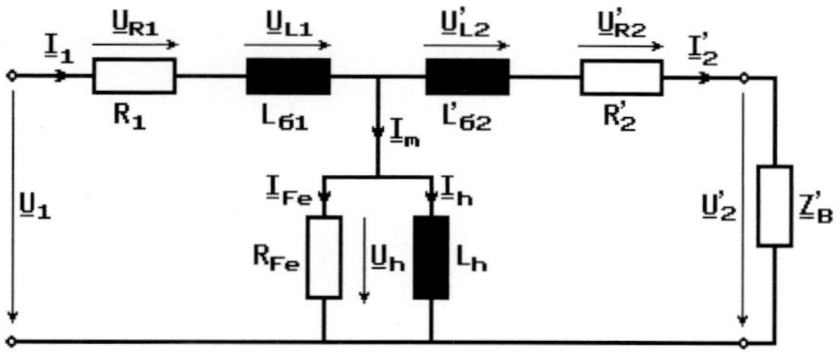

Bild 5.29

a) Bezeichnen Sie die Bedeutung jedes Bauelementes des Ersatzschaltbildes.
b) Skizzieren sie die Schaltung eines Stromwandlers in einem einfachen Stromkreis mit Generator und Verbraucher.
c) Zeichnen Sie qualitativ das Zeigerdiagramm des Stromwandlers bei sekundärem Kurzschluss ($\underline{Z}'_B = 0$) mit allen Strömen und Spannungen in Bild 5.30 unter der Voraussetzung, dass alle Bauelemente des Ersatzschaltbildes bekannt sind. Geben Sie die einzelnen Schritte, nach Reihenfolge nummeriert, an. Beginnen Sie mit $\underline{U}_h = U_h\, e^{j0°}$.
d) Zeichnen Sie in das Zeigerdiagramm von Teilaufgabe c) den Betrags- und Winkelfehler ein. Um was für eine Fehlerart handelt es sich bei diesen Größen?

Lösung:

a) R_1 : primärer Wicklungswiderstand
$L_{\sigma 1}$: primäre Streuinduktivität
L_h : repräsentiert das resultierende Magnetfeld des Wandlerkerns (Hauptinduktivität)
R_{Fe} : Eisenverlustwiderstand
R_2 : sekundärer Wicklungswiderstand
$L_{\sigma 2}'$: sekundäre Streuinduktivität
$\underline{Z}_B'$: Bürde

b)

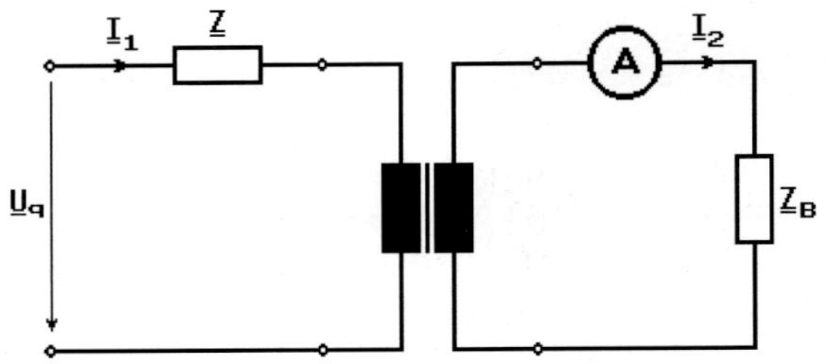

Bild 5.30

c) 1. $\underline{U}_h$, 2. $\underline{I}_{h}$, $_{\mathrm{IFe}}$, 3. $\underline{I}_m$, 4. $\underline{U}_h = \underline{U}_2'$; $\underline{U}_{L2}' \perp \underline{U}_{R2}'$; $\underline{I}_2'$, 5. $\underline{I}_1$, 6. $\underline{U}_{R1}$, $\underline{U}_{L1}$, 7. $\underline{U}_1$

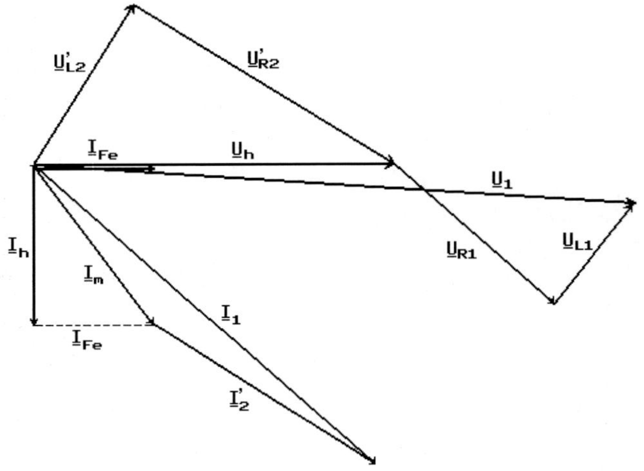

Bild 5.31

d) σ_i und f_i sind systematische Fehler.

Aufgabe 5.17: Ein Stromwandler mit $ü = I_1/I_2 = 100$ ist sekundär mit einer Kapazität C_B zusätzlich zur Bürde geschaltet (Bild 5.33).

a) Zeichnen Sie das vollständige Zeigerdiagramm mit allen Strömen und Spannungen bei Nennbetrieb des Wandlers ($\underline{I}_{RB}$ = 1A). Beziehen Sie alle Ströme und Spannungen auf die Primärseite des Wandlers. Geben Sie die einzelnen Schritte an.
Hinweis: Beginnen Sie mit φ ($\underline{I}_{RB}'$) = 0°. Tragen Sie anstatt $\underline{I}_2'$ den Zeiger $-\underline{I}_2'$ auf.

b) Was geschieht bei einer Unterbrechung des sekundärseitigen Stromkreises und welche Auswirkungen hat dieser Zustand?

Primärseite: $L_{\sigma 1} = 2{,}65\ 10^{-6}$ H; $L_0 = 34{,}38\ 10^{-6}$ H.
Sekundärseite: $L_{\sigma 2}' = 127\ 10^{-4}$ H; $R_B' = 10\ \Omega$; $C_B' = 31{,}8\ \mu$F.

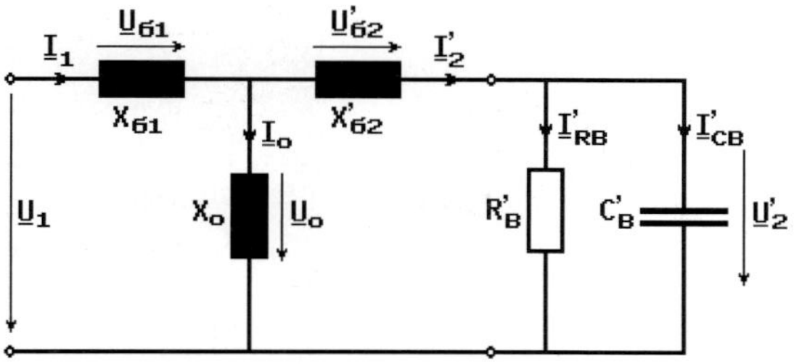

Bild 5.32

Lösung:

a)

1. $I'_{RB} = 100\,A\; e^{j0^\circ}$
2. $\underline{U}_2' = R_B'\, \underline{I}'_{RB} = 0{,}1\,V\; e^{j0^\circ}$
3. $|\underline{I}_{CB}'| = |\underline{U}_2'|\; |j\omega C_B'| = 10\,A;\; \varphi(\underline{I}'_{CB}) = 90^\circ$
4. $|\underline{I}'_2| = 100{,}75\,A$
5. $|\underline{U}'_{\sigma 2}| = |\underline{X}'_{\sigma 2}\, \underline{I}'_2| = 0{,}04\,V$
6. $|\underline{U}_0| = |\underline{U}'_2 - \underline{U}'_{\sigma 2}| = 0{,}104\,V$
7. $|\underline{I}_0| = \left|\dfrac{\underline{U}_0}{\underline{Z}_0}\right| = 9{,}63\,A$
8. $|\underline{I}_1| = |\underline{I}'_2 + \underline{I}_0| = 193{,}75\,A$
9. $|\underline{U}_{\sigma 1}| = |\underline{I}'_1\, \underline{X}_{\sigma 1}| = 0{,}086\,V$
10. $\underline{U}_1 = \underline{U}_{\sigma 1} + \underline{U}_0$

Zeigerdiagramm siehe Bild 5.33

b) Im Sekundärkreis kann kein Strom mehr fließen. Der Primärfluss kann nicht mehr kompensiert werden, so dass sich der Wandler sehr schnell erhitzt und thermisch zerstört wird. Es treten hohe Induktionsspannungen auf.

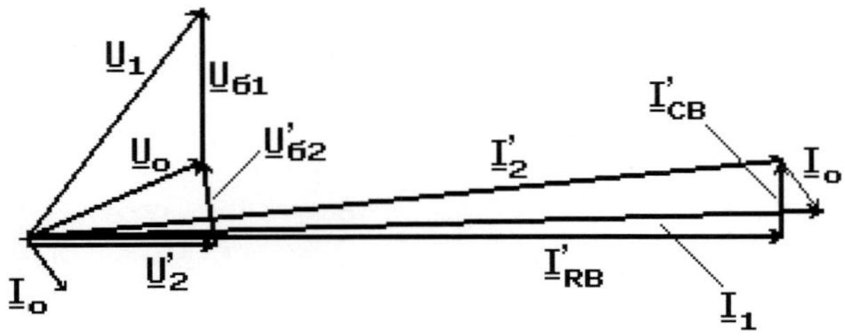

Bild 5.33

5.3 Spannungswandler

Aufgabe 5.18: Die Leistung eines Verbrauchers wird über zwei Wandler gemessen (Bild 5.35). Beide Wandler haben einen Betragsfehler f und einen Winkelfehler $\Delta\varphi$.

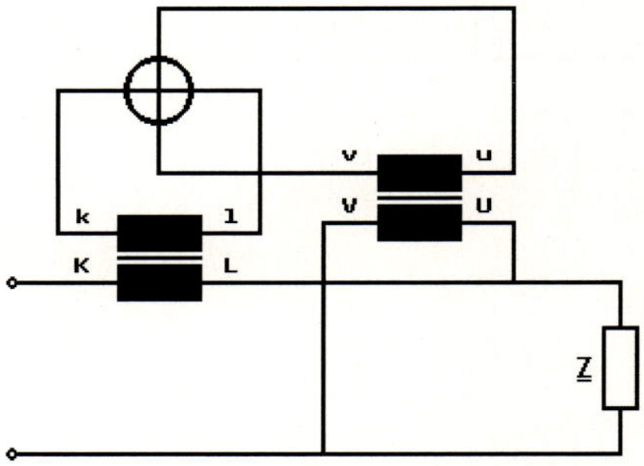

Bild 5.34

a) Wie groß werden der maximale und der wahrscheinliche Fehler f_{max}, f_{prob} für die Leistung? (Das Wattmeter ist fehlerfrei).

b) Die Fehler betragen $f = 0{,}2$ % und $\Delta\varphi = 0{,}5°$. Welcher wahrscheinliche Fehler f_{prob} ergibt sich bei einer Leistungsmessung mit $\cos\varphi = 0{,}8$ und $\cos\varphi = 0{,}1$?

Lösung:

a) $$f_{max} = \frac{\Delta P}{P} = \frac{\Delta U}{U} + \frac{\Delta I}{I} + \Delta\varphi \tan\varphi$$

$$f_{prob} = \left[\left(\frac{\Delta U}{U}\right)^2 + \left(\frac{\Delta I}{I}\right)^2 + (\Delta\varphi \tan\varphi)^2\right]^{\frac{1}{2}}$$

b) $$f_{prob}(\cos\varphi = 0{,}8) = 0{,}713\,\%$$

$$f_{prob}(\cos\varphi = 0{,}1) = 8{,}69\,\%$$

6 Oszilloskop

6.1 Analog-Oszilloskop

Aufgabe 6.1: Gegeben ist die in Bild 6.1 dargestellte Schaltung mit den idealen Bauteilen $R_1 = R_2 = 10\ \text{k}\Omega$, $C_1 = C_2 = 10\ \text{nF}$. Die Empfindlichkeiten des Oszillographen in *x*- und *y*-Richtung sind gleich eingestellt.

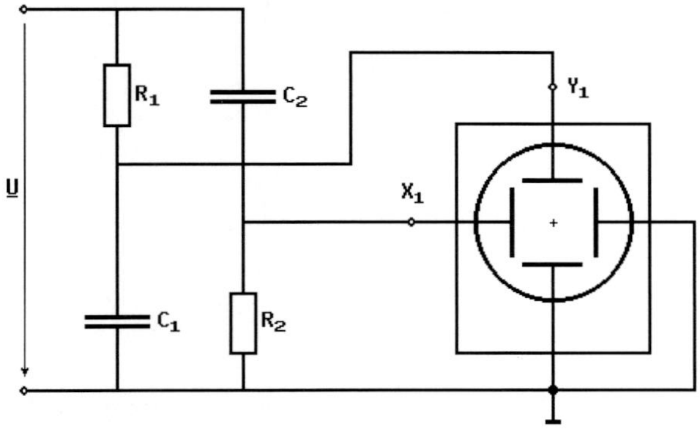

Bild 6.1

a) Bei welcher Frequenz der sinusförmigen Spannung *U* ergibt sich die Darstellung eines Kreises als Schirmbild?

b) Welches Bild ergibt sich bei der Frequenz nach a), wenn anstelle von C_1 eine ideale Induktivität $L_1 = 1\ \text{H}$ eingebaut wird? Die Ablenkung sei so, dass bei einem Potential $\varphi_{x1} \gg \varphi_0$ der Strahl von der Mitte nach links, bei $\varphi_{y1} \gg \varphi_0$ von der Mitte nach oben bewegt wird.

Lösung:

a) $$f = \frac{1}{2\pi R_1 C_1} = \frac{5}{\pi}\ 10^3\,\text{Hz} \approx 1{,}59\,\text{kHz}$$

b) $$X_L = 2\pi f L_1 = 10\,\text{k}\Omega$$

Aus dem Zeigerdiagramm (Bild 6.2) ergibt sich $\varphi(\underline{U}_{L1}, \underline{U}_{R2}) = 0°$.

Schirmbild siehe Bild 6.3)

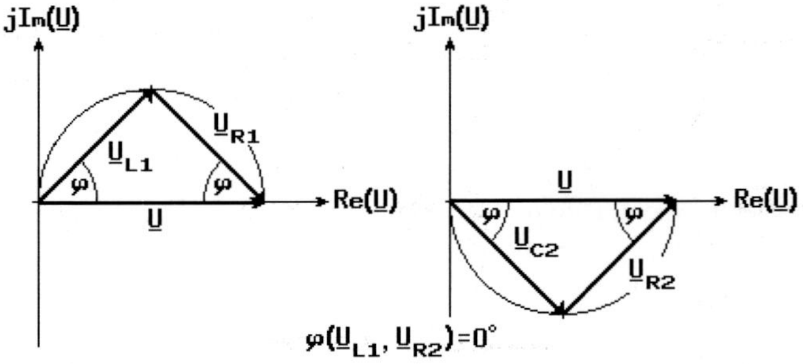

Bild 6.2

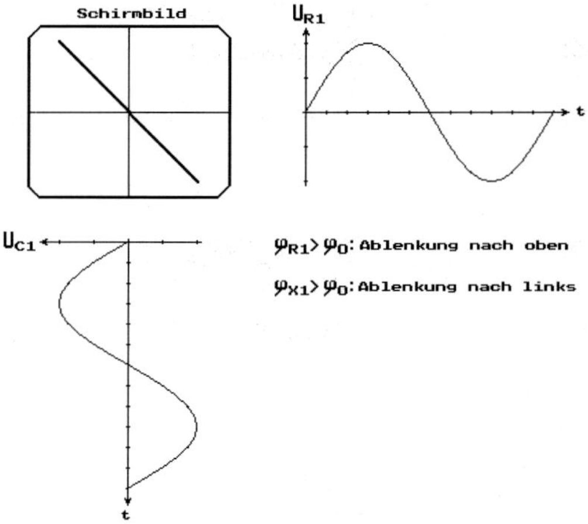

Bild 6.3

Aufgabe 6.2: Für $R_v = 10\ \text{M}\Omega$ und $C_v = 5\ \text{pF}$ ist das Verhältnis von $U_T/U_E = 10$ (reell) und damit frequenzunabhängig (Bild 6.4).

a) Welche Werte haben die beiden Elemente der Parallelersatzschaltung des *y*-Eingangswiderstandes dieses Oszillographen?

b) Bei welcher Frequenz f sinkt $|U_E|$ bei konstantem U_T auf den $1/\sqrt{2}$-fachen Wert, der sich bei $f = 0$ ergibt (3 dB Abfall mit $C_v = 0$).

Lösung:

a) $$R_E = \frac{R_v}{\ddot{u}-1} \approx 1{,}11\,\text{M}\Omega;\; C_E = C_v(\ddot{u}-1) = 45\,\text{pF}$$

b) $$f = \frac{R_v + R_E}{2\pi R_v R_E C_E} \approx 3{,}54\,\text{kHz}$$

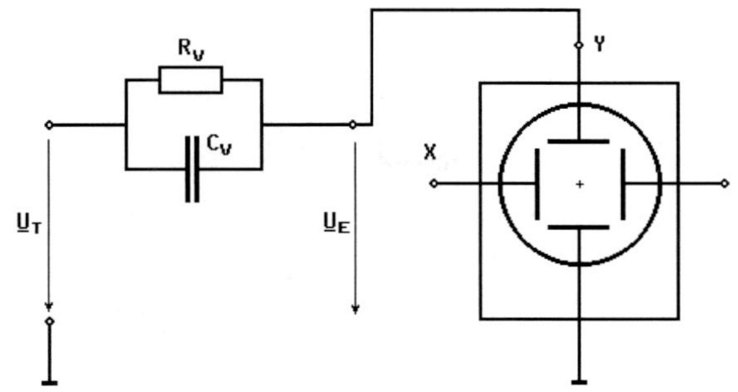

Bild 6.4

Aufgabe 6.3: Analog-Oszilloskop

a) Warum ist es bei Analog-Oszilloskopen mit hoher Empfindlichkeit erforderlich, für eine Nachbeschleunigung der Elektronen zu sorgen?

b) Geben Sie eine geeignete Operationsverstärker-Schaltung an, die aus einer schaltbaren Gleichspannung variabler Höhe und Polarität eine Sägezahnspannung erzeugt. Skizzieren Sie den Verlauf der Eingangsspannung, die erforderlich ist, um eine typische Sägezahnspannung am Ausgang der Schaltung zu erhalten.

c) Ein Elektronenstrahl-Oszilloskop werde im *x/y*-Betrieb verwendet. Die Ablenkung in horizontaler und vertikaler Richtung betrage 1 V/cm. An den *x*-Ablenkplatten liege die Spannung $u_x(t) = 5\text{ V}\cdot\sin(\omega t)$ und an den *y*-Ablenkplatten die Spannung $u_y(\text{t}) = 3\text{ V}\cdot\sin(\omega t + \pi)$. Zeichnen Sie maßstäblich das auf dem Bildschirm erscheinende Bild. Geben Sie die Positionen des Leuchtpunkts für die Zeiten $t = 0$, $t = T/4$, $t = T/2$, $t = 3T/4$ und $t = T$ an ($\omega = 2\pi/T$).

Lösung:

a) Für eine hohe Empfindlichkeit ist es erforderlich, dass die Elektronen die Ablenkplatten mit geringer Geschwindigkeit passieren. Langsame Elektronen bewirken jedoch durch die geringe kinetische Energie nur einen geringen Leuchteffekt auf dem Bildschirm, d. h. es ist noch eine Nachbeschleunigung notwendig.

b) Integrator $u_a = -\frac{1}{RC}\int u_e \mathrm{d}t$

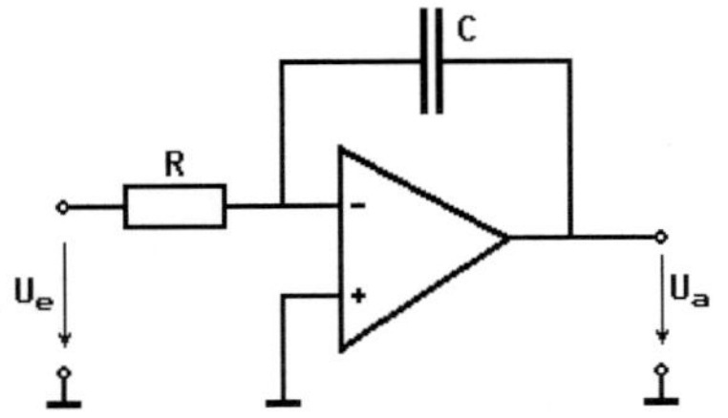

Bild 6.5

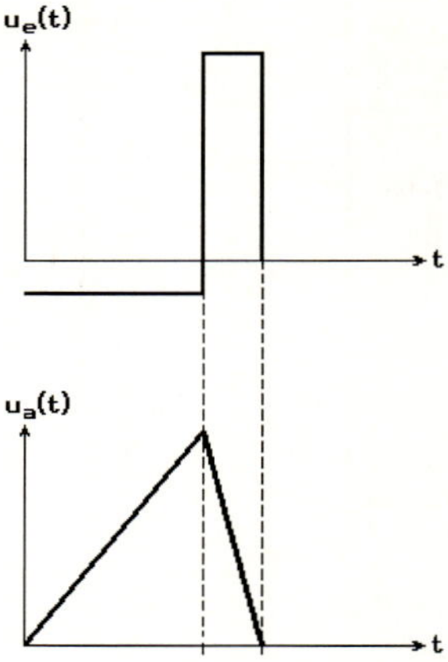

Bild 6.6

c)

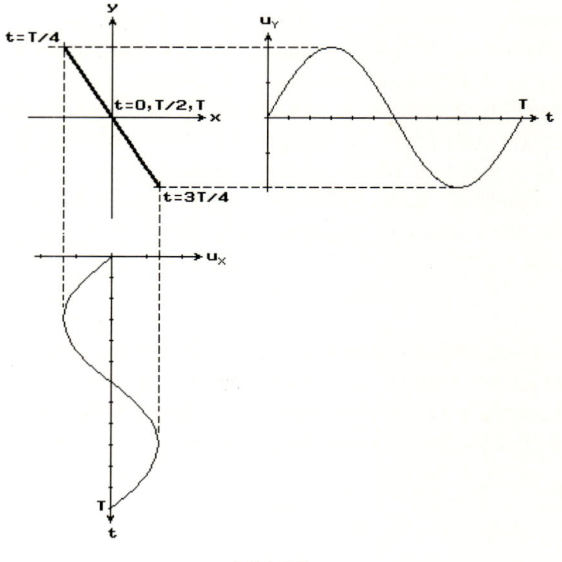

Bild 6.7

Aufgabe 6.4: Ein Tastkopf ist über ein Messkabel an den Eingang eines Oszilloskops angeschlossen (Bild 6.8). Der Tast
kopf kann durch die Parallelschaltung eines ohmschen Widerstands R_T und einer variablen Kapazität C_T dargestellt werden. Bei dem Messkabel ist die Kabelkapazität C_K gegen Masse zu berücksichtigen. Die Eingangsimpedanz $\underline{Z}_E$ des Oszilloskops besteht aus der Parallelschaltung eines ohmschen Widerstands R_E und einer Kapazität C_E. Folgende Werte sind gegeben:

R_T = 9 MΩ, R_E = 1 MΩ, C_E = 30 pF, C_K = 30 pF.

a) Zeichnen Sie das Ersatzschaltbild der Anordnung und berechnen Sie den Wert von C_T, damit das Verhältnis $\ddot{u}_1 = \underline{U}_1/\underline{U}_2$ frequenzunabhängig ist. Geben Sie das Verhältnis $\underline{\ddot{u}}_1$ an.

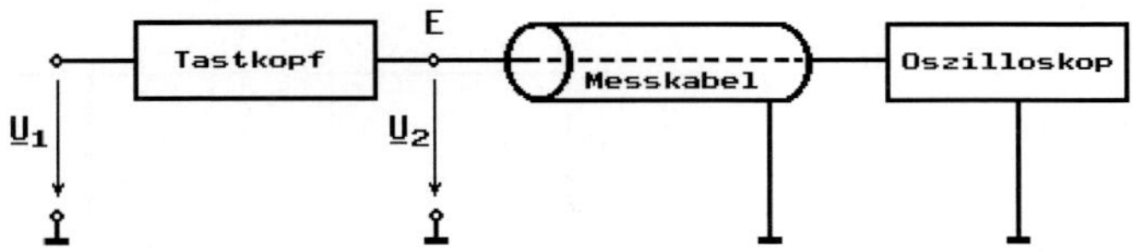

Bild 6.8

Am Punkt E wird über ein weiteres Messkabel ein Frequenzzähler angeschlossen. Es sind die Kabelkapazität und die Eingangsimpedanz $\underline{Z}_F = \underline{Z}_E$ zu berücksichtigen.

b) Zeichnen Sie das Ersatzschaltbild.

c) Geben Sie das Verhältnis $\ddot{u}_2 = \underline{U}_1/\underline{U}_2$ als Funktion von R_E, R_T, C_E, C_T und C_K an.

d) Skizzieren Sie $u_2(t)$ für folgendes $u_1(t)$ und begründen Sie Ihre Skizze.

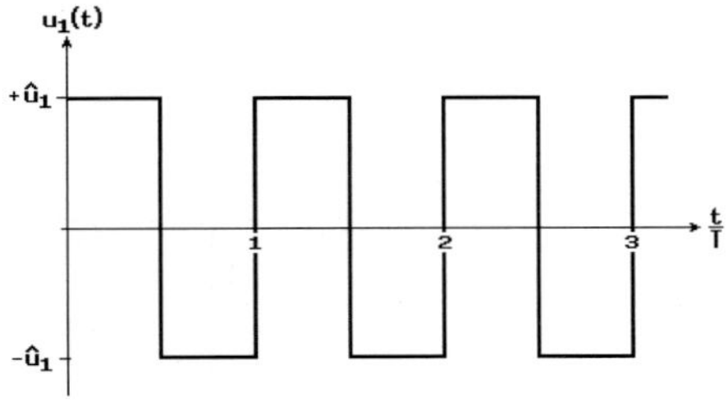

Bild 6.9

e) Am Tastkopf liegt nun das Signal $u_1(t) = u_0 + \hat{u}\sin\omega t$ mit $f = 1$ MHz an. Berechnen Sie $u_2(t)$. (Tip: Superpositionsprinzip)

Lösung:

a)

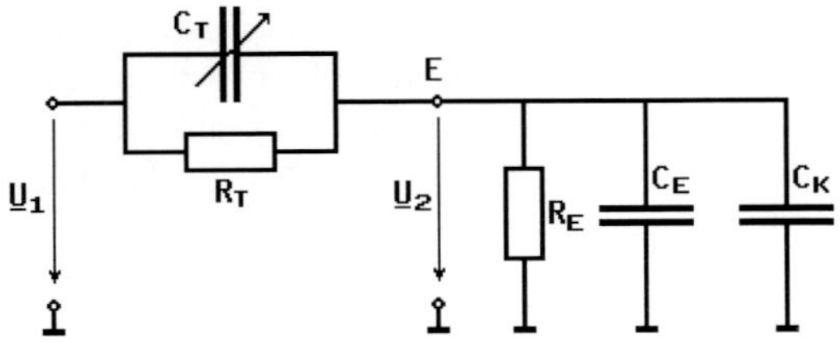

Bild 6.10

$$C_T = \frac{R_E}{R_T}(C_E + C_K) = 6{,}\bar{6}\ldots\text{pF}$$

$$\underline{\ddot{u}}_1 = \frac{\underline{U}_1}{\underline{U}_2} = 1 + \frac{R_E}{R_T} = 1{,}\bar{1}\ldots = \ddot{u}_1 \quad \text{(reell)}$$

b)

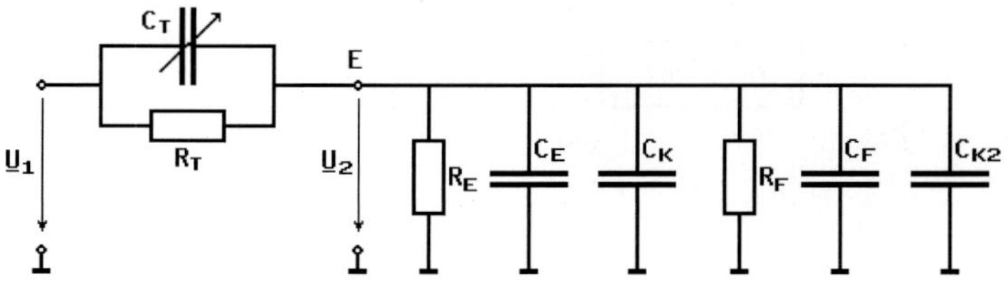

Bild 6.11

c) $$\underline{ü} = \frac{\underline{U}_1}{\underline{U}_2} = 1 + 2\frac{R_T}{R_E}\,\frac{1 + j\omega R_E(C_E + \frac{4}{3}C_K)}{1 + j\omega R_T C_T}$$

d) $$R_1 C_T = 60\cdot 10^{-6}s < (R_E \| R_F)(C_E + C_F + C_K + C_{K2}) = 70\cdot 10^{-6}s\ ,$$

d.h. unterkompensiert.

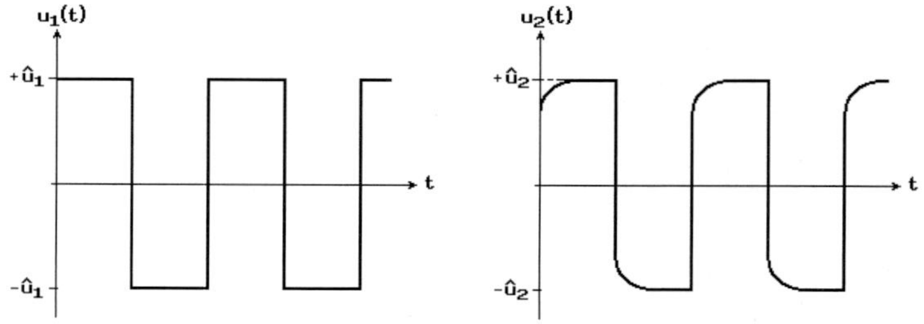

Bild 6.12

e) $$u_2(t) = \frac{1}{19}u_0 + \frac{1}{22}\hat{u}\sin(\omega t - 0{,}02^\circ)$$

Aufgabe 6.5: Gegeben sei der in Bild 6.13 dargestellte Tastkopf, der über ein Messkabel an den Eingang eines Oszilloskops angeschlossen ist. Der Tastkopf läßt sich durch die Parallelschaltung eines ohmschen Widerstands R_T und einer variablen Kapazität C_T darstellen. Die Eingangsimpedanz $\underline{Z}_K$ am Kabeleingang (Kabel und Oszilloskop) besteht aus einer Parallelschaltung eines ohmschen Widerstands R_K und der Kapazität C_K.

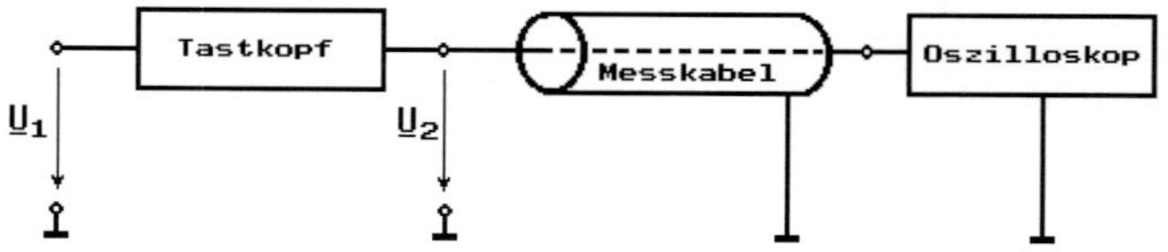

Bild 6.13

a) Zeichnen Sie das Ersatzschaltbild der Anordnung.

b) Leiten Sie das Teilerverhältnis $\underline{ü}$ der Anordnung für sinusförmige Spannungen her. $\underline{ü}$ sei das Verhältnis der Messspannung $\underline{U}_1$ zur Spannung am Tastkopfausgang $\underline{U}_2$.

c) Wie verhält sich $\underline{ü}$ bei sehr hohen und bei sehr niedrigen Frequenzen?

d) Welche Parameter einer harmonischen Messspannung werden durch die beschriebene Anordnung grundsätzlich verfälscht? Wie beurteilen Sie das Verhalten des Übertragungsfaktors für die in c) genannten Fälle?

e) Geben Sie eine Dimensionierungsbedingung für C_T an, für die $\underline{ü}$ frequenzunabhängig wird. Wie groß ist dann $\underline{ü}$?

f) Zum Zeitpunkt $t = 0$ wird ein Spannungssprung von 0 V auf 1000 V auf den Tastkopfeingang gegeben. Skizzieren Sie den zeitlichen Verlauf von $u_2(t)$ mit Angabe der Werte für $u_2(t = 0)$ und $u_2(t \to \infty)$ für $C_T = 2{,}77$ pF, 4 pF und 2 pF. Für die anderen Bauelemente gelte: $R_T = 9\ \text{M}\Omega$, $R_K = 1\ \text{M}\Omega$ und $C_K = 25$ pF. Überlegen Sie zuerst, welche Bedingungen beim Einschalten und nach unendlich langer Zeit gelten.

Lösung:

a)

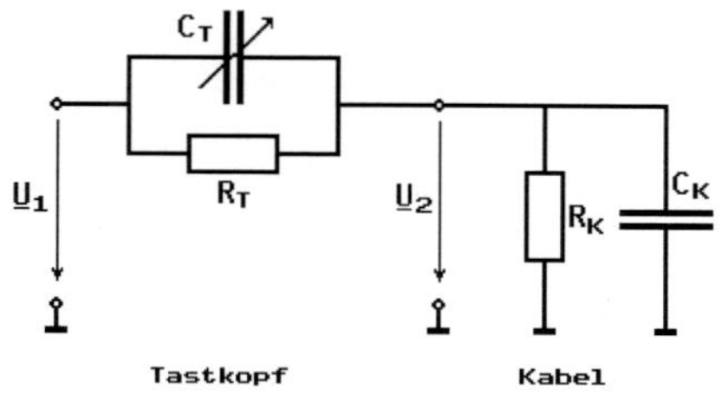

Bild 6.14

b) $$\underline{ü} = \frac{\underline{U}_1}{\underline{U}_2} = 1 + \frac{\underline{Z}_T}{\underline{Z}_K} = 1 + \frac{R_T(1 + j\omega R_K C_K)}{R_K(1 + j\omega R_T C_T)}$$

c) $$\underline{ü}_\infty = \lim_{\omega\to\infty} \underline{ü} = 1 + \frac{C_K}{C_T}\ ;\ \underline{ü}_0 = \lim_{\omega\to 0} \underline{ü} = 1 + \frac{R_T}{R_K}$$

d) Grundsätzlich werden Amplitude und Phase verändert. Für $\omega \to \infty$ und $\omega \to 0$ wird $\underline{ü}$ rein reell und liefert keinen Phasenbeitrag.

e) Frequenzunabhängigkeit des Teilers gilt nur dann, wenn $\underline{ü}_0 = \underline{ü}_\infty$, d. h. wenn das ohmsche Teilerverhältnis gleich dem kapazitiven Teilerverhältnis ist.

$$1 + \frac{R_T}{R_K} = 1 + \frac{C_T}{C_K},\ \text{d.h.}\ \ R_T C_T = R_K C_K$$

$$ü = 1 + \frac{R_T}{R_K}$$

f) $$u_2(t{=}0) = \frac{C_T}{C_T + C_K}\, u_1(t{=}0)\ \ \text{(rein kapazitiver Teiler).}$$

$$u_2(t\to\infty) = \frac{R_K}{R_T + R_K}\, u_1(t{=}0)\ \ \text{(rein ohmscher Teiler).}$$

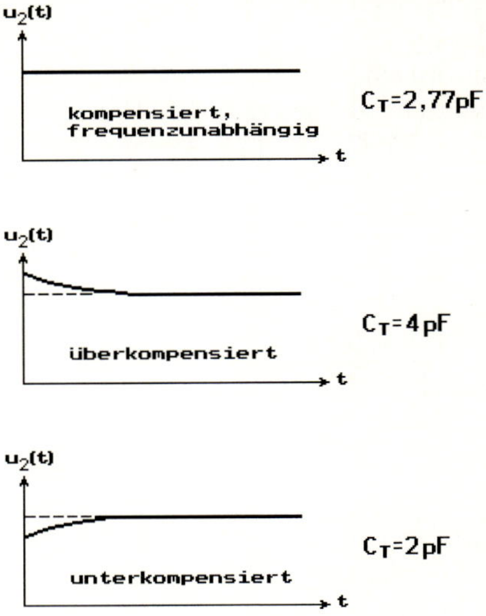

Bild 6.15

Aufgabe 6.6: Mit einem analogen Oszilloskop (gegeben ist die Eingangsimpedanz R_0 und C_0) und einem abgeglichenen (10:1)-Tastkopf (R_T und C_T) mit dem Anschlußkabel (C_K) soll die Sprungantwort eines Netzwerkes gemessen werden. Das Netzwerk besteht aus einer idealen Spannungsquelle $\underline{U}$ mit dem ohmschen Innenwiderstand R_i.

a) Wie groß darf R_i maximal sein, damit die Messung mit einer Bandbreite (bei -3 dB) von f_g durchgeführt werden kann? Gegeben sind R_0, $C_0' = C_0 + C_K$ und f_g.

b) Berechnen Sie den Zahlenwert von R_i für $f_g = 100$ MHz, $R_0 = 1$ MΩ und $C_0' = C_0 + C_K = 30$ pF.

Lösung:

a)

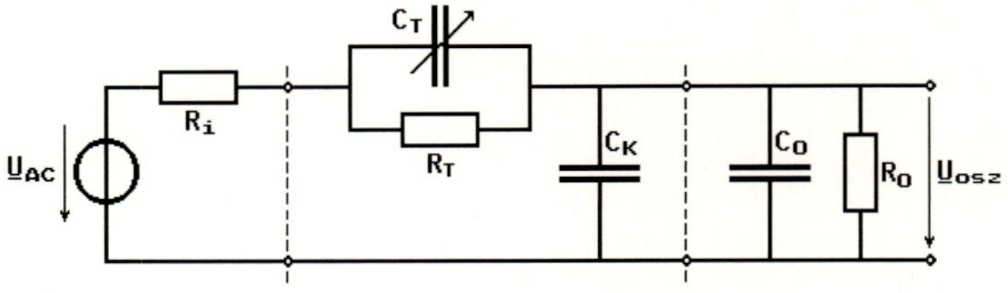

Bild 6.16

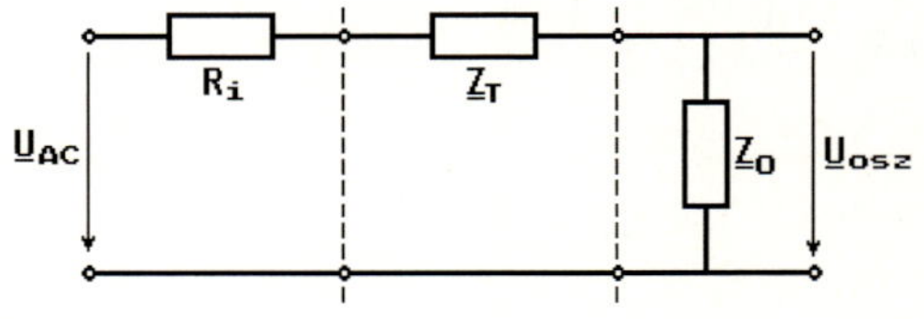

Bild 6.17

$$\underline{Z}_0 = \frac{R_0}{1+j\omega R_0 C_0{}'}; \quad \underline{Z}_T = R_T \| C_T = \frac{9R_0}{1+j\omega R_0 C_0{}'}$$

Übertragungsfunktion des Netzwerkes

$$G(\omega) = \frac{1}{\left(10+\frac{R_i}{R_0}\right) + j\omega R_i C_0{}'}; \quad |G(\omega)| = \frac{1}{\sqrt{\left(10+\frac{R_i}{R_0}\right)^2 + (\omega R_i C_0{}')^2}}$$

Bedingung für die Bandbreite

$$\frac{1}{\sqrt{2}} \, |G(\omega=0)| = |G(\omega = 2\pi f_g)|$$

$$R_i = \frac{10 \, R_0}{2\pi f_g R_0 C_0{}' - 1}$$

b) $R_i \approx 530\Omega$

6.2 Digitaloszilloskop

Aufgabe 6.7: Ein Digitaloszilloskop hat eine Speichertiefe von $N = 2000$ Stützstellen und soll ein Eingangssignal über einen Zeitraum von $T_a = 100$ ms aufnehmen.

a) Wie groß ist der Zeitabstand der Stützstellen, d. h. wie groß ist die Abtastperiode t_a?
b) Kann ein Setup/Hold-Zeitfehler von $t_{SH} = 10$ ns gefunden werden?
c) Wieviele Stützstellen N benötigt man, um mit einem Abtastraster (Abtastperiode) von $t_a = 2$ ns das Signal abzutasten?

Lösung:

a) $t_a = \dfrac{T_a}{N} = 50 \text{ ns}$

b) Nein, da $t_{SH} < t_a$

c) $N = \dfrac{T_a}{t_a} = 50.000$

Aufgabe 6.8: Ein Digitaloszilloskop ohne Interpolation hat eine Abtastrate von $r = 1$ GSa/s (Giga-Samples pro Sekunde).

a) Kann ein Messwert innerhalb von $t_a = 1$ ns aufgenommen werden?
b) Kann das Oszilloskop noch Frequenzen von $f_g = 100$ MHz richtig aufzeichnen?

Lösung: a) Ja, da $t_a = \dfrac{1}{r} = 1\,\text{ns}$ b) Ja, da $f_g \le \dfrac{1}{2}r = 1\,\text{GHz}$.

Aufgabe 6.9: Die resultierende analoge System-Bandbreite f_{ges} eines Oszilloskopes wird durch die Bandbreite f_1 des verwendeten Abtastverfahrens und durch die Bandbreite f_2 des Eingangsverstärkers begrenzt.

$$f_{ges} = \frac{1}{\sqrt{\frac{1}{f_1^2} + \frac{1}{f_2^2} \ldots}}$$

Bei einem digitalen Signal kann aus der steilsten Anstiegs- bzw. Abfallzeit $t_r = t_{90\%} - t_{10\%}$ die Grenzfrequenz f_g des Signals abgeschätzt werden: $f_g \approx \frac{0{,}35}{t_r}$.

Das Abtastsystem hat eine Taktfrequenz von $f_T = 40$ MHz. Die Anstiegsflanke des Taktsignals beträgt $t_r = 3{,}5$ ns.

a) Welche Bandbreite f_1 benötigt das Abtastsystem mindestens?
b) Welche Systembandbreite f_{ges} hat das Oszilloskop, wenn die Bandbreite des Eingangsverstärkers auch $f_2 = 100$ MHz beträgt?
c) Welche Systembandbreite f_{ges}' hat das Oszilloskop, wenn das Abtastsystem nur durch die Taktfrequenz f_T bestimmt wird?

Lösung:

a) $$f_{g,T} \approx \frac{0{,}35}{t_r} = 100\,\text{MHz}$$

b) $$f_{ges} = \frac{1}{\sqrt{\frac{1}{f_1^2} + \frac{1}{f_2^2}}} = 70{,}7\ \text{MHz}$$

c) $$f_{ges}' = \frac{1}{\sqrt{\frac{1}{f_T^2} + \frac{1}{f_2^2}}} = 37{,}1\ \text{MHz}$$

Aufgabe 6.10: Die Genauigkeit eines digitalen Oszilloskopes ist durch die Amplitudenauflösung, d. h. durch die Quantisierung der Amplitude des Eingangssignals gegeben. Die kleinste Amplitude U_{LSB}, die noch aufgelöst werden kann, hängt vom Amplitudenbereich U_{max} und der Anzahl n der Bits des A/D-Umsetzers ab.

a) Wie groß ist U_{LSB} bei $U_{max} = 10$ V und $n = 8$?
b) Die maximale Amplitude $U_{max} = 10$ V wird auf einem Bildschirm mit einer Fläche von $x \cdot y = 10$ cm x 10 cm dargestellt. Wie groß ist die Auslenkung y_{min} für U_{LSB}?
c) Die Breite des Schreibstrahls auf dem Schirm beträgt etwa 1 mm. Kann die Amplitude U_{LSB} beim Betrachten noch ausreichend aufgelöst werden?

Lösung:

a) $U_{LSB} = \frac{U_{max}}{2^n - 1} \approx 39\ \text{mV}$; b) $y_{min} = y\,\frac{U_{LSB}}{U_{max}} \approx 0{,}4\ \text{mm}$; c) nein

7 Gegengekoppelte Operationsverstärker-Schaltungen

Aufgabe 7.1: Messverstärker werden aus Gründen der Signalanpassung und -verarbeitung häufig in der Messtechnik eingesetzt. Dabei unterscheidet man 4 Verstärkertypen.

a) Benennen Sie diese Typen und geben Sie für jeden das Ersatzschaltbild in Zweitor-Darstellung an.

b) Geben Sie für die verschiedenen Verstärkertypen die Empfindlichkeit *E* bzw. den Übertragungsfaktor (Verstärkung) *k* in Abhängigkeit von den Eingangs- und Ausgangsgrößen an.

c) Geben Sie für einen Verstärker mit Spannungsausgang u_a die Abhängigkeit von den Größen des Spannungsgenerators und der Last R_b am Ausgang an.

d) Geben Sie für einen Verstärker mit Stromausgang i_a die Abhängigkeit von den Größen des Stromgenerators und der Last R_b am Ausgang an.

Lösung:

a)

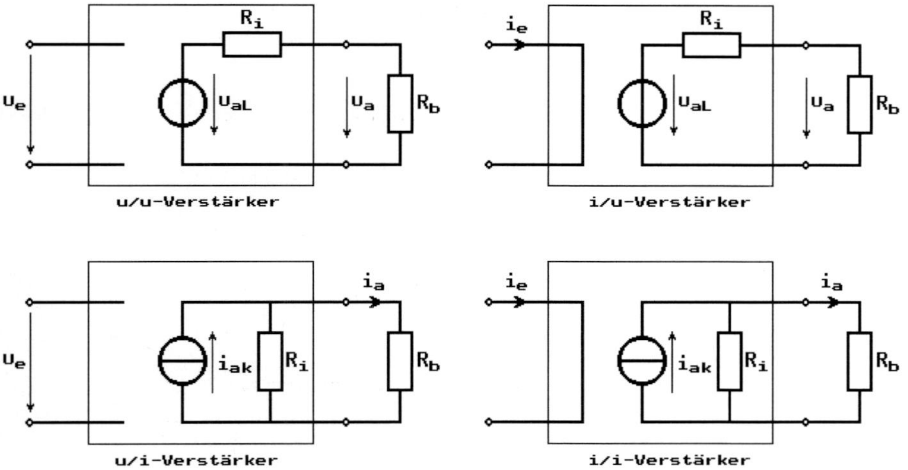

Bild 7.1

b) *u*/*u*-Verstärker: $k_u = \frac{u_a}{u_e}$ in $\frac{V}{V}$

u/*i*-Verstärker: $k_G = \frac{i_a}{u_e}$ in $\frac{A}{V}$

i/*u*-Verstärker: $k_R = \frac{u_a}{i_e}$ in $\frac{V}{A}$

i/*i*-Verstärker: $k_i = \frac{i_a}{i_e}$ in $\frac{A}{A}$

c) Spannungsgenerator: $u_a = \frac{R_b}{R_i + R_b} u_{aL}$

d) Stromgenerator: $i_a = \dfrac{R_i}{R_i + R_b}\, i_{ak}$

7.1 Nichtinvertierender Verstärker

Aufgabe 7.2: Bild 7.2 zeigt einen rückgekoppelten Operationsverstärker. Der ansonsten ideale OP besitze die Leerlaufverstärkung $k' = v_0$.

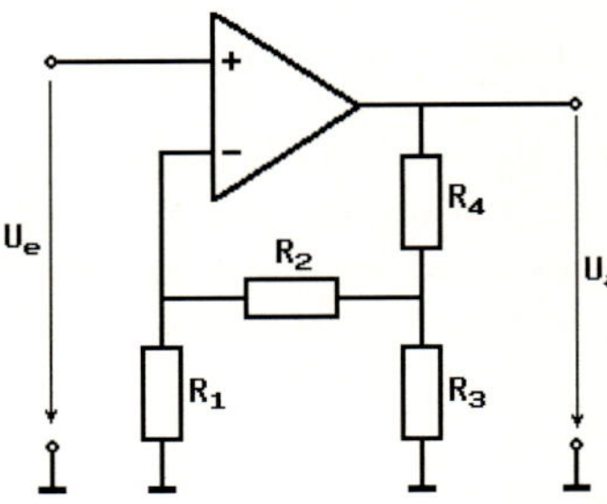

Bild 7.2

a) Um welche Rückkopplung handelt es sich?

b) Bestimmen Sie die Spannungsverstärkung $v_u = k_u = U_a/U_e$ des gegengekoppelten Verstärkers mit einem realen OP ($k' \ll \infty$).

c) Geben Sie die Spannungsverstärkung $v_{u\infty}$ für $v_0 \to \infty$ an (idealer OP).

d) Bestimmen Sie den relativen Verstärkungsfehler f_v des gegengekoppelten Verstärkers infolge der endlichen Leerlaufverstärkung mit folgenden Zahlenwerten: $v_0 = 10000$, $R_1 = R_3 = 1\ \mathrm{k\Omega}$, $R_2 = R_4 = 29\ \mathrm{k\Omega}$.

Lösung:

a) Spannungsrückkopplung

b) $v_u = \dfrac{v_0}{1 + k_g v_0}$; $k_g = \dfrac{R_1 R_3}{R_4(R_1 + R_2 + R_3) + R_3(R_1 + R_2)}$

c) $v_{u\infty} = \dfrac{1}{k_g}$; d) $f_v = \dfrac{k_u}{k_{u\infty}} - 1 = -\dfrac{1}{1 + v_0 k_g}$

Aufgabe 7.3: Gegeben sei die in Bild 7.3 dargestellte Messverstärkerschaltung mit idealem Operationsverstärker und angeschlossenem Verbraucher R_V.

a) Berechnen Sie $I_2 = f(U_1, U_2, R_1, R_2, R_3)$.

b) Welche Bedingung muss R_3 erfüllen damit I_2 nur noch von U_1, R_1 und R_2 abhängt?

c) Bestimmen Sie aus b) $I_2 = f(U_1, R_1, R_2)$.

d) Welche Funktion erfüllt dann diese Schaltung?

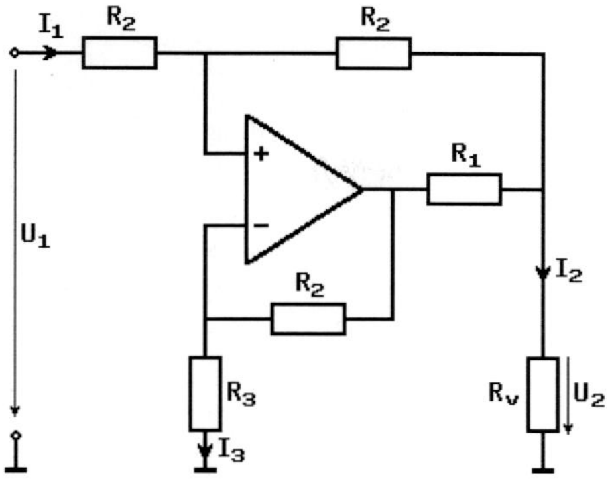

Bild 7.3

Lösung:

a)
$$I_2 = U_1\left(\frac{1}{2R_1} + \frac{1}{2R_2} + \frac{R_2}{2R_3R_1}\right) + U_2\left(-\frac{1}{2R_1} - \frac{1}{2R_2} + \frac{R_2}{2R_3R_1}\right)$$

$$= \frac{R_2}{2R_1R_3}(U_1 + U_2) + \frac{1}{2}\left(\frac{1}{R_1} + \frac{1}{R_2}\right)(U_1 - U_2)$$

b) $R_3 = \dfrac{R_2^2}{R_1 + R_2}$

c) $I_2 = U_1 \dfrac{R_1 + R_2}{R_1R_2}$

d) Eingangsspannungsabhängige Stromquelle

Aufgabe 7.4: Bei dem in Bild 7.4 dargestellten Messverstärker soll die Wirkung möglicher Nullpunktfehler untersucht werden. Es werden folgende Vereinfachungen angenommen: Leerlaufverstärkung $k' \to \infty$, Eingangsspannung $U_e' = 0$, Eingangsstrom $I_e' = 0$.

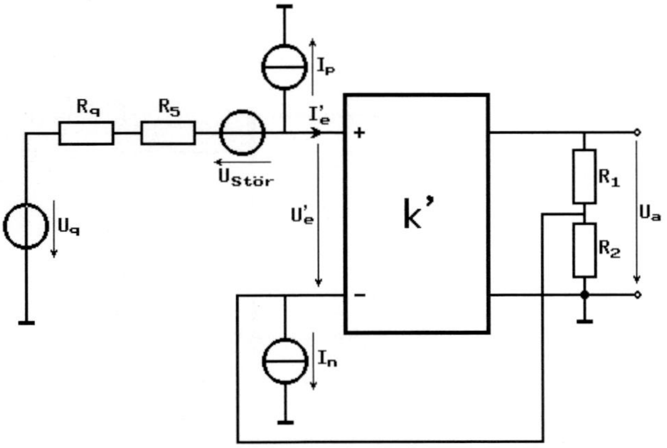

Bild 7.4

a) Zeichnen Sie die Schaltung ohne die Störquellen $U_{stör}$, I_n, I_p und berechnen Sie die Spannungsverstärkung $k_U = U_a/U_q$.

b) Wie groß ist die von $U_{Stör}$ verursachte Fehlerspannung U_{aSU} am Verstärkerausgang für $U_q = 0$, $R_5 = 0$, $I_n = I_p = 0$?

c) Wie groß ist bei $U_q = 0$, $U_{Stör} = 0$ und $R_5 = 0$ die von I_n und I_p verursachte Fehlerspannung U_{aSI}. Zeichnen Sie zuerst die Schaltung. Hinweis: $U_e' \to 0$.

d) Die Ausgangsspannung U_a ist für $R_5 = 0$ als Funktion von U_q, $U_{stör}$, I_n, I_p, R_q, R_1 und R_2 anzugeben.

e) Wie ist R_5 zu dimensionieren, damit sich die von I_n und I_p verursachte Ausgangsfehlerspannung U_{aSI} auf den Wert $U_{aSI} = (I_n - I_p) \cdot R_1$ verringert?

f) Wie lautet mit R_5 aus e) der Ausdruck für U_a als Funktion von U_q, $U_{stör}$, $I_n - I_p$, R_1 und R_2?

g) Die Zahlenwerte $(I_n - I_p) = 1$ nA, $U_{Stör} = 0{,}01$ mV, $k_n = 10$, $U_q = 0$ V und $U_a \leq 1$mV sind gegeben. Wie groß dürfen R_1 und R_2 maximal sein, wenn R_5 nach e) dimensioniert wurde?

Lösung:

a) Ersatzschaltbild siehe Bild 7.5; $k = 1 + \frac{R_1}{R_2}$

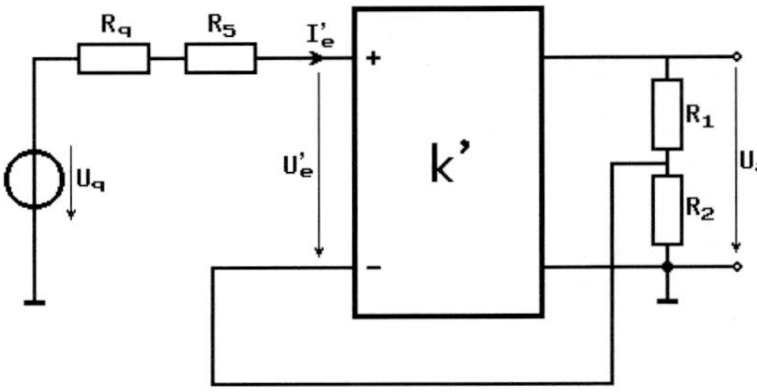

Bild 7.5

b) $U_{aSU} = \frac{k}{U_{Stör}}$

c) Schaltung siehe Bild 7.6; $U_{aSI} = I_n R_1 - I_p R_q k$

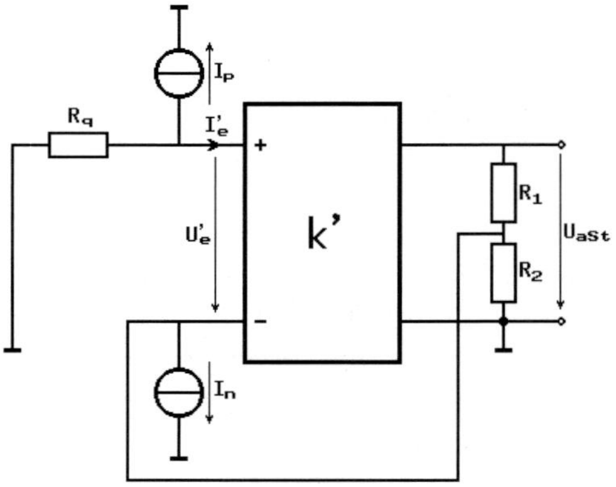

Bild 7.6

d) $U_a = U_{aSU} + U_{aSI} = I_p R_q k_n + k(U_{Stör} + U_q)$

e) $R_5 = \dfrac{R_1 - kR_q}{k}$

f) $U_a = k(U_q + U_{Stör}) + (I_n - I_p)R_1$

g) $R_1 \geq \dfrac{U_a - kU_{Stör}}{I_n - I_p} = 900\ k\Omega\ ;\ R_2 = \dfrac{1}{k-1}R_1 = \dfrac{1}{9}R_1 = 100\,\mathrm{k\Omega}$

Aufgabe 7.5: Bild 7.7 zeigt eine Verstärkerschaltung mit einem Operationsverstärker.

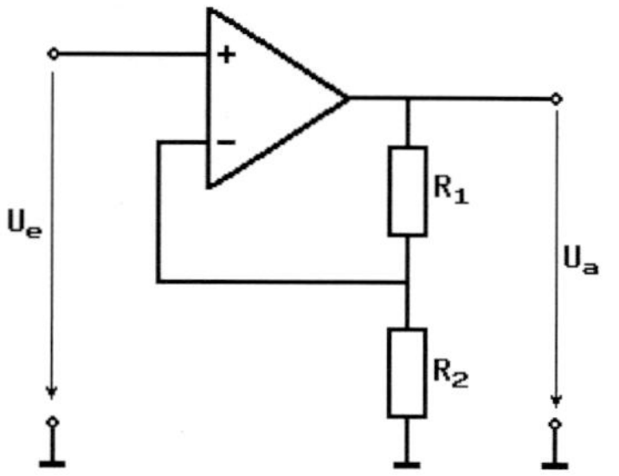

Bild 7.7

a) Um welchen Verstärkertyp handelt es sich?

b) Zeichnen Sie die Schaltung mit dem 4-Pol-Ersatzschaltbild des OPs. Zeichnen Sie alle Ströme und Spannungen ein.

c) Berechnen Sie für einen idealen OP den Widerstand R_2 für eine Verstärkung von $k_{u,\infty} = -1000$ ($R_1 = 100\ \mathrm{k\Omega}$).

d) Der OP ist nichtideal ($k' = 10^4$, $R_i' = 100\ \Omega$). Berechnen Sie die Verstärkung k_u für die obige Dimensionierung
d1) für eine ideale Belastung $R_b \to \infty$ und
d2) für einen Lastwiderstand $R_b = 100\ \mathrm{k\Omega}$.

e) Wie groß ist für den Fall d1) der absolute Verstärkungsfehler $\Delta k = k_u - k_{u,\infty}$ und der relative Verstärkungsfehler $f_k = \dfrac{\Delta k}{k_{u,\infty}}$.

f) Wie groß ist der Eingangswiderstand R_e
f1) mit idealem OP ($R_{e,\infty}$),
f2) mit dem obigen realen OP für den Fall d1) ($R_e' = 1\ \mathrm{M\Omega}$)

g) Wie groß ist der Ausgangswiderstand R_i
g1) mit idealem OP ($R_{i,\infty}$),
g2) mit dem obigen realen OP für den Fall d1).

h) Wie groß ist der absolute Fehler des Ausgangswiderstandes? $\Delta R_i = R_i - R_{i,\infty}$

i) Zur Kompensation der Eingangsströme I_p und I_n wird ein zusätzlicher Widerstand R_{Dn} zwischen Spannungsteiler R_1, R_2 und n-Eingang des OPs eingefügt. Zeichnen Sie die Schaltung. Berechnen Sie R_{Dn} für den Widerstand $R_q = 1\ \mathrm{k\Omega}$ der Eingangsspannungsquelle .

Lösung:

a) Es handelt sich um einen *u*/*u*-Verstärker mit Gegenkopplung (Spannungsgegenkopplung).

b)

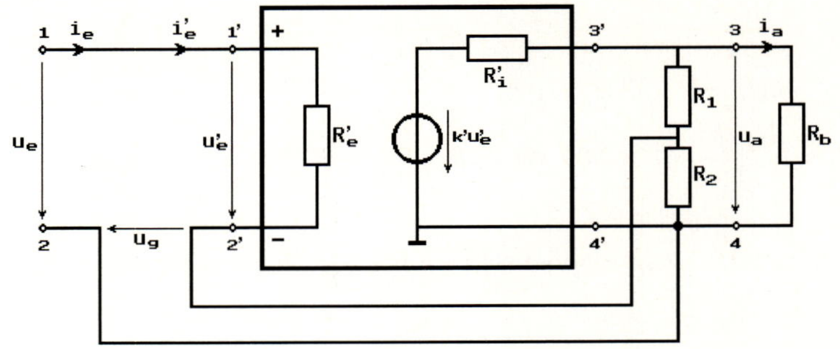

Bild 7.8

c) idealer OP: $k' \to \infty$ $\quad k_{u,\infty} = \dfrac{U_a}{U_e} = 1 + \dfrac{R_1}{R_2}$, d.h. $R_2 = \dfrac{R_1}{k_{u,\infty} - 1} \approx 100\,\Omega$

d) nichtidealer OP: $k' \ll \infty$ $\quad k_u = \dfrac{1}{\dfrac{R_2}{R_1 + R_2} + \dfrac{1}{k'}\left(1 + \dfrac{R_i'}{R_b}\right)}$

d1) ideale Belastung: $R_b \to \infty$ $\quad k_u = \dfrac{1}{\dfrac{R_2}{R_1 + R_2} + \dfrac{1}{k'}} \approx 909{,}917 \approx 910$

d2) Lastwiderstand: $R_b = 100\,\mathrm{k}\Omega$ $\quad k_u \approx 909{,}834 \approx 910$

e) absoluter Verstärkungsfehler: $\Delta k = k_u - k_{u,\infty}$; $f_k = \dfrac{\Delta k}{k_{u,\infty}} \approx 0{,}09 = -9\%$

f) $R_e \approx \dfrac{k'}{k_u} R_e'$

f1) $R_{e,\infty} = \lim\limits_{k' \to \infty} \dfrac{k'}{k_u} R_e' \to \infty$

f2) $R_e = \dfrac{k'}{k_u} R_e' \approx 11\,\mathrm{M}\Omega$

g) $R_i \approx \dfrac{k_u}{k'} R_i'$

g1) $R_{i,\infty} = \lim\limits_{k' \to \infty} R_i = \lim\limits_{k' \to \infty} \dfrac{k_u}{k'} R_i' = 0$

g2) $R_i \approx \dfrac{k_u}{k'} R_i' \approx 9{,}1\,\Omega$

h) $\Delta R_i = R_i - R_{i,\infty} \approx 9{,}1\,\Omega$

i)

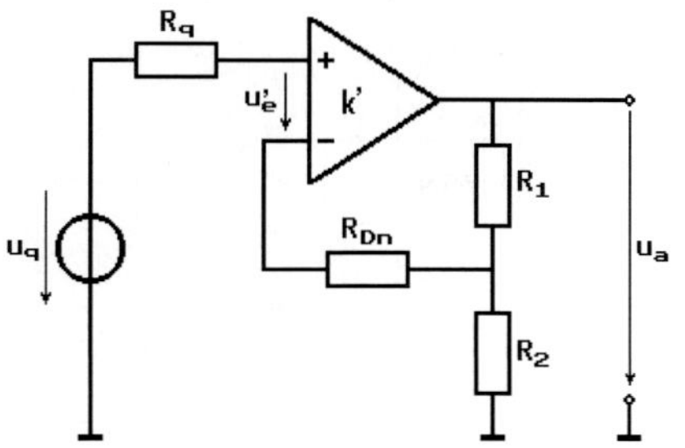

Bild 7.9

Aufgabe 7.6: Offset-Kompensation. Beim nichtinvertierenden Verstärker ist es möglich, eine Kompensation des Offset-Stromes $I_{os} = I_p - I_n$ durch Einfügen eines zusätzlichen Widerstandes R_{Dn} durchzuführen (Bild 7.10).

a) Zeichnen Sie das Ersatzschaltbild mit der Offset-Spannungsquelle U_{os} und den Offset-Stromquellen I_n und I_p.

b) Berechnen Sie nach dem Superpositionsprinzip die Wirkung der einzelnen Offsetquellen $U_a = U_a(U_{os})$, $U_a = U_a(I_p)$ und $U_a = U_a(I_n)$ und berechnen Sie die Ausgangsspannung infolge des Offsets $U_a = U_a(U_{os}) + U_a(I_p) + U_a(I_n)$. Der Operationsverstärker sei ideal ($u_e' = 0$, $i_e' = 0$).

c) Geben Sie eine Dimensionierungsvorschrift für R_{Dn} an, so dass die Ausgangsspannung U_a nur noch abhängig ist vom Offset-Strom $I_{os} = I_p - I_n$.
$U_a(I_p, I_n) = U_a(I_p - I_n) = U_a(I_{os})$

d) Wie groß muss der zusätzliche Widerstand R_{Dn} gemacht werden, wenn gilt $U_a(I_p, I_n) = 0$ für $I_p = I_n$ mit $R_q \gg R_1 \parallel R_2$.

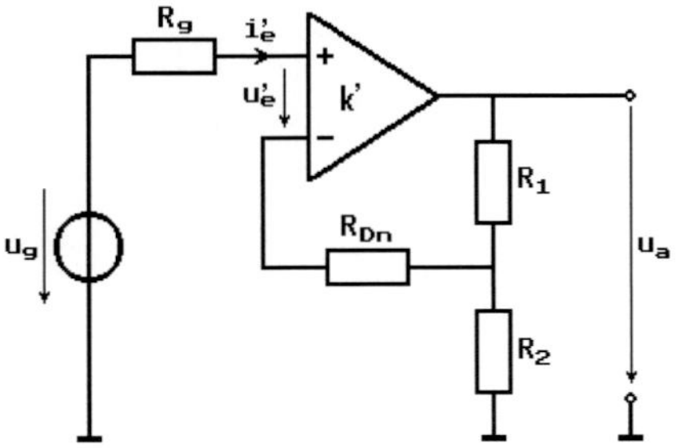

Bild 7.10

Lösung:

a) Ersatzschaltbild siehe Bild 7.11

b) $$U_a(U_{os}) = \frac{R_1 + R_2}{R_2} U_{os} \; ; \; U_a(I_p) = \frac{R_1 + R_2}{R_2} R_q I_p \; ;$$

$$U_a(I_n) = -\frac{R_1 + R_2}{R_2} R_{Dn} I_n - R_1 I_n$$

c) $$R_{Dn} = \frac{R_1 + R_2}{R_2} R_q I_{os}$$

d) $$R_{Dn} = R_q$$

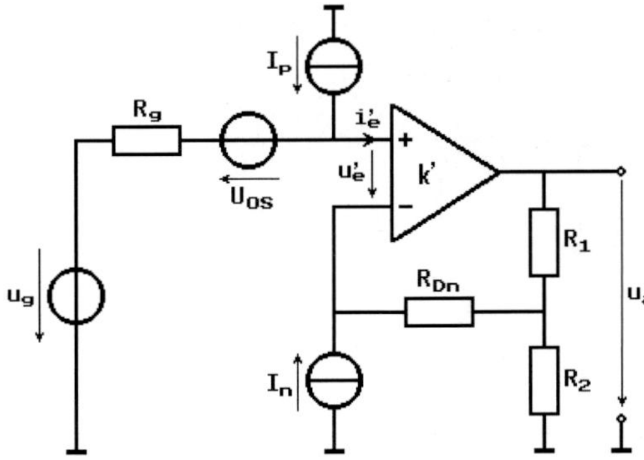

Bild 7.11

Aufgabe 7.7: Für den Spannungsverstärker nach Aufgabe 7.5 soll die Ausgangsspannungsdrift ΔU_a untersucht werden. Die Dimensionierung der Schaltung ist $R_1 = 100\ \Omega$, $R_2 = 10\ \text{k}\Omega$, $R_9 = 1\ \text{k}\Omega$. Die Herstellerangaben betragen für die Verstärkertypen:

	741	**725**	**Einheit**
$\left(\Delta U_{os}/\Delta \vartheta\right)_{max}$	15	5	µV/K
$\left(\Delta I_{os}/\Delta \vartheta\right)_{max}$	200	150	pA/K

Tabelle 7.1

Berechnen Sie für eine angenommene Temperaturerhöhung von $\Delta\vartheta = 50^\circ$ C

a) die maximale Eingangsspannungsoffsetdrift

$$\Delta U_{os}\big|_{max} = \left(\frac{\Delta U_{os}}{\Delta \vartheta}\Big|_{max} + \frac{\Delta I_{os}}{\Delta \vartheta}\Big|_{max} R_{Dn} \right) \Delta \vartheta$$

b) und die maximale Ausgangsspannungsdrift ΔU_a.

Lösung:
a) und b) Tabelle 7.2

	741	**725**	**Einheit**
$\Delta U_{os}\big|_{max}$	759,01	256,76	µV
$\Delta U_{a}\big|_{max}$	766,6	259,33	µV

Aufgabe 7.8: Gegeben ist die in Bild 7.12 dargestellte Schaltung eines Schmitt-Triggers mit einem idealen Operationsverstärker.

a) Zeichnen Sie die Übertragungskennlinie $U_a = f(U_e)$.

b) Bestimmen Sie die Umschaltpunkte und die Hysterese.

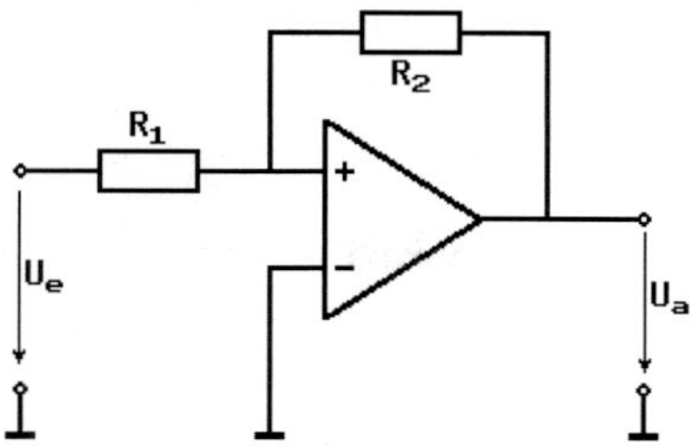

Bild 7.12

Lösung:
a)

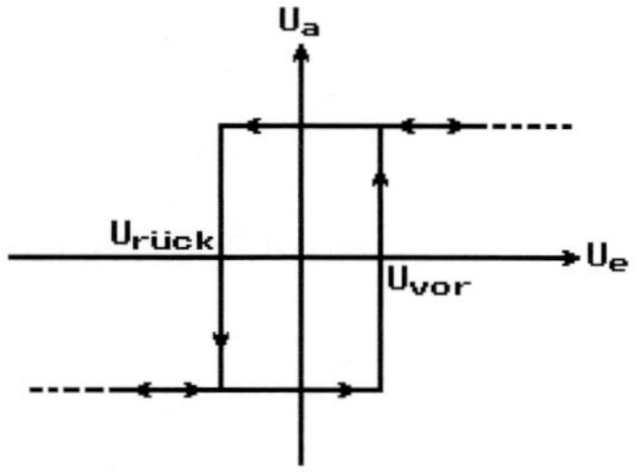

Bild 7.13

b) $U_{\text{Vor}} = -\dfrac{R_1}{R_2} U_{\text{a,min}}; \qquad U_{\text{Rück}} = -\dfrac{R_1}{R_2} U_{\text{a,max}}$

$$\Delta U_{\text{e}} = U_{\text{Vor}} - U_{\text{Rück}} = \frac{R_1}{R_2}\left(U_{\text{a,max}} - U_{\text{a,min}}\right)$$

Aufgabe 7.9: Zu untersuchen ist die nichtinvertierende Operationsverstärkerschaltung nach Bild 7.14

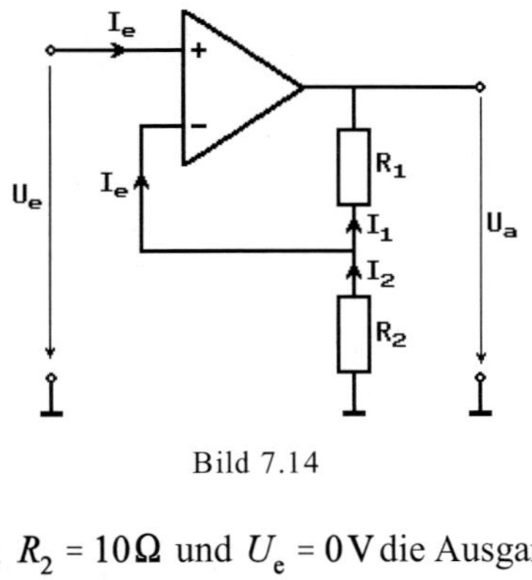

Bild 7.14

Berechnen Sie für $R_1 = 100\,\text{k}\Omega$; $R_2 = 10\,\Omega$ und $U_{\text{e}} = 0\,\text{V}$ die Ausgangsspannung U_{a}, wenn für den nichtidealen Operationsverstärker gilt $v_0 = 10^5$; $I_{\text{e}} = 100\,\text{nA}$.

Lösung: $$U_{\text{a}} = \frac{v_0 R_1 R_2 I_{\text{e}}}{R_1 + (1 + v_0) R_2} \approx \frac{v_0 R_1 R_2 I_{\text{e}}}{R_1 + v_0 R_2} \approx 10\,\text{mV}$$

Aufgabe 7.10: Gegeben ist der Spannungsverstärker nach Bild 7.15. Eine Wechselspannung $U_e = 10$ mV soll auf $U_a = 1$ V verstärkt werden. Der Operationsverstärker hat folgende Daten: $k' = 2 \cdot 10^5$, $R_e' = 2$ MΩ, $R_i' = 75$ Ω, $f_g' = 10$ Hz.

a) Dimensionieren Sie die Schaltung und berechnen Sie den Eingangs- und Ausgangs-widerstand R_e und R_i.

b) Welche Bandbreite ergibt sich?

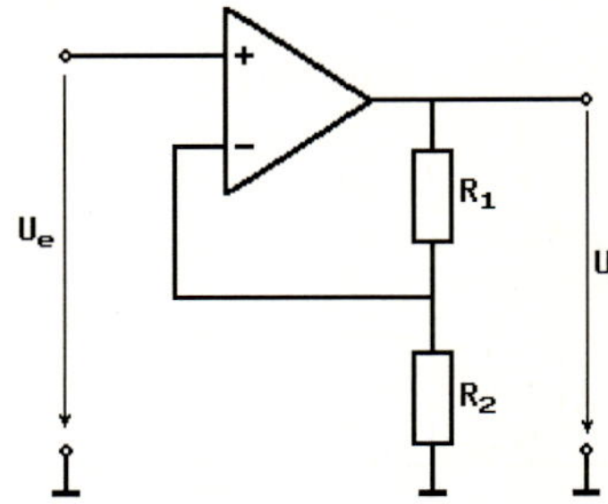

Bild 7.15

Lösung:

a) $k = \dfrac{U_a}{U_e} = 100$

$$R_1 = 100\,\mathrm{k\Omega};\ R_2 = 1\,\mathrm{k\Omega};\ R_e \approx \frac{k'}{k} R_e' \approx 4\,\mathrm{G\Omega};\ R_i \approx \frac{R_i'}{1 + \dfrac{k'}{k}} \approx 37{,}5\,\mathrm{m\Omega}$$

b) $f_g = \dfrac{k'}{k} f_g' = 20\,\mathrm{kHz}$

Aufgabe 7.11: Ein Messverstärker hat die in Bild 7.16 dargestellte Schaltung $R_1 = 1$ kΩ und $R_2 = 400$ Ω. Der Operationsverstärker ist ideal.

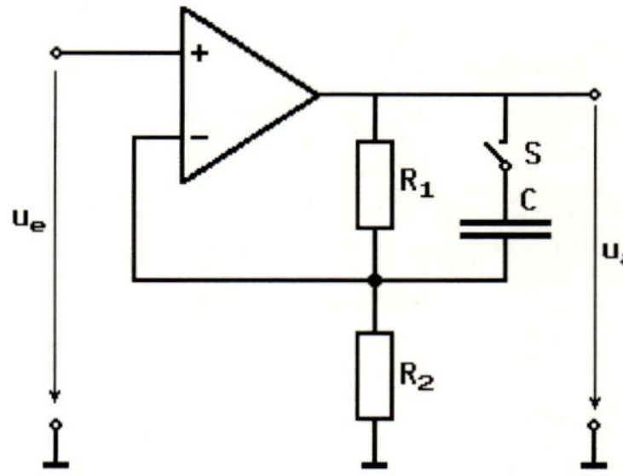

Bild 7.16

a) Geben Sie die Verstärkung $v = \dfrac{u_a}{u_e}$ bei geöffnetem Schalter S an.

b) Zur Unterdrückung von hochfrequenten Störungen kann mit dem Schalter S der Kondensator C zu R_1 parallel geschaltet werden. Es ergibt sich dann eine Grenzfrequenz f_g, oberhalb der die Schaltung nicht mehr voll verstärkt. f_g sei hier die Frequenz, bei der R_1 und C gleiche Beträge ihrer Impedanz aufweisen. Geben Sie allgemein $f_g = f(R_1, C)$ an.

c) Bestimmen Sie C für $f_g = 3{,}8$ kHz.

d) Welche Verstärkung $v = \dfrac{u_a}{u_e}$ hat diese Schaltung bei sehr hohen Frequenzen?

e) Berechnen Sie u_a in Betrag und Phase für $u_e = \hat{u}\,\sin(\omega_1 t)$ mit f_1 = 1 kHz und $\hat{u}$ = 5 V.

Lösung:

a) $$v = \frac{u_a}{u} = 1 + \frac{R_1}{R_2}$$

b) $$f_g = \frac{1}{2\pi\, R_1 C}$$

c) $$C = \frac{1}{\omega_g R_1} = \frac{1}{2\pi\, f_g R_1} \approx 41\,\text{nF}$$

d) $$\underline{v} = 1 + \frac{R_1}{R_2}\,\frac{1}{1 + j\omega R_1 C} = 1 + \frac{R_1}{R_2}\,\frac{1}{1 + j\Omega} \quad \text{mit } \Omega = \frac{\omega}{\omega_g} = \frac{f}{f_g}$$

$$f_\infty = \lim_{\omega \to \infty} \underline{v} = 1$$

e) $$v = |\underline{v}| = \sqrt{1 + \frac{R_1}{R_2^2}\,\frac{R_1 + 2R_2}{1 + (\omega R_1 C)^2}} = \sqrt{1 + \frac{R_1}{R_2^2}\,\frac{R_1 + 2R_2}{1 + \Omega^2}} \approx 6{,}643$$

$$\varphi = \arctan \frac{\omega R_1^2 C}{R_1 + R_2(1 + (\omega R_1 C)^2)} = \arctan \frac{R_1 \Omega}{R_1 + R_2(1 + \Omega^2)} \approx 8{,}36^\circ$$

$$u_a = v\,|\underline{u}_e| = v\,\hat{u} \approx 33{,}21\,\text{V}$$

7.2 Invertierender Verstärker

Aufgabe 7.12: Mit der in Bild 7.17 dargestellten Schaltung soll der Eingangsstrom i_e = 10 µA auf i_a = 2 mA verstärkt werden. Der Lastwiderstand beträgt R_a = 1 kΩ. Der Operationsverstärker hat folgende Daten: k' = 2 · 10^5, R_i' = 75 Ω.

a) Bestimmen Sie die notwendige Verstärkung k_i (in dB).
b) Wählen Sie R_2 = 10 Ω und bestimmen Sie Eingangs- und Ausgangswiderstand (R_e, R_i).

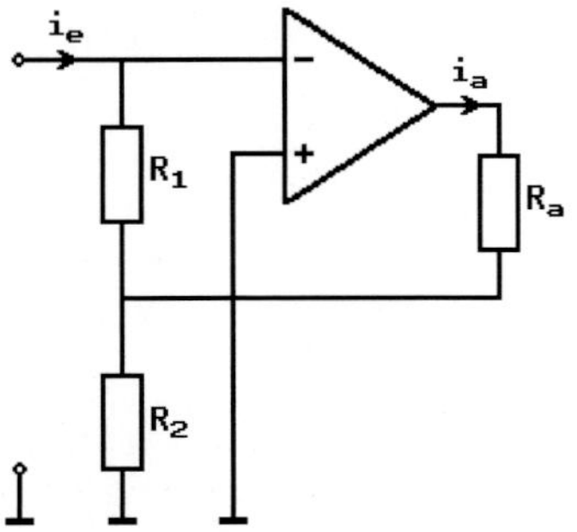

Bild 7.17

Lösung:

a) $k = \frac{i_a}{i_e} = +200 \triangleq +20 \lg 200 = +43\,\text{dB}$

b) $R_1 = R_2(k-1) = 1990\,\Omega$

$R_e = R_1 + R_2 + k\,R_2 = 0; \; R_i = R_i{}' + k\,'R_2 \approx 2\,\text{M}\Omega$

Aufgabe 7.13: Integrierer. Gegeben ist der Messverstärker nach Bild 7.18.

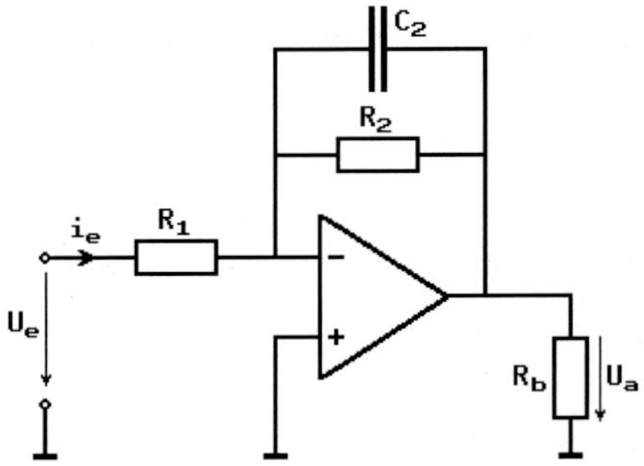

Bild 7.18

a) Um welchen Verstärkertyp handelt es sich?

b) Zeichnen Sie die Schaltung mit dem Vierpol-Ersatzschaltbild eines Operationsverstärkers (OP). Zeichnen Sie alle Ströme und Spannungen ein.

c) Geben Sie die komplexe Empfindlichkeit $\underline{k}_u(j\omega) = \frac{\underline{U}_a(j\omega)}{\underline{U}_e(j\omega)}$

c1) für einen realen OP (Leerlaufverstärkung k', Eingangswiderstand R_e' und Ausgangswiderstand R_i'),

c2) für einen idealen OP ($\underline{k}_{u,\infty}(j\omega)$, $k' \to \infty$)

bei einem endlichen Lastwiderstand R_b an.

d) Bestimmen Sie die Eingangsimpedanz $\underline{Z}_e(j\omega) = \frac{\underline{U}_e(j\omega)}{\underline{I}_e(j\omega)}$

d1) mit einen realen OP (Leerlaufverstärkung k', Eingangswiderstand R_e' und Aus-gangswiderstand R_i'),

d2) mit einem idealen OP ($\underline{Z}_{e,\infty}(j\omega)$, $k' \to \infty$).

e) Geben Sie den absoluten Verstärkungsfehler $\Delta\underline{k}_u(j\omega) = \underline{k}_u(j\omega) - \underline{k}_{u,\infty}(j\omega)$ und den relativen Verstärkungsfehler $\underline{f}_k(j\omega) = \frac{\Delta\underline{k}_u(j\omega)}{\underline{k}_{u,\infty}(j\omega)}$ an.

f) Bestimmen Sie $\underline{k}_u(j\,\omega)$ und $\underline{k}_{u,\infty}(j\,\omega)$ bei $\omega = 0$ und $\omega = \infty$. Skizzieren Sie den Verlauf von $|\underline{k}_{u,\infty}(j\omega)|$ in Abhängigkeit von ω. Welche Eigenschaft hat der obige Messverstärker (Frequenzgang)?

g) Zur Kompensation der Eingangsströme i_p und i_n werden ein zusätzlicher Widerstand R_p und ein zusätzlicher Kondensator C_p zwischen dem p-Eingang des OPs und der Masse eingefügt. Zeichnen Sie die Schaltung. Bestimmen Sie die Parameter R_p und C_p unter Berücksichtigung des Widerstands R_q der Eingangsquelle.

Hinweis:

$$i_p \approx i_n;\ \underline{U}_a(j\omega)\Big|_{\underline{U}_e(j\omega)=0} = 0;\ Z_p(j\omega) = R_p \parallel \frac{1}{j\omega C_p} \text{ mit } R_b = \infty,\ k' \to \infty.$$

Lösung:

a) Es handelt sich um einen invertierenden i/u-Verstärker mit Spannungseingang und Stromgegenkopplung.

b) Siehe Bild 7.19.

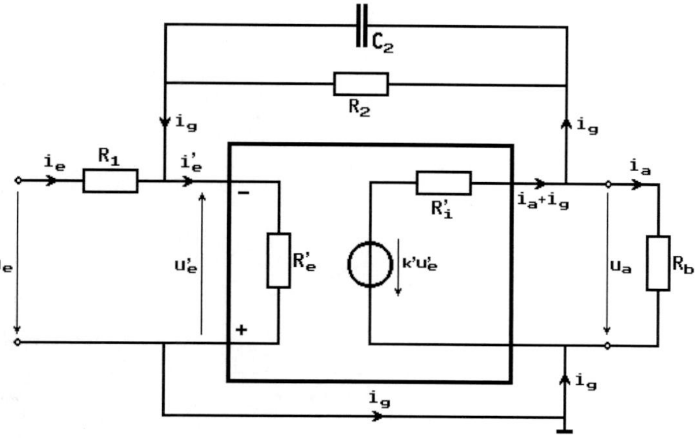

Bild 7.19

c1) $$\underline{k}_u(j\omega) = -\frac{\dfrac{R_2}{R_1}}{1 + j\omega\, C_2 R_2} \; \frac{1 - \dfrac{R_i'(1 + j\omega\, C_2 R_2)}{R_2 k'}}{1 + \dfrac{R_i'}{k' R_b}}$$

c2) $$\underline{k}_{u,\infty}(j\omega) = \lim_{k'\to\infty} \underline{k}(j\omega) = -\frac{R_2}{R_1}\,\frac{1}{1 + j\omega C_2 R_2}$$

d1) $$\underline{Z}_e(j\omega) = \frac{\underline{U}_e(j\omega)}{\underline{I}_e(j\omega)} = R_1 + \underline{Z}_2(j\omega) + \underline{k}_R(j\omega) = R_1 + \frac{R_i'}{k'}\,\frac{1 + \dfrac{(R_2/R_b)}{1 + j\omega\, C_2 R_2}}{1 + \dfrac{R_i'}{k' R_b}}$$

d2) $$\underline{Z}_{e,\infty}(j\omega) = \lim_{k'\to\infty} \underline{Z}_e(j\omega) = R_1$$

e) $$\Delta\underline{k}_u(j\omega) = \underline{k}_u(j\omega) - \underline{k}_{u,\infty}(j\omega) = \frac{\dfrac{R_2}{R_1}}{1 + j\omega\, C_2 R_2}\; \frac{R_i'\left(\dfrac{1}{R_b} + \dfrac{1}{R_2} + j\omega\, C_2\right)}{k' + \dfrac{R_i'}{R_b}}$$

f)

$$\underline{k}_{\mathrm{u}}(\omega=0) = -\frac{R_2}{R_1}\,\frac{1-\dfrac{R_i'}{R_2 k'}}{1+\dfrac{R_i'}{k' R_b}}\;;\quad \underline{k}(\omega\to\infty) = \lim_{\omega\to\infty}\underline{k}_{\mathrm{u}}(\mathrm{j}\omega) = 0,\quad \left(Z_2(\mathrm{j}\omega)\to 0\right)$$

$$\underline{k}_{\mathrm{u},\infty}(\omega=0) = -\frac{R_2}{R_1}\;;\quad \underline{k}_{\mathrm{u},\infty}(\omega\to\infty) = \lim_{\omega\to\infty}\underline{k}_u(\mathrm{j}\omega) = 0$$

$$\left|\underline{k}_{\mathrm{u},\infty}(\mathrm{j}\omega)\right|_{\omega=\frac{1}{C_2R_2}} = \frac{R_2}{R_1}\,\frac{1}{\sqrt{2}} \approx 0{,}707\,\frac{R_2}{R_1}$$

Der Messverstärker hat die Eigenschaft eines Tiefpasses.

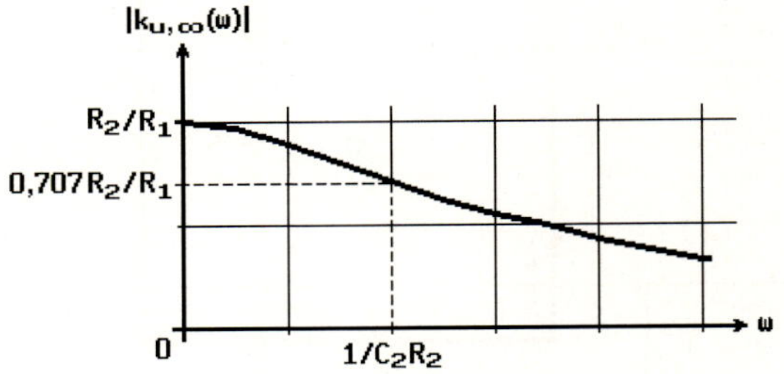

Bild 7.20

g)

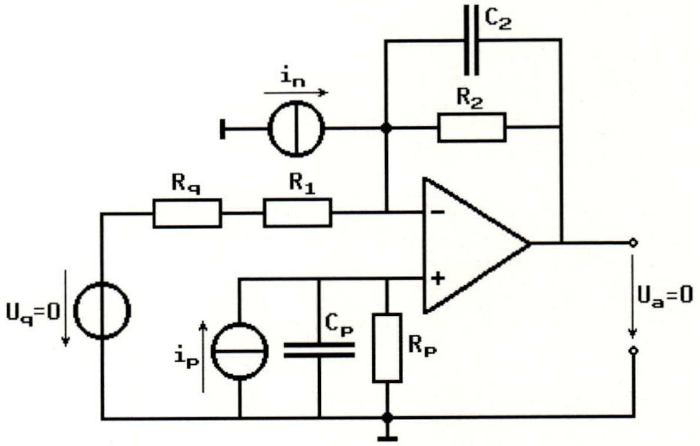

Bild 7.21

$$R_{\mathrm{p}} = R_2 \| (R_1 + R_{\mathrm{q}}) = \frac{R_2(R_1 + R_{\mathrm{q}})}{R_1 + R_2 + R_{\mathrm{q}}}$$

Aufgabe 7.14: Gegeben ist die Operationsverstärker-Schaltung nach Bild 7.22.

a) Um was für einen Verstärker handelt es sich?

b) Zeichnen Sie die obige Schaltung mit dem Vierpol-Ersatzschaltbild. Zeichnen Sie alle Ströme und Spannungen ein.

c) Geben Sie die Kenngrößen eines idealen OP an.

d) Geben Sie die Verstärkung $k_\infty = \dfrac{u_{\mathrm{a}}}{u_{\mathrm{e}}}$ der obigen Schaltung mit einem idealen OP an.

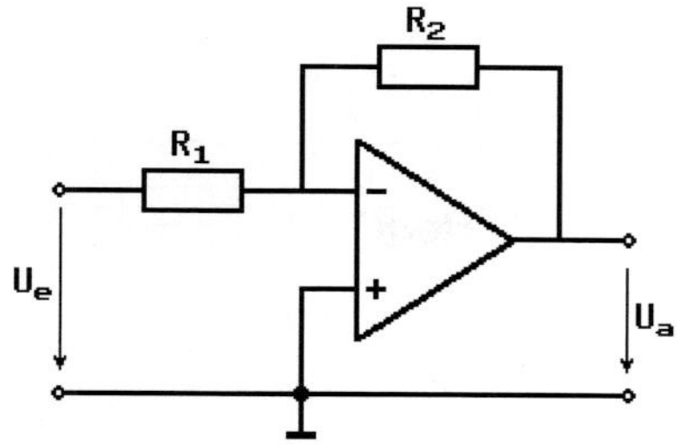

Bild 7.22

e) Der OP ist nicht ideal ($k' \ll \infty$, $R_i' > 0$).
Geben Sie die Verstärkung $k_R = \frac{u_a}{i_e} = f(R_2,\ k',\ R_i',\ R_b)$ für eine Last R_b an.

f) Geben Sie die Verstärkung $k = \frac{u_a}{u_e}$ für die obige Schaltung mit nichtidealem OP an.

g) Wie groß ist der absolute Verstärkungsfehler $\Delta k = k - k_\infty$ und der relative Verstärkungsfehler $f_k = \frac{\Delta k}{k_\infty} = \frac{k - k_\infty}{k_\infty}$.

h) Berechnen Sie die Zahlenwerte für k_∞, k, Δk und f_k mit
$k' = 10^3,\ R_i' = 1k\Omega,\ R_2 = 10k\Omega,\ R_1 = 100\Omega,\ R_b = 100\Omega.$

i) Wie groß ist der Eingangswiderstand R_E der obigen Schaltung
1) mit einem idealen OP ($R_{E,\infty}$) und
2) mit einem realen OP (R_E)?
$R_E = f(R_1, R_2, k_R)$

k) Geben Sie die Zahlenwerte von R_E für die Zahlenwerte nach h) an.

l) Wie groß ist der Ausgangswiderstand R_i der obigen Schaltung
1) mit einem idealen OP ($R_{i,\infty}$) und
2) mit einem realen OP (R_i)?
$R_i = f(R_i', k')$

m) Geben Sie die Zahlenwerte von R_i für die Zahlenwerte nach h) an.

n) Zur Kompensation der Eingangsströme I_p und I_n wird ein zusätzlicher Widerstand R_{Dp} zwischen dem p-Eingang des OPs und der Schaltungsmasse eingefügt. Zeichnen Sie die Schaltung. Geben Sie R_{Dp} für den Widerstand R_q der Eingangsspannungsquelle an.

o) Geben Sie den Zahlenwert von R_{Dp} für $R_q = 100\ \Omega$ und den Zahlenwerten nach h) an.

Lösung:

a) Invertierender i/u-Verstärker mit Spannungseingang und Stromgegenkopplung.

b) Siehe Bild 7.23

c) $k' \to \infty;\ I_n = I_p = 0;\ u_e' = 0;\ i_e' = 0;\ R_e' \to \infty;\ R_i' = 0$

d) $k_\infty = \frac{u_a}{u_e} = -\frac{R_2}{R_1}$

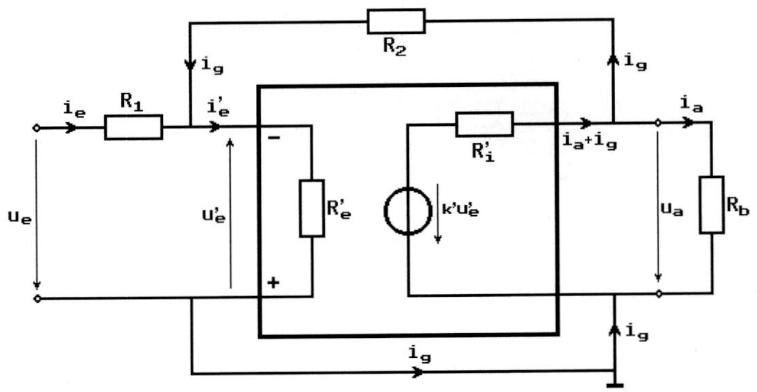

Bild 7.23

e) $k_R = \frac{u_a}{i_e} = -\frac{R_2 - \frac{R_i'}{k'}}{1 + \frac{R_i'}{k'R_b}} = -R_2 \frac{1 - \frac{R_i'}{k'R_2}}{1 + \frac{R_i'}{k'R_b}}$

f) $k = k_{real} = \frac{u_a}{u_e} = \frac{i_e}{u_e} \frac{u_a}{i_e} = \frac{1}{R_1} k_R = -\frac{R_2}{R_1} \frac{1 - \frac{R_i'}{k'R_2}}{1 + \frac{R_i'}{k'R_b}} = k_\infty \frac{1 - \frac{R_i'}{k'R_2}}{1 + \frac{R_i'}{k'R_b}}$

g) $\Delta k = k - k_\infty = \frac{R_2}{R_1} \frac{\frac{R_i'}{k'}\left(\frac{1}{R_b} + \frac{1}{R_2}\right)}{1 + \frac{R_i'}{k'R_b}}$; $f_k = \frac{\Delta k}{k_\infty} = -\frac{\frac{R_i'}{k'}\left(\frac{1}{R_b} + \frac{1}{R_2}\right)}{1 + \frac{R_i'}{k'R_b}}$

h) $k_\infty = -\frac{R_2}{R_1} = -100$; $k = -99$; $\Delta k = k - k_\infty = 1$

$f_k = \frac{\Delta k}{k_\infty} = -10^{-2} = -1\%$

i) $R_{e,\infty} = \frac{u_e}{i_e} = R_1 + R_{e,\infty} = R_1 + R_{e,ideal} = R_1 + 0 = R_1$

2) $R_e = R_1 + R_{e,real} = R_1 + (R_2 + k_R) = R_1 + R_2 + k_R$

k) $R_{e,\infty} = R_1 = 100\Omega$; $R_e = R_1 + R_2 + k_R = 200\Omega$

l) $R_{i,\infty} = 0$; 2) $R_i = \frac{R_i'}{k'}$

m) $R_{i,\infty} = 0$; 2) $R_i = 1\Omega$

n) $R_{Dp} = R_2 \| R_q' = R_2 \| (R_q + R_1) = \frac{R_2(R_1 + R_q)}{R_2 + R_1 + R_q}$

o) $R_{Dp} = 1.666{,}6\Omega$

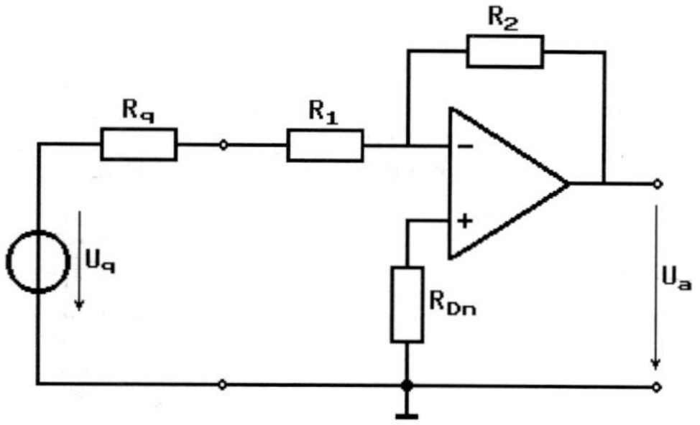

Bild 7.24

Aufgabe 7.15: Gegeben ist die in Bild 7.25 dargestellte Messverstärkerschaltung mit idealem Operationsverstärker.

a) Nennen Sie die Betriebsart des Operationsverstärkers. Welche Gegenkopplung wird hier verwendet?
b) Wie groß sind I_n und I_p sowie U_d beim idealen Operationsverstärker? In welchem Bereich sind I_n und I_p bei tatsächlichen BIFET-OPs anzusiedeln (mA-μA, μA-nA, nA-pA).
c) Welches Potential nimmt der Knoten 1 an. Begründen Sie es! Welche Rolle übernimmt R_2? Kann R_2 entfallen?
d) Zeichnen Sie die neue Schaltung.
e) Berechnen Sie die Verstärkung mittels Knoten und Maschen unter Berücksichtigung des idealen Operationsverstärkers.
f) Wozu dient R_5 ?
g) Berechnen Sie R_5, wenn die Eingangsspannungsquelle den Innenwiderstand R_q hat. Stellen Sie zuerst die Maschen- und Knotengleichung auf.

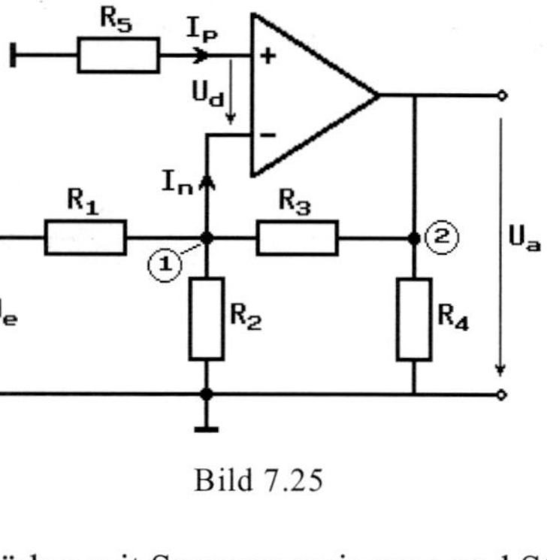

Bild 7.25

Lösung:
a) Invertierender Stromverstärker mit Spannungseingang und Stromgegenkopplung.
b) idealer OP: $I_p = I_n = 0,\ U_d = 0$; realer OP: $I_p \approx I_n < 1\,\mathrm{nA}$
c) $U_{K1} = R_5\, I_p + U_d = 0$; d.h. R_2 kann entfallen.
d) siehe Bild 7.26
e) $k = \dfrac{U_a}{U_e} = -\dfrac{R_3}{R_1}$
f) Wenn $I_p \approx I_n \neq 0$, dient R_5 zur Kompensation dieser Ströme.

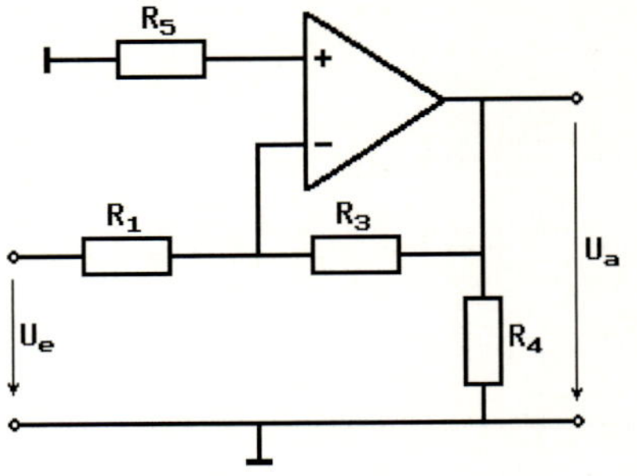

Bild 7.26

g) $U_a(I_p, I_n) = R_5\left(1+\frac{R_3}{R_q+R_1}\right)I_p - R_3 I_n$; $R_5 = \frac{1}{\frac{1}{R_3}+\frac{1}{R_q+R_1}} = R_3 \| (R_q+R_1)$

Aufgabe 7.16: Gegeben ist die in Bild 7.27 dargestellte Messverstärkerschaltung mit idealem Operationsverstärker.

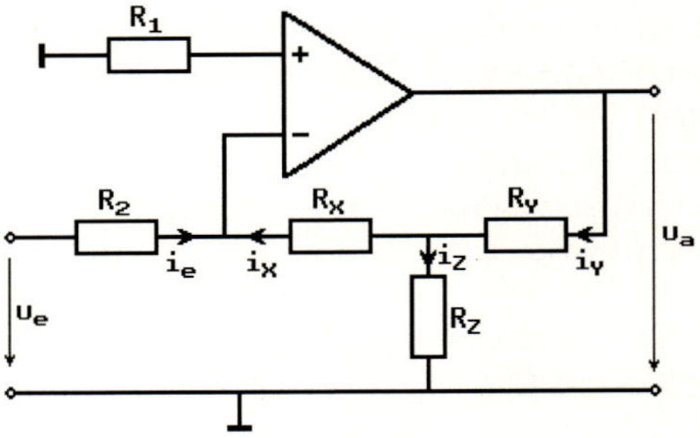

Bild 7.27

a) Berechnen Sie die Verstärkung $k_1 = u_a/u_e$ für $R_1 = 0$, $R_z \rightarrow \infty$. Nennen Sie die Betriebsart des Verstärkers.
b) Geben Sie die Verstärkung $k_2 = u_a/u_e$ für $R_1 \neq 0$, $R_z \rightarrow \infty$ an und begründen Sie.
c) Berechnen Sie $k_3 = u_a/u_e$ (R_1 und R_z sind jetzt zu berücksichtigen).
d) Berechnen und vergleichen Sie die Verstärkungen k_2 und k_3 für folgende Widerstandswerte: $R_1 = 10\ \mathrm{k\Omega}$, $R_2 = 10\ \mathrm{k\Omega}$, $R_x = R_y = 20\ \mathrm{k\Omega}$, $R_z = 5\ \mathrm{k\Omega}$.

Lösung:

a) $k_1 = \frac{u_a}{u_e} = -\frac{R_x+R_y}{R_2}$ (siehe Bild 7.28).

b) $k_2 = \frac{u_a}{u_e} = -\frac{R_x+R_y}{R_2} = k_1$

Begründung: Da idealer OP, also $i_p = 0$, $u_D = 0$, hat k_1 Massepotential (virtuelle Masse).

c) $k_3 = -\left(\frac{R_x R_y}{R_z} + R_y + R_x\right)\frac{1}{R_2}$

d) $k_2 = -4$; $k_3 = -12$, d.h. $|k_3| > |k_2|$.

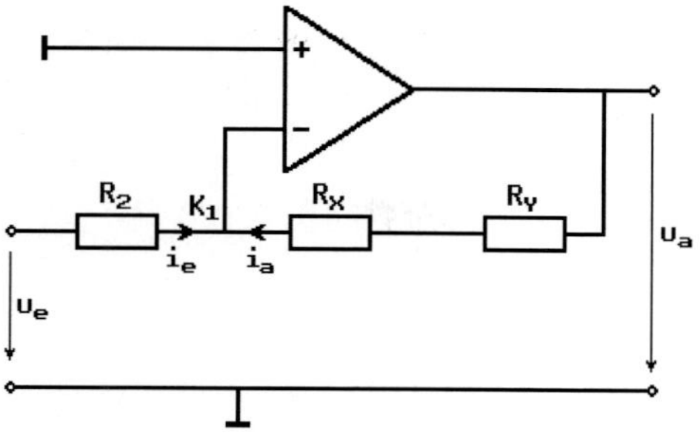

Bild 7.28

Aufgabe 7.17: Offset-Spannung. Beim invertierenden Verstärker kann die Wirkung der Offset-Spannung durch die Spannung U_0 dargestellt werden (Bild 7.29). Der Operationsverstärker ist ideal, $R_1 = 10\,\text{k}\Omega$, $R_2 = 100\,\text{k}\Omega$, $U_1 = 0{,}1\,\text{V}$, $U_0 = 10\,\text{mV}$.

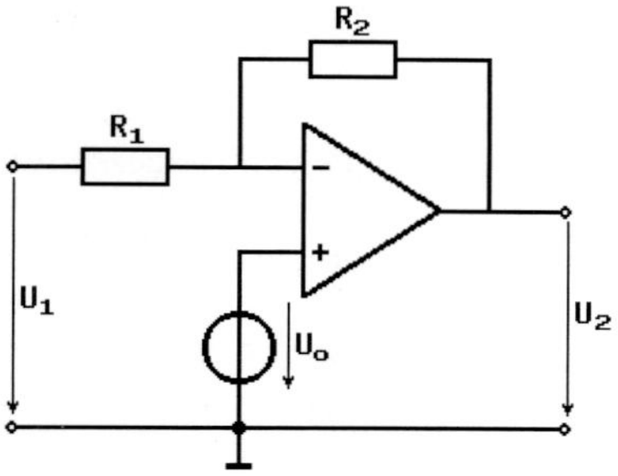

Bild 7.29

a) Berechnen Sie allgemein die Spannung U_2 als Funktion von U_1, U_0, R_1 und R_2.

b) Wie groß wird bei den angegebenen Zahlenwerten die Spannung U_2?

c) Berechnen Sie den absoluten Fehler ΔU_2 und den relativen Fehler $\Delta U_2/U_2$, der durch die Offset-Spannung U_0 verursacht wird.

d) Berechnen Sie allgemein die relative Änderung von U_2.

$$\frac{\Delta U_2}{U_2} = f(U_1,\ U_0.\ \Delta U_1,\ \Delta U_0)$$

e) Geben Sie die relative Änderung von U_2 bezüglich U_1 bei $U_0 = 0$ V an.

f) Wie ändert sich der relative Fehler von U_2 bei einer Änderung von U_1 auf 0,05 V, wenn $U_0 = 10$ mV beträgt? Was bedeutet das Ergebnis?

Lösung:

a) $$U_2 = -\frac{R_2}{R_1}U_1 + \left(1 + \frac{R_2}{R_1}\right)U_0$$

b) $$U_2 = -0{,}89\,\text{V}$$

c) $$\Delta U_2 = U_2(U_0 \neq 0) - U_2(U_0 = 0) = \left(1 + \frac{R_2}{R_1}\right)U_0 = 0{,}11\,\text{V}$$

$$\frac{\Delta U_2}{U_2(U_0 = 0)} = -\left(1 + \frac{R_1}{R_2}\right)U_0 = 11\%$$

d) $$\Delta U_2 = \frac{\partial U_2}{\partial U_0}\Delta U_0 + \frac{\partial U_2}{\partial U_1}\Delta U_1 = \left(1+\frac{R_2}{R_1}\right)\Delta U_0 + \left(-\frac{R_2}{R_1}\right)\Delta U_1$$

c) $$\Delta U_2 = \frac{\partial U_2}{\partial U_0}\Delta U_0 + \frac{\partial U_2}{\partial U_1}\Delta U_1 = \left(1+\frac{R_2}{R_1}\right)\Delta U_0 - \frac{R_2}{R_1}\Delta U_1$$

$$\frac{\Delta U_2}{U_2} = \frac{(R_1+R_2)\Delta U_0 - R_2 \Delta U_1}{(R_1+R_2)U_0 - R_2 U_1}$$

d) $$\left.\frac{\Delta U_2}{U_2}\right|_{\substack{U_0=0 \\ \Delta U_0=0}} = \frac{\Delta U_1}{U_1}$$

f) $$\frac{\Delta U_1}{U_1} = 0{,}5 = 50\,\% \; ; \quad \left.\frac{\Delta U_2}{U_2}\right|_{\Delta U_0=0} = -\frac{R_2\,\Delta U_1}{(R_1+R_2)U_0 - R_2 U_1} \approx 0{,}562 = 56{,}2\,\%$$

Wenn die Offset-Spannung U_0 ungleich Null ist, vergrößert sich die relative Änderung der Ausgangsspannung U_2 infolge einer relativen Änderung der Eingangsspannung U_1.

Aufgabe 7.18: Der Rechenverstärker ($k' \to \infty$, $u_e' = 0$, $i_e' = 0$) und die Diode ($R_{Sperr} \to \infty$, $R_{Durch} = 0$) sind ideal. Über die Diode ist ein Drehspulmessgerät angeschlossen (Bild 7.30).

a) Leiten Sie die Ausgangsspannung u_a für den Rechenverstärker (ohne Diode und Drehspulmessgerät) her. $u_a = f(u_1, u_2, R_1, R_2, R_3)$
b) Vereinfachen Sie die Gleichung von u_a mit $R_1 = R$, $R_2 = 2R$ und $R_3 = 4R$.
c) Berechnen Sie mit Hilfe der vereinfachten Gleichung $u_a(t)$ für $u_1(t) = -\hat{u}\sin\omega t$ und $u_2(t) = +\hat{u}$.
d) Zeichnen Sie den Verlauf von $u_a(t)$.
e) Welche Spannung zeigt das angeschlossene Drehspulmessgerät bei geschlossenem Schalter S an?
f) Welche Spannung zeigt das angeschlossene Drehspulmessgerät bei offenem Schalter S an?

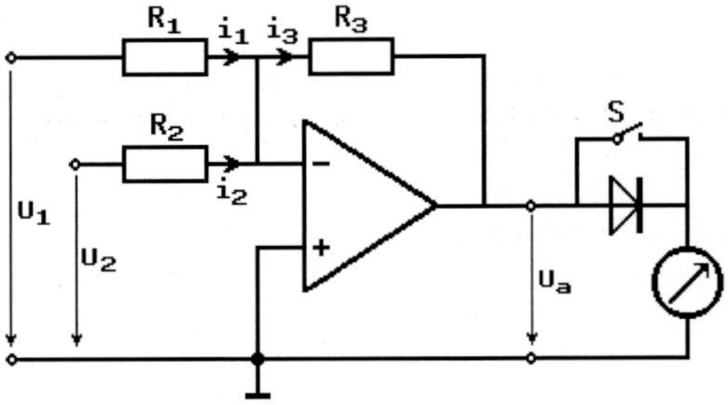

Bild 7.30

Lösung:

a) $u_a = -R_3\left(\dfrac{u_1}{R_1}+\dfrac{u_2}{R_2}\right)$

b) $u_a = -2(2u_1+u_2)$

c) $u_a = 2\hat{u}(2\sin\omega t-1)$

d)

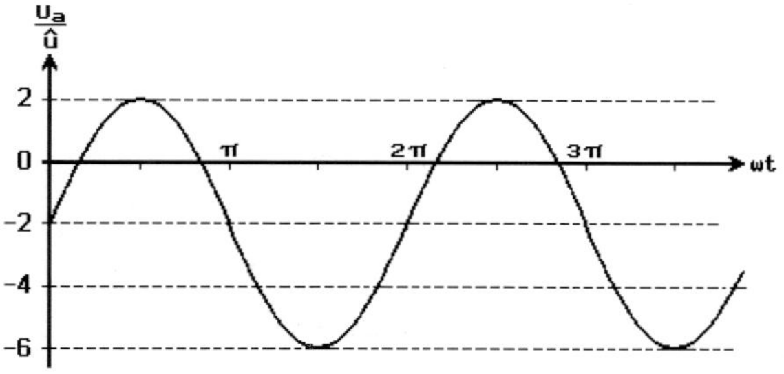

Bild 7.31

e) $u_{a,\text{drehspul}} = -2\hat{u}$

f) Nullstellen bei $u_a = 2\hat{u}(2\sin\omega t-1) = 0$, d.h. $\omega t = \dfrac{\pi}{6}$ und $\dfrac{5}{6}\pi$.

$$\overline{|u_{a,\text{drehspul}}|} = \frac{1}{2\pi}\int_{\frac{\pi}{6}}^{\frac{5}{6}\pi} u_a(\omega t)\ d(\omega t) = \frac{\hat{u}}{\pi}\int_{\frac{\pi}{6}}^{\frac{5}{6}\pi}(2\sin(\omega t)-1)\ d(\omega t)$$

$$= 2\hat{u}\left[\frac{\sqrt{3}}{\pi}-\frac{1}{3}\right] \approx 0{,}436\hat{u}$$

Aufgabe 7.19: Gegeben sei die in Bild 7.32 dargestellte Verstärkerschaltung mit $R_1 = 1\,\text{k}\Omega$, $R_3 = R_1 \| R_2$ und $|\Delta U_{OS}/\Delta\vartheta| = 2{,}5\,\mu\text{V/K}$.

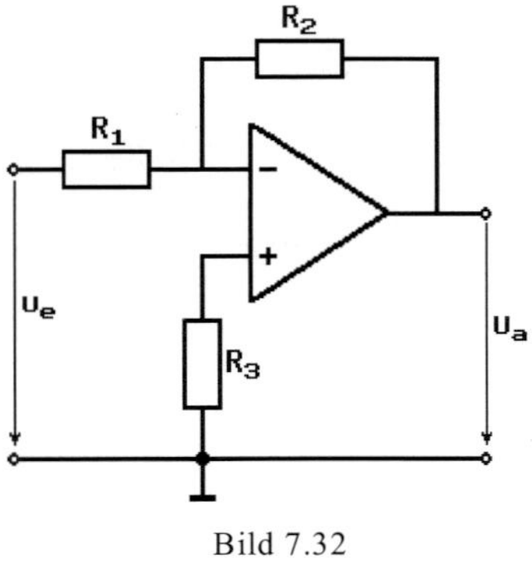

Bild 7.32

a) Berechnen Sie die Widerstände für eine Verstärkung von $v = 40$ dB.

b) Wie groß darf die Spannung am Eingang maximal werden, wenn die Ausgangsspannung auf 12 V begrenzt ist?

c) Der Verstärker soll in einem Temperaturbereich von 20°C - 80°C zum Einsatz kommen. Ermitteln Sie den kleinstmöglichen Messbereich $U_{a,\,\min}$, bei dem der Offsetfehler höchstens

f_{OS} = 1% vom Messbereichsendwert ausmacht.

Lösung:

a) $v = 20\lg|k| = 20\lg\left(\frac{R_2}{R_1}\right)$; $|k| = \frac{R_2}{R_1} = 10^{\frac{v}{20}} = 10^2$

$R_2 = |k|\ R_1 = 100\,\text{k}\Omega$; $R_3 = R_1 \| R_2 = \frac{R_1\,R_2}{R_1 + R_2} \approx 990{,}1\,\Omega$

b) $u_{\text{e,max}} = \frac{u_{\text{a,max}}}{k} = 120\,\text{mV}$

c) $\Delta U_{\text{os}} = \left|\frac{\Delta U_{\text{os}}}{\Delta\vartheta}\right|\Delta\vartheta = 150\,\mu\text{V}$; $\Delta U_{\text{a}} = k_{\text{os}}\Delta U_{\text{os}} = \left(1 + \frac{R_2}{R_1}\right)\Delta U_{\text{os}} = 151{,}5\,\text{mV}$

$\frac{\Delta U_{\text{a}}}{U_{\text{a,min}}} = f_{\text{os}}$, d.h. $U_{\text{a,min}} = \frac{\Delta U_{\text{a}}}{f_{\text{os}}} = 1{,}515\,\text{mV}$

Aufgabe 7.20: Analogrechenstufe. In der Schaltung (Bild 7.33) seien die Widerstände R_1, R_2, R_3 und R_4 gegeben, und die Operationsverstärker seien als ideal angenommen. Berechnen Sie die Ausgangsspannung U_a in Abhängigkeit von U_{e1} und U_{e2}.

a) für beliebige $R_1 ... R_4$ und
b) für den Sonderfall $R_1 = R_2 = R_3 = R_4 = R$.

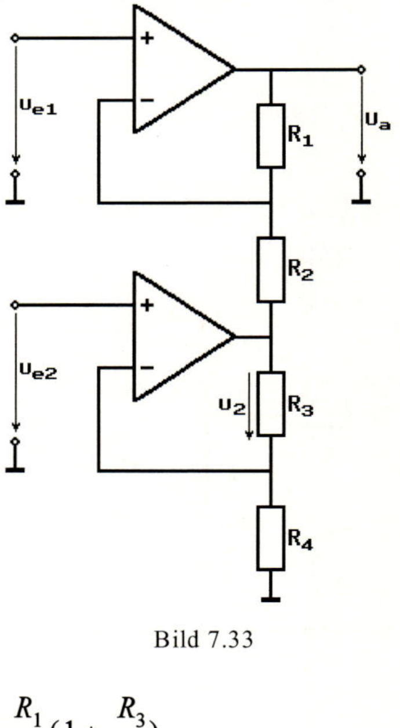

Bild 7.33

Lösung:

a) $U_a = U_{e1}(1 + \frac{R_1}{R_2}) - U_{e2}\frac{R_1}{R_2}(1 + \frac{R_3}{R_4})$

b) $U_a = 2(U_{e1} - U_{e2})$

Aufgabe 7.21: Gegeben ist die Messverstärkerschaltung nach Bild 7.34 mit idealem Operationsverstärker. Die Klemme 2 ist zunächst mit Masse kurzgeschlossen.

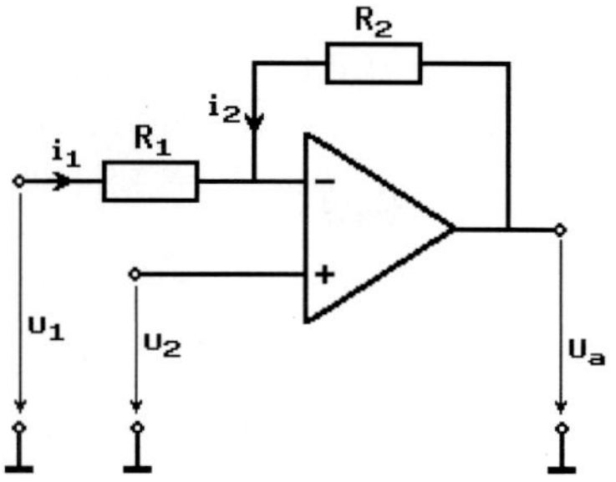

Bild 7.34

a) Nennen Sie die Betriebsart des Verstärkers. Geben Sie die Funktion $u_a = f(u_1, R_1, R_2)$ an.
b) Durch Temperatureinfluss ändern sich folgende Größen bis zu 1 % vom Sollwert: $R_1 = 10\ \text{k}\Omega$, $R_2 = 100\ \text{k}\Omega$, $u_1 = 5$ V. Berechnen Sie die maximal mögliche Abweichung der Ausgangsspannung u_a vom Sollwert.

Die Klemme 2 wird jetzt von der Masse getrennt und es liegt die Spannung u_2 an.
c) Nennen Sie die Betriebsart des Verstärkers. Berechnen Sie die Abhängigkeit der Ausgangsspannung u_a von den beiden Eingangsspannungen u_1 und u_2.

Lösung:
a) Invertierender Stromverstärker mit Spannungseingang und Stromgegenkopplung

$$u_a = -\frac{R_2}{R_1}\,u_1$$

b) $$\left|\frac{\Delta u_a}{u_a}\right| = \left|\frac{\Delta R_1}{R_1}\right| + \left|\frac{\Delta R_2}{R_2}\right| + \left|\frac{\Delta u_1}{u_1}\right|$$

$$|\Delta u_a| = u_1\,\frac{R_2}{R_1}\left(\left|\frac{\Delta R_1}{R_1}\right| + \left|\frac{\Delta R_2}{R_2}\right| + \left|\frac{\Delta u_1}{u_1}\right|\right) = 1{,}5\,\text{V}$$

c) Subtrahierer, nichtinvertierender Verstärker ($u_p \neq 0$)

$$u_a = U_2 + \frac{R_2}{R_1}\,(U_2 - U_1)$$

Aufgabe 7.22: Verschiedene Messaufnehmer liefern als Abbild der Messgröße einen Strom als Messsignal, der sich mit Hilfe eines Messverstärkers in eine Spannung umformen läßt (Bild 7.35).

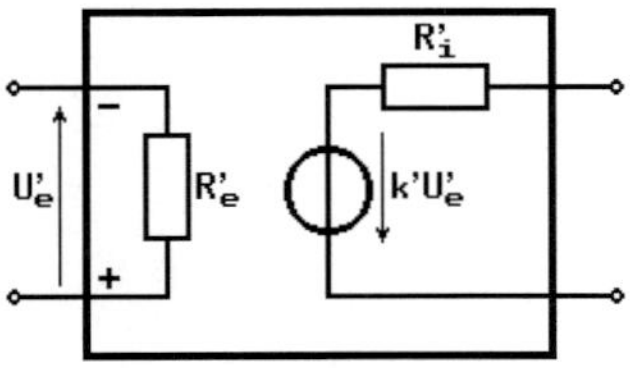

Bild 7.35

a) Beschalten Sie den gezeichneten offenen Verstärker (Empfindlichkeit k', Eingangswiderstand R'_e, Ausgangswiderstand R'_i) so, dass ein Strom I_e in eine Spannung U_a umgeformt wird. Der Lastwiderstand sei R_b.

Es gelten nun folgende Zahlenwerte:

$R'_e = 10^{10}\ \Omega$; $R'_i = 10^2\ \Omega$; $k' = 10^5$; $R_b = 10^3\ \Omega$; $I_{e,max} = 10\ \mu A$; $U_{a,max} = 10$ V.

b) Leiten Sie einen Ausdruck für die Betriebsempfindlichkeit $k_R = U_a/I_e$ für den nach a) beschalteten Verstärker ab. Wie groß ist $k_{R,\infty}$ für $k' \to \infty$? Geben sie den relativen Fehler $f = (k_R - k_{R,\infty})/k_{R,\infty}$ an.

c) Der Eingangswiderstand R_e des beschalteten Verstärkers ist für den realen und den idealen Verstärker zu bestimmen.

d) Der Ausgangswiderstand R_a ist ebenfalls für beide Fälle zu bestimmen.

e) Berechnen Sie die relative Änderung der Betriebsempfindlichkeit $\Delta k_R/k_R$ als Funktion von $\Delta k'/k'$. Welcher relative Fehler tritt ein, wenn die Empfindlichkeit k' auf 10^4 absinkt?

Lösung:

a) Siehe Bild 7.36.

b) $$k_R = \frac{U_a}{I_e} = -R_g \frac{1 - \dfrac{R_i'}{k'R_g}}{1 + \dfrac{R_i'}{k'R_b}} \approx 999.998{,}99\ \Omega$$

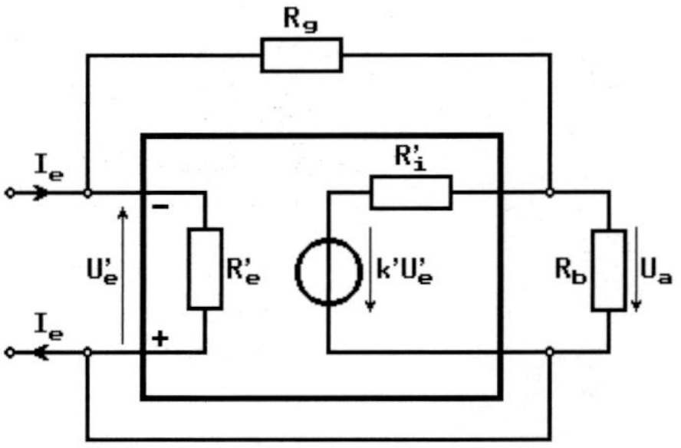

Bild 7.36

$$k_{R,\infty} = \lim_{k' \to \infty} k_R = -R_g \ ; \ R_g = -k_{R,\infty} = \frac{U_{a,max}}{I_{e,max}} = 1\,\mathrm{M\Omega}$$

$$f = \frac{k_R - k_{R,\infty}}{k_{R,\infty}} = -\frac{\dfrac{R_i'}{k'}\left(\dfrac{1}{R_g} + \dfrac{1}{R_b}\right)}{1 + \dfrac{R_i'}{k'R_b}} \approx -1{,}001 \cdot 10^{-6}$$

c) $$R_e = R_g + k_R \ ; \ R_{e,\infty} = 0$$

d) $$R_i = \frac{R_i'}{k'} \approx 10^{-3}\Omega$$

e) $$\frac{\Delta k_R}{k_R} = \frac{R_i'}{k'} \frac{\dfrac{1}{R_b} + \dfrac{1}{R_g}}{\left(1\ \dfrac{R_i'}{k'R_b}\right)\left(1 - \dfrac{R_i'}{k'R_g}\right)} \frac{\Delta k'}{k'} \approx 10^{-10}$$

Aufgabe 7.23: Messverstärker mit Differenzeingang kommen in der Messtechnik vielfach zur

Anwendung, z. B. als Eingangsverstärker in Oszilloskopen. Der Verstärker in Bild 7.37 ist hier mit einem Gegenkoppelungsnetzwerk beschaltet, das aus den komplexen Widerständen $\underline{Z}_1$, $\underline{Z}_2$, $\underline{Z}_3$ und $\underline{Z}_4$ besteht. Der Operationsverstärker OP ist ideal ($k' \rightarrow \infty$; $I_e' = 0$).

a) Welcher Zusammenhang besteht zwischen $\underline{U}_a$ und $\underline{U}_1$, $\underline{U}_2$, abhängig von $\underline{Z}_1/\underline{Z}_2$ und $\underline{Z}_3/\underline{Z}_4$?

b) Bei den Eingangsspannungen $\underline{U}_1$ und $\underline{U}_2$ handelt es sich um gestörte Signale; dem eigentlichen Messsignal $\underline{U}_{1N}$ bzw. $\underline{U}_{2N}$ ist jeweils ein Störanteil $\underline{U}_S$ überlagert.
$\underline{U}_1 = \underline{U}_{1N} + \underline{U}_S$, $\underline{U}_2 = \underline{U}_{2N} + \underline{U}_S$
Welche Beziehung zwischen $\underline{Z}_1$, $\underline{Z}_2$, $\underline{Z}_3$ und $\underline{Z}_4$ muss erfüllt sein, damit die Ausgangsspannung $\underline{U}_a$ von $\underline{U}_S$ nicht beeinflußt wird?

c) Gegeben ist: $\underline{Z}_1 = \underline{Z}_3 = R$ mit $\underline{Z}_1/\underline{Z}_2 = \underline{Z}_3/\underline{Z}_4$. Wie sind $\underline{Z}_2$ und $\underline{Z}_4$ zu dimensionieren, wenn folgende lineare Kennlinie zu realisieren ist $\underline{U}_a = -\text{const.}(\underline{U}_{1N} - \underline{U}_{2N})$.

d) Als $\underline{Z}_2$ und $\underline{Z}_4$ wird jeweils ein ohmscher Widerstand R, als $\underline{Z}_1$ und $\underline{Z}_3$ jeweils eine Kapazität C eingesetzt. Berechnen Sie die Ausgangsspannung $\underline{U}_a$ abhängig von ($\underline{U}_1$ - $\underline{U}_2$), R, C und der Kreisfrequenz ω.

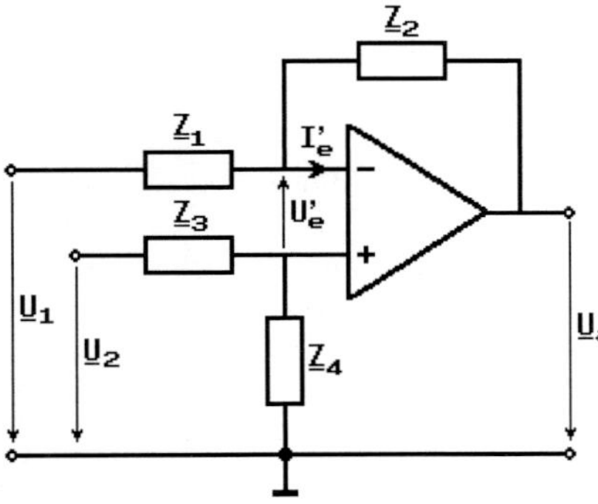

Bild 7.37

Die komplexen Widerstände $\underline{Z}_i$ seien alles ohmsche Widerstände R_i.

e) Geben Sie die Ausgangsspannung U_a nach a) an.

f) Welcher Fehler ergibt sich für die Ausgangsspannung U_a, wenn die Widerstände R_1 und R_2 jeweils um 5 % zu groß, R_3 und R_4 jeweils um 5 % zu klein sind?

Lösung:

a) $$\underline{U}_a = -\frac{\underline{Z}_2}{\underline{Z}_1}\left(\underline{U}_1 - \underline{U}_2\,\frac{1 + \underline{Z}_1/\underline{Z}_2}{1 + \underline{Z}_3/\underline{Z}_4}\right)$$

b) $$\frac{\underline{Z}_1}{\underline{Z}_2} = \frac{\underline{Z}_3}{\underline{Z}_4}$$

c) $$\underline{Z}_2 = \underline{Z}_4 = \text{const.}\cdot R$$

d) $$\underline{U}_a = -\mathrm{j}\,\omega RC\,(\underline{U}_1 - \underline{U}_2)$$

e) $$U_a = \frac{R_4}{R_2}\,\frac{R_1 + R_2}{R_3 + R_4}\,U_2 - \frac{R_2}{R_1}\,U_1$$

f) $$\Delta U_a = \sum_{i=1}^{4} \left(\frac{\partial U_a}{\partial R_i}\right) \Delta R_i = \frac{R_2}{R_1}\left(\frac{R_4}{R_3+R_4} U_2 - U_1\right)\left(\frac{\Delta R_2}{R_2} - \frac{\Delta R_1}{R_1}\right)$$
$$+ \frac{R_3 R_4}{R_1} \frac{R_1+R_2}{(R_3+R_4)^2} U_2 \left(\frac{\Delta R_4}{R_4} - \frac{\Delta R_3}{R_3}\right) = 0$$

Aufgabe 7.24: Gegeben ist ein Messverstärker mit einem idealen OP ($k' \to \infty$) nach Bild 7.38. Die Widerstände betragen $R_1 = R_2 = 5$ kΩ.

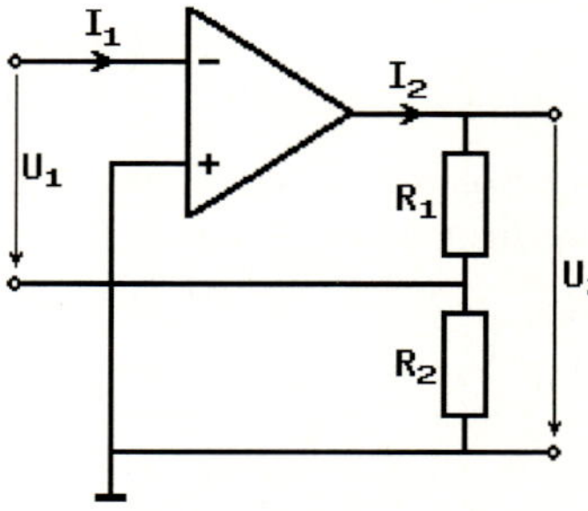

Bild 7.38

a) Zeichnen Sie das Vierpolersatzschaltbild. Berechnen Sie für $k' \to \infty$ und $U_e' = 0$ den Eingangswiderstand R_e der Gesamtschaltung $R_e = U_1/I_1$.

b) Berechnen Sie die Ausgangsspannung $U_2 = f(U_1, R_1, R_2)$.

c) An einer Gleichspannungsquelle mit unbekanntem Innenwiderstand R_i und unbekannter Leerlaufspannung U_0 werden mit einem Drehspulinstrument ($R_{iM} = 10$ kΩ) zwei Messungen durchgeführt.
c1) Direkter Anschluss des Messinstrumentes an die Spannungsquelle: $U_{M1} = 10$ V.
c2) Messung unter Zwischenschaltung obigen Messverstärkers: $U_{M2} = -30$ V
($R_a = \Delta U_2/\Delta I_2$ vernachlässigbar klein).
Skizzieren Sie beide Messschaltungen. Berechnen Sie U_0 und R_i der Spannungsquelle.

Lösung:

a) $$R_e = \frac{U_1}{I} - 1 = \frac{U_1}{I_e'} = \frac{U_1}{U_e'} R_e' \approx \frac{k'}{k} R_e'$$

$$R_{e,\infty} = \lim_{k' \to \infty} R_e = \lim_{I_e' \to 0} \frac{U_1}{I_e'} \to \infty$$

b) $$U_2 = \left(1 + \frac{R_1}{R_2}\right) U_g = -\left(1 + \frac{R_1}{R_2}\right) U_1$$ (Siehe Bild 7.39)

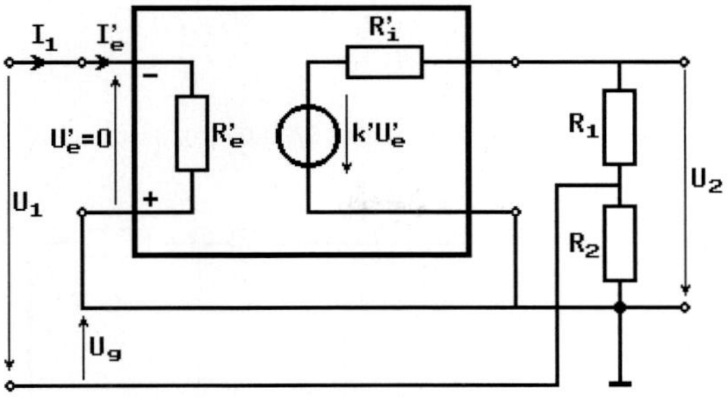

Bild 7.39

c) 1) s. Bild 7.40

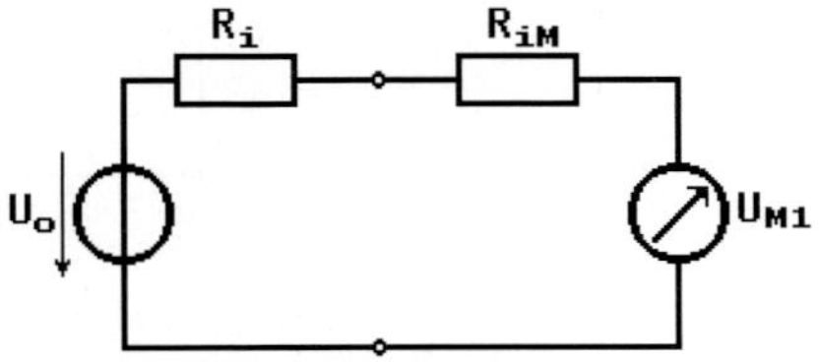

Bild 7.40

$$U_{M1} = \frac{R_{iM}}{R_i + R_{iM}} U_0 \; ; \quad R_i = R_{iM} \left(\frac{U_0}{U_{M1}} - 1 \right) = 5\,k\Omega$$

2) s. Bild 7.41

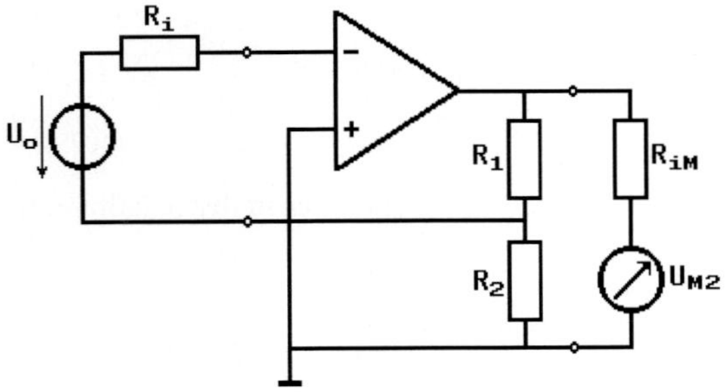

Bild 7.41

$$U_{M2} = -\left(1 + \frac{R_1}{R_2} \right) U_0 \; ; \quad U_0 = -\frac{R_2}{R_1 + R_2} U_{M2} = 15\,V$$

7.3 Aktive Filter

Aufgabe 7.25: Die Operationsverstärker in der Schaltung nach Bild 7.42 seien als ideal angenommen.

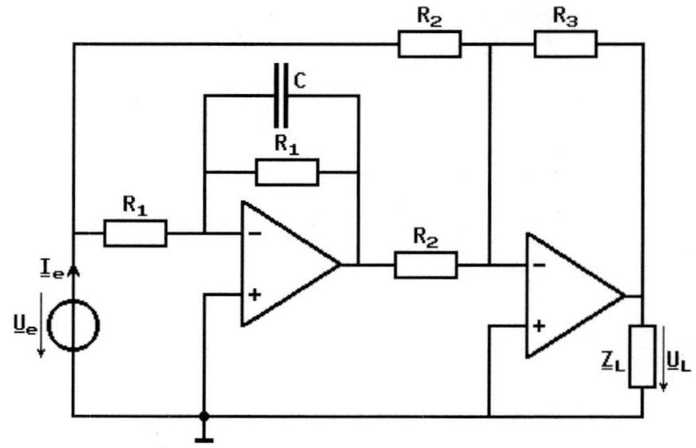

Bild 7.42

a) Geben Sie den Spannungsübertragungsfaktor $\underline{v} = \dfrac{\underline{U}_L}{\underline{U}_e}$ an.

b) Berechnen Sie die Eingangsimpedanz $\underline{Z}_e = \dfrac{\underline{U}_e}{\underline{I}_e}$ der Schaltung.

Lösung:

a) $$\underline{v} = \left(\frac{-\,j\omega CR_1}{1 + j\omega CR_1} \right) \frac{R_3}{R_2}$$

b) $$\underline{Z}_e = Z_e = (R_1 \| R_2) = \frac{R_1 R_2}{R_1 + R_2}$$

Aufgabe 7.26: RC-Filter. Die Operationsverstärker in der Schaltung nach Bild 7.43 seien als ideal angenommen. Bekannt seien R und C.

a) Bestimmen Sie die Übertragungsfunktion $\underline{v} = \dfrac{\underline{U}_a}{\underline{U}_e}$ des Filters.

b) Bestimmen Sie die 3 dB-Bandbreite $B = f_o - f_u$.

Lösung:

a) s. Bild 7.43

$$\underline{v} = \frac{2}{1 + j\left(\omega CR - \dfrac{1}{\omega CR} \right)}$$

b) $$B = \frac{1}{2\pi RC} \quad \text{mit} \quad \omega_{o,u} = \frac{1}{RC}\sqrt{\frac{3 \pm \sqrt{5}}{2}}$$

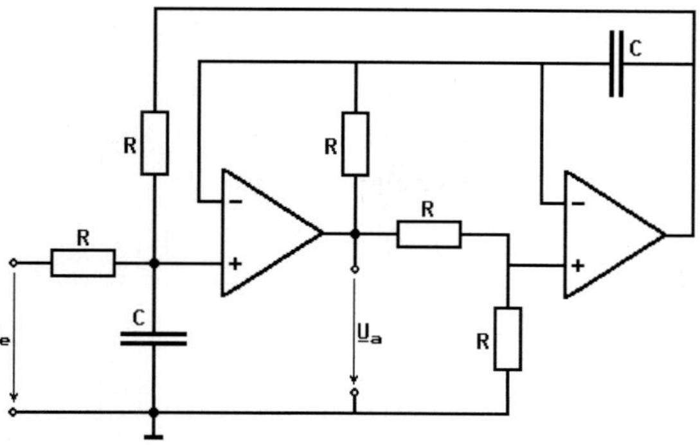

Bild 7.43

Aufgabe 7.27: Frequenzabhängige Verstärkung. Der Operationsverstärker in der Schaltung nach Bild 7.44 sei als ideal angenommen. Bekannt seien *R* und *C*.

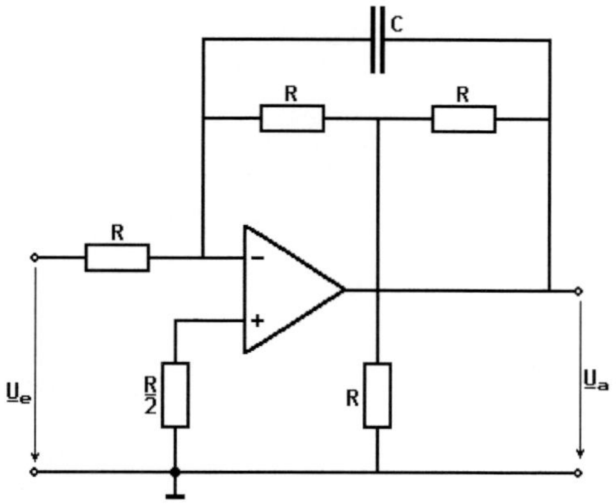

Bild 7.44

a) Bestimmen Sie die Gleichstromverstärkung $v_0 = \frac{U_a}{U_e}$ für $f = 0$.

b) Bestimmen Sie die frequenzabhängige Spannungsverstärkung $\underline{v}(f)$.

Lösung:

a) $v_o = -3$

b) $\underline{v}(j\omega) = \frac{\underline{U}_a}{\underline{U}_e} = \frac{3}{1 + 3j\omega RC}$ (s. Bild 7.45)

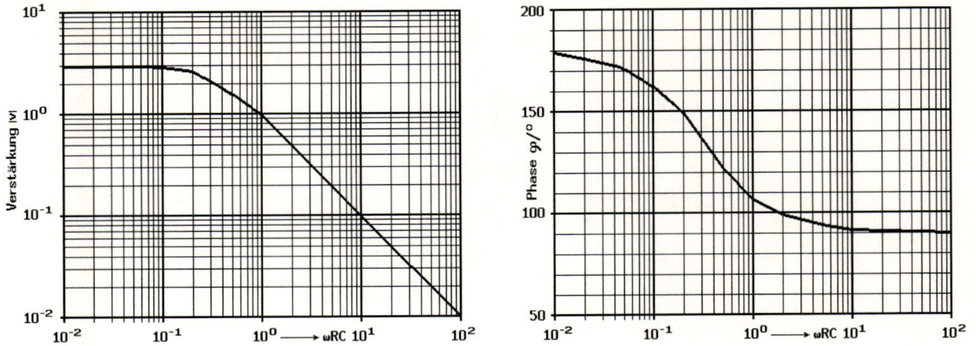

Bild 7.45

Aufgabe 7.28: Gegeben ist die in Bild 7.46 dargestellte Schaltung mit einem Operationsverstärker.

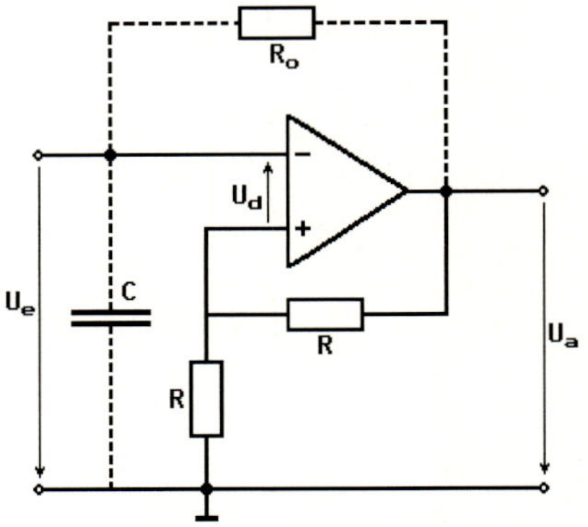

Bild 7.46

a) Welche Funktion hat die Schaltung (ohne strichlinierte Bauelemente)?

b) Stellen Sie in einem Diagramm den Verlauf der Differenzspannung U_d als Funktion der Eingangsspannung U_e dar. Ermitteln Sie daraus den Verlauf der Ausgangsspannung $U_a = f(U_e)$ und stellen Sie ihn ebenfalls graphisch dar.

c) Die Schaltung, erweitert um R_o und C, läßt sich als Rechteckgenerator benutzen. Ermitteln Sie zeichnerisch den Verlauf der Ausgangsspannung $u_a(t)$ und der Eingangsspannung $u_e(t)$ unter Berücksichtigung der Erkenntnisse von b).

d) Ermitteln Sie die Periodendauer (oder Frequenz) der Schwingung in Abhängigkeit von R_o und C.

Lösung:

a) Komparator

b) $$U_d = \frac{U_a}{2} - U_e \; ; \quad U_a = \begin{cases} +U_{a,max} & \text{für } U_d > 0 \\ -U_{a,max} & \text{für } U_d < 0 \end{cases}$$ (s. Bild 7.47)

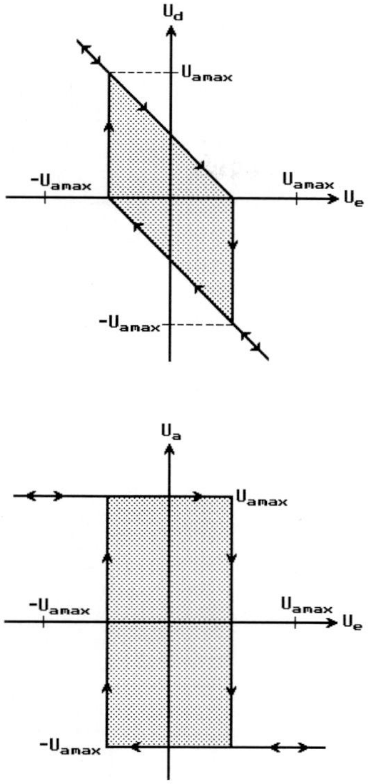

Bild 7.47

c)

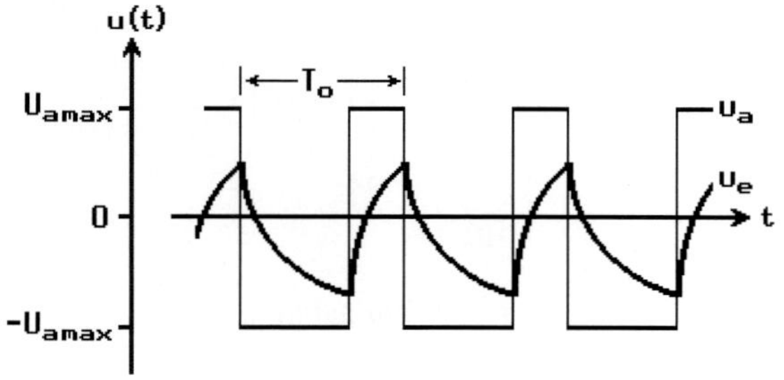

Bild 7.48

d) $T_0 = \frac{1}{f_0} = 2R_0C\ \ln 3 \approx 2{,}2R_0C$

Aufgabe 7.29: Gegeben ist die in Bild 7.49 dargestellte Schaltung mit einem idealen Operationsverstärker.

a) Wie groß ist die Verstärkung bei $f = 0$?

b) Wie groß ist die Verstärkung bei $f \to \infty$?

c) Leiten Sie die Übertragungsfunktion $\underline{v} = \frac{\underline{U}_a}{\underline{U}_e}$ ab und zeichnen Sie den normierten Amplituden- und Phasengang.

d) Welches Übertragungsverhalten liegt vor?

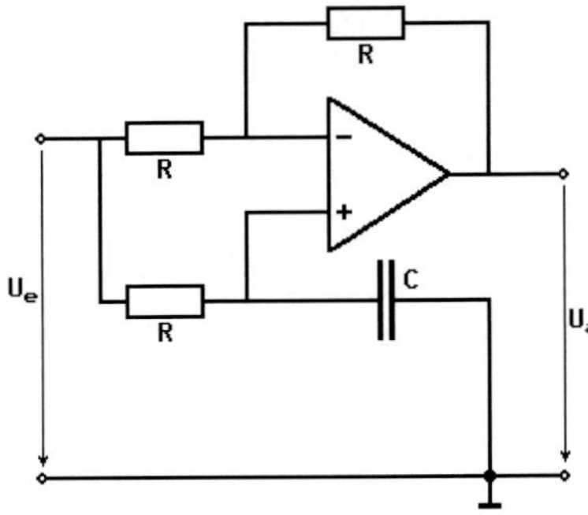

Bild 7.49

Lösung:

a) $v(f=0) = +1$

b) $v(f=\infty) = -1$

c) $$\underline{F}(\mathrm{j}\omega) = \underline{v} = \frac{\underline{U}_\mathrm{a}}{\underline{U}_\mathrm{e}} = \frac{1 - sRC}{1 + sRC} \quad \text{mit} \quad sRC = \mathrm{j}\Omega = \mathrm{j}\frac{\omega}{\omega_\mathrm{g}}$$

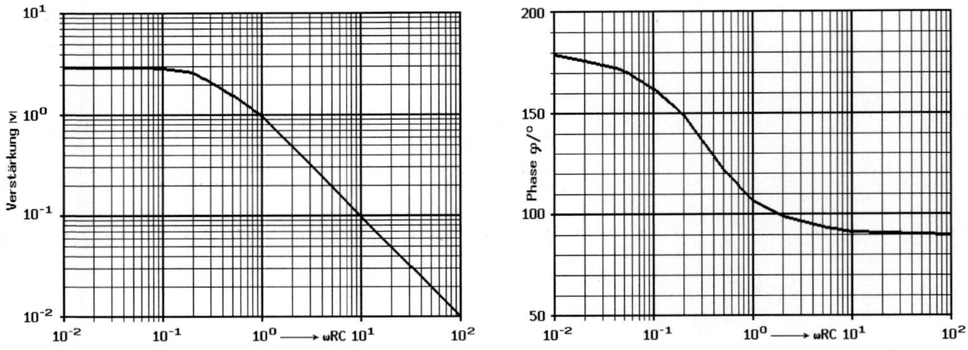

Bild 7.50

$$|\underline{F}(\mathrm{j}\omega)| = \left|\frac{\underline{U}_\mathrm{a}}{\underline{U}_\mathrm{e}}\right| = \frac{\sqrt{1+\Omega^2}}{\sqrt{1+\Omega^2}} = 1 \; ; \quad \varphi = -2\arctan\Omega$$

d) Allpass 1.Ordnung

Aufgabe 7.30: Gegeben ist die in Bild 7.51 dargestellte Schaltung mit einem idealen Operationsverstärker.

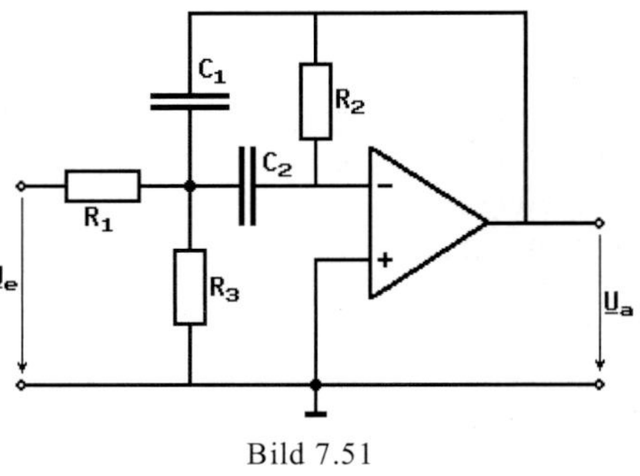

Bild 7.51

a) Bestimmen Sie die Übertragungsfunktion $\underline{F}(j\omega) = \dfrac{\underline{U}_a}{\underline{U}_e}$.

b) Welche Übertragungscharakteristik hat die Schaltung?

c) Wie muss für den Fall $C_1 = C_2 = C$ das Widerstandsverhältnis $\dfrac{R_1}{R_2}$ gewählt werden, damit die maximale Verstärkung der Schaltung $v_{max} = 1$ wird?

d) Welche Übertragungsfunktion ergibt sich im Fall c) ?

e) Bei welcher Frequenz f_0 tritt die maximale Verstärkung auf ?

f) Bei dem unter c) ermittelten Widerstandsverhältnis bleibt R_3 als weiterer Parameter, mit der sich die Bandbreite der Übertragungsfunktion einstellen läßt. Wie muss R_3 bei gegebenem $R_1 = R$ als Funktion der Bandbreite B bzw. der Güte Q gewählt werden?

Lösung:

a) $$\underline{F}(j\omega) = \frac{\underline{U}_a}{\underline{U}_e} = -\frac{C_2}{C_1+C_2}\,\frac{R_2}{R_1}\,\frac{1}{1+j\left[\omega\,\dfrac{C_1C_2}{C_1+C_2}R_2 - \dfrac{R_1+R_3}{\omega R_1R_3(C_1+C_2)}\right]}$$

b) Bandpass

c) $$\frac{R_1}{R_2} = \frac{2}{1}$$

d) $$\underline{F}(j\omega) = \frac{\underline{U}_a}{\underline{U}_e} = -\frac{1}{1+j\left[\omega R_1C - \dfrac{R_1+R_3}{2\omega R_1R_3C}\right]}$$

e) $$\omega_0 = 2\pi f_0 = \sqrt{\frac{R_1+R_3}{2R_1^2R_3C^2}}$$

f) $$B = \frac{f_0}{Q} = f_0\sqrt{\frac{2R_3}{R_1+R_3}} \quad \text{bzw.} \quad R_3 = \frac{\left(\dfrac{B}{f_0}\right)^2}{2-\left(\dfrac{B}{f_0}\right)^2}$$

Aufgabe 7.31: Tiefpass. Der Operationsverstärker der Schaltung nach Bild 7.52 sei ideal.

a) Berechnen Sie den Frequenzgang $\underline{F}(j\omega) = \dfrac{\underline{U}_a}{\underline{U}_e}$ des abgebildeten analogen Filters.

b) Die aus *einem* Bauelement bestehende komplexe Impdanz $\underline{Z}_x$ soll so gewählt werden, dass das Filter eine Tiefpaßcharakteristik erhält. Welches Bauelement ist hierzu erforderlich? Begründen Sie kurz Ihre Anwort.

c) Wie lautet $\underline{F}(\omega) = \underline{U}_a/\underline{U}_e$ mit dem Bauelement aus Teilaufgabe c)?

d) Berechnen Sie die Gleichverstärkung der Schaltung.

e) Bei der Frequenz ω_0 betrage die Dämpfung -3 dB. Wie groß ist dann $|\underline{Z}_x|$ in Abhängigkeit von R_1, R_2, C_1 und ω_0?

f) Im interessierenden Frequenzbereich (kleine Frequenzen) gelte $\dfrac{1}{\omega C_1} \gg R_1$. Skizzieren

Sie den Amplituden- und Phasengang von $\underline{F}(j\omega)$ in diesem Bereich.

g) Mit den Bedingungen aus Aufgabenteil f) läßt sich eine einfache OP-Schaltung mit dem gleichen Übertragungsverhalten angeben. Skizzieren Sie diese und zeigen Sie die Gültigkeit.

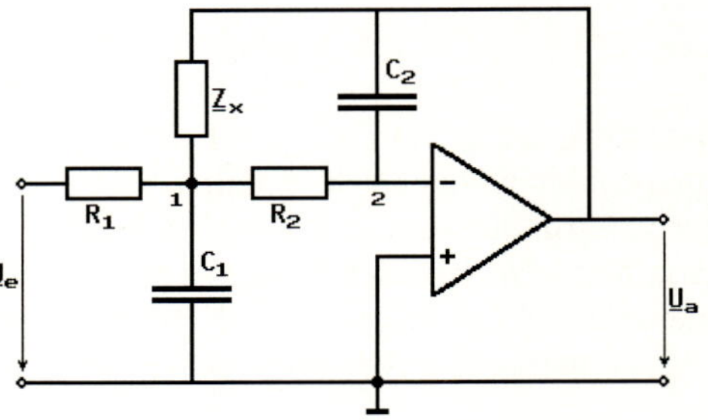

Bild 7.52

Lösung:

a) $$\underline{F}(j\omega) = -\frac{1}{R_1} \frac{1}{\frac{1}{\underline{Z}_x}(1 + j\omega R_2 C_2) + j\omega C_2\left(1 + \frac{R_2}{R_1}\right) - \omega^2 R_2 C_1 C_2}$$

b) Tiefpass: $\lim\limits_{\omega\to 0} \underline{F}(j\omega) = \text{konst.}$ und $\lim\limits_{\omega\to\infty} \underline{F}(j\omega) = 0$

1) $\underline{Z}_x = R_x$

$$\underline{F}(j\omega) = \frac{-\frac{R_x}{R_1}}{1 - \omega^2 C_2 C_1 R_2 R_x + j\omega\left[R_2 C_2 + C_2 R_x\left(1 + \frac{R_2}{R_1}\right)\right]}$$

$\lim\limits_{\omega\to 0} \underline{F}(j\omega) = -\frac{R_x}{R_1}$, $\lim\limits_{\omega=\infty} \underline{F}(j\omega) = 0$, d.h. Tiefpass

2) $\underline{Z}_x = \frac{1}{j\omega C_x}$

$$\underline{F}(j\omega) = \frac{1}{\omega R_1} \frac{1}{\omega R_2 C_2 (C_1 + C_2) - j\left(C_x + C_2\left(1 + \frac{R_2}{R_1}\right)\right)}$$

$\lim\limits_{\omega\to 0} \underline{F}(j\omega) \to \infty$, d.h. kein Tiefpass

3) $\underline{Z}_x = j\omega L_x$

$$\underline{F}(j\omega) = \frac{\omega L_x}{R_1} \frac{1}{\omega R_2 C_2 (1 - \omega^2 C_1 L_x) - j\left(1 - \omega^2 C_2 L_x\left(1 + \frac{R_2}{R_1}\right)\right)}$$

$\lim\limits_{\omega\to 0} \underline{F}(j\omega) \to 0$, d.h. kein Tiefpass

Damit aus der Schaltung ein Tiefpass wird, muss $\underline{Z}_x$ ein ohmscher Widerstand sein, $Z_x = R_x$.

c) $$\underline{F}(j\omega) = -\frac{R_x}{R_1}\,\frac{1}{1+j\omega R_x C_2\left(1+\frac{R_2}{R_1}+\frac{R_2}{R_x}\right)-\omega^2 C_2 C_1 R_2 R_x}$$

d) $$\underline{F}(j\omega = 0) = -\frac{R_x}{R_1}$$

e) $$20\log\left(\frac{|\underline{F}(j\omega_0)|}{|\underline{F}(j\omega=0)|}\right) = -3\ ;\ |\underline{F}(j\omega_0)| = \frac{1}{\sqrt{2}}\,|\underline{F}(j\omega = 0)|$$

$$R_x = \frac{-b\pm\sqrt{b^2-4ac}}{2a} \text{ mit } a = (\omega_0^2 R_2 C_2 C_1)^2+\omega_0^2 C_2^2\left(1+\frac{2R_2}{R_1}+\frac{R_2^2}{R_1^2}\right),$$

$$b = -2\omega_0^2 R_2 C_2 C_1+\omega_0^2 C_2^2\left(2R_2+\frac{2R_2^2}{R_1}\right) \text{ und } c = \omega_0^2 R_2^2 C_2^2-1.$$

f) $$\underline{F}(j\omega)\approx -\frac{R_x}{R_1}\,\frac{1}{1+j\omega R_x C_2\left(1+\frac{R_2}{R_1}+\frac{R_2}{R_x}\right)}$$

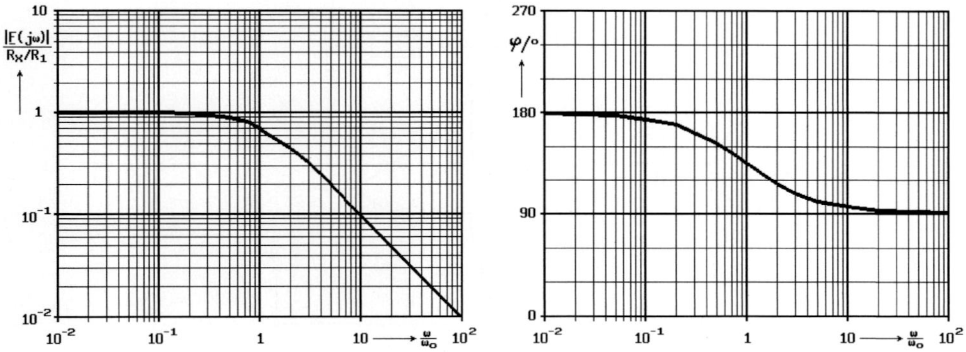

Bild 7.53

$$|\underline{F}(j\omega)| = \frac{R_x}{R_1}\,\frac{1}{\sqrt{1+\omega^2 R_x^2 C_2^2\left(1+\frac{R_2}{R_1}+\frac{R_2}{R_x}\right)^2}}$$

$$\phi_F(j\omega) = -\tan^{-1}\left[\omega R_x C_2\left(1+\frac{R_2}{R_1}+\frac{R_2}{R_x}\right)\right]$$

1) bei $\omega = 0$

$$|\underline{F}(j\omega)| = \frac{R_x}{R_1};\ \phi_F(j\omega) = -\tan^{-1}(0) = 180^\circ$$

2) bei $\omega\to\infty$

$$|\underline{F}(j\omega)| = 0;\ \phi_F(j\omega) = -\tan^{-1}(\infty) = 270^\circ$$

3) bei $$\omega = \omega_0 = \frac{1}{R_x C_2\left(1+\frac{R_2}{R_1}+\frac{R_2}{R_x}\right)}$$

$$|\underline{F}(\mathrm{j}\omega)| = \frac{1}{\sqrt{2}}\frac{R_\mathrm{x}}{R_1};\quad \phi_\mathrm{F}(\mathrm{j}\omega) = -\tan^{-1}(1) = 225°$$

g) Aus f) $\underline{F}(\mathrm{j}\omega) \approx -\frac{R_\mathrm{x}}{R_1}\frac{1}{1+\mathrm{j}\omega R_\mathrm{x} C_2}$ bei $R_1 \gg R_2$, $R_\mathrm{x} \gg R_2$

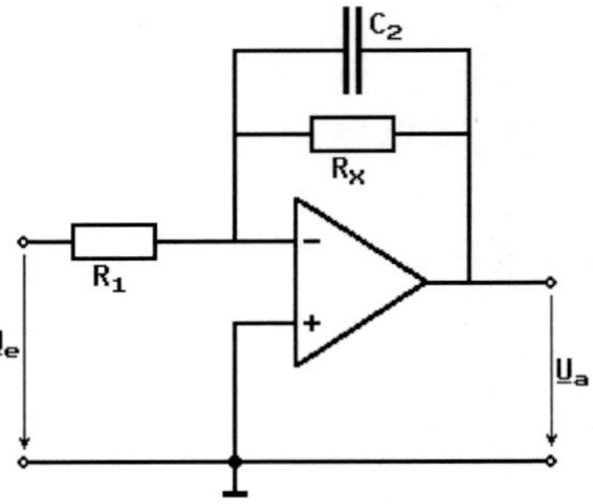

Bild 7.54

Aufgabe 7.32: RC-Filter. Der Operationsverstärker der Schaltung nach Bild 7.55 sei ideal.

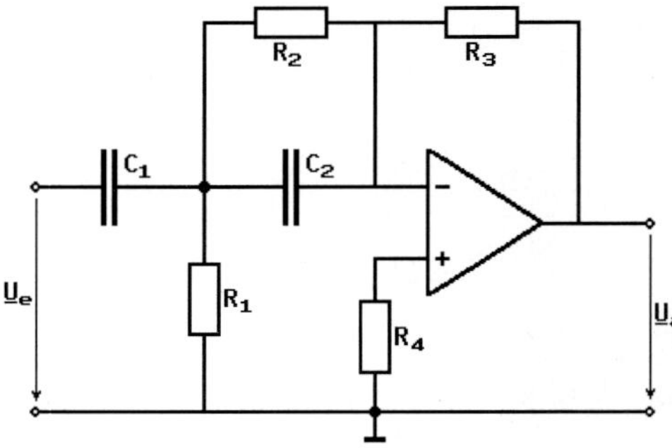

Bild 7.55

a) Berechnen Sie den Frequenzgang $\underline{F}(\mathrm{j}\omega) = \underline{U}_\mathrm{a}/\underline{U}_\mathrm{e}$ des abgebildeten RC-Filters.

b) Skizzieren Sie den Amplituden- und den Phasengang von $\underline{F}(\mathrm{j}\omega)$ unter der Annahme $R = R_1 = R_2$.

c) Vereinfachen Sie den in b) erhaltenen Ausdruck für $C_1 = C_2 = C$ und $R_3 = R$. Wie nennt man dieses Übertragungsverhalten?

d) Geben Sie eine Schaltung mit *einem* Kondensator und gleicher Spannungsverstärkung wie bei c) an.

Lösung:

a) $$\underline{F}(\mathrm{j}\omega) = \frac{\underline{U}_\mathrm{a}}{\underline{U}_\mathrm{e}} = -\frac{\mathrm{j}\omega R_1 R_3 C_1}{R_1+R_2}\,\frac{1+\mathrm{j}\omega R_2 C_2}{1+\mathrm{j}\omega R_1 R_2 \frac{C_1+C_2}{R_1+R_2}}$$

b) $$\underline{F}(\mathrm{j}\omega) = -\frac{\mathrm{j}\omega R_3 C_1}{2}\,\frac{1+\mathrm{j}\omega R C_2}{1+\mathrm{j}\omega R\frac{C_1+C_2}{2}}$$

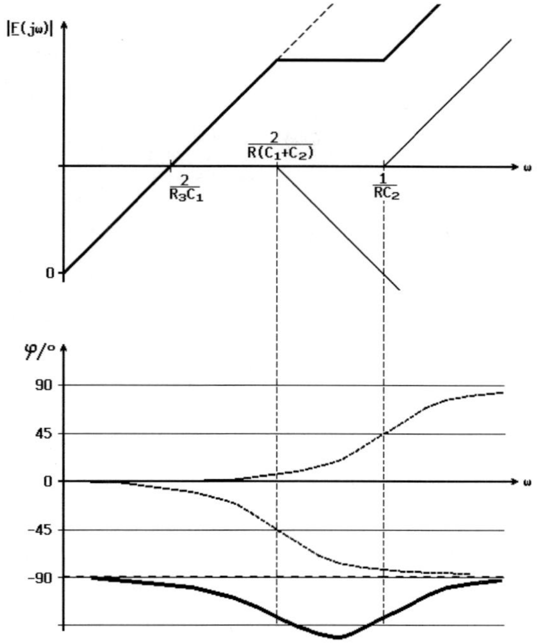

Bild 7.56

c) $\underline{F}(\mathrm{j}\omega) = -\dfrac{\mathrm{j}\omega RC}{2}$; d.h. Differenzierer bzw. Hochpass.

d)

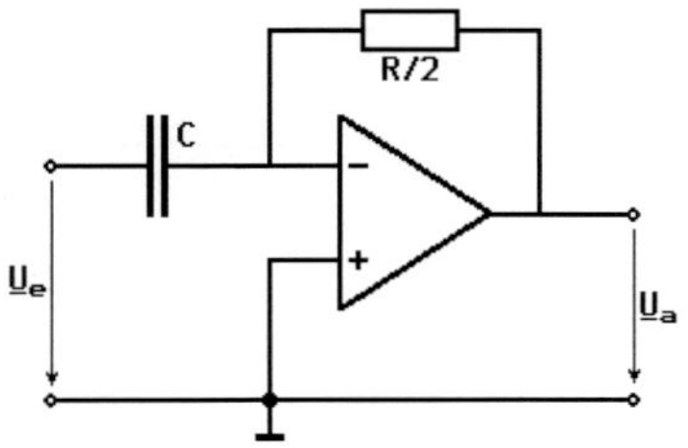

Bild 7.57

Aufgabe 7.33: Frequenzgang-Kompensation. Das Tiefpassverhalten eines Messgerätes (Frequenzgang $\underline{G}_M$) soll kompensiert werden. Dazu wird ein aktives Filter gemäß der Schaltung nach Bild 7.58 hinter das Messgerät geschaltet.

a) Berechnen Sie den Frequenzgang $\underline{G}_F = \dfrac{\underline{U}_a}{\underline{U}_i}$ des Filters.

b) Geben Sie die Bedingung für die Frequenzgangkompensation der Messkette aus Messgerät und Filter an.

c) Zeichnen Sie die Amplitudengänge G_M und G_F, sowie den resultierenden Amplitudengang $G_{ges} = G_M \cdot G_F$ für den Kompensationsfall. Wie lautet $\underline{G}_{ges}$ für diesen Fall?

d) Zusätzlich soll gelten, dass durch das Filter die Gleichverstärkung nicht geändert wird. Welche Bedingung muss für R_1, R_2 und C_1, C_2 gelten, wenn die Grenzfrequenz der Gesamtanordnung um den Faktor 10 gesteigert werden soll?

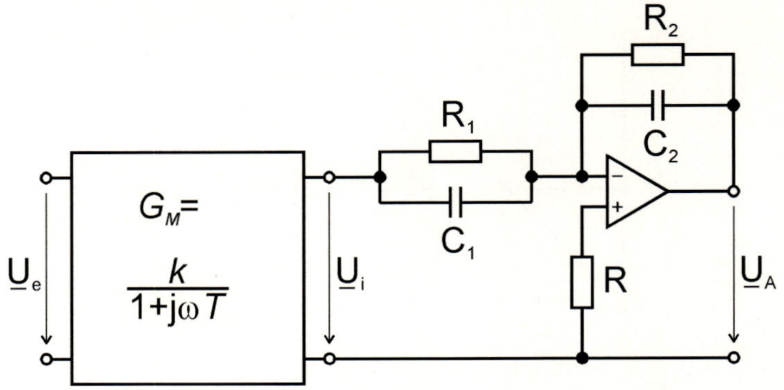

Bild 7.58

Lösung:

a) $$\underline{G}_{\text{F}} = \frac{\underline{U}_{\text{a}}}{\underline{U}_{\text{i}}} = -\frac{R_2}{R_1}\,\frac{1+\text{j}\omega R_1 C_1}{1-\text{j}\omega R_2 C_2}$$

b) $$\underline{G}_{\text{ges}} = \underline{G}_{\text{M}}\,\underline{G}_{\text{F}} = \frac{k}{1+\text{j}\omega T}\,(-1)\,\frac{R_2}{R_1}\,\frac{1+\text{j}\omega R_1 C_1}{1+\text{j}\omega R_2 C_2}$$

$$T = R_1 C_1$$

c) $$\underline{G}_{ges} = -k\,\frac{R_2}{R_1}\,\frac{1}{1+\text{j}\omega R_2 C_2}$$ (siehe Bild 7.59)

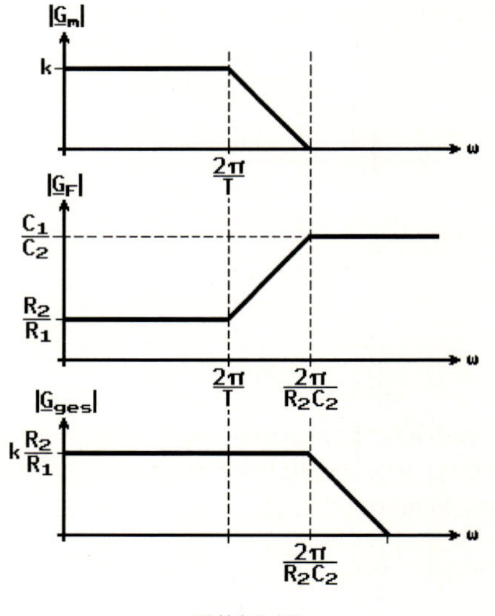

Bild 7.59

d) $$|G_{\text{ges}}(\omega=0)| = |G_{\text{M}}(\omega=0)| = k \quad \text{für} \quad R_2 = R_1$$

$$f_{\text{ges}} = \frac{1}{R_2 C_2} = \frac{10}{R_1 C_1}, \quad \text{d.h.} \quad C_1 = 10\,C_2$$

Aufgabe 7.34: Gegeben ist das in Bild 7.60 dargestellte aktive Filter.

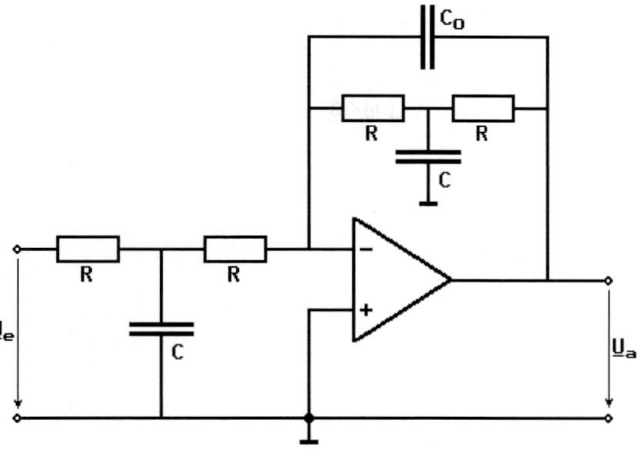

Bild 7.60

a) Bestimmen Sie den Frequenzgang $\underline{F}(j\omega)$.
b) Welche Filtercharakteristik hat die Schaltung?
c) Bestimmen Sie die Grenzfrequenz f_g für $C_0 = \frac{C}{2}$.

Lösung:

a) $$\underline{F}(j\omega) = \frac{\underline{U}_a}{\underline{U}_e} = -\frac{1}{1 + 2pC_0R + p^2CC_0R^2} \quad \text{mit} \quad p = j\omega$$

b) Tiefpass 2. Ordnung

c) $$\omega_g = 2\pi f_g = \frac{\sqrt{2}}{RC}$$

Aufgabe 7.35: Bestimmen Sie die Übertragungsfunktion der in Bild 7.61 dargestellten Filterschaltung. Um welche Übertragungscharakteristik handelt es sich hierbei?

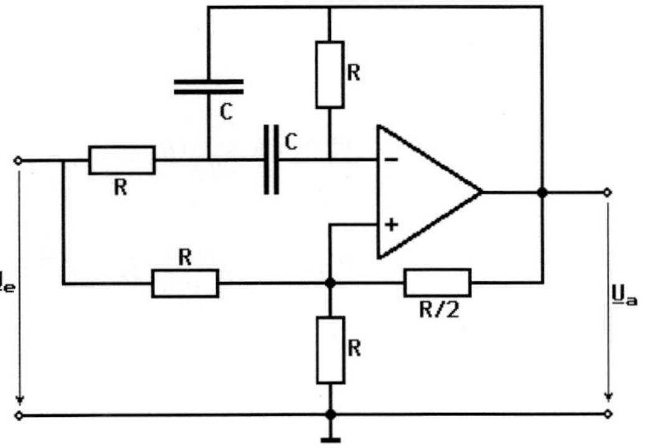

Bild 7.61

Lösung:

$$F(p) = \frac{\underline{U}_a}{\underline{U}_e} = \frac{1}{2}\,\frac{1 - pRC + (pRC)^2}{1 + pRC + (pRC)^2} \quad \text{mit} \quad p = j\omega$$

Allpass 2. Ordnung wegen $\left|\dfrac{U_a}{U_e}\right| = \dfrac{1}{2}$ = const. und $\varphi = -2\arctan\dfrac{\omega RC}{1-\omega^2R^2C^2}$

Aufgabe 7.36: Die Schaltung nach Bild 7.62 enthalte ideale Operationsverstärker.

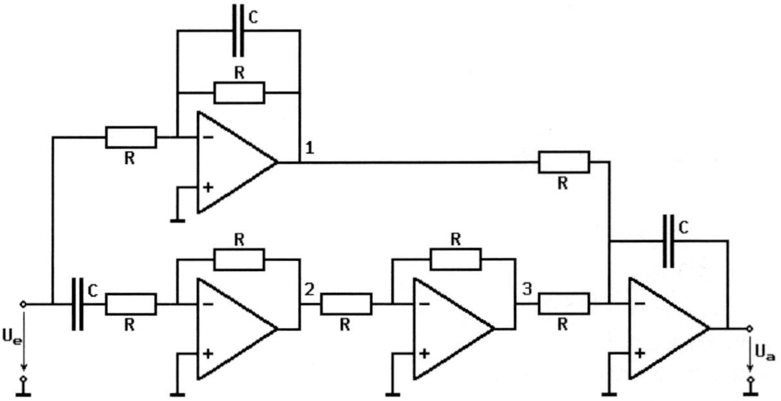

Bild 7.62

a) Wie lautet die Übertragungsfunktion $F(s) = \dfrac{U_a}{U_e}$ und die dazugehörige Differentialgleichung mit $T = RC$? Hinweis: Bilden Sie Teil-Übertragungsfunktionen.

b) Zeigen Sie, dass das Übertragungsverhalten einen Allpass enthält.

c) Berechnen und skizzieren Sie die Impulsantwort.

Hinweis: $\mathcal{L}^{-1}\left(\dfrac{-a}{s(s-a)}\right) = 1-e^{at}$ und $\mathcal{L}^{-1}\left(\dfrac{1}{s-a}\right) = e^{at}$

d) Berechnen Sie die Ausgangsspannung bei linear ansteigender Eingangsspannung $u_e(t) = U_0\dfrac{t}{\text{sec}}$ unter Verwendung des Faltungsintegrals.

Hinweis: $\int xe^{ax}\,\mathrm{d}x = \dfrac{e^{ax}}{a^2}(ax-1)$

Lösung:

a) $F(s) = \dfrac{1}{Ts}\left(\dfrac{1-Ts}{1+Ts}\right);\quad T^2\dfrac{\mathrm{d}^2u_a}{\mathrm{d}t^2}+T\dfrac{\mathrm{d}u_a}{\mathrm{d}t} = -T\dfrac{\mathrm{d}u_e}{\mathrm{d}t}+u_e$

b) $F(s) = \dfrac{1}{Ts}\left(\dfrac{1-Ts}{1+Ts}\right) = \dfrac{1}{Ts}R_1(s),\quad R_1(s) = \dfrac{1-Ts}{1+Ts}$, d.h. Allpass 1. Ordnung

c) $$F(s) = \frac{1}{T}\left[\frac{\frac{1}{T}}{s(s+\frac{1}{T})}-\frac{1}{s+\frac{1}{T}}\right]$$

$$g(t) = \mathcal{L}^{-1}\{F(s)\} = \frac{1}{T}\left(1-2e^{-\frac{t}{T}}\right)$$

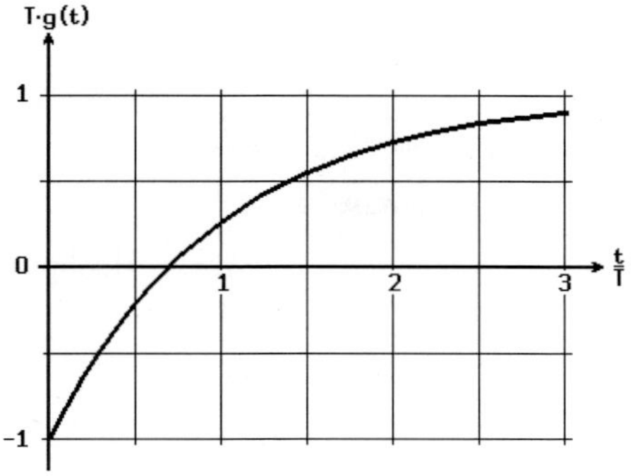

Bild 7.63

d) $$u_a(t) = \int_0^t u_e(\tau)\, g(t-\tau) d\tau = \left(\frac{U_0}{2T}\, t^2 - 2\, U_0 T \left(\frac{t}{T} - 1 + e^{-\frac{t}{T}} \right) \right) \frac{1}{\text{sec}}$$

Aufgabe 7.37: Frequenzkompensierter Messverstärker. Gegeben ist die in Bild 7.64 dargestellte Schaltung mit idealem Operationsverstärker.

a) Nennen Sie die Betriebsart des Operationsverstärkers. Welche Kopplungsart wird hier verwendet?

b) Was bewirkt R_5 und wie wird er berechnet (nur Ansatz)?

c) Wie wirkt der Kondensator im Rückführungszweig des Operationsverstärkers (Hochpass oder Tiefpass)? Wie wirkt die gesamte Messverstärkerschaltung?

d) Wie groß sind i_n und i_p sowie u_d beim idealen Operationsverstärker?

e) Berechnen Sie die Verstärkung für $f = 0$ Hz mittels Knoten und Maschen unter Berücksichtigung des idealen Operationsverstärkers. Welches Potential u_{K1} nimmt der Knoten 1 an?

f) Berechnen Sie die Verstärkung $\underline{k}$ (idealer OP) mittels Knoten und Maschen für beliebige Frequenzen. Zur Vereinfachung des Ansatzes setzen Sie für die Reihenschaltung (R_4 und C_1) in der Rückkopplung $\underline{Z}_4$ ein. Verwenden Sie die eingezeichneten Strompfeile. Ersetzen Sie zum Schluss $\underline{Z}_4$ wieder durch R_4 und C_1.

g) Zeigen Sie, dass das Ergebnis aus f) für $f = 0$ Hz in das Ergebnis von e) übergeht.

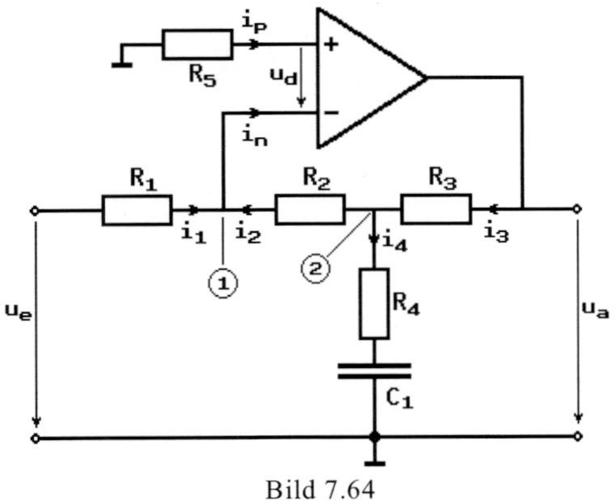

Bild 7.64

Lösung:

a) Invertierender Strom- bzw. i/u-Verstärker mit Stromgegenkopplung und Spannungseingang.

b) Kompensation der Eingangs-Ruheströme $i_p \approx i_n$.

$R_5 = R_1 \| \underline{Z}_g$ mit Gegenkopplungsimpedanz $\underline{Z}_g$

c) Tiefpass; gesamte Operationsverstärkerschaltung als Hochpass

d) $i_n \approx i_p \approx 0;\ u_d = 0$

e) $k = \dfrac{u_a}{u_e} = -\dfrac{R_2 + R_3}{R_1}\ ;\ u_{K1} = 0$

f) $$\underline{k} = G(j\omega) = \frac{u_a(j\omega)}{u_e(j\omega)} = -\frac{1}{R_1}\left(R_2 + R_3 + \frac{R_2 R_3}{R_4 + \dfrac{1}{j\omega C_1}}\right)$$

$$\underline{k}(\omega{=}0) = -\frac{R_2 + R_3}{R_1}$$

7.4 Gleichrichter-Schaltungen

Aufgabe 7. 38: Einweg-Gleichrichter. Gegeben ist die in Bild 7.65 dargestellte Operationsverstärkerschaltung. Der Operationsverstärker und die Dioden seien ideal. Folgende Werte sind gegeben: $R = R_1 = 3\,R_2$ und $u_1 = u_0 + \hat{u}_1 \cos \omega t$; $u_0 = 5$ V; $\hat{u}_1 = 10$ V; $f = 50$ Hz.

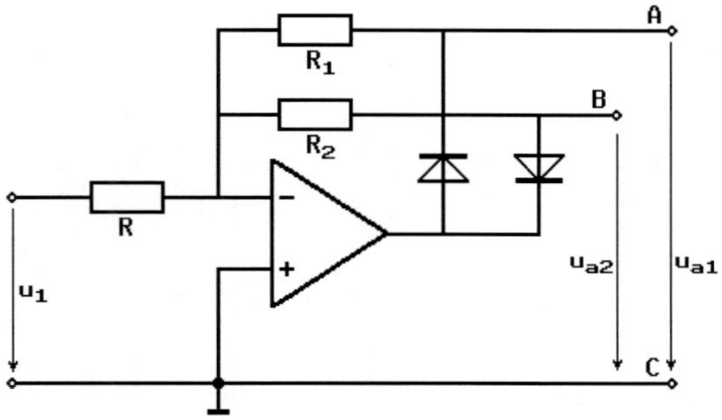

Bild 7. 65

a) Skizzieren Sie die Spannungen u_1 , u_{a1} und u_{a2} (mit Angabe von Zahlenwerten). Hinweis: Verstärkungsformel braucht nicht hergeleitet zu werden. Beachten Sie, wann Dioden leitend sind.

b) Was zeigt ein an die Klemmen A/C und B/C geschaltetes Drehspulinstrument betragsmäßig an?

Lösung:

a) - ohne Dioden: $v_i = \dfrac{u_{a,i}}{u_1} = -\dfrac{R_i}{R}$ also $v_1 = -1,\ v_2 = -\dfrac{1}{3}.$

- mit Dioden: Bei $u_1 < 0$ ist $u_{a1} > 0$ und $u_{a2} = 0$, bei $u_1 > 0$ ist $u_{a1} = 0$ und $u_{a2} < 0$.

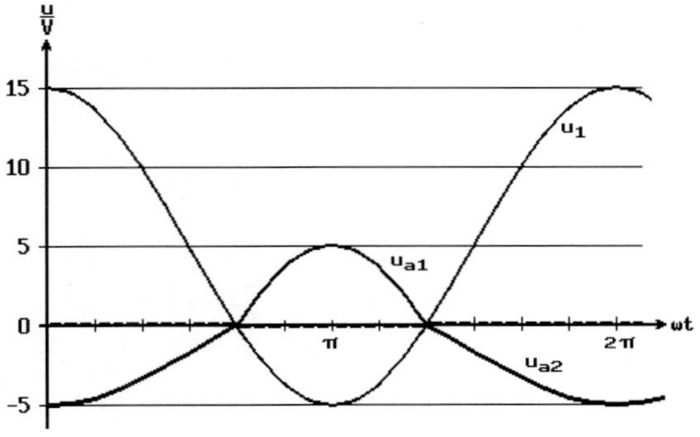

Bild 7. 66

b) Gleichrichtwert $\overline{|u_{a1}|}$ und $\overline{|u_{a2}|}$

Nullstellen bei $\omega t = \text{arc cos}\left(-\dfrac{u_0}{\hat{u}_1}\right)$, d.h. $\omega t = \dfrac{2}{3}\pi$ und $\dfrac{4}{3}\pi$.

$$\overline{|u_{a1}|} = \frac{1}{2\pi}\int_0^{2\pi} |u_{a1}(\omega t)|\ d(\omega t) = \frac{1}{\pi}\int_0^{\frac{2}{3}\pi} \left|-\frac{1}{3}(u_0 + \hat{u}_1\ \cos\omega t)\right|\ d(\omega t)$$

$$= \frac{2}{9}u_0 + \frac{\hat{u}_1}{3\pi}\ \sin\left(\frac{2}{3}\pi\right) \approx 2{,}03\,\mathrm{V}$$

$$\overline{|u_{a2}|} = \frac{1}{\pi}\int_{\frac{2}{3}\pi}^{\pi} |u_0 + \hat{u}_1\ \cos(\omega t)|\ d(\omega t) = \left|\frac{u_0}{3} - \frac{\hat{u}_1}{\pi}\ \sin\left(\frac{2}{3}\pi\right)\right| \approx 1{,}09\,\mathrm{V}$$

Aufgabe 7. 39: Spitzenwertgleichrichtung. Gegeben ist die in Bild 7.67 dargestellte Messverstärkerschaltung mit idealem Operationsverstärkern (OP).

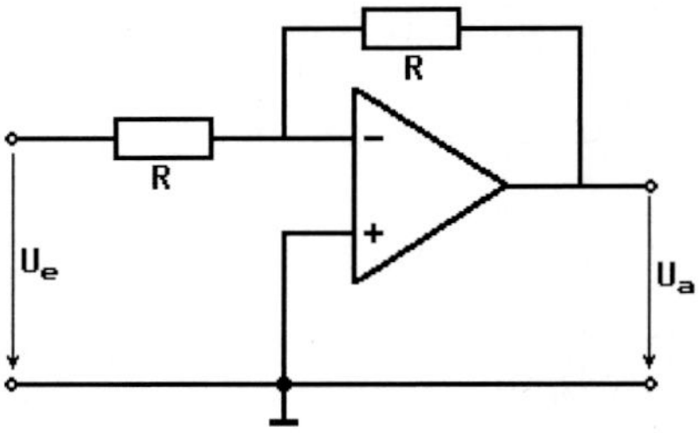

Bild 7. 67

a) Um welchen Verstärker handelt es sich?
b) Zeichnen Sie die Schaltung mit Hilfe des Vierpol-Ersatzschaltbildes des Operationsverstärkers (OP1) um.
c) Berechnen Sie die Verstärkung der Schaltung mit idealem OP.
d) Skizzieren Sie $u_e(t)$ und $u_a(t)$ für $u_e(t) = \hat{u}\ \sin(\omega t)$ über eine Periode.

Die Schaltung wird um eine ideale Diode erweitert (Bild 7.68).

e) Wie ändert sich das Übertragungsverhalten der Schaltung.
f) Skizzieren Sie für $u_e(t) = \hat{u}\ \sin(\omega t)$ die beiden Spannungen $u_e(t)$ und $u_a(t)$. Um was für eine Schaltung handelt es sich?

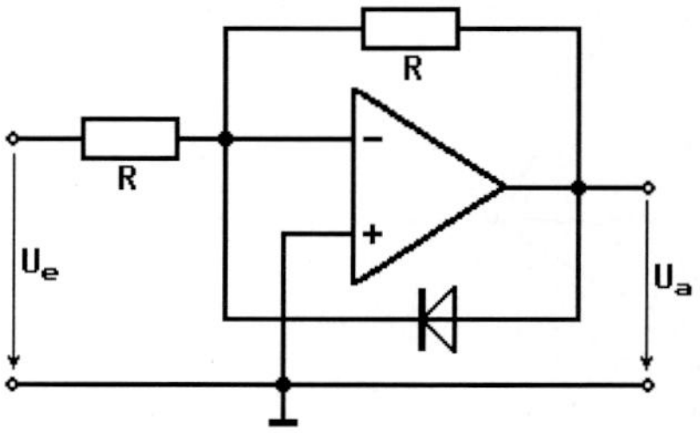

Bild 7. 68

Die Schaltung wird wie folgt ergänzt (Bild 7.69).

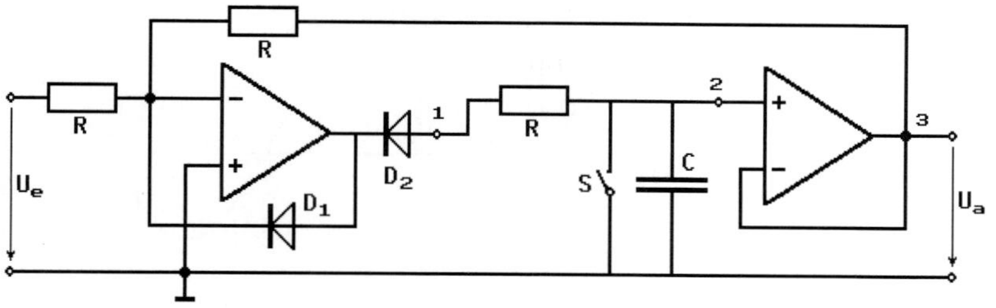

Bild 7. 69

g) Um was für eine Schaltung handelt es sich mit dem zweiten OP (OP2, Klemmen 2 und 3)?

h) Was hat diese Teilschaltung für Eigenschaften?

i) Welche Funktion hat die Gesamtschaltung?

k) Skizzieren Sie für $u_e(t) = \hat{u}\ \sin(\omega t)$ die beiden Spannungen $u_e(t)$ und $u_a(t)$ über zwei Perioden.

l) Welche Vorteile hat diese Schaltung gegenüber passiven Schaltungsvarianten?

m) Welche Nachteile hat diese Schaltung gegenüber passiven Schaltungsvarianten?

Lösung:

a) Gegengekoppelter, invertierender i/u-Verstärker mit Stromgegenkopplung und Spannungseingang.

b) siehe Bild 7.70

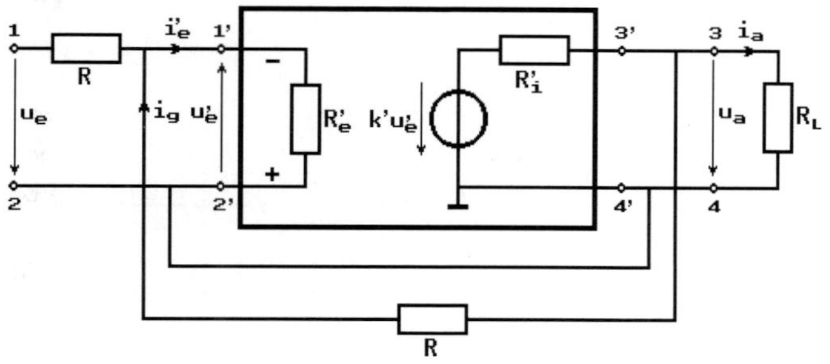

Bild 7. 70

c) $k = \dfrac{u_a}{u_e} = -1$

d) siehe Bild 7.71

e) $u_a = \begin{cases} -u_e & \text{für } u_e > 0 \\ 0 & \text{für } u_e < 0 \end{cases}$

f) Einweggleichrichtung, siehe Bild 7.72

g) Impedanzwandler, Spannungsfolger, gegengekoppelter u/u-Verstärker

h) Impedanzwandler: $R_e \to \infty,\ R_i = 0,\ u_a = u_e,\ i_e = 0$

i) Spitzenwertgleichrichter. OP1 lädt C auf. D2 läßt nur Potentiale durch, die größer sind als die, welche an C anliegen. OP2 greift die Spannung an C ab, ohne ihn zu entladen und speist mit ihr die Rückkopplung von OP1. Der Widerstand vor C begrenzt den Strom. Der Schalter S entlädt C vor dem Start einer neuen Messung.

k) siehe Bild 7.73

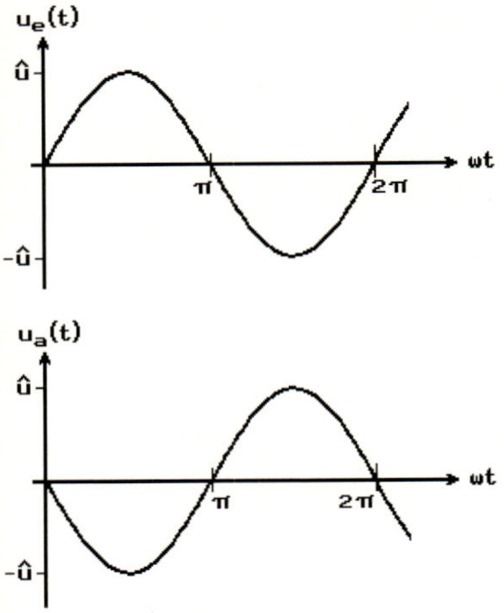

Bild 7. 71

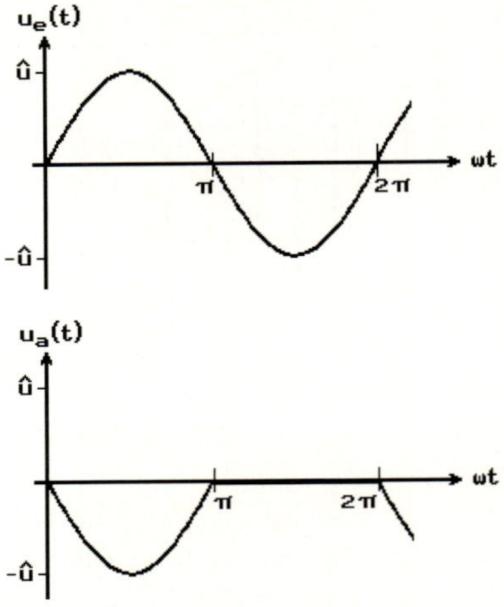

Bild 7. 72

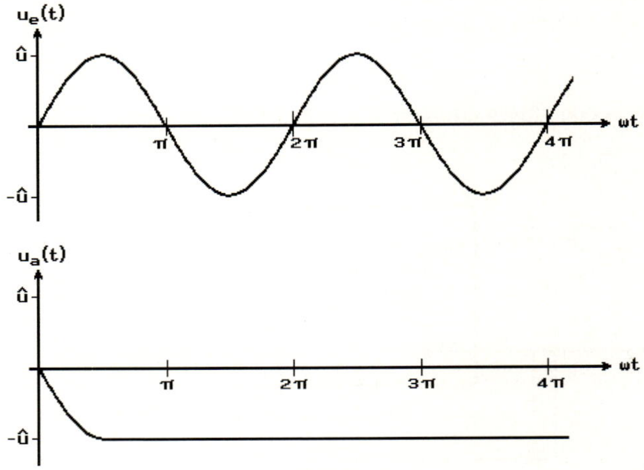

Bild 7. 73

l) Auch bei Spannungen kleiner 0,7 V einsetzbar; geringerer Fehler durch Entladung von C wegen OP2.

m) Offsetfehler des OPs, Bandbreitenbegrenzung.

Aufgabe 7. 40: Zweiweg-Gleichrichter. In Bild 7.74 ist ein Zweiweg-Gleichrichter mit idealen Operationsverstärkern (OP) dargestellt.

a) Skizzieren Sie die zeitlichen Verläufe $u_{a,OP1}(t)$, $u_{a1}(t)$ und $u_a(t)$ für den Fall einer sinusförmigen Eingangsspannung $u_e(t) = \hat{u}_e \sin\omega t$.

b) Geben Sie für $U_e \geq 0$ und $U_e \leq 0$ jeweils den Zusammenhang zwischen u_{a1} und u_e, u_a und u_{a1} sowie u_a und u_e an.

c) Beschreiben Sie den Zustand der Dioden (leitend oder sperrend) für $u_e \geq 0$ sowie $u_e \leq 0$. Wann ist $U_{a,OP1} \geq 0$, ≤ 0 oder $= 0$?

d) Die Dioden und die Operationsverstärker sind nicht ideal. Die Verstärkung der Operationsverstärker OP1 und OP2 beträgt

$$k_0 = \frac{u_{\mathrm{a,OP1}}}{u_{\mathrm{e1}}} = \frac{u_{\mathrm{a}}}{u_{\mathrm{e2}}}.$$

Im leitenden Zustand fällt an den Dioden D1 bzw. D2 die Spannung U_{D} ab. Ermitteln Sie $u_{\mathrm{a}} = f(u_{\mathrm{e}}, k_0, u_{\mathrm{D0}})$ für $u_{\mathrm{e}} \geq 0$ sowie $u_{\mathrm{e}} \leq 0$.

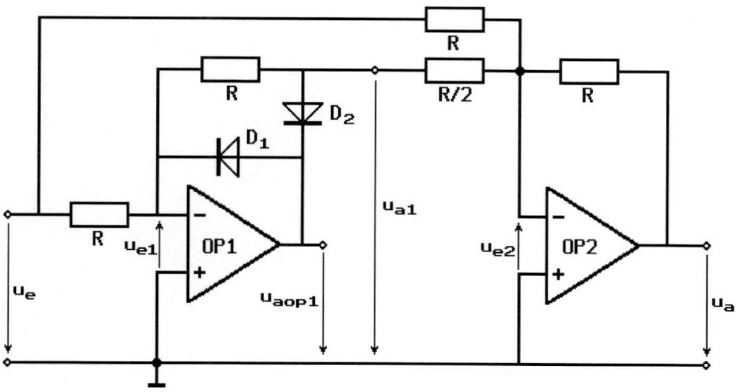

Bild 7. 75

Lösung:

a) s. Bild 7.75

b) $$u_{\mathrm{a1}} = \begin{cases} -u_{\mathrm{e}} & \text{für } u_{\mathrm{e}} \geq 0 \\ 0 & \text{für } u_{\mathrm{e}} \leq 0 \end{cases}$$

$$u_{\mathrm{a}} = -(u_{\mathrm{e}} + 2u_{\mathrm{a1}}), \text{ d.h. } u_{\mathrm{a}} = \begin{cases} u_{\mathrm{e}} & \text{für } u_{\mathrm{e}} \geq 0 \\ -u_{\mathrm{e}} & \text{für } u_{\mathrm{e}} \leq 0 \end{cases}$$

c) $u_{\mathrm{e}} \geq 0$: D1 leitend, D2 gesperrt; $u_{\mathrm{e}} \leq 0$: D1 gesperrt, D2 leitend

d) $$u_{\mathrm{e}} \geq 0: \; u_{\mathrm{a}} = \frac{k_0}{(k_0+2)(k_0+4)} \left((k_0-2)\, u_{\mathrm{e}} - 4u_{\mathrm{D}}\right) \approx u_{\mathrm{e}} - \frac{4}{k_0} u_{\mathrm{D}}$$

$$u_{\mathrm{e}} \leq 0: \; u_{\mathrm{a}} = \frac{3k_0}{3k_0+8} \left(-u_{\mathrm{e}} + \frac{2}{3}\, \frac{u_{\mathrm{D}}}{k_0+1}\right) \approx -u_{\mathrm{e}} + \frac{2}{3k_0} u_{\mathrm{D}}$$

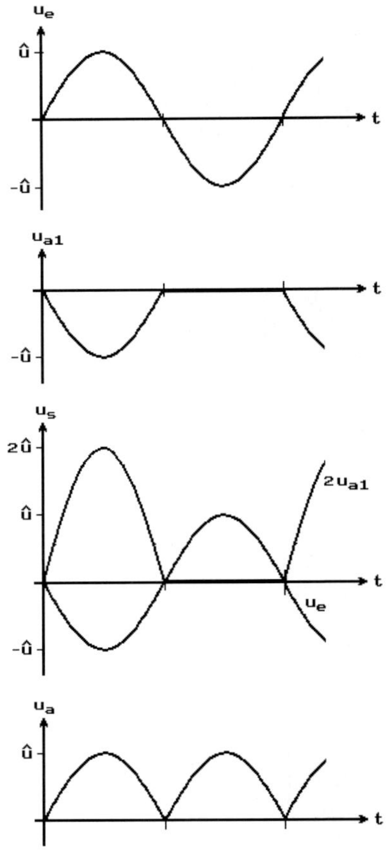

Bild 7.75

7.5 Messbrücken-Verstärker

Aufgabe 7. 41: Instrumentenverstärker. Bei der Messung der Brückendiagonalspannung U_D einer Ausschlag-Messbrücke darf die Messschaltung die Brücke nicht belasten. Diese Forderung wird von der gegebenen Schaltung nach Bild 7.76 erfüllt. Die Operationsverstärker sind ideal.

a) Berechnen Sie $U_3 = f(U_2)$ und $U_4 = f(U_1)$.

b) Setzen Sie $R_1 = R_3 = 9$ kΩ und $R_2 = R_4 = 1$ kΩ in a) ein.

c) Berechnen Sie $U_5 = f(U_3, U_4)$.

d) Setzen Sie $R_6 = R_8 = 5$ kΩ und $R_5 = R_7 = 1$ kΩ in c) ein.

e) Bestimmen Sie jetzt $U_5 = f(U_D)$ mit den Ergebnissen aus Punkt a) und c).

f) Einer der 4 Brückenwiderstände ist temperaturabhängig $R^* = R_{20}(1 + \alpha\,\Delta\vartheta)$ mit $R_{20} = 1$ kΩ bei $\vartheta_1 = 20$°C, dem Temperaturkoeffizient $\alpha = 0{,}004$/°C und $U_B = +10$ V. Die anderen drei Widerstände R haben den Widerstandswert 1kΩ. Was zeigt das Drehspul-messgerät ($R_i \to \infty$) mit einer Dimensionierung nach b) und d), bei
1) $\vartheta_1 = 20$ °C und
2) bei einer Temperaturerhöhung $\Delta\vartheta$ von 10 °C an?

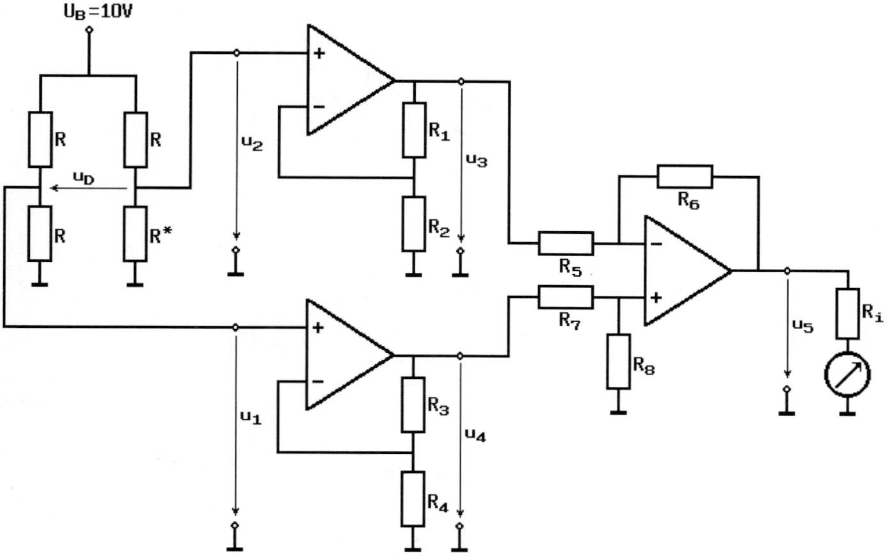

Bild 7.76

Lösung:

a)/b) $U_3 = \left(1 + \frac{R_1}{R_2}\right) U_2 = 10\,U_2;\; U_4 = \left(1 + \frac{R_3}{R_4}\right) U_1 = 10\,U_1$

c)/d) $U_5 = -\left(1 + \frac{R_6}{R_5}\right)\left(\frac{R_6}{R_5 + R_6} U_3 - \frac{R_8}{R_7 + R_8} U_4\right) = -5(U_3 - U_4)$

e) $U_5 = 50(U_1 - U_2) = -50\,U_D$

f) 1) $R^* = R_{20} = R = 1\,\text{k}\Omega$

$U_1 = U_2 = 5\,\text{V}$, d.h. $U_D = 0$ somit $U_5 = 0$

2) $R^* = R_{20}(1 + \alpha\;\Delta\vartheta) = 1{,}04\,\text{k}\Omega$

$U_2 = \frac{R^*}{R + R^*}\,U_B \approx 5{,}098\,\text{V};\; U_5 = 50(U_1 - U_2) \approx -4{,}902\,\text{V}$

Aufgabe 7. 42: Bestimmen Sie die Übertragungsfunktion der in Bild 7.77 dargestellten Verstärkerschaltung.

Lösung:

$$u_a = -(u_1 - u_2)\left(1 + \frac{2}{sRC}\right) \quad \text{mit } s = j\omega$$

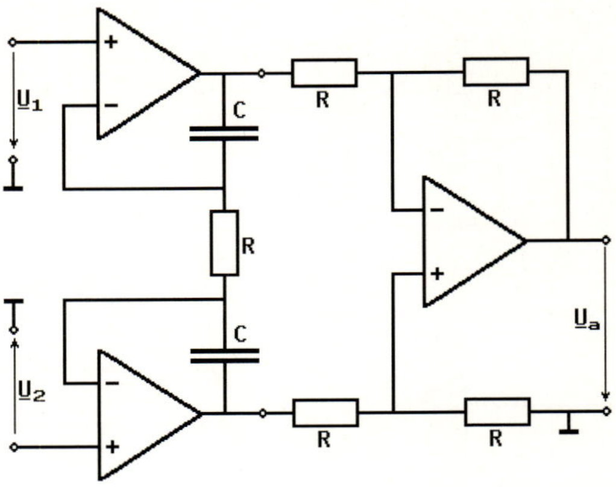

Bild 7.77

Aufgabe 7. 43: Der Operationsverstärker in der Schaltung nach Bild 7.78 sei als ideal angenommen. Bekannt sind $R_1 ... R_4$ und U_0.

a) Berechnen Sie die Spannung U_a.

b) Berechnen Sie unter Annahme $R_1 = R_2$ den Widerstand R_3 so, dass sich $\frac{dU_a}{dR_4} = v$ ergibt.

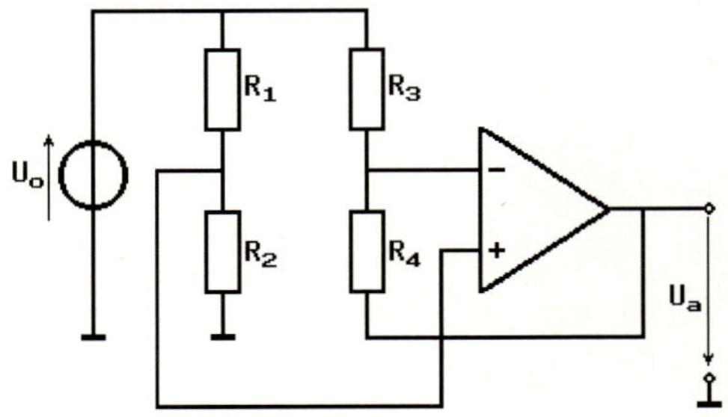

Bild 7.78

Lösung:

a) $U_a = U_0 \frac{R_1 R_4 - R_2 R_3}{(R_1 + R_2) R_3}$

b) $U_a = \frac{U_0}{2} \left(\frac{R_4}{R_3} - 1 \right)$; $R_3 = \frac{U_0}{2v}$

Aufgabe 7. 44: Gegeben ist die aktive Messbrückenschaltung nach Bild 7.79 zur Messung der Brückendiagonalspannung U_a.

a) Geben Sie U_a (U_0, x) mit $x = \Delta R/R$ an. Wie groß ist die Empfindlichkeit $E = \frac{dU_a}{dx}$ für $x = 0$?

b) Welche wesentlichen Vorteile besitzt diese aktive Brückenschaltung gegenüber einer Viertel-Messbrücke ohne Verstärkerschaltung?

c) Gegeben ist der Brückenverstärker nach Bild 7.80.

Geben Sie die Ausgangsspannung $U_a(U_0, x, R, R_1)$ mit $x = \Delta R/R$ an. Wie lautet die Näherungsformel $\hat{U}_a\ (U_0, x, R, R_1)$ für die Ausgangsspannung U_a an der Stelle $x = 0$ bei kleinen Änderungen von x, d.h. $x \ll 1$? *Hinweis:* Taylor-Reihenentwicklung mit Abbruch nach dem linearen Term.

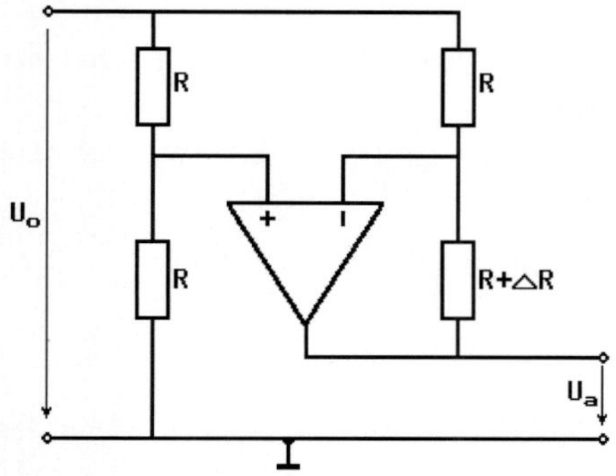

Bild 7.79

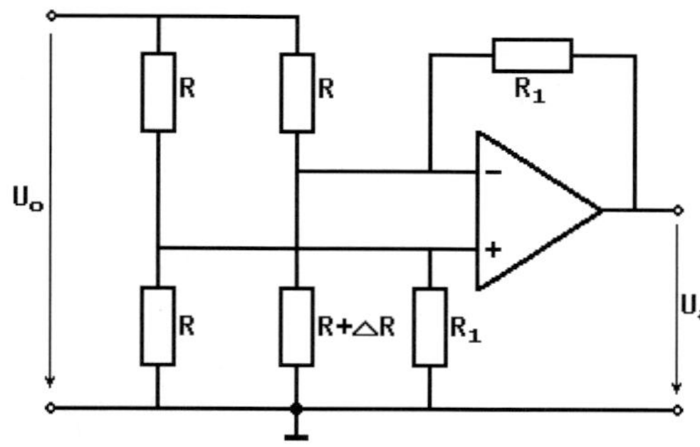

Bild 7.80

Lösung:

a) $U_a = -\frac{1}{2}U_0 x \quad \text{mit} \quad x = \frac{\Delta R}{R}; \qquad E = \frac{dU_a}{dx} = -\frac{1}{2}U_0 = \left.\frac{dU_a}{dx}\right|_{x=0}$

b) lineare Kennlinie, höhere Empfindlichkeit.
Messbrücke ohne Verstärkung:

$$E = \frac{dU_d}{dx} = -\frac{U_0}{(2+x)^2}, \quad \text{d.h.} \quad E(x=0) = -\frac{U_0}{4}$$

c) $U_a = U_0 \frac{R_1}{R+2R_1} \frac{R_1}{R} \left\{\frac{1}{1+x} - 1\right\}$

$$U_a(x \ll 1) \approx \hat{U}_a(x \ll 1) = U_a(x=0) + \left.\frac{dU_a}{dx}\right|_{x=0} x = -U_0 \frac{R_1}{R+2R_1} \frac{R_1}{R} x$$

Aufgabe 7. 45: Messen einer Widerstandsänderung mit Konstantspannungsspeisung. Gegeben ist die Schaltung nach Bild 7.81 zum Messen einer Widerstandsänderung ΔR mittels Speisung mit einer konstanten Spannung U_0.

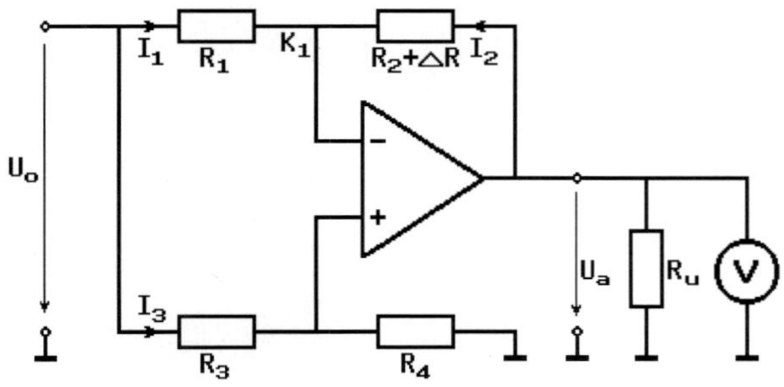

Bild 7.81

a) Um welchen Verstärkertyp handelt es sich bei dem beschalteten OP? Geben Sie die Art der Gegenkopplung an.

b) Berechnen Sie $U_a = f(U_0, R_1, R_2, R_3, R_4)$ für einen idealen OP ($i_e' = 0$), wenn das Spannungsmessgerät ideal ist.

c) Wie groß ist ΔR für den idealen OP (ΔR_∞), wenn gilt $R_1 = R_3 = R_4 = R$ und $R_2 = R + \Delta R$?

d) Geben Sie $U_a = f(U_0, R_1, R_2, R_3, R_4)$ für einen realen OP (k', R_i') an, wenn der Innenwiderstand R_U des Spannungsmessgerätes endlich ist.

e) Wie groß ist ΔR für einen realen OP (ΔR), wenn gilt $R_1 = R_2 = R_4 = R$ und $R_2 = R + \Delta R$?

f) Berechnen Sie den absoluten Fehler $F_R = \Delta R - \Delta R_\infty$ und den relativen Fehler

$$f_R = \frac{F_R}{\Delta R_\infty} = \frac{\Delta R - \Delta R_\infty}{\Delta R_\infty}.$$

g) Wie groß kann der Innenwiderstand R_U des Messgerätes minimal werden, wenn der relative Messfehler der Widerstandsdifferenz f_R den Betrag f_{max} nicht überschreiten soll?

Lösung:

a) Subtrahierer, invertierender i/u-Verstärker mit Spannung am p- und n-Eingang und Stromgegenkopplung am n-Eingang.

b) $$U_a = \frac{R_1 R_4 - R_2 R_3}{R_1 (R_3 + R_4)} U_0$$

c) $$\Delta R_\infty = -2R \frac{U_a}{U_0}$$

d) $$U_a = \left\{ -\frac{R_2 - \frac{R_i'}{k'}}{1 + \frac{R_i'}{k' R_U}} \frac{R_3}{R_1} + R_4 \right\} \frac{U_0}{R_3 + R_4}$$

e) $$\Delta R = \left\{ \left(1 - 2\frac{U_a}{U_0} \right) \frac{R}{R_U} + 1 \right\} \frac{R_i'}{k'}$$

f) $$F_R = \Delta R - \Delta R_\infty = \left\{ \left(1 - 2\frac{U_a}{U_0} \right) \frac{R}{R_U} + 1 \right\} \frac{R_i'}{k'} + 2R \frac{U_a}{U_0}$$

$$f_R = \frac{F_R}{\Delta R_\infty} = \frac{\Delta R - \Delta R_\infty}{\Delta R_\infty} = \frac{\Delta R}{\Delta R_\infty} - 1 = \left\{ \frac{1}{R_U} - \frac{1}{2} \frac{U_0}{U_a R_U} - \frac{1}{2} \frac{U_0}{U_a R} \right\} \frac{R_i'}{k'} - 1$$

g) $$R_{U,min} = \frac{\left(1 - \frac{1}{2} \frac{U_0}{U_a} \right) \frac{R_i'}{k'}}{1 - f_{max} - \frac{1}{2} \frac{U_0}{U_a} \frac{R_i'}{k' R}}$$

7.6 Verschiedene Messschaltungen

Aufgabe 7. 46: Messen eines Widerstandes mit einer Konstantspannungsspeisung. Gegeben ist die Schaltung nach Bild 7.82 zum Messen eines Widerstandes R_x mittels Speisung mit einer konstanten Spannung U_0.

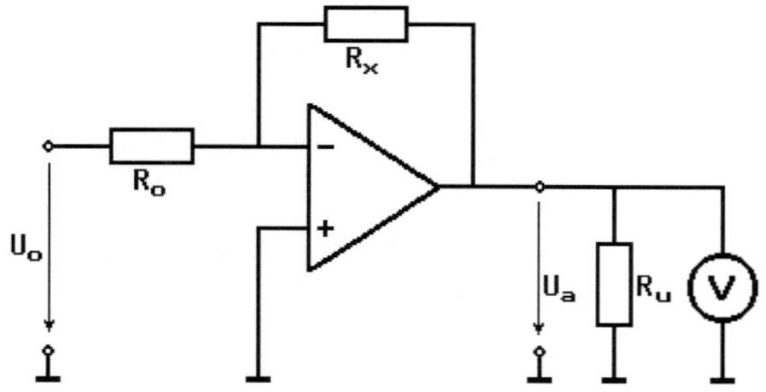

Bild 7.82

a) Um welchen Verstärkertyp handelt es sich bei dem beschalteten OP? Geben Sie die Art der Gegenkopplung an.

b) Berechnen Sie $U_a = f(U_0, R_0, R_x)$ für einen idealen OP ($i_e' = 0$), wenn das Spannungsmessgerät ideal ist ($R_U \to \infty$)

c) Wie groß ist R_x für einen idealen OP ($R_{x,\infty}$)?

d) Geben Sie $U_a = f(U_0, R_0, R_x, R_U, ...)$ für einen realen OP (k', R_i') wenn der Innenwiderstand des Spannungsmessgerätes R_U beträgt.

e) Wie groß ist R_x für den realen OP ($R_{x,i}$)?

f) Berechnen Sie den absoluten Fehler $\Delta R_x = R_{x,i} - R_{x,\infty}$ und den relativen Fehler $f_R = \dfrac{\Delta R_x}{R_{x,\infty}}$.

g) Wie groß kann R_U minimal werden, wenn der relative Messfehler des Widerstandes R_x den Betrag $f_{R,max}$ nicht übersteigen soll?

h) Berechnen Sie R_U für folgende Zahlenwerte:
$U_0 = 10\text{V},\ U_a = 1\text{V},\ R_0 = 1\text{k}\Omega,\ k' = 10^5,\ R_i' = 10\Omega,\ f_{R,max} = 1\%.$

i) Wie groß ist R_x mit $R_0 = 10\ \text{k}\Omega$?

Lösung:

a) Invertierender i/u-Verstärker mit Spannungseingang und Stromgegenkopplung.

b) $$U_a = -\frac{R_x}{R_0} U_0$$

c) $$R_{x,\infty} = -\frac{U_a}{U_0} R_0$$

d) $$U_a = -\frac{R_x - \dfrac{R_i'}{k'}}{1 + \dfrac{R_i'}{k' R_U}} I_e = -\frac{R_x - \dfrac{R_i'}{k'}}{1 + \dfrac{R_i'}{k' R_U}} \frac{U_0}{R_0}$$

e) $$R_{x,i} = -R_0 \frac{U_a}{U_0} + \frac{R_i'}{k'}\left(1 - \frac{U_a}{U_0}\frac{R_0}{R_U}\right)$$

f) $$\Delta R_x = R_{x,i} - R_{x,\infty} = \frac{R_i'}{k'}\left(1 - \frac{U_a}{U_0}\frac{R_0}{R_U}\right)$$

$$f_R = \frac{\Delta R}{R_{x,\infty}} = \frac{R_i'}{k'}\left(\frac{1}{R_U} - \frac{U_0}{U_a R_0}\right)$$

g) $$f_{x,max} \le \left|\frac{R_i'}{k'}\left(\frac{1}{R_U} - \frac{U_0}{U_a R_0}\right)\right|, \quad R_{U,min} = \frac{1}{\frac{k'}{R_i'} f_{x,max} + \frac{U_0}{U_a R_0}}$$

h) $R_{U,min} \approx 10{,}01\,\Omega$

i) $$R_x = \frac{R_i'}{k'}\left(1 - \frac{U_a}{U_0}\frac{R_0}{R_U}\right) - R_0 \frac{U_a}{U_0} \approx 100\,k\Omega$$

Aufgabe 7. 47: Messen von Widerstandsänderungen. Mittels einer Konstantstromquelle I_0 und einem Operationsverstärker OP soll die Änderung der Widerstände R_1 und R_2 gemessen werden. Der OP in der Schaltung nach Bild 7.83 ist ideal.

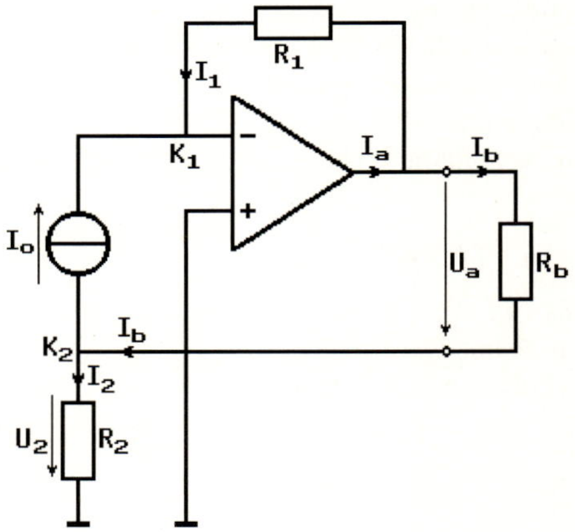

Bild 7.83

a) Geben sie den Verstärkertyp an. Welche Rückkopplungslast liegt vor?

b) Berechnen Sie $U_a = f(R_1, R_2, I_0)$ für eine ideale Last R_b mittels Maschen- und Knotengleichungen.

c) Vor Beginn der Messung sind beide Widerstände R_1 und R_2 gleich groß. Der Widerstand R_1 ändert sich gegenüber den festen Widerstand R_2 um ΔR. Wie groß wird U_a?

d) Berechnen Sie $U_a = f(R_1, R_2, R_b, I_0)$ für eine nichtideale Last ($R_b \ll \infty$).

e) Berechnen Sie für den Fall d) U_a, wenn sich auch in diesem Fall der Widerstand R_1 um ΔR wie unter c) ändert.

f) Berechnen Sie den absoluten und den relativen Fehler von U_a für die Ergebnisse aus c) und e). Kontrollieren Sie den Fehler für eine ideale Last R_b.

Lösung:

a) *i*/*u*-Verstärker mit Stromgegenkopplung

b) $U_a = I_0(R_2 - R_1)$

c) $R_1 = R_2 + \Delta R\,;\; U_{a,\infty} = I_0(R_2 - R_2 - \Delta R) = -I_0\,\Delta R$

d) $U_a = I_0(R_2 - R_1)\,\dfrac{R_b}{R_2 + R_b}$

e) $R_1 = R_2 + \Delta R\,;\; U_{a,b} = -I_0\,\Delta R\,\dfrac{R_b}{R_2 + R_b}$

f) $\Delta U_a = U_{a,b} - U_{a,\infty} = I_0\,\Delta R\,\dfrac{1}{1 + \dfrac{R_b}{R_2}}$

$$\frac{\Delta U_a}{U_{a,\infty}} = \frac{U_a - U_{a,\infty}}{U_{a,\infty}} = -\frac{1}{1 + \dfrac{R_b}{R_2}}$$

Kontrolle: $\lim\limits_{R_b \to \infty} \dfrac{\Delta U_a}{U_{a,\infty}} = -\lim\limits_{R_b \to \infty} \dfrac{1}{1 + \dfrac{R_b}{R_2}} = 0$

Aufgabe 7. 48: Verlustbehaftete Spule. Die in Bild 7.84 dargestellte Schaltung soll zur Induktivitätsmessung eingesetzt werden. Zur Anzeige wird ein Drehspulmessgerät mit dem Endausschlag $U_{a,\,max}$ und der Genauigkeitsklasse f_{Ua} verwendet. Der Operationsverstärker und die Diode sind ideal, d. h. für die Diode ist $U_D = 0$ V (Schwellenspannung) in Durchlassrichtung.

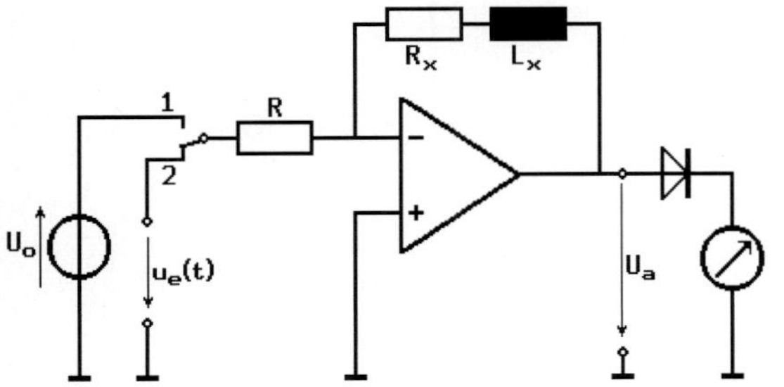

Bild 7.84

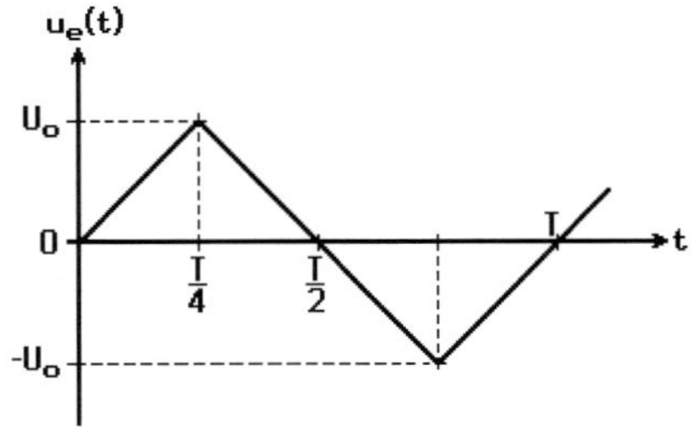

Bild 7.85

Die Messung wird wie folgt durchgeführt.
Messung 1: In Schalterstellung 1 wird R_x gemessen.
Messung 2: In Schalterstellung 2 wird eine Dreieck-Spannung u_e(t) angelegt und L_x gemessen (Bild 7.85).

a) Bestimmen Sie den Widerstand R so, dass mit der gegebenen Gleichspannungsquelle U_0 der maximale Widerstand $R_{x,\,max}$ gemessen werden kann.
b) Bestimmen Sie die Differentialgleichung für Schalterstellung 2.
c) Berechnen und skizzieren Sie die Ausgangsspannung $u_a(t)$ im zeitlichen Bezug zu $u_e(t)$ für die Schalterstellung 2. Hinweis: Es gelte $\tan\,\delta_{Lx} \ll 1$.
d) Welche Frequenz f muss die Eingangsspannung $u_e(t)$ haben, damit das Messgerät für die

Messung von L_x einen Messbereich von 0... $L_{x,\,max}$ aufweist?

e) Welche Genauigkeitsklasse $|f_{Rx}|$ hat die R_x-Messung, wenn die Genauigkeitsklassen $|f_R|$, $|f_{U0}|$ und $|f_{Ua}|$ gegeben sind?

f) Welche Genauigkeitsklasse $|f_{Lx}|$ hat die L_x-Messung, wenn die Genauigkeitsklassen $|f_R|$, $|f_{U0}|$, $|f_{Ua}|$ und $|f_f|$ gegeben sind.

g) Berechnen Sie R, f, $|f_{Rx}|$ und $|f_{Lx}|$ für folgende Zahlenwerte: $U_0 = 2{,}5$ V; $U_{a,\,max} = 5$ V; $R_{x,max} = 1$ kΩ; $L_{x,max} = 1$ H; $|f_{U0}| = 0{,}5$ %; $|f_R| = 10$ %; $|f_{Ua}| = 0{,}5$% und $|f_f| = 0{,}1$ %.

Lösung:

a) $R = \dfrac{U_0}{U_{a,max}} R_{x,max}$

b) $L_x \dfrac{du_e}{dt} + R_x u_e = -R u_a$

c) $u_a = -\dfrac{L_x}{R}\dfrac{du_e}{dt}$

$$u_a = \begin{cases} -4\dfrac{L_x}{R} f\, U_0 & \text{für } 0 \le t \le \dfrac{T}{4} \text{ und } \dfrac{3}{4}T \le t \le T \\ 4\dfrac{L_x}{R} f\, U_0 & \text{für } \dfrac{T}{4} \le t \le \dfrac{3}{4}T \end{cases}$$

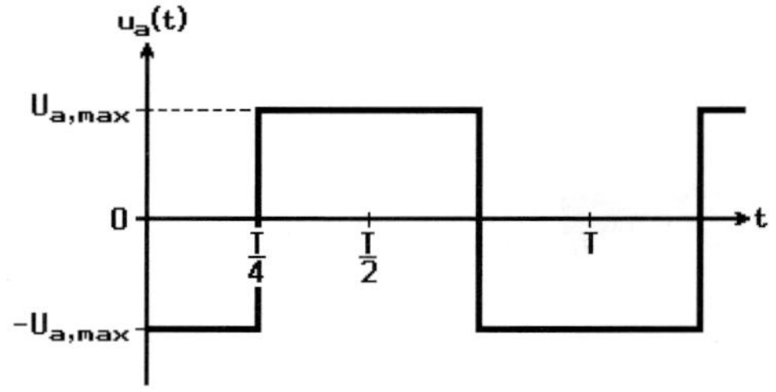

Bild 7.86

d) $f = \dfrac{1}{2}\dfrac{R}{L_{x,max}}\dfrac{U_{a,max}}{U_0} = \dfrac{1}{2}\dfrac{R_{x,max}}{L_{x,max}}$

e) $|f_{Rx}| = |f_R| + |f_{U0}| + |f_{Ua}|$

f) $|f_{Lx}| = |f_R| + |f_f| + |f_{U0}| + |f_{Ua}|$

g) $R = 500\Omega$; $f = 500\,\text{Hz}$; $|f_{Rx}| = 11\%$; $|f_{Lx}| = 11{,}1\%$

Aufgabe 7. 49: Erdfreie Amperemeterschaltung. Die im Bild 7.87 dargestellte Amperemeterschaltung erlaubt die niederohmige Strommessung mit einem Spannungsmessgerät. Die Operationsverstärker OP1, OP2 und OP3 sind im folgenden ideal.

a) Geben Sie die charakteristischen Größen eines idealen OPs an.

b) Wie groß ist die Eingangsspannung u_e? (Begründung). Was bedeutet das für u_{x1} und u_{x2}?

c) Wie groß ist damit der Eingangswiderstand R_e der Amperemeterschaltung? Wie groß ist die Leistung P_e, die an den Eingangsklemmen 1, 2 abfällt?

d) Berechnen Sie $u_1 = f(u_{xi}, R_1, R_2, i_e)$.

e) Berechnen Sie $u_2 = f(u_{xi}, R_1, R_2, i_e)$.
f) Berechnen Sie $i_e = f(R_1, R_2, u_1, u_2)$.
g) Berechnen Sie $u_a = f(R_3, u_1, u_2)$.
In welcher Schaltungsfunktion wird OP3 betrieben?
h) Berechnen Sie $u_a = f(i_e)$.
i) Wie groß wird u_a, wenn im Eingang die beiden OPs (OP1 und OP2) dieselbe Offset-spannung ($U_{OS1} = U_{OS2}$) besitzen (Begründung) ?

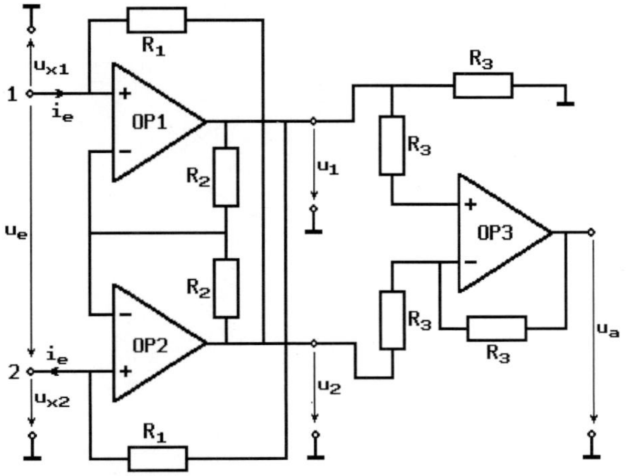

Bild 7.87

Lösung:

a) $u_e{}' = 0,\ i_p = i_n = 0,\ k' \to \infty,\ R_e{}' \to \infty,\ R_i \to 0,\ f'_g \to \infty$

b) $u_e = 0\ ;\ u_{x1} = u_{x2} = u_x$

c) $R_e = \dfrac{u_e}{i_e} = \dfrac{0}{i_e} = 0\ ;\ P_e = u_e\, i_e = 0$, d.h. leistungslose Strommessung

d) $u_1 = u_{x1} + R_1 i_e = u_x + R_1 i_e$

e) $u_2 = u_{x2} - R_1 i_e = u_x - R_1 i_e$

f) $i_e = \dfrac{1}{2R_1}(u_1 - u_2)$

g) $u_a = u_1 - u_2$ (Subtrahierer)

h) $u_a = u_1 - u_2 = 2R_1 i_e$

i) $u_e - U_{OS2} + U_{OS1} = 0\ ;\ u_a = 2R_1 i_e$

7.7 Verschiedene Messverstärker

Aufgabe 7. 50: Gleichtakt-Verstärkung. Bei einem Differenzverstärker wird ein Teil des Gleichtaktsignals U_{gl} in ein Differenzsignal umgesetzt, und zwar um so mehr, je größer die Asymmetrie der Zuleitungen ist. Gegeben ist die in Bild 7.88 dargestellte Schaltung mit den Zuleitungswiderständen R_1, R_2, den Kabelkapazitäten und Verstärker-Eingangsimpedanzen $\underline{Z}_3$, $\underline{Z}_4$ und dem Eingangswiderstand R_e' des Verstärkers, dem Gleichtaktsignal $\underline{U}_{gl}$, dem Differenzsignal $\underline{U}_e$ und dem Eingangssignal des Differenzverstärkers $\underline{U}_e'$.

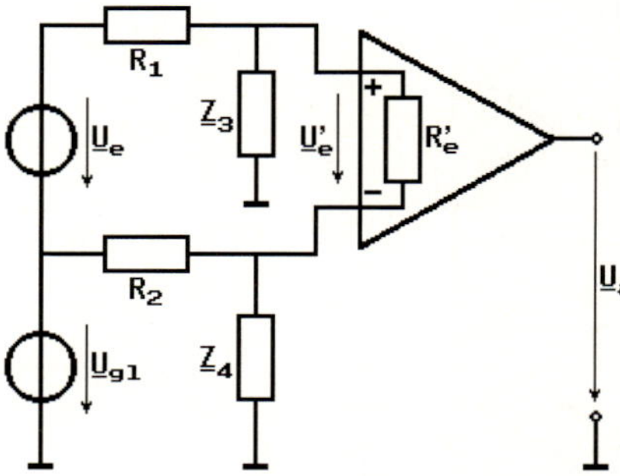

Bild 7. 88

Die Ersatzschaltung zur Bestimmung der Gleichtaktverstärkung sieht folgendermaßen aus:

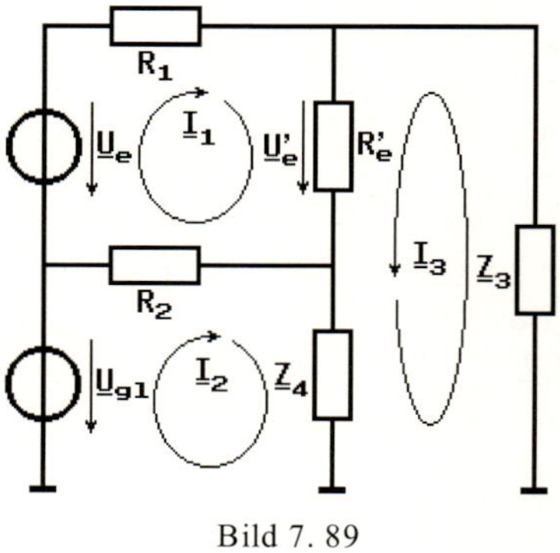

Bild 7. 89

a) Berechnen Sie nach dem Maschenstromverfahren die Ströme $\underline{I}_1$ und $\underline{I}_3$ als Funktion der Scheinwiderstände und der Spannungsquellen $\underline{U}_e$ und $\underline{U}_{gl}$ und damit die Eingangsspannung $\underline{U}_e'$ des Differenzverstärkers.

$$U_{e'} = R_e(\underline{I}_1 + \underline{I}_3) = R_e' \, f(\underline{U}_e, \underline{U}_{gl}, R_1, R_2, \underline{Z}_3, \underline{Z}_4, R_e')$$

b) Vereinfachen Sie den Ausdruck unter der realistischen Annahme $R_1, R_2 \ll R_e', Z_3, Z_4$ und der Näherung $\underline{Z}_3 \approx \underline{Z}_4$ zu einem Ausdruck $U_e' \approx \underline{U}_e + f(R_1, R_2, Z_3)\, \underline{U}_{gl}$.

Lösung:

a) $$\underline{U}_e' = R_e' \frac{\underline{U}_e' \underline{Z}_3(R_2+\underline{Z}_4) + \underline{U}_{gl}(R_2\underline{Z}_3 - R_1\underline{Z}_4)}{R_2\underline{Z}_4(R_1+\underline{Z}_3)+(R_2+\underline{Z}_4)(R_1\underline{Z}_3+R_1R_e'+R_e'\underline{Z}_3)}$$

b) $$\underline{U}_e' = \underline{U}_e + \underline{U}_{gl}\frac{R_2-R_1}{\underline{Z}_3}$$

Aufgabe 7. 51: Zu untersuchen ist die in Bild 7.90 dargestellte Schaltung mit einem idealen Operationsverstärker.

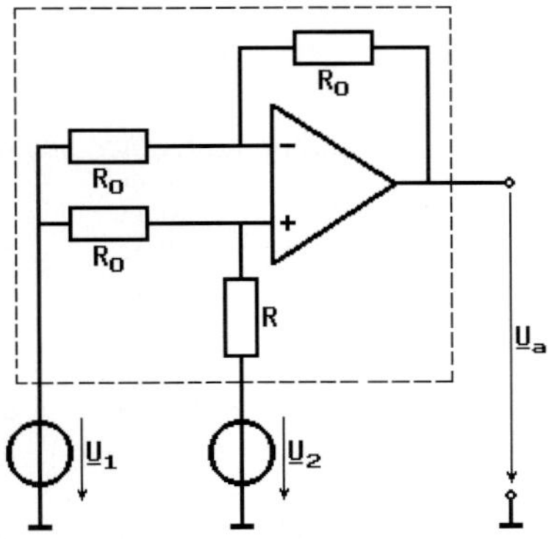

Bild 7. 90

a) Bestimmen Sie für den Fall $U_2 = 0$ die Verstärkung $v = U_a/U_1$ und stellen Sie diese als Ortskurve in Abhängigkeit von $0 \leq R < \infty$ dar. Welche Funktion erfüllt die Schaltung?

b) Bestimmen Sie für $U_1 \neq 0$ **und** $U_2 \neq 0$ die Ausgangsspannung U_a. Welche Besonderheit ergibt sich im Fall $R = R_0$?

c) Mit drei identischen Verstärkern (wie oben, $R = R_0$) wird die in Bild 7.91 dargestellte Schaltung aufgebaut. Welche Ausgangsspannungen U_a ergeben sich bei dieser Schaltung? Welche Funktion erfüllt die Schaltung?

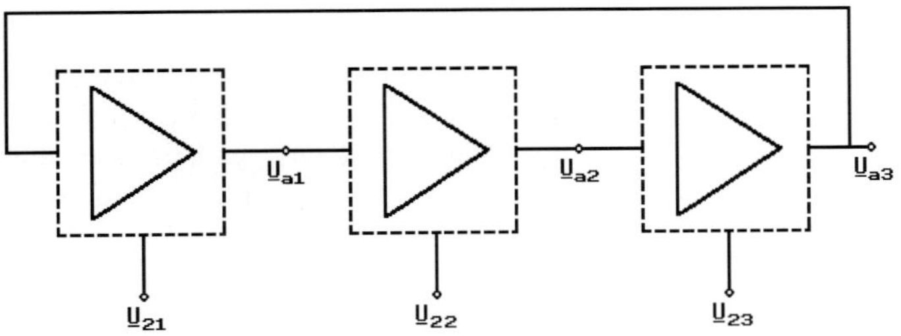

Bild 7. 91

Lösung:

a) $$v = \frac{U_a}{U_1} = \frac{R - R_0}{R + R_0} = \frac{\frac{R}{R_0} - 1}{\frac{R}{R_0} + 1}$$

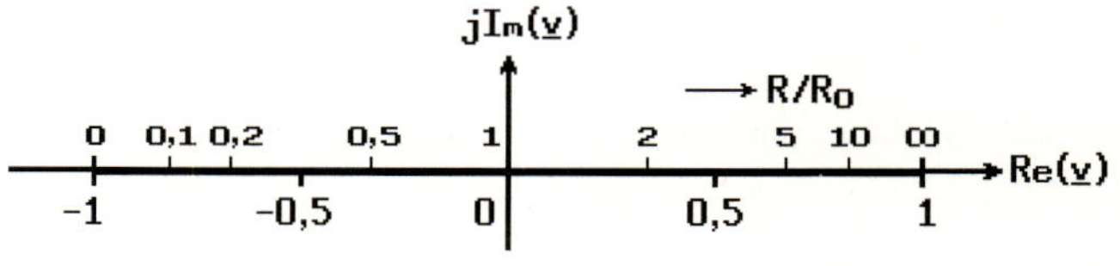

Bild 7. 92

Ersetzt man R durch einen Schalter, erhält man einen Verstärker mit $v = \pm 1$, d. h. einen gesteuerten Gleichrichter.

b) $$U_a = \frac{(R - R_0)\,U_1 + 2R_0 U_2}{R + R_0} \;; \qquad U_a(R = R_0) = U_2$$

c) $U_{a1} = U_{21}$; $U_{a2} = U_{22}$; $U_{a3} = U_{23}$ (Zirkulator oder Gabelschaltung).

Aufgabe 7. 52: Subtrahierer. Gegeben ist der in Bild 7.93 dargestellte Subtrahierer. Der Operationsverstärker sei ideal.

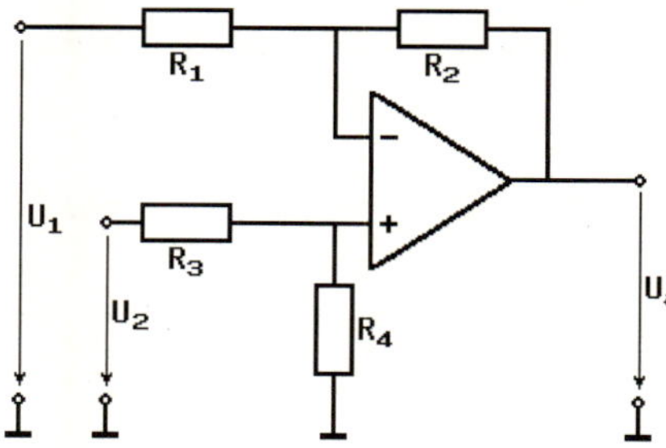

Bild 7. 93

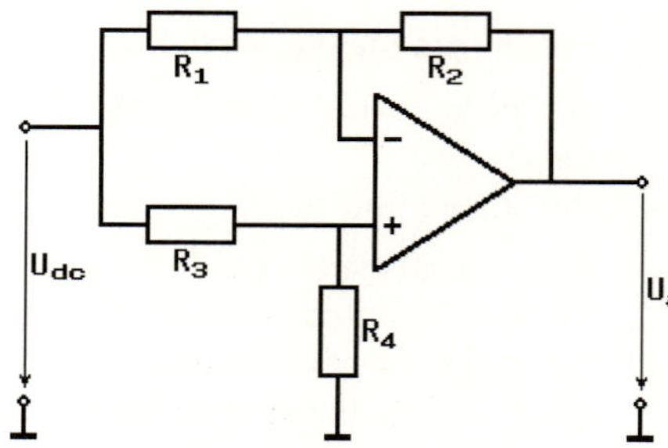

Bild 7. 94

a) Welcher Typ Verstärker (*u/u; u/i; i/u; i/i*) liegt vor? Berechnen Sie die Ausgangsspannung $U_a = f(U_1, U_2)$ in Abhängigkeit der Widerstände R_1, R_2, R_3, R_4.

b) Zur Unterdrückung von Gleichtaktsignalen U_{dc} des obigen Differenzverstärkers wird die Schaltung mit der Widerstandskombination $R_3 = a\,R_1$ und $R_4 = a\,R_2$ dimensioniert. Zeigen Sie, dass für diese Kombination eine ideale Gleichtaktunterdrückung erzielt wird. Berechnen Sie die Gleichtaktverstärkung U_a / U_{dc} der Schaltung nach Bild 7.94.

c) Wie groß ist im Fall der Gleichtaktunterdrückung aus b) die Wechselsignalverstärkung $U_a/(U_1 - U_2)$?

d) Zur Kompensation der Offsetströme $I_P = I_N$ des ansonsten idealen OPs geben Sie die Dimensionierung von R_3, R_4 zu R_1, R_2 an (Bild 7.95). Berechnen Sie hierfür die Ausgangsspannung U_a (I_P, I_N) in Abhängigkeit von R_1, R_2, R_3, R_4.

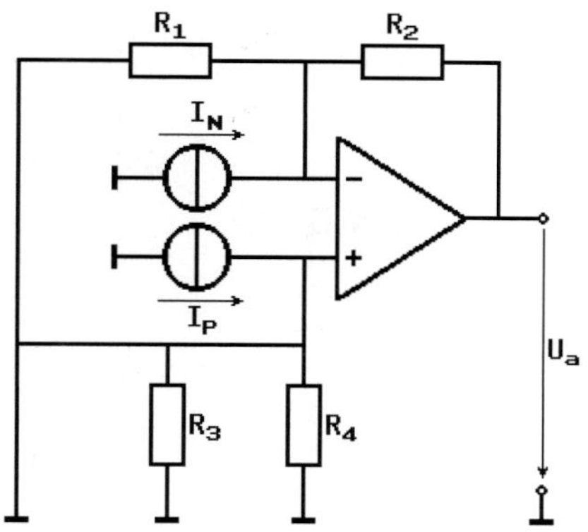

Bild 7. 95

Lösung:

a) *i*/*u*-Verstärker für U_1 mit Stromgegenkopplung, *u*/*u*-Verstärker für U_2.

$$U_a = -\frac{R_1+R_2}{R_1}\left(\frac{R_2}{R_1+R_2}U_1 - \frac{R_4}{R_3+R_4}U_2\right)$$

b) $U_1 = U_2 = U_{dc} \neq 0$

$$U_a = -\frac{R_1+R_2}{R_1}\left(\frac{R_2}{R_1+R_2} - \frac{aR_2}{aR_1+aR_2}\right)U_{dc} = 0, \quad \text{d.h.} \quad \frac{U_a}{U_{dc}} = 0$$

c) $$\frac{U_a}{U_1 - U_2} = -\frac{R_2}{R_1}$$

d) $$U_a = -R_2 I_N + \frac{R_3 R_4}{R_3+R_4} I_P$$

$$U_a\,(I_P = I_N) = 0, \quad \text{d.h.} \quad R_2 = \frac{R_3 R_4}{R_3+R_4} = R_3 \| R_4$$

Aufgabe 7. 53: Gegeben ist die in Bild 7.96 dargestellte Schaltung mit einem idealen Operationsverstärker.

a) Bestimmen Sie die Ausgangsspannung $U_a = f(U_1, U_2, R, R_0)$.

b) Welche Ausgangsspannungen erhält man in den drei Fällen
   1) $R_0 = 0$,
   2) $R_0 = R$,
   3) $R_0 = \infty$?

c) Wie in b), wenn $U_1 = U_2 = U_e$ ist?

d) Der Widerstand R_0 werde nun durch eine Kapazität C ersetzt. Welche Ausgangsspannung ergibt sich in diesem Fall? Welche Filtercharakteristik ergibt sich für die Eingangsspannungen U_1 und U_2?

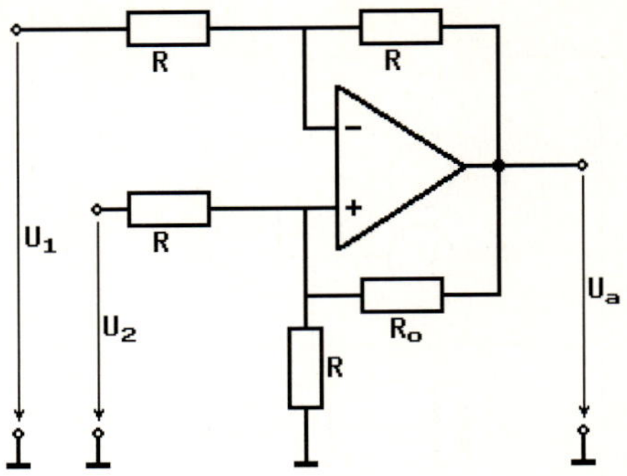

Bild 7. 96

Lösung:

a) $$U_a = \frac{2}{2+\frac{R}{R_0}} U_2 - U_1$$

b) 1) $U_a(R_0=0) = -U_1$

2) $U_a(R_0=R) = \frac{2}{3} U_2 - U_1$

3) $U_a(R_0 \to \infty) = U_2 - U_1$

c) 1) $U_a(R_0=0) = -U_e$

2) $U_a(R_0=R) = -\frac{1}{3} U_e$

3) $U_a(R_0 \to \infty) = 0$

d) $$U_a = \frac{2}{2+\mathrm{j}\omega RC} U_2 - U_1$$

U_1 wird invertiert (Allpass); U_2 wird durch einen Tiefpass 1. Ordnung gefiltert.

Aufgabe 7. 54: Symmetrieverstärker. Die Operationsverstärker in der in Bild 7.97 dargestellten Schaltung seien als ideal angenommen.

a) Berechnen Sie die Verstärkung der Schaltung $v_u = \frac{U_a}{U_e}$.

b) Bestimmen Sie den Widerstand $R_y = f(R, R_x)$ so, dass sich an den Klemmen x und y eine zum Bezugspotential symmetrische Ausgangsspannung U_a einstellt.

c) Welchen Wert besitzt die Verstärkung für die nach b) vorgenommene Bemessung des Widerstandes R_y, wenn der Widerstand $R_x = R$ gewählt wird?

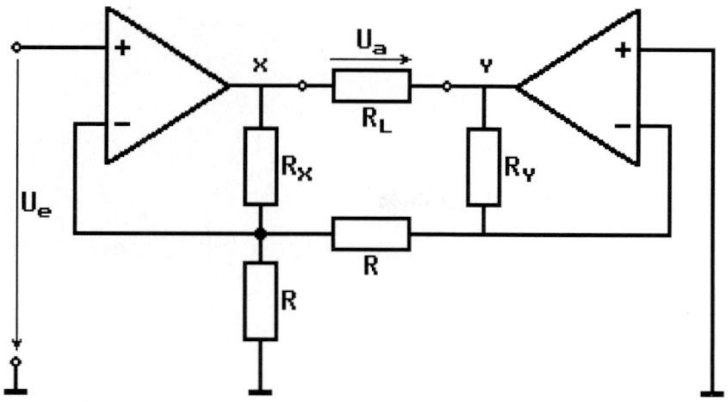

Bild 7. 97

Lösung:

a) $$v_u = 1 + \frac{2R_x + R_y}{R}$$

b) $R_y = R + 2R_x$

c) $v_u = 6$

Aufgabe 7. 55: Bestimmen Sie die Ausgangsspannungen der in Bild 7.98 dargestellen Verstärkerschaltung.

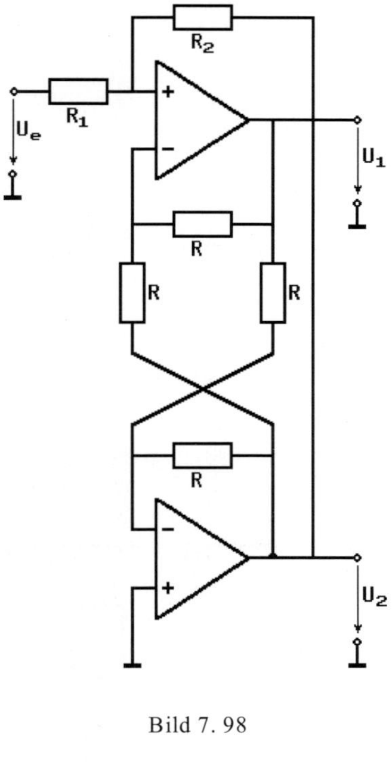

Bild 7. 98

Lösung:

$$U_1 = +\frac{R_2}{R_1} U_e; \quad U_2 = -\frac{R_2}{R_1} U_e$$

Aufgabe 7. 56: Gegeben ist die in Bild 7.99 dargestellte Schaltung mit zwei idealen Operationsverstärkern.

a) Bestimmen Sie die Eingangsströme I_1, $I_2 = f(U_1, U_2)$.

b) Die Schaltung kann als Vierpol mit den Größen U_1, U_2, I_1 **und** I_2 aufgefasst werden. Welche Leitwertparameter beschreiben dann die Schaltung? Welche Funktion hat die Schaltung?

c) An die Klemmen 2-2′ werde eine Kapazität C angeschlossen. Welcher Eingangswiderstand ergibt sich dann an den Klemmen 1-1′?

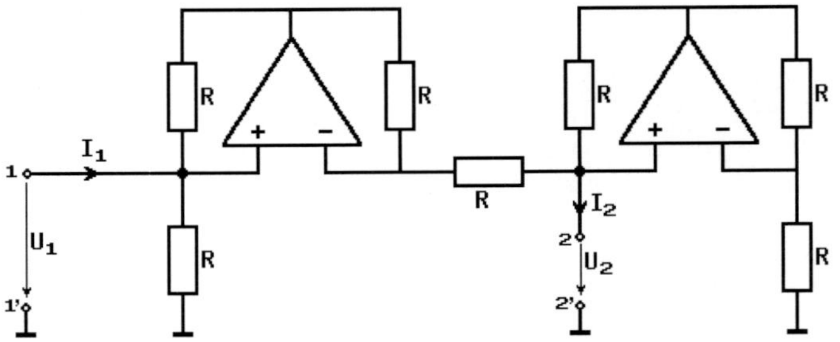

Bild 7. 99

Lösung:

a) $I_1 = \frac{U_2}{R}$; $I_2 = \frac{U_1}{R}$

b) $$\begin{pmatrix} I_1 \\ I_2 \end{pmatrix} = \begin{pmatrix} 0 & \frac{1}{R} \\ \frac{1}{R} & 0 \end{pmatrix} \begin{pmatrix} U_1 \\ U_2 \end{pmatrix}$$ (Gyrator)

c) $L = R^2 C$ (Darstellung einer Induktivität)

Aufgabe 7. 57: Gegeben ist die in Bild 7.100 dargestellte Schaltung mit idealen Operationsverstärkern.

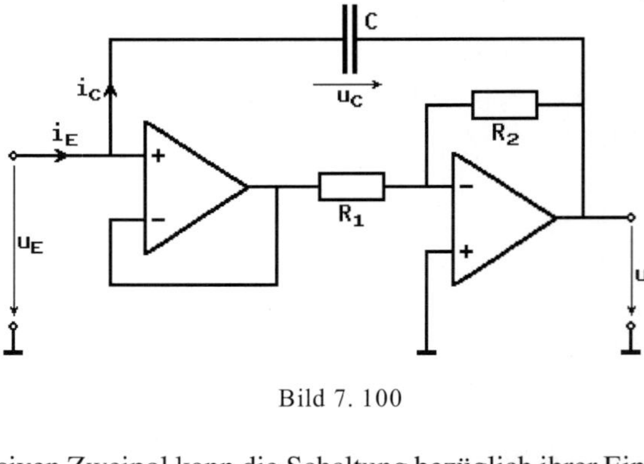

Bild 7. 100

Durch welchen passiven Zweipol kann die Schaltung bezüglich ihrer Eingangsklemmen ersetzt werden?

Lösung:

$$C_E = \left(1 + \frac{R_2}{R_1}\right) C$$

Anwendung: Realisierung großer Kapazitäten in IC´s

Aufgabe 7. 58: Gegeben ist die in Bild 7.101 dargestellte Schaltung (OP ideal). Für den npn-Transistor sollen folgende vereinfachten Gleichungen gelten.

$$I_C = A_F\, I_B; \quad I_B = I_0 \exp\left(\frac{U_{BE}}{U_T}\right); \quad U_E \geq I_0 A_F R$$

A_F, I_o und U_T sind Konstanten.

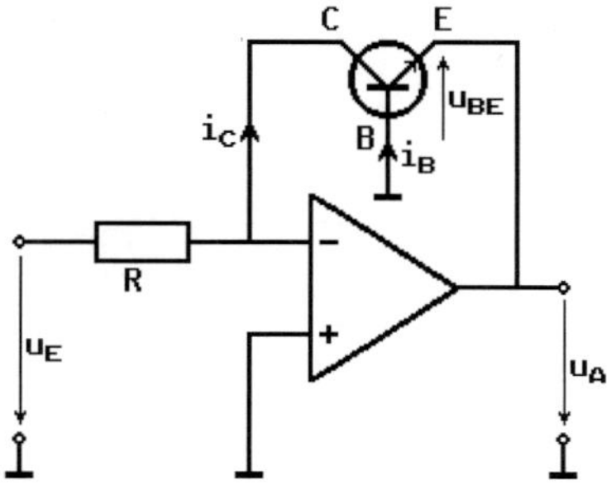

Bild 7. 101

a) Berechnen Sie U_A als Funktion von U_E. Welche mathematische Operation liegt vor?
b) Wie groß muss R gewählt werden, damit in $U_A = f(U_E)$ die Konstanten A_F und I_0 heraus-fallen? Berücksichtigen Sie die Einheit V.
c) Geben Sie eine Schaltung mit der inversen Kennlinie zur obigen Schaltung unter Verwendung derselben Bauelemente an.
d) Berechnen Sie für c) $U_A = f(U_E)$ mit $I_B \ll I_C$. Welche mathematische Operation liegt vor?
e) Wie groß muss hier R gewählt werden, damit auch hier in $U_A = f(U_E)$ die Konstanten A_F und I_0 herausfallen.
f) Skizzieren Sie eine Multiplikationsschaltung für zwei Signale U_1 und U_2 unter Verwendung der obigen Schaltung. Hinweis: ln (ab) = ln a + ln b.

Lösung:

a) $$U_A = -U_T \ln\left(\frac{U_E}{R A_F I_0}\right) \quad ; \quad \textbf{Logarithmieren}$$

b) $$R = \frac{1\text{V}}{A_F I_0} \quad ; \quad U_A = -U_T \ln\left(\frac{U_E}{\text{V}}\right)$$

c)

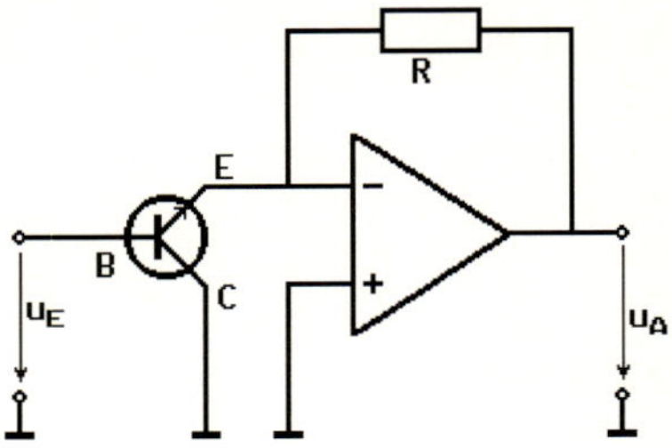

Bild 7. 102

d) $U_A = -RA_F I_0 \exp\left(\frac{U_E}{U_T}\right)$; Exponentialfunktion

e) $R = \frac{1\,V}{A_F I_0}$, $U_{aA} = -1\,V \cdot \exp\left(\frac{U_E}{U_T}\right)$

f)

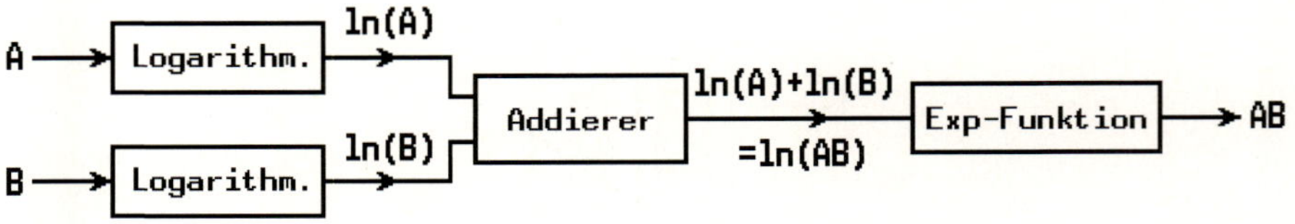

Bild 7. 103

Aufgabe 7. 59: Phasenschieber. Ein idealer Operationsverstärker ist als Phasenschieber verschaltet (Bild 7.104). $u_e(t)$ sei eine sinusförmige Wechselspannung $u_e(t) = \hat{u}_e \sin\omega t$. Lassen Sie die mit einem * gekennzeichneten Größen für die Aufgabenteile a) - e) außer Acht.

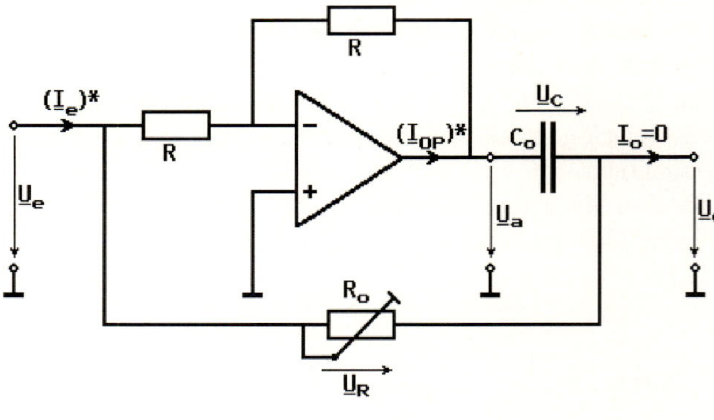

Bild 7. 104

a) Geben Sie die Ausgangsspannung $\underline{U}_0 = f(\underline{U}_e, R_0, C_0, \omega)$ an.

b) Geben Sie den Phasenunterschied $\varphi_{\underline{U}C} - \varphi_{\underline{U}R}$ zwischen $\underline{U}_C$ und $\underline{U}_R$ an.

c) Der Widerstand R_0 ist als Potentiometer ausgeführt und lässt sich zwischen 0 Ω und ∞ einstellen. Wie groß ist der Phasenwinkel zwischen $\underline{U}_e$ und $\underline{U}_0$ für $R_0 = 0$ und $R_0 \to \infty$?

d) Zeichnen Sie ein Zeigerdiagramm in dem $\underline{U}_e$, $\underline{U}_a$, $\underline{U}_0$, $\underline{U}_C$ und $\underline{U}_R$ enthalten sind für

$R_0 = \frac{2}{\omega C_0}$. Gehen Sie aus von $\underline{U}_e = U_e\, e^{j0^\circ}$.

e) Ist die Amplitude von $u_0(t)$ abhängig von der Größe des Widerstand R_0? Begründen Sie Ihre Antwort mit Hilfe einer Ortskurvenskizze oder einer Rechnung.

f) Wie groß ist $\underline{I}_e = f(\underline{I}_{OP}, ...)$?

Lösung:

a) $$\underline{U}_0 = \underline{U}_e \frac{1 - j\omega R_0 C_0}{1 + j\omega R_0 C_0} = \underline{U}_e \frac{(1 - j\omega R_0 C_0)^2}{1 + (\omega R_0 C_0)^2}$$

b) $$\varphi_{\underline{U}C} - \varphi_{\underline{U}R} = 90^\circ$$

c) $$\underline{U}_0(R=0) = \underline{U}_e;\ \varphi = 0^\circ$$

$$\underline{U}_0(R \to \infty) = -\underline{U}_e;\ \varphi = 180^\circ$$

d)

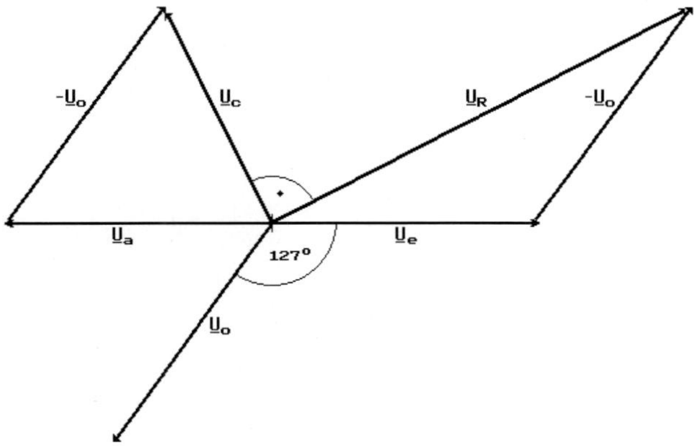

Bild 7. 105

e) $$|\underline{U}_0| = \sqrt{\mathrm{Re}^2(\underline{U}_0) + \mathrm{Im}^2(\underline{U}_0)} = |\underline{U}_e|\ ; \qquad |\underline{U}_0| \neq f(R_0, \omega C_0)$$

f) $$\underline{I}_e = -\underline{I}_{OP}$$

8 Digitaltechnik

Aufgabe 8.1: Nennen Sie drei Flipflop-Arten.

Lösung: RS-Flipflop; D-Flipflop; JK-Flipflop

Aufgabe 8.2: Für die im Bild 8.1 dargestellte Schaltung ist das Impulsdiagramm und das Schaltzeichen zu zeichnen.

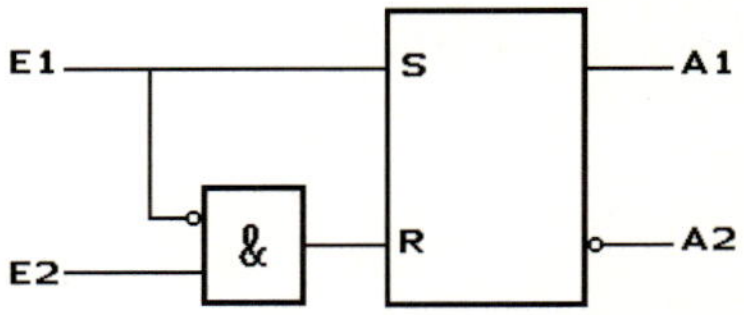

Bild 8.1

Lösung:

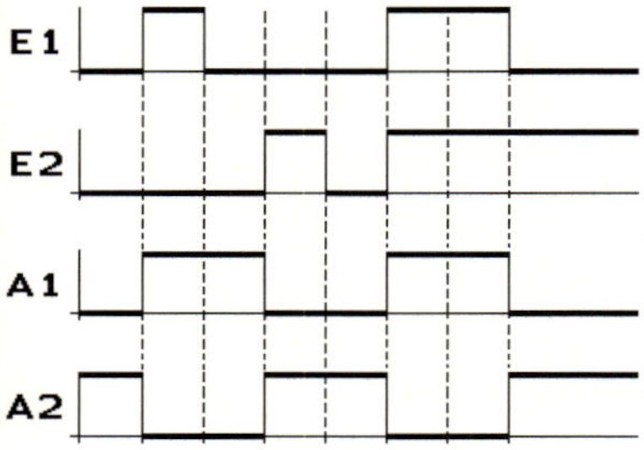

Bild 8.2

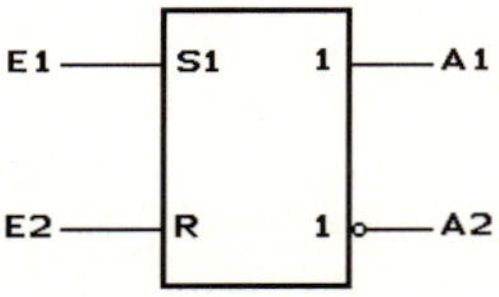

Bild 8.3

Aufgabe 8.3: Wie funktioniert die in Bild 8.4 dargestellte Schaltung? Das zutreffende Schaltzeichen ist zu erstellen.

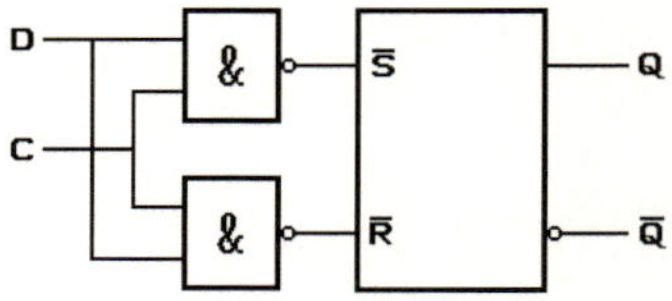

Bild 8.4

Lösung:
Nur wenn am *C*-Eingang ein H anliegt, ist das Setzen bzw. Rücksetzen von *D* abhängig. Der *C*-Zustand steuert die *S*- bzw. *R*-Funktionen des RS-Flipflops, also ist das eines taktzustandsgesteuertes D-Flipflops (Bild 8.5).

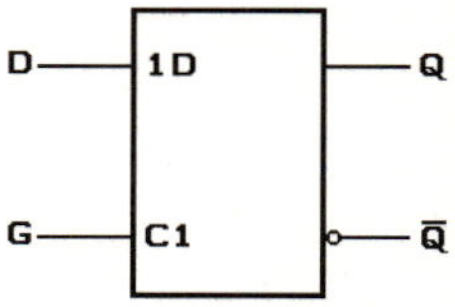

Bild 8.5

Aufgabe 8.4: Beschreiben Sie die Funktion der in Bild 8.6 dargestellten Schaltung und zeichnen Sie das zutreffende Schaltzeichen.

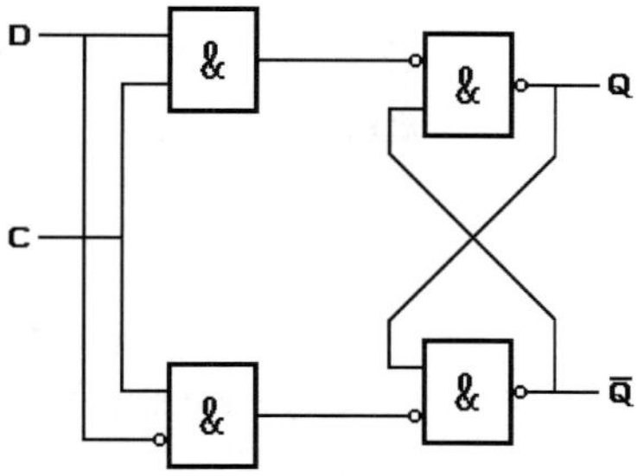

Bild 8.6

Lösung:
Wenn der *C*-Eingang H führt, ist das Setzen bzw. Rücksetzen des RS-Flipflop durchführbar. Während *C* H führt, wird bei *D* = H das Flipflop gesetzt und bei *D* = L zurückgesetzt. Der *D*-Zustand wird im RS-Flipflop aufgefangen. Das ist also das Übertragungsverhalten eines taktzustandsgesteuerten D-Flipflops.

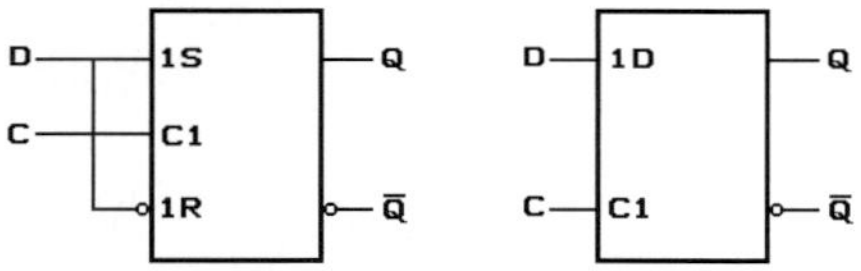

Bild 8.7

Aufgabe 8.5: Wie funktioniert die in Bild 8.8 dargestellte Schaltung? Das zutreffende Schaltzeichen ist anzugeben.

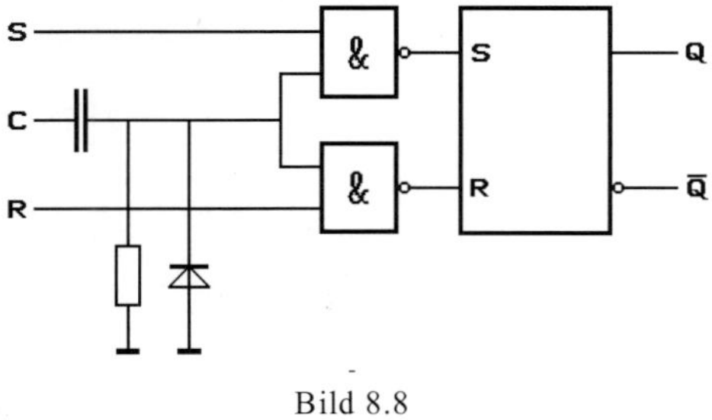

Bild 8.8

Lösung:
Über den RC-Hochpass werden Zustandsveränderungen am C-Eingang in kurze Impulse umgewandelt. Diese Nadelimpulse geben den Weg fürs Setzen bzw. Rücksetzen frei. Zustandsveränderungen von H auf L am C-Eingang werden von der Diode unterdrückt, also hat diese Veränderung keinen Einfluß auf das Verhalten des RS-Flipflops. Daraus ist zu erkennen, dass es sich um ein taktflankengesteuertes RS-Flipflops handelt, welches auf die ansteigende Flanke reagiert (Bild 8.9).

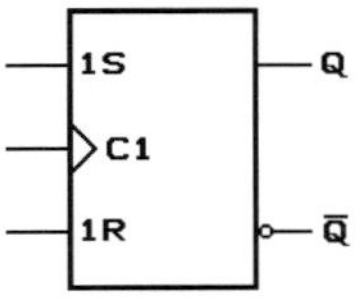

Bild 8.9

Aufgabe 8.6: Um welches Flipflop handelt es sich im Symbol nach Bild 8.10?

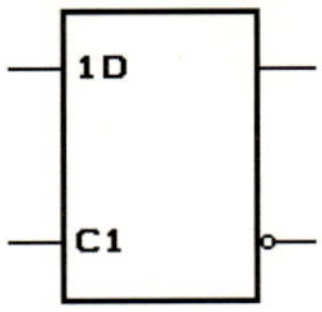

Bild 8.10

Lösung:
Es handelt sich um das D-Flipflop. Bei steigender Flanke am Takteingang wird der Zustand am Dateneingang speichernd auf den Ausgang übertragen.

Aufgabe 8.7: Wodurch unterscheidet sich ein zustandsgesteuertes Flipflop von einem flankengesteuerten Flipflop?

Lösung:
Bei einem flankengetriggerten Flipflop wird der Schaltvorgang in der Schaltung zum Zeitpunkt der Signalveränderung am Takteingang durchgeführt. Dagegen werden im zustandsgetriggerten Flipflop Schaltvorgänge durchgeführt, solange der Takteingang aktiv ist.

Aufgabe 8.8: Im Impulsdiagramm nach Bild 8.11 und 8.12 soll der Unterschied zwischen den beiden flankengetriggerten Flipflops gezeichnet werden.

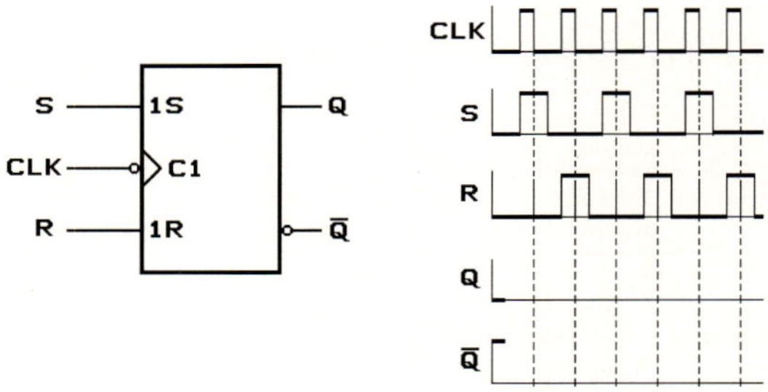

Bild 8.11

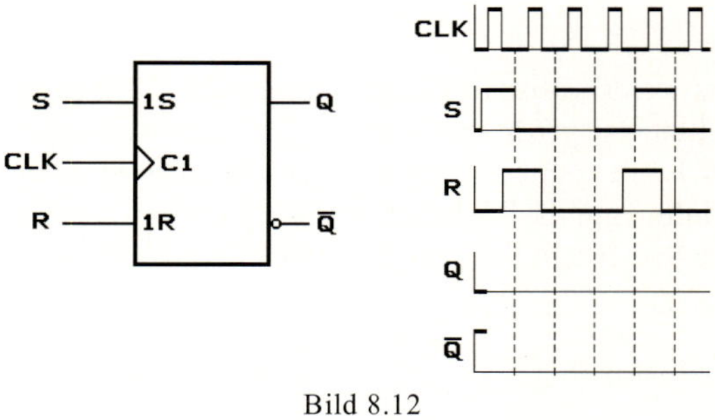

Bild 8.12

Lösung:

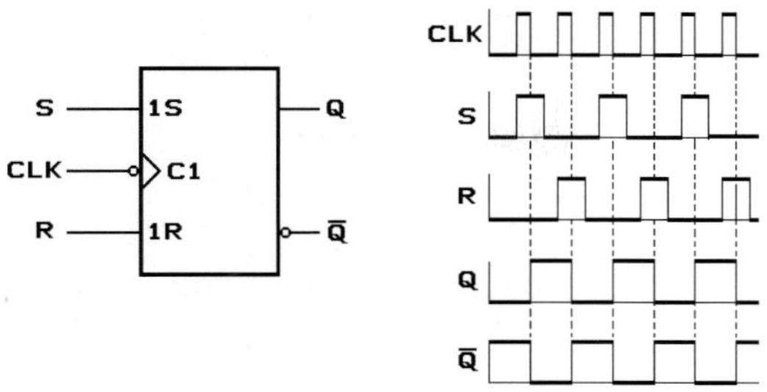

Bild 8.13

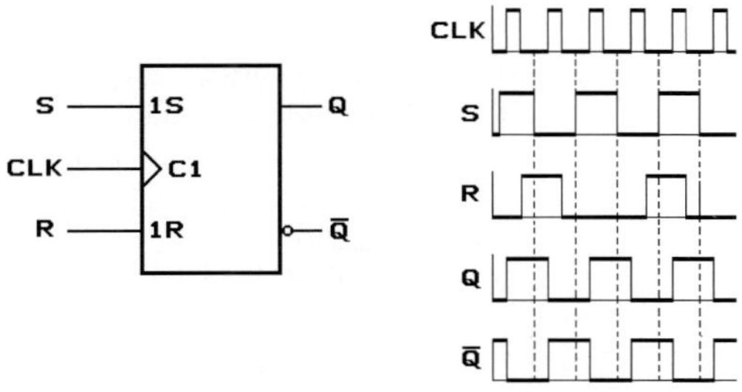

Bild 8.14

Vervollständigen Sie das Impulsdiagramm nach Bild 8.15 und zeichnen Sie das zutreffende Schaltzeichen.

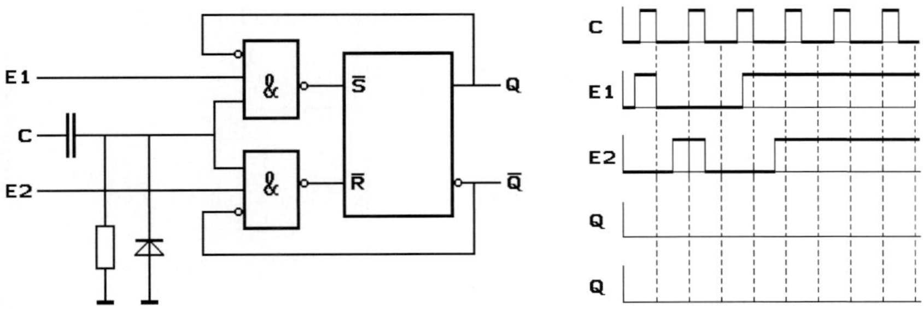

Bild 8.15

Lösung:

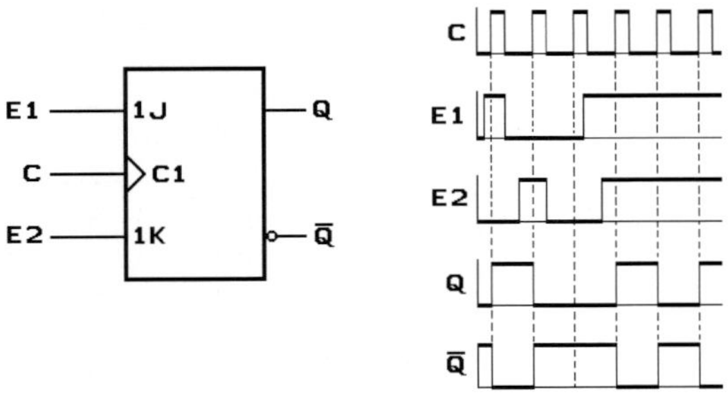

Bild 8.16

Aufgabe 8.9: Zu zeichnen ist eine Verbindung zweier RS-Flipflop, in denen ein Informationstransport von Flipflop zu Flipflop stattfindet.

Lösung:

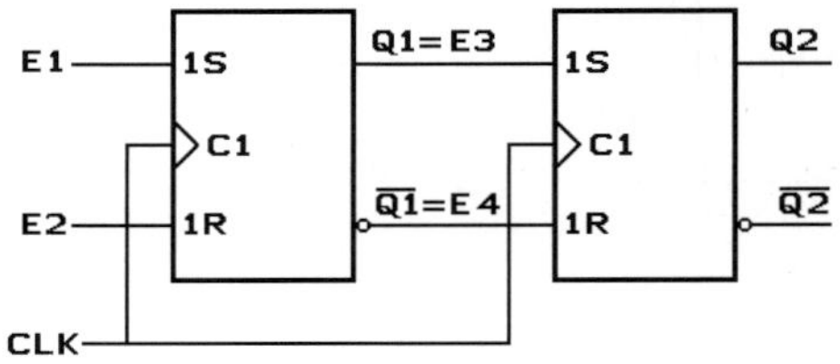

Bild 8.17

Aufgabe 8.10: Ein mit fallender Flanke schaltendes RS-Flipflop soll ergänzt und in ein JK-Flipflop, das aber bei steigender Flanke schaltet, umgewandelt werden.

Lösung:

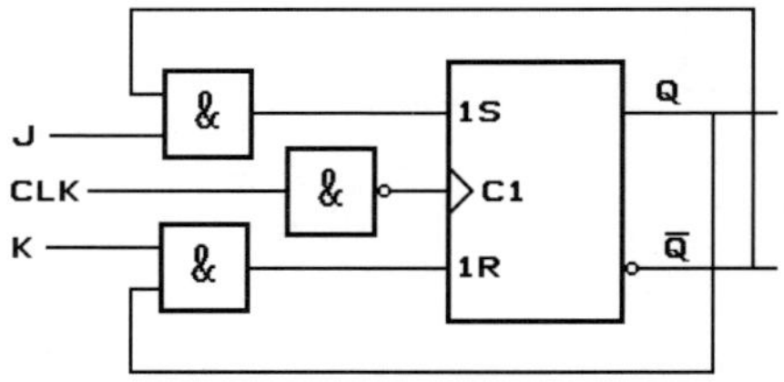

Bild 8.18

Aufgabe 8.11: Mit einem flankengetriggerten RS-Flipflop ist ein T-Flipflop aufzubauen.

Lösung:

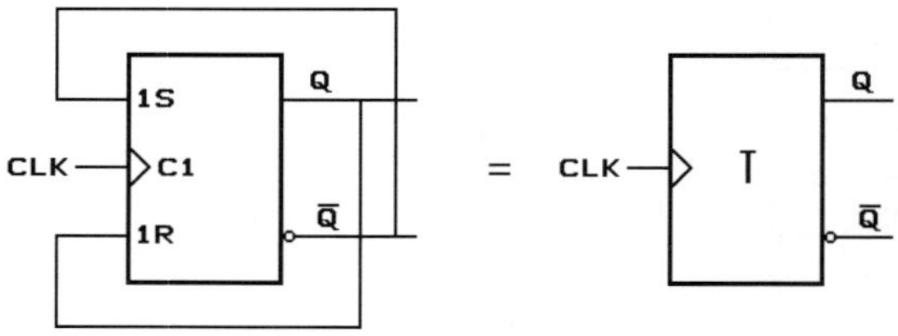

Bild 8.19

Aufgabe 8.12: Zeichnen Sie zu dem taktzustandsgesteuerten RS-Flipflop nach Bild 8.20 mit dominierendem R-Eingang die Wahrheitstabelle und das Impulsdiagramm.

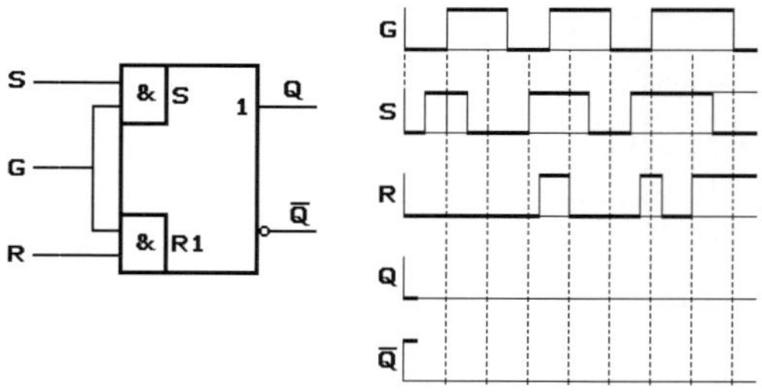

Bild 8.20

Lösung:

G	S	R	Q	$\overline{Q}$
0	X	X	Q_0	$\overline{Q}_0$
1	1	0	1	0
1	0	1	0	1
1	1	1	0	1

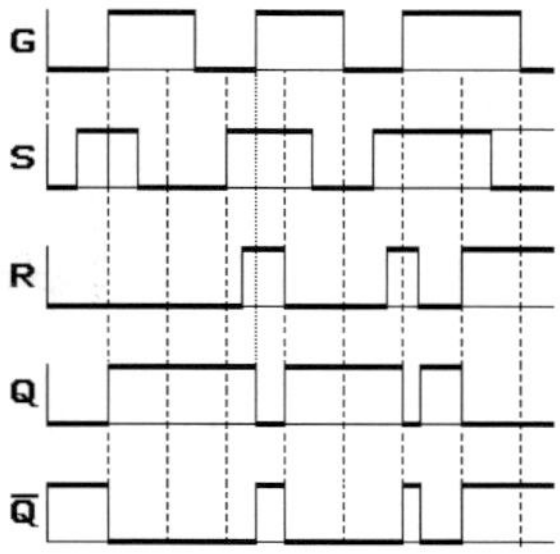

Bild 8.21

Aufgabe 8.13: Zeichnen Sie zu dem einflankengesteuerten RS-Flipflop nach Bild 8.22 mit dominierendem R-Eingang und ansteigendem Takteingang die Wahrheitstabelle und das Impulsdiagramm.

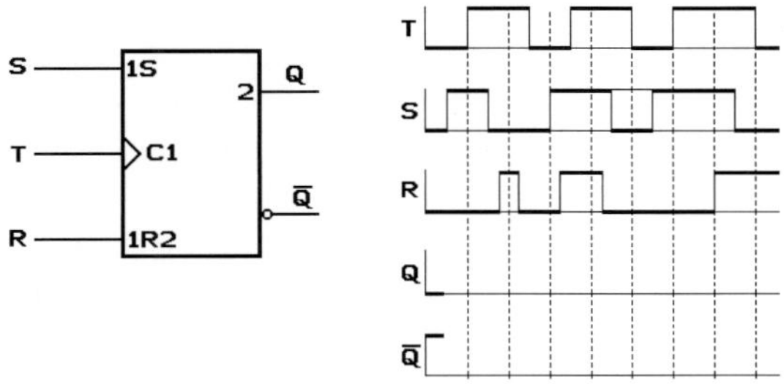

Bild 8.22

Lösung:

CLK	S	R	Q	$\overline{Q}$
0	X	X	Q_0	$\overline{Q}_0$
T	1	0	1	0
T	0	1	0	1
T	1	1	0	1

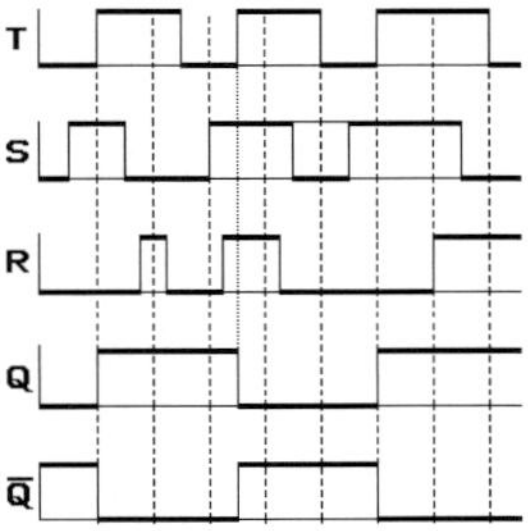

Bild 8.23

Aufgabe 8.14: Zeichnen Sie zu dem einflankengesteuerten JK-Flipflop nach Bild 8.24 mit abfallender Taktflanke die Wahrheitstabelle und das Impulsdiagramm.

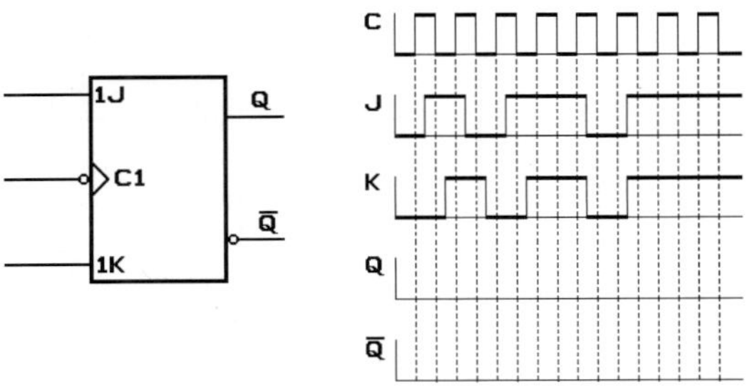

Bild 8.24

Lösung:

CLK	S	R	Q	$\overline{Q}$
0	X	X	Q_0	$\overline{Q}_0$
T	0	0	Q_0	$\overline{Q}_0$
T	0	1	0	1
T	1	0	1	0
T	1	1	Toggle	

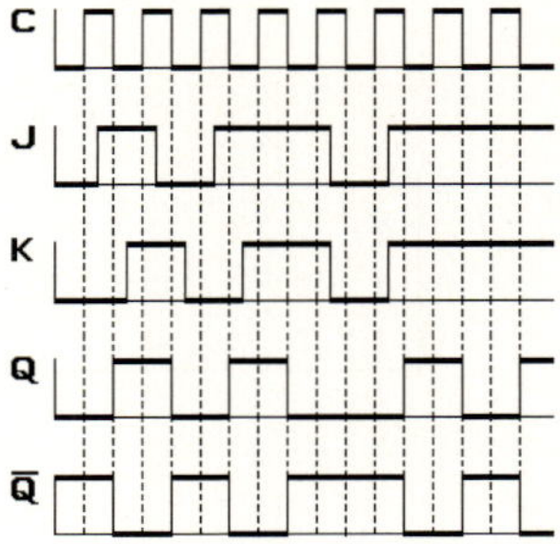

Bild 8.25

Aufgabe 8.15: Zeichnen Sie zu dem zweiflankengesteuerten JK-Flipflop (Master-Slave-Flipflop) nach Bild 8.26 die Wahrheitstabelle und das Impulsdiagramm.

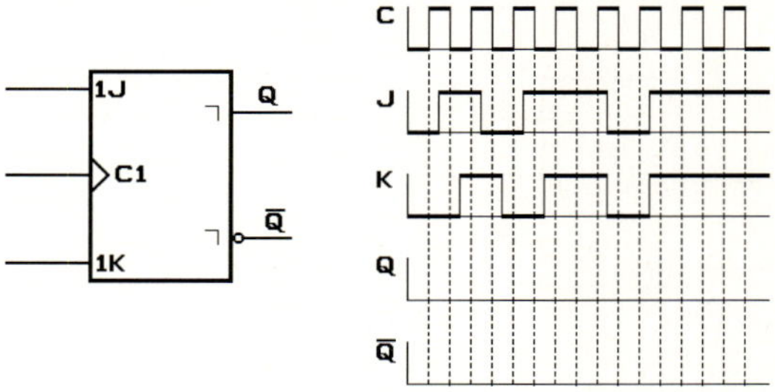

Bild 8.26

Lösung:

CLK	S	R	Q	$\overline{Q}$
0	X	X	Q_0	$\overline{Q}_0$
T	0	0	Q_0	$\overline{Q}_0$
T	0	1	0	1
T	1	0	1	0
T	1	1	Toggle	

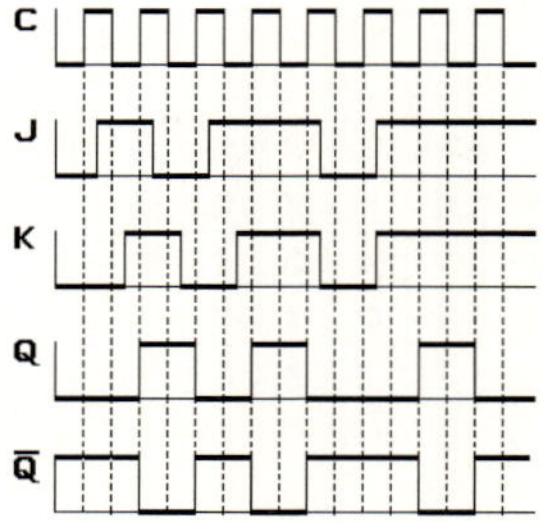

Bild 8.27

Aufgabe 8.16: In dem Signalzeitplan nach Bild 8.28 und 8.29 soll der Ausgang Q eines JK-Master-Slave-Flipflops eingezeichnet werden. Das Flipflop ist taktflankengesteuert.

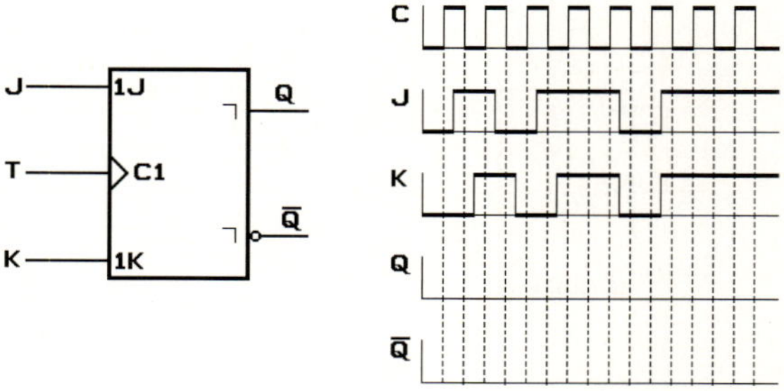

Bild 8.28

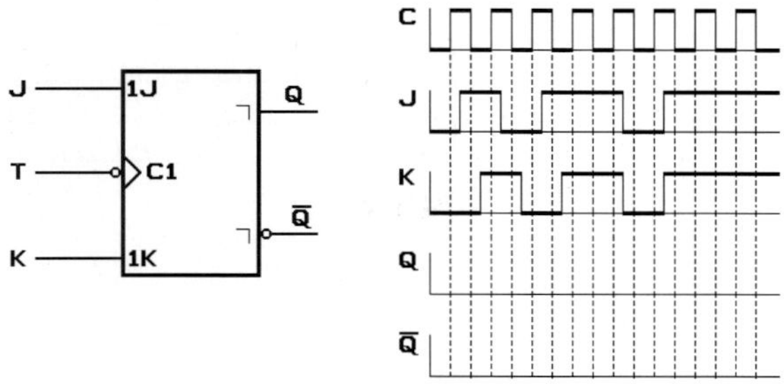

Bild 8.29

Lösung:

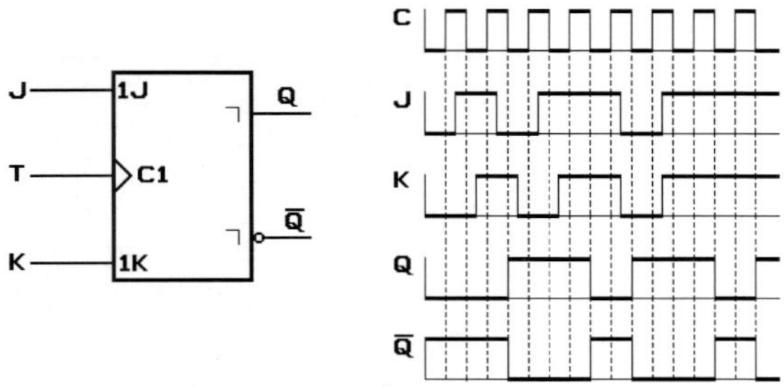

Bild 8.30

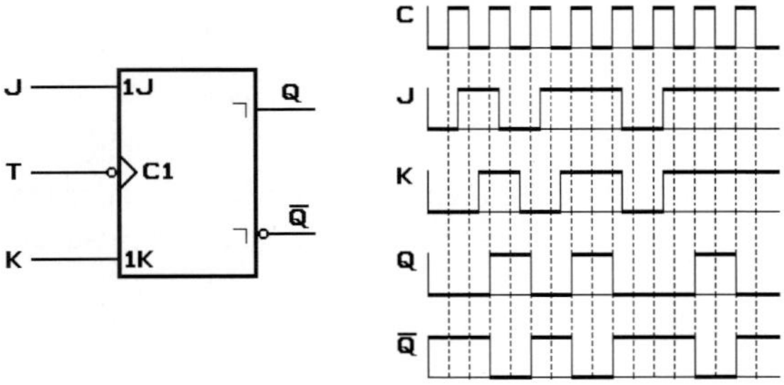

Bild 8.31

Aufgabe 8.17: Vervollständigen Sie die Impulsdiagramme der Schaltungen nach Bild 8.32 und 8.33.

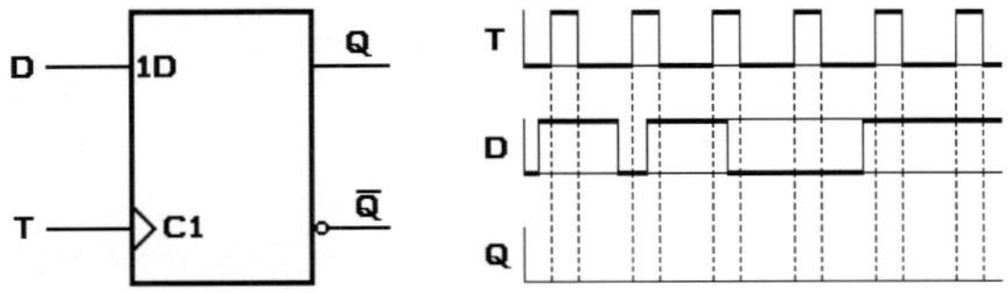

Bild 8.32

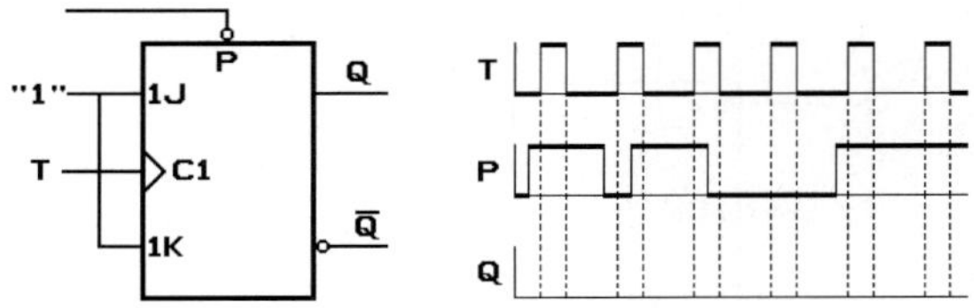

Bild 8.33

Lösung:

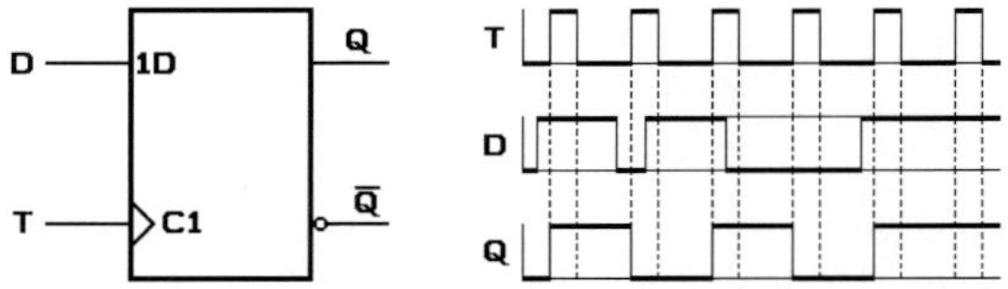

Bild 8.34

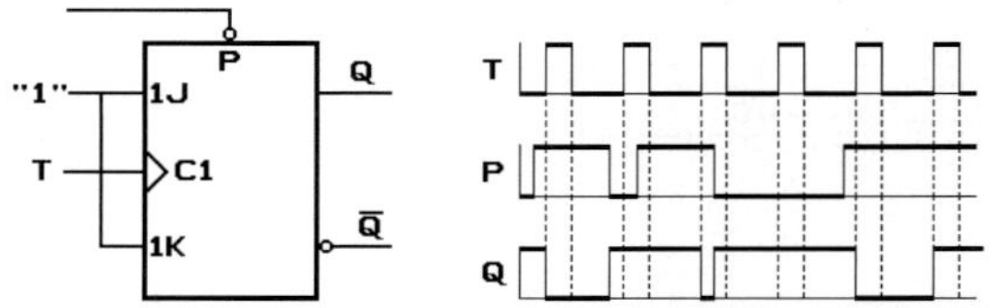

Bild 8.35

Aufgabe 8.18: Was versteht man unter einem Master-Slave-Flipflop?

Lösung:
Ein Master-Slave-Flipflop besteht aus zwei in Reihe geschalteten JK-Flipflops. Das erste Flipflop schaltet entsprechend dem JK-Zustand bei z.B. steigender Flanke und das zweite JK-Flipflop schaltet bei fallender Flanke und gibt den Zustand nach außen weiter.

Aufgabe 8.19: Erklären Sie die Arbeitsweise und Bedeutung der Signale im Flipflop nach Bild 8.36.

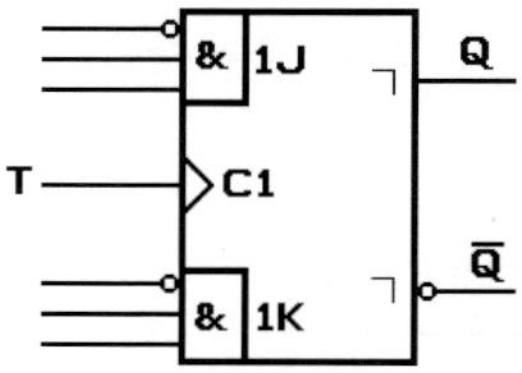

Bild 8.36

Lösung:
Das ist ein JK-Flipflop mit drei *J*- und drei *K*-Eingänge. Die drei *J*- und *K*-Eingänge sind durch UND zu einem Gesamt- *J*- bzw. *K*-Eingang verknüpft.

Aufgabe 8.20: Aus zwei JK-Flipflops, die auf steigende Flanke schalten, ist ein T-Master-Slave-Flipflop aufzubauen.

Lösung:

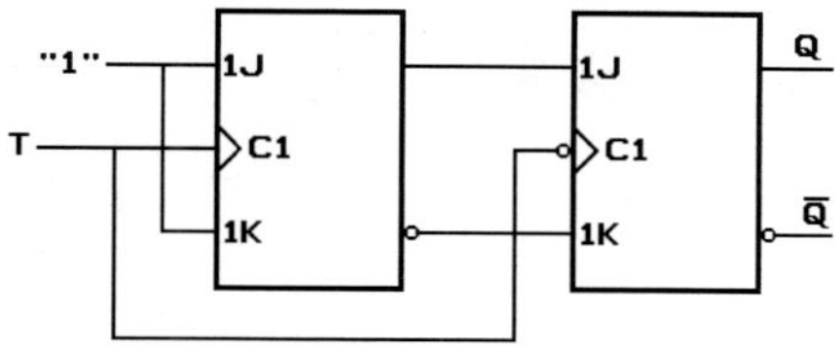

Bild 8.37

Aufgabe 8.21: Vervollständigen Sie das Impulsdiagramm,

a) wenn das JK-FF auf steigende Flanke schaltet (Bild 8.38) und
b) wenn das JK-FF auf fallende Flanke schaltet (Bild 8.39).

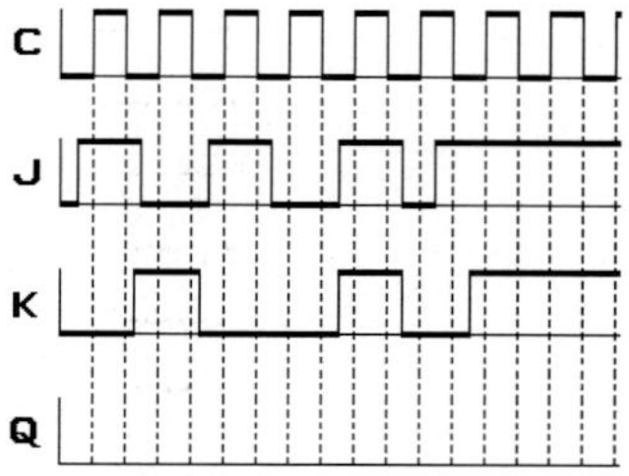

Bild 8.38

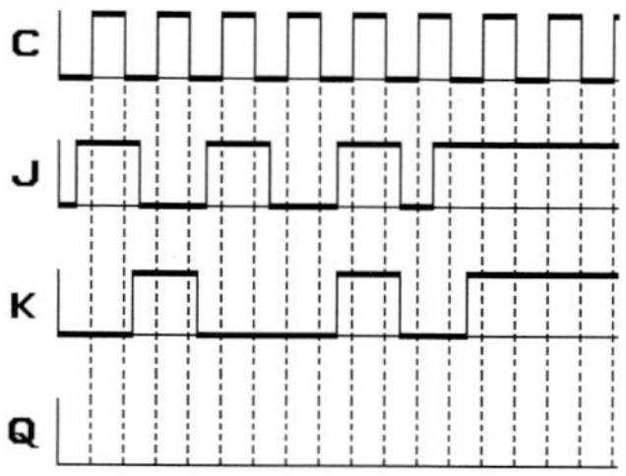

Bild 8.39

Lösung:

a)

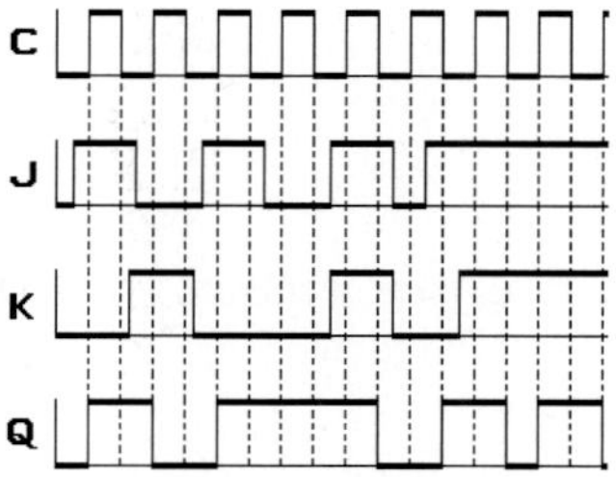

Bild 8.40

b)

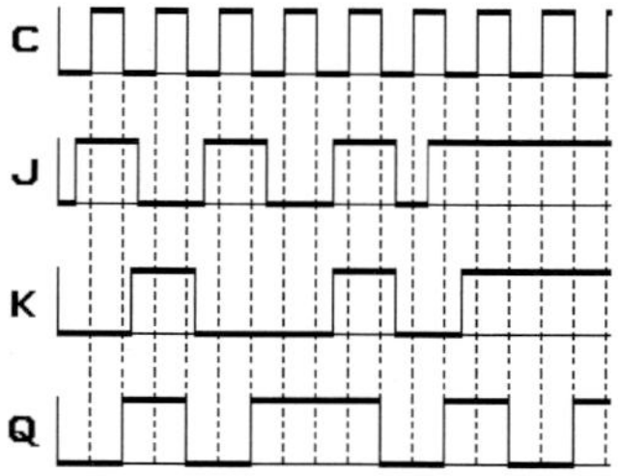

Bild 8.41

Aufgabe 8.22: Die 3 Gatter G1, G2 und G3 in der Schaltung nach Bild 8.42 verzögern einen Impuls um die Zeit τ je Gatter ($3\tau < 1/(2f)$).

a) Zeichnen Sie das Impulsdiagramm der Eingänge *a* und *b*.
b) Wählen Sie eine geeignete Verknüpfung, damit am Ausgang *c* die Frequenz $2f$ entsteht. Realisieren Sie die Verknüpfung aus UND-, ODER- und NICHT-Gattern.
c) Welcher Fehler ΔN ergibt sich nun mit der Schaltung nach b), wenn f, T und $\Delta T/T$ die gleichen Werte wie unter a) haben?

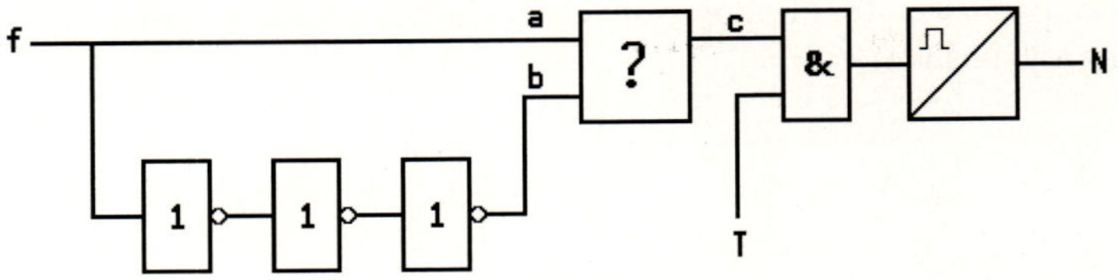

Bild 8.42

Lösung:
a)

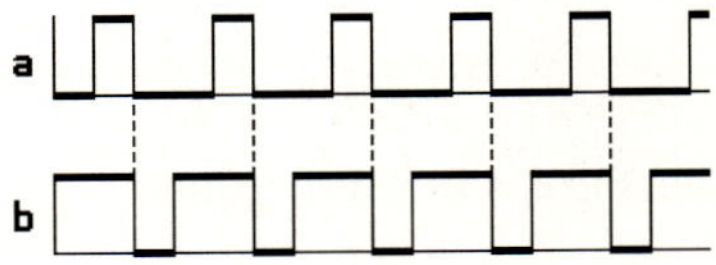

Bild 8.43

b) Geeignet ist die EXOR-Verknüpfung
c) $\Delta N = 2$

Aufgabe 8.23: Vereinfachen Sie die in Bild 8.44 dargestellte Gatter-Schaltung.

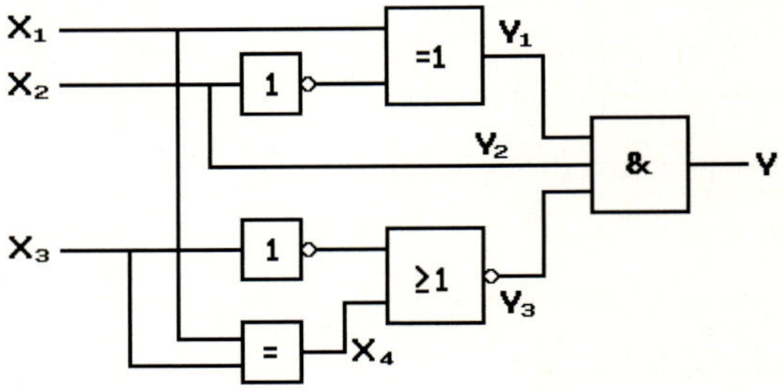

Bild 8.44

Lösung: $y = 0$

Aufgabe 8.24: Durch ausschließliche Verwendung von (möglichst wenigen!) NAND-Gattern mit je zwei Eingängen soll die Antivalenz (=EXOR) realisiert werden.

a) Wie sieht die Schaltung aus?
b) Zeigen Sie mittels Boolescher Algebra, dass Ihre Schaltung tatsächlich die Antivalenz liefert.

Lösung:
a)

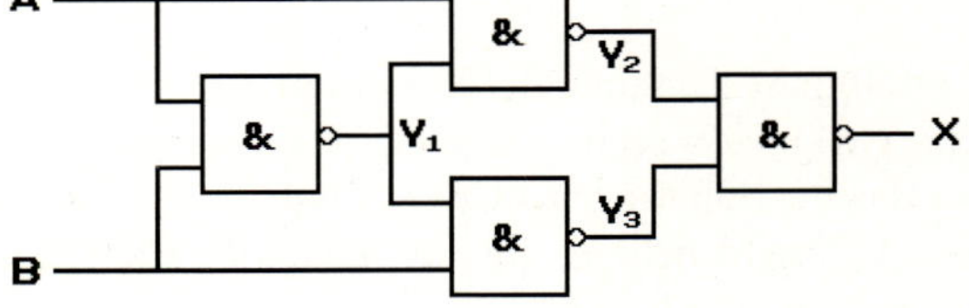

Bild 8.45

b)

$$X = \overline{Y_2 Y_3} = \overline{Y}_2 + \overline{Y}_3$$
$$Y_2 = \overline{AY_1} = \overline{A} + \overline{Y}_1$$
$$Y_3 = \overline{BY_1} = \overline{B} + \overline{Y}_1$$

$$Y_1 = \overline{AB} = \overline{A} + \overline{B}$$
$$Y_2 = \overline{A(\overline{A} + \overline{B})} = \overline{A\overline{A} + A\overline{B}} = \overline{A} + B$$
$$Y_3 = \overline{B(\overline{A} + \overline{B})} = \overline{\overline{A}B + B\overline{B}} = A + \overline{B}$$

$$X = \overline{(\overline{A} + B)(A + \overline{B})} = \overline{A\overline{A} + \overline{A}\overline{B} + AB + B\overline{B}} = \overline{\overline{A}\overline{B} + AB}$$
$$= (A + B)(\overline{A} + \overline{B}) = A\overline{A} + A\overline{B} + \overline{A}B + B\overline{B} = A\overline{B} + \overline{A}B$$

Aufgabe 8.25: Gegeben sind die in Bild 8.46 und 8.47 dargestellten Schaltungen, für die eine Gatterlaufzeit τ von 30 ns angenommen wird. Welche Funktionen haben die Schaltungen?

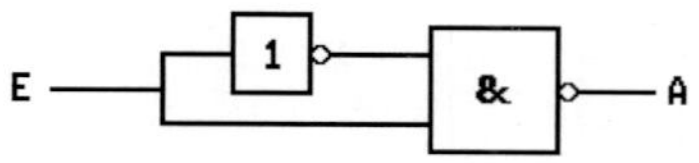

Bild 8.46

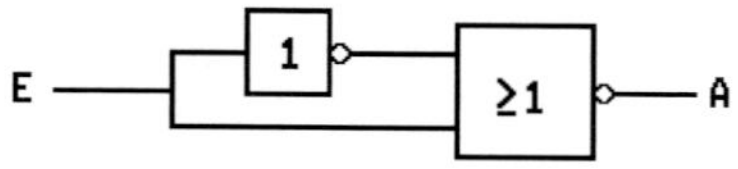

Bild 8.47

Lösung:
Mit den Schaltungen können durch Umschaltung von “0" nach “1" bzw. “1" nach “0" negative Impulse mit der Länge einer Gatterlaufzeit τ erzeugt werden.

Aufgabe 8.26: Es sind folgende logische Verknüpfungen gegeben:

Äquivalenz $E_1 = A \cdot B + \overline{A} \cdot \overline{B}$

Antivalenz $E_2 = \overline{A} \cdot B + A \cdot \overline{B}$

a) Ermitteln Sie für beide Fälle anhand der Wertetabellen die logischen Schaltungen und die logischen Verknüpfungen, wobei die invertierten Eingangssignale nicht verwendet werden dürfen.

b) Welche Verknüpfungen ergibt die in Bild 8.48 dargestellte Schaltung.

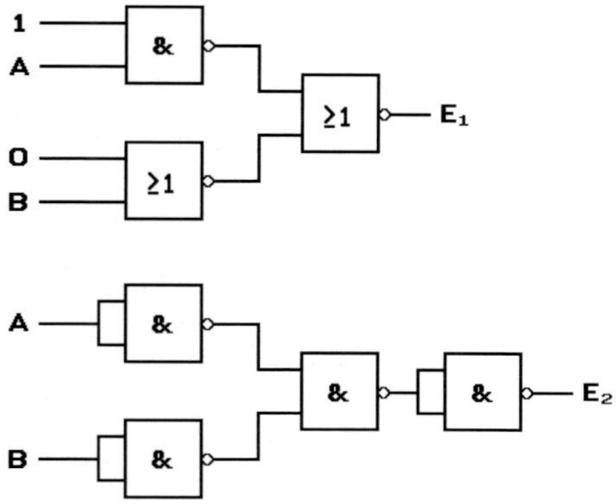

Bild 8.48

Es ist die in Bild 8.49 dargestellte logische Schaltung gegeben.

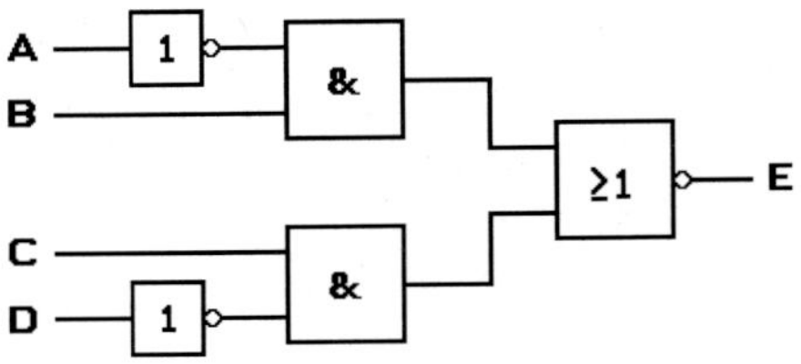

Bild 8.49

c) Geben Sie die logische Gleichung für *E* an.

d) Welchen logischen Zustand hat *E*, wenn $\overline{A} = \overline{B} = C = D = 1$ ist?

Zur Verarbeitung der teilweise gestörten Signale *A* und *B* wird die logische Schaltung nach Bild 8.50 verwendet.

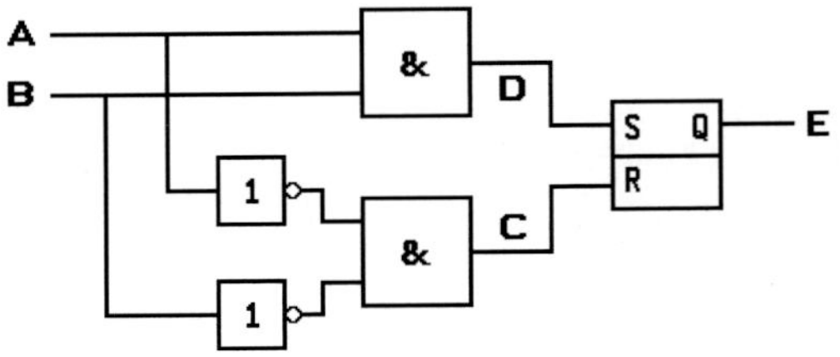

Bild 8.50

e) Welcher logische Zusammenhang besteht zwischen *A*, *B* und *C*? Wie nennt man die Verknüpfung?

f) Stellen Sie die Wahrheitstabelle für *C* und *D* auf.

g) Stellen Sie die logische Funktion und die Wahrheitstabelle für *E* auf.

h) Im Diagramm nach Bild 8.51 sind die zeitlichen Verläufe von *C*, *D* und *E* zu ergänzen.

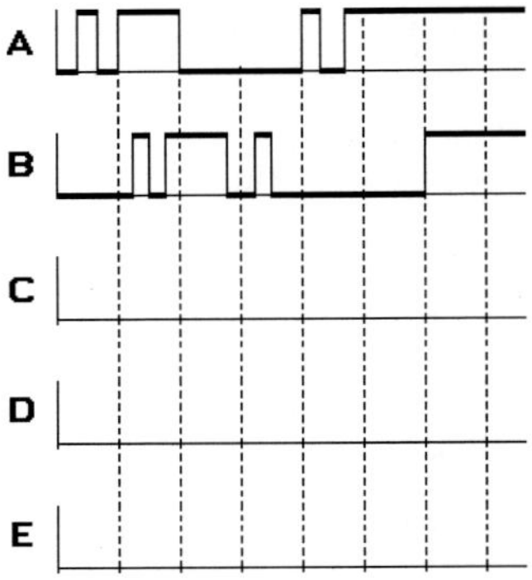

Bild 8.51

Lösung:

a)

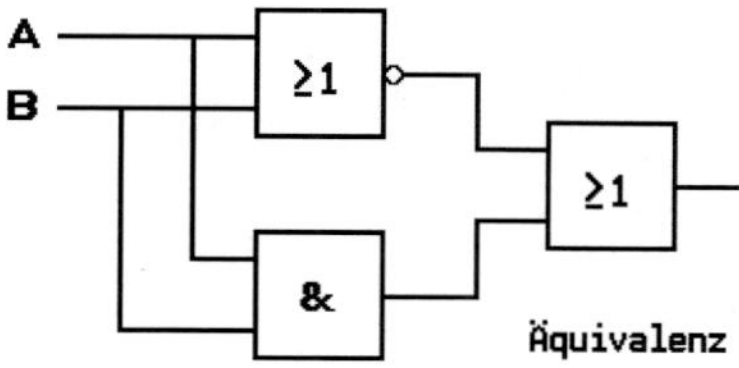

Bild 8.52

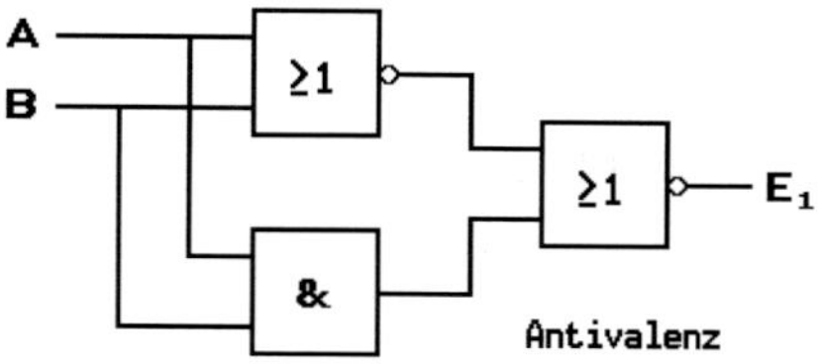

Bild 8.53

b) $E_1 = A{\cdot}B$ (UND) ; $E_2 = \overline{A + B}$ (NOR)

c) $E = (A+\overline{B}){\cdot}(\overline{C}+D)$

d) 1

e) $C = \overline{A+B}$ (NOR)

f) Tabelle 8.1

A	B	$(R=)\ C$	$(S=)\ D$	E^{t+1}
0	0	1	0	0
0	1	0	0	Q^t
1	0	0	0	Q^t
1	1	0	1	1

g) $E^{t+1} = A{\cdot}B + (A+B){\cdot}E^{\,t}$

h)

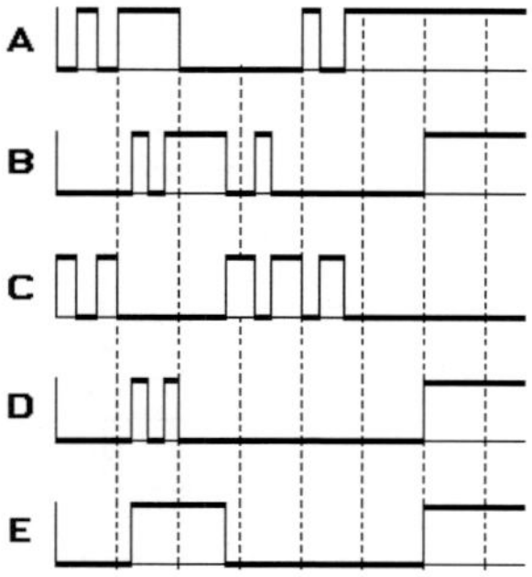

Bild 8.54

Aufgabe 8.27: Monoflop. Gegeben ist die in Bild 8.55 dargestellte Schaltung für ein Monoflop.

a) Ist das dargestellte Monoflop nachtriggerbar? Wenn nein, geben Sie eine Erweiterung an, die ein Nachtriggern ermöglicht. Benutzen Sie einen Transistor.

b) Welcher Zusammenhang besteht zwischen X, R, C, U_r und Y?
$Y = f(X, R, C, U_r)$

c) Welchen Einfluß hat die Slew-Rate (Anstiegsgeschwindigkeit $\Delta U_a/\Delta t$) des Komparators auf die Funktion der Schaltung?

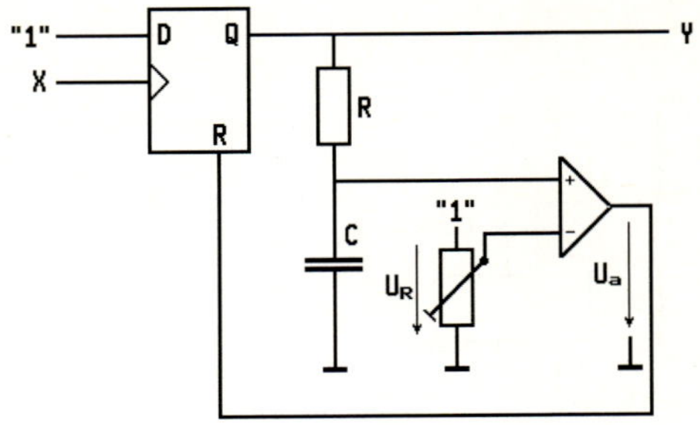

Bild 8.55

Lösung:

a) Nein

b) $Y = 1$ für alle $\{ t/x(t_o) = 1,\ U_r < U_c \}$

c) Je geringer die Slew-Rate des Komparators, umso länger wird Einschaltzeit des Flip-Flops. (Systematischer Fehler)

Aufgabe 8.28: Für die Umsetzung des BCD-Codes in den Aiken-Code soll ein Code-Umsetzer entworfen werden. Zeichnen Sie für die Variablen *A* bis *D* (Tabelle 8.2) jeweils ein KV-Diagramm und bestimmen Sie daraus die minimale Schaltfunktion unter Berücksichtigung von Don't-Care-Termen (=ebenfalls zulässige Kombinationen).

Lösung:

$$A = 1$$
$$B = 8 + 2\cdot\overline{4}\cdot\overline{8} + 1\cdot\overline{2}\cdot 4$$
$$C = 8 + 4(\overline{1} + 2\cdot\overline{8})$$
$$D = 8 + 4(1 + 2)$$

Tabelle 8.2

Dezimal	8-4-2-1	*D C B A*
0	0 0 0 0	0 0 0 0
1	0 0 0 1	0 0 0 1
2	0 0 1 0	0 0 1 0
3	0 0 1 1	0 0 1 1
4	0 1 0 0	0 1 0 0
5	0 1 0 1	1 0 1 1
6	0 1 1 0	1 1 0 0
7	0 1 1 1	1 1 0 1
8	1 0 0 0	1 1 1 0
9	1 0 0 1	1 1 1 1

Aufgabe 8.29: Welche Funktion erfüllt die in Bild 8.56 dargestellte Gatterschaltung?

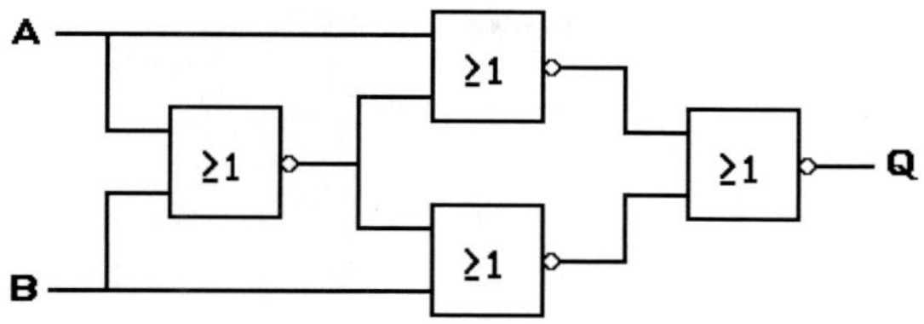

Bild 8.56

Lösung: $Q = AB + \overline{A}\,\overline{B} \triangleq A \equiv B$ (Äquivalenz, XNOR)

Aufgabe 8.30: Eine vierstellige Dualzahl ist auf ihre Teilbarkeit durch **5** zu prüfen. Entwerfen Sie dazu eine geeignete möglichst einfache Logikschaltung.

Lösung: $Q = (D_1D_3 + \overline{D}_1\overline{D}_3)(D_0D_2 + \overline{D}_0\overline{D}_2) = (D_1 \equiv D_3)(D_0 \equiv D_2)$

Tabelle 8.3

n	D_3	D_2	D_1	D_0
0	0	0	0	0
1	0	0	0	1
2	0	0	1	0
3	0	0	1	1
4	0	1	0	0
5	0	1	0	1
6	0	1	1	0
7	0	1	1	1
8	1	0	0	0
9	1	0	0	1
10	1	0	1	0
11	1	0	1	1
12	1	1	0	0
13	1	1	0	1
14	1	1	1	0
15	1	1	1	1

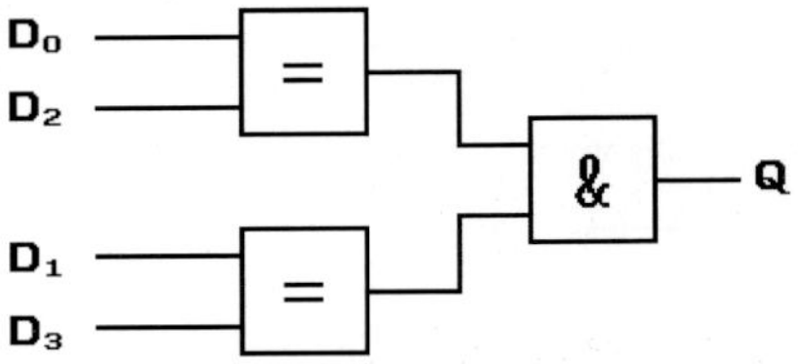

Bild 8.57

Aufgabe 8.31: Gegeben ist die in Bild 8.58 dargestellte Schaltung aus vier EXOR-Gattern.

a) Stellen Sie die Wahrheitstabelle auf.
b) Welche Funktion erfüllt die Schaltung? (Tipp: Weisen Sie den Ausgangsgrößen duale Wertigkeiten zu).

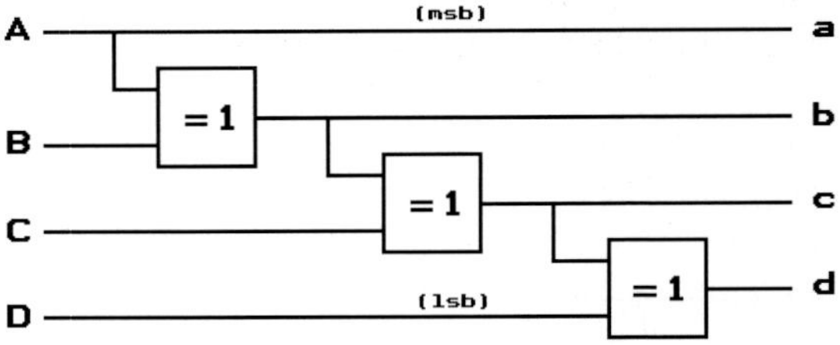

Bild 8.58

Lösung:

a) Tabelle 8.4

A B C D	*a b c d*	**Dezimal**
0 0 0 0	0 0 0 0	0
0 0 0 1	0 0 0 1	1
0 0 1 0	0 0 1 1	3
0 0 1 1	0 0 1 0	2
0 1 0 0	0 1 1 1	7
0 1 0 1	0 1 1 0	6
0 1 1 0	0 1 0 0	4
0 1 1 1	0 1 0 1	5
1 0 0 0	1 1 1 1	15
1 0 0 1	1 1 1 0	14
1 0 1 0	1 1 0 0	12
1 0 1 1	1 1 0 1	13
1 1 0 0	1 0 0 0	8
1 1 0 1	1 0 0 1	9
1 1 1 0	1 0 1 1	11
1 1 1 1	1 0 1 0	10

b) Code-Umsetzer: Gray-Code ⟶ Dualcode

Aufgabe 8.32: In Rechenwerken, die im BCD-Code (8-4-2-1-Code) arbeiten, wird für die Subtraktion das Neunerkomplement benötigt.

a) Stellen Sie die Dezimalzahlen 0-9 und das zugehörige Neunerkomplement im BCD-Code in einer Tabelle dar.
b) Ermitteln Sie die logischen Verknüpfungen für die Bits des Neunerkomplements aus den Bits der BCD-Darstellung. Beachten Sie dabei, dass die Pseudotetraden im BCD-Code nicht auftreten können.
c) Geben Sie die zugehörige Schaltung an.

Lösung:

a) Tabelle 8.5

	$2^3\ 2^2\ 2^1\ 2^0$ *D C B A*	$2^3\ 2^2\ 2^1\ 2^0$ *D* C* B** A*	
0	0 0 0 0	1 0 0 1	9
1	0 0 0 1	1 0 0 0	8
2	0 0 1 0	0 1 1 1	7
3	0 0 1 1	0 1 1 0	6
4	0 1 0 0	0 1 0 1	5
5	0 1 0 1	0 1 0 0	4
6	0 1 1 0	0 0 1 1	3
7	0 1 1 1	0 0 1 0	2
8	1 0 0 0	0 0 0 1	1
9	1 0 0 1	0 0 0 0	0

b) $A^* = \overline{A}\ ;\ B^* = B\ ;\ C^* = B \oplus C\ ;\ D^* = \overline{B + C + D}$

c)

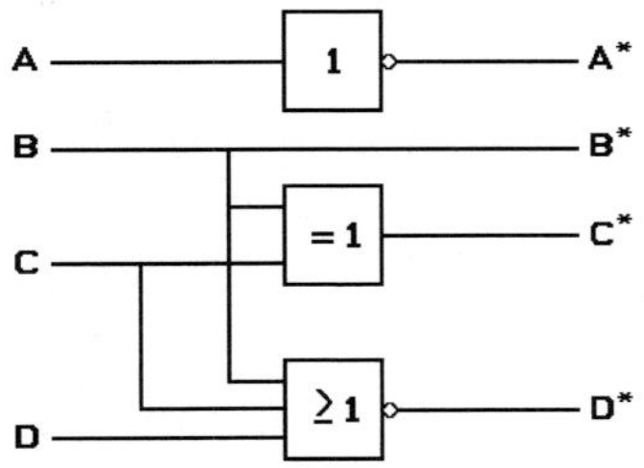

Bild 8.59

Aufgabe 8.33: Gegeben ist das in Bild 8.60 dargestellte JK-Flipflop.

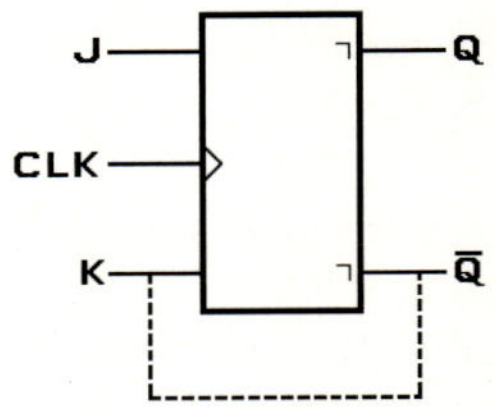

Bild 8.60

a) Vervollständigen Sie das Impulsdiagramm (Bild 8.61).

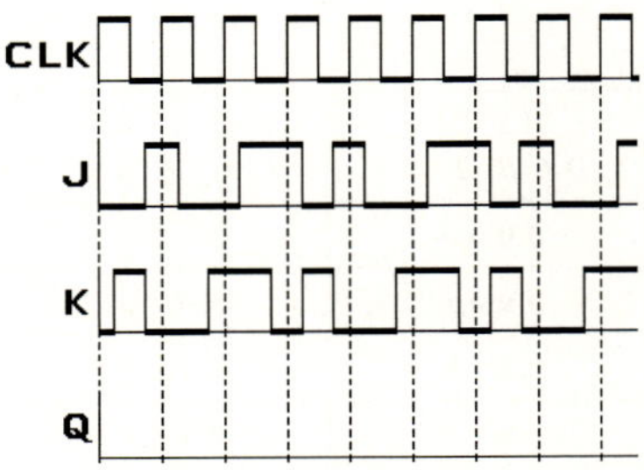

Bild 8.61

b) Wie ändert sich das Impulsdiagramm, wenn der negierte Ausgang mit dem Eingang *K* verbunden wird (*J* bleibt wie oben)?

Lösung:

a)

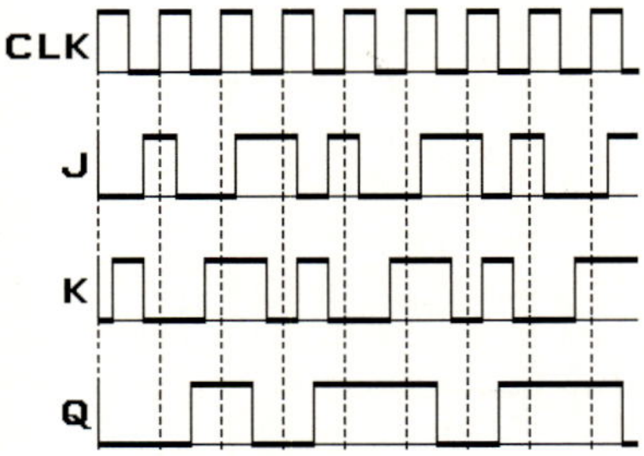

Bild 8.62

b)

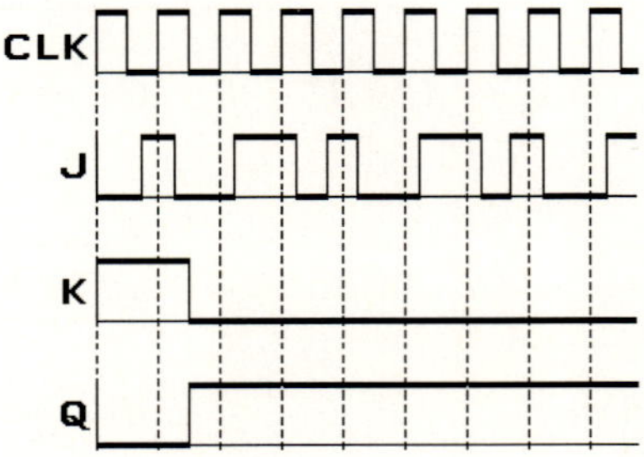

Bild 8.63

Aufgabe 8.34: Gegeben ist die in Bild 8.64 dargestellte Schaltung aus diversen Logikbausteinen. Bestimmen Sie die Ausgangsfunktion $y\ (a, b, c)$.

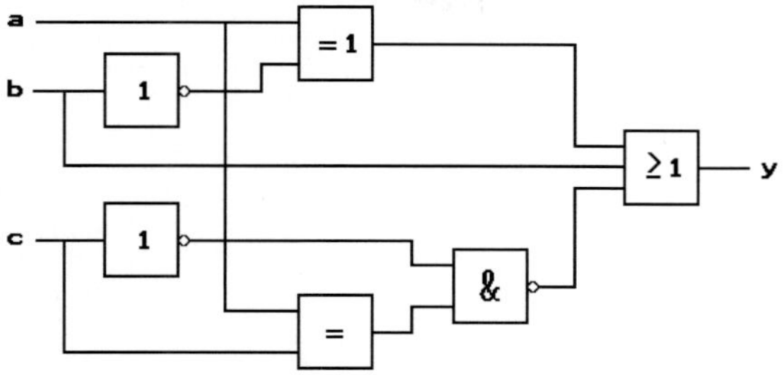

Bild 8.64

Lösung: $y = (a \equiv b) + (a \oplus c) + b + c$

Aufgabe 8.35: Äquivalenz.

a) Führen Sie die Äquivalenz $y{:} = (a \equiv b)$ auf NOR-Verknüpfungen zurück.

b) Entwerfen Sie zur Realisierung der Äquivalenz eine möglichst einfache Gatterschaltung unter ausschließlicher Verwendung von NOR-Gattern mit jeweils zwei Eingängen.

Lösung:

a) $y = ab + \overline{a}\overline{b} = \overline{(\overline{a} + b)} + \overline{(a + \overline{b})}$

b)

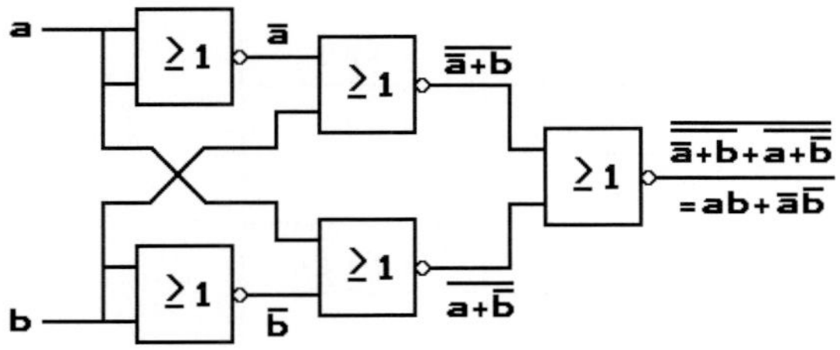

Bild 8.65

Aufgabe 8.36: Schaltnetz. Dezimalziffern lassen sich mit verschiedenen Codes verschlüsseln. Neben dem BCD-Code gibt es z. B. den Aiken- und den Stibitz-Code. Eine Signalquelle liefert im Aiken-Code verschlüsselte Zahlenwerte. Zur Weiterverarbeitung müssen die Daten jedoch im Stibitz-Code vorliegen. Entwerfen Sie dazu ein Schaltnetz, das eine im Aiken-Code verschlüsselte Dezimalziffer in eine Stibitz-Code verschlüsselte Ziffer umwandelt. Die Tabelle 8.6 zeigt den Zusammenhang zwischen den Verschlüsselungen.

a) Stellen Sie die vollständige Funktionstabelle auf.

b) Geben Sie für die Ausgangsfunktionen die Gleichungen in disjunktiver Normalform an.

c) Minimieren Sie alle Gleichungen nach Karnaugh.

d) Realisieren Sie das Schaltnetz mit möglichst wenig Gattern.

Tabelle 8.6

Dezimal	BCD	Aiken	Stibitz
0	0000	0000	0011
1	0001	0001	0100
2	0010	0010	0101
3	0011	0011	0110
4	0100	0100	0111
5	0101	1011	1000
6	0110	1100	1001
7	0111	1101	1010
8	1000	1110	1011
9	1001	1111	1100

Lösung: a) Tabelle 8.7

Aiken	Stibitz
$e_3\ e_2\ e_1\ e_0$	$a_3\ a_2\ a_1\ a_0$
0 0 0 0	0 0 1 1
0 0 0 1	0 1 0 0
0 0 1 0	0 1 0 1
0 0 1 1	0 1 1 0
0 1 0 0	0 1 1 1
0 1 0 1	
0 1 1 0	
0 1 1 1	
1 0 0 0	
1 0 0 1	
1 0 1 0	
1 0 1 1	1 0 0 0
1 1 0 0	1 0 0 1
1 1 0 1	1 0 1 0
1 1 1 0	1 0 1 1
1 1 1 1	1 1 0 0

b) $a_0 = \overline{e}_3\overline{e}_2\overline{e}_1\overline{e}_0 + \overline{e}_3\overline{e}_2 e_1\overline{e}_0 + \overline{e}_3 e_2\overline{e}_1\overline{e}_0 + e_3 e_2\overline{e}_1\overline{e}_0 + e_3 e_2 e_1\overline{e}_0$

$a_1 = \overline{e}_3\overline{e}_2\overline{e}_1\overline{e}_0 + \overline{e}_3\overline{e}_2 e_1 e_0 + \overline{e}_3 e_2\overline{e}_1\overline{e}_0 + \ + e_3 e_2\overline{e}_1 e_0 + e_3 e_2 e_1\overline{e}_0$

$a_2 = \overline{e}_3\overline{e}_2\overline{e}_1 e_0 + \overline{e}_3\overline{e}_2 e_1\overline{e}_0 + \overline{e}_3\overline{e}_2 e_1 e_0 + \overline{e}_3 e_2\overline{e}_1\overline{e}_0 + e_3 e_2 e_1 e_0$

$a_3 = e_3\overline{e}_2 e_1 e_0 + e_3 e_2\overline{e}_1\overline{e}_0 + e_3 e_2\overline{e}_1 e_0 + e_3 e_2 e_1\overline{e}_0 + e_2 e_2 e_1 e_0$

c) $a_0 = \overline{e}_0$

$a_1 = e_3\overline{e}_1 e_0 + e_3 e_1\overline{e}_0 + \overline{e}_3 e_1 e_0 + \overline{e}_3\overline{e}_1\overline{e}_0$

$a_2 = \overline{e}_3 e_2 + \overline{e}_2 e_0 + \overline{e}_3 e_1 + e_2 e_1 e_0$

$a_3 = e_3$

d)

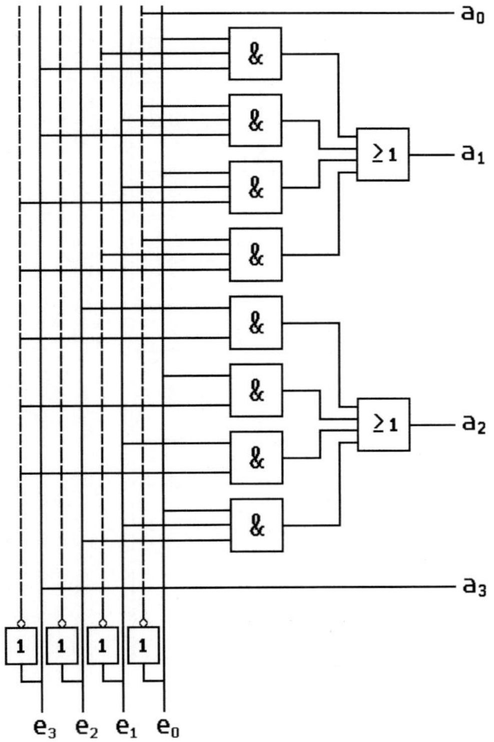

Bild 8.66

Aufgabe 8.37: Schaltnetz zur Fehlerüberprüfung. Für eine Fehlerüberprüfungsschaltung soll ein Schaltnetz entwickelt werden. Die binär kodierten Zahlen A ($1 \leq A \leq 3$) und B ($0 \leq B \leq 3$) bilden den Eingangsvektor des Schaltnetzes. Der Ausgangsvektor Y wird nach der Berechnungsvorschrift

$$Y = (3A - 1) + (2B + 3) - 1$$

durch das Schaltnetz generiert und als Prüfzahl verwendet.

a) Geben Sie die vollständige Funktionstabelle des Schaltnetzes an.
b) Geben Sie die konjunktive Normalform der Ausgangsfunktionen y_i an.
c) Minimieren Sie die konjunktive Normalform der Ausgangsfunktionen mit Hilfe der Karnaugh-Tafel und geben Sie die Funktionsgleichungen an.
d) Skizzieren Sie das logische Schaltbild der Minimalformen mit UND- bzw. ODER-Gattern.

Lösung:

a) Tabelle 8.8

$a_1\ a_0\ b_1\ b_2$	$y_3\ y_3\ y_1\ y_0$
0 0 0 0	X X X X
0 0 0 1	X X X X
0 0 1 0	X X X X
0 0 1 1	X X X X
0 1 0 0	0 1 0 0
0 1 0 1	0 1 1 0
0 1 1 0	1 0 0 0
0 1 1 1	X X X X
1 0 0 0	0 1 1 1
1 0 0 1	1 0 0 1
1 0 1 0	1 0 1 1
1 0 1 1	X X X X
1 1 0 0	1 0 1 0
1 1 0 1	1 1 0 0
1 1 1 0	1 1 1 0
1 1 1 1	X X X X

X: Don´t care

b)

$$y_0 = (a_1 + \overline{a}_0 + b_1 + b_0) \cdot (a_1 + \overline{a}_0 + b_1 + \overline{b}_0) \cdot (a_1 + \overline{a}_0 + \overline{b}_1 + b_0) \cdot (\overline{a}_1 + \overline{a}_0 + b_1 + b_0) \cdot (\overline{a}_1 + \overline{a}_0 + b_1 + \overline{b}_0) \cdot (\overline{a}_1 + \overline{a}_0 + \overline{b}_1 + b_0)$$

$$y_1 = (a_1 + \overline{a}_0 + b_1 + b_0) \cdot (a_1 + \overline{a}_0 + \overline{b}_1 + b_0) \cdot (\overline{a}_1 + a_0 + b_1 + \overline{b}_0) \cdot (\overline{a}_1 + \overline{a}_0 + b_1 + \overline{b}_0)$$

$$y_2 = (a_1 + \overline{a}_0 + \overline{b}_1 + b_0) \cdot (\overline{a}_1 + a_0 + b_1 + \overline{b}_0) \cdot (\overline{a}_1 + a_0 + \overline{b}_1 + b_0) \cdot (\overline{a}_1 + \overline{a}_0 + b_1 + b_0)$$

$$y_3 = (a_1 + \overline{a}_0 + b_1 + b_0) \cdot (a_1 + \overline{a}_0 + b_1 + \overline{b}_0) \cdot (\overline{a}_1 + a_0 + b_1 + b_0)$$

c)

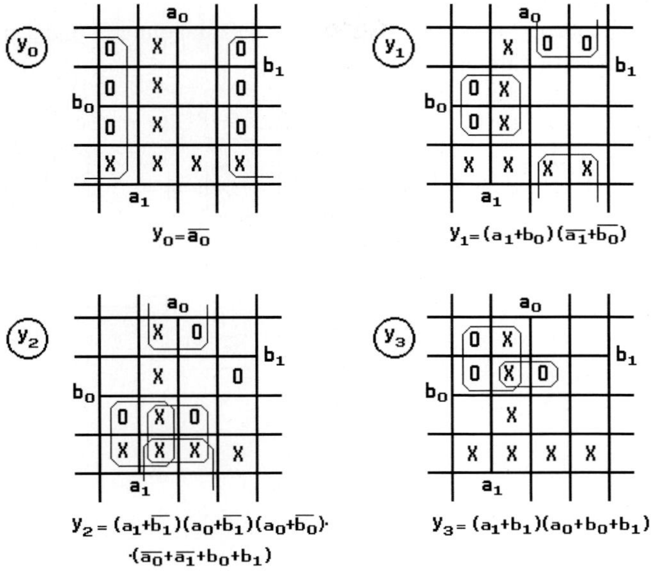

Bild 8.67

d)

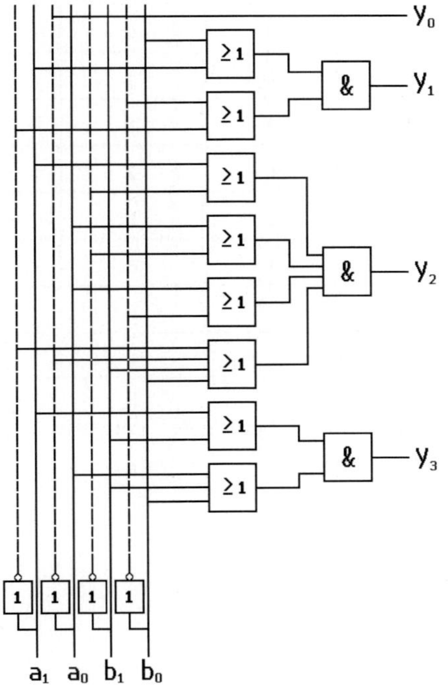

Bild 8.68

Aufgabe 8.38: Gegeben ist die in Bild 8.69 dargestellte Schaltung aus NAND-Gattern.

a) Ermitteln Sie die Ausgangsfunktion x (a, b, c). Führen Sie dazu Hilfsvariable (=Zwischengrößen) ein.
b) Ermitteln Sie die Ausgangsfunktion y (a, b, c).
c) Stellen Sie die Wahrheitstabelle für die Ausgangsfunktionen x und y auf.
d) Welche Funktion erfüllt die Schaltung?

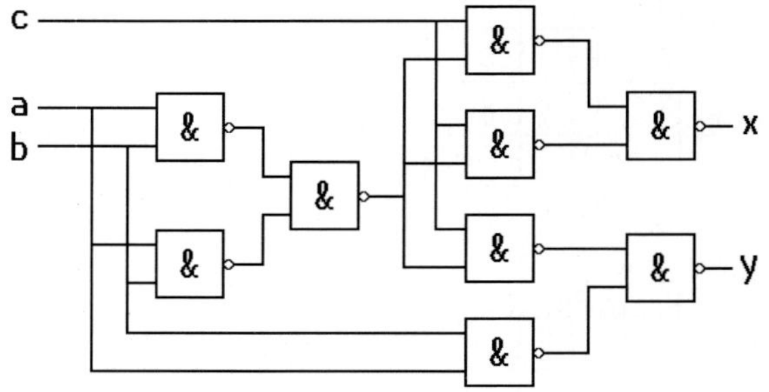

Bild 8.69

Lösung:

a) $x = c(a \equiv b) + \bar{c}(a \oplus b)$

b) $y = ab + c(a \oplus b)$

c) Tabelle 8.9

a	b	c	x	y
0	0	0	0	0
0	1	0	1	0
1	0	0	1	0
1	1	0	0	1
0	0	1	1	0
0	1	1	0	1
1	0	1	0	1
1	1	1	1	1

In der Wahrheitstabelle bedeuten: c Übertrag der Vorstelle, a, b Summanden, x Summe, y Übertrag für Folgestelle.

d) 2-bit-Volladdierer

Aufgabe 8.39: Die Dezimalzahlen 0 - 15 sind

a) im Dualcode (B_3, B_2, B_1, B_0), sowie
b) im Gray-Code (G_3, G_2, G_1, G_0) darzustellen.
c) Es ist ein Code-Umsetzer für die Wandlung vom Dualcode in den Gray-Code zu ent-

werfen. Geben Sie dazu die Schaltfunktionen für die Bits G_3 bis $G_0 = f(B_3 ... B_0)$ an.

d) Entwerfen Sie eine möglichst einfache Schaltung für den Code-Umsetzer.

Lösung:

a) und b) Tabelle 8.10

Dezimal	$B_3\,B_2\,B_1\,B_0$	$G_3\,G_2\,G_1\,G_0$
0	0 0 0 0	0 0 0 0
1	0 0 0 1	0 0 0 1
2	0 0 1 0	0 0 1 1
3	0 0 1 1	0 0 1 0
4	0 1 0 0	0 1 1 0
5	0 1 0 1	0 1 1 1
6	0 1 1 0	0 1 0 1
7	0 1 1 1	0 1 0 0
8	1 0 0 0	1 1 0 0
9	1 0 0 1	1 1 0 1
10	1 0 1 0	1 1 1 1
11	1 0 1 1	1 1 1 0
12	1 1 0 0	1 0 1 0
13	1 1 0 1	1 0 1 1
14	1 1 1 0	1 0 0 1
15	1 1 1 1	1 0 0 0

c) $G_3 = B_3$

$$G_2 = \overline{B}_3 B_2 + B_3 \overline{B}_2 = B_2 \oplus B_3$$

$$G_1 = B_1 \overline{B}_2 + \overline{B}_1 B_2 = B_1 \oplus B_2$$

$$G_0 = \overline{B}_0 B_1 + B_0 \overline{B}_1 = B_0 \oplus B_1$$

d)

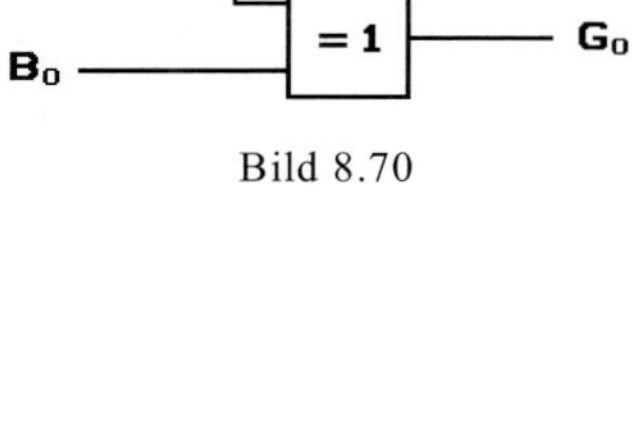

Bild 8.70

Aufgabe 8.40: Der in Bild 8.71 dargestellte Umschalter soll durch eine kontaktlose Schaltung mit Logikbausteinen ersetzt werden.

a) Bestimmen Sie die Schaltfunktionen für die Ausgänge Q_1 und Q_2.
b) Geben Sie für den Umschalter eine Schaltung an, die nur aus den Grundelementen UND, ODER und NICHT besteht.

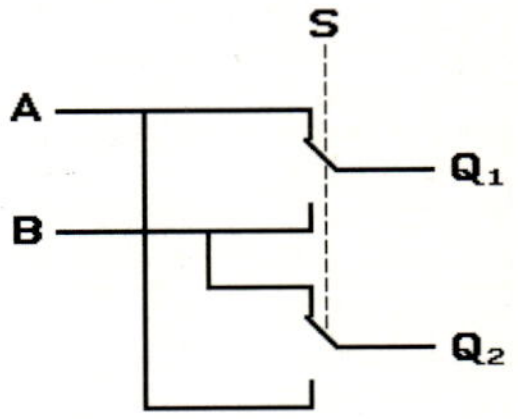

Bild 8.71

Lösung:

a) $Q_1 = A\overline{S} + BS; \quad Q_2 = B\overline{S} + AS$

b)

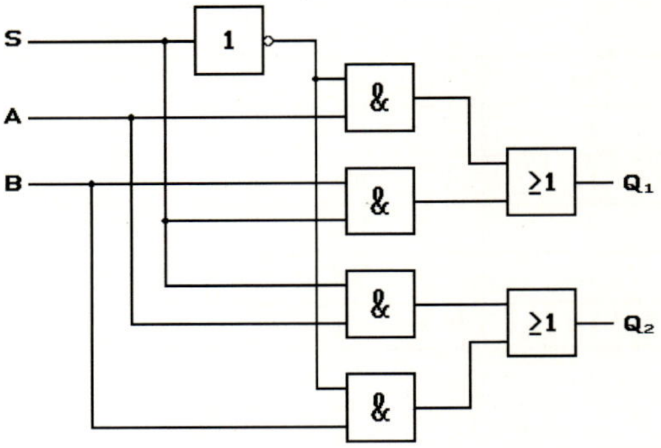

Bild 8.72

Aufgabe 8.41: Gegeben ist die in Bild 8.73 dargestellte Gatterschaltung.

a) Bestimmen Sie die Schaltfunktionen für die Hilfsvariablen U_1 und U_2.
b) Bestimmen Sie die Schaltfunktionen für V_1 bis V_4.
c) Bestimmen Sie mit diesen Zwischenergebnissen die Schaltfunktionen für X_1 und X_2, sowie für die Ausgangsvariable Y_1.
d) Welche Funktionen ergeben sich damit für die Variablen Y_2 und Y_3?
e) Welche Funktion erfüllt demnach die Schaltung?

Lösung:

a) $U_1 = \overline{A_1 B_1} = \overline{A}_1 + \overline{B}_1; \quad U_2 = \overline{A_2 B_2} = \overline{A}_2 + \overline{B}_2$

b)
$$V_1 = A_1\ U_1 = A_1(\overline{A}_1 + \overline{B}_1) = A_1\overline{B}_1$$
$$V_2 = B_1\ U_1 = B_1(\overline{A}_1 + \overline{B}_1) = \overline{A}_1 B_1$$
$$V_3 = A_2\ U_2 = A_2(\overline{A}_2 + \overline{B}_2) = A_2\overline{B}_2$$
$$V_4 = B_2\ U_2 = B_2(\overline{A}_2 + \overline{B}_2) = \overline{A}_2 B_2$$

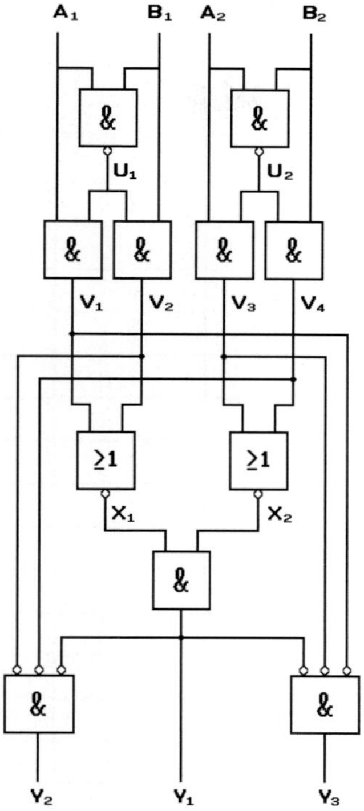

Bild 8.73

c) $X_1 = \overline{A}_1\overline{B}_1 + A_1B_1$; $X_2 = \overline{A}_2\overline{B}_2 + A_2B_2$

$Y_1 = X_1X_2 = (\overline{A}_1\overline{B}_1 + A_1B_1)(\overline{A}_2\overline{B}_2 + A_2\overline{B}_2)$ also $Y_1 := (A \equiv B)$

d) $Y_2 = A_1A_2(\overline{B}_1 + \overline{B}_2) + \overline{B}_1\overline{B}_2(A_1 + A_2)$ also $Y_2 := (A > B)$

$Y_3 = B_1B_2(\overline{A}_1 + \overline{A}_2) + \overline{A}_1\overline{A}_2(B_1 + B_2)$ also $Y_3 := (A < B)$

e) Bit-Komparator

Aufgabe 8.42: Gegeben ist die Boolesche Funktion $y = \overline{abd + c} + \overline{\overline{acd} + \overline{b}}$.

a) Vereinfachen Sie die Funktion.
b) Stellen Sie die Wahrheitstabelle für die Funktion auf.

Lösung:

a) $y = \overline{a}\,\overline{c} + \overline{b}\,\overline{c} + \overline{c}\,\overline{d} + abcd$

b) s. Tabelle 8.11

Tabelle 8.11

Nr.	$a\ b\ c\ d$	$\bar{a}\ \bar{c}$	$\bar{b}\ \bar{c}$	$c\ \bar{d}$	y
0	0 0 0 0	1	1	1	1
1	0 0 0 1	1	1	0	1
2	0 0 1 0	0	0	0	0
3	0 0 1 1	0	0	0	0
4	0 1 0 0	1	0	1	1
5	0 1 0 1	1	0	0	1
6	0 1 1 0	0	0	0	0
7	0 1 1 1	0	0	0	0
8	1 0 0 0	0	1	1	1
9	1 0 0 1	0	1	0	1
10	1 0 1 0	0	0	0	0
11	1 0 1 1	0	0	0	0
12	1 1 0 0	0	0	1	1
13	1 1 0 1	0	0	0	0
14	1 1 1 0	0	0	0	0
15	1 1 1 1	0	0	0	1

Aufgabe 8.43: Bestimmen Sie die Ausgangsfunktion $y(x_1, x_2, x_3)$ der im Bild 8.74 dargestellten Gatterschaltung.

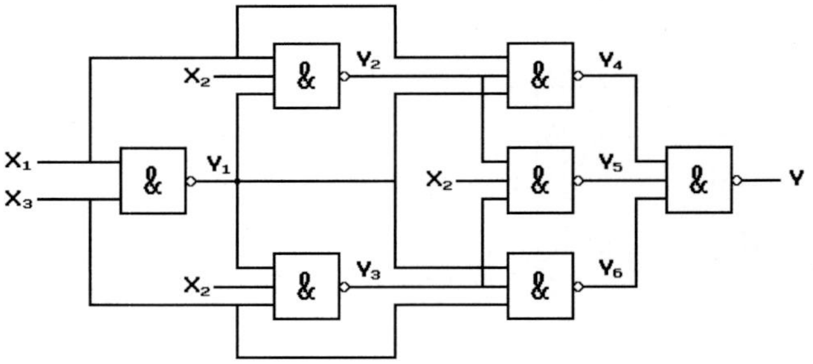

Bild 8.74

Lösung: $y = x_1 x_2 x_3 + x_1 \bar{x}_2 \bar{x}_3 + \bar{x}_1 x_2 \bar{x}_3 + \bar{x}_1 \bar{x}_2 x_3$

Aufgabe 8.44: Entwerfen Sie mittels KV-Diagramm die logische Verknüpfung für ein Schaltnetz, das am Ausgang dann den Wert 1 anzeigt, wenn eine am Eingang anstehende vierstellige Dualzahl durch 3 oder 4 teilbar ist.

Lösung:

Siehe Tabelle 8.12 und Bild 8.75.

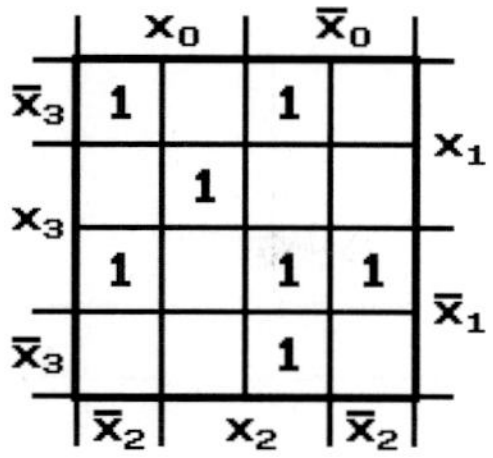

Bild 8.75

$$y = \bar{x}_0\bar{x}_1 x_2 + \bar{x}_0\bar{x}_1 x_3 + \bar{x}_0 x_2 \bar{x}_3 + \bar{x}_1\bar{x}_2 x_3 + x_0 x_1 \bar{x}_2 \bar{x}_3 + x_0 x_1 x_2 x_3$$

Tabelle 8.12

Dezimal	$x_3\,x_2\,x_1\,x_0$	y
0	0 0 0 0	0
1	0 0 0 1	0
2	0 0 1 0	0
3	0 0 1 1	1
4	0 1 0 0	1
5	0 1 0 1	0
6	0 1 1 0	1
7	0 1 1 1	0
8	1 0 0 0	1
9	1 0 0 1	1
10	1 0 1 0	0
11	1 0 1 1	0
12	1 1 0 0	1
13	1 1 0 1	0
14	1 1 1 0	0
15	1 1 1 1	1

Aufgabe 8.45: Gegeben ist die in Bild 8.76 dargestellte Schaltung mit CMOS-Gattern, auf deren Eingang eine periodische Rechteckschwingung gegeben wird.

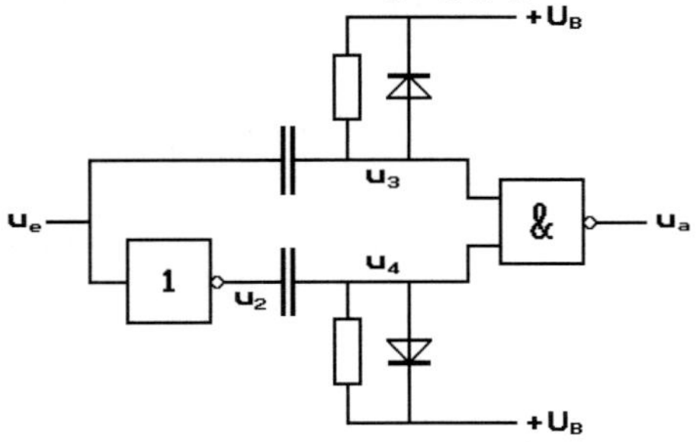

Bild 8.76

a) Zeichnen Sie die Ausgangsspannung als Funktion der Zeit.
b) Welche Funktion hat die Schaltung?

Lösung:
a)

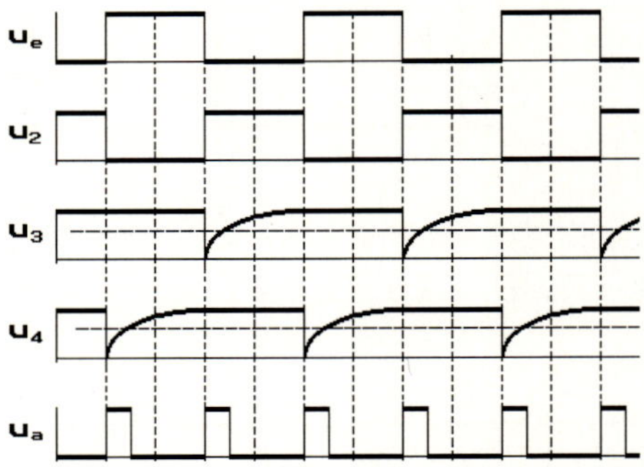

Bild 8.77

b) Frequenzdopplung

Aufgabe 8.46: Für die Umsetzung des BCD-Codes in den Aiken-Code soll ein Code-Umsetzer entworfen werden (Tabelle 8.13).

Zeichnen Sie für die Variablen *A* - *D* ein KV-Diagramm und bestimmen Sie daraus die minimale Schaltfunktion unter Berücksichtigung von Don´t-Care-Termen (=ebenfalls zulässige Kombinationen).

Tabelle 8.13

Dezimal	BCD 8 4 2 1	Aiken D C B A
0	0 0 0 0	0 0 0 0
1	0 0 0 1	0 0 0 1
2	0 0 1 0	0 0 1 0
3	0 0 1 1	0 0 1 1
4	0 1 0 0	0 1 0 0
5	0 1 0 1	1 0 1 1
6	0 1 1 0	1 1 0 0
7	0 1 1 1	1 1 0 1
8	1 0 0 0	1 1 1 0
9	1 0 0 1	1 1 1 1

Lösung:

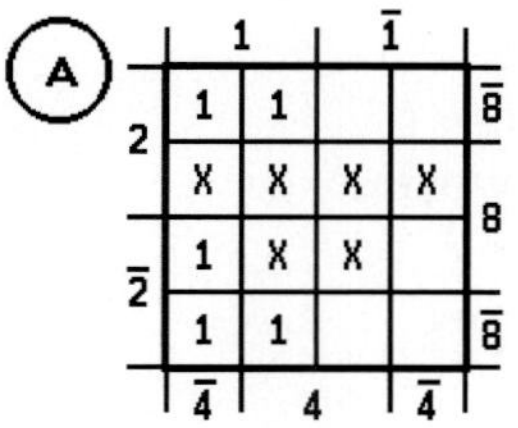

$A = 1$

Bild 8.78

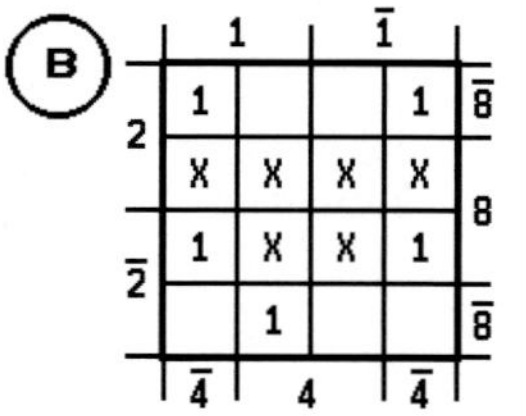

$B = 8 + 2 \cdot \bar{4} \cdot \bar{8} + 1 \cdot \bar{2} \cdot 4$

Bild 8.79

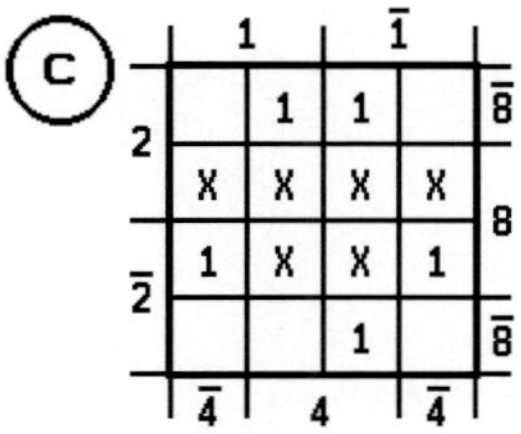

$C = 8 + 4 \cdot (\bar{1} + 2 \cdot \bar{8})$

Bild 8.80

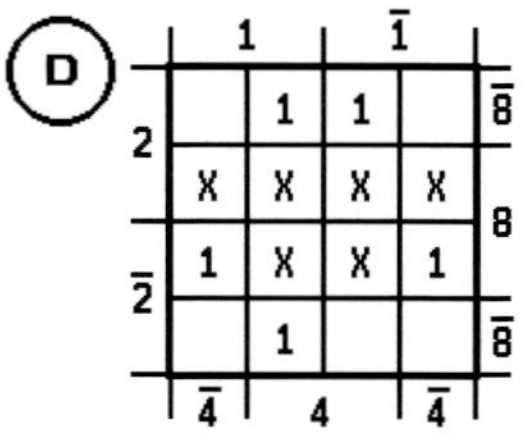

$D = 8 + 4 \cdot (1 + 2)$

Bild 8.81

Aufgabe 8.47: Durch ausschließliche Verwendung von (möglichst wenigen!) NAND-Gattern mit je zwei Eingängen soll die Antivalenz (=EXOR) realisiert werden.

a) Wie sieht die Schaltung aus?

b) Zeigen Sie mittels Boolescher Algebra, dass Ihre Schaltung tatsächlich die Antivalenz liefert.

Lösung:

a)

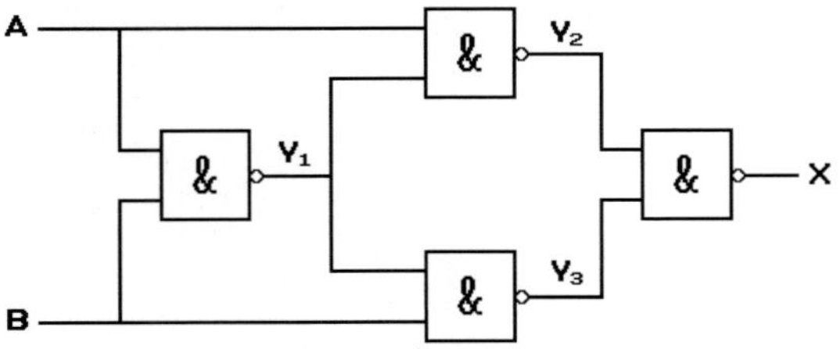

Bild 8.82

b) $X = A \cdot \bar{B} + \bar{A} \cdot B$

Aufgabe 8.48: Gegeben ist die in Bild 8.83 dargestellte Schaltung eines Schmitt-Triggers mit einem idealen Operationsverstärker.

a) Zeichnen Sie die Übertragungskennlinie $U_a = f(U_e)$.
b) Bestimmen Sie die Umschaltpunkte und die Hysterese.

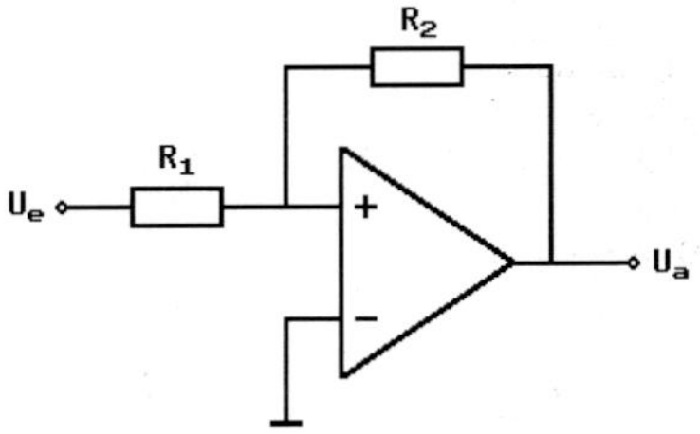

Bild 8.83

Lösung:
a)

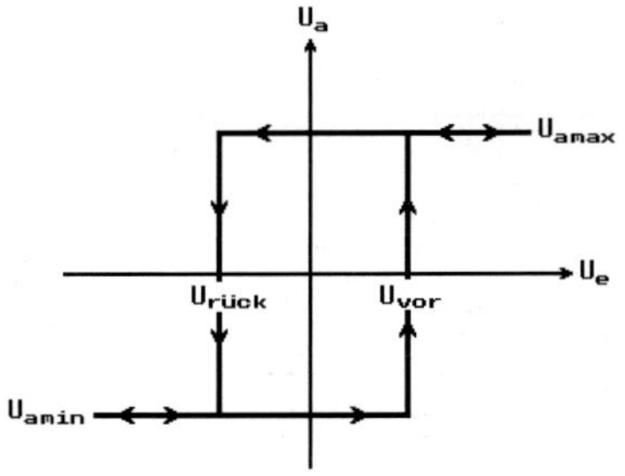

Bild 8.84

b) $$U_{Vor} = -\frac{R_1}{R_2} U_{a,min} \; ; \quad U_{Rück} = -\frac{R_1}{R_2} U_{a,max}$$

$$\Delta U_e = U_{Vor} - U_{Rück} = \frac{R_1}{R_2} \left(U_{a,max} - U_{a,min}\right)$$

9 Zähler und Register

9.1 Register

Aufgabe 9.1: In einem digitalen Messgerät werden während der Torzeit T Rechteckimpulse mit der Frequenz f gezählt und angezeigt (Bild 9.1).
Wie groß wird der Gesamtfehler ΔN der Schaltung, wenn der Fehler der Torzeit $\Delta T/T = 0{,}1\ \%$ beträgt und die Torzeit so gewählt wurde, dass $N = 100$ Impulse gezählt werden?

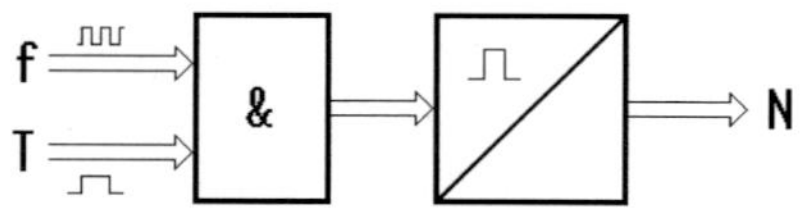

Bild 9.1

Lösung: $\Delta N = 1$

Aufgabe 9.2: Wie funktioniert ein Schieberegister?

Lösung:
Schieberegister sind Anordnungen aus Kippgliedern zur Speicherung und Weitergabe von Informationen. Die Weitergabe der Informationen erfolgt durch einen gemeinsamen Takt für alle Kippglieder. Dabei ist für jede Binärstelle ein Kippglied erforderlich. Durch den gemeinsamen Takt (Schiebetakt) wird die gespeicherte Binärinformation des einen Kippgliedes in das nächstfolgende Kippglied weitergeschoben

Aufgabe 9.3: Erläutern Sie kurz die Wirkungsweise der in Bild 9.2 dargestellten Grundschaltung eines 4-Bit-Schieberegisters mit JK-Kippgliedern.

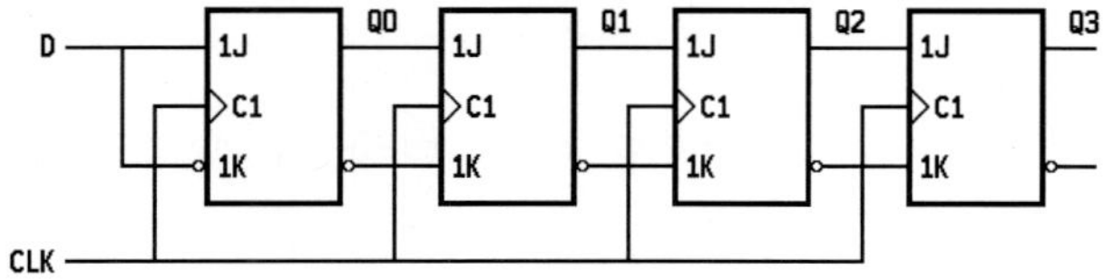

Bild 9.2

Lösung:
Bei einem Schiebeimpuls an den Takteingängen wird das erste Kippglied bei $D = 0$ den Logik-Zustand $Q_0 = 0$ bzw. bei $D = 1$ den Zustand $Q_0 = 1$ annehmen. Mit jedem weiteren Takt wird die eingeschobene 0 bzw. 1 in das nachfolgende Flipflop weitergegeben. Nach vier Takten erscheint eine 0 bzw. 1 am Ausgang des letzten Flipflop.

Aufgabe 9.4: Zeichnen Sie das Zeitdiagramm zu einem 4-Bit-Schieberegister (Bild 9.3).

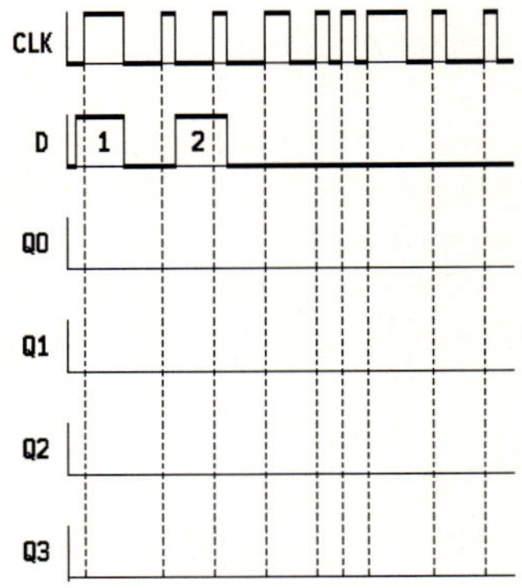

Bild 9.3

Lösung:

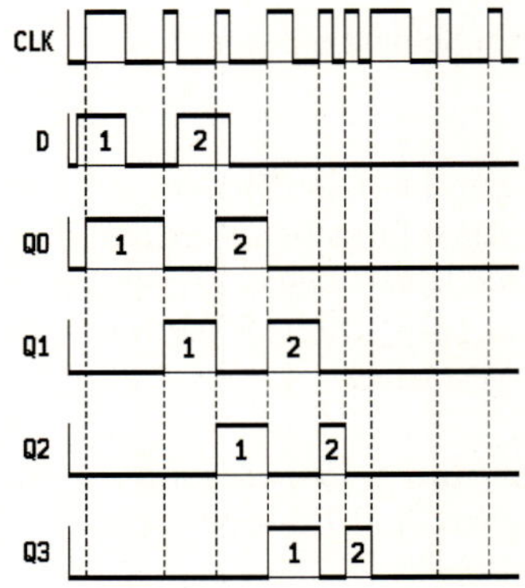

Bild 9.4

Aufgabe 9.5: Auf der Basis von RS-Flipflop ist ein 6-Bit-Schieberegister für serielle Dateneingabe und Datenausgabe zu zeichnen.

Lösung:

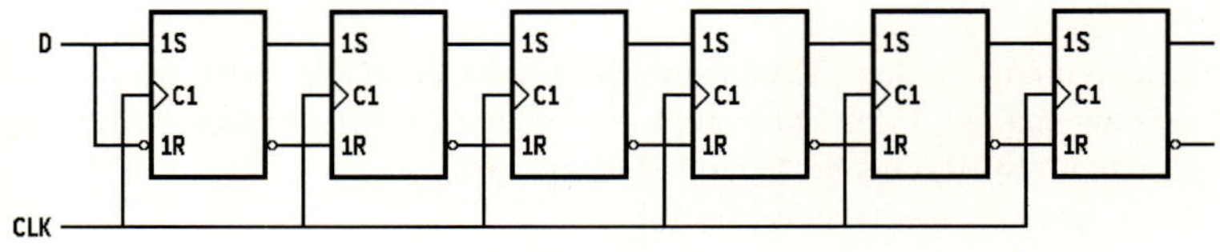

Bild 9.5

Aufgabe 9.6: Vervollständigen Sie die Impulsdiagramme der in Bild 9.6 und 9.7 dargestellten Schaltungen.

a)

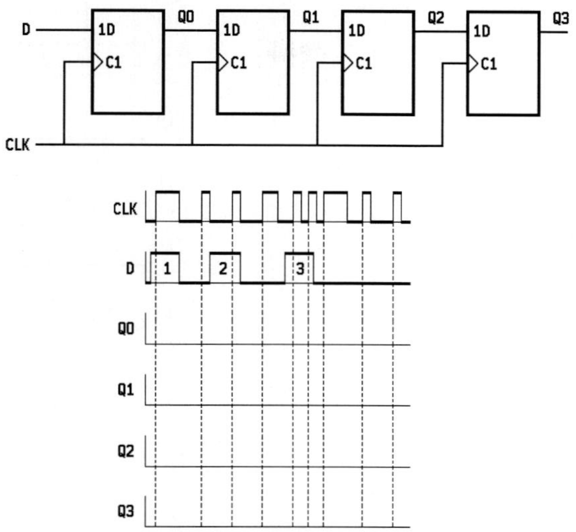

Bild 9.6

b)

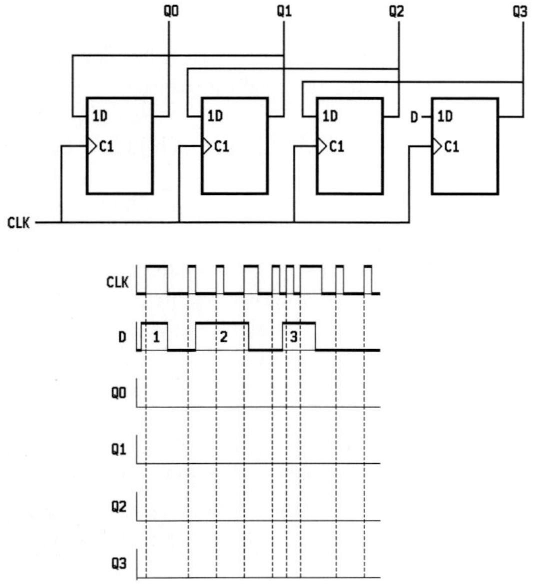

Bild 9.7

Lösung:

a)

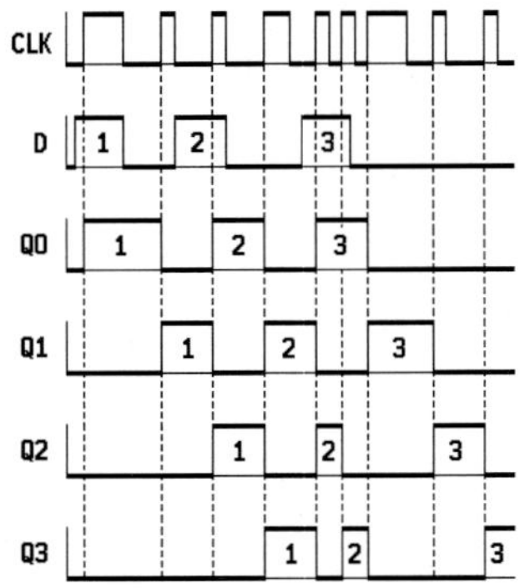

Bild 9.8

b)

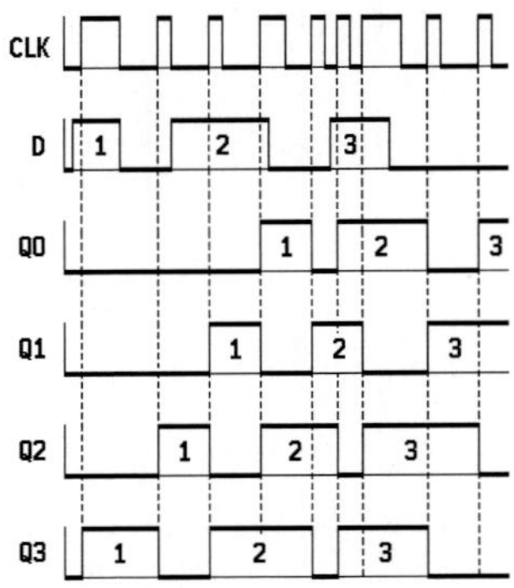

Bild 9.9

9.2 Zähler

Aufgabe 9.7: Erklären Sie die Wirkungsweise eines Zählers.

Lösung:
Alle Zähler addieren oder subtrahieren die ankommenden Taktimpulse und zeigen das Ergebnis *N* in einem Binärcode an. Beim Erschöpfen des Zeichenvorrates einer Stelle geht der Zähler auf den Anfang zurück und gibt gleichzeitig einen Übertrag auf den nächsthöheren Stellenwert, um dann weitere Impulse hinzuzuaddieren oder subtrahieren.

Aufgabe 9.8: Die heute verwendeten Zähler lassen sich in drei Gruppen einteilen. Nennen Sie die drei Gruppen.

Lösung:
- nach ihrer Taktung als Asynchron- und Synchronzähler;
- nach ihrer Zählrichtung als Vorwärts-/Rückwärtszähler;
- nach ihrer Codierung als Dualzähler, BCD-Zähler usw.

Aufgabe 9.9: Welches ist das charakteristische Merkmal von Synchron- und Asynchronzählern.

Lösung:
Bei Synchronzählern werden die Kippglieder durch einen gemeisamen Takt gleichzeitig geschaltet. In den Asynchronzählern wird die Zustandsveränderung einer Kippstufe als Takt für das nachfolgende Kippglied benutzt. Dadurch schalten die Kippglieder eines Zählers nicht gleichzeitig.

Aufgabe 9.10: Welcher prinzipielle schaltungstechnische Unterschied besteht zwischen einem asynchronen und synchronen Zähler?

Lösung:
Bei Asynchronzählern werden die Flipflops als Kippglieder nacheinander geschaltet. Die Zustandsveränderung am Ausgang eines Flipflops wird zum Takten des nachfolgenden Flipflops benutzt. Bei Synchronzählern werden alle Flipflops über einen gemeisamen Takt ge-

steuert.

Aufgabe 9.11: Wie viele Flipflops benötigt ein Zähler, wenn 30 Impulse gezählt werden sollen?

Lösung:
Da die Zählung über 16 aber unter $32 = 2^5$ stattfinden soll, müssen 5 Flipflops in Reihe geschaltet werden.

Aufgabe 9.12: Auf der Basis von JK-Flipflops, die bei steigender Flanke schalten, ist ein asynchron arbeitender 5-Bit-Dual-Vorwärtszähler aufzubauen.

Lösung:

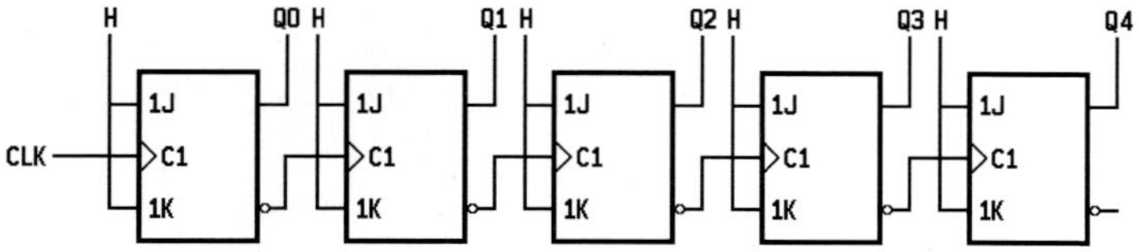

Bild 9.10

Aufgabe 9.13: Besteht ein schaltungsmäßiger Unterschied zwischen einem Zähler und einem Frequenzteiler?

Lösung:
Es gibt keinen schaltungsmäßigen Unterschied zwischen einem Zähler und einem Frequenzteiler.

Aufgabe 9.14: Wie viele Flipflops werden benötigt, wenn die Eingangsfrequenz von $f_e = 10$ kHz auf $f_a = 2{,}5$ kHz herunter geteilt werden soll?

Lösung: $2^N = \dfrac{f_e}{f_a} = 4$, d. h. $N = 2$ **Flipflops**

Aufgabe 9.15: Wie arbeitet die im Bild 9.11 dargestellte Schaltung?

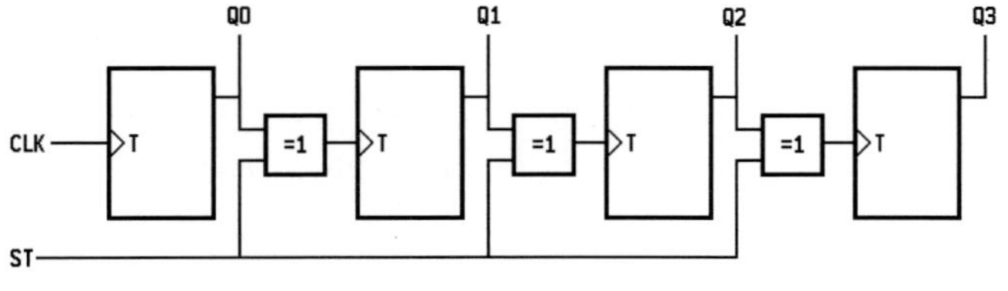

Bild 9.11

Lösung:
Das ist ein Zähler mit umschaltbarer Zählrichtung. Er arbeitet bei ST=0 als Vorwärtszähler und bei ST=1 als Rückwärtszähler.

Aufgabe 9.16: Vervollständigen Sie die Impulsdiagramme für die in Bild 9.12 und 9.13 dargestellten Zähler, die mit T-Flipflops aufgebaut sind.

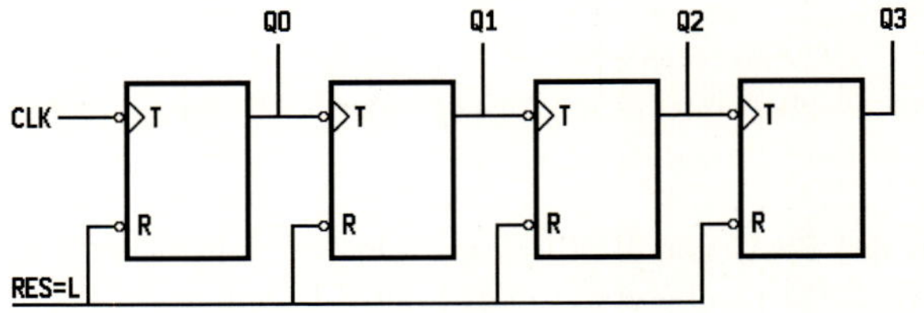

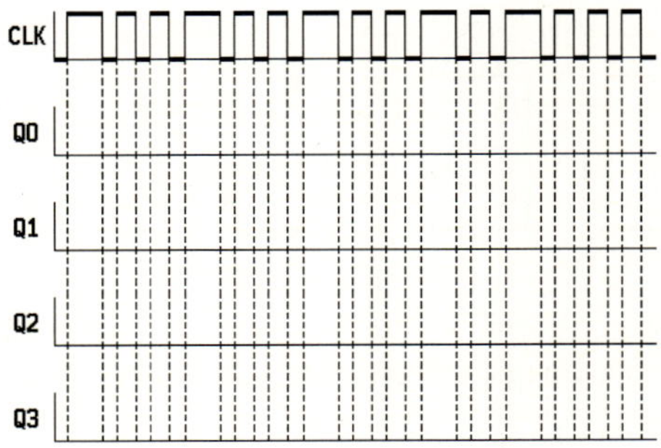

Bild 9.12

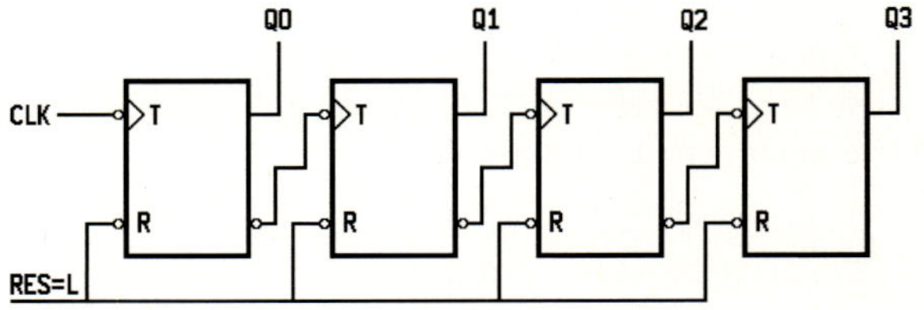

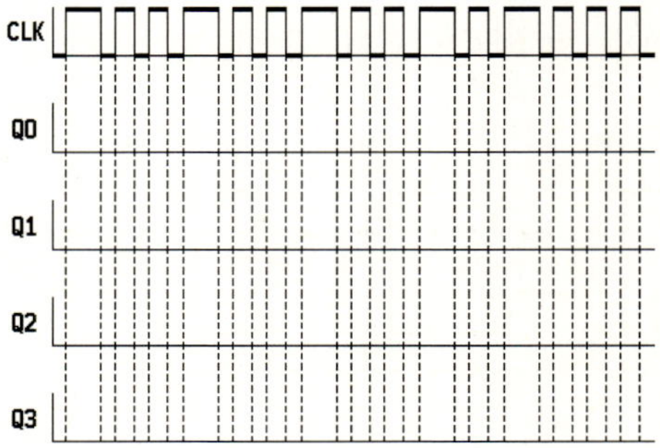

Bild 9.13

Lösung:

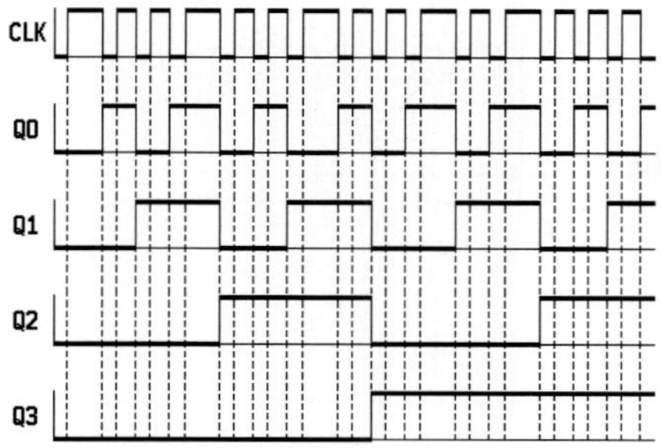

Bild 9.14

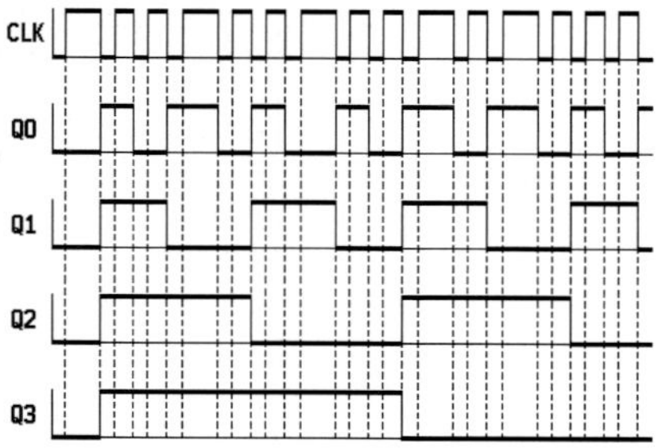

Bild 9.15

Aufgabe 9.17: Gegeben ist der in Bild 9.16 dargestellte Zähler mit drei JK-Flipflops, die anfänglich alle zurückgesetzt sein sollen.

a) Zeichnen Sie das Impulsdiagramm des Zählers.
b) Wie zählt der Zähler?
c) Wie ändert sich die Zählweise, wenn der Eingang K des dritten Flipflops mit dem Ausgang $\overline{Q}$ des zweiten verbunden wird?

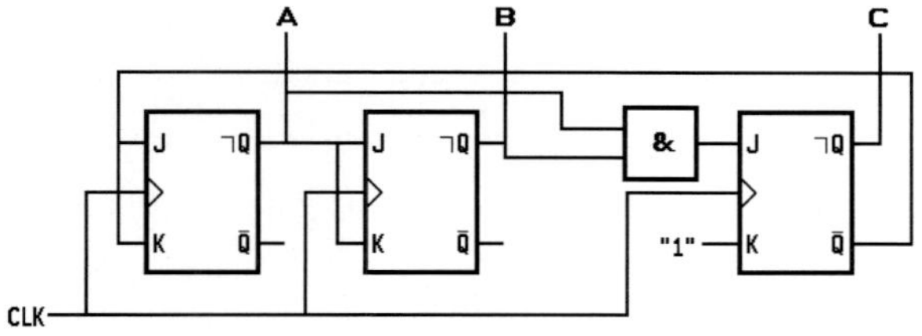

Bild 9.16

Lösung:

a)

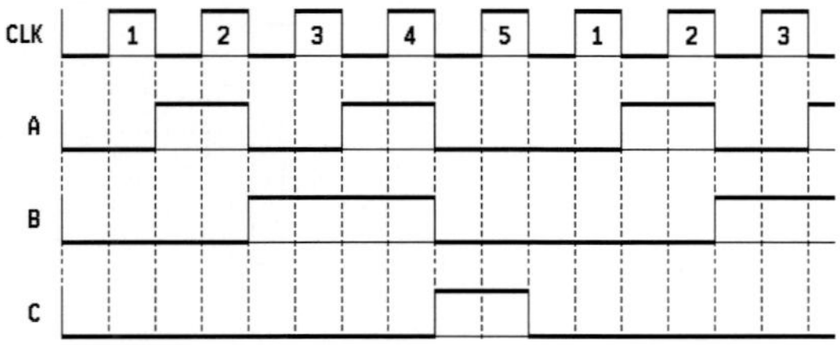

Bild 9.17

b) modulo 5: 0, 1, 2, 3, 4, 0, ...
c) keine Änderung

Aufgabe 9.18: Gegeben ist der in Bild 9.18 dargestellte Zähler mit JK-Flipflops.

a) Ermitteln Sie für den Zähler die dualen Ausgangskombinationen, die nacheinander auftreten.
b) Wie ändert sich die Ausgangssignalkombinationen, wenn der Eingang J des dritten Flipflops auf "1" gelegt wird?

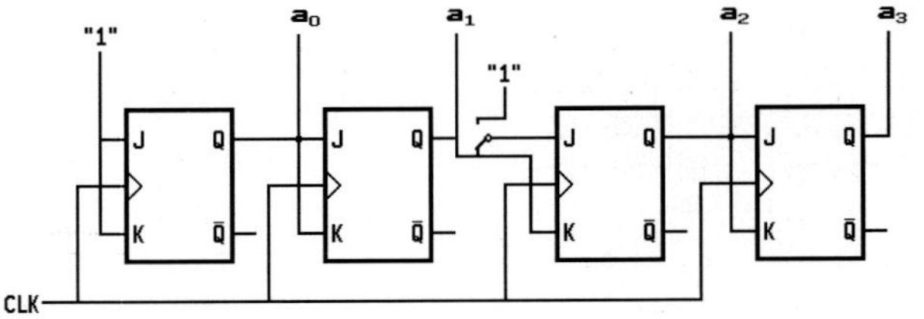

Bild 9.18

Lösung: a) und b) Tabelle 9.1

a)	CLK	a_0	a_1	a_2	a_3		b)	a_0	a_1	a_2	a_3
	Start	**0**	**0**	**0**	**0**			**0**	**0**	**0**	**0**
	1	**1**	**0**	**0**	**0**			**1**	**0**	**1**	**0**
	2	**0**	**1**	**0**	**0**			**0**	**1**	**1**	**1**
	3	**1**	**1**	**1**	**0**			**1**	**1**	**0**	**0**
	4	**0**	**0**	**0**	**1**			**0**	**0**	**1**	**0**
	5	**1**	**0**	**0**	**1**			**1**	**0**	**1**	**1**
	6	**0**	**1**	**0**	**1**			**1**	**0**	**0**	**1**
	7	**1**	**1**	**1**	**1**			**1**	**1**	**0**	**1**
	8	**0**	**0**	**0**	**0**			**9**	**9**	**1**	**1**
	9	**1**	**0**	**0**	**0**			**1**	**0**	**1**	**0**

Aufgabe 9.19: Gegeben ist der in Bild 9.19 dargestellte Zähler mit JK-Master-Slave-Flipflops.

a) Geben Sie das Impulsdiagramm des Zählers an.
b) In welcher Zählweise arbeitet der Zähler?

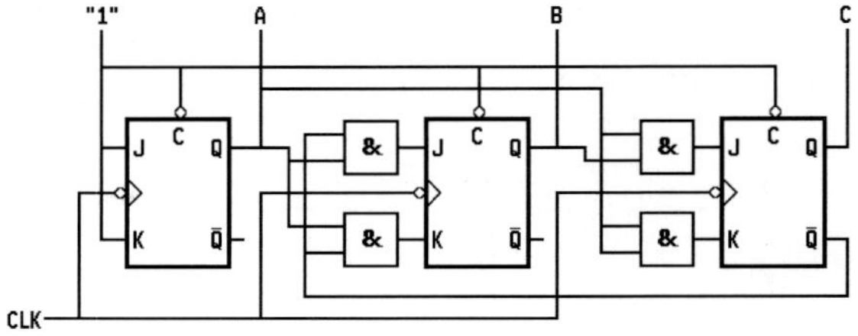

Bild 9.19

Lösung:
a)

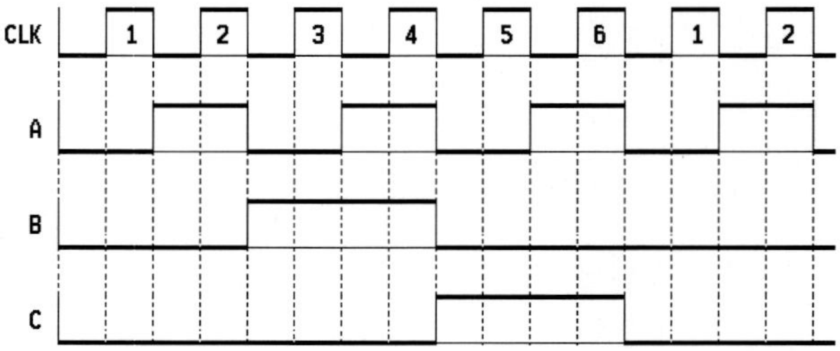

Bild 9.20

b) modulo 6

9.3 Zeitmessung

Aufgabe 9.20: Zeit-Spannungs-Umsetzer. Es wird die in Bild 9.21 gezeigte Spannung mit $u_0 = 5$ V, $T_x = (0$ ms ... 1 ms$)$ und $T_0 = 1$ ms an einen *RC*-Tiefpass gelegt.

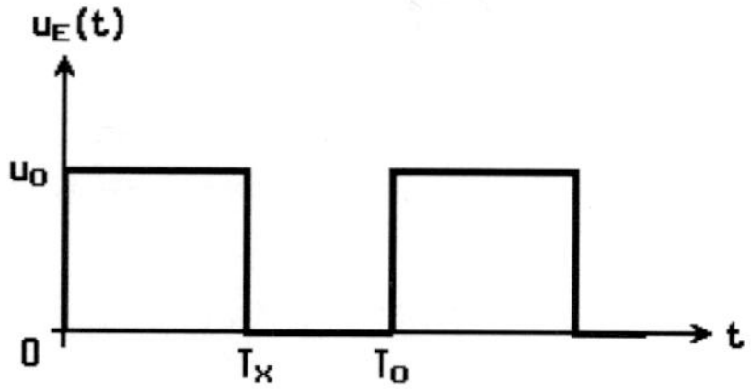

Bild 9.21

Die Ausgangsspannung u_A wird mittels eines 8-Bit Analog-Digital-Umsetzers digitalisiert, der einen Eingangsspannungsbereich von $U = (0$ V ... 5 V$)$ aufweist. Bild 9.22 zeigt den *RC*-Tiefpaß und den zeitlichen Verlauf der Ausgangsspannung u_A.

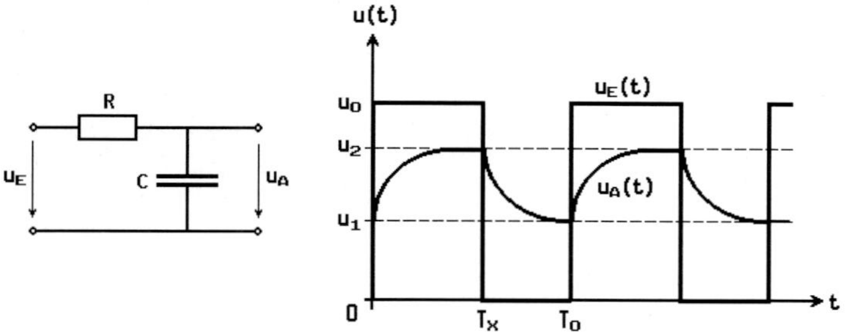

Bild 9.22

a) Berechnen Sie allgemein die Spannung $u_A(t)$ zu den Zeitpunkten $t = T_x$ (u_2) und $t = T_0$ (u_1).

b) Geben Sie mit dem Ergebnis aus a) $\Delta u = u_2 - u_1 = f(u_0, T_X, T_0, R, C)$ allgemein an.

c) Berechnen Sie allgemein die Impulsdauer T_x, bei der die maximale Welligkeit auftritt. Wie groß ist die maximale Welligkeit $\Delta u_{max} = f(u_0, T_0, R, C)$? Formen Sie die erhaltene Gleichung allgemein so um, dass sie nach Substitution mit $v = e^{-\frac{T_0}{2RC}}$ eine quadratische Gleichung in v erhalten. Geben Sie die Lösungen von v an.

d) Wie muss die Zeitkonstante $\tau = RC$ des Tiefpasses gewählt werden, damit die maximale Welligkeit Δu_{max} der Ausgangsspannung die Bedingung $\Delta u_{max} \leq U_{LSB}$ erfüllt?

Lösung:

a)
$$u_A(T_x) = u_2 = u_0\left(1 - e^{-\frac{T_x}{RC}}\right) + u_1\, e^{-\frac{T_x}{RC}}$$

$$u_A(T_0) = u_1 = u_2\, e^{-\frac{T_0 - T_x}{RC}}$$

b) $$\Delta u = u_2 - u_1 = u_0 \frac{1 - e^{-\frac{T_x}{RC}}}{1 - e^{-\frac{T_0}{RC}}} \left(1 - e^{-\frac{T_0 - T_x}{RC}}\right)$$

c) $$T_x = \frac{T_0}{2}$$

$$\Delta u_{max} = u_0 \frac{1 - 2e^{-\frac{T_0}{2RC}} + e^{-\frac{T_0}{RC}}}{1 - e^{-\frac{T_0}{RC}}} \quad \text{mit} \quad v = e^{-\frac{T_0}{2RC}} \quad \text{ergibt}$$

$$v^2 - v \frac{2}{1 + \frac{\Delta u_{max}}{u_0}} + \frac{1 - \frac{\Delta u_{max}}{u_0}}{1 + \frac{\Delta u_{max}}{u_0}} = 0$$

$$\frac{\Delta u_{max}}{u_0} = \frac{U_{LSB}}{u_0} = \frac{1}{2^8 - 1} = \frac{1}{255}$$

$$v_1 = 1;\; v_2 \approx 0{,}9922$$

d) $$RC = \frac{T_0}{2 \ln \frac{1}{v}} \;;\quad RC(v_1) \to \infty \text{ (nicht sinnvoll)} \;;\quad RC(v_2) \approx 63{,}9\,\text{ms}$$

Aufgabe 9.21: Zeitintervallmessung. Bei der digitalen Zeitintervallmessung wird die Referenzfrequenz f_r eines Taktgenerators während des Zeitintervalls T_x mit einem Digitalzähler ausgezählt. Der Start- und Stoppimpuls erzeugt mittels eines RS-Flip-Flops den Torimpuls T_x, der das als Tor wirkende UND-Gatter so steuert, dass die Referenzfrequenz nur während der Zeit T_x gezählt wird (Bild 9.23).

a) Wie groß ist die Zeit T_x?

b) Wie groß ist der absolute und der maximal mögliche, relative Zählfehler ΔN_x bzw. $\left|\frac{\Delta N_x}{N_x}\right|$ des Zählers?

c) Wie groß ist der relative Fehler $\frac{\Delta T_x}{T_x}$ und der maximal mögliche Fehler $\left|\frac{\Delta T_x}{T_x}\right|$ der Zeitmessung?

d) Wie viele Perioden N_x müssen mindestens gezählt werden, wenn der relative Fehler $\left|\frac{\Delta T_x}{T_x}\right|$ nicht überschritten werden soll und der Fehler des Taktgenerators vernachlässigt werden kann?

e) Wie groß wird der maximal mögliche, absolute Fehler $|\Delta T_x|$ der Zeitmessung

1. für Teilaufgabe c) und
2. für Teilaufgabe d)?

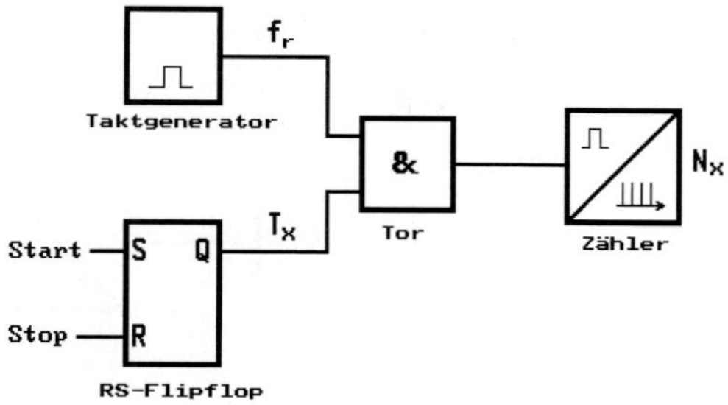

Bild 9.23

Lösung:

a) $T_x = \dfrac{N_x}{f_r}$

b) $\Delta N_x = \pm 1, \quad |\Delta N_x| = 1 \ ; \quad \left|\dfrac{\Delta N_x}{N_x}\right| = \dfrac{1}{N_x} = \dfrac{1}{f_r\, T_x}$

c) $\dfrac{\Delta T_x}{T_x} = \dfrac{\Delta N_x}{N_x} - \dfrac{\Delta f_r}{f_r} = \pm\dfrac{1}{N_x} - \dfrac{\Delta f_r}{f_r} \ ; \quad \left|\dfrac{\Delta T_x}{T_x}\right| = \dfrac{1}{N_x} + \left|\dfrac{\Delta f_r}{f_r}\right| = \dfrac{1}{f_r\, T_x} + \left|\dfrac{\Delta f_r}{f_r}\right|$

d) $N_x = \left|\dfrac{T_x}{\Delta T_x}\right|$

e) 1. $|\Delta T_x| = \dfrac{T_x}{N_x} + \left|\dfrac{\Delta f_r}{f_r}\right| T_x = \dfrac{1}{f_r} + \dfrac{N_x}{f_r}\left|\dfrac{\Delta f_r}{f_r}\right|$ 2. $|\Delta T_x| = \dfrac{1}{f_r}$

Aufgabe 9.22: Geschwindigkeitsmessung. Zur fotoelektrischen Geschwindigkeitsmessung wird die in Bild 9.24 dargestellte Anordnung verwendet, wobei der Lochabstand des mit der Geschwindigkeit v_x bewegten Lochbandes $l = 10$ mm beträgt.

a) Welche Beziehung besteht zwischen dem Zählergebnis N_x und der Geschwindigkeit v_x des Lochbandes?

b) Wie groß muss die Torzeit T des Zählers gewählt werden, wenn das Zählergebnis N_x direkt als Geschwindigkeitsanzeige in mm/s erfolgen soll?

c) Die Messzeit T des Zählers ist mit einem Fehler von $\Delta T/T = 0{,}1$ % genau bekannt. Wie groß muss die Geschwindigkeit v_x mindestens sein, damit der Gesamtfehler $\Delta N_x/N_x = 1$ % nicht überschritten wird?

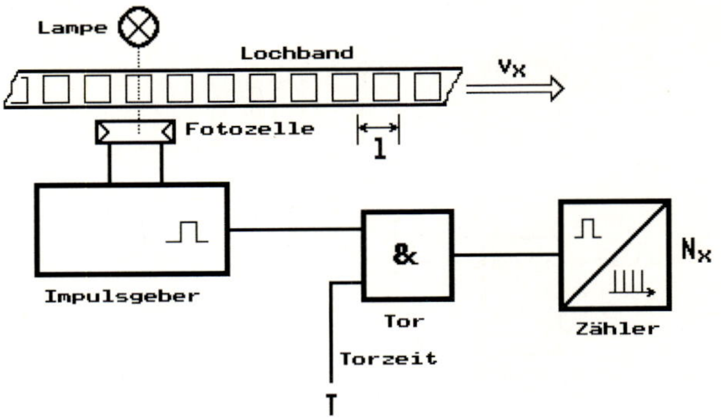

Bild 9.24

Lösung:

a) $N_x = v_x \dfrac{T}{l}$

b) $T = l \dfrac{N_x}{v_x} = l \dfrac{\{N_x\}[N_x]}{\{v_x\}[v_x]} = 10\,\text{mm} \dfrac{\{N_x\}\ 1}{\{v_x\}\ \dfrac{\text{mm}}{\text{s}}} = 10\,\text{s}\ \dfrac{\{N_x\}}{\{v_x\}}$

Erläuterung: $\{x\}$ Zahlenwert von x, $[x]$ Einheit von x

c) $\dfrac{\Delta T}{T} = \dfrac{\Delta N_x}{N_x}$; d.h. es existiert keine untere Schranke für v_x.

Aufgabe 9.23: Multiplexer. Ein Messwerterfassungsgerät verarbeitet zeitlich nacheinander die Messwerte x_i von n Messstellen, die auf *einer* Leitung seriell übertragen werden. Dazu müssen die Messstellen abgetastet werden, wobei die Messwerte dual verschlüsselt sind. Die Taktfrequenz des Messwerterfassungsgerätes (Multiplexer) beträgt $f_T = 10$ MHz.

a) Wie viele Dualstellen N benötigt man für einen Messwert x_i bei einer Klassengenauigkeit von $\Delta x_i/x_i = 0{,}2$ %.

b) Wie viele Takte t sind zur Übertragung eines Messwertes erforderlich, wenn zusätzlich nach jedem Messwert noch ein Pausentakt folgt, der zur Umschaltung auf die nächste Messstelle dient?

c) Bei diesem Verfahren ist die maximal übertragbare Messfrequenz f_M der Messwerte x_i über das Abtasttheorem mit der Abtastfrequenz f_A verknüpft.

$$f_M \leq \frac{1}{2} f_A$$

Wie groß ist die Grenzfrequenz f_M bei Anschluss von $n = 100$ Messstellen?

Lösung:

a) $N \geq \mathrm{ld}\left(\dfrac{\Delta x_i}{x_i}\right)^{-1} = \mathrm{ld}\ 500 \approx 8{,}966$; d. h. $N = 9$

b) $t = N + 1 = 10$

c) $f_{\mathrm{M}} \leq \dfrac{1}{2} f_{\mathrm{A}} = \dfrac{f_{\mathrm{T}}}{2nt} = 5\,\mathrm{kHz}$

9.4 Frequenzmessung

Aufgabe 9.24: *f*/*u*-Umformer. Die in Bild 9.25 dargestellte Schaltung soll zur analogen Frequenzmessung eingesetzt werden.

a) Welcher Zusammenhang besteht zwischen der Eingangsgröße $u_e = \hat{u}\ \sin(\omega_o\, t)$ und u_2, wenn gilt $U_r < \hat{u}$ und das Monoflop eine Ausgangsspannung U_o liefert.
b) Welcher Fehler kann entstehen, wenn u_e ein beliebiges Mischsignal ist?

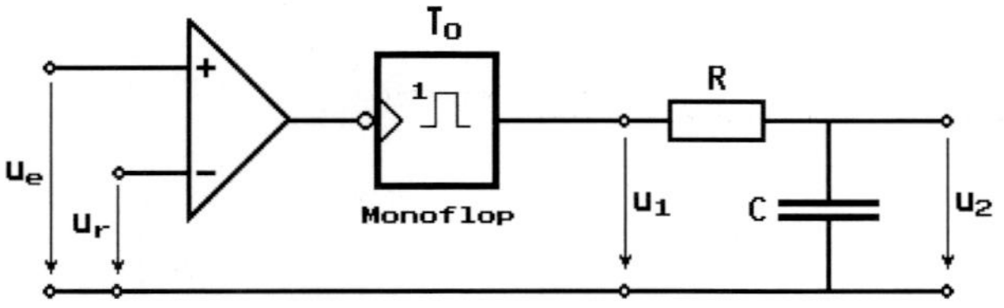

Bild 9.25

Lösung:

a) $\overline{u_2} = \overline{u_1} = U_0\ T_0\, f = U_0 T_0\ \dfrac{\omega}{2\pi}$

b) Mischsignale am Schaltungseingang können zu Messfehlern führen, wenn während einer Periodendauer die Triggerspannung mehrmals von dem Eingangssignal überschritten wird.

Aufgabe 9.25: Digitale Frequenzmessung. Zur Frequenzmessung wird ein Tor (UND-Gatter) für eine definierte Toröffnungszeit t_{Tor} geöffnet und die Frequenz hinter diesem Tor mit einem Zähler gezählt. Ein analoges Frequenzsignal wird mit einem Komparator (Signalaufbereitung) in Rechteckimpulse umgeformt (Bild 9.26).

a) Wie groß ist die Frequenz f_x?
b) Wie groß ist der relative, der absolute und der maximal mögliche relative Fehler der Frequenzmessung?
c) Wie viele Perioden N_x müssen mindestens gezählt werden, wenn der relative Frequenz-Fehler $\left|\dfrac{\Delta f_x}{f_x}\right|$ nicht überschritten werden soll?

d) Wie groß wird der maximal mögliche, absolute Frequenzfehler $|\Delta f_x|$, wenn der Torfehler Δt_{Tor} vernachlässigt wird?

e) Bei einer Frequenz von $f_x = 10$ kHz wird eine Torzeit t_{Tor} von
1. 10 ms und 2. 1 s
eingestellt. Wie viele Perioden N_x werden gezählt?

f) Wie groß wird für die Teilaufgabe e) der relative Zähl- bzw. Quantisierungsfehler $\left|\frac{\Delta f_x}{f_x}\right|$, wenn der Torfehler vernachlässigt wird?

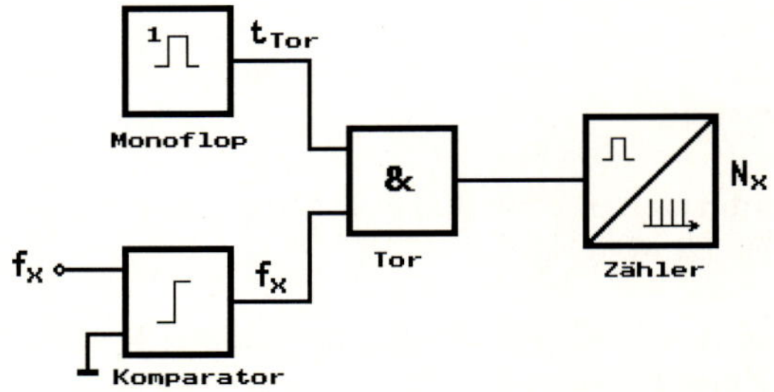

Bild 9.26

Lösung:

a) $$f_x = \frac{N_x}{t_{Tor}}$$

b) $$\frac{\Delta f_x}{f_x} = \frac{\Delta N_x}{N_x} - \frac{\Delta t_{Tor}}{t_{Tor}} = \pm\frac{1}{N_x} - \frac{\Delta t_{Tor}}{t_{Tor}} = \frac{1}{t_{Tor}}\left(\pm\frac{1}{f_x} - \Delta t_{Tor}\right)$$

$$\Delta f_x = \pm\frac{f_x}{N_x} - \frac{f_x}{t_{Tor}}\,\Delta t_{Tor} = -\frac{1}{t_{Tor}}\left(f_x\,\Delta t_{Tor} \mp 1\right)$$

$$\left|\frac{\Delta f_x}{f_x}\right| = \frac{1}{N_x} + \left|\frac{\Delta t_{Tor}}{t_{Tor}}\right| = \frac{1}{f_x t_{Tor}} + \left|\frac{\Delta t_{Tor}}{t_{Tor}}\right|$$

c) $$N_x = \frac{1}{\left|\frac{\Delta f_x}{f_x}\right| + \left|\frac{\Delta t_{Tor}}{t_{Tor}}\right|}$$

d) $$|\Delta f_x| = \frac{1}{t_{Tor}} + f_x\left|\frac{\Delta t_{Tor}}{t_{Tor}}\right| \approx \frac{1}{t_{Tor}} = \frac{f_x}{N_x}$$

e) $$N_x = f_x\,t_{Tor}\ ;\ 1.\ \ N_x = 10^2\ ;\ 2.\ \ N_x = 10^4$$

f) $$\left|\frac{\Delta f_x}{f_x}\right| = \frac{1}{N_x}\ ;\ 1.\ \ \left|\frac{\Delta f_x}{f_x}\right| = 10^{-2}\ ;\ 2.\ \ \left|\frac{\Delta f_x}{f_x}\right| = 10^{-4}$$

Aufgabe 9.26: Reziprokzähler. Zur Erhöhung der Genauigkeit einer Frequenzmessung wird die Toröffnungszeit t_{Tor} des Ereigniszählers mit einem Taktgenerator der Frequenz f_{ref} erzeugt, wobei dessen Taktimpulse über ein Tor 1 in einen voreingestellten Rückwärtszähler als Referenzzähler für N_{ref} Impulse gezählt werden. Das RS-Flipflop startet beide Zähler, den Ereigniszähler über Tor 2 und den Referenzzähler über Tor 1. Nach N_{ref} Referenztakten gibt der Referenzzähler ein Reset-Signal an das RS-Flipflop, so dass beide Zähler über die beiden Tore angehalten werden. Aus den ermittelten Zählerständen errechnet der Mikroprozessor wahlweise die Periodendauer T_x oder die Frequenz f_x des Eingangssignals (Bild 9.27). Bei niedrigen Frequenzsignalen wird die Frequenz f_x aus dem Kehrwert der gemessenen Periodendauer T_x berechnet.

a) Wie berechnet sich die Frequenz f_x und die Periodendauer T_x des Messsignals?

b) Wie groß ist der maximal mögliche relative Frequenzfehler $\left|\frac{\Delta f_x}{f_x}\right|$?

Wird die Torsteuerung (Starten des RS-Flipflop) auf das Messsignal synchronisiert, ist die Anzahl der Ereignisse N_x immer fehlerfrei ($\Delta N_x = 0$). Da hierbei die Torsteuerung nicht auf den Referenztakt erfolgt, ergibt sich für die Messzeit t_{Tor} ein Messfehler Δt_{Tor} von fast einer Periodendauer T_{ref} des Referenztaktes.

c) Geben Sie die obere Grenze der Torzeit t_{Tor} und den maximalen Torzeitfehler Δt_{Tor} an. Wie groß ist dann der maximale relative Frequenzfehler $\left|\frac{\Delta f_x}{f_x}\right|$?

d) Wie groß ist der maximale Torzeitfehler $\Delta\ t_{Tor}$ bei einer Referenzfrequenz von $f_{ref} = 10$ MHz? Wie groß muss die Voreinstellung N_x des Referenzzählers bei einem maximalen Fehler von $\left|\frac{\Delta f_x}{f_x}\right| = 10^{-6}$ sein?

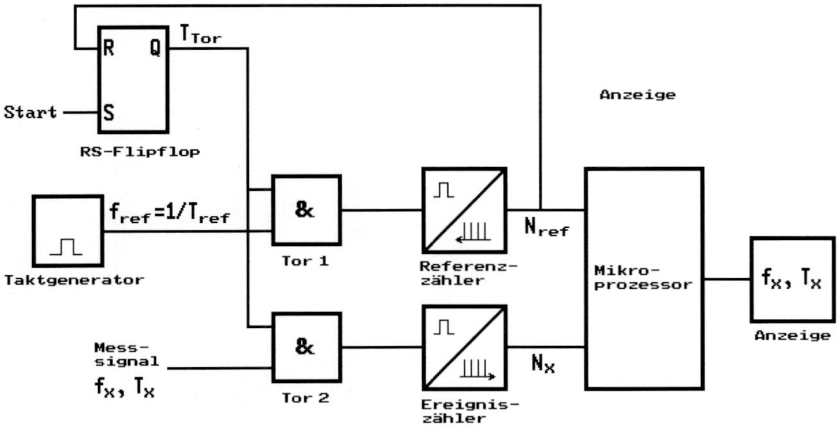

Bild 9.27

Der Fehler der Zeitreferenz bzw. des Taktgenerators ergibt sich aus der Alterungsrate $r_t = \frac{1}{f}\frac{\Delta f}{\Delta t}$, dem Alter t, einer Temperaturdrift $r_\vartheta = \frac{1}{f}\frac{\Delta f}{\Delta\vartheta}$ und der Betriebstemperaturerhöhung $\Delta\vartheta$, d.h. $\Delta f_{ref} \equiv (r_t\, t + r_\vartheta\, \Delta\vartheta)\, f_{ref}$.

e) Geben sie den Zeitfehler $|\Delta T_{ref}|$ und den Torzeitfehler $|\Delta t_{Tor}|$ an.

Die Zeitreferenz eines temperaturstabilisierten Oszillators hat nach 30 Min. Aufwärmzeit folgende Werte: Temperaturkoeffizient $r_\vartheta < 2\,\frac{10^{-7}}{°C}$ in einem Umgebungstemperaturbereich von 0 - 50 °C, Alterungsrate $r_t < 2\,\frac{10^{-7}}{\text{Monat}}$. Die Betriebstemperatur ist im Vergleich zum Kalibrierlabor um $\Delta\vartheta = 10°C$ höher.

f) Wie groß ist $|\Delta T_{ref}|$ und Δf_{ref} bei einer Referenzfrequenz von $f_{ref} = 10$ MHz innerhalb eines Jahres.

g) Wie groß ist der maximal mögliche Fehler $\left|\frac{\Delta f_x}{f_x}\right|$ der Frequenzmessung für die Teilaufgaben e) und f)?

Lösung:

a) $$f_x = \frac{1}{T_x} = \frac{N_x}{t_{Tor}} = \frac{N_x}{N_{ref}\,T_{ref}} = \frac{N_x}{N_{ref}}\,f_{ref}$$

b) $$\frac{\Delta f_x}{f_x} = \frac{\Delta N_x}{N_x} - \frac{\Delta N_{ref}}{N_{ref}} + \frac{\Delta f_{ref}}{f_{ref}}$$

$$\left|\frac{\Delta f_x}{f_x}\right| = \left|\frac{\Delta N_x}{N_x}\right| + \left|\frac{\Delta N_{ref}}{N_{ref}}\right| + \left|\frac{\Delta f_{ref}}{f_{ref}}\right| = \frac{1}{N_x} + \frac{1}{N_{ref}} + \left|\frac{\Delta f_{ref}}{f_{ref}}\right|$$

c) $$t_{Tor} < (N_{ref} + \Delta N_{ref})\,T_{ref} = (N_{ref}+1)\,T_{ref}$$

$$\Delta t_{Tor} = t_{Tor} - N_{ref}\,T_{ref} < T_{ref} = \frac{1}{f_{ref}}$$

$$\left|\frac{\Delta f_x}{f_x}\right| = \left|\frac{\Delta N_x}{N_x}\right| + \left|\frac{\Delta t_{Tor}}{t_{Tor}}\right| \approx \left|\frac{\Delta t_{Tor}}{t_{Tor}}\right| < \frac{T_{ref}}{t_{Tor}} = \frac{1}{f_{ref}\,t_{Tor}} = \frac{f_x}{f_{ref}\,N_x} = \frac{1}{N_{ref}}$$

d) $$\Delta t_{Tor} < \frac{1}{f_{ref}} = 100\,\text{ns} \;;\quad N_{ref} > \frac{1}{\left|\frac{\Delta f_x}{f_x}\right|} = 10^6$$

e) $$|\Delta T_{ref}| = \left|\frac{\Delta f_{ref}}{f_{ref}}\,T_{ref}\right| = \left|\frac{\Delta f_{ref}}{f_{ref}^{\,2}}\right| \;;\quad |\Delta t_{Tor}| = N_{ref}\,|\Delta T_{ref}|$$

f) $$\Delta f_{ref} < (r_t\,t + r_0\,\Delta\vartheta)\,f_{ref} \approx 44\,\text{Hz} \;;\quad |\Delta T_{ref}| < 44\cdot 10^{-14}\,\text{s} = 440\,\text{fs}$$

g) $$\left|\frac{\Delta f_x}{f_x}\right| = \left|\frac{\Delta f_{ref}}{f_{ref}}\right| < 44\cdot 10^{-7}$$

9.5 Periodendauermessung

Aufgabe 9.27: Digitale Periodendauermessung und Messung kleiner Frequenzen. Zur Messung der Periodendauer T_x muss ein analoges Signal zunächst mit einem Komparator K in ein Rechtecksignal umgeformt werden. Die Periodendauer T_x wird beispielsweise mit einem D-Flipflop als Zeit zwischen zwei gleichen Flanken des Rechtecksignals erzeugt. Während der Periodendauer T_x wird die Anzahl der Schwingungen der Referenzfrequenz f_{ref} des Taktgenerators mit einem Zähler gezählt (Bild 9.28). Diese Periodendauermessung hat für niedrige Frequenzen (mit einer großen Periode) eine gute Auflösung und wird deshalb zur Messung von niedrigen Frequenzen verwendet.

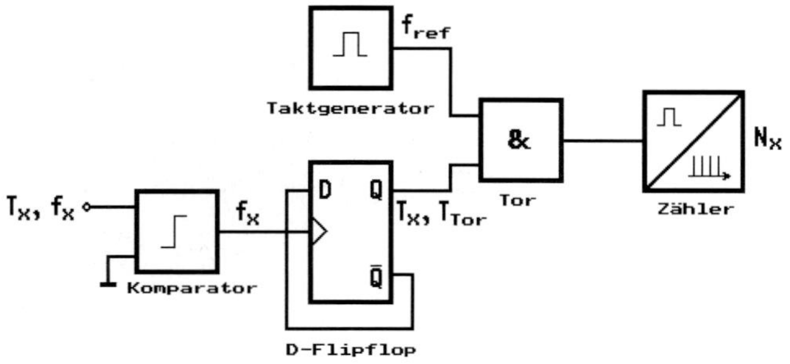

Bild 9.28

a) Wie groß ist die Periodendauer T_x und die daraus abgeleitete Frequenz f_x?

b) Geben Sie den maximal möglichen relativen Messfehler für die Periodendauer- und Frequenzmessung an.

Zur Erhöhung der Genauigkeit der Messung wird die Periodendauer T_x bzw. die Frequenz über mehrere Perioden t_{Tor} gemessen, indem das Flipflop durch einen Rückwärtszähler (N_{RZ}) ersetzt wird.

c) Geben Sie hierfür die Periodendauer T_x und die daraus abgeleitete Frequenz f_x an.

d) Geben Sie den maximal möglichen, relativen Messfehler für die Periodendauer- und Frequenzmessung an.

e) Wie groß ist der relative Quantisierungsfehler $\frac{\Delta N_x}{N_x}$ für die Periodendauer- und Frequenzmessung?

f) Geben Sie die Frequenz f_x bzw. die Periodendauer T_x an, für die der relative Quantisierungsfehler $\frac{\Delta N_x}{N_x}$ gleich groß ist.

g) Zeichnen Sie den relativen Quantisierungsfehler $\frac{\Delta N_x}{N_x}$ über der Messfrequenz f_x für die Frequenz- und Periodendauermessung in ein doppellogarithmisches Diagramm ein, wenn f_{ref} = 10 MHz und t_{Tor} = 0,1 s; 1 s; 10 s beträgt.

Lösung:

a) $$T_x = \frac{N_x}{f_{ref}} \; ; \quad f_x = \frac{1}{t_{Tor}} = \frac{1}{T_x} = \frac{f_{ref}}{N_x}$$

b) $$\frac{\Delta T_x}{T_x} = \frac{\Delta N_x}{N_x} - \frac{\Delta f_{ref}}{f_{ref}} \; ; \quad \frac{\Delta f_x}{f_x} = \frac{\Delta f_{ref}}{f_{ref}} - \frac{\Delta N_x}{N_x}$$

$$\left|\frac{\Delta T_x}{T_x}\right| = \left|\frac{\Delta f_x}{f_x}\right| = \left|\frac{\Delta N_x}{N_x}\right| + \left|\frac{\Delta f_{ref}}{f_{ref}}\right| = \frac{1}{N_x} + \left|\frac{\Delta f_{ref}}{f_{ref}}\right|$$

c) $$T_x = \frac{t_{Tor}}{N_{RZ}} = \frac{N_x}{N_{RZ}\, f_{ref}} \; ; \quad f_x = \frac{N_x}{t_{Tor}} = \frac{N_x}{N_{RZ}\, T_x}$$

d) $$\frac{\Delta T_x}{T_x} = \frac{1}{N_x} - \frac{1}{N_{RZ}} - \frac{\Delta f_{ref}}{f_{ref}} \; ; \quad \frac{\Delta f_x}{f_x} = \frac{1}{N_{RZ}} - \frac{1}{N_x} + \frac{\Delta f_{ref}}{f_{ref}}$$

$$\left|\frac{\Delta T_x}{T_x}\right| = \left|\frac{\Delta f_x}{f_x}\right| = \frac{1}{N_x} + \frac{1}{N_{RZ}} + \left|\frac{\Delta f_{ref}}{f_{ref}}\right|$$

e) $$\left.\frac{\Delta N_x}{N_x}\right|_{T_x} = \left.\frac{1}{N_x}\right|_{T_x} = \frac{1}{f_{ref}\, T_x} = \frac{f_x}{f_{ref}}$$

$$\left.\frac{\Delta N_x}{N_x}\right|_{f_x} = \left.\frac{1}{N_x}\right|_{f_x} = \frac{1}{f_x\, t_{Tor}} = \frac{1}{f_x\, N_{RZ}\, T_x} = \frac{f_{ref}}{f_x\, N_{RZ}\, N_x}$$

f) $$f_x^2 = \frac{f_{ref}}{t_{Tor}} = \frac{f_{ref}}{N_{RZ}\, T_x} = \frac{f_{ref}^{\,2}}{N_{RZ}\, N_x}$$

$$f_x = \frac{f_{ref}}{\sqrt{N_{RZ}\, N_x}}$$

g)

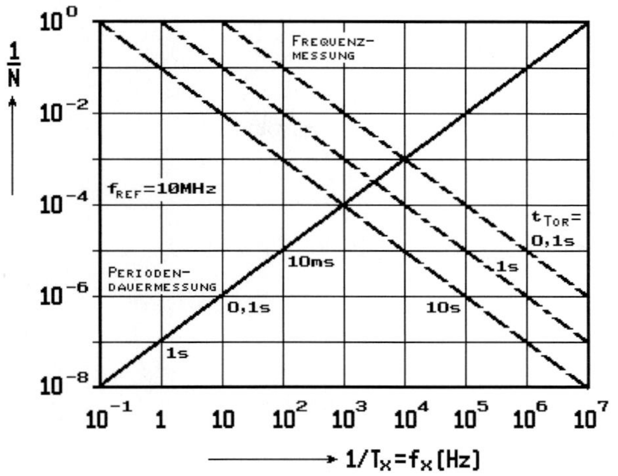

Bild 9.29

9.6 Phasenwinkelmessung

Aufgabe 9.28: Gegeben ist die in Bild 9.30 dargestellte Schaltung zur Phasenwinkelmessung mit den Eingangsspannungen $u_1 = \hat{u} \sin \omega_0 t$ und $u_2 = \hat{u} \sin (\omega_0 t + \varphi)$.

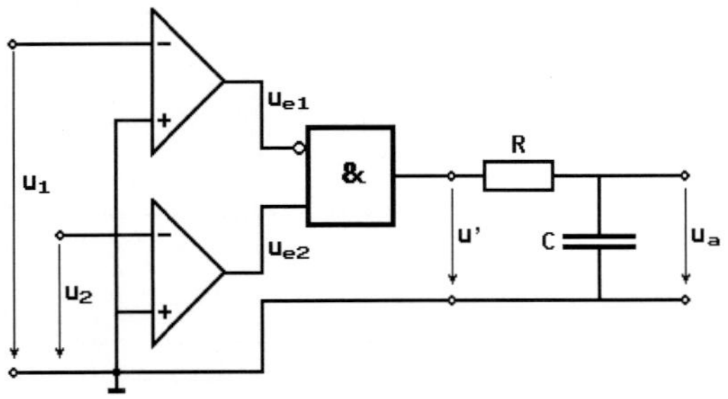

Bild 9.30

a) Welcher Zusammenhang besteht zwischen der Spannung $U_a = f(U_0, T_x, T_0)$ und dem Winkel φ mit U_o = High-Pegel des UND-Gatters und T_x = Zeitdauer des High-Pegels während einer Periode T_o.

b) Bestimmen Sie Maximum der Ausgangsspannung U_a bei $T_x = T_0/4$ für:

1. $RC = \dfrac{T_0}{2}$ 2. $RC = 2T_0$

c) Ist der Mittelwert der Ausgangsspannung U_a von der Zeitkonstante (RC) des Integrators abhängig?

d) Geben Sie $\varphi = f(U_0, RC, T_x, T_0)$ an.

Lösung:

a) $$U_a = \overline{u_a} = U_0 \frac{T_x}{T_0} = \frac{U_0}{2\pi} \varphi$$

$$u_a(t) = \begin{cases} U_0 \left(1 - e^{-\frac{t-t_1}{RC}}\right) + U_{a,min} & \text{für } t_1 \le t \le t_1 + T_x \\ U_{a,max}\, e^{-\frac{t-t_2}{RC}} & \text{für } t_2 \le t \le T_0 + t_1 \end{cases}$$

b)

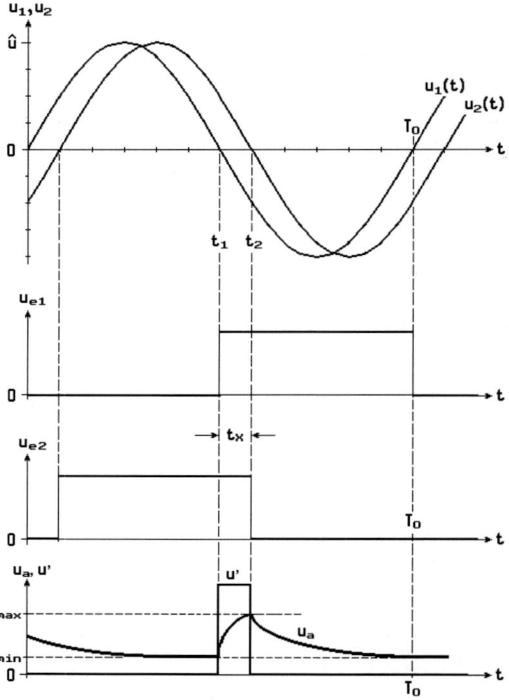

Bild 9.31

$$U_{a,max} = u_a(t = t_1 + T_x) = U_0\left(1 - e^{-\frac{T_x}{RC}}\right) + U_{a,min} = U_0 \frac{1 - e^{-\frac{T_x}{RC}}}{1 - e^{-\frac{T_0 - T_x}{RC}}}$$

$$U_{a,min} = U_{a,max}\, e^{-\frac{T_0 - T_x}{RC}}$$

1. $U_{a,max} = U_0 \dfrac{1 - e^{-0.5}}{1 - e^{-1,5}} \approx 0{,}5065\, U_0$; $U_{a,min} \approx 0{,}1130\, U_0$

2. $U_{\mathrm{a,max}} = U_0 \dfrac{1 - e^{-0{,}125}}{1 - e^{-0{,}375}} \approx 0{,}3758\, U_0$; $U_{\mathrm{a,min}} \approx 0{,}2582\, U_0$

c)

$$U_\mathrm{a} = \overline{u_\mathrm{a}} = \frac{1}{T_0} \int_0^{T_0} u_a(t)\, \mathrm{d}t$$

$$U_\mathrm{a} = \frac{U_0}{T_0} \left[\int_{t_1}^{t_2} \left(1 - e^{-\frac{t-t_2}{RC}} \right) \mathrm{d}t + \frac{U_{\mathrm{a,min}}}{U_0} \int_{t_1}^{t_2} \mathrm{d}t + \frac{U_{\mathrm{a,max}}}{U_0} \int_{t_2}^{T_0+t_1} e^{-\frac{t-t_2}{RC}}\, \mathrm{d}t \right]$$

$$= \frac{U_0}{T_0} T_\mathrm{x} \frac{1 - e^{\frac{T_0}{RC}}}{e^{\frac{T_\mathrm{x}}{RC}} - e^{\frac{T_0}{RC}}}$$

U_a ist abhängig von der RC-Zeitkonstanten:

$$U_\mathrm{a} = \overline{u}_\mathrm{a} = \frac{U_0}{T_0} T_\mathrm{x} \quad \text{für} \quad RC \gg T_0,\, T_\mathrm{x}\ .$$

d) $$\varphi = 2\pi \frac{U_\mathrm{a}}{U_0} = 2\pi \frac{T_\mathrm{x}}{T_0} \frac{1 - e^{\frac{T_0}{RC}}}{e^{\frac{T_\mathrm{x}}{RC}} - e^{\frac{T_0}{RC}}}$$

Aufgabe 9.29: Gegeben ist das in Bild 9.32 dargestellte Blockschaltbild eines Phasenmessers.

a) Stellen Sie die Ausgangsgröße Q als Funktion der beiden Eingangsgrößen A und B dar. Welche Funktion ergibt sich?

b) Skizzieren Sie den Verlauf von U_{e1}, U_{e2} und Q für eine von Ihnen gewählte Phasenverschiebung φ.

c) Berechnen Sie $U_\mathrm{a} = f(\varphi)$ für $-\pi \le \varphi \le \pi$ und $RC \gg 1/f$. Die Gatter sollen dabei zwischen Masse und U_0 schalten.

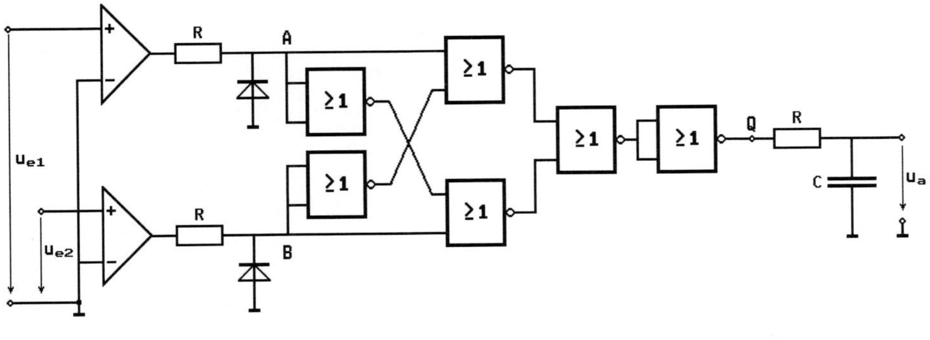

Bild 9.32

Lösung:

a) $Q = \overline{A}\,B + A\,\overline{B} = A \oplus B$ (Antivalenz-Funktion)

b) $\varphi = \omega\tau = 2\pi\,\dfrac{\tau}{T}$

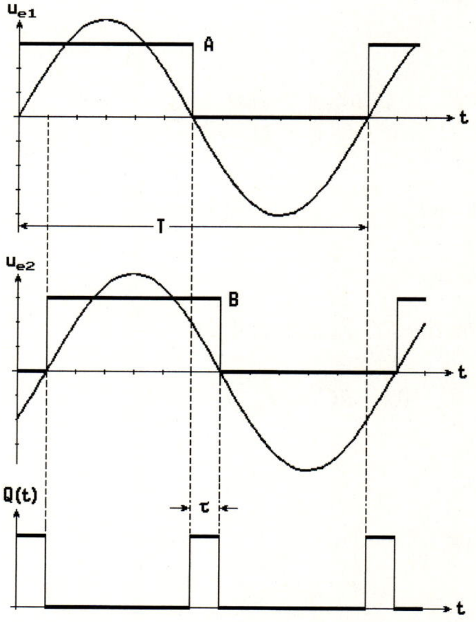

Bild 9.33

c) $\overline{u}_{\mathrm{a}} = \dfrac{1}{T}\displaystyle\int_0^T Q(t)\,dt = 2\,U_0\,\dfrac{\tau}{T} = \dfrac{U_0}{\pi}\,|\varphi|$

10 Digital/Analog-Umsetzer

Aufgabe 10.1: Gegeben ist ein 4 Bit-Digital/Analog-Umsetzer nach Bild 10.1.

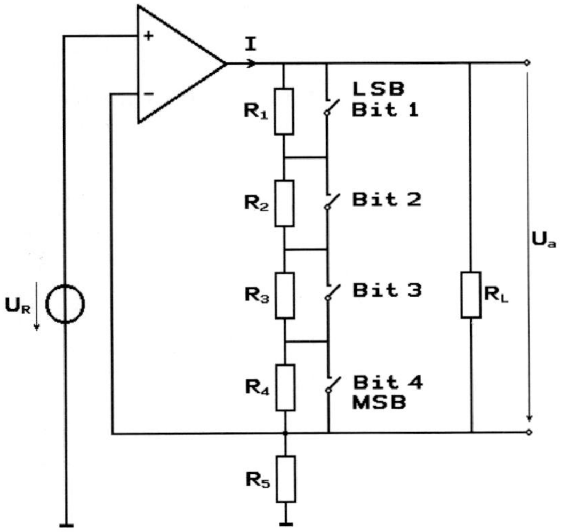

Bild 10.1

a) Welche Messverstärker-Schaltung liegt vor?

b) Alle Schalter sind geöffnet (logisch "1"). Berechnen Sie für $R_L \to \infty$ die Ausgangsspannung $U_a = f(U_R, R_1, R_2, R_3, R_4, R_5)$.

c) Die Ausgangsspannung U_a soll der von Bit 1 bis 4 eingestellten Dualzahl in Volt entsprechen (z.B. 1111 = 15 V). Bestimmen Sie hierzu die Widerstände R_1 bis R_4, wenn gilt: Schalter offen = logisch "1" und
Schalter geschlossen = logisch "0".

d) Der Ausgang U_a wird mit dem Widerstand R_L belastet. Berechnen Sie den hierdurch auftretenden relativen Fehler der Ausgangsspannung U_a.
$|\Delta U_a / U_a| = f(R_1, R_2, R_3, R_4, R_L)$

e) Berechnen Sie für $R_L = 1\,\text{M}\Omega$ den maximalen relativen Fehler und geben Sie die zugehörige Ausgangsspannung U_a an.

Lösung:

a) Gegengekoppelter *u*/*i*-Verstärker

b) $$U_a = \frac{(R_1 + R_2 + R_3 + R_4)}{R_5} U_R$$

c) $$R_1 = 2^0 R_0 = 1\,\text{k}\Omega; \quad R_2 = 2^1 R_0 = 2\,\text{k}\Omega;$$
$$R_3 = 2^2 R_0 = 4\,\text{k}\Omega; \quad R_4 = 2^3 R_0 = 8\,\text{k}\Omega$$

d) $$\left|\frac{\Delta U_a}{U_a}\right|_{max} = \frac{R_1 + R_2 + R_3 + R_4}{R_1 + R_2 + R_3 + R_4 + R_L}$$

e) $$\left|\frac{\Delta U_a}{U_a}\right|_{max} = 1{,}5\%$$

Aufgabe 10.2: Untersucht wird der untenstehende D/A-Umsetzer mit einem Widerstandskettenleiter nach Bild 10.2.

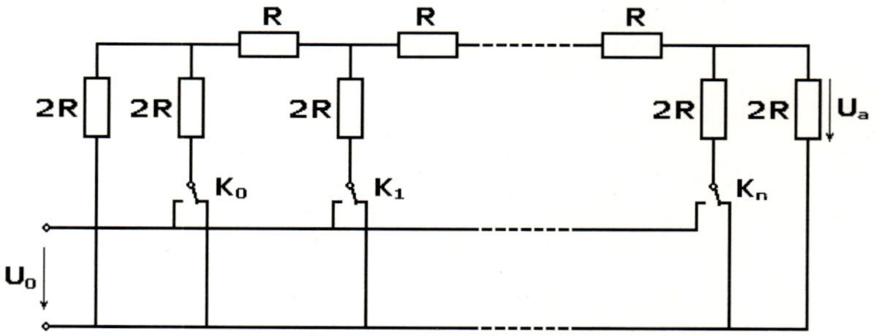

Bild 10.2

Führen Sie die folgenden Berechnungen durch:

a) Wie groß ist der Lastwiderstand hinter jedem Kontakt K?

b) Wie groß ist demnach die Spannung U_k, die an dem "gespeisten" Knotenpunkt (k)liegt?

c) Wie erscheint die unter b) ermittelte Spannung des k-ten Knotens am Ausgang, wenn insgesamt n Stufen vorhanden sind?

d) Zeichnen Sie für eine Fehlerbetrachtung das Ersatzschaltbild des Kettenleiters für einen geschlossenen Kontakt und bezeichnen Sie die dabei auftretenden Widerstände zunächst allgemein mit R_1, R_2 und R_3. Bestimmen Sie für dieses Ersatzbild die wirksame Spannung U_k einer Stufe.

e) Bestimmen Sie für die Ausgangsspannung nach d) den relativen Fehler $f = \Delta U/U_0$, falls alle Widerstände des Ersatzbildes den Wert $2R$ und die Fehlerklasse 0,1 (f_R) haben.

Lösung:

a) $R_k = 3R$

b)

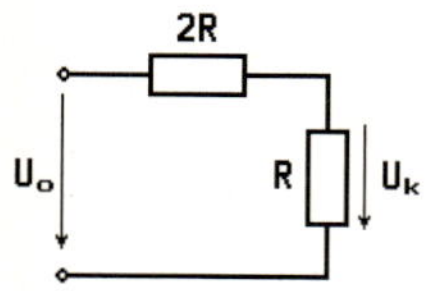

$$U_k = \frac{R}{3R} U_0 = \frac{U_0}{3}$$

Bild 10.3

c) Die Knotenspannung U_k wird an jedem weiteren Knoten halbiert. Bei n Stufen gilt für die Stufe $k = 0$: $U_a = \frac{U_0}{3}\frac{1}{2^n}$; für die Stufe $k = n$ $U_a = \frac{U_0}{3}\frac{1}{2^0}$

allgemein gilt: $U_a(k) = \frac{U_0}{3}\frac{1}{2^{n-k}}$ für $k = 0,1,2,...,n$

d)

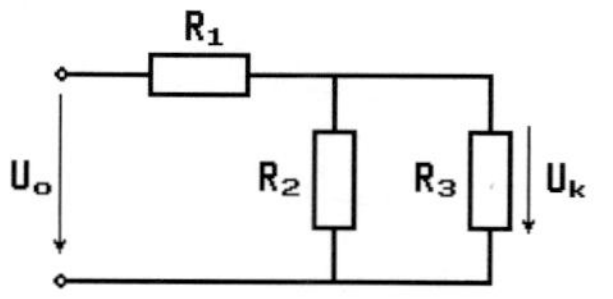

Bild 10.4

$$U_k = \frac{\frac{R_2R_3}{R_2+R_3}}{R_1+\frac{R_2R_3}{R_2+R_3}}U_0 = \frac{R_2R_3}{R_1(R_2+R_3)+R_2R_3}U_0$$

e) totales Differential

$$\Delta U = \frac{\partial U}{\partial U_0}\Delta U_0 + \frac{\partial U}{\partial R_1}\Delta R_1 + \frac{\partial U}{\partial R_2}\Delta R_2 + \frac{\partial U}{\partial R_3}\Delta R_3$$
$$= \frac{\partial U}{\partial U_0}\Delta U_0 + \left(R_1\frac{\partial U}{\partial R_1} + R_2\frac{\partial U}{\partial R_2} + R_3\frac{\partial U}{\partial R_3}\right) f_R$$

$$\Delta U = \frac{R_2R_3}{R_1(R_2+R_3)+R_2R_3}\Delta U_0 - \frac{R_2R_3(R_2+R_3)}{[R_1(R_2+R_3)+R_2R_3]^2}U_0\Delta R_1$$
$$+ \frac{R_3[R_2(R_1+R_3)+R_1R_3]-R_2R_3(R_1+R_3)]}{[R_2(R_1+R_3)+R_1R_3]^2}U_0\Delta R_2$$
$$+ \frac{R_2[R_3(R_1+R_2)+R_1R_2]-R_2R_3(R_1+R_2)}{[R_3(R_1+R_2)+R_1R_2]^2}U_0\Delta R_3$$

mit $R_1 = R_2 = R_3 = 2R$ und $f_R = \frac{\Delta R_1}{R_1} = \frac{\Delta R_2}{R_2} = \frac{\Delta R_3}{R_3} = \frac{\Delta R}{R}$

$$\frac{\Delta U}{U_0} = \frac{1}{3}\frac{\Delta U_0}{U_0}$$

Aufgabe 10.3: Gegeben ist der in Bild 10.5 dargestellte D/A-Umsetzer mit einem *R*-2*R*-Netzwerk.

a) Bestimmen Sie den Ausgangsstrom I_k.

b) Welche allgemeine formale Abhängigkeit ergibt sich für die Ausgangsstrom I_k, wenn der Kettenleiter aus *n* Stufen besteht?

c) Der D/A-Umsetzer werde nun in der Schaltung nach Bild 10.6 eingesetzt. Bestimmen Sie für diese Schaltung die Ausgangsspannung U_a. Welche Funktion hat diese Schaltung?

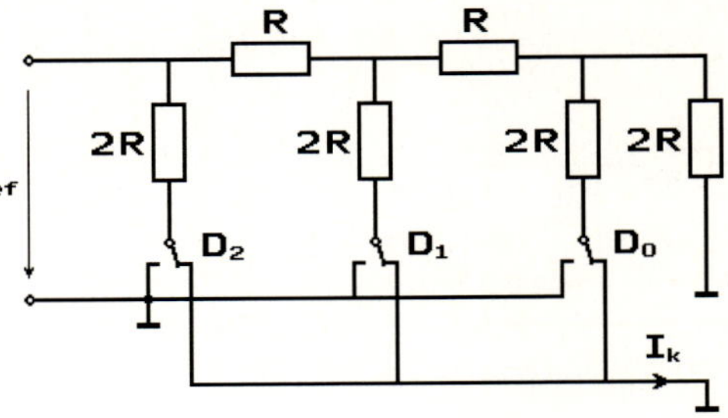

Bild 10.5

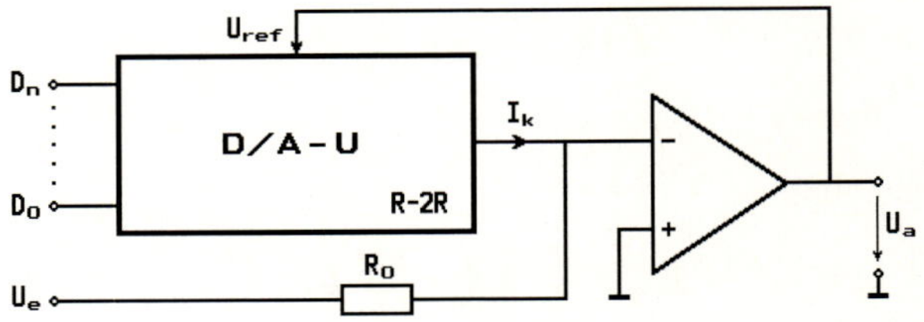

Bild 10.6

Lösung:

a) $$I_k = \frac{U_{ref}}{R}\,\frac{4D_2 + 2D_1 + D_0}{8} \quad \text{mit} \quad D_i = \begin{cases} 0; \\ 1; \end{cases} \quad \text{Schaltfunktion}$$

b) $$I_k = \frac{U_{ref}}{R}\,\frac{Z_D}{Z_{max}} = \frac{Z_D}{2^n} \quad \text{mit} \quad 0 \le Z_D \le 2^n - 1 \quad \text{(Dualzahl)}$$

c) $$U_a = -\frac{R Z_{max}}{R_0}\,\frac{U_e}{Z_D} = -k\,\frac{U_e}{Z_D}$$

Funktion: Division der Eingangsspannung durch Z_D.

Aufgabe 10.4: Das Bild 10.7 zeigt einen 4-Bit-D/A-Umsetzer nach dem Prinzip der gewichteten Ströme.

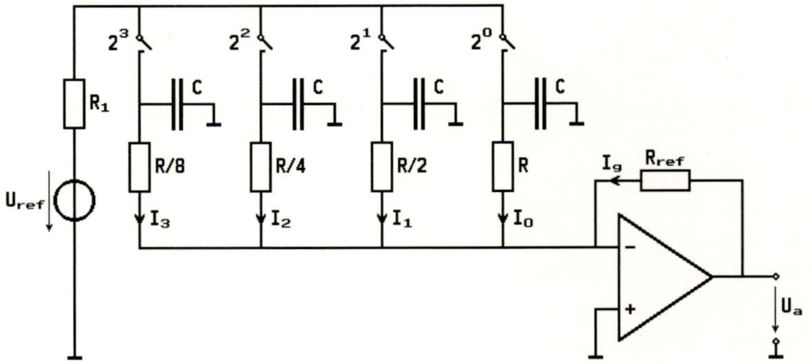

Bild 10.7

a) Geben Sie die Dualzahl Z mit den Variablen $z_i \in \{0,1\}$ an.

b) Wie groß sind die Teilströme I_i ($i = 0, ..., 3$) für $R_1 = 0$.

c) Berechnen Sie U_a aus den Teilströmen I_i für $R_1 = 0$ und vereinfachen Sie mit Z.

d) Berechnen Sie den Zahlenwert von R_{ref} für die minimale Ausgangsspannung $U_{a,min}$. Es ist gegeben $U_{a,min} = -5$ V, $U_{ref} = 1$ V, $R = 120$ kΩ.

e) Berechnen Sie die Ausgangsspannung $U_{a,R}$ unter Berücksichtigung des Innenwiderstandes R_1 der Referenzspannungsquelle U_{ref}. Hinweis: Berechnen Sie zuerst den Gesamtwiderstand R_{ges} der an U_{ref} liegt, und drücken diesen mit Z aus.

f) Berechnen Sie den relativen Fehler f der Ausgangsspannung U_a, wenn U_a (nach c) der wahre Wert (Sollwert) und $U_{a,R}$ (nach e) der Istwert ist.

g) Bei welcher Dualzahl Z entsteht der maximale, relative Fehlerbetrag $|f_{max}|$ der Ausgangsspannung U_a?

h) Berechnen Sie den maximalen relativen Fehler f_{max} bei Z_{max} für $R_1 = 100\ \Omega$ und $R = 120$ kΩ.

i) Berechnen Sie allgemein $u_a(t)$, wenn zum Zeitpunkt $t = 0$ von $Z_{dual} = (0000)$ und entladenen Kondensatoren C auf $Z_{dual} = (1111)$ geschaltet wird.
Hinweis: Geben Sie zuerst den Spannungsverlauf $u_{CE}(t)$ an C_E an, indem Sie die 4 Widerstände $R/8$, $R/4$, $R/2$ und R und die 4 Kondensatoren in eine Parallel-Ersatzschaltung mit R_E und C_E umformen.

j) Nach welcher Zeit $t_{1\%}$ weicht $u_a(t)$ nach i) nur noch 1 % vom Endwert $U_{a,end}$ ab (allgemeine Rechnung)?

$$U_{a,end} = \lim_{t\to\infty} u_a(t)$$

k) Geben Sie den Zahlenwert $t_{1\%}$ nach j) für $R_1 = 100\ \Omega$, $R = 120$ kΩ und $C = 5$ pF an.

Lösung:

a) $$Z = \sum_{i=0}^{3} Z_i\, 2^i = Z_3\, 2^3 + Z_2\, 2^2 + Z_i\, 2^1 + Z_0\, 2^2$$

b) $$I_i = \frac{U_{ref}}{R} Z_i\, 2^i$$

c) $$U_a = -R_{ref} \sum_{i=0}^{3} I_i = -U_{ref} \frac{R_{ref}}{R} Z$$

d) $$R_{ref} = \frac{U_{a,min}}{U_{ref}} R \frac{1}{Z_{max}} = 40\,\text{k}\Omega$$

e) $$U_{a,R} = -U_{ref} \frac{R_{ref}}{R_1 Z + R} Z$$

f) $$f = \frac{U_{a,R} - U_a}{u_a} = -\frac{R_1 Z}{R_1 Z + R} Z$$

g) $$|f| = \frac{R_1 Z}{R_1 Z + R} \quad ; \quad Z_{max} = (1111) = 15$$

h) $$f_{max} \approx -1{,}23\,\%$$

i) $$C_E = C \| C \| C \| C = 4C \quad ; \quad R_E = \frac{1}{\sum_{i=0}^{3} \frac{1}{R_i}} = \frac{R}{Z_{max}} = \frac{R}{15}$$

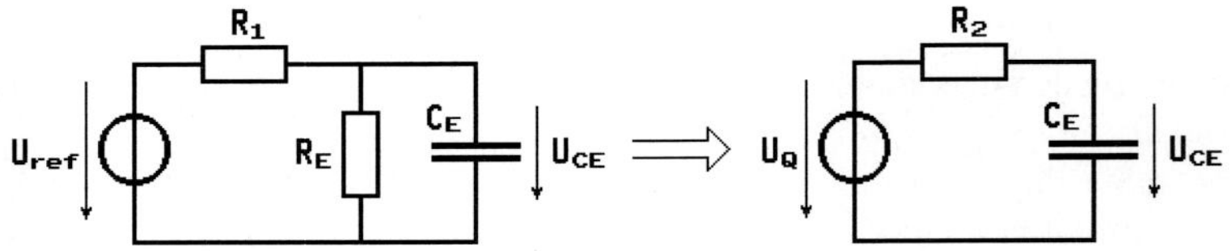

Bild 10.8

$$R_Q = R_1 \| R_E = \frac{R_1 R_E}{R_1 + R_E} \quad ; \quad U_Q = U_{ref} \frac{R_E}{R_1 + R_E}$$

$$u_{CE}(t) = U_Q \left(1 - e^{-\frac{t}{\tau}} \right) \quad \text{mit} \quad \tau = R_Q C_E$$

$$u_a(t) = -U_{ref} \frac{R_{ref}}{R_1 + R_E} \left(1 - e^{-\frac{t}{\tau}} \right) = u_{a,max} \left(1 - e^{-\frac{t}{\tau}} \right)$$

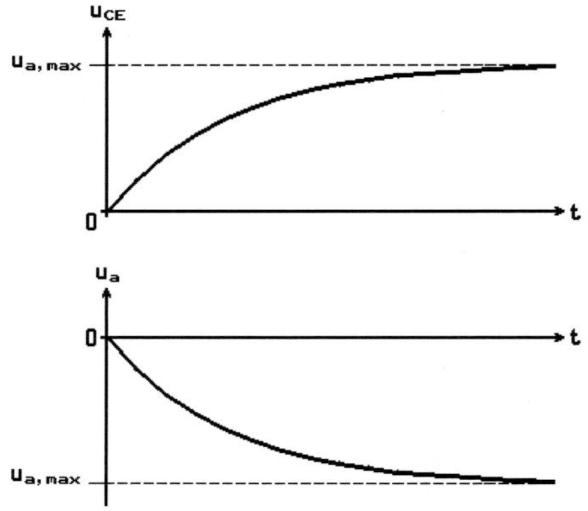

Bild 10.9

j) $$U_{a,end} = -u_{a,max} = -U_{ref} \frac{R_{ref}}{R_i + R_E}$$

$$\frac{U_{\text{a,end}} - u_{\text{a}}(t_{\text{x}})}{U_{\text{a,end}}} = x \;;\quad t_{\text{x}} = -\tau \ln x = -\frac{R_1 R_{\text{E}}}{R_1 + R_{\text{E}}} C_{\text{E}} \ln x$$

k) $t_{1\%} \approx 9{,}09\,\text{ns}$

11 Analog/Digital-Umsetzer (ADU)

11.1 Nicht direkt umsetzender ADU

Aufgabe 11.1: Gegeben ist die in Bild 11.1 dargestellte Schaltung zur A/D-Umsetzung eines Spannungssignals U_0. Es seien $U_0 = +5$ V, $U_{s,\,min} = -2$ V, $U_{s,\,max} = +8$ V. Die Operationsverstärker sind ideal und liefern als maximale Ausgangsspannung +5 V, als minimale Ausgangsspannung 0 V. Das Signal S ist während einer linear steigenden Flanke des Dreiecksignals u_s auf "High"- (+5 V) und während der linear fallenden Flanke auf "Low"-Pegel (0 V). Die Frequenz f_N des Frequenznormals sei ein Vielfaches der Frequenz der Dreieckspannung.

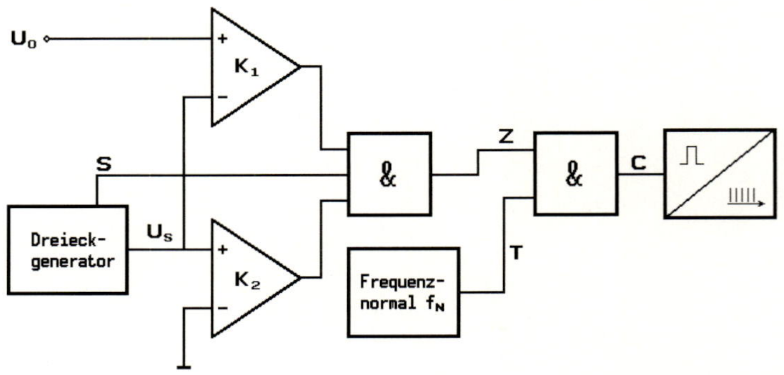

Bild 11.1

a) Welche Funktion haben die Operationsverstärker?

b) Skizzieren Sie in *einem* Zeitdiagramm U_0 und u_s für zwei Perioden des Dreiecksignals U_s. Beginnen Sie bei $u_s = U_{s,\,min}$ zum Zeitpunkt $t_0 = 0$.

c) Skizzieren Sie darunter in *jeweils* einem Zeitdiagramm die Signale S, K_1, K_2 , Z, T und C.

d) Die Spannung U_0 steigt auf +6 V. Wie ändert sich das Signal C qualitativ?

e) Stellen Sie die Gleichung der steigenden Flanke des Dreiecksignals auf (t_0 bei $U_{s,\,min}$, t_3 bei $U_{s,\,max}$).

f) Berechnen Sie den Zeitpunkt t_1 für $u_s = 0$.

g) Berechnen Sie den Zeitpunkt t_2 für $u_s = U_0$.

h) Berechnen Sie die Zeitdauer, für die das Signal Z auf "High"-Pegel ist.

i) Berechnen Sie die Impulse N_0 des Signals C für eine steigende Flanke des Dreiecksignals.

Lösung:

a) Komparatoren

b) und c)

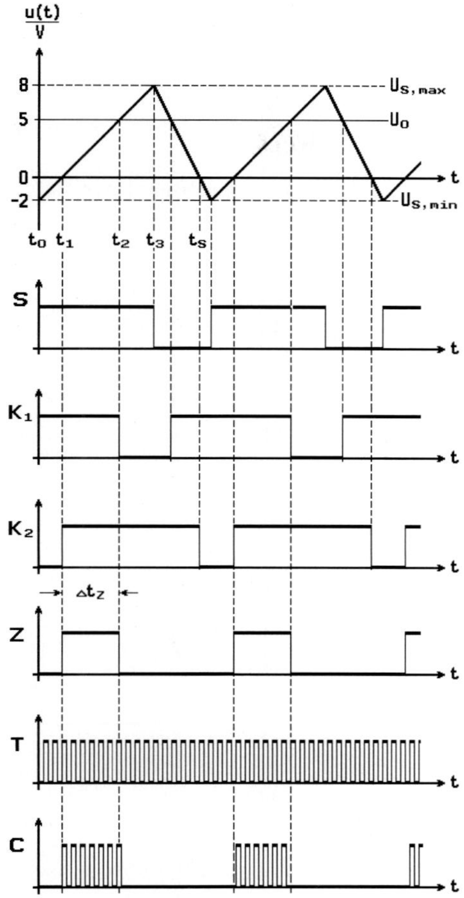

Bild 11.2

d) Die Anzahl der Zählimpulse von C vergrößert sich.

e) $$u_S = \frac{U_{S,max} - U_{S,min}}{t_3 - t_0}(t - t_0) + U_{S,min}$$

f) $$t_1 = U_{S,min}\frac{t_3 - t_0}{U_{S,max} - U_{S,min}} + t_0$$

g) $$t_2 = (U_0 - U_{S,min})\frac{t_3 - t_0}{U_{S,max} - U_{S,min}} + t_0$$

h) $$\Delta t_Z = t_2 - t_1 = U_0 \frac{t_3 - t_0}{U_{S,max} - U_{S,min}}$$

i) $$N_0 = (t_2 - t_1) f_N = f_N U_0 \frac{t_3 - t_0}{U_{S,max} - U_{S,min}}$$

Aufgabe 11.2: Digitalvoltmeter. Ein Digitalvoltmeter für positive Gleichspannungen hat die Schaltung nach Bild 11.3. Der Zähler wird zurückgesetzt, wenn U_a von 5 V auf 0 V zurückgeht (negative Flanke von U_a).

a) Zeichnen Sie zu $u_s(t)$ zeitlich zugeordnet $u_a(t)$ für $U_e = 2$ V über mindestens 2 Perioden.
b) Wie sieht u_a(t) für $U_e = +4$ V aus?
c) Der Zähler soll die angelegte Spannung in mV anzeigen. Wie groß muss die Frequenz $f = 1/T$ des Taktgenerators sein?

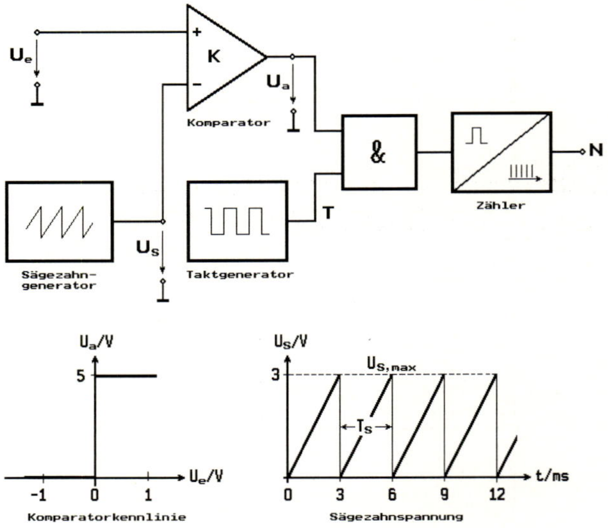

Bild 11.3

Lösung: a)

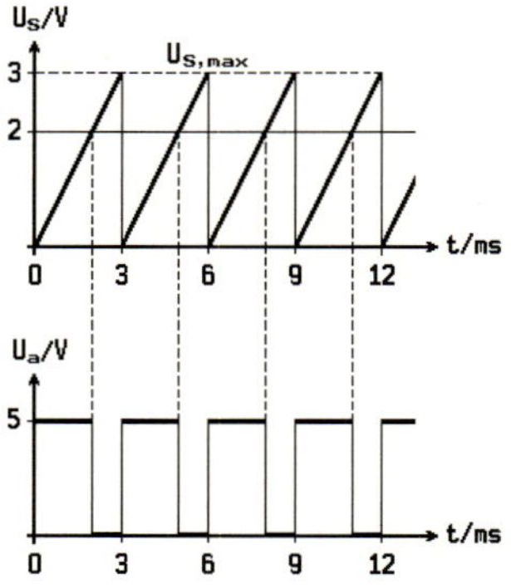

Bild 11.4

b)

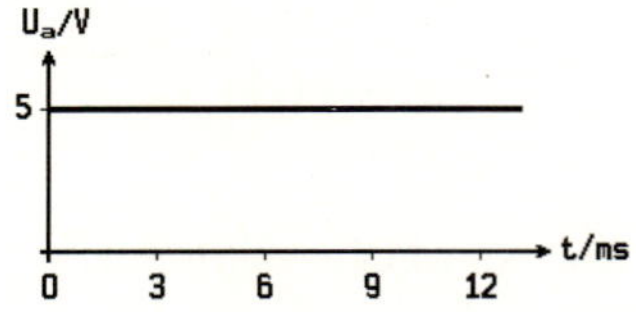

Bild 11.5

c) $$f = \frac{N_{soll}}{t_{Tor}} = \frac{U_{s,max}\,N_{soll}}{U_e\,T_s} = 1\text{ MHz} \quad \text{mit} \quad N_{soll} = \frac{2\,\text{V}}{1\,\text{mV}} = 2000$$

Aufgabe 11.3: Dual-Slope-Umsetzer. Gegeben ist ein Dual-Slope-Umsetzer mit einem n-stufigen asynchronen Dualzähler nach Bild 11.6. Im Anfangszustand wird der Dualzähler zurückgesetzt und die Messspannung u_x aufintegriert. Beim Übergang der n-ten Stufe von "0" auf "1" wird von u_x auf U_o geschaltet. Es sind folgende Werte gegeben: Anzahl der Stufen n = 11, Taktfrequenz f = 10 kHz, Referenzspannung U_o = 10 V, Integrator R = 1,024 MΩ, C = 100 nF.

a) Welche Eingangsspannung kann der Umsetzer verarbeiten?

b) Wie groß ist u_1 beim Umschalten von u_x auf U_o, wenn u_x = 4V ist?

c) Geben Sie den Verlauf von u_1 bei u_x = 4 V und die zugehörigen Zählerstände an.

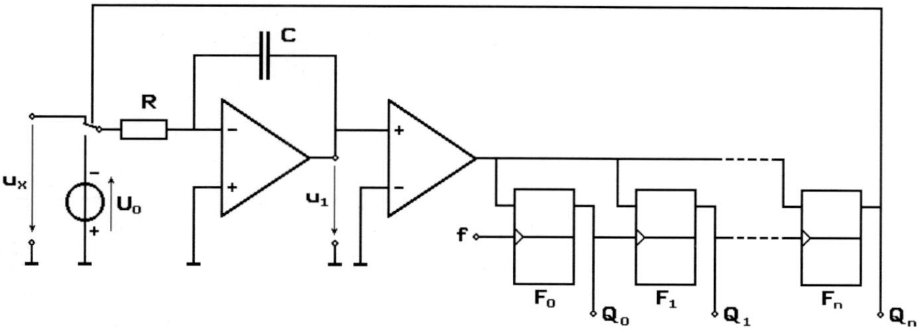

Bild 11.6

Lösung:

a) (1) $$u_1(t) = -\frac{1}{RC}\int_{t_0}^{t} u_x(t)\,dt \quad \text{für} \quad t_0 \le t \le t_1$$

$$u_1(t_1) = -\frac{1}{RC}\,\overline{u}_x(t_1-t_0) \quad \text{mit} \quad \overline{u}_x = \frac{1}{t_1-t_0}\int_{t_0}^{t} u_x(t)\,dt$$

(2) $$u_1(t) = u_1(t_1) + \frac{1}{RC}\int_{t_1}^{t} U_0\,dt \quad \text{für} \quad t_1 \le t \le t_x$$

Mit $u_1(t{=}t_x) = 0$ ergibt sich $\overline{u}_{x,\max} = U_0 = 10\,\text{V}$.

b) $$u_1(t{=}t_1) = -\frac{1}{RC}\,\overline{u}_x(t_1-t_0) = -8\,\text{V}$$

c) Maximaler Zählerstand $N = 2^n = 2^{11} = 2048$

bei einer Zähldauer von $T = t_1 - t_0 = \dfrac{N}{f} = 0{,}2048\,\text{s}$.

$$t_x - t_1 = \frac{\overline{u}_x}{U_0}(t_1-t_0) \approx 0{,}0819\,\text{s}$$

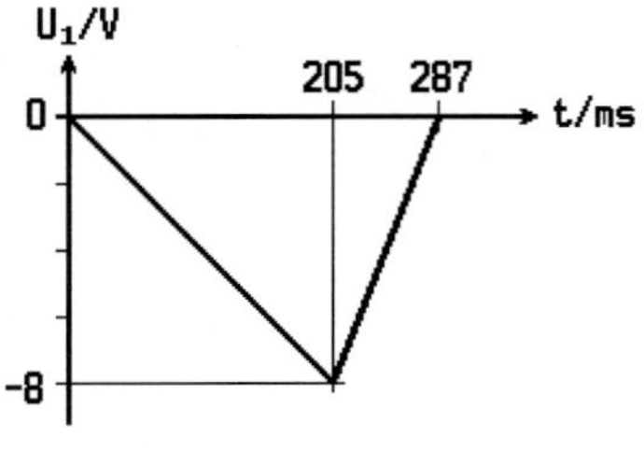

Bild 11.7

Aufgabe 11.4: *u/f*-Umsetzer nach dem Ladungsbilanzverfahren. Gegeben ist die in Bild 11.8 dargestellte *u/f*-Umsetzerschaltung. Die Stromquelle erzeugt einen konstanten Strom $I_2 = 1$ mA. Für die Schalterstellung S gilt: 1-0 für $u_x > 0$ (Reset), 2-0 für $u_x = 0$ (Messen).

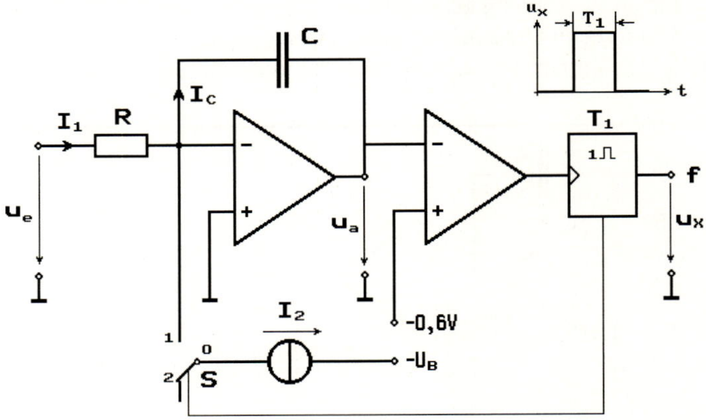

Bild 11.8

a) Zeichnen Sie für mindestens 2 Perioden die Ausgangsspannung $u_a(t)$.
b) Bestimmen Sie allgemein die Frequenz f in Abhängigkeit von I_2, T_1, u_e und R (I_c = konst.).
c) Wie groß ist R zu wählen, wenn bei $U_{e,max} = 10$ V und $T_1 = 1$ µs eine maximale Frequenz von $f_{max} = 100$ kHz erreicht werden soll?
d) Berechnen Sie allgemein den Spannungshub ΔU_a von u_a in Abhängigkeit von T_1, C, I_2 und I_1.
e) Berechnen Sie die Kapazität C für $\Delta U_a = 10$ V, R aus c).
f) Die Frequenz f soll über einen Zähler (5-stellige 7-Segment-Anzeige) dargestellt werden. Skizzieren Sie die Zählschaltung grob und bestimmen Sie die Torzeit des Zählers.

Lösung:

a)

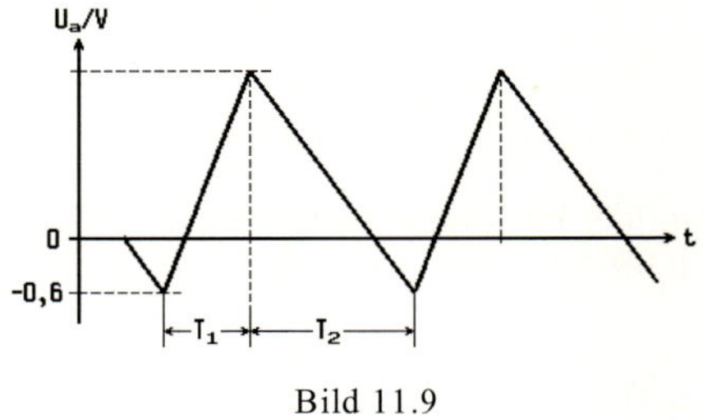

Bild 11.9

b) $$f = \frac{\overline{u}_e}{R I_2 T_1} \quad \text{mit} \quad \overline{u}_e = \frac{1}{T_2}\int u_e \mathrm{d}t$$

c) $$R = \frac{U_{e,max}}{I_2\, T_1\, f_{max}} = 100\,\mathrm{k\Omega}$$

d) $$\Delta U_a = \frac{\Delta Q}{C} = (I_2 - I_1)\frac{T_1}{C}$$

e) $C = \left(I_2 - \frac{\overline{u}_e}{R} \right) \frac{T_1}{\Delta U_a} = 90\,\text{pF}$

f)

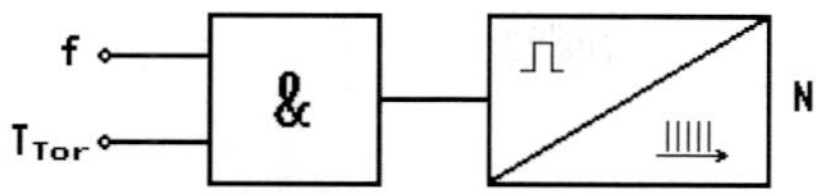

Bild 11.10

$$T_{Tor} = \frac{N}{f_{max}} \approx \frac{10^5}{100\,\text{kHz}} = 1\,\text{s}$$

Aufgabe 11.5: Ladungsbilanz-Umsetzer. Die in Bild 11.11 dargestellte Schaltung stellt einen Integrator zu *u*/*f*-Umformung dar. Der Integrationskondensator *C* wird durch den Schalter S nach Erreichen der Referenzspannung U_{ref} entladen.

a) Bestimmen Sie den Zusammenhang zwischen Eingangsgleichspannung U_e = konst. und der Frequenz *f* am Ausgang bei idealem Schalter.

b) In der Praxis ist S ein Halbleiterschalter und es ist für die Entladung des Kondensators *C* eine konstante, endliche Entladezeit T_E vorhanden. Errechnen Sie nun mit dieser Entladezeit T_E den Zusammenhang zwischen *f* und U_e.

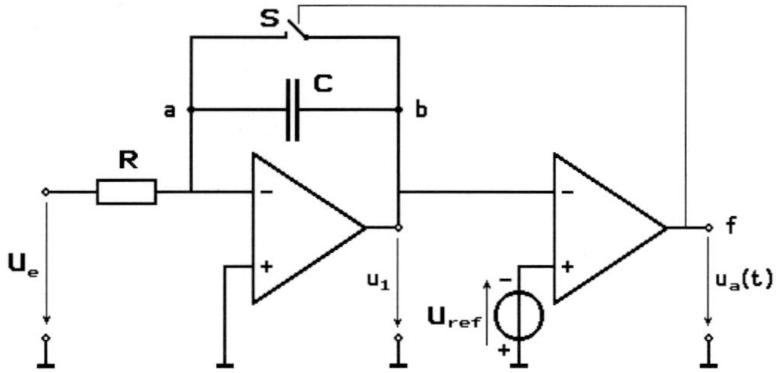

Bild 11.11

c) Skizzieren Sie den Verlauf der Integrator-Ausgangsspannung u_1 für die Eingangsspannungen $U_e = U_1 > 0$ und $U_e = 2/3\ U_1$
- für unendlich kurze und
- endliche, definierte Entladezeit T_E

und für jeweils mindestens 2 Perioden.

Die Schaltung soll nun dimensioniert werden. U_{ref} = -10 V; R = 10 kΩ; C = 2 nF; T_E = 0,2 µs.

d) Bei welcher Spannung U_e tritt mit dieser Dimensionierung infolge T_E ein Fehler von 2% auf, bezogen auf den Wert $T_E = 0$?

e) Welche Ausgangsfrequenz *f* ergibt bei dieser Spannung U_e?

Ladungsbilanzverfahren

Mit dem vom Komparator gesteuerten Schalter S soll eine Konstantstromquelle I_0 für eine feste

Entladezeit T_0 eingeschaltet werden (Bild 11.12). Dieser Entladestrom I_0 ist so groß, dass bei gleichzeitigem maximalen Ladestrom I_e eine teilweise Entladung des Kondensators C erfolgt.

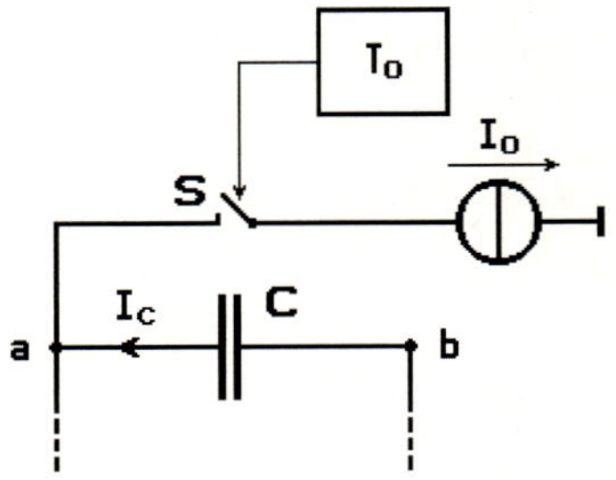

Bild 11.12

f) Geben Sie die während einer Ladezeit T_L zufließende Ladung Q_L und die in der konstanten Entladezeit T_0 abfließende Ladung Q_0 in Abhängigkeit von U_e und I_0 an.

Die in der Entladezeit T_0 entnommene Ladungsmenge Q_0 muss in der darauffolgenden Ladezeit als Q_L wieder zugeführt werden, damit gerade wieder U_{ref} und damit eine stationäre Schwingung erreicht wird.

g) Errechnen Sie allgemein die sich ergebende Entladezeit T_L.
h) Welche Frequenz ergibt sich für die stationäre Schwingung?
i) Welchen Vorteil bietet das Ladungsbilanzverfahren gegenüber dem Integrator?

Lösung:

a) $$f_{\text{ideal}} = \frac{1}{T} = \frac{U_e}{RC\,U_{ref}}$$

b) $$f = \frac{1}{T+T_E} = \frac{U_e}{RC\;U_{ref} + T_E U_e} < f_{\text{ideal}}$$

c)

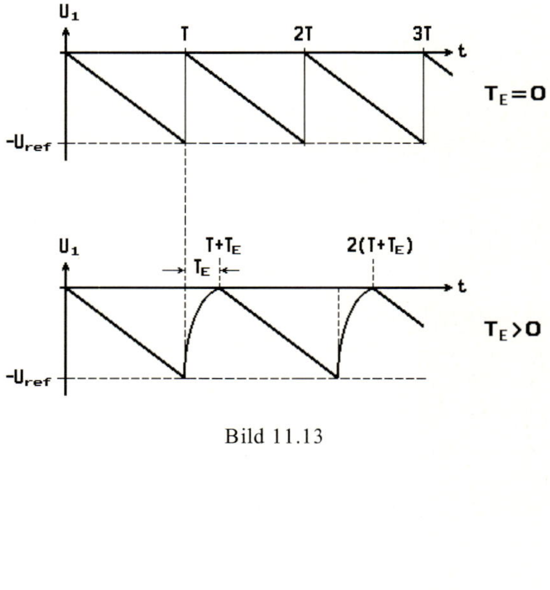

Bild 11.13

d) $U_e = \dfrac{C\,U_{ref}}{T_E\left(1+\dfrac{1}{T}\right)} \approx 20{,}4\,\text{V}$ mit $F = \dfrac{f-f_{ideal}}{f_{ideal}} = \dfrac{\dfrac{1}{T+T_E}-\dfrac{1}{T}}{\dfrac{1}{T}} = -\dfrac{T_E}{T+T_E}$

e) aus b) $f \approx 100$ kHz

f) $Q_L = \dfrac{U_e}{R}\,T_L\;;\; Q_0 = \left(I_0 - \dfrac{U_e}{R}\right)T_0$

g) Aus $Q_L = Q_0$ folgt $T_L = \dfrac{RI_0 - U_e}{U_e}\,T_0$

h) $f = \dfrac{1}{T} = \dfrac{1}{T_0+T_L} = \dfrac{U_e}{RI_0\,T_0} = k\,U_0$

i) Lineare Kennlinie

Aufgabe 11.6: *u*/*f*-Sägezahn-Umsetzer. Gegeben sei die in Bild 11.14 gezeigte Schaltung. Alle Elemente seien ideal. Die Pulsdauer der monostabilen Kippstufe betrage $T_0 = 1$ ms. Nur für diese Zeitdauer wird der Schalter S auf R_2 umgeschaltet.

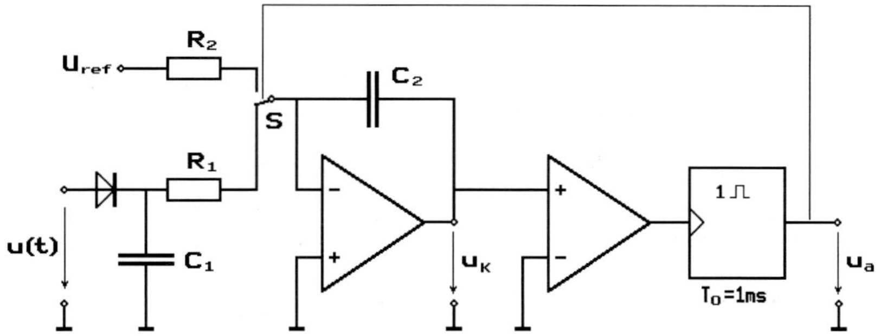

Bild 11.14

a) Zeichnen Sie den Verlauf von u_K und des Ausgangssignals u_a der monostabilen Kippstufe für 2 Perioden. Wie groß ist f in Abhängigkeit von $\hat{u}$, U_{ref}, R_1 und R_2 im *eingeschwungenen* Zustand?

b) Gegeben sind nun folgende Werte: $U_{ref} = 1$ V, $\hat{u} = 200$ V, $R_1 = 10$ MΩ und $R_2 = 10$ kΩ. Welchen Wert hat die Ausgangsfrequenz f?

c) In welchem Bereich darf bei den gegebenen Werten der Spitzenwert $\hat{u}$ der Eingangsspannung $\hat{u}$ liegen, wenn die Frequenz f des Ausgangssignals nach a) zwischen 10 Hz und 500 Hz liegen soll?

d) Unter welchen Bedingungen wird die Ausgangsfrequenz f nach a) näherungsweise direkt proportional zur Amplitude $\hat{u}$, und damit eine Direktanzeige von $\hat{u}$ durch einfache Pulszählung am Ausgangssignal möglich? Skizzieren Sie die reale und die ideale Kennlinie in *einem* Diagramm.

e) Wie groß ist der durch die unter d) gemachte Näherung begangene, systematische relative Fehler bei den gegebenen Werten?

f) Welchen Zweck erfüllt diese Schaltung und welchen speziellen Namen trägt das zugrunde liegende Prinzip?

Lösung:

a) $$\hat{u}_k = \frac{U_{ref}}{R_2 C_2} T_0 \text{ für } 0 \le t \le T_0$$

$$0 = \hat{u}_k - \frac{\hat{u}}{R_1 C_2} \Delta T \quad \text{für} \quad T_0 \le t \le T_0 + \Delta T$$

$$\Delta T = \frac{\hat{u}_k}{\hat{u}} R_1 C_2 = \frac{U_{ref}}{\hat{u}} \frac{R_1}{R_2} T_0$$

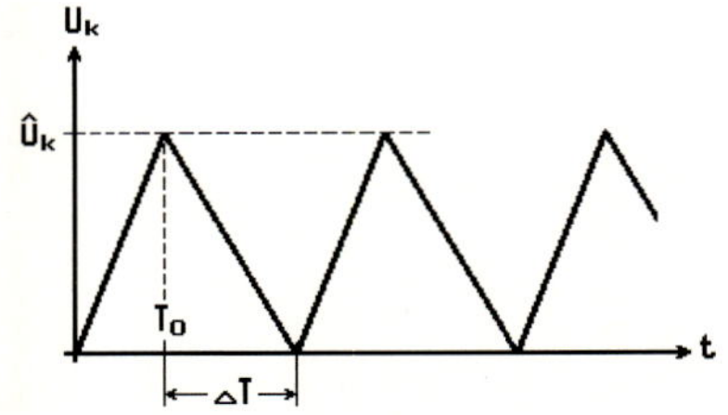

Bild 11.15

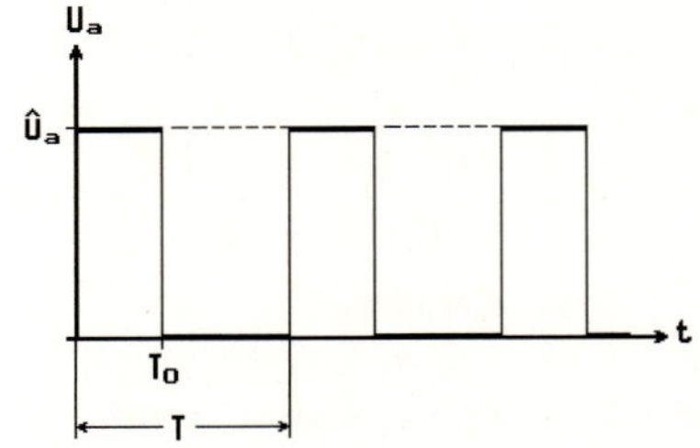

Bild 11.16

$$f = \frac{1}{T} = \frac{1}{T_0 + \Delta T} = \frac{1}{T_0\left(1 + \frac{U_{ref}}{\hat{u}} \frac{R_1}{R_2}\right)}$$

b) $f \approx 166{,}6\,\text{Hz}$

c) $$\hat{u} = \frac{R_1}{R_2} \frac{U_{ref}}{\frac{1}{fT_0} - 1} \; ; \; \hat{u} \in [10{,}1\,\text{V}...1000\,\text{V}]$$

d) $$f \approx \hat{u} \frac{R_2}{T_0 U_{ref} R_1} \quad \text{für} \quad \frac{R_1}{R_2} \frac{U_{ref}}{\hat{u}} \gg 1$$

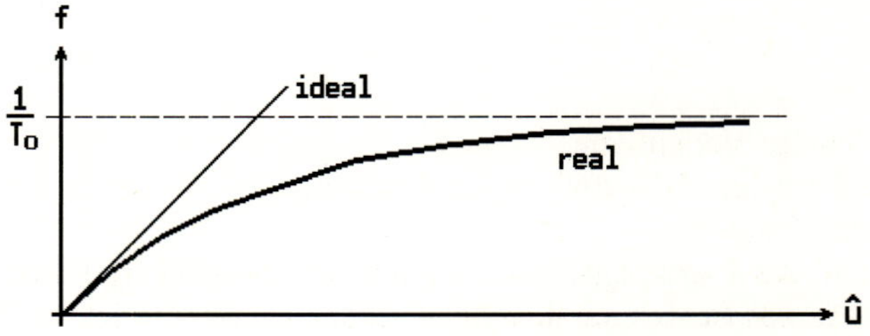

Bild 11.17

e) $$F = \frac{f_{ist} - f_{soll}}{f_{soll}} = \frac{\hat{u} R_2}{U_{ref} R_1} = 20\%$$

f) *U/f*-Umsetzer zur Messung von Spannungsscheitelwerten; Dual-Slope-Verfahren

Aufgabe 11.7: Spannungs-/Frequenz-Sägezahn-Umsetzer (Single-Slope-Umsetzer). Es soll ein Sägezahn-Frequenz-Umsetzer dimensioniert werden (Bild 11.18). Folgende Zahlenwerte sind gegeben: $0 \le u_x \le 10\,\text{V}$; $U_{ref} = 12\,\text{V}$, $f_{max} = 10\,\text{kHz}$; $R = 1\,\text{M}\Omega$.

a) Bestimmen Sie für ideale Komponenten den Wert der Kapazität C so, dass die o.a.

Daten eingehalten werden.

b) Welcher auf den Messbereichsendwert bezogene Fehler ergibt sich, wenn der Kondensator bei $f = 10$ kHz einen Verlustfaktor tan δ = 10^{-3} aufweist? Verwenden Sie eine Parallelersatzschaltung.

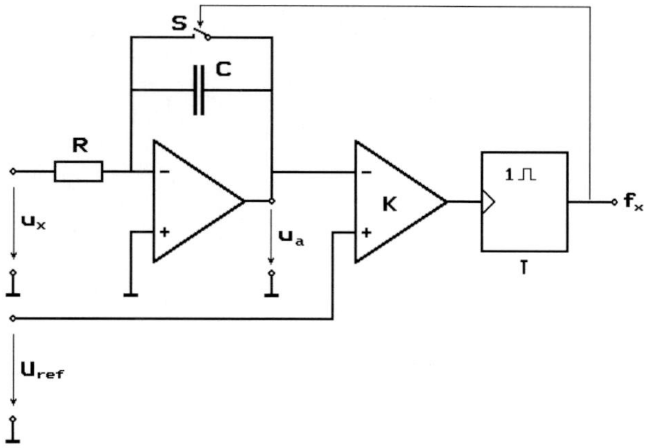

Bild 11.18

Lösung:

a) $$C = \frac{U_{x,max}}{U_{ref}\, R\, f_{max}} \approx 83{,}33\,\text{pF}$$

b) $$T_s = \frac{-1}{\omega \tan\delta} \ln\left\{ 1 - \omega RC \frac{U_{ref}}{U_{x,max}} \tan\delta \right\} \approx 0{,}1002\,\text{ms}$$

$$f = \frac{T_s - T_0}{T_0} = \frac{T_s}{T_0} - 1 = 0{,}002 = 2‰$$

Aufgabe 11.8: Sägezahngenerator. Es soll ein Sägezahngenerator nach Bild 11.19 für einen Single-Slope-Umsetzer dimensioniert werden. Der gesamte A/D-Umsetzer soll dann folgende Daten aufweisen: Messbereich u_e = 0 V ... 10 V, 4-stellige Anzeige N_{max} = 1000 bei $u_{e,max}$ = 10 V, Frequenz des Taktgenerators f = 100 kHz.
Vorgegebene Daten des Sägezahngenerator als Teileinheit: U_{ref} = 12 V, R = 1 MΩ.

a) Skizzieren Sie das Spannungs-Zeit-Diagramm der Spannung $u_s(t)$ und tragen Sie charakteristische, für den Betrieb mit dem Single-Slope-Umsetzer wichtige Werte ein.

b) Berechnen Sie für ideale Bauelemente den Wert von C so, dass die angegebenen Daten des Umsetzers eingehalten werden.

c) Der unter b) berechnete Kondensator sei nun verlustbehaftet. Berechnen Sie den Verlauf der Spannung $u_s(t)$ und tragen Sie diesen in die Skizze von a) ein. Hinweis: Parallelersatzschaltung verwenden.

d) Welcher auf den Messbereichsendwert bezogene Messfehler tritt auf, wenn der Kondensator bei einer Frequenz von 1 kHz einen Verlustfaktor von tan δ = 10^{-4} aufweist?

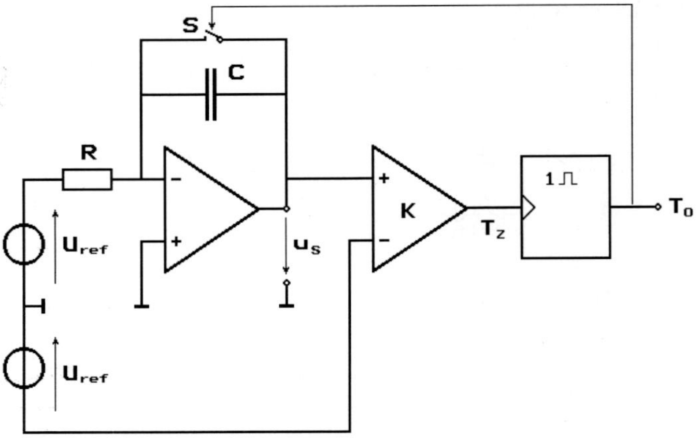

Bild 11.19

Lösung:

a)

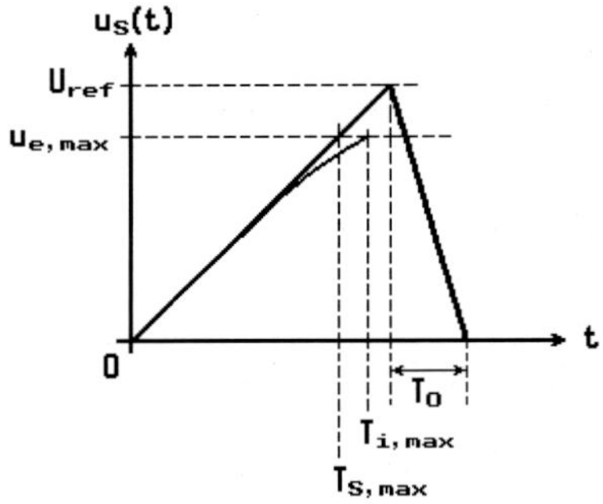

Bild 11.20

b) $$T_{s,max} = \frac{N_{max}}{f} = 10\,\text{ms}$$

Idealer Integrator:

$$u_s(t) = -\frac{1}{RC}\int_0^t (-U_{ref})\,dt = \frac{U_{ref}}{RC}\,t$$

$$u_{e,max} = u_s(t{=}T_{s,max}) = \frac{U_{ref}}{RC}\,T_{s,max};\quad C = \frac{U_{ref}}{u_{e,max}}\,\frac{T_{s,max}}{R} \approx 12\,\text{nF}$$

c) Integrator mit verlustbehaftetem Kondensator (Bild 11.21)

Knotengleichung an K1:

$$-\frac{U_{ref}}{R} + \frac{u_s(t)}{R_v} + C\,\frac{du_s}{dt} = 0;\quad u_s(t) = U_{ref}\,\frac{R_v}{R}\left(1 - e^{-\frac{t}{R_v C}}\right)$$

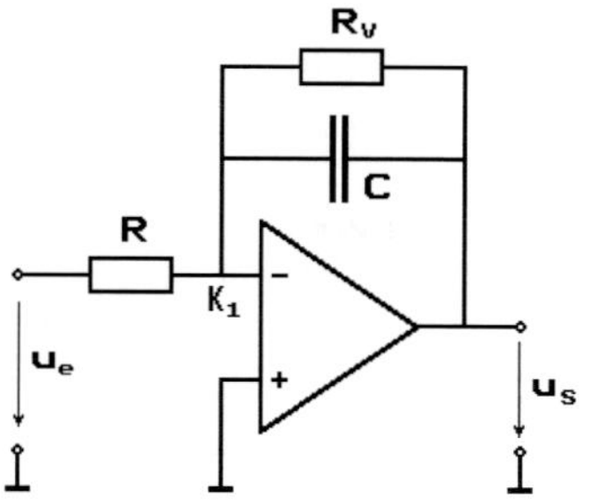

Bild 11.21

d) $$u_{e,max} = u_s(t=T_{i,max}) = U_{ref}\frac{R_v}{R}\left(1-e^{-\frac{T_{i,max}}{R_v C}}\right)$$

$$R_v = \frac{1}{\omega C\ \tan\delta}.;\quad T_{s,max} = \frac{u_{e,max}}{U_{ref}}RC$$

$$T_{i,max} = -R_v C\ \ln\left(1-\frac{u_{e,max}}{U_{ref}}\frac{R}{R_v}\right) = -\frac{1}{\omega\ \tan\delta}\ln\left(1-\frac{u_{e,max}}{U_{ref}}\ \omega\ RC\ \tan\delta\right)$$

$$f_T = \frac{T_{i,max}-T_{s,max}}{T_{s,max}} = 1+\frac{U_{ref}}{u_{e,max}}\frac{R_v}{R}\ \ln\left(1-\frac{u_{e,max}}{U_{ref}}\frac{R}{R_v}\right)$$

$$= 1+\frac{U_{ref}}{u_{e,max}}\frac{1}{\omega\ RC\ \tan\delta}\ \ln\left(1-\frac{u_{e,max}}{U_{ref}}\ \omega\ RC\ \tan\delta\right) \approx 0{,}32\%$$

Aufgabe 11.9: Spannungs-Frequenz-Umsetzer. Der in Bild 11.22 dargestellte Spannungs-Frequenz-Umsetzer soll für folgende Vorgaben dimensioniert werden: Eingangsspannung u_e = 0 V ... 5 V; Ausgangsfrequenz f_x = 0 kHz ... 10 kHz; U_{ref} = 5 V. Die Abhängigkeit des Ausgangssignals Q des RS-Flipflops vom Ausgangssignal u_a (t) des Integrators ist in Bild 11.23 wiedergegeben.

a) Die Eingangsspannung u_e darf mit maximal $i_{e,\ max}$ = 1 mA belastet werden. Berechnen Sie den Widerstand R_{min} des Eingangsinverters und des Integrators und den zu R_{min} gehörenden Kapazitätswert C_{max} des Integrators. Gehen Sie bei der Berechnung von R_{min} von der Schalterstellung $S = +u_e$ aus.

b) Wie groß ist der relative Fehler, wenn $+U_{ref}$ = 5,1 V und $-U_{ref}$ = -4,9 V betragen? Betrachten Sie dazu die Periodendauer $T_x = f(+U_{ref}, -U_{ref}, u_e, R, C)$.

c) Zeichnen Sie das Spannungs-Zeit-Diagramm von u_a, wenn die Verzögerungszeit des Schalters (t_S) berücksichtigt wird und tragen Sie charakteristische Werte ein. Geben Sie dann die Bestimmungsgleichung für den relativen Fehler der Frequenz für diesen Fall an. Berechnen Sie zuerst die fehlerbehaftete Zeit $T_{x,ist}$.

d) Wie groß darf die Verzögerungszeit des Schalters t_S maximal sein, wenn der maximale relative Fehler $f \leq$ 1% sein soll? Verwenden Sie die Ergebnisse aus a) und c). Die Verzögerungszeiten sollen wesentlich kleiner als die wahre Zeit $T_{x,soll}$ sein.

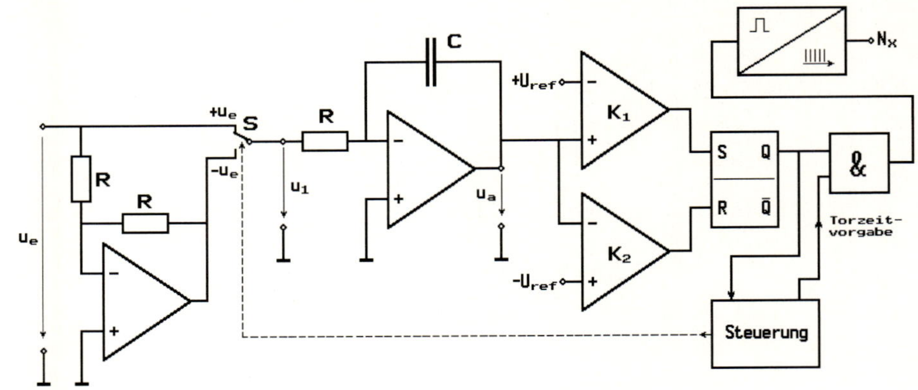

Bild 11.22

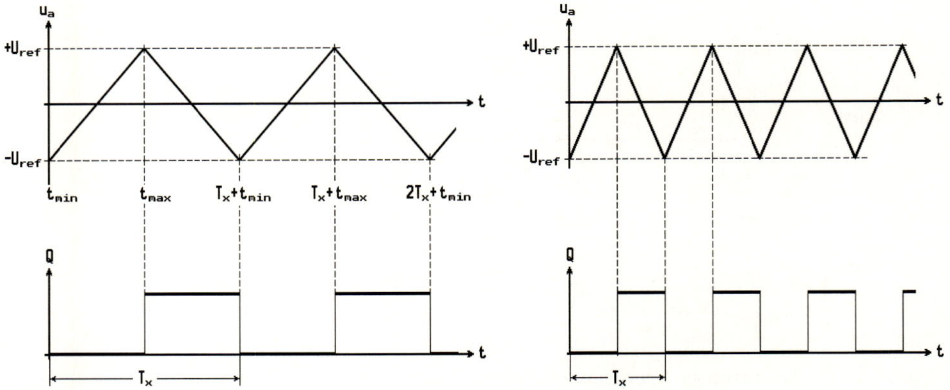

Bild 11.23

Lösung:

a) Die größte Belastung von u_e tritt dann auf, wenn u_e vom Schalter S direkt auf den Integrator gegeben wird. Dann liegen der Eingangswiderstand R des Inverters und des Integrators parallel an Masse und durch beide Widerstände fließt jeweils ½ $i_{e,max}$.

$$R_{min} = \frac{u_{e,max}}{\frac{1}{2} i_{e,max}} = 10\,k\Omega$$

Integration von u_e für $t_{min} \le t \le t_{max}$:

$$u_a(t) = -U_{ref} + \frac{1}{RC} \int_{t_{min}}^{t} u_e \, dt = -U_{ref} + \frac{u_e}{RC} (t - t_{min})$$

$$u_a(t = t_{max}) = +U_{ref} = -U_{ref} + \frac{u_e}{RC} (t_{max} - t_{min})$$

$$T_x = \frac{1}{f_x} = 2(t_{max} - t_{min}) = 4RC \, \frac{U_{ref}}{u_e}$$

$$C_{max} = \frac{RC}{R_{min}} = \frac{u_{e,max}}{4\,U_{ref}\, f_{x,max}\, R_{min}} \approx 5\,nF$$

b) $$T_{x,ist} = 2RC\frac{(+U_{ref})-(-U_{ref})}{u_e} = T_{x,soll} = \frac{1}{f_{x,soll}}$$

$$f_T = \frac{T_{x,ist} - T_{x,soll}}{T_{x,soll}} = 0$$

c)

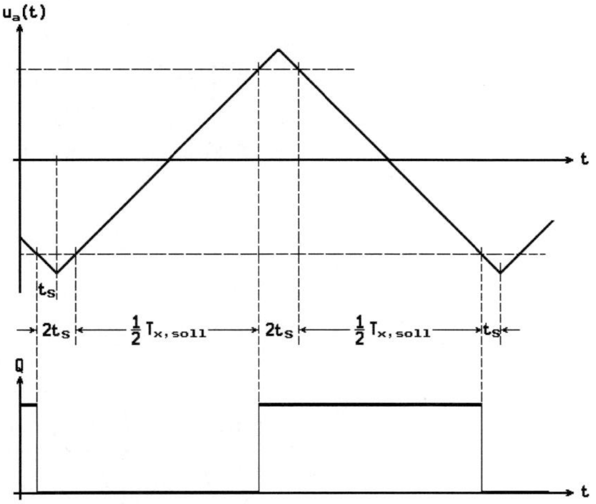

Bild 11.24

$$T_{x,ist} = \frac{1}{f_{x,ist}} = 2t_s + \frac{1}{2}\,T_{x,soll} + 2t_s + \frac{1}{2}\,T_{x,soll} = T_{x,soll} + 4t_s$$

$$f = \frac{f_{x,ist} - f_{x,soll}}{f_{x,soll}} = \frac{T_{x,soll} - T_{x,ist}}{T_{x,ist}} = -\frac{4t_s}{4RC\,\dfrac{U_{ref}}{u_e} + 4t_s}$$

d) $$f_{max} = \frac{4t_s}{4RC\,\dfrac{U_{ref}}{u_{e,max}} + 4t_s}$$

$$t_{s,max} = RC\,\frac{U_{ref}}{u_{e,max}}\,\frac{f_{max}}{1 - f_{max}} \approx RC\,\frac{U_{ref}}{u_{e,max}}\,f_{max} = \frac{1}{4f_{x,max}}\,f_{max} = 250\,\text{ns}$$

Aufgabe 11.10: Spannung-Frequenz-Umsetzer. Zu untersuchen ist die Arbeitsweise des in Bild 11.25 skizzierten U/f-Umsetzers.

a) Ermitteln Sie den Verlauf der Ausgangsspannung $u_C\,(t)$ unter der Voraussetzung $u_C(0) = 0$ und skizzieren Sie diesen Verlauf.

b) Zum Zeitpunkt $t = t_1$ soll der Komparator schalten. Wie groß sind dann $u_C\,(t_1)$ bzw. t_1?

c) Bestimmen Sie den Verlauf von u_C (t) für $t \geq t_1$ und ergänzen Sie Ihre Skizze entsprechend.

d) Welche Voraussetzung muss erfüllt sein, damit u_C zum Zeitpunkt t_2 wieder durch Null geht? Wie groß ist diese Zeit t_2?

e) Mit welcher Frequenz f schaltet der Komparator?

f) Wie ist das Widerstandsverhältnis R_1/R_2 zu wählen, damit der Linearitätsfehler bei

Vollaussteuerung ($u_e = U_{ref}$) $\alpha = 2$ % nicht überschreitet?

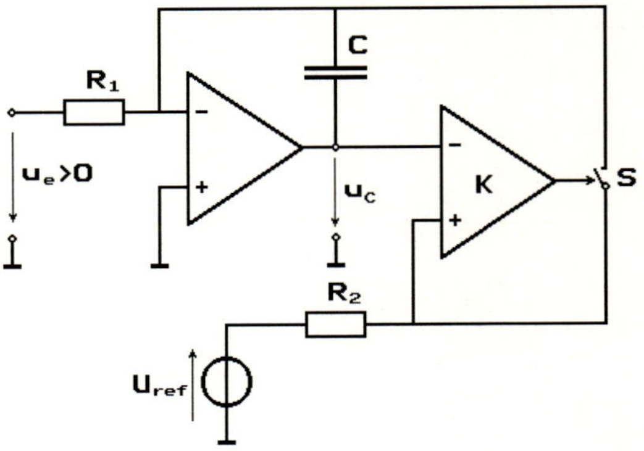

Bild 11.25

Lösung: a) $$u_C(t) = \frac{1}{R_1 C}\int_0^t u_e \mathrm{d}\tau = -\frac{\bar{u}_e}{R_1 C}\, t \quad \text{mit} \quad \bar{u}_e = \frac{1}{t}\int_0^t u_e(\tau)\mathrm{d}\tau$$

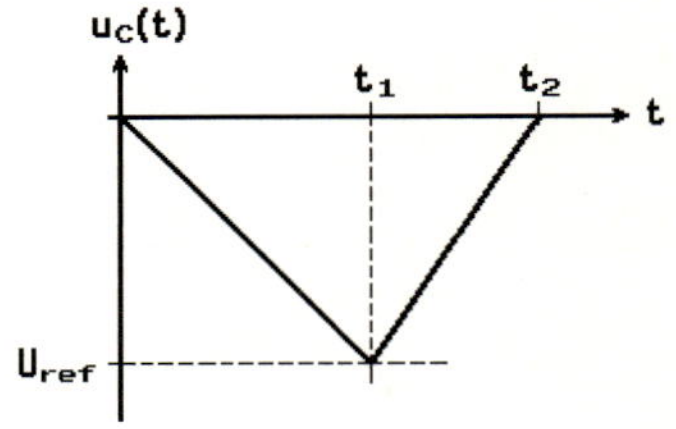

Bild 11.26

b) $$u_C(t_1) = -\frac{\bar{u}_e}{R_1 C}\, t_1 = -U_{ref}, \text{ d.h. } t_1 = R_1 C\, \frac{U_{ref}}{\bar{u}_e}$$

c) $$u_C(t) = \left(-\frac{\bar{u}_e}{R_1 C} + \frac{U_{ref}}{R_2 C}\right) t - U_{ref}$$

d) $\dfrac{U_{ref}}{R_2} > \dfrac{\bar{u}_e}{R_1}$, d.h. der Entladestrom muss größer als der Ladestrom sein.

Aus $u_C(t{=}t_2) = 0$ erhält man $t_2 = \dfrac{U_{ref}\, C}{\dfrac{U_{ref}}{R_2} - \dfrac{\bar{u}_3}{R_1}}$.

e) $$f = \frac{1}{t_1 + t_2} = \frac{\bar{u}_e}{R_1 C\, U_{ref}}\; \frac{1}{1 + \dfrac{R_2 \bar{u}_e}{R_1 U_{ref} - R_2 \bar{u}_e}}$$

f) $$\alpha = \frac{f - f_0}{f_0} \quad \text{mit} \quad f_0 = \frac{\bar{u}_e}{R_1 C\, U_{ref}}$$

$$\frac{R_1}{R_2} = \frac{\overline{u}_e}{U_{ref}} \frac{1}{\alpha} = 50$$

11.2 Direkt umsetzender ADU

Aufgabe 11.11: Ein A/D-Umsetzer mit einer Datenbreite von n = 12 Bit benötigt für eine Umsetzung die Umsetzzeit T_0 = 25 μs. Welche maximale Eingangsfrequenz f_{max} ist dann bei voller Ausschöpfung der Auflösung des A/D-Umsetzers noch zulässig?

Lösung: $$f_{max} = \frac{1}{2T_0} = 20\,\text{kHz}$$

Aufgabe 11.12: Gegeben ist der in Bild 11.27 dargestellte Parallelumsetzer mit 8 Komparatoren.

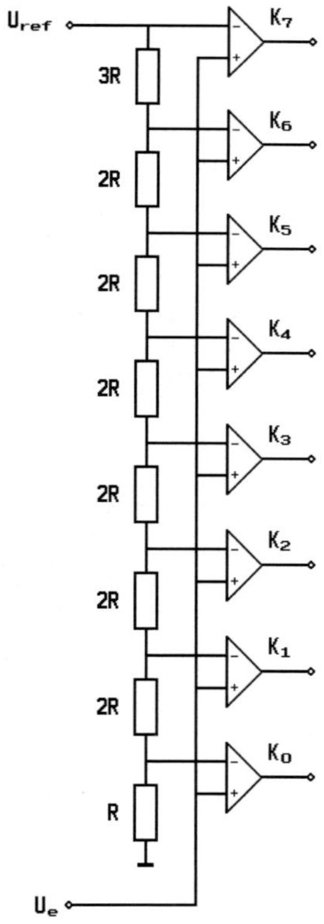

Bild 11.27

a) Geben Sie in einer Tabelle die Schaltschwellen der Komparatoren an.

b) Stellen Sie in der Tabelle die Ausgangssignale der Komparatoren K_0 bis K_7 für die einzelnen Schaltschwellen dar.

c) Das Signal K_7 soll als Übersteuerungsanzeige dienen. Den Ausgangskombinationen K_0 bis K_6 sollen jetzt die Eingangswerte S_0 bis S_7 zugeordnet werden, die im Gray-Code codiert werden sollen. Entwerfen Sie hierfür einen möglichst einfachen Codeumsetzer. Beachten Sie die schaltungsbedingte Abhängigkeit der Komparatorsignale.

Lösung:
a) und b) Tabelle 11.1

$? < U_e < ?$	K_7	K_6	K_5	K_4	K_3	K_2	K_1	K_0	S_n	Gray CBA
$0 < U_e < \frac{1}{16}U_r$	0	0	0	0	0	0	0	0	0	0 0 0
$\frac{1}{16}U_r \leq U_e < \frac{3}{16}U_r$							0	1	1	0 0 1
$\frac{3}{16}U_r \leq U_e < \frac{5}{16}U_r$						0	1	1	2	0 1 1
$\frac{5}{16}U_r \leq U_e < \frac{7}{16}U_r$					0	1	1	1	3	0 1 0
$\frac{7}{16}U_r \leq U_e < \frac{9}{16}U_r$				0	1	1	1	1	4	1 1 0
$\frac{9}{16}U_r \leq U_e < \frac{11}{16}U_r$			0	1	1	1	1	1	5	1 1 1
$\frac{11}{16}U_r \leq U_e < \frac{13}{16}U_r$		0	1	1	1	1	1	1	6	1 0 1
$\frac{13}{16}U_r \leq U_e < U_r$	0	1	1	1	1	1	1	1	7	1 0 0
$U_r \leq U_e$	1	1	1	1	1	1	1	1	Ov	--------

c) $C = K_3 \; ; \; B = K_1\,\overline{K}_5 \; ; \; A = K_0\overline{K}_2 + K_4\overline{K}_6$

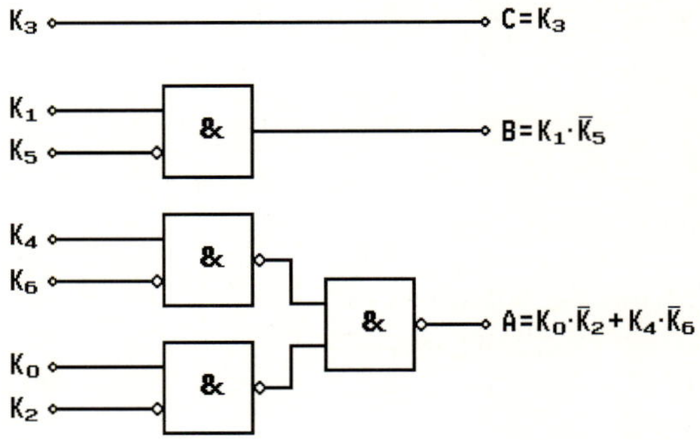

Bild 11.28

12 Digitale Analyse analoger Signale

12.1 Analog/Digital-Umsetzung

Aufgabe 12.1: Ein Fernsprechsignal kann als Tiefpasssignal der Grenzfrequenz f_g = 4 kHz aufgefasst werden.

a) Wie groß ist die Nyquist-Rate-Abtastung f_a?
b) Das abgetastete Signal soll durch einen realen Tiefpass (f_1, f_2) endlicher Flankensteilheit zurückgewonnen werden (Spektrum skizzieren). Wie groß sind Abtastrate f_a und f_2 mindestens zu wählen, damit eine fehlerfreie Interpolation möglich ist?

Lösung:

a) $f_a \geq 2f_g = 8\,\text{kHz}$

b) $f_1 = f_g;\ f_2 \leq f_a - f_g = 4\,\text{kHz}$, d.h. $f_a \geq f_1 + f_2 = 8\,\text{kHz}$

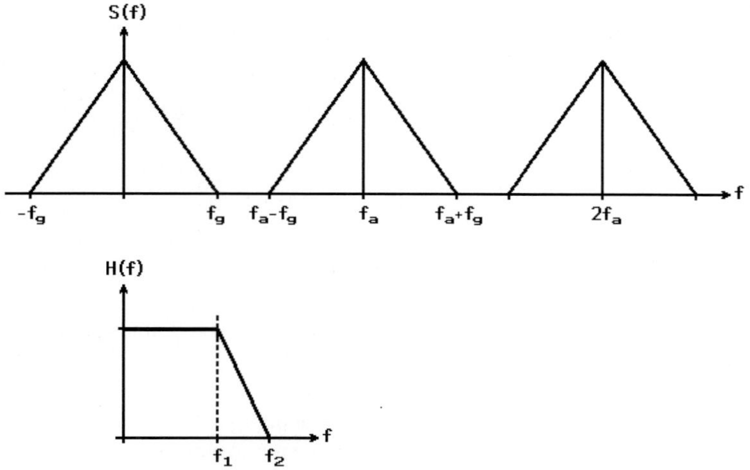

Bild 12.1

Aufgabe 12.2: Ein Signal besitzt eine obere Grenzfrequenz f_g = 2 kHz. Die Anzahl der Abtastwerte beträgt N = 2000 Messwerte.

a) Wie groß ist die minimale Abtastfrequenz f_a und damit das maximale Abtastintervall Δt?
b) Wie groß ist dann das Beobachtungsintervall (Fensterbreite) T_F?
c) Wie groß ist die spektrale Auflösung Δf und damit die maximale, nicht redundante spektrale Komponente f_{max}?
d) Wie ist eine Erhöhung der spektralen Auflösung Δf bei gegebener Abtastfrequenz $f_{a,0}$ zu erreichen?
e) Wie kann eine Erhöhung der spektralen Auflösung Δf bei gegebener fester Blocklänge N_0 erreicht werden? Was bedeutet das für die Fensterbreite T_F, das Abtastintervall Δt und die Abtastfrequenz f_a?

Lösung:

a) $f_a \geq 2 f_g = 4\,\text{kHz};\ \Delta t = \dfrac{1}{f_a} \leq 250\,\mu\text{s}$

b) $T_F = N \Delta t = 0{,}5\,\text{s}$

c) $\Delta f = \dfrac{1}{T_F} = \dfrac{1}{N \Delta t} = \dfrac{f_a}{N} = 2\,\text{Hz}$

$$f_{max} = \left(\frac{N}{2} - 1\right) \Delta f = \frac{1}{2\,\Delta t} - \Delta f = 1{,}998\,\text{kHz}$$

d) $\Delta f = \dfrac{1}{T_F} = \dfrac{f_{a,0}}{N}$

Für $\Delta f \to 0$ folgt $T_F \to \infty$ oder $N \to \infty$.

e) $\Delta f = \dfrac{1}{T_F} = \dfrac{1}{N_0 \Delta t} = \dfrac{f_a}{N_0}$

Für $\Delta f \to 0$ folgt $\Delta t \to \infty$ oder $f_a \to 0$, d.h., da $T_F = N\,\Delta t = \dfrac{N}{f_a}$, folgt

$T_F \to \infty$, $f_a \to 0$ bzw. $\Delta t \to \infty$.

Aufgabe 12.3: Ein Messsignal besitzt eine obere Grenzfrequenz f_g von 12,5 kHz.

a) Wie groß muß nach dem Abtasttheorem die Abtastfrequenz f_a und die Abtastperiode Δt mindestens sein?

b) Der serielle Speicher besitzt eine Speichertiefe von $S = 80.000$ bit. Wieviele Messwerte N_0 (Blocklängen) können innerhalb eines Beobachtungsintervalls T_F (Fensterbreite) für ein abgetastetes Signal mit einer Wortlänge A (Amplitude) von 16 bit dem Messsignal entnommen werden?

c) Wie groß ist das Beobachtungsintervall T_F?

d) Wie groß ist die spektrale Auflösung Δf?

e) Wie groß ist die maximale, nichtredundante spektrale Komponente f_{max}?

f) Wie groß muß die Blocklänge N_1 sein, um die Auflösung Δf_1 auf 1 Hz zu verbessern?

g) Welche Möglichkeit haben Sie, die Auflösung $\Delta f_1 = 1$ Hz zu erreichen, wenn die Blocklänge N_0 nicht erhöht werden kann?

h) Wie groß ist hierfür die maximale Grenzfrequenz f_{g1}?

i) Die maximale Grenzfrequenz f_g soll bei 12,5 kHz erhalten bleiben.
Wie muß die Abtastung des Messsignals erfolgen, wenn Sie die Auflösung von $\Delta f_1 = 1$ Hz erreichen wollen?

Lösung:

a) $$f_a \geq 2f_g = 25\,\text{kHz}; \; \Delta t = \frac{1}{f_a} \leq \frac{1}{2f_g} = 40\,\mu\text{s}$$

b) $$N_0 = \frac{S}{A} = 5000$$

c) $$T_F = N_0 \Delta t = \frac{N_0}{f_g} = 0{,}2\,\text{s}$$

d) $$\Delta f = \frac{1}{T_F} = \frac{1}{N_0 \Delta t} = 5\,\text{Hz}$$

e) $$f_{max} = \left(\frac{N_0}{2} - 1\right)\Delta f = 12.495\,\text{Hz}$$

f) $$N_1 = \frac{1}{\Delta f_1 \Delta t} = \frac{\Delta f}{\Delta f_1} N_0 = 25.000$$

g) $$\Delta t_1 = \frac{1}{N_0 \Delta f_1} = \frac{\Delta f}{\Delta f_1}\Delta t = 200\,\mu s, \text{ d.h. } f_{a1} = \frac{1}{\Delta t_1} = \frac{\Delta f_1}{\Delta f} f_a = 5\,\text{kHz}$$

h) $$f_{g1} = \frac{\Delta f_1}{\Delta f} f_g = 2{,}5\,\text{kHz}$$

i) $$T_{F2} = \frac{\Delta f}{\Delta f_1} T_F = 1\,\text{s}; \; N_2 = \frac{\Delta f}{\Delta f_1} N_0 = 25.000$$

Aufgabe 12.4: Ein NF-Signal mit einer oberen Grenzfrequenz f_g = 16 kHz soll digitalisiert und analysiert werden.

a) Wie groß müssen Abtastfrequenz f_a und das Abtastintervall Δt sein?

b) Über einen 8-bit-A/D-Umsetzer werden die Daten in einen Speicher mit N = 64 kbyte übernommen. Wie groß ist dann das maximale Beobachtungsintervall T_F?

c) Wie groß ist die spektrale Auflösung Δf?

d) Wie groß ist die maximale spektrale Komponente f_{max}?

Lösung:

a) $$f_a = 2f_g = 32\,\text{kHz}; \; \Delta t = \frac{1}{f_a} = 31{,}25\,\mu s$$

b) $$T_F = N\Delta t = 64\,\text{kByte} \cdot \Delta t = 2^{16} \cdot \Delta t = 2{,}048\,s \approx 2\,s$$

c) $$\Delta f = \frac{1}{T_F} = 0{,}4883\,\text{Hz} \approx 0{,}5\,\text{Hz}$$

d) $$f_{max} = \left(\frac{N}{2} - 1\right)\Delta f \approx 2^{15}\cdot\Delta f = 16\,\text{kHz}$$

Aufgabe 12.5: Signalrückgewinnung. Ein Signal, dessen Spektrum nur in einem Bereich $f_0 < |f| < 2f_0$ von Null verschieden ist, wird mit der Rate $2f_0$ abgetastet. Wie kann dieses "Bandpasssignal" aus den Abtastwerten fehlerfrei zurückgewonnen werden?

Lösung:

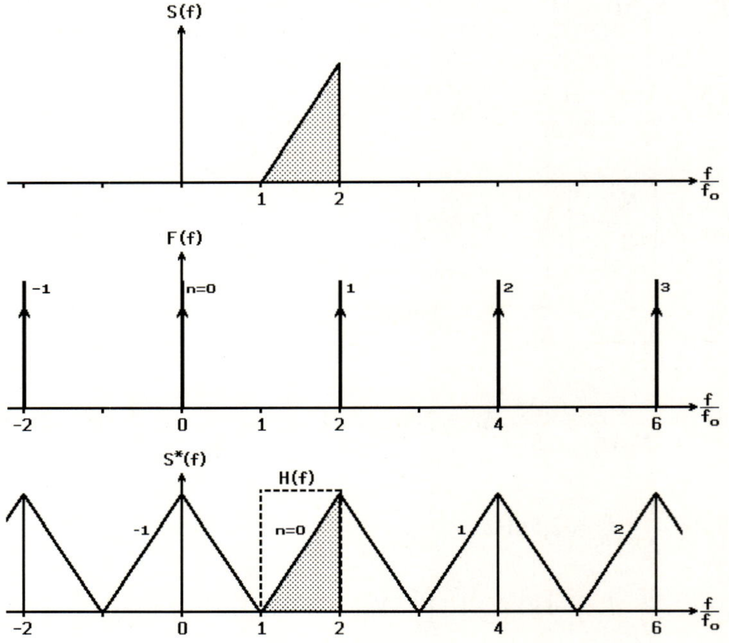

Bild 12.2

Idealer Bandpass $H(f)$ für den Frequenzbereich $f_0 < f < 2f_0$.

Aufgabe 12.6: Vor einen A/D-Umsetzer mit einer Datenbreite von $m = 10$ bit wird zur Vermeidung von Alias-Effekten ein Tiefpass 6. Ordnung ($n = 6$) mit einer Grenzfrequenz $f_g = 10$ kHz geschaltet.

a) Welche minimale Abtastfrequenz f_a ist zum Erhalt der vollen Auflösung in diesem Falle erforderlich?

b) Mit welchem Signal-Rauschabstand, hervorgerufen durch Quantisierungsrauschen, ist bei diesem Umsetzer zu rechnen?

Lösung:

a) $$f_{max} = \left(1 + \frac{m}{n}\right) f_g \quad \text{mit} \quad m = 10,\ n = 6\ ; \quad f_{a,min} = 2f_{max} = 53{,}3\,\text{kHz}$$

$$SNR = (6m + 1{,}76)\,\text{dB} = 61{,}76\,\text{dB}$$

Aufgabe 12.7: Zur Digitalisierung eines Messsignals wird ein A/D-Umsetzer mit folgenden Daten eingesetzt: Auflösung n = 12 bit, Umsetzzeit t_u = 2 µs, Aussteuerbereich U = 0 - 5 V, Linearität $|\Delta U| \triangleq 1$ LSB .

a) Welche maximale sinusförmige Signalfrequenz f_{max} kann mit dem Umsetzer in 1. Näherung ohne Genauigkeitseinbuße verarbeitet werden?

b) Für die Umsetzung von Signalen höherer Frequenz als nach a) zulässig, wird ein Haltekreis vor den Umsetzer geschaltet. Dieser Haltekreis hat eine Einschwingzeit von t_h = 300 ns. Für das Auslesen der digitalen Information durch den angeschlossenen Rechner werden zwischen 150 ns $\leq t_a \leq$ 900 ns benötigt. Welche maximale Umsetzrate ergibt sich bei dieser Konfiguration?

c) Welche maximale Signalfrequenz ist jetzt bei voller Ausnutzung der Umsetzrate nach b) zulässig?

d) Zur Vermeidung von Aliasing-Fehlern soll vor den Haltekreis ein Tiefpassfilter mit einer Grenzfrequenz f_g = 3 kHz geschaltet werden. Welche Flankensteilheit muss das Filter mindestens haben, damit bei der Umsetzung nach c) keine Alias-Fehler auftreten?

e) Wievielter Ordnung muss das Eingangsfilter sein?

Lösung:

a) $u = \hat{u} \sin \omega t$

$$\left.\frac{\mathrm{d}u}{\mathrm{d}t}\right|_{\max} = \hat{u}\,\omega = 2\pi f_{\max}\,\hat{u} \approx \frac{\Delta u}{\Delta t}$$

$$f_{\max} \approx \frac{1}{2\pi\Delta t}\left|\frac{\Delta u}{\hat{u}}\right| = \frac{1}{2\pi t_u}\left|\frac{\Delta u}{\hat{u}}\right| = \frac{1}{2\pi t_u}\,\frac{1}{2^n} \approx 19{,}428\,\mathrm{Hz}$$

b) $$f_u = \frac{1}{t_u + t_h + t_a} \approx 312{,}5\,\mathrm{kHz}$$

c) Bandbegrenzung durch den Hauptzipfel der Fourier-Transformierten (Spaltfunktion) des Haltekreises.

$$1 - F = \frac{\sin x}{x} \quad \text{mit} \quad F = \left|\frac{\Delta u}{u}\right| = \frac{1}{2^n} \approx 0{,}2441 \cdot 10^{-3} \quad \text{und} \quad x = \pi\frac{f_{\max}}{f_u}$$

Bestimmung von x durch Iteration: $x = 0{,}038$

$$f_{\max} = \frac{f_u}{\pi}x \approx 3{,}780\,\mathrm{kHz}$$

d) $$1\,\mathrm{LSB} \triangleq \left|\frac{\Delta u}{u}\right| = \frac{1}{2^n} = 0{,}2441 \cdot 10^{-3} \triangleq -72{,}25\,\mathrm{dB}$$

- Dämpfung des Filters bei $f_g = 30\,\mathrm{kHz}$; $a(f_g) = 3\,\mathrm{dB}$ und

$$f_{max} \leq \frac{1}{2} f_u = 156{,}25\,\text{kHz};\ a(f_{max}) = 72{,}25\,\text{dB}$$

$$\Delta a = a(f_{max}) - a(f_g) = 69{,}25\,\text{dB} \approx 70\,\text{dB}$$

- Erforderliche Flankensteilheit $S = \dfrac{\Delta a}{f_{max} - f_g} \approx \dfrac{69{,}25\,\text{dB}}{153{,}25\,\text{kHz}} \approx 0{,}452\,\dfrac{\text{dB}}{\text{kHz}}$

- Frequenzintervall

$$\Delta f = f_{max} - f_g \approx (52-1) f_g = 51 f_g = 2^{5{,}67} f_g \triangleq 5{,}67\,\text{Oktaven}$$, damit

$$S \approx \frac{69{,}25\,\text{dB}}{5{,}67\,\text{Oktaven}} \approx 12{,}2\,\frac{\text{dB}}{\text{Oktave}}$$

e) Tiefpass 2. Ordnung mit $S = 12\,\dfrac{\text{dB}}{\text{Oktave}}$.

Aufgabe 12.8: Gegeben sei ein A/D-Umsetzer mit einer Auflösung von n = 12 bit und einem Aussteuerbereich U_{max} = 10 V.

a) Welche Umsetzzeit t_a darf der ADU bei der Umsetzung einer linearen, symmetrischen Dreieckspannung ($\hat{u}$ = 10 V, f = 10 Hz) maximal haben, wenn der Abtastfehler $F \leq 0{,}1$ % bleiben soll?

b) Vor den ADU wird ein Haltekreis mit Speicherkondensator und Spannungsfolger geschaltet (Bild 12.3). Die Abtastung des Signals erfolgt mit f_a = 15 kHz. Welche maximale Eingangsfrequenz darf in diesem Fall eine sinusförmige Eingangsspannung ($\hat{u}$ = 10 V) haben, damit der Abtastfehler wieder unter $F \leq 0{,}1$ % bleibt?

c) Der Eingangswiderstand des Spannungsfolgers beträgt R_e = 50 MΩ, die Umsetzzeit des ADU sei t_a= 25 µs. Damit die Linearität des Umsetzers erhalten bleibt, darf sich die Eingangsspannung u_e während t_a höchstens um 1 LSB · U_{max} ändern. Welche Kapazität C muss der Haltekondensator dann mindestens haben?

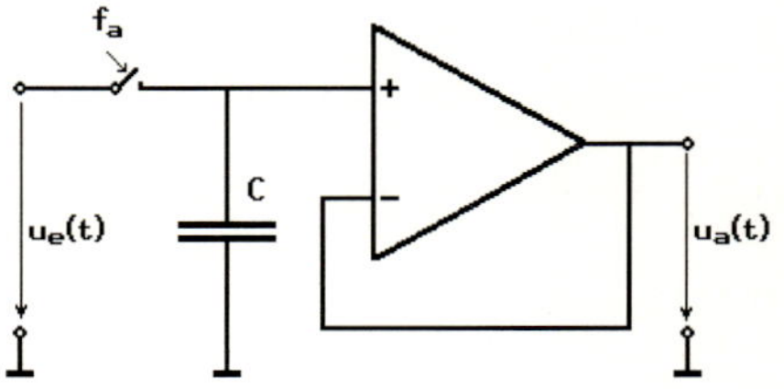

Bild 12.3

Lösung:

a) Abtastfehler $\Delta U = F\,U_{max} = 10\,\text{mV}$

Steigung der Dreieckspannung $S = \dfrac{\Delta u}{\Delta t} = \dfrac{2\hat{u}}{T} = 2\hat{u}f = 200\,\dfrac{\text{mV}}{\text{ms}}$

Während t_a muss gelten $\Delta u \le \Delta U$.

$$S\,t_a \le F U_{max} \quad ; \quad t_a \le \frac{F U_{max}}{S} = \frac{F U_{max}}{2\hat{u}f} = 50\,\mu s$$

b) Bandbegrenzung durch den Hauptzipfel der Fourier-Transformierten (Spaltfunktion) des Abtasthaltekreises.

$$F = 1 - \frac{\sin x}{x} \quad \text{mit} \quad x = \frac{\pi f_{max}}{f_a}$$

$$\frac{\sin x}{x} = 0{,}999 \ ; \ \text{Iteration ergibt} \ x \approx 0{,}0774 \ .$$

$$f_{max} = \frac{x f_a}{\pi} \approx 370\,\text{Hz}$$

c) $$U_{LSB} = \frac{N_{LSB}}{N_{max}} U_{max} = \frac{U_{max}}{2^n} \approx 2{,}441\,\text{mV}$$

Ungünstigster Fall bei $u_e = U_{max}$.

$$U_{max} - U_{LSB} \le U_{max}\, e^{-\frac{t_a}{RC}}$$

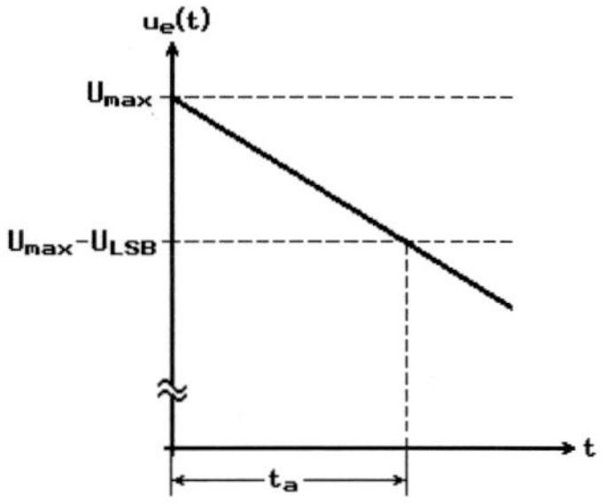

Bild 12.4

$$C \ge \frac{t_a}{R \ln \dfrac{U_{max}}{U_{max} - U_{LSB}}} = \frac{t_a}{R \ln \dfrac{2^n}{2^n - 1}} \approx 2{,}047\,\text{pF}$$

Aufgabe 12.9: Für eine digitale Signalverarbeitung soll ein AD-Umsetzer mit folgenden Daten verwendet werden: Auflösung $n = 8$ Bit, Eingangsspannung $U_e = 5$ V, Umsetzzeit $t_a = 1{,}2$ µs, Linearität ± ½ LSB.

a) Welche sinusförmige Signalfrequenz f_{max} kann (in erster Näherung) mit dem Umsetzer ohne Genauigkeitseinbuße verarbeitet werden?

b) Für die Umsetzung höherer Signalfrequenzen als nach a) erzielbar, wird der Umsetzer mit Haltekreis betrieben. Bedingt durch die Einschwingzeit des Haltekreises muss jetzt mit einer Umsetzzeit t_a von 1,4 µs gerechnet werden. Welche Signalfrequenz f_{max} ist jetzt noch zulässig?

c) Der Umsetzer soll für die Analyse von Sprachsignalen (0 - 16 kHz) eingesetzt werden. Wie hoch ist dann die Abtastfrequenz f_a zu wählen, wenn die volle Genauigkeit ausgenutzt werden soll?

d) Zur Vermeidung von Aliasing-Fehlern wird vor den Umsetzer ein Tiefpassfilter mit $f_g = 50$ Hz geschaltet. Welche Flankensteilheit S muss das Filter mindestens haben?

Lösung:

a) $u_e(t) = \hat{u}\,\sin\omega t$

$$\left.\frac{du}{dt}\right|_{max} \approx \left.\frac{\Delta u}{\Delta t}\right|_{max} = \frac{\Delta u}{t_a} = \hat{u}\omega$$

$$f_{max} = \frac{1}{2\pi t_a}\left(\frac{\Delta u}{\hat{u}}\right) \approx 518\,\text{Hz}$$

b) Fehler durch die Bandbegrenzung des Hauptzipfels der Fourier-Transformierten (Spaltfunktion) des Abtasthaltekreises.

$$\frac{\sin x}{x} = 1 - F = 1 - \frac{1}{2^n} = 1 - \frac{1}{256} \approx 0{,}9960938 \;;\; \text{Iteration ergibt } x \approx 0{,}153 \;.$$

$$f_{max} = \frac{x\,f_a}{\pi} \approx 9{,}74\,\text{kHz}$$

c) $$f_a = \frac{\pi f}{x} \approx 328\,\text{kHz}$$

d) $$1\,\text{LSB} \mathrel{\hat{=}} \frac{1}{2^n} = \frac{1}{256} \mathrel{\hat{=}} -48\,\text{dB}$$

- Dämpfung des Filters bei $f_g = 16\,\text{kHz};\; a(f_g) = +3\,\text{dB}$

$$f_{max} = \frac{1}{2}f_a = 164\,\text{kHz};\; a(f_{max}) = +48\,\text{dB}$$

$$\Delta a = a(f_{max}) - a(f_g) = 45\,\text{dB}$$

$$\text{Flankensteilheit } S = \frac{\Delta a}{f_{max} - f_g} = \frac{45\,\text{dB}}{161\,\text{kHz}} \approx \frac{45\,\text{dB}}{10 f_g} = \frac{45\,\text{dB}}{\text{Dekade}}$$

Da ein Tiefpass 2. Ordnung nur $S = 40\,\frac{\text{dB}}{\text{Dekade}}$ hat, Tiefpass 3. Ordnung mit

$S = 60\,\frac{\text{dB}}{\text{Dekade}}$ notwendig.

Aufgabe 12.10: Quantisierungsrauschen. Bei einem *N*-Bit-Analog/Digital-Umsetzer entsteht durch die endliche Stellenzahl *N* der Dualzahl *Z* (an seinem Ausgang) und die daraus resultierende, stufenförmige Quantisierung U_Q ein Quantisierungsfehler. Bestimmen Sie den Signal/Rausch-Abstand *S*/*N* eines Sägezahn-förmigen Eingangssignals $u_e(t)$ aus seiner Nutzspannung $u_s(t)$ und Rauschspannung $u_r(t)$, wenn das digitalisierte Signal wieder mit einem Digital-Analog-Umsetzer in eine Analogsignal $u_a(t)$ umgesetzt wird. Die Sägezahnspannung $u_e(t)$ (Bild 12.5) steuert den A/D-Umsetzer voll aus: $U_{e,max} = U_{a,max} = \hat{u}$.

a) Geben Sie das Nutzsignal $u_s(t)$ an.
b) Wie groß ist der Effektivwert $U_{s,\,eff}$ von $u_s(t)$?
c) Geben Sie die Ausgangsspannung $U_{a,\,max}$ in Abhängigkeit von U_Q und *N* an.
d) Wie groß wird der Effektivwert $U_{s,\,eff} = f(N, U_Q)$ bei Vollaussteuerung?
e) Geben Sie den zeitlichen Verlauf der Rauschspannung $u_r(t)$ nach der Quantisierung an, wenn man annimmt, dass die Eingangsspannung u_e zeitlich linear ansteigt.
f) Wie groß ist der Effektivwert $U_{r,eff}$ von $u_r(t)$?
g) Bilden Sie das Signal/Rausch-Verhältnis als Leistungsverhältnis und formen Sie dieses ins dB-Maß um.
h) Wie ändert sich der *S*/*N*-Abstand, wenn der A/D-Umsetzer
1) mit einer sinusförmigen Spannung vollausgesteuert,
2) mit einer Sägezahnspannung halb ausgesteuert wird?

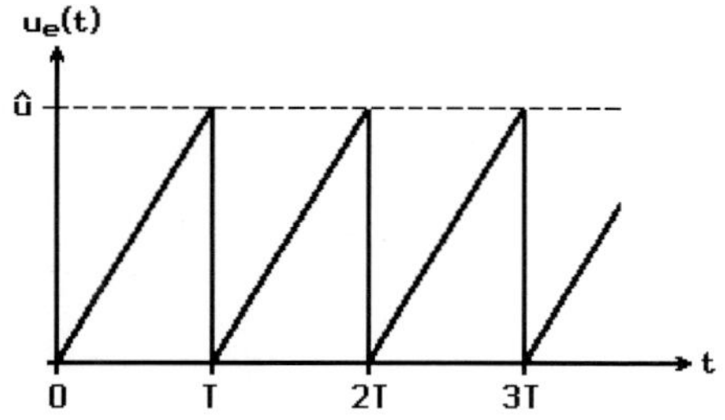

Bild 12.5

Lösung:

a) $$u_s(t) = \hat{u}\frac{t}{T} \quad \text{für} \quad 0 \le t \le T$$

b) $$U_{s,eff} = \sqrt{\frac{1}{T}\int_0^T u_s^2(t)\,\mathrm{d}t} = \frac{\hat{u}}{\sqrt{3}}$$

c) $$U_{a,max} = (2^N - 1)\,U_Q \approx 2^N U_Q$$

d) $$U_{s,eff} = \frac{\hat{u}}{\sqrt{3}} = \frac{U_{a,max}}{\sqrt{3}} = \frac{2^N - 1}{\sqrt{3}}\,U_Q \approx \frac{2^N}{\sqrt{3}}U_Q$$

e) $$u_r(t) = -U_Q\frac{t}{T} \quad \text{für} \quad -\frac{T}{2} \le t \le \frac{T}{2}$$

Siehe Bild 12.6

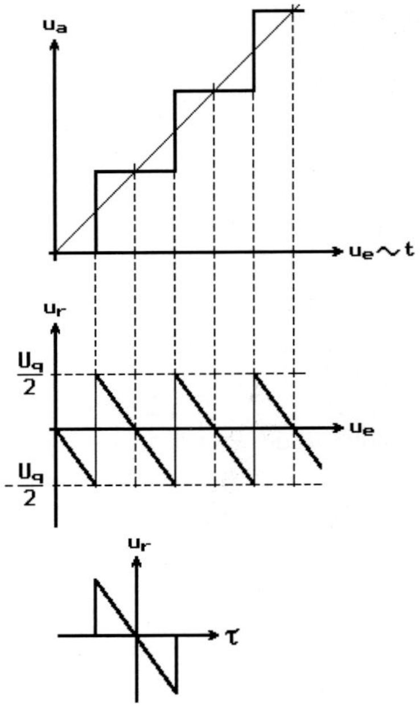

Bild 12.6

f) $$U_{\mathrm{r,eff}} = \sqrt{\frac{1}{T}\int_{-\frac{T}{2}}^{\frac{T}{2}}\left(-U_{\mathrm{Q}}\frac{t}{T}\right)^2 \mathrm{d}t} = U_{\mathrm{Q}}\sqrt{\frac{1}{T^3}\int_{-\frac{T}{2}}^{\frac{T}{2}} t^2 \mathrm{d}t} = \frac{U_{\mathrm{Q}}}{\sqrt{12}}$$

g) $$\frac{S}{N} = \left(\frac{U_{\mathrm{s,eff}}}{U_{\mathrm{r,eff}}}\right)^2 = \frac{\frac{1}{3}(2^N-1)^2 U_{\mathrm{Q}}^2}{\frac{1}{12}U_{\mathrm{Q}}^2} = 2^2(2^N-1) \approx 2^{2(N+1)}$$

$$\frac{S}{N}\text{ in dB} = 20\lg\left(\frac{U_{\mathrm{s,eff}}}{U_{\mathrm{r,eff}}}\right) \approx 20\lg(2)\,(N+1) \approx 6{,}02(N+1)$$

h) 1) $U_{\mathrm{s,eff}}(\sin) < U_{\mathrm{s,eff}}(\text{Sägezahn})$; $\frac{S}{N} = 6{,}02N + 1{,}76$

2) $U_{\mathrm{a}} = \frac{1}{2}U_{\mathrm{a,max}} \approx 2^{\frac{N}{2}}U_{\mathrm{Q}}$; $U_{\mathrm{s,eff}} \approx \frac{1}{\sqrt{3}}2^{\frac{N}{2}}U_{\mathrm{Q}}$

$$\frac{S}{N}\text{ in dB} = 20\lg\left(\frac{U_{\mathrm{s,eff}}}{U_{\mathrm{r,eff}}}\right) \approx 20\lg(2)\left(\frac{N}{2}+1\right) \approx 3{,}01N + 6{,}02$$

S/N wird kleiner.

Aufgabe 12.11: Quantisierungsrauschen. Die mittlere Quantisierungsrauschleistung P_Q an einem Widerstand R eines mit dem Quantisierungsintervall ΔU (= U_{LSB}) quantisierten Signals U bei gleichwahrscheinlicher Amplitudenverteilung soll berechnet werden. Hierzu gehen Sie wie folgt vor:

a) Bilden Sie zuerst die mittlere Leistung P_V vor der Quantisierung aus der Spannung $U \pm u$ mit dem Quantisierungsintervall $u = \left\{-\frac{\Delta U}{2} \ldots +\frac{\Delta U}{2}\right\}$, indem Sie diese Spannung über das Quantisierungsintervall ΔU mitteln.

b) Wie groß ist die mittlere Leistung P_n nach der Quantisierung, nach der das Signal nur noch die konstante Spannung U hat?

c) Wie groß ist die Quantisierungsrauschleistung P_Q, die sich aus der Differenz der mittleren Leistung P_V vor der Quantisierung und P_n nach der Quantisierung ergibt?

Der Zusammenhang zwischen dem Signal/Rausch-Verhältnis (das Leistungsverhältnis bezogen auf einen Widerstand R) und der Anzahl n der Quantisierungsstufen soll berechnet werden. Solange sich die Amplitude des Eingangssignals u_E innerhalb eines Intervalls ΔU befindet, wird die Ausgangsspannung u_A dem Mittelwert des Intervalls zugeordnet. Die Signalamplituden u_E sind wieder gleichverteilt. Die Stufenanzahl n bei der Amplituden-Quantisierung ist gerade. Hierzu gehen Sie wie folgt vor:

d) Berechnen Sie die mittlere Rauschleistung P_V vor der Quantisierung, wenn sich der Signalbereich $u_E = n \cdot \Delta U$ von $-n\left(\frac{\Delta U}{2}\right)$ bis $+n\left(\frac{\Delta U}{2}\right)$ erstreckt.

e) Nach der Quantisierung treten nur noch diskrete Amplitudenwerte auf. Geben Sie eine Folge für die Amplitudenwerte an. Berechnen Sie daraus die mittlere Leistung P_n nach der Quantisierung, indem Sie die einzelnen Amplitudenwerte aufsummieren. Es gilt:

$$\sum_{i=1}^{\frac{n}{2}} (2i-1)^2 = \frac{n(n^2-1)}{6}.$$

f) Berechnen Sie die Quantisierungsrauschleistung P_Q, die sich aus der Differenz der mittleren Leistung P_V vor der Quantisierung und P_n nach der Quantisierung ergibt.

g) Geben Sie den Signal/Rausch-Abstand $\frac{S}{N} = \frac{P_n}{P_Q}$ an. Formen Sie die Gleichung ins Pegelmaß um.

Lösung:

a) $$P_v = \frac{1}{R}\frac{1}{\Delta U}\int_{-\frac{\Delta U}{2}}^{+\frac{\Delta U}{2}} (U+u)^2 \mathrm{d}u = \frac{1}{R}\left(U^2 + \frac{\Delta U^2}{12}\right)$$

b) $$P_n = \frac{U^2}{R}$$

c) $$P_Q = P_V - P_n = \frac{\Delta U^2}{12R}$$

d) $$P_V = \frac{1}{n\Delta U R} \int_{-n\frac{\Delta U}{2}}^{+n\frac{\Delta U}{2}} u^2 \mathrm{d}u = \frac{n^2 \Delta U^2}{12R}$$

e) $$u_n = \pm\frac{\Delta U}{2},\ \pm 3\left(\frac{\Delta U}{2}\right),\ \dots,\ \pm(2n-1)\left(\frac{\Delta U}{2}\right)$$

$$P_n = \frac{1}{nR} \sum_{i=\frac{n}{2}}^{\frac{n}{2}} u^2{}_{(2i-1)} = \frac{2}{nR} \sum_{i=1}^{\frac{u}{2}} u^2{}_{(2i-1)} = \frac{2}{nR} \sum_{i=1}^{\frac{n}{2}} (2i-1)^2 \left(\frac{\Delta U}{2}\right)^2$$

$$= \frac{\Delta U^2}{2nR} \sum_{i=1}^{\frac{n}{2}} (2i-1)^2 = \frac{\Delta U^2}{2nR} \frac{n(n^2-1)}{6} = (n^2-1)\frac{\Delta U^2}{12R}$$

f) $$P_Q = P_V - P_n = \frac{\Delta U^2}{12R}$$

g) $$\frac{S}{N} = \frac{P_n}{P_Q} = n^2 - 1 \ ; \quad \frac{S}{N} \text{ in dB} = 10\lg(n^2-1)$$

Aufgabe 12.12: Übertragungsrate eines Übertragungskanals. Es soll gezeigt werden, dass die Grenze der Übertragungsrate von Impulsen über einen Kanal mit der Übertragungsfunktion *G(ω)* (Bild 12.7) durch die Bandbreite *B* dieses Kanales gegeben ist. Dabei sollen die Impulse als Dirac-Funktionen modelliert werden.

a) Berechnen und zeichnen Sie die Impulsantwort $g(t)$ im Zeitbereich und geben Sie charakteristische Werte an.

b) Leiten Sie aus dem Ergebnis aus a) eine maximale Übertragungsrate $\dot{n}$ (Impulse pro Zeiteinheit) des Senders ab. Wie groß muß dann die Abtastrate f_a am Empfänger sein?

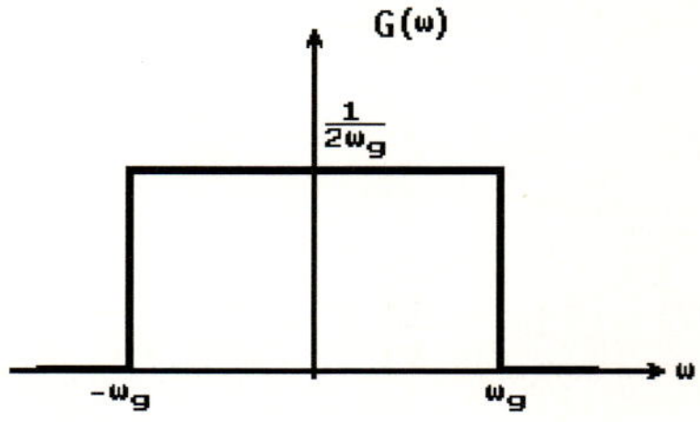

Bild 12.7

Lösung:

a) Fourier-Transformierte der Übertragungsfunktion $G(\omega)$

$$g(t) = \int_{-\infty}^{\infty} G(\omega)\, e^{j\omega t} d\omega = \int_{-\omega_g}^{\omega_g} \frac{1}{2\,\omega_g}\, e^{j\omega t} d\omega = \frac{1}{j2\omega_g t}\left\{e^{j\omega_g t} - e^{-j\omega_g t}\right\}$$

$$= \frac{\sin(\omega_g t)}{\omega_g t} = \mathrm{si}(\omega_g t)$$

- Impulsantwort $g(t)$ (Spaltfunktion, Bild 12.8)
 Charakteristische Wert von $g(t)$

1) Amplitude bei $t = 0$

$$g(t{=}0) = \lim_{t\to 0} \frac{\sin\omega_g t)}{\omega_g t} = \lim_{x\to 0} \frac{\sin x}{x} = \lim_{t\to 0} \frac{\cos x}{1} = 1 \text{ (Regel nach l'Hospital)}$$

2) Nulldurchgänge $g(t) = 0$ für $\omega_g\, t = k\,\pi$ mit $k = 1, 2, 3...$

$$t_{0,k} = \frac{k\pi}{\omega_g}$$

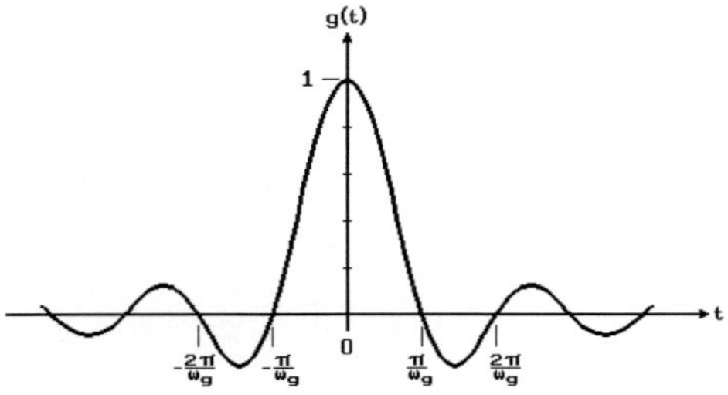

Bild 12.8

b) Grenzfrequenz $f_g = \dot{n} = \frac{\omega_g}{2\pi}$; $f_a = \frac{\omega_g}{\pi}$

12.2 Fourier-Transformation periodischer Signale

12.2.1 Harmonische Signale

Aufgabe 12.13: Eine Kosinusschwingung $s(t) = \cos\omega_0 t$ mit $f_0 = \frac{1}{T_0}$ wird durch ein Rechteckfenster $w_0(t) = 1$ für $-\frac{T_F}{2} \le t \le \frac{T_F}{2}$ abgetastet. Welche Spektren ergeben sich für verschiedene Verhältnisse von $\frac{T_F}{T_0}$?

Lösung:

1) $$s(t) = \cos\omega_0 t = \frac{1}{2}\left(e^{j\omega_0 t} + e^{-j\omega_0 t}\right)$$

Spektrum $S(\omega)$ (Fourier-Transformierte des Signals $s(t)$)

$$\underline{S}(j\omega) = \int_{-\infty}^{\infty} s(t)\, e^{-j\omega t}\,dt = \frac{1}{2}\left\{\int_{-\infty}^{\infty} e^{j(\omega_0-\omega)t}\,dt + \int_{-\infty}^{\infty} e^{-j(\omega_0+\omega)t}\,dt\right\}$$

mit $\int_{-\infty}^{\infty} e^{jxt}\,dt = 2\pi\,\delta(x)$ Dirac-Distribution

$$S(\omega) = \pi\left\{\delta(\omega-\omega_0) + \delta(\omega+\omega_0)\right\}$$ gerade Funktion

2) Spektrum $W_0(\omega)$ (Fourier-Transformation der Fensterfunktion $w_0(t)$)

$$W_0(\omega) = \int_{-\infty}^{\infty} w_0(t)\, e^{-j\omega t}\,dt = \int_{-\frac{T_F}{2}}^{+\frac{T_F}{2}} e^{-j\omega t}\,dt = T_F\,\frac{\sin\frac{\omega T_F}{2}}{\frac{\omega T_F}{2}}$$

3) Spektrum $F(\omega)$ des Produktes der beiden Zeitfunktionen $s(t)$ und $w_0(t)$ durch Faltung der beiden Spektralfunktionen $S(\omega)$ und $W_0(\omega)$.

$$F(\omega) = S(\omega) * W_0(\omega) = \frac{1}{2\pi}\int_{-\infty}^{\infty} S(\omega')\, W_0(\omega-\omega')\,d\omega'$$

$$= \frac{T_F}{2}\int_{-\infty}^{\infty} \frac{\sin\frac{\omega T_F}{2}}{\frac{\omega T_F}{2}}\left\{\delta(\omega'-(\omega+\omega_0)) + \delta(\omega'+(\omega-\omega_0))\right\}d\omega'$$

$$= \frac{T_F}{2}\left\{\frac{\sin\left(\frac{\omega+\omega_0}{2}T_F\right)}{\frac{\omega+\omega_0}{2}T_F} + \frac{\sin\left(\frac{\omega-\omega_0}{2}T_F\right)}{\frac{\omega-\omega_0}{2}T_F}\right\}$$

$$= \frac{T_F}{2}\left\{\frac{\sin\left(\pi\frac{T_F}{T_0}\left(\frac{f}{f_0}+1\right)\right)}{\pi\frac{T_F}{T_0}\left(\frac{f}{f_0}+1\right)} + \frac{\sin\left(\pi\frac{T_F}{T_0}\left(\frac{f}{f_0}-1\right)\right)}{\pi\frac{T_F}{T_0}\left(\frac{f}{f_0}-1\right)}\right\}$$

4) Spektrum der gefensterten Cosinus-Schwingung (s. Bild 12.9, 12.10 und 12.11)

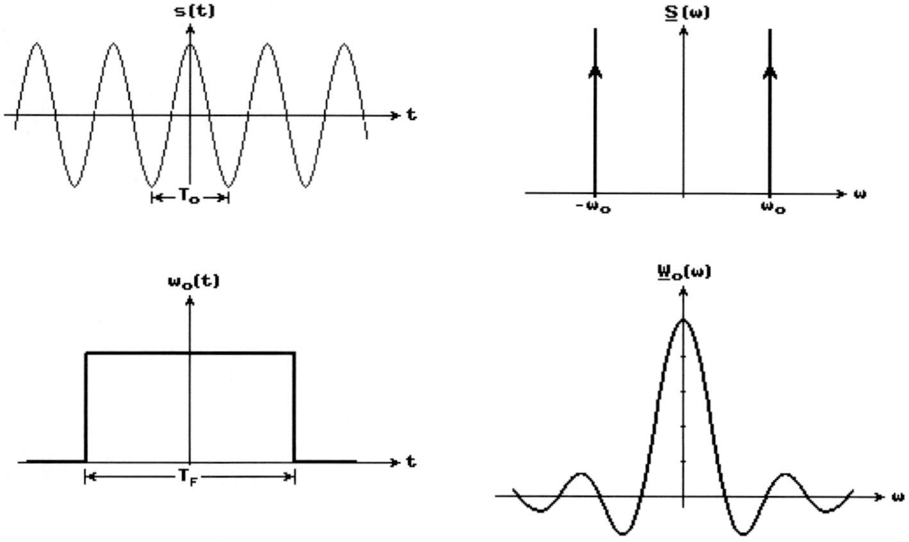

Bild 12.9

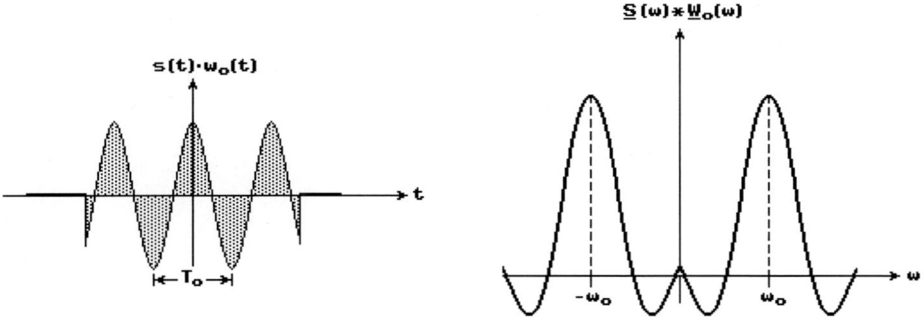

Bild 12.10

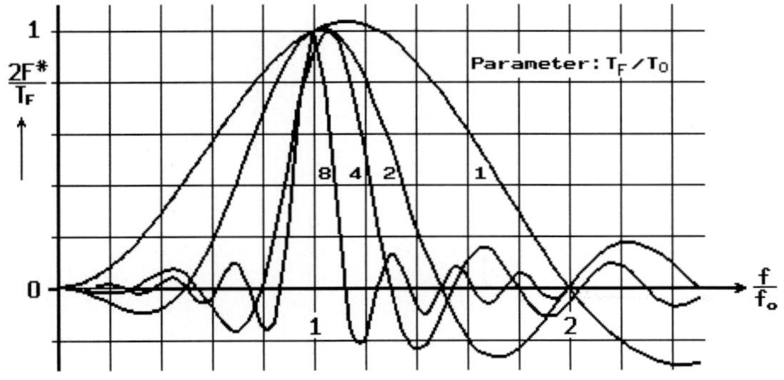

Bild 12.11

Aufgabe 12.14: Betrachtet wird eine Kosinusschwingung $s(t) = \cos \omega_0 t$, die durch ein Dreieckfenster abgetastet wird. Welche Spektren ergeben sich in diesem Fall für verschiedene Verhältnisse T_F/T_0 ?

Lösung:

1) Spektrum $S(\omega)$ (Fourier-Transformierte des Signals $s(t)$)

$$S(\omega) = \pi\left(\delta(\omega-\omega_0) + \Delta(\omega+\omega_0)\right) \quad \text{(s. Aufgabe 12.13)}$$

2) Spektrum $W_1(\omega)$ des Dreieck-Fensters $\omega_1(t)$

$$w_1(t) = \begin{cases} 1 - \dfrac{2|t|}{T_F} & \text{für } |t| \le \dfrac{T_F}{2} \\ 0 & \text{für } |t| \ge \dfrac{T_F}{2} \end{cases}$$

$$W_1(\omega) = \int_{-\frac{T_F}{2}}^{\frac{T_F}{2}} w_1(t)\, e^{-j\omega t} dt = \int_{-\frac{T_F}{2}}^{0} \left(1 + \frac{2t}{T_F}\right) e^{-j\omega t} dt + \int_{0}^{\frac{T_F}{2}} \left(1 - \frac{2t}{T_F}\right) e^{-j\omega t} dt$$

$$= \frac{4}{\omega^2 T_F}\left(1 - \cos\frac{\omega T_F}{2}\right) = \frac{T_F}{2}\left[\frac{\sin\left(\frac{\omega T_F}{4}\right)}{\frac{\omega T_F}{4}}\right]^2 = \frac{T_F}{2}\left[\frac{\sin\frac{\pi}{2} f T_F}{\frac{\pi}{2} f T_F}\right]^2$$

3) Spektrum $F(\omega)$ durch Faltung von $S(\omega)$ und $W_1(\omega)$

$$F(\omega) = S(\omega) * W_1(\omega) = \frac{1}{2\pi}\int_{-\infty}^{\infty} W_1(\omega')\, S(\omega-\omega')\, d\omega'$$

$$= \frac{T_F}{4}\int_{-\infty}^{\infty}\left[\frac{\sin\left(\frac{\omega T_F}{\pi}\right)}{\frac{\omega T_F}{2}}\right]^2 \left(\delta(\omega' - (\omega+\omega_0) + \delta(\omega' - (\omega-\omega_0)\right) d\omega'$$

$$= \frac{T_F}{4}\left\{\left[\frac{\sin\frac{\omega+\omega_0}{4} T_F}{\frac{\omega+\omega_0}{4} T_F}\right]^2 + \left[\frac{\sin\frac{\omega-\omega_0}{4} T_F}{\frac{\omega-\omega_0}{4} T_F}\right]^2\right\}$$

und mit $\dfrac{\omega \pm \omega_0}{4} T_F = \dfrac{\pi}{2}\dfrac{T_F}{T_0}\left(\dfrac{f}{f_0} \pm 1\right)$

$$F(\omega) = \frac{T_F}{4}\left\{\left[\frac{\sin\left(\frac{\pi}{2}\frac{T_F}{T_0}\left(\frac{f}{f_0}+1\right)\right)}{\frac{\pi}{2}\frac{T_F}{T_0}\left(\frac{f}{f_0}+1\right)}\right]^2 + \left[\frac{\sin\left(\frac{\pi}{2}\frac{T_F}{T_0}\left(\frac{f}{f_0}-1\right)\right)}{\frac{\pi}{2}\frac{T_F}{T_0}\left(\frac{f}{f_0}-1\right)}\right]^2\right\}$$

4) Spektrum der gefensterten Cosinus-Schwingung

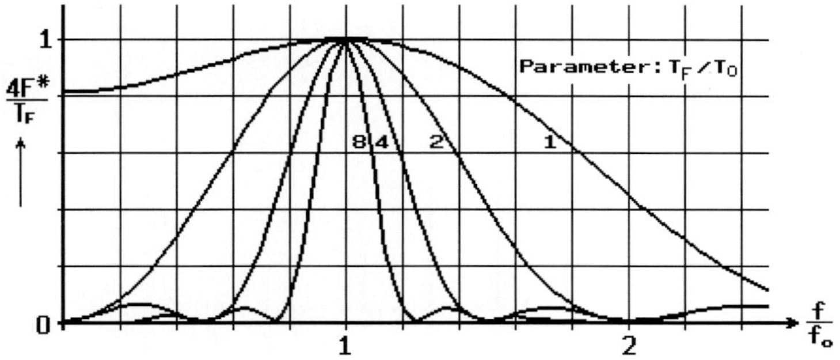

Bild 12.12

Aufgabe 12.15: Gegeben sei ein Signal mit der Darstellung

$$x(t) = 1 + \sin\,\omega_0 t + 2\cos\,\omega_0 t + \cos\,(2\omega_0 t + \tfrac{\pi}{4})$$

a) Berechnen Sie die Fourier-Reihenkoeffizienten von $\underline{x}(t) = \sum_{k=-\infty}^{\infty} a_k\, e^{jk\omega_0 t}$, indem Sie die transzendenten Funktionen in Exponentialschreibweise darstellen und geeignete Terme zusammenfassen.

b) Zeichnen Sie das Betrags- und Phasenspektrum der Tranformierten aus a). Geben Sie charakteristische Werte an.

Das Signal werde nun mit der Periodendauer $T_s = 0{,}25\; T_0$ abgetastet, $T_0 = \frac{2\pi}{\omega_0}$.

c) Ist das Abtasttheorem erfüllt?

d) Wie lautet die entstehende Zahlenfolge $\underline{x}(n)$? Geben Sie deren Periodizität N an.

e) Berechnen Sie die Koeffizienten der Reihe $\underline{x}(n) = \sum_{k=-2}^{2} a_k\, e^{j\frac{2\pi}{N}kn}$ mit der Methode aus a).

d) Bestimmen Sie mit dem Ergebnis aus e) die Koeffizienten $\tilde{a}_k$ der Diskreten Fourier-Reihe $\underline{x}(n) = \sum_{n=0}^{N-1} \tilde{a}_k\, e^{j\frac{2\pi}{N}kn}$.

Lösung:

a) $a_0 = 1 \;,\; a_{-1} = \dfrac{2+\mathrm{j}}{2} \;,\; a_1 = \dfrac{2-\mathrm{j}}{2} \;,\; a_{-2} = \dfrac{1-\mathrm{j}}{2\sqrt{2}} \;,\; a_2 = \dfrac{1+\mathrm{j}}{2\sqrt{2}}$

$a_k = 0$ für $|k| > 2$

b) Siehe Bild 12.13

$$|a_{-1}| = |a_1| = \frac{\sqrt{5}}{2} \qquad \varphi(a_{-1}) = +26{,}6^\circ$$
$$\varphi(a_1) = -26{,}6^\circ$$
$$|a_{-2}| = |a_2| = \frac{\sqrt{2}}{2\sqrt{2}} = \frac{1}{2} \qquad \varphi(a_{-2}) = -45^\circ$$
$$\varphi(a_2) = +45^\circ$$

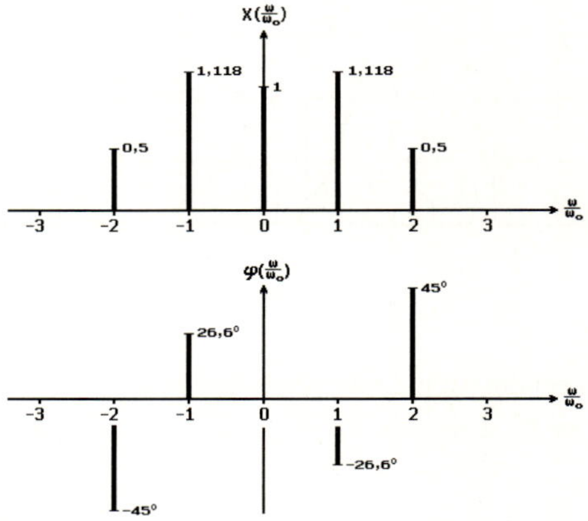

Bild 12.13

c) Höchste vorkommende Frequenz in $x(t)$ ist $\omega_{x,max} = 2\,\omega_0$. Abtastrate ist $\omega_s = 4\omega_0 = 2\omega_{x,max}$. Abtasttheorem fordert jedoch $\omega_s > 2\,\omega_{x,\,max}$, daher ist dieses hier nicht erfüllt.

d) $x(n) = 1 + \sin\dfrac{\pi}{2}n + 2\cos\dfrac{\pi}{2}n + \cos\left(\pi n + \dfrac{\pi}{4}\right)$, periodisch in n mit Periode $N = 2$.

e) $a_0 = 1 \;,\; a_{-1} = \dfrac{2+\mathrm{j}}{2} \;,\; a_1 = \dfrac{2-\mathrm{j}}{2} \;,\; a_{-2} = \dfrac{1-\mathrm{j}}{2\sqrt{2}} \;,\; a_2 = \dfrac{1+\mathrm{j}}{2\sqrt{2}}$

f) $\tilde{a}_0 = 1 \;,\; \tilde{a}_1 = \dfrac{2-\mathrm{j}}{2} \;,\; \tilde{a}_2 = \dfrac{1}{\sqrt{2}} \;,\; \tilde{a}_3 = \dfrac{2+\mathrm{j}}{2}$

12.2.2 Rechteck-förmige Signale

Aufgabe 12.16: Die periodische Rechteckfunktion nach Bild 12.14 soll für verschiedene Tastverhältnisse $\varepsilon = \dfrac{T_i}{T_0}$ in eine Fourier-Reihe entwickelt werden.

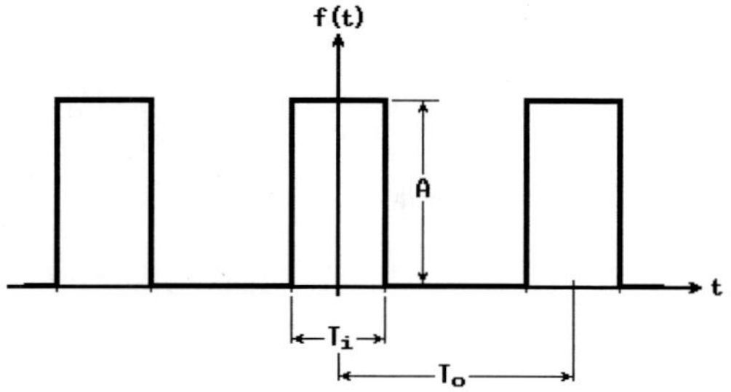

Bild 12.14

Lösung:

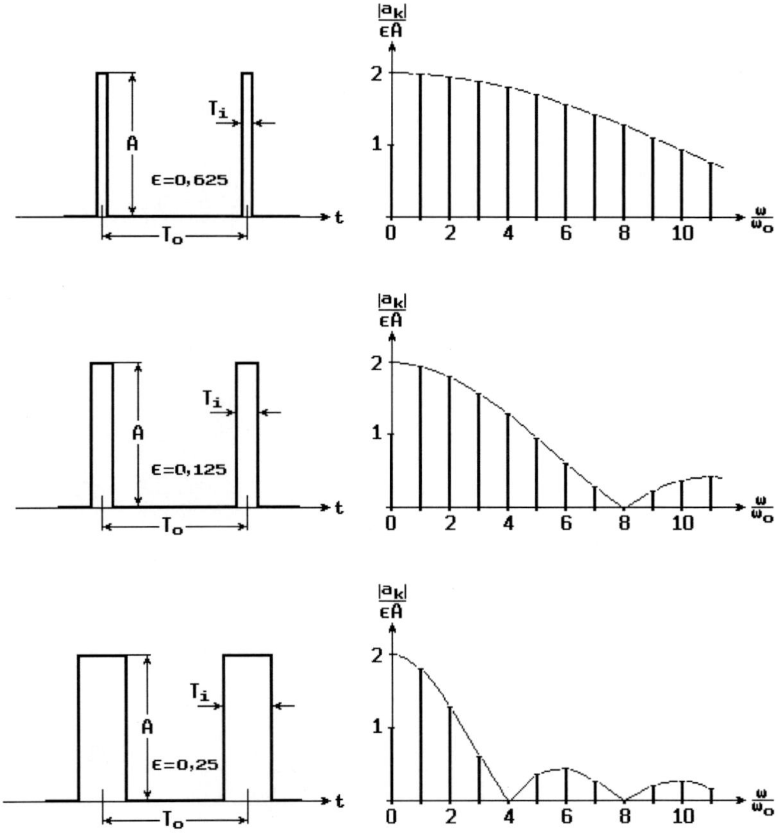

Bild 12.15

$$f(t) = \begin{cases} A & -\dfrac{T_i}{2} \leq t \leq \dfrac{T_i}{2} \\ 0 & \text{alle anderen } t \end{cases}$$

$$a_0 = \frac{1}{T_0}\int_{-\frac{T_0}{2}}^{\frac{T_0}{2}} f(t)\,\mathrm{d}t = \frac{2}{T_0}\int_0^{\frac{T_0}{2}} f(t)\,\mathrm{d}t = \frac{2}{T_0}\int_0^{\frac{T_\mathrm{i}}{2}} A\,\mathrm{d}t = \frac{2T_\mathrm{i}}{2T_0}A = \varepsilon A$$

$$a_k = \frac{2}{T_0}\int_0^{T_0} f(t)\cos(k\omega_0 t)\,\mathrm{d}t = \frac{4}{T_0}\int_0^{\frac{T_\mathrm{i}}{2}} A\cos\left(\frac{2\pi k t}{T_0}\right)\mathrm{d}t$$

$$= \frac{2A}{\pi k}\sin\left(\frac{\pi k T_\mathrm{i}}{T_0}\right) = 2\varepsilon A\,\frac{\sin(\pi k\varepsilon)}{\pi k\varepsilon}$$

$b_k = 0$, da $f(t)$ gerade Funktion.

$$f(t) = 2\varepsilon A\left\{\frac{1}{2} + \sum_{k=1}^{\infty}\frac{\sin(\pi k\varepsilon)}{\pi k\varepsilon}\cos\left(\frac{2\pi k t}{T_0}\right)\right\}$$

Aufgabe 12.17: Die Rechteckschwingung nach Bild 12.14 soll in eine komplexe Fourier-Reihe entwickelt werden

Lösung:

$$\underline{c}_k = \frac{1}{T_0}\int_{-\frac{T_\mathrm{i}}{2}}^{\frac{T_\mathrm{i}}{2}} A e^{-\mathrm{j}\frac{2k\pi}{T_0}t}\,\mathrm{d}t = -\frac{A}{\mathrm{j}2k\pi}\left[e^{-\mathrm{j}\frac{k\pi T_\mathrm{i}}{T_0}} - e^{+\mathrm{j}\frac{k\pi T_\mathrm{i}}{T_0}}\right]$$

$$= \frac{A}{k\pi}\left[\frac{e^{\mathrm{j}k\pi\varepsilon} - e^{-\mathrm{j}k\pi\varepsilon}}{2\mathrm{j}}\right] = \varepsilon A\frac{\sin(k\pi\varepsilon)}{k\pi\varepsilon}$$

Aufgabe 12.18: Bestimmen Sie die Fourier-Transformierte der periodischen Rechteckschwingung nach Bild 12.16.

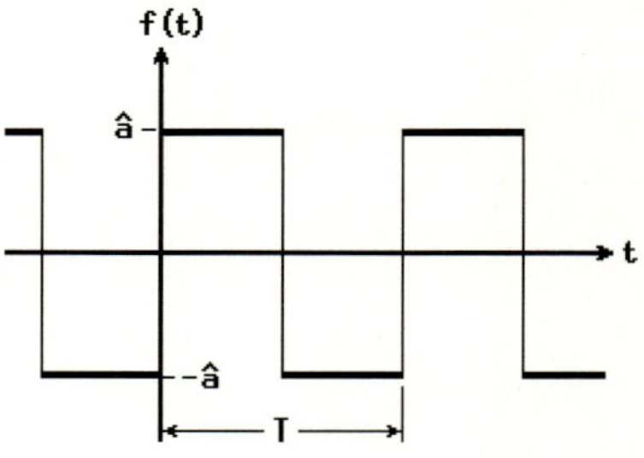

Bild 12.16

Lösung:

$$f(t) = \frac{4\hat{a}}{\pi}\left\{\sin(\omega_0 t) + \frac{1}{3}\sin(3\omega_0 t) + \frac{1}{5}\sin(5\omega_0 t) + \ldots\right\}$$

$$= \frac{4\hat{a}}{\pi}\sum_{k=0}^{\infty}\frac{\sin((2k+1)\omega_0 t)}{2k+1}$$

Mit $\mathscr{F}\{\sin(n\omega t)\} = \mathrm{j}\pi\left(\delta(\omega + n\omega_0) - \delta(\omega - n\omega_0)\right)$ folgt

$$\underline{F}(\mathrm{j}\omega) = \mathrm{j}\,4\hat{a}\sum_{k=0}^{\infty}\left\{\delta(\omega + (2k+1)\omega_0) - \delta(\omega - (2k+1)\omega_0)\right\} .$$

Aufgabe 12.19: Gegeben ist eine periodische Rechteckfunktion $s(t)$ (Bild 12.17).

Berechnen Sie die Fourier-Tranformierte $S(\omega)$ für
a) $T_2 = 3\,T_1$,
b) $T_2 = 2\,T_1$,
c) $T_2 = T_1$.

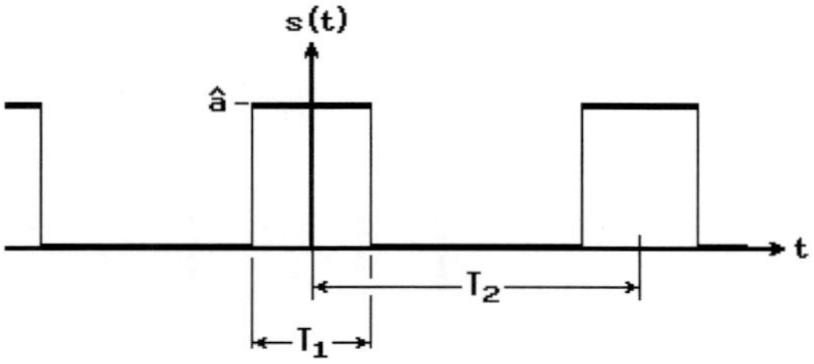

Bild 12.17

Lösung:
Die periodische Funktion wird in eine Fourier-Reihe entwickelt. Mit $n = T_2/T_1$ erhält man

$$a_0 = \frac{\hat{a}}{n}\ ;\quad a_k = \frac{4\hat{a}}{\pi}\,\frac{\sin\left(\frac{k\pi}{n}\right)}{k};\ k>0.$$

Damit ergibt sich die Fourier-Reihe

$$s(t) = \frac{\hat{a}}{n} + \frac{4\hat{a}}{\pi}\sum_{k=1}^{\infty}\frac{\sin(k\pi/n)}{k}\cos(k\omega_0 t)\quad \text{mit}\quad \omega_0 = \frac{2\pi}{T_2} .$$

Mit $\cos(k\omega_0 t) \circ\!-\!\bullet\ \pi[\delta(\omega + k\omega_0) + \delta(\omega - k\omega_0)]$ und $1 \circ\!-\!\bullet\ \delta(\omega)$ ergibt sich daraus

$$S(\omega) = \frac{\hat{a}}{n}\,\delta\omega) + 4\hat{a}\sum_{k=1}^{\infty}\frac{\sin(k\pi/n)}{k}\left[\delta(\omega + k\omega_0) + \delta(\omega - k\omega_0)\right] .$$

a) $T_2 = 3T_1\ ;\quad n = \frac{T_2}{T_1} = 3$

$$S(\omega) = \frac{\hat{a}}{3}\,\delta(\omega) + 4\hat{a}\sum_{k=1}^{\infty}\frac{\sin(k\pi/3)}{k}\,[\delta(\omega + k\omega_0) + \delta(\omega - k\omega_0)]$$

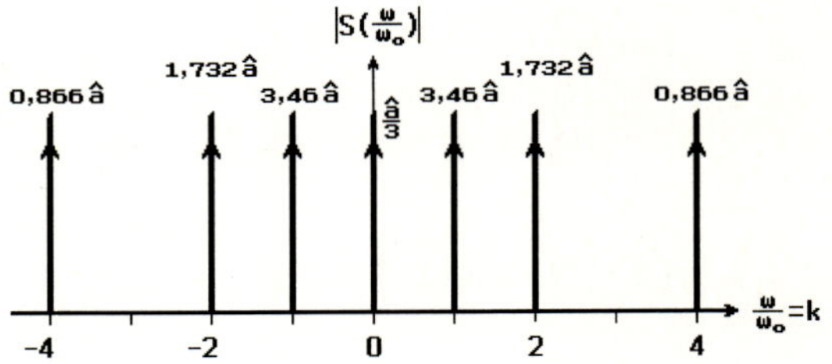

Bild 12.18

b) $T_2 = 2T_1 \;;\; n = \frac{T_2}{T_1} = 2$

$$S(\omega) = \frac{\hat{a}}{2}\,\delta(\omega) + 4\hat{a}\sum_{k=1}^{\infty}\frac{\sin(k\pi/2)}{k}\,[\delta[\omega + k\omega_0) + \delta(\omega - k\omega_0)]$$

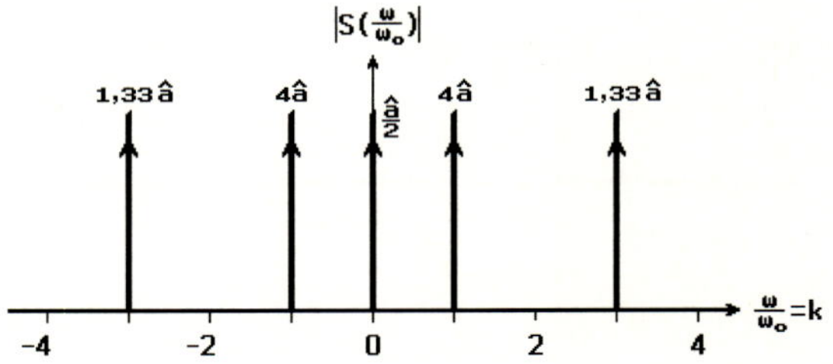

Bild 12.19

c) $T_2 = T_1 \;;\; n = \frac{T_2}{T_1} = 1 \qquad S(\omega) = \hat{a}\,\delta(\omega)$

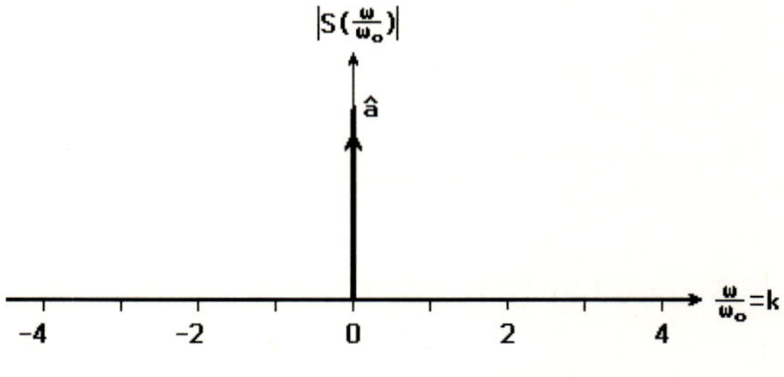

Bild 12.20

12.2.3 Sägezahn-förmige Signale

Aufgabe 12.20: Gegeben ist das in Bild 12.21 dargestellte sägezahnförmige Signal $x(t)$.

a) Bestimmen Sie die Funktion $x(t)$.
b) Ist die Funktion $x(t)$ gerade oder ungerade?
c) Stellen Sie die Funktion $x(t)$ durch eine Fourier-Reihe in der folgenden Form dar

$$x(t) = \sum_{k=0}^{\infty} [a_k \cos(2\pi k f_0 t) + b_k \sin(2\pi k f_0 t)]$$

d) Bestimmen Sie die komplexen Fourier-Koeffizienten $\underline{c}_k$ und stellen Sie die Funktion $x(t)$ durch eine komplexe Fourier-Reihe dar.
e) Geben Sie das Spektrum $X(f) = \mathscr{F}\{x(t)\}$ an.
f) Berechnen Sie das Spektrum $X_a(f)$ für eine Abtastung des Signals $x(t)$ in einem endlichen Abtastintervall $T_F = N\,T_0 = N/f_0$.

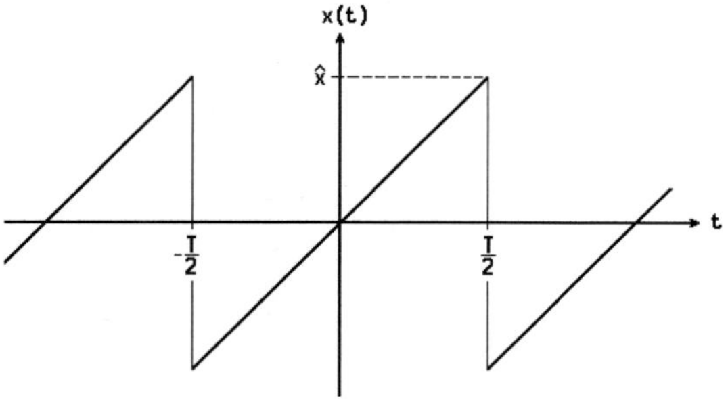

Bild 12.21

Lösung:

a) $$x(t) = \frac{2\hat{x}}{T}\,t \quad \text{für} \quad -\frac{T}{2} \le t \le \frac{T}{2}$$

b) ungerade Funktion, da $x(t) = -x(-t)$

c) $$a_k = 0\ ;\ b_k = \frac{2\hat{x}}{k\pi}(-1)^{k+1} \quad \text{mit} \quad k = 1, 2, 3, \ldots$$

$$x(t) = \frac{2\hat{x}}{\pi}\left\{\sin(2\pi f_0 t) - \frac{1}{2}\sin(4\pi f_0 t) + \frac{1}{3}\sin(6\pi f_0 t) - + \ldots\right\}$$
$$= \frac{2\hat{x}}{\pi}\sum_{k=1}^{\infty}(-1)^{k+1}\frac{\sin(2k\pi f_0 t)}{k}$$

d) $$\underline{c}_k = \mathrm{j}\frac{\hat{x}}{k\pi}(-1)^k\ ;\ x(t) = \frac{\mathrm{j}\hat{x}}{\pi}\sum_{k=-\infty}^{+\infty}\frac{(-1)^k}{k}\,e^{\mathrm{j}2k\pi f_0 t}$$

e) $$X(f) = \mathrm{j}2\hat{x}\sum_{k=-\infty}^{+\infty}\frac{(-1)^k}{k}\,\delta(f - kf_0)\ ;\ k \neq 0$$

f) $$\underline{X}_a(f) = j2\hat{x}NT_0 \sum_{k=-\infty}^{+\infty} \frac{(-1)^k}{k} \frac{\sin[\pi(Nf/f_0 - k)]}{\pi(Nf/f_0 - k)}$$

12.3 Fourier-Transformation zeitlimitierter, kontinuierlicher Signale

Aufgabe 12.21: Gegeben ist der in Bild 12.22 gezeigte nichtperiodische Verlauf eines Signals $x(t)$. $x(t)$ kann durch eine quadratische Parabel beschrieben werden. Dabei sollen die Größen ω und t die Einheit 1 haben.

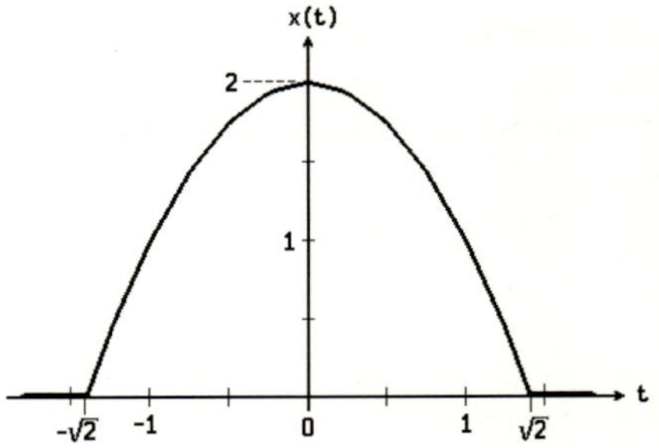

Bild 12.22

a) Bestimmen Sie den Signalverlauf $x(t)$.
b) Welche Aussagen können Sie bereits ohne Rechnung über das Spektrum $\underline{X}(\omega)$ dieser Zeitfunktion machen?
c) Berechnen Sie die Fourier-Transformierte $\mathcal{F}\{x(t)\} = \underline{X}(\omega)$ und skizzieren Sie das Amplitudenspektrum $|\underline{X}(\omega)|$.
d) Zeigen Sie, dass die unter b) genannten Eigenschaften auf $\underline{X}(\omega)$ zutreffen.

Die Funktion sei nun mit der Periodendauer $T_0 = 2t_x = 2\sqrt{2}$ periodisch.

e) Berechnen Sie die komplexen Koeffizienten $\underline{c}_k$ der dazugehörigen Fourier-Reihe.
f) Welche Eigenschaften besitzt die in e) berechnete Spektralfunktion?
g) Welche Eigenschaften erhält die in e) berechnete Spektralfunktion, wenn die Messwerterfassung $x(n\,T_a)$ bzw. die Berechnung des Spektrums durch einen Digitalrechner realisiert wird?
h) Erläutern Sie anhand einer Skizze das Abtasttheorem von Shannon. Welche Konsequenzen ergeben sich für das unter g) berechnete Spektrum bei Beachtung und bei Nichtbeachtung dieses Theorems?

Lösung:

a) $x(t) = 2 - t^2$

b) $x(t) = x(-t)$, gerade Funktion, also wird das Spektrum $\underline{X}(\omega)$ ebenfalls gerade und reell.

c) $$\underline{X}(\omega) = \frac{4\sqrt{2}}{\omega^2}\left\{\frac{\sin(\sqrt{2}\,\omega)}{\sqrt{2}\,\omega} - \cos(\sqrt{2}\,\omega)\right\}$$

d) $$\underline{X}(-\omega) = \frac{4\sqrt{2}}{\omega^2}\left\{\frac{-\sin(\sqrt{2}\,\omega)}{-\sqrt{2}\,\omega} - \cos(-\sqrt{2}\,\omega)\right\} = \underline{X}(\omega)$$

e) $$c_0 = 2 - \frac{2\sqrt{2}}{3} \approx 1{,}057 \;;\quad \underline{c}_k = (-1)^{k+1}\,\frac{1}{4\pi^2 k^2} \;;\quad k \neq 0$$

f) diskretes Linienspektrum, wobei $\underline{c}_k = \underline{c}_{-k}$ sind. Linienabstand $\Delta f = \dfrac{2}{t_0}$.

g) Das Spektrum wird periodisch mit der durch die Abtastfrequenz $f_a = 1/T_a$ vorgegebenen Periode.

h)

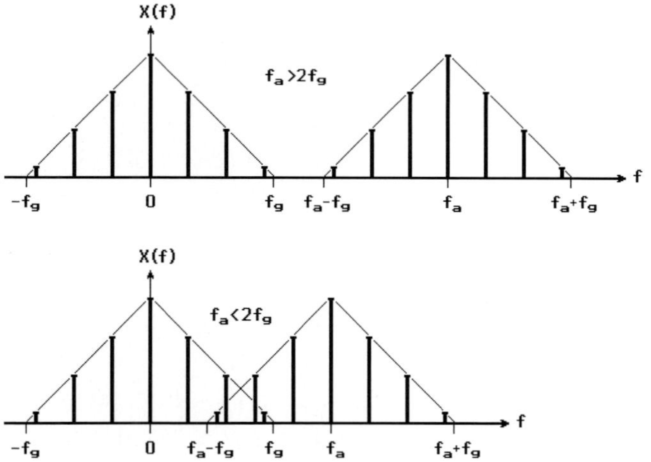

Bild 12.23

Aufgabe 12.22: Ein Rechteckimpuls

$$r(t) = \begin{cases} 1 & \text{für } -\dfrac{T_F}{4} \le t \le +\dfrac{T_F}{4} \\ 0 & \text{sonst} \end{cases}$$

wird mit verschiedenen Fensterfunktionen gewichtet:

1. Rechteckfenster $$w_0(t) = \begin{cases} 1 & \text{für } -\dfrac{T_F}{2} \le t \le \dfrac{T_F}{2} \\ 0 & \text{sonst} \end{cases}$$

2. Dreieckfenster $$w_1(t) = \begin{cases} 1 - \dfrac{2|t|}{T_F} & \text{für } |t| \le \dfrac{T_F}{2} \\ 0 & \text{sonst} \end{cases}$$

3. Hann-Fenster $$w_2(t) = \begin{cases} \frac{1}{2}\left(1 - \cos\frac{2\pi t}{T_F}\right) & \text{für } |t| \leq \frac{T_F}{2} \\ 0 & \text{sonst} \end{cases}$$

a) Skizzieren Sie für diese drei Fälle den Verlauf des gewichteten Impulses und bestimmen Sie jeweils dessen Spektrum.

b) Stellen Sie die Spektren in einem Diagramm dar.

Lösung:

c) 1. $f_0(t) = r(t)\, w_0(t) = r(t)$

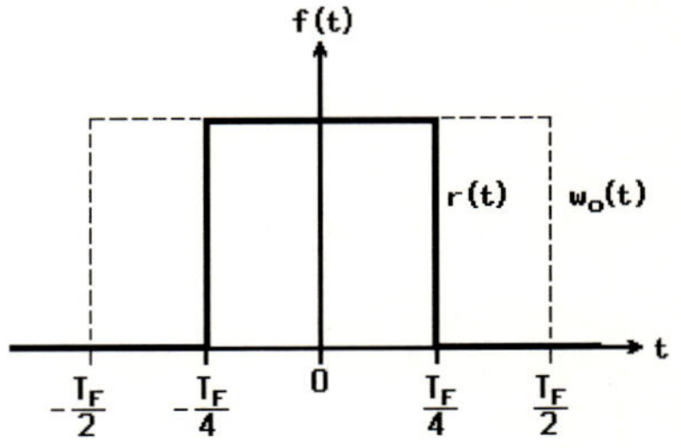

Bild 12.24

$$F_0(f) = \frac{T_F}{2}\,\frac{\sin(\frac{\omega T_F}{4})}{\frac{\omega T_F}{4}} = \frac{T_F}{2}\,\frac{\sin\left(\frac{\pi}{2}\frac{f}{f_0}\right)}{\frac{\pi}{2}\frac{f}{f_0}} \quad \text{mit } f_0 = \frac{1}{T_F}$$

2. $f_1(t) = r(t)\, w_1(t) = w_1(t)$ für $-\frac{T_F}{4} \leq t \leq \frac{T_F}{4}$

$$f_1(t) = \begin{cases} 1 + \frac{2t}{T_F} & \text{für } -\frac{T_F}{4} \leq t \leq 0 \\ 1 - \frac{2t}{T_F} & \text{für } 0 \leq t \leq \frac{T_F}{4} \end{cases}$$

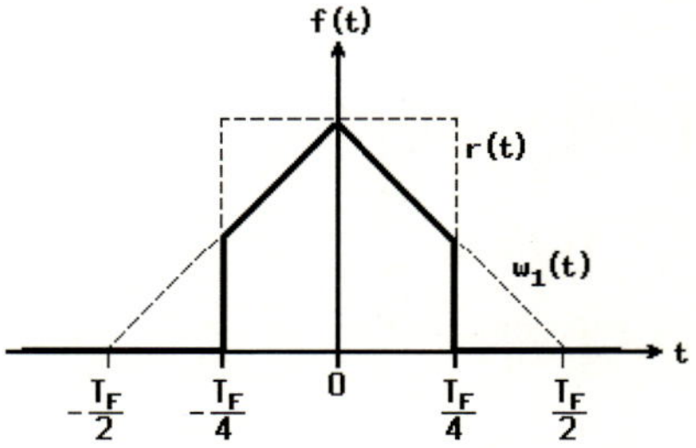

Bild 12.25

$$F_1(f) = \frac{T_F}{2}\left\{\frac{1}{2}\,\frac{\sin\left(\frac{\pi}{2}\frac{f}{f_0}\right)}{\frac{\pi}{2}\frac{f}{f_0}} + \frac{1}{4}\left[\frac{\sin\left(\frac{\pi}{4}\frac{f}{f_0}\right)}{\frac{\pi}{4}\frac{f}{f_0}}\right]^2\right\} = \frac{1}{2}F_0(\omega) + \frac{1}{2T_F}\,F_0^{\,2}\left(\frac{\omega}{2}\right)$$

3. $f_2(t) = r(t)\ w_2(t)$ für $-\frac{T_F}{4} \le t \le \frac{T_F}{4}$

$$f_2(t) = \frac{1}{2}\left(1 + \cos\frac{2\pi t}{T_F}\right) \quad \text{für} \quad \frac{T_F}{4} \le t \le \frac{T_F}{4}$$

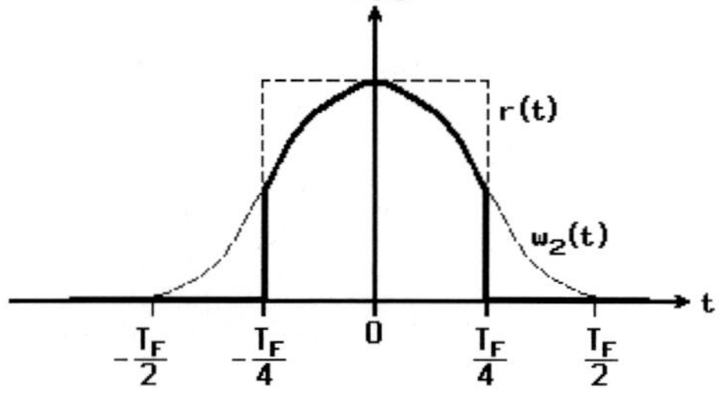

Bild 12.26

$$F_2(f) = \frac{T_F}{2}\left\{\frac{1}{2}\,\frac{\sin\left(\frac{\pi}{2}\frac{f}{f_0}\right)}{\frac{\pi}{2}\frac{f}{f_0}} + \frac{1}{4}\,\frac{\sin\frac{\pi}{2}\left(\frac{f}{f_0}-1\right)}{\frac{\pi}{2}\left(\frac{f}{f_0}-1\right)} + \frac{1}{4}\,\frac{\sin\frac{\pi}{2}\left(\frac{f}{f_0}+1\right)}{\frac{\pi}{2}\left(\frac{f}{f_0}+1\right)}\right\}$$

$$F_2(f) = = \frac{1}{2}F_0 + \frac{1}{4}F_0(f-f_0) + \frac{1}{4}F_0(f+f_0)$$

b)

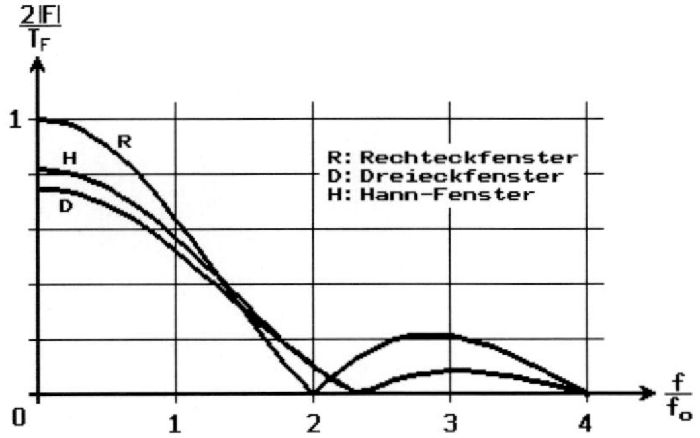

Bild 12.27

Aufgabe 12.23: Gegeben sei ein Recheckimpuls $r(t)$ mit der Amplitude $\hat{a}$ und der Impulsbreite $T_i = 2\,T$.

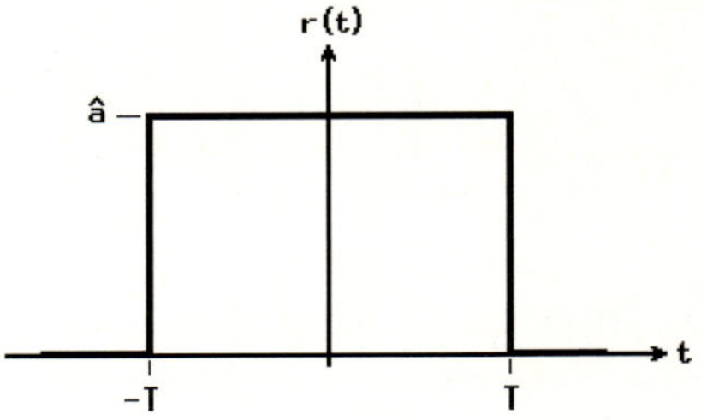

Bild 12.28

a) Bestimmen Sie das Spektrum $\underline{F}(\omega)$ dieses Impulses.

b) Welche Beziehung besteht zwischen Impulsbreite T und benötigter Bandbreite B zur Übertragung des Impulses?

Lösung:

a) $F(\omega) = 2\hat{a}T\,\dfrac{\sin\omega T}{\omega T}$ mit $F(0) = 2\hat{a}T$ (s. Bild 12.29)

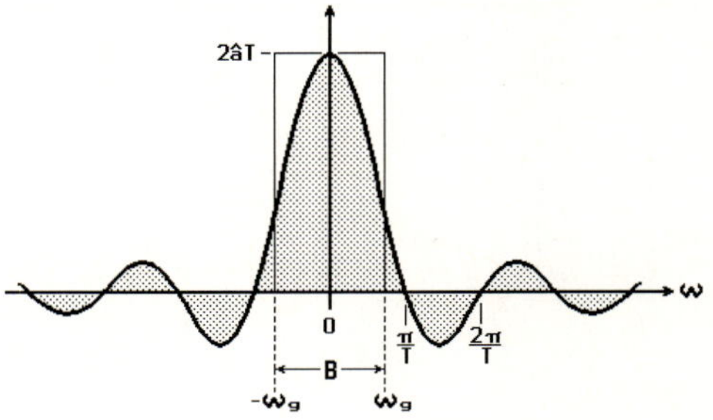

Bild 12.29

b) Flächengleichheit ergibt $2\hat{a}TB = 2\hat{a}\displaystyle\int_{-\infty}^{+\infty}\frac{\sin\omega t}{\omega}\,\mathrm{d}\omega = 2\hat{a}\pi$

$$BT = 2\omega_g T = \pi \quad \text{bzw.} \quad \omega_g = \frac{\pi}{2T}$$

Das Produkt aus Bandbreite und Impulsbreite ist konstant.

Aufgabe 12.24: Bei der Verarbeitung digitalisierter Signale soll mit untenstehender Fensterfunktion $w(t)$ gearbeitet werden (Bild 12.30).

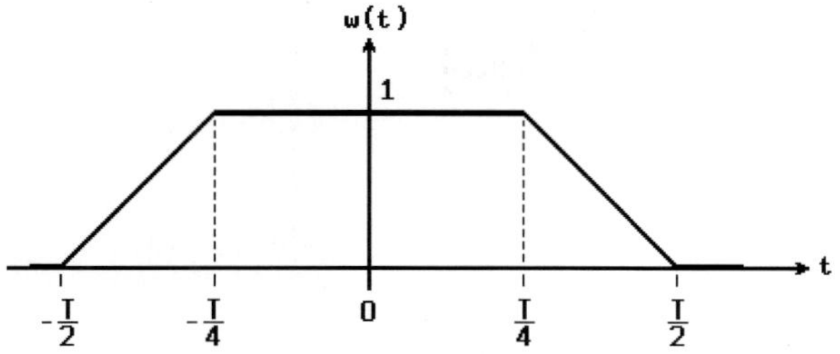

Bild 12.30

a) Geben Sie die Fensterfunktion $w(t)$ an.
b) Bestimmen Sie das Spektrum $W(f)$ der Fensterfunktion.
c) Bestimmen Sie $W(0)$.
d) Skizzieren Sie das Spektrum $W(f)$. Geben Sie charakteristische Punkte an.

Lösung:

a)

$$w(t) = \begin{cases} 1 & \text{für } 0 \le |t| \le \frac{T}{4} \\ 2 - \frac{4t}{T} & \text{für } \frac{T}{4} \le |t| \le \frac{T}{2} \\ 0 & \text{für } |t| \ge \frac{T}{2} \end{cases}$$

b) $w(t)$ gerade, damit auch $W(f)$ gerade.

$$W(f) = \int_{-\infty}^{\infty} w(t)\, e^{-j\omega t}\, dt = \int_{-\infty}^{\infty} w(t)\, [\cos(\omega t) - j\sin(\omega t)]\, dt$$

$$= \int_{-\infty}^{\infty} w(t)\, \cos(\omega t)\, dt \text{ , da gerade Funktion}$$

$$W(f) = 2\int_{0}^{\frac{T}{4}} \cos\omega t\; dt + 2\int_{\frac{T}{4}}^{\frac{T}{2}} \left(2 - \frac{4t}{T}\right) \cos\omega t\; dt$$

$$= 2\int_{0}^{\frac{T}{4}} \cos\omega t\; dt + 4\int_{\frac{T}{4}}^{\frac{T}{2}} \cos\omega t\; dt - \frac{8}{T}\int_{\frac{T}{4}}^{\frac{T}{2}} t\cos\omega t\; dt$$

$$= 2\left[\frac{1}{\omega}\sin\omega t\right]_{0}^{\frac{T}{4}} + 4\left[\frac{1}{\omega}\sin\omega t\right]_{\frac{T}{4}}^{\frac{T}{2}} - \frac{8}{T}\left[\frac{1}{\omega^2}\cos\omega t + \frac{1}{\omega} t\sin\omega t\right]_{\frac{T}{4}}^{\frac{T}{2}}$$

$$W(f) = \frac{2}{\omega}\sin\omega\frac{T}{4} + \frac{4}{\omega}\sin\omega\frac{T}{2} - \frac{4}{\omega}\sin\omega\frac{T}{4} - \frac{8}{T\omega^2}\cos\omega\frac{T}{2} - \frac{8}{T\omega}\frac{T}{2}\sin\omega\frac{T}{2}$$

$$+ \frac{8}{T\omega^2}\cos\omega\frac{T}{4} + \frac{8}{T\omega}\frac{T}{4}\sin\omega\frac{T}{4}$$

$$= \frac{8}{\omega^2 T}\left[\cos\frac{\omega T}{4} - \cos\frac{\omega T}{2}\right]$$

c)

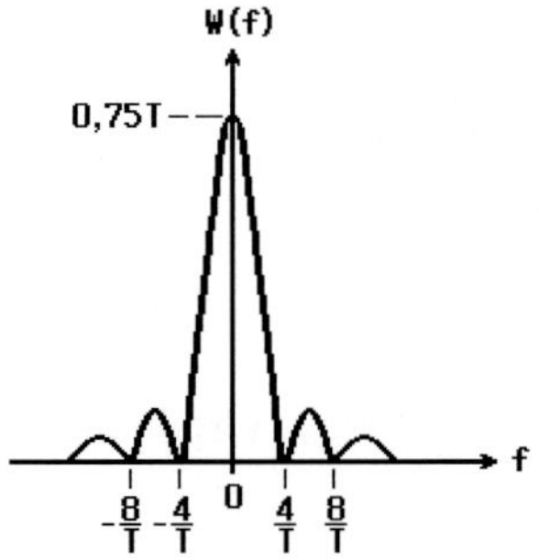

Bild 12.31

Nullstellen bei: $f = \frac{2}{T}\left(\frac{2}{3}+(k-1)\right),\ \frac{2}{T}\left(\frac{4}{3}+(k-1)\right),\ \frac{4k}{3T}$ für $k = 1,2,3,...$

12.4 Diskrete Fourier-Transformation DFT

Aufgabe 12.25: Gegeben ist ein zeitkontinuierliches endliches Signal $x_c(t) = A\cos(\omega_c t)$, das nur im Zeitintervall $t = 0$ bis $t = t_1 = 2\pi/\omega_c$, d.h. für die Dauer einer Periode, vorhanden ist (Bild 12.32).

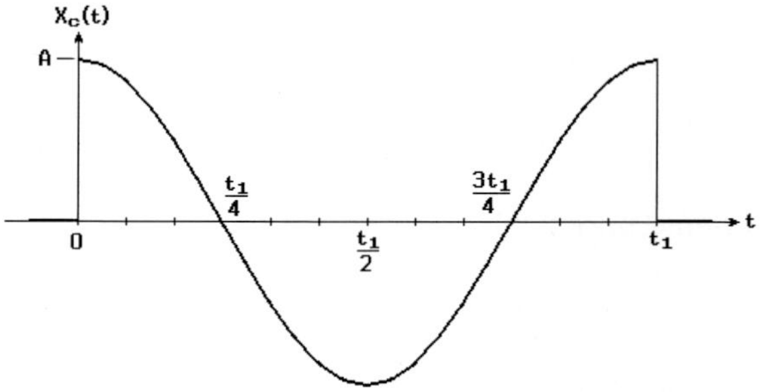

Bild 12.32

a) Berechnen Sie allgemein die Fourier-Transformierte $\underline{X}_c(j\omega)$ von $x_c(t)$.

b) Durch Abtastung mit der Abtastdauer $T_a = t_1/4$ entsteht die Folge $x_a(n) = A\cos(\omega_a n)$. Berechnen und skizzieren Sie die 4-Punkte DFT $X_a(k)$ von $x_a(n)$. Ist das Abtasttheorem erfüllt?

Lösung:

a)

$$\underline{X}_c(\mathrm{j}\omega) = \int_{-\infty}^{\infty} x_c(t)\, e^{-\mathrm{j}\omega t}\mathrm{d}t = A\int_0^{t_1}\cos\omega_c t\; e^{-\mathrm{j}\omega t}\mathrm{d}t$$

$$= \frac{A}{2}\int_0^{t_1}\left(e^{\mathrm{j}\omega_c t} + e^{-\mathrm{j}\omega_c t}\right) e^{-\mathrm{j}\omega t}\mathrm{d}t = \frac{A}{2}\int_0^{t_1}\left(e^{\mathrm{j}(\omega_c-\omega)t} + e^{-\mathrm{j}(\omega_c+\omega)t}\right)\mathrm{d}t$$

$$= \frac{A}{2}\left\{\frac{e^{\mathrm{j}(\omega_c-\omega)t}}{\mathrm{j}(\omega_c-\omega)}\Bigg|_0^{t_1} - \frac{e^{-\mathrm{j}(\omega_c+\omega)t}}{\mathrm{j}(\omega_c+\omega)}\Bigg|_0^{t_1}\right\}$$

$$\underline{X}_c(\mathrm{j}\omega) = \frac{A}{2}\left\{\frac{e^{-\mathrm{j}2\pi\frac{\omega}{\omega_c}}-1}{\mathrm{j}(\omega_c-\omega)} - \frac{e^{-\mathrm{j}2\pi\frac{\omega}{\omega_c}}-1}{\mathrm{j}(\omega_c+\omega)}\right\}$$

$$= \frac{\mathrm{j}\omega A}{\omega_c^{\,2}-\omega^2}\left\{e^{-\mathrm{j}2\pi\frac{\omega}{\omega_c}}-1\right\} = \frac{-2\omega A}{\omega_c^{\,2}-\omega^2}\, e^{-\mathrm{j}\pi\frac{\omega}{\omega_c}}\sin\left(\pi\frac{\omega}{\omega_c}\right)$$

b)

$$x_a(n) = A\cos(n\omega_a)$$

$$\underline{X}_a(k) = \frac{1}{N}\sum_{n=0}^{N-1} x_a(n)\, e^{-\mathrm{j}2\pi\frac{kn}{N}} = \frac{A}{4}\sum_{n=0}^{3}\cos(n\omega_a)\, e^{-\mathrm{j}\frac{\pi}{2}kn}$$

$$\underline{X}_a(k{=}0) = \frac{A}{4}\sum_{n=0}^{3}\cos(n\omega_a) = \frac{A}{4}\left(1+\cos\omega_a+\cos2\omega_a+\cos3\omega_a\right)$$

$$= \frac{A}{2}\cos\omega_a\left(\cos\omega_a+\cos2\omega_a\right)$$

$$\underline{X}_a(k{=}1) = \frac{A}{4}\sum_{n=0}^{3}\cos(n\omega_a)\, e^{-\mathrm{j}\frac{\pi}{2}n}$$

$$= \frac{A}{4}\left(1+\cos(\omega_a)\, e^{-\mathrm{j}\frac{\pi}{2}}+\cos(2\omega_a)\, e^{-\mathrm{j}\pi}+\cos(3\omega_a)\, e^{-\mathrm{j}\frac{3}{2}\pi}\right)$$

$$= \frac{A}{4}\left(1-\mathrm{j}\cos(\omega_a)-\cos(2\omega_a)+\mathrm{j}\cos(3\omega_a)\right)$$

$$= \frac{A}{2}(1-2\mathrm{j})\sin^2\omega_a = \frac{A}{4}(1-2\mathrm{j})(1-\cos(2\omega_a))$$

$$\underline{X}_a(k{=}2) = \frac{A}{4}\sum_{n=0}^{3}\cos(n\omega_a)\, e^{-\mathrm{j}\pi n}$$

$$= \frac{A}{4}\left(1+\cos(\omega_a)\, e^{-\mathrm{j}\pi}+\cos(2\omega_a)\, e^{-\mathrm{j}2\pi}+\cos(3\omega_a)\, e^{-\mathrm{j}3\pi}\right)$$

$$= \frac{A}{4}(1-\cos(\omega_a)+\cos(2\omega_a)-\cos(3\omega_a)) = -\frac{A}{2}\cos\omega_a(1+\cos\omega_a)$$

$$\underline{X}_a(k=3) = \frac{A}{4}\sum_{n=0}^{3}\cos(n\omega_a)\, e^{-j\frac{3}{2}\pi n}$$

$$= \frac{A}{4}\left(1 + \cos(\omega_a)\, e^{-j\frac{3}{2}\pi} + \cos(2\omega_a)\, e^{-j3\pi} + \cos(3\omega_a)\, e^{-j\frac{9}{2}\pi}\right)$$

$$= \frac{A}{4}(1 - j\cos(\omega_a) - \cos(2\omega_a) - j\cos(3\omega_a))$$

$$= \frac{A}{2}\,(1 + 2j\cos\omega_a)\sin^2\omega_a = \frac{A}{4}(1 - 2j\cos\omega_a)(1 - \cos(2\omega_a))$$

$$T_a = \frac{t_1}{4} = \frac{\pi}{2\omega_c}, \quad \text{d.h.} \quad \omega_c T_a = \frac{\pi}{2} = \omega_a$$

$$X_a(k=0) = |\underline{X}_a(0)| = \frac{A}{4}(1 + 0 - 1 + 0) = 0$$

$$X_a(k=1) = |\underline{X}_a(1)| = \frac{A}{4}(1 - j\cdot 0 + 1 + j\cdot 0) = \frac{A}{2}$$

$$X_a(k=2) = |\underline{X}_a(2)| = \frac{A}{4}(1 - 0 - 1 - 0) = 0$$

$$X_a(k=3) = |\underline{X}_a(3)| = \frac{A}{4}(1 + j\cdot 0 + 1 + j\cdot 0) = \frac{A}{2}$$

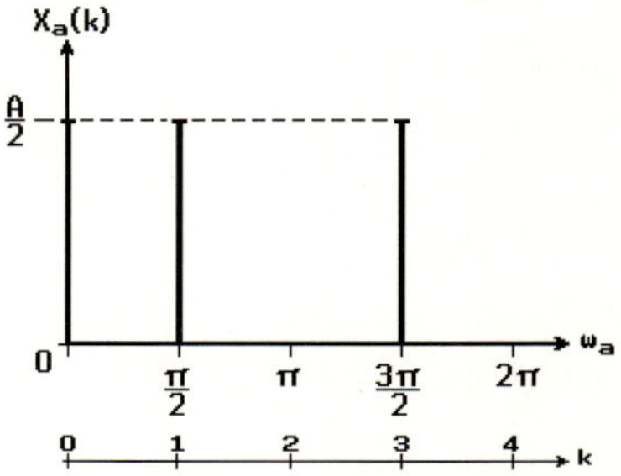

Bild 12.33

$\omega_a = 4\omega_c$, d.h. $\omega_a > 2\omega_c$, das Abtasttheorem ist erfüllt.

Aufgabe 12.26: Das Signal $s(t) = \cos(2\pi F t)$ wird mit der Abtastrate $F_a = \dfrac{1}{T_a}$ abgetastet und in einem idealen Tiefpass der Grenzfrequenz $f_g = \dfrac{1}{2}F_a$ interpoliert. Zeigen Sie, dass am Ausgang wieder ein cos-förmiges Signal $S(t)$ erscheint, und tragen Sie dessen Frequenz F_a als Funktion von F auf.

Lösung:

$$\text{Idealer Tiefpass } G(\omega) = \begin{cases} 1 & \text{für } |\omega| = 2\pi\,|f| \le \dfrac{\pi}{T_a} \\ 0 & \text{für } |\omega| = 2\pi\,|f| \ge \dfrac{\pi}{T_a} \end{cases}$$

Impulsantwort $g(t)$ des idealen Tiefpass-Filters

$$g(t) = \frac{1}{2\pi}\int_{-\infty}^{\infty} G(j\omega)\, e^{j\omega t} d\omega = \frac{1}{2\pi}\int_{-\frac{\pi}{T_a}}^{+\frac{\pi}{T_a}} e^{j\omega t} d\omega$$

$$= \frac{1}{\pi t}\, si\left(\frac{\pi t}{T_a}\right) = \frac{1}{T_a}\, si\left(\frac{\pi t}{T_a}\right) \quad \text{(Spaltfunktion)}$$

Antwort $S(t)$ des Tiefpasses auf das diskrete Abtastsignal $s\,(n\,T_a)$ mittels Faltung

$$S(t) = \int_{-\infty}^{\infty} s(\tau)\; g(t-\tau)\,d\tau = T_a \sum_{n=0}^{N-1} s(nT_a)\; g(t-nT_a)$$

$$= T_a \sum_{n=0}^{N-1} \frac{s(nT_a)}{\pi(t-nT_a)} \sin\frac{\pi t}{T_a} \cos n\pi = \frac{T_a}{\pi} \sin\frac{\pi t}{T_a} \sum_{n=0}^{N-1} (-1)^n \frac{s(nT_a)}{t-nT_a}$$

Mit $F_a = \dfrac{1}{T_a}$ und $s(nT_a) = \cos(2n\pi T_a F) = \cos\left(2\pi \dfrac{F}{F_a}\right)$ ergibt sich

$$S(t) = \frac{1}{\pi} \sin(\pi F_a t) \sum_{n=0}^{N-1} (-1)^n \frac{\cos\left(2n\pi \dfrac{F}{F_a}\right)}{F_a t - n}$$

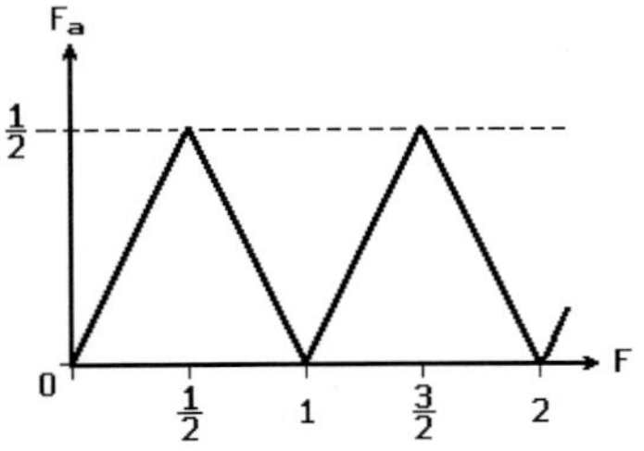

Bild 12.34

Aufgabe 12.27: Zwei Zeitbereichsignale $x(t)$ und $h(t)$ sollen miteinander gefaltet werden. Dazu werden sie zunächst abgetastet, so dass die Folgen $x(n)$ und $h(n)$ entstehen:

$$x(n) = \cos(\pi n/2) \text{ mit } n = 0,1,2,3\;;\quad h(n) = 2^n \text{ mit } n = 0,1,2,3.$$

a) Berechnen Sie mit Hilfe der Fouriertransformation die Folge $y(n)$, die durch Faltung der beiden Eingangssignale entsteht (Hinweis: 4-Punkte DFT). Für die Analysegleichung soll gelten:

$$\underline{Z}(k) = \sum_{n=0}^{N-1} z(n)\, e^{-j(2\pi/N)kn}$$

b) Zeigen Sie nun durch Ausführung der diskreten Faltungsoperation die Richtigkeit des Ergebnisses aus a) (Hinweis: Verwenden Sie die sog. zirkulare Faltung, indem Sie sich die Folgen periodisch fortgesetzt denken).

Lösung:

a) 1) $$X(k) = \sum_{n=0}^{N-1} x(n)\, e^{-j\left(\frac{2\pi}{N}\right)kn} \quad \text{mit} \quad k = 0,\ 1,\ 2,\ 3 \quad \text{und} \quad n = 0,\ 1,\ 2,\ 3$$

$$X(0) = \sum_{n=0}^{3} x(n) = \cos(0) + \cos\left(\frac{\pi}{2}\right) + \cos(\pi) + \cos\left(\frac{3\pi}{2}\right) = 0$$

$$X(1) = \sum_{n=0}^{3} x(n)\, e^{-j\frac{\pi}{2}n} = \cos(0) + 0 + \cos(\pi)\, e^{-j\pi} + 0 = 2$$

$$X(2) = \sum_{n=0}^{3} x(n)\, e^{-j\pi n} = \cos(0) + 0 + \cos(\pi)\, e^{-j2\pi} + 0 = 0$$

$$X(3) = \sum_{n=0}^{3} x(n)\, e^{-j\frac{\pi}{2}n} = \cos(0) + 0 + \cos(\pi)\, e^{-j3n} + 0 = 2$$

2) $$H(k) = \sum_{n=0}^{N-1} h(n)\, e^{-j\left(\frac{2\pi}{N}\right)kn} \quad \text{mit} \quad k = 0,\ 1,\ 2,\ 3 \quad \text{und} \quad n = 0,\ 1,\ 2,\ 3$$

$$H(0) = \sum_{n=0}^{3} h(n) = 2^0 + 2^1 + 2^2 + 2^3 = 15$$

$$H(1) = \sum_{n=0}^{3} h(n)\, e^{-j\frac{\pi}{2}n} = 2^0 + 2e^{-j\frac{\pi}{2}} + 4e^{-j\pi} + 8e^{-j\frac{3\pi}{2}} = -3 + 6e^{j\frac{\pi}{2}}$$

$$H(2) = \sum_{n=0}^{3} h(n)\, e^{-j\pi n} = 2^0 + 2e^{-j\pi} + 4e^{-j2\pi} + 8e^{-j3\pi} = -5$$

$$H(3) = \sum_{n=0}^{3} h(n)\, e^{-j\frac{3\pi}{2}n} = 2^0 + 2e^{-j\frac{3\pi}{2}} + 4e^{-j3\pi} + 8e^{-j\frac{9\pi}{2}} = -3 - 6e^{j\frac{\pi}{2}}$$

3) $$Y(k) = X(k)\, H(k)$$

$$Y(0) = 0\ ;\ Y(1) = -6 + 12e^{j\frac{\pi}{2}};\ \ Y(2) = 0\ ;\ Y(3) = -6 - 12e^{j\frac{\pi}{2}}$$

4) $$y(n) = \frac{1}{N}\sum_{k=0}^{N-1} Y(k)\, e^{j\frac{2\pi}{N}kn} \quad \text{mit } n = 0, 1, 2, 3 \text{ und } k = 0, 1, 2, 3$$

$$y(0) = \frac{1}{4}\sum_{k=0}^{3} Y(k) = \frac{1}{4}\left[0 - 6 + 12e^{j\frac{\pi}{2}} + 0 - 6 - 12e^{j\frac{\pi}{2}}\right] = \frac{1}{4}(-12) = -3$$

$$y(1) = \frac{1}{4}\sum_{k=0}^{3} Y(k)\, e^{j\frac{\pi}{2}k} = \frac{1}{4}\left[0 + (-6 + 12e^{j\frac{\pi}{2}})\, e^{j\frac{\pi}{2}} + 0 + (-6 - 12e^{j\frac{\pi}{2}})\, e^{j\frac{3\pi}{2}}\right]$$

$$= \frac{1}{4}\left[-6e^{j\frac{\pi}{2}} + 12e^{j\pi} - 6e^{j\frac{3\pi}{2}} - 12e^{j2\pi}\right] = -6$$

$$y(2) = \frac{1}{4}\sum_{k=0}^{3} Y(k)\, e^{j\pi k} = \frac{1}{4}\left[(-6 + 12e^{j\frac{\pi}{2}})\, e^{j\pi} + (-6 - 12e^{j\frac{\pi}{2}})\, e^{j3\pi}\right]$$

$$= \frac{1}{4}\left[6 + 12e^{j\frac{3\pi}{2}} + 6 - 12e^{j\frac{7\pi}{2}}\right] = 3$$

$$y(3) = \frac{1}{4}\sum_{k=0}^{3} Y(k)\, e^{j\frac{3\pi}{2}k} = \frac{1}{4}\left[(-6 + 12e^{j\frac{\pi}{2}})\, e^{j\frac{3\pi}{2}} + (-6 - 12\, e^{j\frac{\pi}{2}})\, e^{j\frac{9\pi}{2}}\right] = 6$$

b) $$y(n) = \sum_{n'=0}^{N-1} x(n')\, k(n - n')$$

$$y(0) = \sum_{n'=0}^{3} x(n')\, h(-n')$$

$$= \cos(0)\, 2^0 + \cos\left(\frac{\pi}{2}\right) 2^3 + \cos(\pi)\, 2^2 + \cos\left(\frac{3\pi}{2}\right) 2^1 = -3$$

$$y(1) = \sum_{n'=0}^{3} x(n')\, h(1 - n')$$

$$= \cos(0)\, 2^1 + \cos\left(\frac{\pi}{2}\right) 2^0 + \cos(\pi)\, 2^3 + \cos\left(\frac{3\pi}{2}\right) 2^2 = -6$$

$$y(2) = \sum_{n'=0}^{3} x(n')\, h(2 - n')$$

$$= \cos(0)\, 2^2 + \cos\left(\frac{\pi}{2}\right) 2^1 + \cos(\pi)\, 2^0 + \cos\left(\frac{3\pi}{2}\right) 2^3 = 3$$

$$y(3) = \sum_{n'=0}^{3} x(n')\, h(3 - n')$$

$$= \cos(0)\, 2^3 + \cos\left(\frac{\pi}{2}\right) 2^2 + \cos(\pi)\, 2^1 + \cos\left(\frac{3\pi}{2}\right) 2^0 = 6$$

Aufgabe 12.28: Berechnen und skizzieren Sie die Fourier-Transformierten folgender zeitdiskreter Signale:

a) $s(n) = 4\cos(\pi n/4)$,
b) $s(n) = \mathrm{si}^2(\pi n/4)$.

Lösung:

a) $$\underline{S}(j\omega) = \mathcal{F}\{s(n)\} = 4\mathcal{F}\left\{\cos\left(\frac{n\pi}{4}\right)\right\}$$

$$\underline{S}(f) = 4\mathcal{F}\{\cos(2\pi f_0 n)\} = 2[\delta(f+f_0 n)+\delta(f-f_0 n)]$$

$$= 2\left[\delta\left(f+\frac{n}{8}\right)+\delta\left(f-\frac{n}{8}\right)\right] \quad \text{mit} \quad 2\pi f_0 = \frac{\pi}{4} \ ; \quad \text{d.h.} \quad f_0 = \frac{1}{8}$$

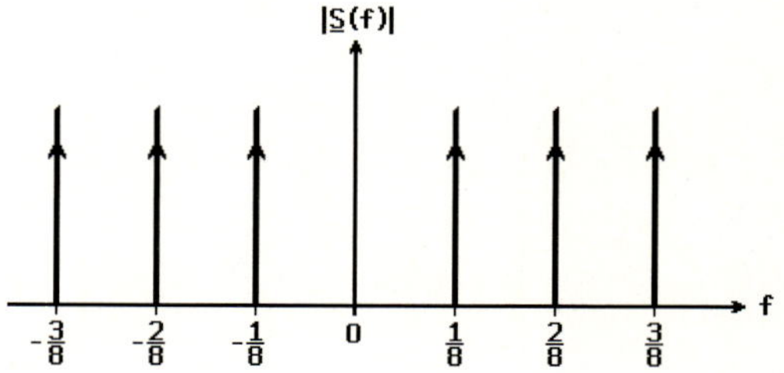

Bild 12.35

b) $$\underline{S}(f) = \mathcal{F}\{s(n)\} = \mathcal{F}\left\{si^2\left(\frac{n\pi}{4}\right)\right\}$$

$$= \begin{cases} \dfrac{\pi}{(\pi/4)^2}\left(\dfrac{\pi}{4}-\dfrac{1}{2}|n\omega|\right) & \text{für} \quad |n\omega|<\dfrac{\pi}{2} \\ 0 & \text{sonst} \end{cases}$$

$$= 4(1-4|nf|) \text{ für } |nf|<\frac{1}{4}$$

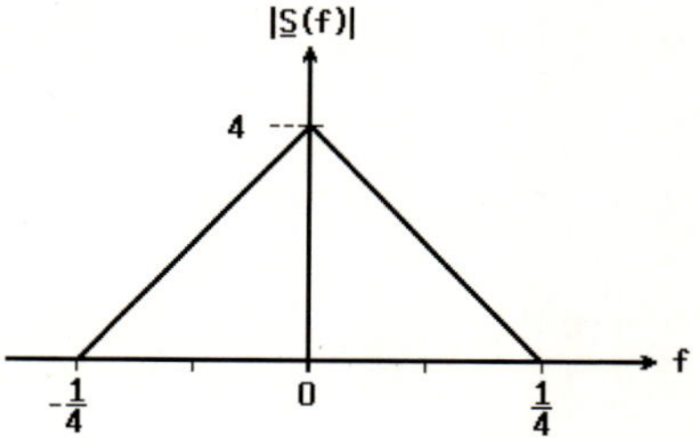

Bild 12.36

Aufgabe 12.29: Berechnen Sie die diskrete Fourier-Transformierte (DFT) der zeitdiskreten Signale (angegeben für $0 < n < M$):

a) $s_d(n) = \delta(n)$,
b) $s_d(n) = \delta(n) - a\delta(n-m)$ für $|m| < M$.

Lösung:

a) $$\underline{S}_d(k) = \mathscr{F}\{\delta(k)\} = 1 \quad \text{mit} \quad n = \frac{2\pi k}{M}$$

b) $$\underline{S}_d(k) = \frac{1}{M}\sum_{m=0}^{M-1} s_d(n)\, e^{-j2\pi \frac{mk}{M}} = 1 - a\, e^{-j2\pi \frac{mk}{M}}$$

Aufgabe 12.30: Gegeben ist ein zeitkontinuierliches Signal $x(t)$, das die Summe zweier sinusförmiger Komponenten enthält:

$$x(t) = A_0 \cos(\Omega_0 t + \varphi_0) + A_1 \cos(\Omega_1 t + \varphi_1) \;.$$

Durch eine ideale Abtastung erhält man dadurch das zeitdiskrete Signal

$$x[n] = A_0 \cos(\omega_0 n + \varphi_0) + A_1 \cos(\omega_1 n + \varphi_1) \;.$$

Die Abtastperiode sei T_a, so dass gilt: $\omega_0 = \Omega_0 T_a$ und $\omega_1 = \Omega_1 T_a$.

a) Aus der Folge $x[n]$ wird mittels einer Fensterfunktion $w[n]$ eine Abtastfolge endlicher Dauer gebildet. Geben Sie die resultierende Folge $v[n]$ in allgemeiner Form an.
b) Zerlegen Sie den in Teilaufgabe a) erhaltenen Ausdruck in komplexe Exponentialterme.
c) Zwei wichtige Eigenschaften der Fourier-Transformation sind Linearität und Verschiebung. Geben Sie unter Zuhilfenahme dieser Theoreme die Fourier-Transformierte $V(j\omega)$ von $v[n]$ an.

Linearität: $$\mathscr{F}\{s[n]\} = S(j\omega) \Rightarrow \mathscr{F}\{a \cdot s[n]\} = a \cdot S(j\omega)$$

Verschiebungssatz: $$\mathscr{F}\{s[n]\} = S(j\omega) \Rightarrow \mathscr{F}\{s[n]e^{j\omega_0 n}\} = S(j(\omega - \omega_0))$$

d) Als Fensterfunktion $w[n]$ wird ein Rechteck-Fenster wie folgt gewählt.

$$w[n] = \begin{cases} 1 & \text{für} \quad 0 \le n \le L-1 \\ 0 & \text{sonst} \end{cases}$$

Berechnen Sie die Fourier-Transformierte $W(j\omega)$ dieser Fensterfunktion.
e) Berechnen Sie $|W(j\omega)|$. Skizzieren Sie grob $|W(j\omega)|$ für $L = 64$ im Bereich $-\pi \le \omega \le \pi$. Tragen Sie charakteristische Werte ein.

Für die folgenden Teilaufgaben gilt: $\varphi_0 = \varphi_1 = 0$; $A_0 = 1$; $A_1 = 0{,}75$; $\omega_0 = 5\,\pi/16$; $\omega_1 = 11\,\pi/16$.
f) Berechnen Sie $|V(j\omega)|$. Skizzieren Sie grob $|V(j\omega)|$ im Bereich $-\pi \le \omega \le \pi$. Tragen Sie charakteristische Werte ein.
g) Welche Schlussfolgerungen können Sie aus der Betrachtung von $|V(j\omega)|$ für sehr kleine Frequenzunterschiede zwischen ω_0 und ω_1 ziehen?
h) Welche Anforderungen an die Fensterfunktion ergeben sich aus der Betrachtung von $|V(j\omega)|$. Welche Maßnahme läßt sich daraus ableiten?

Lösung:

a)
$$v[n] = x[n]\; w[n]$$
$$v[n] = [A_0\cos(\omega_0 n + \varphi_0) + A_1\cos(\omega_1 n + \varphi_1))w[n]$$
$$v[n] = A_0\cos(\omega_0 n + \varphi_0)w[n] + A_1\cos(\omega_1 n + \varphi_1)w[n]$$

d)
$$v[n] = A_0 w[n]\frac{e^{\mathrm{j}(\omega_0 n+\varphi_0)} + e^{-\mathrm{j}(\omega_0 n+\varphi_0)}}{2} + A_1 w[n]\frac{e^{\mathrm{j}(\omega_1 n+\varphi_1)} + e^{-\mathrm{j}(\omega_1 n+\varphi_1)}}{2}$$
$$v[n] = \frac{A_0}{2}w[n]e^{\mathrm{j}\omega_0 n}e^{\mathrm{j}\varphi_0} + \frac{A_0}{2}w[n]e^{-\mathrm{j}\omega_0 n}e^{-\mathrm{j}\varphi_0} + \frac{A_1}{2}w[n]e^{\mathrm{j}\omega_1 n}e^{\mathrm{j}\varphi_1} + \frac{A_1}{2}w[n]e^{-\mathrm{j}\omega_1 n}e^{-\mathrm{j}\varphi_1}$$

c)
$$V[\mathrm{j}\,\omega] = \frac{A_0}{2}e^{\mathrm{j}\varphi_0}W(\mathrm{j}(\omega-\omega_0)) + \frac{A_0}{2}e^{-\mathrm{j}\varphi_0}W(\mathrm{j}(\omega+\omega_0)) + \frac{A_1}{2}e^{\mathrm{j}\varphi_1}W(\mathrm{j}(\omega-\omega_1)) + \frac{A_1}{2}e^{-\mathrm{j}\varphi_1}W(\mathrm{j}(\omega+\omega_1))$$

d)
$$W(\mathrm{j}\omega) = \sum_{n=-\infty}^{\infty} w[n]e^{-\mathrm{j}\omega n} = \sum_{n=0}^{L-1} e^{-\mathrm{j}\omega n} = 1 + e^{-\mathrm{j}\omega} + e^{-\mathrm{j}2\omega} + e^{-\mathrm{j}3\omega} + \dots + e^{-\mathrm{j}(L-1)\omega}$$
$$= 1 + (e^{-\mathrm{j}\omega}) + (e^{-\mathrm{j}\omega})^2 + (e^{-\mathrm{j}\omega})^3 + \dots + (e^{-\mathrm{j}\omega})^{L-1} = \frac{e^{-\mathrm{j}\omega L} - 1}{e^{-\mathrm{j}\omega} - 1}$$
$$= \frac{e^{-\mathrm{j}\omega\frac{L}{2}}}{e^{-\mathrm{j}\omega\frac{1}{2}}}\;\frac{e^{-\mathrm{j}\omega\frac{L}{2}} - e^{\mathrm{j}\omega\frac{L}{2}}}{e^{-\mathrm{j}\omega\frac{1}{2}} - e^{\mathrm{j}\omega\frac{1}{2}}} = e^{-\mathrm{j}\omega\frac{L-1}{2}}\;\frac{\sin(\omega\frac{L}{2})}{\sin(\frac{\omega}{2})}$$

e)
$$|W(\mathrm{j}\omega)| = \left| e^{-\mathrm{j}\omega\frac{L-1}{2}}\;\frac{\sin(\omega\frac{L}{2})}{\sin(\frac{\omega}{2})}\right| = \left|\frac{\sin(\omega\frac{L}{2})}{\sin(\frac{\omega}{2})}\right|$$

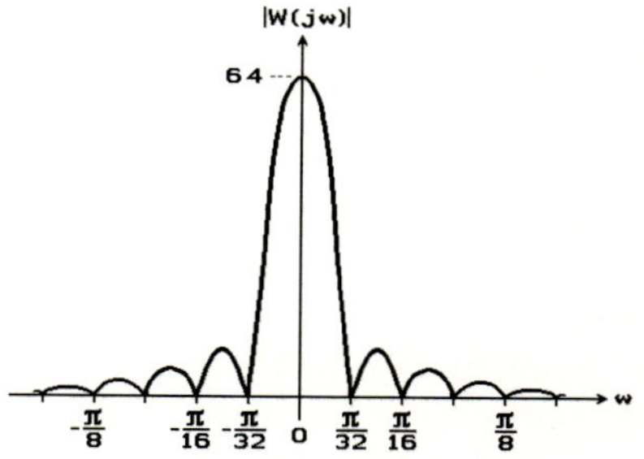

Bild 12.37

Nullstellen bei $\frac{\omega L}{2} = \pm k\pi$ d.h. $\omega = \pm\frac{2k\pi}{L} = \pm\frac{k\pi}{32}$

f)

$$|V(j\omega)| = \left|0{,}5\,W\left(j\left(\omega - \frac{5\pi}{16}\right)\right) + 0{,}5\,W\left(j\left(\omega + \frac{5\pi}{16}\right)\right)\right.$$

$$\left. + \frac{0{,}75}{2}W\left(j\left(\omega - \frac{11\pi}{16}\right)\right) + \frac{0{,}75}{2}W\left(j\left(\omega + \frac{11\pi}{16}\right)\right)\right|$$

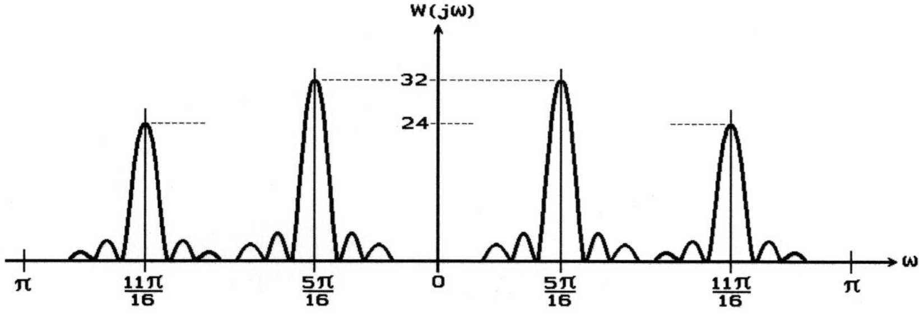

Bild 12.38

g) Für sehr kleine Frequenzunterschiede können die Maxima bei $\pm\frac{5\pi}{16}$ und $\pm\frac{11\pi}{16}$ nicht mehr aufgelöst werden. Sie überlagern sich zu einem Hauptmaximum, dadurch wird die spektrale Auflösung verringert.

h) 1. Die Breite des Hauptzipfels sollte möglichst klein sein.
2. Die Amplituden der Nebenzipfel sollten möglichst stark gedämpft sein. Es sollte eine Fensterfunktion mit diesen Eigenschaften gewählt werden, z. B. ein Hann- oder Hamming-Fenster.

13 Magnetische Größen

Aufgabe 13.1: Leistungsmessung mit Hall-Multiplizierer. Mit einem Hall-Multiplizierer soll der Momentanwert der Leistung, die ein komplexer Verbraucher aufnimmt, stromrichtig gemessen werden, wobei der Strom $i(t)$ in ein Magnetfeld $b(t) = k_m\, i(t)$ abzubilden ist. Der Innenwiderstand des Steuerstrompfades sei in erster Näherung unabhängig vom Magnetfeld B und betrage $R_{st} = 100\ \Omega$, die Hallkonstante $k_h = 1{,}5$ V/AT und $k_m = 10$ T/A.

a) Zeichnen Sie die Schaltung.
b) Wie kann man die mit dem Hall-Multiplizierer ermittelte Leistung anzeigen?
c) Wie groß ist die Gesamtempfindlichkeit E der Messeinrichtung?
d) Berechnen und zeichnen Sie den Verlauf der Hallspannung u_H, wenn $u = \hat{u} \sin \omega t$; $i = \hat{\imath} \sin (\omega t + \varphi)$ mit $\varphi = 0$; $\pm 45°$; $\pm 90°$ und $\hat{u} = 10$ V, $\hat{\imath} = 0{,}1$ A ist.
e) Was zeigt ein integrierendes Messgerät an?

Lösung:

a)

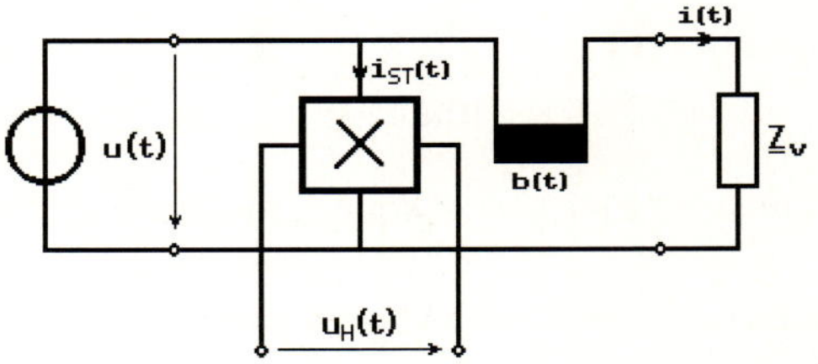

Bild 13.1

$$i_{St}(t) = \frac{u(t)}{R_{St}} = 0{,}1\,\mathrm{A}\cdot\sin\omega t; \quad b(t) = k_m \cdot i(t) = 1\,\mathrm{T}\cdot\sin(\omega t + \varphi);$$

$$u_H(t) = k_h\ i_{St}(t)\ b(t) = \frac{k_h\ k_m}{R_{St}}\ u(t)\ i(t) = \frac{k_h\ k_m}{R_{St}}\ p(t)$$

b) zeitlicher Verlauf $u_H(t)$: Oszilloskop, Schreiber; Mittelwert $\bar{u}_H$: integrierendes Messgerät, z. B. Drehspulmessgerät

c) $$E = \frac{\mathrm{d}u_H(t)}{\mathrm{d}p(t)} = 0{,}15\,\mathrm{A}^{-1}$$

d) $$u_H(t) = E\ U\ I\ (\cos\varphi - \cos(2\omega t + \varphi)) = (0{,}15/2)\mathrm{V}\cdot(\cos\varphi - \cos(2\omega t + \varphi))$$

e) arithmetischer Mittelwert: Wirkleistung

$$\overline{u_H(t)} = \frac{1}{T}\int_0^T u_H(t)\ \mathrm{d}t = E\ U\ I\ \cos\varphi = E\ P_W$$

Aufgabe 13.2: In einem Rohr mit dem Durchmesser $D = 25$ mm soll der Durchfluss $Q = \mathrm{d}V/\mathrm{d}t$ gemessen werden. Der Elektrodenabstand betrage $d = 25$ mm, das senkrecht zur Strömungsrichtung laufende homogene Magnetfeld habe die magnetische Flussdichte B_L. Der Durchfluss Q_v soll zwischen -0,2 l/s und +0,2 l/s (Liter/Sekunde) liegen. Es wird eine konstante Strömungsgeschwindigkeit v im ganzen Querschnitt angenommen.

a) Wie lautet der Zusammenhang zwischen der induzierten Spannung U_D und dem Durchfluss Q_v?
b) Wie groß muss B_L sein, damit der Betrag von U_D den Wert 1 mV nicht überschreitet?
c) Skizzieren Sie den Zusammenhang zwischen dem Durchfluss Q_v und dem Ausschlag α eines angeschlossenen sehr hochohmigen Spannungsmessers.
d) Wie ändert sich die Kennlinie nach c), wenn das Strömungsprofil parabelförmig wird?

Lösung:

a) $$U_D = B_L\,D\,v = \frac{4B_L}{\pi\,D}\,Q_v$$

b) $$B_L = \frac{\pi}{4}\,\frac{D\,U_{D,max}}{Q_{v,max}} \approx 9{,}82\cdot 10^{-2}\,\mathrm{T}$$

c)

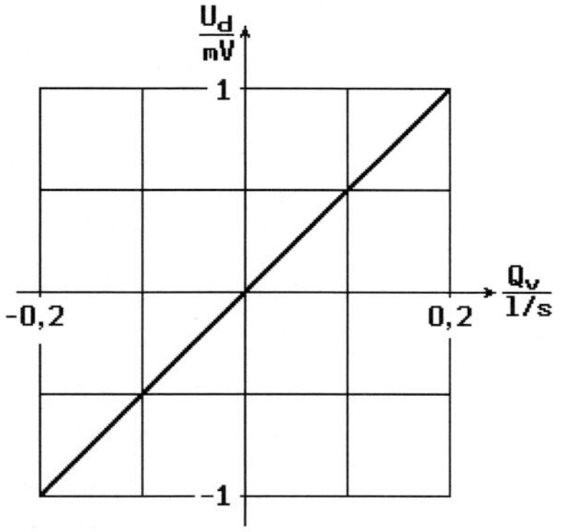

Bild 13.2

d) Kennlinie in c) ändert sich nicht, da eine mittlere Geschwindigkeit $\bar{v}$ gemessen wird, die über dem Querschnitt gemittelt werden muss.

$$Q_v = 2\pi \int_R^0 r\,v(r)\,\mathrm{d}r = \pi\,R^2\,\bar{v} = \text{konst.}$$

Aufgabe 13.3: Magnetfeldmessung mit Hall-Sensor. Mit Hilfe eines Hall-Sensors mit integriertem Verstärker (Hall-IC) soll die Flussdichte B eines Magnetfeldes gemessen werden. Zur Kompensation des Temperaturganges des Hall-ICs (Bild 13.4) dient die Schaltung nach Bild 13.3. Die Widerstände haben die folgenden Werte: $R_3 = R_4 = 2$ kΩ, $R_5 = R_6 = R_7 = R_8 = 10$ kΩ, $R_{10} = R_{11} = 4{,}7$ kΩ.

a) Bestimmen Sie den Anstieg $\varepsilon_1 = \dfrac{\Delta U}{\Delta B}$ mit $\Delta U = U_1 - U_2$ für $T_1 = 25\,°C$ aus der Kennlinenschar.

b) Bestimmen Sie den Temperaturkoeffizienten α von $\varepsilon = \dfrac{\Delta U}{\Delta B}$.

Hinweis: $\varepsilon_2 = \varepsilon_1\,(1 + \alpha\,\Delta T)$ bei $T_2 = 50\,°C$.

c) Berechnen Sie die Verstärkung der Messschaltung in allgemeiner Form.

$$U_a = f(U_1, U_2, R_3, R_4, R_5, R_6, R_7, R_8, R_9, R_{10}, R_{11}) \ .$$

d) Vereinfachen Sie U_a unter den Bedingungen $R_3 = R_4$, $R_5 = R_6 = R_7 = R_4$ und $R_{10} = R_{11}$.

e) Wie groß ist ΔU für $B = 0{,}1$ T bei $T_1 = 25$°C?

f) Dimensionieren Sie die angeschlossene Schaltung (R_9) für 25°C so, dass gilt $U_a = \pm 1$ V für $B = \pm 0{,}1$ T.

g) Welcher der Widerstände wird am zweckmäßigsten durch einen Thermistor ersetzt und wie groß müsste dessen Temperaturkoeffizient sein, um einen Temperaturgang des Hallsensors zu kompensieren?

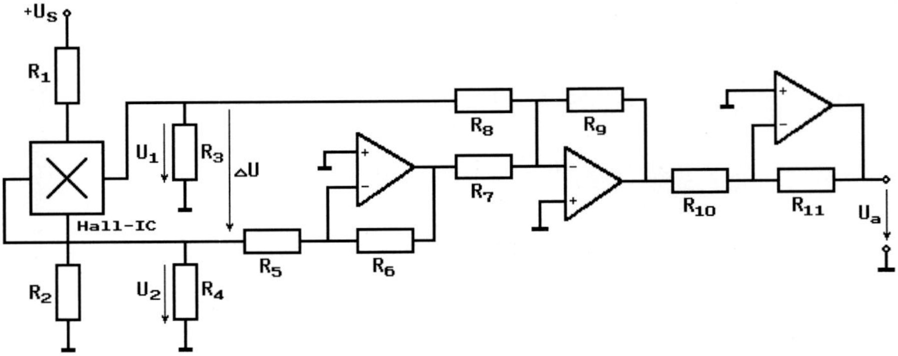

Bild 13.3

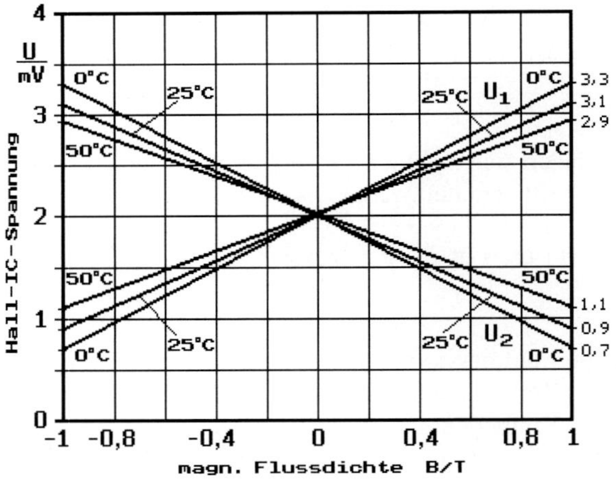

Bild 13.4

Lösung:

a) $$\varepsilon_1 = \left.\frac{\Delta U}{\Delta B}\right|_{T_1 = 25\,°C} = 2{,}2\ \frac{\text{V}}{\text{T}}$$

b) $$\varepsilon_2 = \left.\frac{\Delta U}{\Delta B}\right|_{T_2 = 50\,°C} = 1{,}8\ \frac{\text{V}}{\text{T}} \ ; \quad \alpha_H = \frac{1}{T_2 + T_1}\ \frac{\varepsilon_1 - \varepsilon_2}{\varepsilon_1} \approx -7{,}27 \cdot 10^{-3}\,\text{K}^{-1}$$

c) $$U_a = \frac{R_9 R_{11}}{R_{10}} \left(\frac{U_1}{R_8} - \frac{R_6 U_2}{R_5 R_7} \right)$$

d) $$U_a = \frac{R_9}{R_7} (U_1 - U_2) = \frac{R_9}{R_7} \Delta U$$

e) $$\Delta U|_{T_1 = 25\,°C} = \varepsilon_1\, B = \pm 0{,}22\,\mathrm{V}$$

f) $$R_9 = R_7 \frac{U_a}{\varepsilon_1 B} \approx 45{,}45\ \mathrm{k\Omega}$$

g) Wegen der Nullpunktstabilität muss nach c) gelten:

$$R_5 = R_6,\ R_7 = R_8\ ;\ U_a = \frac{R_9 R_{11}}{R_{10}} B\, (1 - \alpha_H (T - T_1))$$

Keine Temperaturabhängigkeit für U_a, wenn

$$R_{10} = R_{10,25\,°C}\, (1 + \alpha_R (T - T_1))\ \text{mit}\ \alpha_R = \alpha_H\ .$$

Aufgabe 13.4: Leistungsmessung mit Hall-Sensor. Im Bild 13.5 und 13.6 ist ein Hall-Multiplizierer zur Leistungsmessung dargestellt.

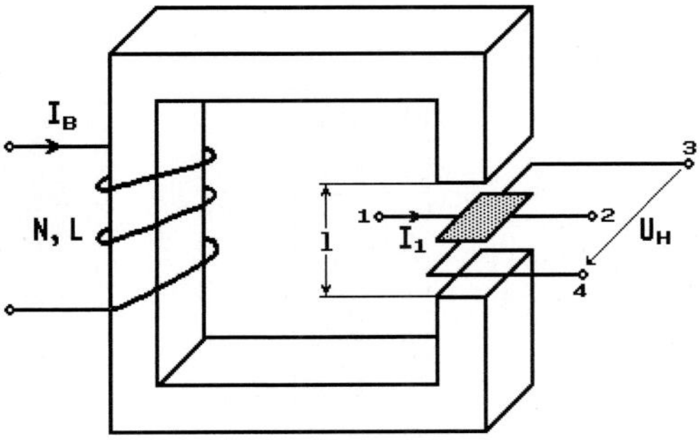

Bild 13.5

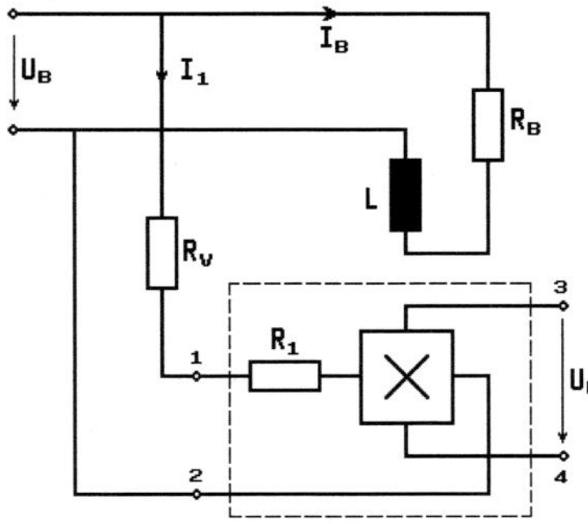

Bild 13.6

Um einen weichmagnetischen Kern befindet sich eine verlustfreie Spule mit N Windungen, die vom Verbraucherstrom i_b erregt wird. Im Luftspalt des Elektromagneten wird das homogene Magnetfeld H mittels Hall-Sensor gemessen. Der steuerseitige Strompfad I_1 des Sensors ist über einen Spannungsteiler mit der Verbraucherspannung u_b verbunden.

Verbraucher: $R_b = 100\ \Omega$; $U_{b,\,eff} = 200$ V; Frequenz $f = 50$ Hz

Hall-Sensor: Nennsteuerstrom $I_{1,N} = 5$ mA; Hall-Konstante $R_H = 5 \cdot 10^{-4}\ \mathrm{m^3/As}$
Dicke des Hall-Sensors $d = 0{,}1$ mm; steuerseitiger Innenwiderstand $R_1 = 1\ \mathrm{k\Omega}$;
Vorwiderstand R_v

Verlustfreie Spule: $N = 100$; $\omega L = 10\ \Omega$

Weichmagnetischer Kern: $\mu_0\, \mu_{Fe} \gg \mu_0 = 1{,}256 \cdot 10^{-6} \frac{\mathrm{Vs}}{\mathrm{Am}}$; Luftspalt $l = 2$ mm

a) Berechnen Sie die Wirkleistung P_b, die im Verbraucher R_b umgesetzt wird.

b) Geben Sie die Hallspannung U_H in Abhängigkeit der Größen R_H, I_1, d und der magnetischen Flussdichte B an.

c) Die Induktivität L und der Vorwiderstand R_v dienen zur Wirkleistungsmessung von P_b mittels Hall-Multiplizierer. Wie muss der Vorwiderstand R_v dimensioniert werden, damit der steuerseitige Strom $I_1 \leq I_{1,N}$ ist?

d) Drücken Sie die Hallspannung $u_H(t)$ als Funktion von $u_b(t)$ und $i_b(t)$ aus.
Hinweis: Berechnen Sie für $\mu_{Fe} \gg \mu_0$ die magnetische Flussdichte B_0 (i_b) im Luftspalt l.

e) Zeigen Sie, dass $U_H = \frac{1}{T}\int_0^T u_H(t)\,\mathrm{d}t$ proportional der Wirkleistung P_b ist.

Hinweis: $u_b(t) = \sqrt{2}\, U_{b,eff} \sin(2\pi f t)$; $\sin x \sin y = \frac{1}{2}(\cos(x-y)+\cos(x+y))$

f) Wie groß ist U_H für die gegebenen Größen?

Lösung:

a) $$P_b = R_b\, I_{b,eff}^2 = \frac{R_b}{R_b^2+(\omega L)^2}\, U_{b,eff}^2 = U_{b,eff}\, I_{b,eff} \cos\varphi \approx 396{,}04\,\mathrm{W}$$

b) $$U_H = R_H \frac{I_1\, B}{d}$$

c) $$R_v \geq \frac{U_{b,eff}}{I_{1,N}} - R_1 \approx 39\,\mathrm{k\Omega}$$

d) $$B_0(t) = \frac{\mu_0 N}{l}\, i_b(t);\quad i_1(t) = \frac{u_b(t)}{R_1+R_v}$$

$$u_H(t) = R_H \frac{\mu_0 N}{l\, d\, (R_1+R_v)}\, u_b(t)\, i_b(t) = K_H\, u_b(t)\, i_b(t)$$

e) $$U_H = K_H\, U_{b,eff}\, I_{b,eff} \frac{1}{T}\int_0^T \sin(2\pi f t)\, \sin(2\pi f t+\varphi)\,\mathrm{d}t$$

$$= K_H\, U_{b,eff}\, I_{b,eff} \cos\varphi = K_H\, P_b$$

f) $$K_H = R_H \frac{\mu_0 N}{l\, d\, (R_1+R_v)} \approx 0{,}785\cdot 10^{-4}\ \mathrm{A}^{-1}$$

$$U_H = K_H\, P_b \approx 31\,\mathrm{mV}$$

14 Fehlerrechnung und statistische Methoden

Aufgabe 14.1: Der Wert einer Messgröße wird mit 3 verschiedenen Messgeräten A, B, C gemessen (Tabelle 14.1). Der wahre Wert sei 30,00 V. Vergleichen Sie die Messgeräte miteinander, berechnen Sie dazu den Mittelwert $\overline{x}$ und dessen Standardabweichung s. Untersuchen Sie die Stichprobe auf Normalverteilung (Klasseneinteilung in 0,01 ... 0,1 Schritten).

A)	29,99	B)	29,92	C)	30,12
	30,02		30,07		30,13
	30,01		28,85		30,15
	30,00		30,13		30,12
	30,03		30,27		30,11
	29,97		29,85		30,10
	29,99		30,03		30,09
	30,00		29,78		30,11
	30,00		31,13		30,13
	30,00		29,72		30,12
	29,98		29,85		30,12
	30,00		30,24		30,11

Tabelle 14.1

Lösung:
Tabelle A: $\overline{x} = 29{,}999$ V; $s = 0{,}0162$ V
Tabelle B: $\overline{x} = 29{,}987$ V; $s = 0{,}516$ V
Tabelle C: $\overline{x} = 30{,}118$ V; $s = 0{,}015$ V

Aufgabe 14.2: Es soll die Größe eines Widerstandes R_x mit der Kennzeichnung 150 Ω mit einem direkt anzeigenden Widerstandsmessgerät gemessen werden. Zu diesem Zweck steht ein in Ohm geeichtes Voltmeter und eine Spannungsquelle zur Verfügung. Aus 20 Messungen (Tabelle 14.2) nach dem Verfahren des direkten Ausschlags unter Wiederholungsbedingungen sollen der arithmetische Mittelwert $\overline{x}$ der Messgröße R_x und mit Hilfe der Standardabweichung s der Vertrauensbereich für eine statistische Sicherheit von 95 % ermittelt werden. Alle errechneten Werte sind auf zwei Stellen hinter dem Komma zu runden.
Gegeben sind folgende Werte: Spannungsquelle $U_0 = 100$ V; Voltmeter $R_M = 140$ Ω, Endausschlag 0 Ω. Der Ausschlag U_M des Voltmeters hat einen bekannten systematischen relativen Fehler von $f_e = 0{,}5$ % bezogen auf den Endausschlag.

a) Zeichnen Sie das Schaltbild für das Verfahren des direkten Ausschlags unter Verwendung von U_o, U_M, R_M, R_x. Bestimmen Sie $R_x = f(U_0, U_M, R_M)$.

b) Berechnen Sie mit Hilfe der Werte aus Tabelle 14.2 den arithmetischer Mittelwert $\overline{x}$ und die Standardabweichung s.

c) Prüfen Sie die Einzelmesswerte auf Normalverteilung, indem Sie
- die Klassen mit einer Breite von 0,1 Ω einteilen und die absolute (H) und relative (h) Häufigkeit bilden,
- die Summenhäufigkeit S nach jeder Klasse berechnen,
- die Summenhäufigkeit in Wahrscheinlichkeitspapier eintragen und
- die Kennwerte (Mittelwert $\overline{x}$, Standardabweichung s) ablesen.

d) Berechnen Sie die für den Mittelwert $\overline{x} = R_x$ erforderliche Korrektur $k = \Delta R_x$. Beachten

Sie, dass Sie ein Spannungsmessgerät verwenden.

e) Wie groß ist der korrigierte Mittelwert $\bar{x}_k$?

f) Bestimmen Sie unter Benutzung von Tabelle 14.3 den Vertrauensbereich $v = \frac{t}{\sqrt{n}} s$ des korrigierten Mittelwerts $\bar{x}_k$ mit einer statistischen Sicherheit von 95 %.

g) Überprüfen Sie Ihre Berechnungen mittels eines Taschenrechners.

Tabelle 14.2: Einzelwerte x_1 bis x_{20}

Messung Nummer	Widerstand R in Ω
1	150,14
2	150,04
3	149,97
4	150,06
5	149,93
6	149,99
7	150,13
8	150,09
9	149,89
10	150,01
11	149,99
12	150,04
13	150,02
14	149,94
15	150,19
16	149,93
17	150,09
18	149,83
19	150,03
20	150,07

Lösung:

a)

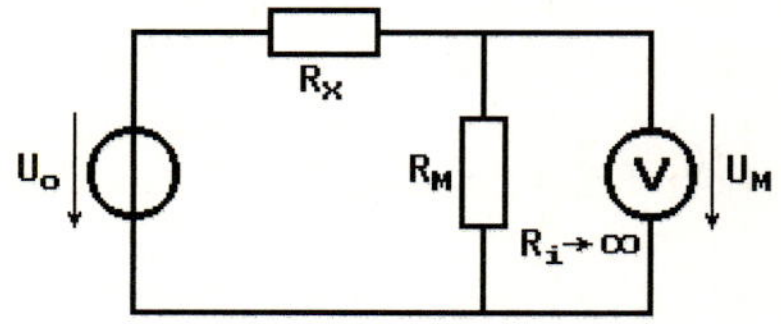

Bild 14.1

$$R_x = R_M \left(\frac{U_0}{U_M} - 1 \right)$$

Tabelle 14.3: t-Verteilung für die Wahrscheinlichkeiten P = 95%, 99% und 99,9%

n-1	95 %	99 %	99,9 %	n-1	95 %	99 %	99,9%
1	12,706	63,659	636,619	26	2,056	2,779	3,707
2	4,303	9,925	31,598	27	2,052	2,771	3,690
3	3,182	5,841	12,924	28	2,048	2,763	3,674
4	2,776	4,604	8,610	29	2,045	2,756	3,659
5	2,571	4,032	6,869	30	2,042	2,750	3,646
6	2,447	3,707	5,959	35	2,030	2,724	3,591
7	2,365	3,499	5,408	40	2,021	2,704	3,551
8	2,306	3,355	5,041	45	2,014	2,690	3,520
9	2,262	3,250	4,781	50	2,009	2,678	3,496
10	2,228	3,169	4,587	60	2,000	2,660	3,460
11	2,201	3,106	4,437	70	1,994	2,648	3,435
12	2,179	3,055	4,318	80	1,990	2,639	3,416
13	2,160	3,012	4,221	90	1,987	2,632	3,402
14	2,145	2,977	4,140	100	1,984	2,626	3,390
15	2,131	2,947	4,073	120	1,980	2,61	3,373
16	2,120	2,021	4,015	140	1,977	2,61	3,361
17	2,110	2,898	3,965	160	1,975	2,60	3,352
18	2,101	2,878	3,922	180	1,973	2,60	3,346
19	2,093	2,861	3,883	200	1,972	2,60	3,340
20	2,086	2,845	3,850	300	1,968	2,59	3,324
21	2,080	2,831	3,819	400	1,966	2,58	3,315
22	2,074	2,819	3,792	500	1,965	2,58	3,310
23	2,069	2,807	3,767	1000	1,962	2,58	3,300
24	2,064	2,797	3,745				
25	2,060	2,787	3,725	∞	1,960	2,57	3,291

b) $$R_x = \bar{x} = \frac{1}{N}\sum_{i=1}^{N} x_i \approx 150{,}02\,\Omega \;;\quad s = \sqrt{\frac{1}{N-1}\sum_{i=1}^{N}(x_i-\bar{x})^2} \approx 0{,}09\,\Omega$$

c)

Klasse	***H***	***h* in %**	***S* in %**
149,8 - 149,9	2	10	10
149,9 - 150,0	6	30	40
150,0 - 150,1	9	45	85
150,1 - 150,2	3	15	100

d) $k = \Delta R_x = -\dfrac{(R_x + R_M)^2}{R_M} f_e \approx -3{,}00\,\Omega$

e) $x_k = \bar{x} + k \approx 147{,}02\,\Omega$

f) $v = \dfrac{t}{\sqrt{n}} s \approx \dfrac{2{,}093}{\sqrt{20}} 0{,}09\,\Omega = 0{,}04\,\Omega$

Aufgabe 14.3: Zur Messung des Effektivwerts der Spannung $u(t) = u_0 \sin \omega t$ ($u_0 = 10$ V, $f = 1$ kHz) stehen folgende Instrumente zur Verfügung:
- Dreheiseninstrument, $R_{i1} = 50$ kΩ , Klasse 1,5, Endausschlag $U_{max1} = 50$ V
- Digitalvoltmeter (DVM) für Gleichspannungsmessung, $R_{i2} = 100$ MΩ, Fehler 0,05%, Endausschlag $U_{max2} = 2$ V

sowie folgende Bauelemente: 1 Widerstand $R_1 = 9$ MΩ ±1%; 1 Widerstand $R_2 = 1$ MΩ ±1%; 4 Dioden (ideal).

a) Zeichnen Sie die Schaltbilder zur Messung der Spannung $u(t)$ mit dem Dreheisenmessgerät bzw. Digitalvoltmeter.
b) Wie groß ist die Anzeige bei dem Dreheisenmessgerät?
c) Wie groß ist der relative Fehler dieser Messung nach b)?
d) Wie groß ist der maximale relative Fehler des DVM in der Schaltung nach a) für eine Kalibrierung mit einer Gleichspannung von $U_0 = 10$ V (exakte Rechnung)?
e) Wie groß ist der maximale relative Fehler bei der Messung des Effektivwerts U mit dem Digitalvoltmeter?
f) Wie verändert sich der relative Fehler aus e), wenn bei dem Digitalvoltmeter noch ein zusätzlicher Zählfehler von ±2 Digits angegeben wird?

Lösung:

a)

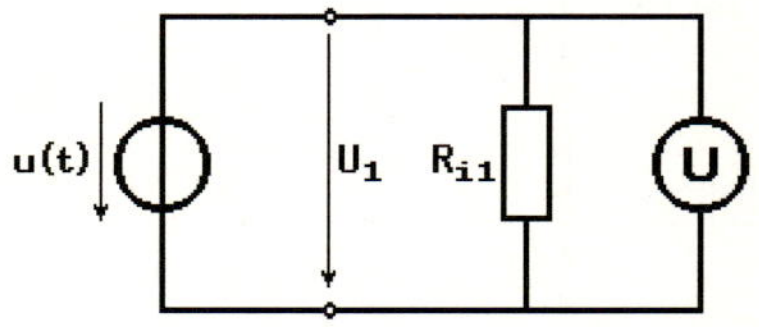

Bild 14.3 Dreheisenmessgerät

b) Dreheisen-Messgerät zeigt Effektivwerte an.

$$U_1 = \frac{u_0}{k_S} = \frac{u_0}{\sqrt{2}} \approx 7{,}07\,\mathrm{V}$$

c) $f_U = f_{U1} \dfrac{U_{max1}}{U_1} \approx 10{,}6\,\%$

d) $$f_U = \left|\frac{R_1(R_2+R_{i2})}{R_1(R_2+R_{i2})+R_2R_{i2}}\right| f_{R1} + \left|\frac{R_1R_{i2}}{R_1(R_2+R_{i2})+R_2R_{i2}}\right| f_{R2} + \left|\frac{U_{max2}}{U_2}\right| f_{U2} \approx 1{,}89\,\%$$

e) Digitalvoltmeter zeigt Gleichrichtwert an.

$$U_{DC} = \overline{|u|} = \frac{2}{\pi}u_0$$

$$U_{Anz,Ist} = \overline{|u_2|} = \frac{R_2R_{i2}}{R_1(R_2+R_{i2})+R_2R_{i2}}U_{DC} \approx \frac{1}{10}U_{DC} = 0{,}637\,\text{V}$$

$$U_{Anz,Soll} = \frac{1}{k_S}\hat{u}_2 = \frac{1}{k_S}\frac{R_2R_{i2}}{R_1(R_2+R_{i2})+R_2R_{i2}}u_0 \approx \frac{1}{10}\frac{1}{\sqrt{2}}u_0 \approx 0{,}707\,\text{V}$$

$$f_{Anz} = \left|\frac{U_{Anz,Ist}}{U_{Anz,Soll}} - 1\right| = \left|U_{DC}\frac{k_S}{\hat{u}_2} - 1\right| = \left|\frac{2\sqrt{2}}{\pi} - 1\right| \approx 9{,}97\,\%$$

$$f_{eff} = f_{Anz} + f_U \approx 9{,}97\,\% + 1{,}89\,\% = 11{,}86\,\%$$

f) $$f_{Zähl} = \frac{\Delta n}{U_{Anz,Ist}} = \frac{2}{637} = 0{,}31\,\% \;;\; f_{gesamt} = f_{eff} + f_{Zähl} = 12{,}17\,\%$$

Aufgabe 14.4: An einem Widerstand *R* soll die umgesetzte Leistung *P* durch eine Strom- und Spannungsmessung ermittelt werden. Es stehen folgende Geräte mit den zugehörigen Daten zur Verfügung:

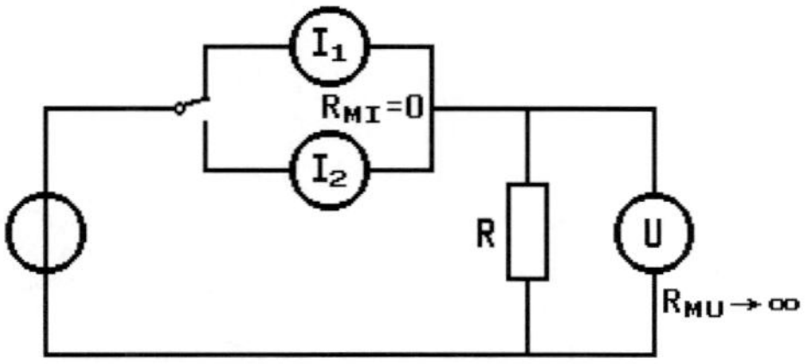

Bild 14.4

Ein Spannungsmesser U:
- angezeigte Spannung U_a
- Messbereichsendwert U_e
- Klasse k_u

Zwei Strommessgeräte I_1 und I_2:
- angezeigter Wert $I_{a,1}$ bzw. $I_{a,2}$
- Messbereichsendwert $I_{e,1}$ bzw. $I_{e,2}$
- Klasse $k_{i,1}$ bzw. $k_{i,2}$

a) Wie groß ist der maximale relative Fehler $|\Delta P/P|$, wenn sowohl Strommessgerät I_1 als auch I_2 verwendet wird?
1) allgemeine Formel,
2) Zahlenwerte, wenn $U_a = 8{,}5$ V ; $U_e = 10$ V, $k_u = 1{,}5$

$I_{a,1} = 125$ mA ; $I_{e,1} = 600$ mA, $k_{i,1} = 1{,}5$ und
$I_{a,2} = 125$ mA ; $I_{e,2} = 200$ mA, $k_{i,2} = 2{,}5$ betragen.

b) Mit welchem der beiden Strommesser wird $|\Delta P/P| \leq \pm 6\%$ erreicht?

c) Die Innenwiderstände der Messgeräte sind nicht ideal. Es gilt $R_{MU} = 10$ kΩ und $R_{MI} = 1$ Ω. Welche Schaltungsart (stromrichtige oder spannungsrichtige Messung) ist für diesen Fall günstiger?

d) Wie groß ist der maximale relative Fehler $|\Delta P/P|$ der Messung mit dem günstigsten Strommesser aus b), wenn die Messgeräteunsicherheit und der Fehler aufgrund der Messschaltung berücksichtigt werden?

Lösung:

a) 1)

$$\left|\frac{\Delta P}{P}\right| = \left|\frac{\Delta U}{U}\right| + \left|\frac{\Delta I}{I}\right|$$

2)

$$\frac{\Delta U}{U} = \frac{k_u \cdot U_e}{U_a} = 1{,}76\%$$

bei Messgerät I_1

$$\frac{\Delta I_{a,1}}{I_{a,1}} = \frac{k_{i,1} I_{e,1}}{I_{a,1}} = 7{,}2\%$$

bei Messgerät I_2

$$\frac{\Delta I_{a,2}}{I_{a,2}} = \frac{k_{i,2} I_{e,2}}{I_{a,2}} = 4\%$$

$$\left|\frac{\Delta P}{P}\right|_1 = \left|\frac{\Delta U}{U}\right| + \left|\frac{\Delta I_{a,1}}{I_{a,1}}\right| = 8{,}96\% \qquad \left|\frac{\Delta P}{P}\right|_2 = \left|\frac{\Delta U}{U}\right| + \left|\frac{\Delta I_{a,2}}{I_{a,2}}\right| = 5{,}76\%$$

b) Strommessgerät I_2

c)

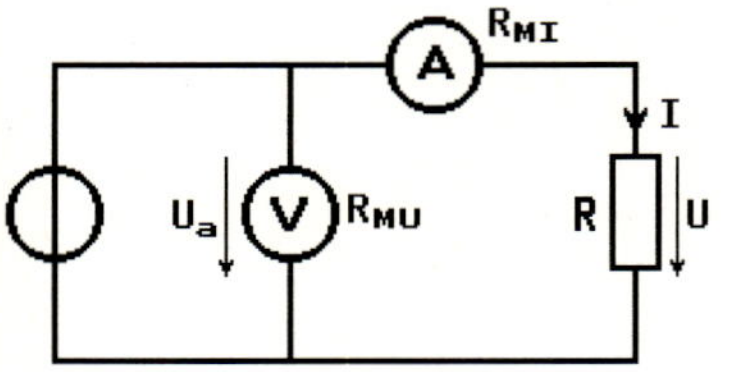

Bild 14.5 Stromrichtige Messung MS1

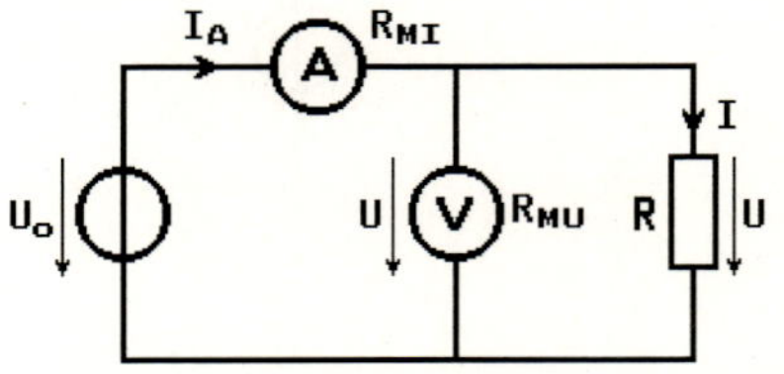

Bild 14.6 Spannungsrichtige Messung MS2

$$\left|\frac{\Delta P}{P}\right|_{MS1} = \left|\frac{I_a^2 R_{MI}}{U_a I_a - I_a^2 R_{MI}}\right| = \left|\frac{1}{\frac{U_a}{I_a R_{MI}} - 1}\right| \approx 1{,}49\%$$

$$\left|\frac{\Delta P}{P}\right|_{\text{MS2}} = \left|\frac{U_a^2/R_M}{U_a I_a - \dfrac{U_a^2}{R_M}}\right| = \left|\frac{1}{\dfrac{I_a R_M}{U_a} - 1}\right| \approx 0{,}68\,\%$$

Die spannungsrichtige Messung ist günstiger.

d) $$\left|\frac{\Delta P}{P}\right|_{\text{ges}} = \left|\frac{\Delta P}{P}\right|_2 + \left|\frac{\Delta P}{P}\right|_{\text{MS2}} \approx 6{,}44\,\%$$

15 Literatur

○ Aufgabensammlungen und Lehrbücher mit Übungsbeispielen

[1] Lerch, R.; Kaltenbacher, M.; Lindinger, F.: Übungen zur Elektrischen Messtechnik. Springer, Berlin, 1996.

[2] Schoen, D.; Pfeiffer, W.: Übungen zur Elektrischen Messtechnik. VDE, Berlin, 2001.

[3] Benedikt, H.; Raum, G.; Tränkler, H.-R.: Übungsaufgaben zum Grundkurs der Messtechnik. Oldenbourg, München, 3. Aufl., 1979.

[4] Felderhoff, R.: Elektrische und elektronische Messtechnik. Hanser, München, 6. Aufl., 1994.

[5] Freyer, U.: Messtechnik in der Nachrichtentechnik. Hanser, München, 1983.

[6] Dosse, J.: Elektrische Messtechnik. Akad. Verlagsges., Frankfurt a. M., 1973.

[7] Hofmann, W.; Becker, W.-J. (Hrsg.): Nachrichtenmesstechnik. Verlag Technik, Berlin, 2000.

○ Weiterführende Literatur

[8] Schrüfer, E.: Elektrische Messtechnik. Carl Hanser, München, 8. Aufl. 2004.

[9] Lerch, R.: Elektrische Messtechnik. Springer, Berlin, 3. Aufl. 2006.

[10] Patzelt, R.; Schweinzer, H.: Elektrische Messtechnik. Springer, Wien, 2. Aufl. 1996.

[11] Tränkler, H.-R.: Taschenbuch der Messtechnik. Oldenbourg, München, 1996.

[12] Kiencke, U.; Kronmüller, H.: Messtechnik. Springer, Berlin, 5. Aufl. 2001.

[13] Pfeiffer, W.: Elektrische Messtechnik. VDE, Berlin, 1999.

[14] Bergmann, K.: Elektrische Messtechnik. Vieweg, Wiesbaden, 2001.

[15] Becker, W.-J.; Bonfig, K. W.; Höing, K.: Handbuch Elektrische Messtechnik. Hüthig, Heidelberg, 2. Aufl., 2000.

[16] Profos, P.; Pfeifer, T.: Grundlagen der Messtechnik. Oldenbourg, München, 5. Aufl. 1995.

[17] Cooper, W. D.; Helfrick, A. D.: Elektrische Messtechnik. VCH-Verlag, Weinheim, 1989.

[18] Richter, W.: Elektrische Mestechnik, Verlag Technik und VDE-V., Berlin, 3. Aufl., 1994.

[19] Frohne, H.; Ueckert, E.: Grundlagen der elektrischen Messtechnik. Teubner, Stuttgart, 1984.

[20] Czichos, H. (Hrsg.): Hütte - Grundlagen der Ingenieurwissenschaften. Springer, Berlin, 30. Aufl. 1995, Kap. H - Messtechnik.

[21] Hoffmann, J.: Taschenbuch der Messtechnik. Hanser, München, 2000.

[22] Hoffmann, J.: Handbuch der Messtechnik. Hanser, München, 1999.

[23] Rose, Th.: Elektrische Messtechnik. Vieweg, Wiesbaden, 2002.

[24] Mühl, Th.: Einführung in die elektrische Messtechnik. Teubner, Wiesbaden, 2001.

[25] Gellißen, H. D.; Adolph, U.: Grundlagen des Messens elektrischer Größen. Hüthig, Heidelberg, 1995.

[26] Stöckl, M.: Stöckl/Winterling: Elektrische Messtechnik. Teubner, Wiesbaden, 8. Aufl., 1987.

[27] Haug, A. u. F.: Angewandte Elektrische Messtechnik. Vieweg, Braunschweig, 1993.

[28] Parthier, R.: Messtechnik. Vieweg, Wiesbaden, 2001.

[29] Schrüfer, E.: Signalverarbeitung. Carl Hanser, München, 2. Aufl. 1992.